U0181073

国家出版基金资助项目

"十三五"国家重点出版物出版规划项目

现代土木工程精品系列图书·建筑工程安全与质量保障系列

活性粉末混凝土结构

Reactive Powder Concrete Structures

郑文忠　侯晓萌　周　威　吴香国　著

哈尔滨工业大学出版社

HARBIN INSTITUTE OF TECHNOLOGY PRESS

内 容 提 要

本书以活性粉末混凝土在我国的推广应用为背景,从活性粉末混凝土材料和构件两方面进行详细的阐述。在材料方面,本书详细介绍了活性粉末混凝土的配制技术、基本力学性能、耐久性、动态力学性能和高温抗火性能;在结构方面,本书研究了钢筋活性粉末混凝土的受弯和受剪性能、GFRP(玻璃纤维增强塑料)筋活性粉末混凝土梁的受弯性能、活性粉末混凝土叠合板的受弯性能、活性粉末混凝土的局压性能及箍筋约束活性粉末混凝土的轴压力学性能。

本书可作为高等院校结构工程相关专业本科生的教材,也可作为有关领域科研、设计和施工管理技术人员的参考书。

图书在版编目(CIP)数据

活性粉末混凝土结构/郑文忠等著. —哈尔滨:
哈尔滨工业大学出版社,2021.3
建筑工程安全与质量保障系列
ISBN 978 - 7 - 5603 - 7995 - 1

Ⅰ.①活… Ⅱ.①郑… Ⅲ.①高强混凝土—
混凝土结构 Ⅳ.①TU528.31

中国版本图书馆 CIP 数据核字(2019)第 034890 号

策划编辑　王桂芝　刘　威
责任编辑　王　玲　甄淼淼　杨　硕　庞　雪
出版发行　哈尔滨工业大学出版社
社　　址　哈尔滨市南岗区复华四道街 10 号　邮编 150006
传　　真　0451－86414749
网　　址　http://hitpress.hit.edu.cn
印　　刷　辽宁新华印务有限公司
开　　本　787mm×1092mm　1/16　印张 35　字数 826 千字
版　　次　2021 年 3 月第 1 版　2021 年 3 月第 1 次印刷
书　　号　ISBN 978 - 7 - 5603 - 7995 - 1
定　　价　168.00 元

国家出版基金资助项目

建筑工程安全与质量保障系列

编 审 委 员 会

序

党的十八大报告曾强调"加强防灾减灾体系建设,提高气象、地质、地震灾害防御能力",这表明党和政府高度重视基础设施和建筑工程的防灾减灾工作。而《国家新型城镇化规划(2014—2020年)》的发布,标志着我国城镇化建设已进入新的历史阶段;习近平主席提出的"一带一路"倡议,更是为世界打开了广阔的"筑梦空间"。不论是国家"新型城镇化"建设,还是"一带一路"伟大构想的实施,都迫切需要实现基础设施的建设安全与质量保障。

哈尔滨工业大学出版社出版的《建筑工程安全与质量保障系列》图书是依托哈尔滨工业大学土木工程学科在与建筑安全紧密相关的几大关键领域——高性能结构、地震工程与工程抗震、火灾科学与工程抗火、环境作用与工程耐久性等取得的多项引领学科发展的标志性成果,以地震动特征与地震作用计算、场地评价和工程选址、火灾作用与损伤分析、环境作用与腐蚀分析为关键,以新材料/新体系研发、新理论/新方法创新为抓手,为实现建筑工程安全、保障建筑工程质量打造的一批具有国际一流水平的学术著作,具有原创性、先进性、实用性和前瞻性。该系列图书的出版将有利于推动科技成果的转化及推广应用,引领行业技术进步,服务经济建设,为"一带一路"和"新型城镇化"建设提供技术支持与质量保障,促进我国土木工程学科的科学发展。

该系列图书具有以下两个显著特点:

(1)面向国际学术前沿,基础创新成果突出。

哈尔滨工业大学土木工程学科面向学术前沿,解决了多概率抗震设防水平决策等重大科学问题,在基础理论研究方面取得多项重大突破,相关成果获国家科技进步一、二等奖共9项。该系列图书中《黑龙江省建筑工程抗震性态设计规范》《岩土工程监测》《岩土地震工程》《土木工程地质与选址》《强地震动特征与抗震设计谱》《活性粉末混凝土结构》《混凝土早期性能与评价方法》等,均是基于相关的国家自然科学基金项目撰写而成,为推动和引领学科发展、建设安全可靠的建筑工程提供了设计依据和技术支撑。

(2)面向国家重大需求,工程应用特色鲜明。

哈尔滨工业大学土木工程学科传承和发展了大跨空间结构、组合结构、轻型钢结构、预应力及砌体结构等优势方向,坚持结构理论创新与重大工程实践紧密结合,有效地支撑了国家大科学工程 500 m 口径巨型射电望远镜(FAST)、2008 年北京奥运会主场馆国家体育场(鸟巢)、深圳大运会体育场馆等工程建设,相关成果获国家科技进步二等奖 5 项。该系列图书中《巨型射电望远镜结构设计》《钢筋混凝土电化学研究》《火灾后混凝土结构鉴定与加固修复》《高层建筑钢结构》《基于 OpenSees 的钢筋混凝土结构非线性分析》等,不仅为该领域工程建设提供了技术支持,也为工程质量监测与控制提供了保障。

该系列图书的作者在科研方面取得了卓越的成就,在学术著作撰写方面具有丰富的经验,他们治学严谨,学术水平高,有效地保证了图书的原创性、先进性和科学性。他们撰写的该系列图书,反映了哈尔滨工业大学土木工程学科近年来取得的具有自主知识产权、处于国际先进水平的多项原创性科研成果,对促进学科发展、科技成果转化意义重大。

中国工程院院士

2019 年 8 月

前　言

我国拥有 1 500 多个盐湖(总面积 5 万多平方千米)、1.8 万多千米的海岸线和大规模的化学化工项目。在这类环境中,普通钢筋混凝土结构在建成后较短时间内就会产生不同程度的龟裂、泛碱和钢筋锈蚀等现象,在 3～7 年内会出现构件保护层剥落、钢筋外露且严重锈蚀等问题,这些将造成严重的结构破坏,严重影响结构的使用年限,是结构建设的一项巨大的挑战。活性粉末混凝土(RPC)是一种具有超高强度、超高韧性和优异耐久性的新型高性能水泥基复合材料。将 RPC 应用于高侵蚀环境的工程建设,能够很好地抵抗外界氯离子、硫酸根离子等有害离子的侵蚀,可以有效提高结构的耐久性。因此,完善RPC 构件及结构设计方法对我国高侵蚀环境中的结构建设具有重大意义。

本书汇集了有关活性粉末混凝土结构性能与设计的研究成果,共有 21 章;第 1 章为绪论;第 2 章介绍 RPC 配制技术研究;第 3 章介绍 RPC 基本力学性能试验研究;第 4 章介绍 RPC 基本力学性能指标取值;第 5 章介绍 RPC 耐久性研究;第 6 章介绍钢筋 RPC (未掺钢纤维)梁试验与分析;第 7 章介绍钢筋 RPC(掺钢纤维)梁试验与分析;第 8 章介绍 GFRP 筋 RPC 梁试验与分析;第 9 章介绍钢筋 RPC 连续梁塑性性能分析;第 10 章介绍 GFRP 筋 RPC 连续梁塑性性能分析;第 11 章介绍 RPC 带上反开洞肋底板叠合板设计与制作;第 12 章介绍 RPC 带上反开洞肋底板试验与分析;第 13 章介绍 RPC 带上反开洞肋底板单向叠合板试验与分析;第 14 章介绍 RPC 带上反开洞肋底板双向叠合板试验与分析;第 15 章介绍 RPC 局部受压试验与分析;第 16 章介绍螺旋式高强箍筋约束 RPC 圆柱受压性能的试验研究;第 17 章介绍高强复合箍筋约束 RPC 柱轴压性能的试验研究;第 18 章介绍爆炸荷载作用下 RPC 抗爆门和双向板动态响应分析;第 19 章介绍高温下 RPC 的力学性能;第 20 章介绍高温后 RPC 的力学性能;第 21 章介绍 RPC 高温抗爆裂性能的研究。

2006 年作者及其团队开始从事 RPC 材料、构件及结构方面的研究工作,研究生卢姗姗、李莉、罗百福、李海燕、吕雪源、陈明阳、周滔、陈志东等做了大量工作,为本书提供了基本素材。各位前辈、老师及同仁的相关文献为我们的研究开阔了视野,提供了参考,在此一并表示感谢。

本书的相关工作得到了教育部长江学者奖励资助计划(2009－37)、国家自然科学基金资助项目(50178026、51378146)、教育部博士点基金项目(200923302110046、20132302110064)、黑龙江省自然科学基金(E200916)和哈尔滨工业大学"985 工程"优秀科技创新团队建设项目(2011)等的资助,在此一并表示感谢。

限于作者水平,书中疏漏及不妥之处在所难免,敬请读者批评指正。

哈尔滨工业大学　郑文忠

2020 年 10 月

目　　录

第1章 绪 论

混凝土材料的发展历史可以追溯到很古老的年代。早在数千年前,我国人民及古埃及人就用石灰与砂混合配制的砂浆砌筑房屋。后来罗马人又使用石灰、砂及石子配制成混凝土,并在石灰中掺入火山灰等材料配制成用于海岸工程的混凝土。

1824 年,英国工程师阿斯普丁(Aspdin)发明了波特兰水泥(Portland Cement),使混凝土胶凝材料发生了质的变化,大大提高了混凝土强度,改善了其工作性能。但在此后将近一个世纪的漫长时间里,结构混凝土的抗压强度为 20 ~ 30 MPa。直到 20 世纪三四十年代以后,建筑工程中才开始使用抗压强度为 40 MPa 左右的混凝土。

20 世纪混凝土科学与工程技术取得了重大成就,高性能混凝土(High Performance Concrete,HPC)的应用极大地推动了混凝土科技的进步,促进了人类社会的发展。高性能混凝土的发展大概分为 3 个阶段:

(1)第一阶段是 20 世纪 30 年代初至 60 年代,配制干硬性高强混凝土的主要技术途径是选用高标号水泥、降低水胶比、减少砂率,其基本成型工艺是振动、加压、真空、离心等,但这类混凝土流动度很小,施工很困难。

(2)20 世纪 60 年代,高效减水剂研制成功并在工程上应用,解决了低用水量导致混凝土低流动性的问题,从此高强混凝土进入第二个发展阶段。20 世纪 60 年代初日本开发出 MT 高效减水剂,并于 1970 年掺用高效减水剂通过高压蒸养获得了抗压强度达 90 MPa 的高强混凝土。

(3)掺用高效减水剂,虽然可在低水胶比的条件下大幅度提高混凝土的流动性,但是坍落度经时损失大,混凝土的高流动度往往难以持久。为了解决这一问题,国内外开始在混凝土中掺入超细矿物掺和料,以减少坍落度的损失,采用的矿物掺和料主要有硅灰、超细粉煤灰和超细矿渣粉等。由此,高强混凝土的发展进入了第三个发展阶段。

虽然高强混凝土抗压强度比普通混凝土有所提高,但是它也存在很多缺点,如抗拉强度不高,且随着抗压强度的提高脆性越来越明显,只能通过配置钢筋、型钢或掺加钢纤维来改善其延性,但配置过多的钢筋或型钢会使混凝土浇筑困难,而粗骨料的存在又妨碍了钢纤维的乱向分布,对混凝土抗拉强度及构件延性的提高幅度有限。另外水灰比很小,导致混凝土水化初期收缩较大,可能使结构过早出现裂缝而影响其正常使用和耐久性。

1993 年,法国 Bouygues 实验室以 Pierre Richard 为代表的研究小组研制出一种具有超高强、高耐久性、高韧性及良好体积稳定性的新型水泥基复合材料,由于增加了组分的细度和反应活性,因此其被称为活性粉末混凝土(Reactive Powder Concrete,RPC)。混凝土一般是由粗骨料、细骨料和胶凝材料等混合而成的多相复合材料,其性能取决于水泥石、粗骨料及两者间界面结合的程度。研究表明,粗骨料与水泥石之间的过渡区是混凝土整个结构的薄弱环节,过渡区存在应力集中、收缩应力和较低的黏结力问题,这是影响混凝土受力性能及耐久性的主要因素,故改善其组成结构是提高混凝土性能的重要途径。

RPC 不含粗骨料和普通砂,其配制原理正是以上述研究为基础,通过提高组分的细度和活性,最大限度地减少材料内部微裂缝和孔隙等缺陷,从而获得由其组分决定的,而非粗骨料与水泥石之间过渡区决定的最大承载力,并获得良好的耐久性。

1.1　活性粉末混凝土的配制原理

RPC 的主要配制原理如下。

1. 提高基体的匀质性

在普通混凝土中,粗骨料和水泥浆体的过渡区范围很大,是整个结构中最薄弱的部位。在该过渡区内粗骨料之间存在粗大的孔隙。从微观的角度看,骨料表面聚集着板状或层状的 $Ca(OH)_2$ 定向结晶,还分布着钙矾石的粗大结晶及少量的水化硅酸钙($C-S-H$),形成了一个粗糙的结构,其强度低,抗渗性和耐久性也不好。水泥石的收缩要比混凝土收缩大 $4 \sim 10$ 倍,由于收缩在骨料界面上产生的拉应力和剪应力随着骨料粒径的增大而增大,若它们超过水泥石和骨料的黏结强度,则生成细小的裂缝,在承受荷载之后,这些裂缝会发展到水泥石内部。另外,粗骨料本身也存在缺陷。在 RPC 中,剔除了混凝土中常用的粗骨料,粗骨料剔除后骨料自身存在缺陷的概率减小,整个基体的缺陷也随之减少,RPC 选用平均粒径为 $200 \sim 300~\mu m$ 的石英砂或标准砂为骨料,有效地淡化了骨料与水泥浆体间的界面过渡区,提高了匀质性。

2. 优化颗粒级配以达到高密实度

晶体结构研究表明,相同直径原子进行排列时,体心立方结构的紧密系数是 0.68,即使最密排列的面心立方或密排六方结构,其紧密系数也只有 0.74。为了进一步提高堆积密度,常在较大的单一粒径的颗粒间加入粒径较小的颗粒,先由直径最大的颗粒堆积成相对最密填充状态,剩下的空隙依次由次大的颗粒填充,使得颗粒间的空隙减小,从而使整体达到最大密实状态。

3. 凝固前和凝固过程中加压以排除多余气孔

提高混凝土密实度和抗压强度的一个有效的方法就是在新拌混凝土凝结前和凝结期间加压,这一措施的优点是:① 加压可以消除或减少气孔;② 当模板有一定渗透性时,加压数秒可以将多余水分自模板间隙排出;③ 如果在混凝土凝结期间(通常为拌和后 $6 \sim 12~h$)始终保持一定的压力,可以消除材料的化学收缩引起的部分孔隙。

4. 通过凝固后热养护改善微结构

热养护可显著加速火山灰反应(火山灰质掺和料含有的活性成分 SiO_2 或活性 Al_2O_3 等与 $Ca(OH)_2$ 的反应即为火山灰反应),同时可改善水化物形成的微结构。RPC 中的活性掺和料因含有 SiO_2,具有较强的火山灰活性(火山灰质掺和料含有的 SiO_2 或活性 Al_2O_3 等活性成分与 $Ca(OH)_2$ 发生反应的能力称为火山灰活性),其可与水泥的水化产物 $Ca(OH)_2$ 发生二次反应,增加水泥石中的 $C-S-H$ 凝胶含量,降低孔隙率并改善孔结构。另外,虽然石英砂不具有硅灰那么强的火山灰活性(石英砂中的 SiO_2 是结晶质,硅灰中的 SiO_2 是非晶质。相较于结晶质,非晶质有较高的内能状态,在热力学上是不稳定的),但其较高的 SiO_2 含量使得其表面的 SiO_2 与水泥水化产物 $Ca(OH)_2$ 发生二次反应,从而界面大孔隙减少,强度和耐久性大大提高。

5. 掺加微细钢纤维以提高韧性

未掺钢纤维的 RPC 应力－应变关系曲线上升段近似呈线弹性,断裂能(裂纹发展时,混凝土单位面积所消耗的表面能)低,为了进一步提高其韧性,掺入微细钢纤维。在受力初期,水泥基体与纤维共同承担外力但以水泥基体为主,随着应力的增大,基体发生开裂后,纤维约束裂缝不断发展,直到纤维被拉断或纤维从基体中被拔出。

RPC 作为一种新型的高性能混凝土,具有很多优良的技术性能,如高强度、高韧性、高耐久性及良好的体积稳定性等。与普通混凝土(Normal Concrete,NC)和高性能混凝土相比,RPC 具有相对较高的抗压强度和抗折强度。普通金属的断裂能为 10 kJ/m²,而 RPC200 的断裂能达到 15 kJ/m²,其断裂性能已经可以和金属媲美。由于活性粉末混凝土内部孔隙率很小,因此其具有优良的耐久性,抗氯离子渗透、抗碳化、抗腐蚀、抗渗、抗冻及耐磨等性能均优于普通混凝土和高性能混凝土。

基于上述 RPC 材料的优越性能,目前 RPC 已成为国际工程材料领域一个新的研究热点,具有一定的应用前景和发展潜力。RPC 的优越性能使其在土木、石油、核电、市政、海洋等工程及军事设施中有着广阔的应用前景,RPC 将成为 21 世纪混凝土科学和工程技术发展的重要研究方向之一。

1.2 活性粉末混凝土的研究现状

1.2.1 配制方面

1995 年,法国的 Pierre Richard 等人在研究了原材料、成型工艺和养护制度对 RPC 性能的影响后,首次提出了 RPC200 和 RPC800(RPC 后的数字指胶砂件的抗压强度)的配合比(表 1.1)。

表 1.1 RPC 的配合比及其力学性能

	活性粉末混凝土类型	RPC200	RPC800
配合比	硅酸盐水泥 V 型	1	1
	石英砂	1.1	0.5
	硅粉	0.24	0.23
	极细沉淀硅	0.11	无
	磨细石英粉	0.41	无
	w(聚丙烯酸系超塑化剂)/%	0.01	0.02
	φ(钢纤维)/%	2.4	8
	水胶比	0.16	0.18
力学性能	圆柱体抗压强度 /MPa	$170 \sim 230$	$490 \sim 680$
	抗折强度 /MPa	$20 \sim 60$	$45 \sim 102$

1995 年,Marcel Cheyrezy 等通过热重分析(在程序控制温度下测量待测样品的质量与温度变化关系的一种热分析技术)和 X 射线衍射(X-Ray Diffraction,XRD)分析(使用 XRD 分析仪分析物质的化学成分及晶粒大小)证明了相对较高的养护温度(如 60 ℃ 热水养护,200 ℃ 高压蒸汽养护等)会激发活性掺和料的火山灰反应,通过压汞分析(分析物体孔隙结构的一种方法)发现 RPC 中直径为 3.75 nm ～ 100 μm 的孔的体积不超过总体积的 9%,说明热养护对 RPC 的性能有很大的促进作用。

近年来,清华大学、湖南大学、同济大学、福州大学等高校在 RPC 的国产化、地方化方面做了许多有益的尝试。

清华大学的曹峰、覃维祖等在水泥基体中复合使用粉煤灰,利用不同颗粒活性差异较大的特点,促使其分步水化,在实现水化过程中的动态有效填充及降低 RPC 成本等方面进行了尝试。

湖南大学的何峰、黄政宇等通过试验研究了原材料品种、性质及配合比对 RPC 强度的影响。在未掺钢纤维的情况下,配制出了流动性好、高温养护(200 ℃)下胶砂件抗压强度为 229.9 MPa 的 RPC(胶砂件尺寸为 40 mm×40 mm×160 mm,使用水泥抗折试验机在胶砂件侧面施加荷载,将胶砂件折断,得到其抗折强度;在折断后试块的侧面上施加荷载,得到其抗压强度)。在掺钢纤维的情况下,RPC 的胶砂件抗压强度高达 298.6 MPa。这种 RPC 组分为 P.O.62.5 级水泥,颗粒粒径小于 0.315 mm 的标准砂,密度为 2.214 g/cm³ 的硅灰,325 目的石英粉,DSF−2 可溶性树脂减水剂和直径为 0.175 mm、长度为 13 mm 的钢纤维;沿用了 Pierre Richard 提出的水泥、硅灰二元胶凝材料体系来配制 RPC,通过对各组分配比的试验研究,得到采用上述原材料的最优配比(表 1.2)。

表 1.2 RPC 的原材料最优配比及胶砂件的抗压强度(湖南大学)

原材料配比							胶砂件的抗压强度 /MPa		
水泥	水胶比	砂	硅灰	石英粉	w(减水剂)	φ(钢纤维)	标准养护	热水养护	蒸汽养护
1	0.20	1.1	0.35	0.3	2.5%	3.0%	178.8	239.6	298.6

同济大学的龙广成等研究了养护温度和龄期对水泥、粉煤灰及硅灰等粉末材料为主原料的 RPC 强度的影响,以期确定最佳养护条件,并分析了集料对活性粉末混凝土力学性能的影响,指出水泥基材料中集料相与基体相之间存在很强的协同作用,集料相与基体相之间的性能相匹配时,有利于充分发挥各组成相的最大潜能,使混凝土复合材料获得最佳性能;并指出在一定试验条件下,抗压强度为 200 MPa 的活性粉末混凝土所用集料的适宜参数为:石英质集料最大粒径不大于 1.25 mm,集胶比为 1.2。

福州大学的有关人员在广泛调研的基础上,确定选用以地方常见材料为主的 RPC 原材料,进行制作工艺和配合比设计的试验研究,取得了可喜的初步成果,配制出了 100 mm×100 mm×100 mm 的立方体抗压强度达 155 MPa 的 RPC,并给出了 RPC 的原材料最优配比(表 1.3)。

表 1.3 RPC 的原材料最优配比(福州大学)

胶凝材料	水胶比	砂	硅灰	石英粉	w(减水剂)	粉煤灰
1	0.22	0.88	0.2~0.3	0.3	2.5%~3%	0.2

东南大学的刘斯凤、孙伟和张云升进行了绿色环保型活性粉末混凝土制备技术的研究。他们采用天然细集料、外掺料(本章参考文献中未给出具体材料)分别代替 RPC 中的石英粉和硅灰,在热水和蒸压养护条件下成功制备出胶砂件抗压强度大于 200 MPa 的超高性能混凝土材料。

1.2.2 受力性能方面

RPC 的力学性能主要是指抗压强度、抗拉强度、抗折强度、弹性模量、泊松比及受压和受拉应力−应变关系曲线等。

1996 年,J.Dugat 等人进行了 RPC200 和 RPC800 的力学性能试验,对 RPC 的应力−应变曲线、弹性模量、泊松比、抗折强度、断裂能等进行了试验研究。他指出,RPC800 的弹性模量达 66 GPa,应力−应变关系曲线的线弹性范围为起点至抗压强度的 60%,断裂能为 40 kJ/m²;同时考察了钢纤维掺量对 RPC 延性的影响,指出钢纤维的最佳掺量是

$2\% \sim 3\%$，掺量过高反而会降低 RPC 的断裂能。

1997 年，Olivier Bonneau 等人通过试验研究了 RPC 的抗压强度、抗折强度、弹性模量和断裂能等力学性能指标。他们经试验研究得出 RPC 不仅具有较高的抗压强度，而且掺加微细钢纤维后能显著提高 RPC 的抗折强度和吸收能量的能力，RPC200 的抗折强度和断裂能远高于 HPC。

我国台湾地区的 Chan 和 Chu 研究了在 RPC 中掺入硅灰对钢纤维与基体的黏结性能的影响，发现硅灰与水泥之比在 $20\% \sim 30\%$ 时，对钢纤维黏结和锚固效果的改进作用达到最佳。观察被拔出的钢纤维周围，有大量的胶结材料附着在钢纤维表面，这些胶结材料增加了钢纤维拔出过程中的摩擦力和黏结力。

北京交通大学的杨志慧对不同钢纤维掺量的 RPC 抗拉力学特性发展了一系列研究工作，通过试验研究发现钢纤维的掺入对 RPC 的劈裂抗拉强度、抗折强度和轴心抗拉强度有显著的提高作用。在其他参数不变的情况下，钢纤维的掺量从 0 增加到 2.0% 时，其轴心抗压强度由 97.65 MPa 提高到 144.73 MPa，提高幅度约为 48.2%；劈裂抗拉强度由 8.96 MPa 提高到 23.3 MPa，提高幅度约为 160%；轴心抗拉强度由 5.9 MPa 提高到 14.57 MPa，提高幅度约为 146.9%；钢纤维的掺量由 0 增加到 2.5% 时，抗折强度由 10.05 MPa 提高到 28.37 MPa，提高幅度约为 182.3%。

东南大学的刘斯凤等人采用多元工业废渣复合技术，成功制备了 3 个配比的新型环保节能型 RPC，研究了不同纤维品种、不同纤维体积率对 RPC 的增强、增韧和阻裂效应，揭示了纤维体积率与 RPC 抗折强度的线性关系，并提出弯曲韧性指数用 I_c（c 倍初裂挠度对应的韧度与初裂韧度的比值）来评价 RPC 的韧性及安全性，研究了 I_c 与纤维品种、纤维体积率、RPC 混合料的和易性之间的内在关系。

对于 RPC 的立方体和棱柱体抗压强度与弹性模量、峰值应变的关系，福州大学吴炎海等人通过试验回归出了它们之间的关系，其中掺入直径为 $0.2 \sim 0.25$ mm、长度为 13 mm 的掺钢纤维 RPC 的弹性模量与立方体抗压强度之间的关系为

$$E_c = (0.32\sqrt{f_{cu,100}} + 0.32) \times 10^4 \tag{1.1}$$

式中，$f_{cu,100}$ 为 100 mm × 100 mm × 100 mm 的立方体抗压强度实测值。

峰值应变与轴心抗压强度的关系为

$$\varepsilon_0 = (15.30 f_{c,100} + 1\,695.5) \times 10^{-6} \tag{1.2}$$

式中，$f_{c,100}$ 为 100 mm × 100 mm × 300 mm 的轴心抗压强度实测值。

湖南大学的单波等人配制出轴心抗压强度达到 145 MPa 的 RPC，并测定了 RPC 轴心受压应力－应变全曲线，通过等高变宽梁四点剪切试验和双面直剪试验，研究了 RPC 的抗剪性能，得到 RPC 的直剪强度在 20 MPa 以上；并指出钢纤维掺量对 RPC 的轴压强度影响较大，钢纤维体积掺量为 2% 的 RPC 轴心抗压强度比不掺钢纤维 RPC 的轴心抗压强度提高了约 10%。

福州大学的林清针对福州地区的原材料情况，配制出了胶砂件抗压强度达 183 MPa、劈拉强度达 12 MPa、抗折强度达 33 MPa、变形性能良好的纤维 RPC。重点进行了掺钢纤维 RPC 和聚丙烯纤维 RPC 的基本力学性能试验（钢纤维长径比为 65；聚丙烯纤维长度为 15 mm，密度为 0.91 g/cm³），通过试验研究指出水胶比和减水剂的掺量及养护制度对纤维 RPC 力学性能的影响规律，结果表明：掺入一定量的钢纤维会提高 RPC 的抗压强度，而掺入聚丙烯纤维不能提高 RPC 的强度，反而会导致 RPC 强度降低。

北京交通大学的马亚峰在 RPC 单轴受压强度与变形特性试验研究的基础上,基于普通混凝土现有的单轴受压应力－应变全曲线方程,建立了 RPC200 单轴受压应力－应变本构模型方程(见式(1.3)),并初步从最大密实理论、力学分析和硅粉对 RPC 材料的贡献等方面探讨了 RPC200 的超高强机理。

$$y = \begin{cases} 1.2x + 0.2x^4 - 0.4x^5 & (0 \leqslant x \leqslant 1) \\ \dfrac{x}{8(x-1)^2 + x} & (x > 1) \end{cases} \qquad (1.3)$$

1.2.3 耐久性方面

1. 抗冻性

东南大学的刘斯凤、孙伟等人按照美国的快速冻融试验标准(ASTMC666 标准)对 RPC 棱柱体试件做了冻融循环试验,用耐久性系数(令冻融循环后的动弹性模量与冻融前的动弹性模量之比为 P,令 P 值降到 60% 时的冻融循环次数为 M,令最终冻融循环次数为 N,PM/N 即为混凝土的耐久性系数)和质量损失率两个指标来评价混凝土的抗冻性能好坏,冻融循环 600 次后,质量损失率在 0.3% 左右,接近于 0;耐久性系数也都不小于 100。

北京交通大学的安明喆和杨新红等人对 RPC 和 HPC 做了抗冻性能对比试验,分别得到了 RPC 和 HPC 经过 50 次、100 次、150 次、200 次、250 次和 300 次冻融循环后的质量损失率和动弹模量损失率,试验结果显示,RPC 的耐久性系数在经过 300 次冻融循环后仍大于 99。

湖南大学的杨吴生、黄政宇等人按照 ASTMC 666 标准测定了 75 mm × 75 mm × 350 mm 的 RPC 棱柱体试件的抗冻融性能,以耐久性系数作为其抗冻融循环性能指标,试验表明,经 300 次冻融循环后其耐久性系数仍然不小于 100,可见 RPC 具有非常好的抗冻融循环性能。

根据北京交通大学和湖南大学的试验数据得到的 RPC 和 HPC 经过冻融循环后的耐久性系数见表 1.4。

表 1.4　RPC 和 HPC 经过冻融循环后的耐久性系数

研究单位	试验方法	混凝土类别	冻融循环次数／次					
			50	100	150	200	250	300
北京交通大学	ASTMC 666	RPC	100	99.9	99.8	99.8	99.5	99.2
		HPC	93.8	90.9	81.6	71.3	63.6	—
湖南大学	ASTMC 666	RPC	—	—	—	—	—	100.7

2. 抗碳化性

法国的 Roux 等人将 RPC200 试件在 CO_2 体积分数为 100% 的环境中存放 90 d,发现试件没有发生丝毫碳化。北京交通大学采用标准试验方法(CO_2 体积分数为 80% 以上)对 RPC 材料和 HPC 材料的碳化性能做了测定。北京建筑大学对 RPC 材料、C35 普通混凝土和 C80 高强混凝土 28 d 碳化性能做了对比试验(试验环境为 CO_2 体积分数 60%,温度 20 ℃,湿度 70%)。东南大学采用加速碳化的方法(试验环境为 CO_2 体积分数 20%,温度 20 ℃,湿度 70%),测定了 RPC 3 d、7 d、14 d、28 d 的碳化深度。RPC 碳化性能试验结果见表 1.5。

表 1.5　RPC 碳化性能试验结果

研究单位	试验方法	混凝土类别	碳化深度 /mm			
			3 d	7 d	14 d	28 d
北京交通大学	—	RPC	—	0	0	0
		HPC	—	0.9	1.7	2.1
北京建筑大学	JGJ 70—90	RPC	—	—	—	0
		C35	—	—	—	2.5
		C80	—	—	—	1.37
东南大学	GBJ 82—85	RPC	0	0	0	0.25

注:表格中"—"表示该试验数据未测。

3. 抗氯离子渗透性

法国的 Roux 等人将 5 mm 厚的圆形试件放在两极电化学溶液中,阴极是浓度为 0.5 mol/L 的 NaCl 溶液,阳极为蒸馏水,首先测得 C30 普通混凝土、C80 普通高强混凝土及 RPC200 混凝土试件的电导率,再用 Nernst－Plank 公式确定混凝土的氯离子扩散系数,根据混凝土渗透标准对这 3 种混凝土的渗透性进行了评价。北京建筑大学和北京交通大学采用 NEL－PD 型电测仪测得了 RPC 与普通混凝土和高强混凝土的氯离子扩散系数。三个研究单位的 RPC 抗氯离子侵蚀试验结果见表 1.6。

表 1.6　RPC 抗氯离子侵蚀试验结果

研究单位(研究人员)	试验方法	混凝土类别	氯离子扩散系数 /$(\times 10^{-8}\ cm^2 \cdot s^{-1})$	渗透性评价
北京交通大学	NEL 法	RPC	0.222	很低
		HPC	1.544	中
北京建筑大学	NEL 法	RPC	0.405	很低
		C35	2.556	中
		C80	1.08	中
Roux	外加电场加速渗透	C30	1.1	中
		C80	0.6	低
		RPC200	0.02	可忽略

注:① 上表试验数据显示,Roux 和北京交通大学、北京建筑大学的渗透试验结果有所差异,可能是由国内外的配制材料质量差异和试验标准的差异所造成的。

② 北京交通大学的试验未给出 RPC 和 HPC 的强度等级,北京建筑大学的试验用 RPC 立方体的抗压强度为 185 MPa。

③ 表中的渗透性评价是以 NEL 法混凝土渗透性评价标准为依据的,即当氯离子扩散系数小于 $0.1 \times 10^{-8}\ cm^2/s$ 时,渗透性评价为可忽略;当氯离子扩散系数大于 $0.1 \times 10^{-8}\ cm^2/s$ 且小于 $0.5 \times 10^{-8}\ cm^2/s$ 时,渗透性评价为很低;当氯离子扩散系数大于 $0.5 \times 10^{-8}\ cm^2/s$ 且小于 $1 \times 10^{-8}\ cm^2/s$ 时,渗透性评价为低;当氯离子扩散系数大于 $1 \times 10^{-8}\ cm^2/s$ 且小于 $5 \times 10^{-8}\ cm^2/s$ 时,渗透性评价为中;当氯离子扩散系数大于 $5 \times 10^{-8}\ cm^2/s$ 且小于 $10 \times 10^{-8}\ cm^2/s$ 时,渗透性评价为高。

4. 抗腐蚀性能

北京建筑大学将尺寸为 $100\ mm \times 100\ mm \times 100\ mm$ 的 RPC 试块浸泡在 Na_2SO_4 饱和溶液中 24 h,再将其置于 80 ℃ 的烤箱中烘干 24 h,此为一个循环,结果发现 10 次循环后质量损失仅为 1%,20 次循环后质量损失维持不变,而且试件的强度一直在增加。

东南大学的刘斯凤等人将 RPC 试件浸入我国新疆盐湖卤水（指含有卤族元素，即 ⅦA族元素及其化合物的水）中。卤水主要成分（质量分数，下同）为：$0.17\%CaCl_2$，$7.32\%\ MgSO_4 \cdot 7H_2O$，$1.07\%MgCl_2 \cdot 6H_2O$，$17.62\%NaCl$。3 个月后测试试件的质量损失率和动弹性模量损失率。试验结果为：3 个月内 RPC 试件无质量损失，动弹性模量损失在 90 d 时仅为 0.5% 左右，表明 RPC 材料具有很好的抗化学溶液侵蚀能力。

湖南大学的杨吴生等人将养护后的 RPC 试件置于自来水和人工海水中浸泡 180 d，人工海水的成分为：$2.7\%NaCl$，$0.32\%MgCl_2$，$0.22\%MgSO_4$，$0.13\%CaSO_4$，$0.02\%KHCO_3$。试验结果表明，在海水中浸泡的 RPC 抗压强度和抗折强度都比浸泡前高，其原因大致有三方面：①RPC 结构致密，抗渗透性能好，外界的侵蚀介质很难渗透到 RPC 内部；②掺入的活性掺和料与水泥的水化产物 $Ca(OH)_2$ 发生二次反应，使得材料内部 $Ca(OH)_2$ 含量减少，降低了侵蚀介质与 $Ca(OH)_2$ 反应的可能性，从而提高了 RPC 抵抗侵蚀的能力；③试件浸泡前养护时间较短，水泥的水化反应及活性掺和料的二次水化反应未完成，因此在浸泡过程中反应继续进行，使得强度继续提高。

浙江工业大学的叶青等人将养护 28 d 的 RPC 试件和高强混凝土（High Strength Concrete，HSC）试件分别浸泡在 $5\%H_2SO_4$ 溶液、$20\%Na_2SO_4$ 溶液和 5 倍浓度人工海水①的侵蚀介质中，直到规定时间，取出并进行强度试验。另外，还考察了化学侵蚀和干湿循环交替作用下 RPC 试件和 HSC 试件的强度损失。以抗压强度侵蚀系数（试件受侵蚀后抗压强度与同龄期标养试件抗压强度之比）来表征其抗侵蚀性。结果同样显示，RPC 比 HSC 具有更优的抗化学侵蚀能力。RPC 抗化学溶液侵蚀性能试验结果见表 1.7。

表 1.7　RPC 抗化学溶液侵蚀性能试验结果

研究单位	侵蚀环境	抗侵蚀性能指标				
		抗压强度侵蚀系数百分数	浸泡后抗压强度损失率	浸泡后抗折强度损失率	质量损失率	动弹模量损失率
浙江工业大学	在 $5\%H_2SO_4$ 溶液中浸泡 3 个月	42%(36%)				
	在 $20\%Na_2SO_4$ 溶液中浸泡 6 个月	98%(97%)				
	在 5 倍浓度人工海水中浸泡 6 个月	89%(86%)				
	干湿循环 6 次($20\%(NH_4)_2SO_4$ 溶液)	54%(46%)				
	干湿循环 180 次(5 倍浓度人工海水)	59%(43%)				
湖南大学	在 5 倍浓度人工海水中浸泡 180 d		1.67%	3.89%		
	在自来水中浸泡 180 d		0.2%	1.46%		
东南大学	在新疆盐湖卤水中浸泡 30 d				0	0
	在新疆盐湖卤水中浸泡 60 d				0	0.39%
	在新疆盐湖卤水中浸泡 90 d				0	0.49%

注：浙江工业大学试验数据的"抗压强度侵蚀系数百分数"一栏中，括号外为 RPC 试件抗压强度侵蚀系数，括号内为 HSC 抗压强度侵蚀系数。

---

①　5 倍浓度人工海水是指人工配制的海水，其中各离子浓度为正常海水中的 5 倍。

1.2.4 构件受力性能方面

北京交通大学的万见明在试验研究的基础上建立了活性粉末混凝土梁抗裂计算模型,提出了正截面抗裂计算公式,即

$$M_{cr} = \gamma f_t W_0 \tag{1.4}$$

其截面抵抗矩塑性影响系数定为统一值 1.65(矩形截面)和 1.9(T 形截面),未考虑截面高度和配筋率等因素的影响。

北京交通大学的王兆宁在 3 根矩形截面 RPC 配筋梁抗弯性能试验及 ANSYS 有限元分析的基础上,提出了活性粉末混凝土梁的正截面承载力计算公式(式(1.5))。其中的截面受压区应力图形仿照普通混凝土受弯构件的方法等效为矩形应力图形,受拉区活性粉末混凝土的拉应力合力计算需要通过试验数据推导,等效矩形应力图如图 1.1 所示。

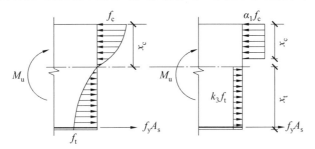

图 1.1 等效矩形应力图

$$\begin{cases} \alpha_1 f_c b x_c = f_y A_s + k_3 f_t b x_t \\ M_u = \alpha_1 f_c b x_c \left(h_0 - \dfrac{x_c}{2} \right) - k_3 f_t b x_t \left(\dfrac{x_t}{2} - \alpha_s \right) \end{cases} \tag{1.5}$$

式中,α_1 为受压区混凝土矩形应力图的应力值与混凝土轴心抗压强度的比值,取 0.85;f_c 为活性粉末混凝土轴心抗压强度;b 为截面宽度;M_u 为钢筋活性粉末混凝土构件正截面受弯承载力;h_0 为梁有效高度;$k_3 f_t$ 为受拉区 RPC 等效矩形应力图的折算抗拉强度,$k_3 f_t = \dfrac{2 A_s f_y b h_0 \alpha_1 f_c - A_s^2 f_y^2 - 2 b M_u \alpha_1 f_c}{2 b M_u - b^2 h_0^2 \alpha_1 f_c}$;$f_y$ 为钢筋屈服强度;A_s 为纵向受拉钢筋面积;f_t 为 RPC 材料抗拉强度;α_s 为受拉钢筋合力点至截面受拉边缘的距离;x、x_t 分别为受压区和受拉区等效应力图高度。

本章参考文献[45]中并未给出 k_3 的具体取值方法,而是已知梁的抗弯承载力实测值 M_u、活性粉末混凝土轴心抗压强度 f_c 和纵向钢筋抗拉屈服强度 f_y 后来计算。因每根梁的 M_u、f_c 和 f_y 都可能不同,故不能直接用于设计。

北京交通大学的王文雷通过编程分析,确定了 RPC 预应力梁的受拉塑性系数的取值,通过分析表明受拉钢筋配筋率越大,受拉塑性系数越大。对于矩形截面的 RPC 梁,在常用配筋率(1% ~ 3%)下,其受拉塑性系数 γ 为

$$\gamma = 1.568 + 15.713 \rho \tag{1.6}$$

式中,ρ 为纵向受拉钢筋配筋率。

通过程序计算分析了 RPC 梁极限承载力的计算方法,将受压区 RPC 的应力图近似为三角形分布,受拉区 RPC 的应力图近似为矩形分布,如图 1.2 所示。其中受拉区 RPC 的应力折减系数 α 取 0.7。在计算预应力 RPC 梁时,α 取 0.4。截面承载力计算公式为

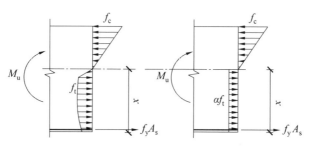

图 1.2　受拉区 RPC 的应力图

$$\begin{cases} \varepsilon_c = \dfrac{h-x}{x-\alpha_s}\varepsilon_s \\[2mm] \sigma_c = E\varepsilon_c \\[2mm] \alpha f_t bx + f_y A_s = \dfrac{1}{2}\sigma_c(h-x)b \\[2mm] M_u = \alpha f_t bx\,\dfrac{x}{2} + f_y A_s(x-\alpha_s) + \dfrac{1}{3}\sigma_c b(h-x)^2 \end{cases} \tag{1.7}$$

式中，ε_c 为截面最大压应变；h 为截面高度；α 为截面受拉区 RPC 应力折减系数；σ_c 为截面最大压应力；ε_s 为纵向受拉钢筋拉应变；E 为 RPC 材料的弹性模量；b 为 RPC 预应力梁的宽度。

首先联立式(1.7)中前两个公式求解中性轴位置，然后使用后两个公式即可求得截面极限承载力。

本章参考文献[46]的成果不是基于试验结果得到的，还有待验证，在达到正截面承载能力极限状态时，将受压区 RPC 的应力图形简化为三角形的做法还有待商榷。受拉区 RPC 的拉应力折减系数取 $0.4 \sim 0.7$，在某些时候可能偏大，也需通过试验来检验或修正。截面塑性影响系数的计算未考虑截面高度的影响，其适用性也需通过试验检验与完善。

1.3　活性粉末混凝土的应用现状

1.3.1　大跨结构中的预应力构件

在具有相同抗弯能力的前提下，RPC 结构的质量仅为钢筋混凝土结构的 $1/2$ 和 $1/3$，与钢结构相近，这对减轻结构自重、增加跨越能力、发展预应力混凝土技术具有极其重要的意义。RPC 的超高强度及高韧性与预应力技术结合，在保证结构整体刚度的同时将进一步增加跨越能力。RPC 的徐变收缩小，其徐变不足普通混凝土或高强混凝土的 10%；收缩也很小，如果进行热养护的话，热养护之后没有残余收缩。因此，RPC 预应力混凝土构件几乎不存在由材料收缩或徐变引起的预应力损失，提高了张拉控制应力的工作效率。

RPC 材料与预应力技术相结合的工程实例有巴卡尔桥(图 1.3)、世界上第一座以 RPC 为材料的位于加拿大魁北克省谢布洛克(Sherbrooke)市的步行／自行车桥(图 1.4)及韩国首尔的 RPC 步行拱桥(图 1.5)。

巴卡尔桥位于克罗地亚里耶卡和塞尼之间的快速路上，跨越巴卡尔海峡，该桥跨度为

432 m,主拱圈的矢高 $f=72$ m,矢跨比 $f/l=1/6$,拱轴线为四次抛物线,以使其在竖向荷载作用下产生的弯矩最小。桥面结构是一个 22 跨连续箱梁,截面形式为单箱三室,主拱圈也是单箱三室的截面构造,其截面示意图如图 1.3(c)所示。基础、立柱和桥台采用现浇普通混凝土,桥梁的其余部分(主要是主拱圈和桥面连续梁)采用 RPC200 预制构件,该桥的节段有些类似于钢箱梁,但它没有纵向加劲肋,因此节段的几何形状较简单,通过吊装拼接技术完成预制构件的施工就位。由于拱桥以受压为主,其材料选用具有较高强度的 RPC 是比较合理的,而且海水环境对材料的耐久性要求较高,RPC 的高耐久性也可以得到发挥。

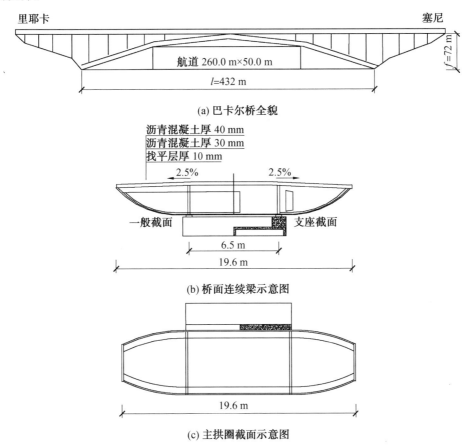

(a) 巴卡尔桥全貌

(b) 桥面连续梁示意图

(c) 主拱圈截面示意图

图 1.3　巴卡尔桥

加拿大 Sherbrook 步行/自行车桥建于 1997 年 7 月,是世界上第一座用 RPC 材料建造的大型建筑结构,它是由美国、加拿大、瑞士和法国共同进行 RPC 开发的一项试点工程。这座桥长 60 m,桥面宽 4.2 m,当地气候条件恶劣,湿度大,冬季严寒,最低温度达 −40 ℃,雪天需经常洒盐水化冰,对结构的耐久性要求很高。该桥的设计利用了 RPC 优异的力学性能,将 RPC 新材料与后张预应力技术相结合,设计者采用三维空间桁架的设计思想,在荷载作用下结构的上弦杆(包括上弦纵梁和桥面板)中产生压力,在下弦杆中产生的拉力被预应力抵消,剪力在腹杆中产生拉力或压力,其中受拉腹杆中拉力被腹杆中的预应力抵消,其他所有的次拉力由 RPC 直接承受。桥面板(兼做桁架的上弦)宽

3.3 m,由厚 30 mm 的预制板和两根纵梁构成,纵梁提供与腹板的连接;桁架腹杆由钢管 RPC 制成,将 RPC200 浇筑在直径为 150 mm、壁厚为 3 mm 的薄壁钢管内,在硬化过程中加压以增加密实度和强度,同时施加沿钢管轴线的预加应力;上下弦通过腹杆连接成整体。结构的纵向预应力设在两根下弦梁中,在板的横向加劲肋中设有后张拉的横向单根钢绞线,用于保证荷载的均匀分布。预应力 RPC 结构在极大减轻结构自重的同时保证了结构的整体刚度。该桥建成后至今使用状态良好。这一工程最突出的特点是完全用 RPC 制造,预制构件用起重机现场安装。这一设计使 RPC 具有的优越力学性能得到充分发挥。

图 1.4 Sherbrook 步行 / 自行车桥全貌及其结构形式

韩国首尔的 Sun－Yu 步行拱桥连接着首尔南部和首尔中部的 Sun－Yu 岛。该拱桥跨度为 120 m,拱高为 15 m,该桥由 6 段拼装而成,每段长 20 m,拱的宽度为 4.3 m,上部面板厚度为 30 mm,并在长度方向有高为 100 mm、间隔 1.225 m 的横肋加固,该桥的主拱圈由 RPC200 材料建造,从图 1.5 中可以看出桥体结构外观比较轻盈。

图 1.5 韩国首尔的 RPC 步行拱桥全貌

美国伊利诺伊州于 2001 年使用 RPC 建成了直径为 18 m 的圆形屋盖,其由 24 块厚 12.7 mm 的工厂预制的 π 形板组成。该屋盖未使用任何钢筋,现场拼装用时 11 天,比采用钢结构少用了 20 多天。该屋盖结构获 2003 年 Nova 奖提名。

1.3.2 预制构件

RPC 具有较高的抗压强度和抗拉强度,从而在设计中能够采用更薄和更加新颖合理的截面形式。用 RPC 可生产桥梁预制构件、预制管桩、电杆、管道、轨枕、路面板、护壁和栏杆等制品,也可以用 RPC 代替铸铁来生产建筑制品。试验研究发现,所配制的 RPC 断裂能达 15 000 ～ 20 000 J/m²,超过了铸铁的断裂能,因此可使用 RPC 代替铸铁生产井盖、地下管道和模具等。

1.3.3　人行道板

法国的 Roux 等人通过耐磨性试验得到了 C30、C80 和 RPC200 的耐磨系数,见表1.8。

表 1.8　C30、C80 和 RPC200 的耐磨性试验结果

混凝土类别	C30	C80	RPC200
耐磨系数	4.0	2.8	1.3

耐磨系数是由试件的磨损量与玻璃的磨损量之比来表征的,结果发现 RPC200 的耐磨系数仅为 1.3,可以与金刚砂配制的水泥砂浆媲美(耐磨系数为 1.2)。

深圳市政设计院的李忠和黄利东按照我国《混凝土及其制品耐磨性试验方法》规定的滚珠轴承法测定 RPC 的耐磨性,其平均磨坑长度为 25.1 mm,根据《混凝土路面砖》(JC/T 446—2000)可知,其耐磨性达到优等品的要求。

由上面试验结果可以看出,RPC 具有相当好的耐磨性,因此可以用于人行道板。

北京交通大学进行了 RPC 人行道板的设计及试验,目前已将该种人行道板成功应用于北京五环路斜拉桥隔离带,如图 1.6 所示。由于板内不配钢筋,为安全起见,要求板在使用过程中处于弹性工作状态,受拉区不允许开裂,取较低的容许应力值。

图 1.6　北京五环路斜拉桥隔离带 RPC 人行道板的应用

中铁一局集团有限公司的科研项目“铁路客运专线桥梁用 RPC 人行道盖板制备技术与生产工艺研究”通过评审,RPC 材料将首次在郑西客运专线应用,课题组针对原材料选取、配合比设计、成套设备的设计和研发、生产工艺及配置参数等进行了系统研究。

另外,中铁丰桥桥梁有限公司平谷分公司也将 RPC 材料应用到简支 T 梁中。

1.3.4　核电站冷却塔改造

由于 RPC 的孔隙率极低,它不但能够防止放射性物质从内部泄露,而且能够抵御外部侵蚀性介质的腐蚀,因此是制备新一代核废料储存容器的理想材料。法国利用 RPC 这一性能对一座核电站的冷却塔进行了改造。冷却塔的内部结构是由横纵梁交错构成的桁架支承引导废液的倾斜面板。因为废料的侵蚀性能极强,所以利用 RPC 材料抗渗性能好的优点,来替换原有的已被严重腐蚀的桁架梁。此项改造工程所用的 150 根横梁和 685 根纵梁仅在一年半的时间内制作完成。梁的截面采用 I 字形。

1.3.5　水工结构、下水道系统工程

试验研究发现,RPC 具有优越的抗冻性能、抗碳化性能、抗氯离子侵蚀性能、抗硫酸盐侵蚀性能和抗化学溶液侵蚀性能,因此 RPC 是替代普通混凝土应用于水工结构的不错

选择。在实际工程中，主要将 RPC 应用于提高坝面的抗渗性能和抗裂性能，以及高速水流作用的部位，如溢洪道、泄水孔、有压输水道、消力池和闸底板等。在国外许多坝用 RPC 进行修补，纤维体积掺量一般在 1.5% ～ 3.0%，经过一年运行后检查，未发现严重的磨蚀和剥落。工程实践表明，RPC 有很强的抗气蚀能力（高压气体或液体以高速作用到物体表面上，久而久之造成物体的侵蚀性破坏，抵抗这种破坏的能力称为抗气蚀能力）和抗冲磨能力，可以抵抗严酷条件下的气蚀和冲磨作用。例如，RPC 在葛洲坝二江泄水闸和映秀湾电站拦河闸底板修补中的试用，效果突出。

另外在海洋工程方面，日本和挪威基于 RPC 的抗渗性能和抗裂性能对其进行了应用尝试。例如，日本用 RPC 做钢管桩防蚀层，海水中浸泡试验表明 RPC 具有很强的防蚀能力，钢管桩表面无锈蚀且仍有金属光泽。国外还将其用于海底输气管道的隧洞衬砌、海底核废料库的支护、海上采油平台后张预应力管道孔的封堵及码头混凝土受海水腐蚀部位的修补等。

1.3.6　钢管活性粉末混凝土结构

无纤维 RPC 制成的钢管混凝土，发挥了 RPC 和钢材的性能优势，具有极高的抗压承载力、弹性模量和抗冲击韧性，用它来做高层或超高层建筑的支柱，可大幅度减小截面尺寸，增加建筑物的使用面积。钢管无纤维活性粉末混凝土的构件形式已在加拿大 Sherbrook 桥的桁架结构中应用，实践证明钢管中采用无纤维 RPC 后可以减小构件的截面尺寸，是一种很有发展前景的构件形式。此外，由于钢纤维的价格较高，无纤维 RPC 比有纤维 RPC 成本要低得多，因此无论是从力学观点，还是从经济角度考虑，无纤维 RPC 钢管混凝土都具有很大的发展潜力。

1.4　本　章　小　结

本章介绍了国内外学者在 RPC 配合比、力学性能、结构设计等方面取得的研究成果，以及部分工程的应用实例。作为一种高强度、高韧性及耐久性的新型建筑材料，RPC 有着广阔的应用前景。

本章参考文献

[1] SHILSTION J S. Needed-paradigm shifts in the technology for normal strength concrete[J]. ACI Special Publication, 1994(144)：61-84.

[2] 马铭彬. 高强砼的发展与应用[J]. 广西科技大学学报, 1995(4)：44-48.

[3] 杨久俊, 吴科如. 混凝土科学未来发展的思考[J]. 混凝土, 2001(3)：3-9.

[4] 王震宇, 陈松来, 袁杰. 活性粉末混凝土的研究与应用进展[J]. 混凝土, 2003(11)：39-41.

[5] RICHARD P. Reactive powder concrete：A new ultra-high strength cementitious material[C]. Paris：The 4th International Symposium on Utilization of High Strength/High Performance Concrete, 1996：1343-1349.

[6] RICHARD P, CHEYREZY M. Reactive powder concrete with high ductility and 200 MPa – 800 MPa compressive strength[J]. ACI Special Publication, 1994(144)：507-518.

[7]CHEYREZY M，MARET V，FROUIN L. Microstructural analysis of RPC(Reactive Powder Concrete)[J]. Cement and Concrete Research,1995，25(7):1491-1500.

[8]FEYLESSOUFI A，VILLIÉRAS F，MICHOT L J，et al. Water environment and nanostructural network in a reactive powder concrete[J]. Cement and Concrete Composites,1996,18(1):23-29.

[9]RICHARD P，CHEYREZY M. Composition of reactive powder concretes[J]. Cement and Concrete Research,1995，25(7):1501-1511.

[10]LONG G，WANG X，XIE Y. Very-high-performance concrete with ultrafine powders[J]. Cement and Concrete Research,2002，32(4):601-605.

[11]ZANNI H，CHEYREZY M，MARET V，et al. Investigation of hydration and pozzolanic reaction in Reactive Powder Concrete (RPC) using 29 Si NMR[J]. Cement and Concrete Research,1996，26(1):93-100.

[12]SHAYAN A，XU A. Value-added utilization of waste glass in concrete[J]. Cement and Concrete Research,2004，34(1):81-89.

[13]FEYLESSOUFI A，TENOUDJI F C，MORIN V，et al. Early ages shrinkage mechanisms of ultra-high-performance cement-based materials[J]. Cement and Concrete Research,2001，31(11):1573-1579.

[14]MORIN V，COHENTENOUDJI F，FEYLESSOUFI A，et al. Evolution of the capillary network in a reactive powder concrete during hydration process[J]. Cement and Concrete Research,2002，32(12):1907-1914.

[15]覃维祖. 活性粉末混凝土的研究. 水泥基复合材料科学与技术——吴中伟院士从事科教工作 60 年学术讨论会论文集[M]. 北京:中国建材工业出版社,1999.

[16]潘金生，全健民，田民波. 材料科学基础[M]. 北京:清华大学出版社,1998.

[17]DUGAT J. Mechanical properties of reactive powder concrete[J]. Materials and Structures,1996，29(4):233-240.

[18]张静. 一种新型超高性能混凝土——活性粉末混凝土(RPC)[J]. 海峡科学，2002(5):45-46.

[19]施韬，叶青. 活性粉末混凝土的研究和应用中存在的问题[J]. 新型建筑材料，2003(5):23-25.

[20]姚志雄. 新型活性粉末混凝土(RPC)为基底材料的断裂性能研究[D]. 福建:福州大学,2005.

[21]BONNEAU O，POUHN C. Reactive powder concrete from theory to practice[J]. Concrete International,1996，18(4):47-49.

[22]AITCIN P C，RICHARD P. The pedesrain bikeway bridge of sherbrooke[C]. Paris：In the 4th International Symposition of Utilization of High Strength/High Performance Concrete,1996：1399-1403.

[23]吴炎海，何雁斌，杨幼华. 活性粉末混凝土(RPC)的性能研究及应用前景[J]. 福建建筑,2002(4):50-52.

[24]曹峰，覃维祖. 超高性能纤维增强混凝土初步研究[J]. 工业建筑,1999，29(6):42-44.

[25]何峰，黄政宇. 200～300 MPa活性粉末混凝土(RPC)的配制技术研究[J]. 混凝土与水泥制品,2000(4):12-14.

[26]龙广成，谢友均，陈瑜. 养护条件对活性粉末砼(RPC200)强度的影响[J]. 混凝土与水泥制品,2001(3):15-16.

[27]吴炎海，何雁斌，杨幼华. 活性粉末混凝土(RPC200)的力学性能[J]. 福州大学学

报(自然科学版),2003,31(5):598-602.

[28] 刘斯凤,孙伟,张云升,等. 绿色环保型活性粉末混凝土制备技术的研究[J]. 建筑技术,2003,34(1):598-602.

[29] CHAN Y W, CHU S H. Effect of silica fume on steel fiber bond characteristics in reactive powder concrete[J]. Cement and Concrete Research,2004,34(7):1167-1172.

[30] 杨志慧. 不同钢纤维掺量活性粉末混凝土的抗拉力学特性研究[D]. 北京:北京交通大学,2006.

[31] 吴炎海,林震宇,孙士平. 活性粉末混凝土基本力学性能试验研究[J]. 山东建筑大学学报,2004,19(3):7-11.

[32] 单波. 活性粉末混凝土基本力学性能的试验与研究[D]. 长沙:湖南大学,2002.

[33] 林清. 纤维约束活性粉末混凝土基本力学性能研究[D]. 福州:福州大学,2005.

[34] 马亚峰. 活性粉末混凝土(RPC200)单轴受压本构关系研究[D]. 北京:北京交通大学,2006.

[35] 刘斯凤,孙伟,林玮,等. 掺天然超细混合材高性能混凝土的制备及其耐久性研究[J]. 硅酸盐学报,2003,31(11):64-69.

[36] 安明喆,杨新红,王军民,等. RPC 材料的耐久性研究[J]. 建筑技术,2007,38(5):367-368.

[37] 杨昊生,黄政宇. 活性粉末混凝土耐久性能研究[J]. 混凝土与水泥制品,2003(1):19-20.

[38] ROUX N, ANDRADE C, SANJUAN M A. Experimental study of durability of reactive powder concretes[J]. Journal of Materials in Civil Engineering,1996,8(1):1-6.

[39] 宋少民,未翠霞. 活性粉末混凝土耐久性研究[J]. 混凝土,2006(2):72-73.

[40] 施惠生,施韬,陈宝春,等. 掺矿渣活性粉末混凝土的抗氯离子渗透性研究[J]. 同济大学学报(自然科学版),2006,34(1):93-96.

[41] 未翠霞,宋少民. 大掺量粉煤灰活性粉末混凝土耐久性研究[J]. 新型建筑材料,2005(9):27-29.

[42] 叶青,朱劲松,马成畅,等. 活性粉末混凝土的耐久性研究[J]. 新型建筑材料,2006(6):33-36.

[43] 万见明,高日. 活性粉末混凝土梁正截面抗裂计算方法[J]. 建筑结构,2007(12):93-96.

[44] 王兆宁. 活性粉末混凝土矩形截面配筋梁抗弯性能研究[D]. 北京:北京交通大学,2008.

[45] 王文雷. RPC 预应力梁相关设计参数研究[D]. 北京:北京交通大学,2006.

[46] 张燕. 活性粉末混凝土在结构工程中的应用及发展[J]. 河南建材,2003(4):18-20.

[47] AITCIN P C. Cements of yesterday and today:concrete of tomorrow[J]. Cement and Concrete Research,2000,30(9):1349-1359.

[48] 周文元. 活性粉末混凝土在道路桥梁工程中的应用[J]. 水运工程,2004(12):103-105.

[49] REBENTROST M, CAVILL B. Reactive powder concrete bridges[C]. Australia:Aust Roads Conference,2006:11.

[50] 李忠,黄利东. 钢纤维活性粉末混凝土耐久性能的研究[J]. 混凝土与水泥制品,2005(3):42-43.

[51] 闫光杰,阎贵平,方有亮. RPC200 人行道板抗弯承载力试验研究[J]. 中国安全科学学报,2004,14(2):87.

第2章　RPC配制技术研究

2.1　概　　述

随着社会经济的发展,建筑结构向超高层、超大跨度等"高、精、尖"方向发展,并且越来越多地应用于冻融地区和侵蚀环境中,这对混凝土的力学和耐久性能提出了更高的要求。而活性粉末混凝土是 Richard 于 1993 年成功研制的一种超高强度、高韧性、高耐久性、体积稳定性好的新型水泥基复合材料,其抗氯离子渗透性能、抗碳化性能、抗冻融性能、抗腐蚀性能等耐久性能指标均大幅优于普通混凝土,能满足海洋工程、化工车间、盐湖地区工程等高侵蚀环境对建筑材料耐久性的更高要求。国外学者 Feylessoufi、Teichmann 和 Schmidt、Halit Yazici、Van、R. Yu 等从矿粉或稻壳灰取代硅灰、水胶比变化、原材料粒径分布优化和养护制度(标准养护、100 ℃蒸汽养护、210 ℃和 2 MPa 蒸压养护及加压成型 30 MPa,8 h)等方面研究了各因素对 RPC 抗压强度的影响规律,获得了水胶比为 0.14、50 MPa 下加压成型 4 h 后在 250 ℃下蒸压养护 7 d,尺寸为 $\phi70$ mm $\times$ 100 mm 的圆柱体、抗压强度为 487 MPa 的 RPC。我国学者曹峰在国内首次报道了 RPC 配比的研究进展,吴炎海、安明喆、郑文忠、黄政宇、覃维祖、施惠生、孙伟和龙广成等人在 RPC 配制方面都进行了有益尝试,在掺入粉煤灰、碱矿渣、钢渣等取代胶凝材料、原材料的本地化、钢纤维特性、养护制度对 RPC 材料活性影响和 RPC 经济性上取得了一定成果,在 RPC200 级配制技术上已趋于成熟并形成了国家标准《活性粉末混凝土》(GB/T 31387—2015),其成果已应用于高速铁路桥梁、工业厂房改造、人行道板、沟槽盖板等实际工程中,于 2016 年完成了国内首座活性粉末混凝土全预制拼装连续箱桥梁 —— 长沙市开福区北辰三角洲横四路北辰虹桥,其桥面厚度仅 200 mm,却可以承载重型卡车通过。为在实际工程中推广应用 RPC,吕雪源以 70.7 mm $\times$ 70.7 mm $\times$ 70.7 mm 的立方体抗压强度标准值为依据,按 10 MPa 为一级,将 RPC 立方体抗压强度划分为 90 ～ 100 MPa、100 ～ 110 MPa……200 ～ 210 MPa 共十二级,而《活性粉末混凝土》对不同等级的 RPC 制备给出了指导性意见,但对配合比设计的系统化方法和详细步骤尚不明确。因此,本章在前人研究的基础上,探讨了水胶比、养护制度和钢纤维掺量等关键参数对 RPC 强度和流动度的影响,配制出了强度在 60.85 ～ 172.44 MPa 和 77 ～ 215 MPa 的两组 RPC,并对二者的配合比进行了优化,以便为实际工程中推广应用 RPC 提供参考。

2.2　150 MPa 级 RPC 配合比研究

2.2.1　原材料

本组 RPC 配合比试验所用原材料主要有水泥、石英砂、硅灰、粉煤灰、矿渣粉、高效减水剂和钢纤维等。以下对各原材料分别进行介绍。

1. 水泥

水泥是配制 RPC 最基本的原材料,与水、硅灰、矿渣粉、粉煤灰等活性材料混合后经过复杂的水化反应由可塑性的浆体生成坚硬的水泥石,并将各种散状、粒状材料胶结在一起。配制 RPC 应选用质量稳定、强度等级不低于 P. O. 42.5 级的硅酸盐水泥或普通硅酸盐水泥,同时要考虑水泥与高效减水剂的相容性。理论上强度等级越高的水泥越容易配制出高强度的 RPC,但由于购买 P. O. 52.5 级及以上标号的水泥有一定困难,因此,结合哈尔滨当地的实际情况,本组试验选用哈尔滨水泥厂生产的 P. O. 42.5 级硅酸盐水泥,其物理性能和化学成分见表 2.1 和表 2.2。

表 2.1　试验用水泥的物理性能

抗折强度 /MPa		抗压强度 /MPa		细度	安定性	凝结时间	
3 d	28 d	3 d	28 d	/%	(3 d)	初凝	终凝
4.8	6.8	21.3	50.8	1.8	合格	1 h 3 min	2 h 40 min

表 2.2　试验用水泥的化学成分　　　　　　　　　%

SiO_2	SO_3	Fe_2O_3	MgO	CaO	Al_2O_3	Ti_2O_3	烧失量
21.40	2.58	3.50	1.46	64.48	5.45	0.58	2.51

2. 石英砂

石英砂在 RPC 中起到集料的作用,具有很高的硬度和优良的界面条件。在选择石英砂的时候主要考虑其平均粒径、粒径范围、颗粒形状及掺加的比例等因素。根据最大密实度模型理论,RPC 各组分的粒径范围应层次分明,其中水泥颗粒的粒径仅次于石英砂,其粒径范围为 $80 \sim 100~\mu m$。为避免石英砂的粒径与水泥的粒径冲突,石英砂粒径范围应限制在 $150 \sim 600~\mu m$,平均粒径为 $250~\mu m$ 左右,且颗粒的形状应为球形,石英砂矿物成分中 SiO_2 的质量分数不宜低于 99%。

本次试验选用哈尔滨晶华水处理材料有限公司生产的石英砂,规格为 $40 \sim 70$ 目（$600 \sim 360~\mu m$）和 $70 \sim 140$ 目（$360 \sim 180~\mu m$）,其理化指标见表 2.3。

为了进行对比,未掺钢纤维 RPC 配比试验中还选用了粒径为 $0.35 \sim 0.5~mm$ 的优质工程砂,用来验证用工程砂代替石英砂是否可行。

表 2.3　试验用石英砂的理化指标

规格		质量分数 /%	
目数 / 目	粒径范围 /μm	$w(SiO_2)$	$w(Fe_2O_3)$
$40 \sim 70$	$600 \sim 360$	99.6	0.02
$70 \sim 140$	$360 \sim 180$	99.6	0.02

3. 硅灰

硅灰是铁合金厂生产金属硅或硅铁合金时得到的副产品。在 2 000 ℃ 高温下将石英还原为硅的过程中会产生 SiO_2 蒸气,该蒸气在低温区凝聚成无定形的球状玻璃颗粒,具有非常好的球形形态,此物质即为硅灰。硅灰的主要成分是颗粒极细的 SiO_2,在微观结构上,这种 SiO_2 是非晶质,不同于石英砂中的 SiO_2,属于无定形结构。其物质质点不是处于能量平衡的位置,具有化学不稳定性,因此硅灰是一种具有高活性的火山质材料,是配制 RPC 不可或缺的组分。硅灰在 RPC 中主要起到以下三方面的作用:

（1）填充效应。硅灰的平均粒径约为水泥直径的 1%,能够很好地填充于水泥颗粒的孔隙间,其效果如同水泥颗粒填充在细骨料之间和细骨料填充在粗骨料之间一样,从微观尺度上增加了 RPC 的密实度,进而提高了 RPC 的强度。

(2) 火山灰效应。拌和 RPC 时,硅灰和水接触,部分小颗粒迅速溶解,并与水泥水化产生的对强度不利的 $Ca(OH)_2$ 反应生成性能较为稳定的 $C-S-H$ 凝胶,即所谓火山灰效应。研究表明,在有硅灰存在的情况下,水泥水化早期产物中的 $Ca(OH)_2$ 随着龄期的延长变得越来越少,甚至完全反应。这些来源于硅灰和 $Ca(OH)_2$ 的 $C-S-H$ 凝胶多生成于水泥水化的 $C-S-H$ 凝胶孔隙中,大大提高了 RPC 的密实度。

(3) 孔隙溶液化学反应。在水泥-硅灰水化体系中,硅灰与水泥的比例提高则水化产物的 Ca-Si 比降低。Ca-Si 比低,相应的 $C-S-H$ 凝胶就会结合较多的其他离子,如铝(Al)离子和碱金属(K、Na)离子,这样就会使孔隙的碱金属离子浓度大幅度降低,这就是所谓的孔隙溶液化学反应。增加硅灰的用量,则孔隙溶液的 pH 降低。这是碱金属离子和 $Ca(OH)_2$ 与硅灰反应消耗引起的,能够有效降低甚至消除碱-硅酸反应的危害。同时,硅灰还可以提高 RPC 的电阻率和大幅度降低氯离子的渗透率,从而提高 RPC 的耐久性。

未掺钢纤维 RPC 配比试验采用遵义铁合金有限责任公司生产的硅灰,SiO_2 质量分数为 93.95%,比表面积为 18 000 m^2/kg。掺钢纤维 RPC 配比试验为了对比不同硅灰对 RPC 强度和流动度的影响,分别选用两种硅灰:唐山铁兰建材有限公司生产的硅灰,SiO_2 质量分数为 85.72%,比表面积为 24 200 m^2/kg;宁夏惠农区天先特种材料研究所的硅灰,SiO_2 质量分数为 92.18%,比表面积为 18 230 m^2/kg。试验用硅灰的化学指标见表 2.4。

表 2.4　试验用硅灰的化学指标 %

产地	$w(SiO_2)$	$w(Fe_2O_3)$	$w(MgO)$	$w(CaO)$	$w(Al_2O_3)$	$w(Na_2O)$	$w(C)$	烧失量
遵义	93.95	0.59	0.27	1.95	—	0.17	1.06	2.25
唐山	85.72	1.0	0.7	0.3	1.2	1.5	—	3.45
宁夏	92.18	0.81	0.38	1.93	—	2.07		2.13

4. 粉煤灰

热力发电厂将煤磨成 100 μm 以下的煤粉,由预热空气将其送入煤粉锅炉炉膛燃烧而成的残渣称为粉煤灰。粉煤灰在混凝土中具有活性效应、形态效应和微集料效应 3 种不同的效应功能。其中形态效应和微集料效应是水泥颗粒不具备的特性。形态效应表现在粉煤灰的矿物组成主要是海绵玻璃体和铝硅酸盐玻璃微珠,这些球形玻璃体表面光滑,粒度细,质地致密,内比表面积小,在高效减水剂的共同作用下,能大大提高混凝土的流动性,改善混凝土的施工性能。微集料效应表现在粉煤灰颗粒均匀地掺和分布在水泥颗粒之中,阻止了水泥颗粒的黏聚,有利于混合物的水化反应,相应地减少了用水量,提高了混凝土的密实性。与硅灰类似,粉煤灰也具有火山灰效应。粉煤灰中含有大量的 SiO_2 和 Al_2O_3,能与水泥水化物中的 $Ca(OH)_2$ 进行二次水化反应,生成水化硅酸钙和水化铝酸钙。

本节试验选用黑龙江省双达电力设备集团粉煤灰制品分公司生产的 Ⅰ 级粉煤灰,比表面积为 600 m^2/kg,其化学指标见表 2.5。

表 2.5 试验用粉煤灰的化学指标 %

$w(SiO_2)$	$w(Al_2O_3)$	$w(CaO)$	$w(MgO)$	$w(Fe_2O_3)$	$w(SO_3)$
57.6	30.8	3.0	1.7	5.8	1.3

5. 矿渣粉

高炉冶炼生铁时得到的以硅酸钙和铝酸钙为主要成分的熔融物,经淬冷成粒后即为粒化高炉矿渣。其结构以玻璃体为主,具有很高的活性。将矿渣粉掺入 RPC 中,其中的活性成分与水泥水化生成的 $Ca(OH)_2$ 发生火山灰反应生成水化硅酸钙($C-S-H$)凝胶,填充于孔隙中,能起到减小孔隙率、增加结构致密度的作用,使得基体强度和抗渗性都有所提高。矿渣粉的粒径为 $3 \sim 6\ \mu m$,比水泥粒径(大部分为 $20 \sim 30\ \mu m$)小,比硅灰粒径($0.10 \sim 0.26\ \mu m$)大。矿渣粉可以填充水泥颗粒之间的孔隙,而粒径更小的硅灰又可以填充矿渣粉的孔隙,提高了胶凝材料的密实度。此外,矿渣粉是一种玻璃质材料,表面亲水性差,其需水性低于硅酸盐水泥,对减水剂的吸附作用也较小。矿渣颗粒形状呈多角形,因此它与水泥颗粒之间或其他矿物掺和料之间的接触面积小,对浆体有分散和填充的作用,减小了石英砂与泥浆、石英砂与石英砂之间的摩擦,降低了填充水泥颗粒空隙的用水量,使得浆体的流动度增大。

未掺钢纤维 RPC 配比试验采用鞍山钢铁集团矿渣开发公司的 S75 型矿渣粉,比表面积为 $4\ 200\ cm^2/g$。为了对比不同型号矿渣粉对 RPC 强度和流动度的影响,掺钢纤维 RPC 配比试验除选用上述矿渣粉,还选用了唐山铁兰建材有限公司的 S95 型矿渣粉,比表面积为 $5\ 500\ cm^2/g$,其化学指标见表 2.6。

表 2.6 试验用矿渣粉的化学指标 %

产地	$w(SiO_2)$	$w(Al_2O_3)$	$w(CaO)$	$w(MgO)$	$w(TiO_2)$	$w(Fe_2O_3)$	$w(MnO)$	$w(K_2O)$
鞍山	33.7	14.4	41.7	6.4	1.1	0.37	0.5	0.31
唐山	36.9	15.66	37.57	11.3	—	2.36	—	—

6. 高效减水剂

高效减水剂是高分子表面活性剂,具有很强的固－液界面活性作用。在水泥分散体系中,高分子表面活性剂能够吸附在水泥粒子表面上,使粒子表面能降低并形成带负电的强电场,在同种静电斥力作用下,使已包裹着水的水泥絮状粒子被分散,释放出包裹水,因此使水泥浆体的流动性大大提高。高分子表面活性剂的气－液表面活性小,几乎不降低水的表面张力,因此与基准混凝土保持相同坍落度时,掺入高效减水剂可大幅度减少混凝土的用水量,并且减水率随着掺量的增加而提高。高效减水剂的减水率可达 $15\% \sim 30\%$,比普通减水剂的减水率高了将近 3 倍。高效减水剂是配制 RPC 的重要材料,RPC 采用的水胶比比较低,如果不掺加减水剂则很难振捣成型。配制 RPC 的减水剂应该与所选用的水泥具有良好的相容性,这样才能达到良好的减水效果。减水剂用量少而混凝土流动度大,且新拌混凝土的坍落度经时损失小,则水泥与减水剂的相容性好,反之则相容性不好。

未掺钢纤维 RPC 配比试验选用山东莱芜汶河化工有限公司生产的高浓型萘系 FDN 高效减水剂,其为黄褐色粉末,主要成分是 β－萘磺酸甲醛高缩合物。掺钢纤维 RPC 配比试验除采用上述高效减水剂,还采用了上海花王化学有限公司生产的聚羧酸减水剂,其为黄褐色液体。

7. 钢纤维

混凝土是脆性材料,韧性较差。钢纤维的加入可以有效阻滞裂缝的发展,缓冲裂缝尖端的应力集中,从而使其抗拉强度、抗弯强度、抗剪强度等得到显著提高,其韧性、抗冲击、抗疲劳等性能也有较大改善。但由于 RPC 水胶比较低,加入钢纤维后搅拌成型比较困难,故钢纤维是造成 RPC 成本偏高的最主要原因。

考虑到钢纤维的利弊,分别进行了未掺钢纤维 RPC 配比试验和掺钢纤维 RPC 配比试验。掺钢纤维 RPC 配比试验采用的钢纤维是鞍山昌宏钢纤维厂出品的超细超短镀铜平直钢纤维,直径为 0.22 mm,长度为 13 mm。

2.2.2　未掺钢纤维 RPC 配比试验

1. 试验方法

试件选用 40 mm×40 mm×160 mm 的棱柱体试件。试件的抗压强度和抗折强度按《水泥胶砂强度检验方法(ISO 法)》(GB/T 17671—1999)测定。拌和物流动度的测定采用跳桌法,按《水泥胶砂流动度测定方法》(GB/T 2419—2005)测定。

试件制备步骤为:① 将原材料按配合比称量好,将砂、水泥、硅灰、粉煤灰和矿渣粉等胶凝材料倒入 JJ-5 型水泥砂浆搅拌机中,干搅拌 2 min,使其混合均匀。② 将 FDN 高效减水剂与水混合均匀后倒入搅拌机,搅拌 5 min。③ 将拌和物倒入三联胶砂模中,在混凝土高频振动台上振捣成型。④ 用湿布覆盖,室温下搁置 1 d 后拆模,放入养护箱,60 ℃下蒸汽养护 3 d,养护完成后让试件自然冷却至室温后再进行抗折及抗压试验。

2. 配合比及试验结果

在 RPC 中掺入火山灰质掺和料粉煤灰和矿渣粉,使混凝土在低水胶比下具有较高的水灰比,从而有利于水泥的早期水化;通过超细粉体的物理和化学作用进一步来提高混凝土的密实性。随着掺和料的加入,水泥和硅灰的用量相对降低,这对于防止混凝土开裂和收缩很有意义。为了尽可能多地使用这两种超细混合材料,以减少水泥和硅灰的用量,采用硅灰-超细矿渣微粉-水泥三元复合系统及硅灰-超细矿渣微粉-超细粉煤灰-水泥四元复合系统的复合技术,以充分发挥各种超细混合材粒径之间的叠加和成分互补效应。在此指导思想下,参考已有研究提出了 3 种不同的配合比,分别以 A、B、C 标注。同时,在相同配合比的情况下,对比研究了石英砂和普通砂对掺粉煤灰和矿渣粉 RPC 性能的影响,从而为普通砂在 RPC 中的应用提供初步的试验支持。以 B12 为例,B 指的是 B 组配合比,1 指的是 1 号水胶比,2 指的则是所用砂为普通砂(若为 1,则所用砂为石英砂)。各配合比均以水泥掺量为 1,其余组分掺量以与水泥掺量的比值表示。未掺钢纤维 RPC 配合比设计及试验结果见表 2.7。

表 2.7　未掺钢纤维 RPC 配合比设计及试验结果

编号	水胶比	水泥	硅灰	矿渣粉	粉煤灰	石英砂 1	石英砂 2	普通砂	w(减水剂)/%	流动度/mm	抗折强度/MPa	抗压强度/MPa
A11	0.22	1	0.08	0.47	0.70	1.7	1.7	—	4.5	192	22.42	96.98
A12	0.22	1	0.08	0.47	0.70	—	—	3.4	4.5	164	20.60	92.89
A21	0.26	1	0.08	0.47	0.70	1.7	1.7	—	4.5	219	21.18	84.58
A22	0.26	1	0.08	0.47	0.70	—	—	3.4	4.5	175	19.60	78.59
A31	0.30	1	0.08	0.47	0.70	1.7	1.7	—	4.5	242	20.25	74.76
A32	0.30	1	0.08	0.47	0.70	—	—	3.4	4.5	216	18.69	60.85
B11	0.20	1	0.25	0.62	0.62	1.5	1.5	—	5.0	173	23.40	105.96

续表2.7

编号	水胶比	水泥	硅灰	矿渣粉	粉煤灰	石英砂1	石英砂2	普通砂	w(减水剂)/%	流动度/mm	抗折强度/MPa	抗压强度/MPa
B12	0.20	1	0.25	0.62	0.62	—	—	3.0	5.0	126	21.63	101.57
B21	0.22	1	0.25	0.62	0.62	1.5	1.5	—	5.0	274	25.84	108.75
B22	0.22	1	0.25	0.62	0.62	—	—	3.0	5.0	185	24.53	102.00
B31	0.26	1	0.25	0.62	0.62	1.5	1.5	—	5.0	300	24.02	97.66
B32	0.26	1	0.25	0.62	0.62	—	—	3.0	5.0	237	20.65	91.17
C11	0.20	1	0.20	0.80	—	1.2	1.2	—	4.0	174	23.75	106.60
C12	0.20	1	0.20	0.80	—	—	—	2.4	4.0	168	23.09	105.58
C21	0.25	1	0.20	0.80	—	1.2	1.2	—	4.0	268	20.52	96.82
C22	0.25	1	0.20	0.80	—	—	—	2.4	4.0	193	19.90	94.88

注:表中石英砂1为40～70目石英砂,石英砂2为70～140目石英砂,二者同时加入。

3.试验分析

图2.1所示为各试件拌和物的流动度。从图中可以看出,在A、B、C三组试件中,试件拌和物的流动度均随着水胶比的增大而相应地增大。相同水胶比的情况下,掺普通砂RPC流动度普遍比掺石英砂RPC流动度小,这主要是因为普通砂含泥量大于石英砂。除去B31组试件拌和物因为流动度太大无法用跳桌法测试之外,从A1组到C2组,掺加普通砂RPC的流动度与掺加石英砂RPC的流动度比值的平均值为0.81。在水胶比具有相同的差值时,掺加石英砂RPC流动度的变化比较大。也就是说,要提高相同的流动度值,掺加普通砂的RPC所需的水更多,这就使得RPC内部有机会生成更多的孔隙,从而影响其强度。

各试件的抗折强度和抗压强度分别如图2.2和图2.3所示。由图可知,由于基准配合比的不同,A、B、C三组试件表现出不同的强度特征。RPC的强度大体随水胶比的增大而减小。B组和C组试件的强度比A组的要大,这是因为A组试件的硅灰掺量偏低,而粉煤灰和矿渣粉的水化速度相对较慢。另外,各活性粉末之间,由于物质组成不同,其本身活化效果也有差异。一般来讲,硅灰活性指数最好,矿渣粉次之,然后是粉煤灰。硅灰掺量越大,混凝土的早期强度发展就越迅速,所以为了减小粉煤灰和矿渣粉的掺量较大对混凝土前期强度的影响,掺加适量的硅灰是很有必要的。

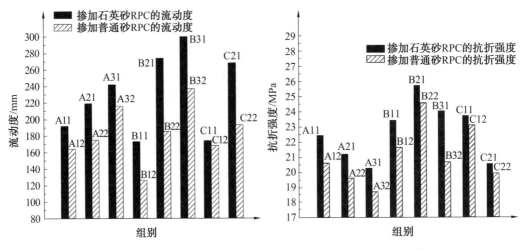

图2.1　各试件拌和物的流动度　　图2.2　各试件的抗折强度

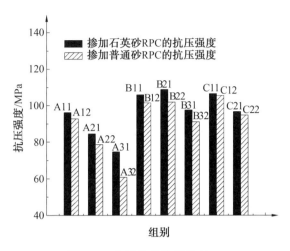

图 2.3　各试件的抗压强度

由表 2.7 的试验数据可知,掺普通砂 RPC 和掺石英砂 RPC 的强度相差并不是很大。各组抗折强度比值的平均值为 0.93,抗压强度比值的平均值为 0.94。从力学性能上看,在实际工程中选用级配和清洁度等质量指标较好的普通砂配制掺粉煤灰和矿渣粉的RPC 是可行的。

4. 优选配合比

综合考虑未掺钢纤维 RPC 配合比试验中各组试件的力学性能指标,选取 B21 组配合比作为下一步试验的未掺钢纤维 RPC 的优选配合比(见表 2.8)。

表 2.8　未掺钢纤维 RPC 的优选配合比

水胶比	水泥	硅灰	矿渣粉	粉煤灰	石英砂 1	石英砂 2	w(减水剂)/%
0.22	1	0.25	0.62	0.62	1.5	1.5	5

2.2.3　掺钢纤维 RPC 配合比试验

1. 试验方法

试件选用 70.7 mm×70.7 mm×70.7 mm 立方体试件。RPC 拌和物流动度的测定采用跳桌法,按《水泥胶砂流动度测定方法》(GB/T 2419—2005)测定。试件抗压强度按照《建筑砂浆基本性能试验方法》(JGJ 70—2009)测定。

试件制备步骤:首先将水泥、硅灰、矿渣粉、粉煤灰、石英砂倒入搅拌锅,干拌 1 min 后加入水,搅拌 2 min 后加入减水剂,第 8 min 时快搅 1 min,之后再慢搅 1 min,共搅拌10 min。若掺入钢纤维,则在快搅之后放入,再搅拌 5 min。然后将拌和物装入试模,在混凝土高频振动台上振捣成型。室温下搁置 1 d 后拆模,放入养护箱,60 ℃下蒸汽养护3 d,养护完成后让试件自然冷却至室温后再进行试验。

2. 配合比及试验数据

掺钢纤维 RPC 配比试验共进行了 13 组配合比试验,考察了水胶比、石英砂掺量、矿物掺和料及钢纤维掺量(体积分数)等因素对 RPC 立方体抗压强度及其拌和物流动度的影响规律。掺钢纤维 RPC 配合比设计及试验结果见表 2.9。

表 2.9 掺钢纤维 RPC 配合比设计及试验结果

编号	水胶比	水泥	硅灰	矿渣粉	石英砂	w(减水剂)/%	φ(钢纤维)/%	流动度/mm	抗压强度 f_{cu}/MPa
A1	0.25	1	0.3	0.25	1.2	1.5	0	225.5	75.44
A2	0.22	1	0.3	0.25	1.2	1.5	0	179.5	79.44
A3	0.20	1	0.3	0.25	1.2	1.5	0	151.0	100.70
A4	0.18	1	0.3	0.25	1.2	1.5	0	143.5	106.27
A5	0.16	1	0.3	0.25	1.2	1.5	0	121.5	115.52
B1	0.20	1	0.3	0.25	1.0	1.5	0	172.5	79.26
B2	0.20	1	0.3	0.25	1.2	1.5	0	151.0	100.70
B3	0.20	1	0.3	0.25	1.4	1.5	0	151.5	85.74
B4	0.20	1	0.3	0.25	1.6	1.5	0	135.0	87.45
B5	0.20	1	0.3	0.25	1.8	1.5	0	126.5	85.35
C1	0.20	1	0.3	0.10	1.2	1.5	0	142.0	93.30
C2	0.20	1	0.3	0.25	1.2	1.5	0	151.0	100.70
C3	0.20	1	0.3	0.35	1.2	1.5	0	197.5	99.27
C4	0.20	1	0.3	0.45	1.2	1.5	0	197.0	84.69
D1	0.20	1	0.2	0.25	1.2	1.5	0	204.5	73.41
D2	0.20	1	0.3	0.25	1.2	1.5	0	151.0	100.70
D3	0.20	1	0.4	0.25	1.2	1.5	0	148.0	75.39
D4	0.20	1	0.5	0.25	1.2	1.5	0	147.5	92.83
E1	0.20	1	0.4	0.25	1.2	1.5	2	155.0	134.29
E2	0.20	1	0.5	0.25	1.2	1.5	2	152.0	132.70
F1	0.25	1	0.3	0.25	1.2	1.5	2	221.5	82.11
F2	0.20	1	0.3	0.25	1.2	1.5	2	146.0	119.28
F3	0.18	1	0.3	0.25	1.2	1.5	2	139.5	145.15
G1	0.20	1	0.3	—	1.4	1.5	0	153.5	90.11
G2	0.16	1	0.3	—	1.2	2	0	142.0	120.35
H1	0.20	1	0.3	0.15	1.4	1.5	0	160.0	97.54
H2	0.16	1	0.3	0.25	1.2	2	0	131.0	140.03
H3	0.20	1	0.3	0.15	1.2	1.5	0	163.0	101.21
J1	0.20	1	0.3	0.15	1.4	1.5	0	162.0	98.12
J2	0.16	1	0.3	0.25	1.2	2	0	132.5	146.42
J3	0.20	1	0.3	0.15	1.2	1.5	0	169.0	104.82
K1	0.20	1	0.3	0.15	1.2	3	0	138.0	130.70
K2	0.20	1	0.3	0.15	1.4	3	0	119.0	123.08
K3	0.20	1	0.3	0.15	1.4	3.5	0	120.5	115.92
K4	0.16	1	0.3	0.25	1.2	5	0	—	126.96
K5	0.18	1	0.3	0.15	1.2	3.5	2	—	142.07
K6	0.18	1	0.3	0.15	1.2	4	0	158.5	134.93
K7	0.20	1	0.3	0.15	1.2	3.5	2	176.5	144.06
K8	0.19	1	0.3	0.15	1.2	4	0	182.5	119.29

续表2.9

编号	水胶比	水泥	硅灰	矿渣粉	石英砂	w(减水剂)/%	φ(钢纤维)/%	流动度/mm	抗压强度 f_{cu}/MPa
K9	0.20	1	0.3	0.15	1.2	3.5	0	184.0	117.17
L1	0.17	1	0.3	0.15	1.2	4	0	162.5	137.76
L2	0.16	1	0.3	0.15	1.2	4	0	135.0	122.90
L3	0.16	1	0.3	0.25	1.2	4	0	146.0	130.89
L4	0.15	1	0.3	0.25	1.2	4	0	120.5	127.19
M1	0.18	1	0.3	0.15	1.2	4	1	146.5	151.28
M2	0.18	1	0.3	0.15	1.2	4	2	139.0	153.61
M3	0.18	1	0.3	0.15	1.2	4	3	127.0	169.34
M4	0.18	1	0.3	0.15	1.2	4	4	121.0	172.44
N1	0.17	1	0.3	0.15	1.2	4	2	130.0	154.23
N2	0.16	1	0.3	0.25	1.2	4	1	122.5	141.73
N3	0.20	1	0.3	0.15	1.2	3	2	200.0	154.94
N4	0.20	1	0.3	0.15	1.2	3	0	209.0	112.94

注：① 上述配合比中钢纤维为体积掺量,其余组分均指其与水泥的质量比。
　　② A～H 组试件使用哈尔滨亚泰水泥、宁夏硅灰、鞍钢 S75 矿渣或者黑龙江双达粉煤灰、哈尔滨
　　　晶华石英砂配制而成,其中 G1、G2 组将 S75 矿渣替换为与水泥质量比为 0.15 和 0.25 的粉
　　　煤灰。
　　③ J～K 组试件使用哈尔滨亚泰水泥、宁夏硅灰、唐山 S95 矿渣和哈尔滨晶华石英砂配制。
　　④ L～N 组试件使用哈尔滨亚泰水泥、唐山硅灰、鞍钢 S95 矿渣和哈尔滨晶华石英砂配制。
　　⑤ A～J 组试件使用上海花王聚羧酸减水剂、K－N 组试件使用莱芜汶河 FDN 减水剂配制。

3. 试验分析

(1) 水胶比对 RPC 性能的影响。

表2.9中A组试件考察了水胶比的变化对RPC性能的影响。由数据可知,RPC抗压强度随着水胶比的增大而减小,RPC拌和物流动度随着水胶比的增大而增大。由于掺水量的多少直接影响到RPC内胶凝材料的水化反应程度及基体的孔结构特征,因此水胶比是影响RPC抗压强度的重要因素。在保证混凝土流动性要求和成型密实设备能使混合料充分密实成型的条件下,水胶比越低,混凝土的抗压强度越高。但使用过低的水胶比对提高RPC强度的作用不太大,这是因为水胶比过低的RPC拌和物流动度很小,这使得RPC拌和物过于干硬,成型非常困难,气泡不易排出,在一定的成型条件下无法振捣密实。因此,RPC配合比设计时尽量不要选用过低的水胶比。本试验中最佳水胶比为0.20左右,此时RPC的强度和流动度都比较高。

(2) 石英砂掺量对 RPC 性能的影响。

B组试件考察了石英砂掺量的变化对RPC性能的影响。为了使RPC内部组分形成良好的级配,试验使用了40～70目和70～140目两种不同粒径的石英砂,比例为1:1。由试验结果可知,石英砂掺量越多,流动度越差。石英砂是RPC组分中粒径最大的骨料,石英砂掺量越大,胶凝材料相对掺量越小,包裹在石英砂表面的胶凝材料层越稀薄,因而导致拌和物流动度下降。RPC抗压强度随着石英砂掺量的增加先升高后降低,存在着一个石英砂掺量的饱和点,此时RPC各粒径范围的组分能够形成最优的级配,密实度较高,流动度也较好,容易振捣成型,试件内部的毛细孔和气孔较少,能使RPC得到较高的抗压强度。

（3）矿渣粉掺量对 RPC 性能的影响。

C 组试件考察了矿渣粉掺量变化对 RPC 性能的影响。矿渣粉与水泥质量比在 0.10～0.45 范围内变化时，RPC 流动度随着矿渣粉掺量的增加而增加，而 RPC 的抗压强度起初增加，矿渣粉与水泥掺量之比为 0.30 左右的抗压强度最高，随后抗压强度又逐步降低，和石英砂一样，矿渣粉掺量也存在饱和点。

（4）硅灰掺量对 RPC 性能的影响。

D 组试件考察了硅灰掺量对 RPC 性能的影响。当硅灰与水泥质量比在 0.2～0.5 范围内变化时，随着硅灰掺量的增多，RPC 拌和物的流动度随之降低，而抗压强度起初增加，在硅灰与水泥掺量之比为 0.3 时达到饱和点，超过饱和点后 RPC 的抗压强度降低。

随着硅灰掺量的增加，拌和物的流动度逐渐减小，这是因为硅灰比表面积很大，其细小的微粒能吸收水分和增加用水量，而且硅灰中的 SiO_2 在很短的时间内与 $Ca(OH)_2$ 生成水化硅酸钙凝胶物质，使拌和物变得比较黏稠。虽然球状体的硅灰也具有形态效应，但比表面积大而导致吸附水量增加的负面作用超过了形态效应的正面作用，因此硅灰掺量越多，拌和物的流动度越小。

（5）钢纤维掺量对 RPC 性能的影响。

由试验可知，掺钢纤维和不掺钢纤维 RPC 的不同表现在强度的提高和韧性的增强两个方面。不掺钢纤维 RPC 试件的破坏是瞬间炸裂破坏，碎块崩出，并伴有巨大的响声；掺钢纤维 RPC 可以看成由混凝土基体与钢纤维两部分组成，在受荷初期，混凝土基体与纤维共同受力，混凝土基体是主要受力者，纤维可以在一定程度上限制混凝土基体在外力作用下的微裂缝的发展，随着荷载增大裂缝进一步发展，混凝土基体就卸荷到钢纤维上，此时大部分外力由钢纤维来承担，到达峰值荷载后，试件的裂缝还在继续发展，钢纤维被拉断或者拔出，试块变得越来越扁胀，这期间消耗了大量的能量，材料破坏表现出很好的延性。以上试验现象说明在 RPC 中掺入钢纤维后改变了其破坏模式和变形性能，随着钢纤维掺量的增加，试件由角锥形剪切破坏的脆性方式逐渐转化到横向肿胀破坏的韧性方式，试件破坏时碎块被钢纤维束缚，完整性比较好。

由试验可知，RPC 拌和物流动度随钢纤维掺量增多而降低，这是由于钢纤维的比表面积比较大，需要足够的浆体包裹与填充，另外钢纤维的加入造成 RPC 拌和物内部的摩擦力增大，因此钢纤维掺量越多，和易性越差。M 组试验数据表明，钢纤维体积掺量为 1%～4% 的 RPC 抗压强度比不掺钢纤维的 RPC 抗压强度提高了 20～40 MPa，但是钢纤维不是掺量越多越好，掺得过多会影响其流动性，不能完全发挥作用，而且也不经济，所以钢纤维掺量应该综合考虑 RPC 强度、流动度和经济性三方面再进行选择。

（6）掺矿渣粉和掺粉煤灰 RPC 的性能比较。

由表 2.9 中 H 和 G 组试验结果发现，掺加矿渣粉的 H1、H2 组试件的流动度和抗压强度均高于掺加粉煤灰的 G1、G2 组试件，XRD 图谱结果和高温热分析结果显示，矿渣粉的活性高于粉煤灰，火山灰反应也快于粉煤灰；孔结构分析结果显示，掺矿渣微粉 RPC 的总孔隙率小于掺粉煤灰 RPC。粉煤灰具有一定的火山灰活性，经磨细的粉煤灰其玻璃质圆珠被破坏，结构疏松且多孔，比表面积大，容易吸收水分，填充在水泥颗粒间的水被吸附后，流动度减小。矿渣微粉经过骤冷处理，熔融的矿渣来不及结晶，大部分形成玻璃体结构，具有比粉煤灰更大的化学内能和化学活性，而粉煤灰玻璃微珠外层有致密的玻璃质外层，阻碍了粉煤灰与水的作用，反应速度相对较慢，所以粉煤灰混凝土早期强度明显低于矿渣微粉混凝土。

（7）矿渣粉比表面积对 RPC 性能的影响。

J 组配合比掺用了唐山铁兰建材有限公司生产的 S95 型矿渣粉，细度为 5 500 cm²/g 以上，H 组配合比掺用了鞍山钢铁集团生产的 S75 型矿渣粉，比表面积为 4 200 cm²/g，对比配合比相同的 J1 和 H1、J2 和 H2、J3 和 H3 的试验结果，流动度相差不大，J 组抗压强度比 H 组高。这是由于矿渣越细，活性指数越大，因此抗压强度也越高。矿渣是玻璃质材料，颗粒越细表面积越大，从而表面能越大，吸附的减水剂更多，流动性相应增加。

（8）掺加不同减水剂对 RPC 性能的影响。

A～J 组试件使用上海花王聚羧酸减水剂、K～N 组试件使用山东莱芜汶河高浓型 FDN 减水剂配制。从表中数据可以看到，使用高浓型 FDN 减水剂的 RPC 抗压强度较高，流动性好；使用聚羧酸减水剂的 RPC 流动性稍差，抗压强度较低。分析其原因如下：一方面是因为聚羧酸减水剂的生产工艺不稳定；另一方面是聚羧酸减水剂与该种水泥等其他掺和料的相容性不及高浓型 FDN 减水剂与其相容性好。这些问题需要发展进一步的研究，本书后续试验本着经济实用的原则选用了高浓型 FDN 减水剂。

2.2.4　优选配合比

综合考虑掺钢纤维配比试验中各组试件的抗压强度、流动度性能指标和经济指标，选取表 2.10 所示的配合比作为下一步试验的优选配合比。材料选用哈尔滨亚泰牌水泥、哈尔滨晶华石英砂、唐山硅灰、鞍钢 S95 型矿渣粉和山东莱芜汶河高浓型 FDN 减水剂。

表 2.10　掺钢纤维 RPC 的优选配合比

水胶比	水泥	硅灰	矿渣粉	石英砂	w（减水剂）/%	水	φ（钢纤维）/%
0.2	1	0.3	0.25	1.2	4	0.31	2

2.3　200 MPa 级 RPC 配合比研究

2.3.1　试验概况

优选原材料、采用最致密理论优化配比、掺入适量钢纤维和严格的养护制度是配制高性能 RPC 的关键，国内外学者对此发展了大量试配研究，其研究成果已形成国家标准《活性粉末混凝土》（GB/T 31387—2015）。本节选用国内学者推崇的水泥、硅灰和粉煤灰等组成的三元胶凝材料进行试配，其中水泥选用唐山冀东 P.O.42.5 级和 P.O.52.5 级普通硅酸盐水泥，硅灰选用上海天恺建材科技有限公司生产的 SF85、SF88、SF90、SF93 和 SF97 5 个等级硅灰，粉煤灰选用北京上联首丰建材有限公司生产的 I 级粉煤灰。为改善 RPC 流动性，采用超细微、光滑球状颗粒的纳米微珠部分取代粉煤灰作为胶凝材料，其平均粒径为粉煤灰的 1/20（≤ 1.00 μm），球体抗压强度超过 800 MPa。骨料选用河南绿之源环保科技有限公司生产的 40～80 目和 80～140 目高纯度石英砂。钢纤维选用鞍山市昌宏钢纤维厂生产的超细超短镀铜微丝钢纤维，直径为 0.20 mm，长度为 13 mm，抗拉强度为 2 850 MPa。减水剂采用北京建筑工程研究院研制的 AN4000 聚羧酸系高性能减水剂，含固量为 39.47%，减水率为 39%，为黄褐色液体。

试件装备步骤：首先将水泥、硅灰、粉煤灰、石英砂等粉体材料倒入水泥胶砂搅拌机中干拌 3～5 min,随后加入 50% 溶有全部减水剂的水搅拌 4～5 min,再加入剩余 50% 的水,待搅出混凝土浆体后均匀撒入钢纤维并搅拌 5 min。RPC 养护制度分为 3 种:

(1) 标准养护。

在 GN/T17671—40A 型水泥标准养护箱里养护 28 d,箱内温度为(20±2) ℃、相对湿度为 95%RH 以上。

(2) 蒸汽养护。

在 HJ-84 混凝土加速养护箱里养护 48 h,箱内保持 90 ℃ 恒温蒸汽,蒸汽养护后放入水泥标准养护箱静停 3 d。

(3) 蒸压釜养护。

蒸压釜内最大温度为 200 ℃,最大压力为 1.3 MPa,养护过程中釜内压力随养护时间的变化如图 2.4 所示。蒸压釜养护后放入水泥标准养护箱静停 3 d。

RPC 拌和物的流动度按照《水泥胶砂流动度测定方法》(GB 2419—1981) 中的跳桌法,采用水泥胶砂流动度测定仪测定。试件抗压强度按照《建筑砂浆基本性能试验方法》(JGJ 70—2009) 在 TYE - 3000B 型压力试验机上测得,立方体试件尺寸为 70.7 mm×70.7 mm×70.7 mm,取 3 个立方体强度平均值作为 RPC 强度。RPC 立方体的破坏模式如图 2.5 所示。

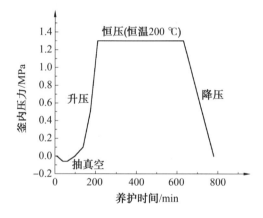

图 2.4　养护过程中蒸压釜内压力随养护时间的变化

图 2.5　RPC 立方体的破坏模式

2.3.2　200 MPa 级 RPC 抗压强度和流动性的影响因素分析

为考察水泥强度、水胶比和钢纤维掺量等因素对 RPC 抗压强度和流动性的影响,按

表 2.11 给定的 58 种配比进行试配,并测定流动度和抗压强度。表 2.11 中有 G1 ～ G6 这 6 组,其中 G1 考察水胶比为 0.16 和 0.20 时,P.O.42.5 和 P.O.52.5 水泥强度变化所带来的影响;G2 考察 3 种养护制度下水胶比为 0.16 ～ 0.26 时 RPG 强度和流动度的变化;G3 考察钢纤维掺量为 1% ～ 3% 时 RPG 强度和流动度的变化;G4 考察硅灰等级在对 RPC 强度和流动性的影响;G5 考察粉煤灰掺量对 RPC 强度和流动性的影响;G6 考察纳米微珠对 RPC 强度和流动性的影响。各配合比下的流动度和 70.7 mm × 70.7 mm × 70.7 mm 立方体抗压强度的平均值见表 2.11。

表 2.11　试验配合比设计及试验结果

组别	水胶比	粉煤灰	纳米微珠	φ(钢纤维)/%	养护制度	流动度/mm	抗压强度实测值/MPa	抗压强度计算值/MPa	强度相对误差/%
G1	0.16	0.15	0.15	—	C	136	158	161	1.9
	0.16	0.3	0.15	—	C	123	164	177	7.9
	0.20	0.3	—	—	C	187	129	128	0.8
	0.20	0.3	—	—	C	182	143	141	1.4
G2	0.16	0.15	0.15	—	A	136	129	130	0.8
	0.17	0.3	—	—	A	145	126	123	2.4
	0.18	0.3	—	—	A	159	117	116	0.9
	0.19	0.3	—	—	A	172	108	109	0.9
	0.20	0.3	—	—	A	187	103	104	1.0
	0.22	0.3	—	—	A	209	95	94	1.1
	0.24	0.3	—	—	A	223	86	86	0.0
	0.26	0.3	—	—	A	237	77	79	2.6
	0.16	0.15	0.15	—	B	136	138	143	3.6
	0.17	0.3	—	—	B	145	136	134	1.5
	0.18	0.3	—	—	B	159	129	126	2.3
	0.19	0.3	—	—	B	172	122	120	1.6
	0.20	0.3	—	—	B	187	113	114	0.9
	0.22	0.3	—	—	B	209	106	103	2.8
	0.24	0.3	—	—	B	223	97	94	3.1
	0.26	0.3	—	—	B	237	86	87	1.2
	0.16	0.15	0.15	—	C	136	156	161	3.2
	0.17	0.3	—	—	C	145	153	151	1.3
	0.18	0.3	—	—	C	159	147	143	2.7
	0.19	0.3	—	—	C	172	139	135	2.9
	0.20	0.3	—	—	C	187	131	128	2.3
	0.22	0.3	—	—	C	209	120	116	3.3
	0.24	0.3	—	—	C	223	105	106	1.0
	0.26	0.3	—	—	C	237	98	98	0.0

续表2.11

组别	水胶比	粉煤灰	纳米微珠	φ(钢纤维)/%	养护制度	流动度/mm	抗压强度实测值/MPa	抗压强度计算值/MPa	强度相对误差/%
	0.16	0.15	0.15	1	C	130	185	186	0.5
	0.16	0.15	0.15	2	C	127	197	199	1.0
	0.16	0.15	0.15	3	C	119	215	211	1.9
	0.18	0.3	—	1	C	148	173	165	4.6
	0.18	0.3	—	2	C	142	181	177	2.2
	0.18	0.3	—	3	C	138	193	187	3.1
G3	0.22	0.3	—	1	C	206	138	135	2.2
	0.22	0.3	—	2	C	201	150	144	4.0
	0.22	0.3	—	3	C	194	156	152	2.6
	0.26	0.3	—	1	C	236	110	114	3.6
	0.26	0.3	—	2	C	233	118	121	2.5
	0.26	0.3	—	3	C	229	123	128	4.1
	0.18	0.3	—	2	C	147	175	177	1.1
	0.18	0.3	—	2	C	154	178	177	0.6
G4	0.18	0.3	—	2	C	159	183	177	3.3
	0.18	0.3	—	2	C	163	181	177	2.2
	0.18	0.3	—	2	C	167	180	177	1.7
	0.18	0.15	—	2	C	137	182	177	2.7
	0.18	0.2	—	2	C	142	187	177	5.3
	0.18	0.25	—	2	C	153	184	177	3.8
G5	0.18	0.3	—	2	C	159	180	177	1.7
	0.20	0.15	—	2	C	161	164	159	3.0
	0.20	0.2	—	2	C	173	159	159	0.0
	0.20	0.25	—	2	C	179	155	159	2.6
	0.20	0.3	—	2	C	187	152	159	4.6
	0.16	0.3	—	2	C	122	189	199	5.3
	0.16	0.225	0.075	2	C	129	195	199	2.1
G6	0.16	0.15	0.15	2	C	136	200	199	0.5
	0.16	0.075	0.225	2	C	143	207	199	3.9
	0.16	0	0.3	2	C	141	209	199	4.8

注：① 表中除钢纤维为体积掺量外，其余组分均指其与水泥的质量比，硅灰为0.3，石英砂为1.2。

② 除G1组中第2种和第4种采用P.O.52.5级水泥，其余组均为P.O.42.5级水泥。

③ 除G4组中第1组配合比采用SF85级硅灰，G4组中第2组配合比采用SF88级硅灰，G4组中第4组配合比采用为SF93级硅灰和G4组中第5组配合比采用SF97级硅灰外，其余均采用SF90级硅灰。

④ 养护制度A、B、C分别代表自然养护、蒸汽养护、蒸压釜养护。

1. 水泥强度等级

由表2.11可知，当水胶比为0.16时，用P.O.52.5级水泥替代P.O.42.5级水泥后，RPC拌和物流动度明显降低,成型效果变差,这主要因为通常水泥强度越高,其水泥细度越小,需水量越大;而流动度降低,也会导致抗压强度有所下降。水胶比为 0.16 时,采用 P.O.52.5 级水泥强度仅比 P.O.42.5 级水泥高约 4%。当水胶比为 0.20 时,RPC 流动性较好,P.O.52.5 级水泥对流动性的影响较小,采用 P.O.52.5 级水泥抗压强度仅比 P.O.42.5 级水泥高约 10.8%。但按《普通混凝土配合比设计规程》(JGJ 55—2011),混凝土抗压强度与水泥抗压强度成正比,即 P.O.52.5 水泥抗压强度应比 P.O.42.5 级水泥高约 23.5%。

2. 水胶比和养护方式

水胶比为 0.16 ~ 0.26,在标准养护、蒸汽养护和蒸压釜养护下的 RPC 抗压强度,如图 2.6 所示。由图 2.6 和表 2.11 可知,在同一种养护制度下,随着水胶比由 0.16 增大至 0.26,RPC 流动度由 136 mm 增至 237 mm,在标准养护下 RPC 抗压强度由 129 MPa 降至 77 MPa,在蒸汽养护下 RPC 抗压强度由 138 MPa 降至 86 MPa,而在蒸压釜养护下 RPC 抗压强度由 156 MPa 降至 98 MPa。通过对以上抗压强度值进行拟合可知,RPC 抗压强度与水胶比成反比例关系,RPC 遵从混凝土领域中两条最基本的定则 —— 水灰比定则和用水量定则。通过对比拟合曲线与试验实测结果可知,大多数试验值与拟合值偏差不大,但在水胶比为 0.16 时,试验实测抗压强度较拟合值小,而且偏差较大。这主要因为水胶比为 0.16 时,流动度为 136 mm,RPC 拌和物干硬,黏性也很大,成型难度增加,对模具的填充性差,振捣不易密实,气泡不易排出,试块中存在较多气孔,影响了抗压强度。采用蒸汽养护和蒸压釜养护等升温的养护方式,能激活 RPC 组分中硅灰和粉煤灰等材料的火山灰活性,在较短的养护时间内能大幅提升 RPC 的抗压强度。水胶比为 0.16 ~ 0.26 时,蒸汽养护下的 RPC 抗压强度较标准养护下的 RPC 抗压强度平均增加约 11%,而蒸压釜养护下的 RPC 抗压强度较标准养护下的 RPC 抗压强度平均增加约 25%。

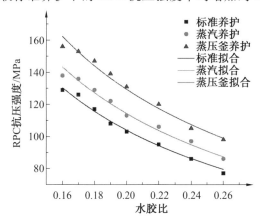

图 2.6　不同养护制度下 RPC 抗压强度与水胶比的关系

3. 钢纤维掺量

由表 2.11 中 G3 数据可知,随着钢纤维掺量的增加,RPC 流动度降低,RPC 抗压强度升高。当水胶比为 0.16 ~ 0.18 时,掺钢纤维后 RPC 拌和物内部的摩擦力明显增大,搅拌难度增大,RPC 流动度影响较为明显;而当水胶比为 0.22 和 0.26 时,RPC 流动度较好,加入钢纤维后对流动度的影响不明显。在抗压强度方面,当钢纤维掺量为 1% 时,RPC 抗压强度的提升最为明显,较不掺钢纤维升高 12% ~ 19%。同时,随着水胶比的增大,钢纤维对抗压强度的提升作用越来越小,在钢纤维掺量为 3%、水胶比为 0.16 时抗压强度可提高约 38%,而水胶比为 0.26 时仅提高约 26%。这主要是因为随着水胶比增大，RPC 流动度增大，内部孔隙率增多，RPC 密实度降低，导致 RPC 浆体对钢纤维的包裹力降低，RPC 的作用不能充分发挥。综合考虑 RPC 抗压强度、流动度和经济性，建议钢纤维掺量为 1% ~ 2%。

对于普通混凝土，骨料间的孔隙较大，钢纤维对混凝土的抗压强度提高不明显，《钢纤维混凝土》（JG/T 472—2015）中的抗压强度为混凝土立方体抗压强度，未考虑钢纤维对抗压强度的贡献。而对于 RPC，其粗骨料石英砂最大粒径仅为 0.6 mm，内部孔隙很小，钢纤维与砂浆和粗骨料结合紧密，钢纤维对 RPC 基体的增强、增韧和阻裂作用明显，钢纤维对抗压强度的贡献不容忽视。

4. 硅灰等级

很多学者为获取更高强度的 RPC，采用了挪威埃肯硅灰，其产品质量好，性能稳定，但其价格很高，不适宜在 RPC 中大量推广应用。因此，选用上海天恺建材科技有限公司生产的 SF85、SF88、SF90、SF93 和 SF97 这 5 个等级的硅灰进行试配，配合比和试配结果见表2.11。由表2.11 中 G4 试验结果可知，在流动性方面，随着硅粉等级提高，RPC 流动度逐渐增大，成型效果逐渐变好，SF97 的流动度比 SF85 流动度高出约 11%。这主要是因为随着硅灰等级的提高，SiO_2 的含量增大，其碱和碳等有害物质的含量和烧失量下降，需水量减少，但 SF85 级硅灰的流动性满足 RPC 浇筑条件。在抗压强度方面，SF88 级产生了最大强度，随着硅灰等级的提高，强度略微下降，但变化幅度仅为 3%，几乎可忽略对强度的影响。SF97 级硅灰虽在 SiO_2 的含量上约提高 13%（由 SF85 级的 86.4% 提高到 97.77%），但在生产工艺上与 SF85 级硅灰完全不同，其产品价格也是 SF85 级的 5 倍。因此，综合考虑 RPC 的流动性、强度和经济性，可采用 SF90 级以下硅灰制备 RPC，其材料标准可参照《砂浆和混凝土用硅灰》（GB/T 27690—2011）。

5. 粉煤灰掺量

研究表明，粉煤灰能进一步改善新拌浆体的流动性和和易性，从而降低黏度，减少由于黏度高而在搅拌和振动时引入的气泡数量，提高基体的密实度。因此，粉煤灰对于低水胶比的 RPC 改善流动性有显著作用。表2.11 给出了水胶比为 0.18 和 0.20 时，粉煤灰配合比在 0.15 ~ 0.3 变化时，RPC 流动度和抗压强度的变化。由表2.11 中 G5 试验结果可知，随着粉煤灰掺量的增加，RPC 流动度增大，尤其是对于水胶比为 0.18 时，粉煤灰配合比增大后，成型效果明显提高，这有利于 RPC 抗压强度提高。在 RPC 抗压强度方面，当水胶比为 0.20 时，在流动性和成型有保证的情形下，粉煤灰配合比增大，抗压强度有所下降，这与《普通混凝土配合比设计规程》（JGJ 55—2011）中引入粉煤灰掺量后的抗压混凝土强度影响系数是一致的。而对于水胶比为 0.18 时，随着粉煤灰配合比的增大，抗压强度先升高后降低，这可能与 RPC 的流动性引起的成型效果有关。

当水胶比小于 0.18 时，掺加粉煤灰有利于改善 RPC 流动性，提高其抗压强度；当水胶比大于 0.18 时，在流动性充足的情形下，掺加粉煤灰，RPC 抗压强度会有所降低，但由于粉煤灰价格低于水泥，掺加粉煤灰有助于降低 RPC 造价。

6. 纳米微珠掺量

冯乃谦对纳米微珠的物理性能发展了研究，其研究结果表明：纳米微珠为表面光滑球状的玻璃体，其抗压强度不小于 800 MPa；其平均粒径不大于 1.0 μm，约为粉煤灰平均粒径（20 μm）的 1/20，表观密度为 0.8 ~ 1 g/cm^3，密度为 2.52 g/cm^3；标准稠度用水量不大于 95%，胶砂用水量之比不大于 0.9，混凝土用水量之比不大于 0.85。因此，纳米微珠对配制高性能与超高性能混凝土十分有利。

当水胶比为 0.16 时,掺加粉煤灰对流动性的改善作用不明显,而且其抗压强度也有损失。因此,可利用纳米微珠部分取代粉煤灰,其试配结果见表 2.11 中的 G6。由表 2.11 中 G6 结果可知,随着纳米微珠掺量的增加,流动度增大,成型效果明显转好,当微珠和粉煤灰配合比各为 0.15 时,其流动度即可满足浇筑要求。同时,由于微珠密度较粉煤灰大,改善流动性的同时,RPC 密实度提高,其抗压强度计算值也增大,当全部掺加微珠时较全部掺加粉煤灰时 RPC 抗压强度提高约 11%。但纳米微珠的价格是粉煤灰的 3 倍,所以建议当水胶比为 0.16 时,纳米微珠和粉煤灰掺量各占水泥质量的 15%。

2.3.3 RPC 防爆裂钢纤维掺量

火灾时不爆裂、火灾下不坍塌、火灾后可修复,是混凝土结构抗火设计所应遵循的原则。一般而言,混凝土强度越高,其微观结构越致密,渗透性越低,高温下发生爆裂的概率越大。侯晓萌、罗百福等人的研究表明:RPC 配制时,其水胶比小,内部结构更致密均匀,渗透性更低,其火灾下更易发生爆裂,应采取单掺或复掺聚丙烯(PP)纤维和钢纤维的方法防止 RPC 火灾下爆裂。钢纤维掺量是影响 RPC 强度的关键因素之一,因此有必要对需要进行抗火设计的构件,给出防爆裂的钢纤维掺量,确保其结构安全。

陈明阳等人给出的防爆裂钢纤维掺量上限值 $\rho_{f,max}$ 和平均值 $\bar{\rho}_f$ 的拟合公式分别为

$$\rho_{f,max} = 0.0017\exp(f_{cu}/23) + 1.05 \quad (40\ \text{MPa} \leqslant f_{cu} \leqslant 170\ \text{MPa}) \tag{2.1}$$

$$\bar{\rho}_f = 0.001\exp(f_{cu}/23) + 0.80 \quad (40\ \text{MPa} \leqslant f_{cu} \leqslant 170\ \text{MPa}) \tag{2.2}$$

表 2.12 为《活性粉末混凝土》(GB/T 31387—2015)给出的最小钢纤维掺量及按式(2.1)和式(2.2)计算的防爆裂钢纤维掺量上限值和平均值。由表可知,对于 RPC160 及以下(除 RPC100 外),规范建议值均高于式(2.1)和式(2.2)计算的防爆裂钢纤维掺量平均值,但小于防爆裂钢纤维掺量上限值;而对于 RPC180,规范建议值小于防爆裂钢纤维掺量平均值,且仅约为防爆裂钢纤维掺量上限值的 47%,建议根据防爆裂要求进行调整。

表 2.12 规范给出的最小钢纤维掺量及按式(2.1)和式(2.2)计算的防爆裂钢纤维掺量上限值和平均值

等级	f_{cu}^k	规范给出的最小钢纤维掺量	本文建议的防爆裂钢纤维掺量上限值	本文建议的防爆裂钢纤维掺量平均值
RPC100	100	0.70	1.18	0.88
RPC120	120	1.20	1.36	0.98
RPC140	140	1.70	1.80	1.24
RPC160	160	2.00	2.83	1.85
RPC180	180	2.50	5.31	3.31

2.3.4 RPC 配合比设计

1. RPC 配合比公式

RPC 虽然在组分、成型工艺和性能上有别于普通混凝土,但是其均为水泥基复合材料,而且 2.3.2 节试验发现,普通混凝土中水胶比法则的定性关系在 RPC 中仍然适用,即抗压强度与水胶比的倒数成比例关系,水胶比越小,RPC 抗压强度越高。同时,不同于普通混凝土,钢纤维掺量和养护制度也影响 RPC 抗压强度。因此,参照《普通混凝土配合比设计规程》(JGJ 55—2011),提出如下公式:

$$f_{cu} = k_1\left(\frac{\alpha_a f_b}{W/B} - \alpha_a \alpha_b f_b\right) \tag{2.3}$$

式中，f_b 为胶凝材料28 d胶砂件抗压强度，MPa；α_a、α_b 为回归系数，普通混凝土不具备试验统计资料时，取值见表 2.13；k_1 为钢纤维掺量引起的抗压强度提高系数；W/B 为水胶比。

（1）胶砂件抗压强度 f_b。

《普通混凝土配合比设计规程》（JGJ 55—2011）中，胶砂件抗压强度 f_b 与水泥抗压强度 $f_{ce,g}$ 成正比，并考虑了粉煤灰影响系数 γ_f 和粒化高炉矿渣影响系数 γ_s，即

$$f_b = \gamma_f \times \gamma_s \times \gamma_c \times f_{ce,g} \tag{2.4}$$

式中，γ_c 为水泥强度影响系数。

RPC水胶比为0.18时，粉煤灰掺量对改善流动性和抗压强度均有益；水胶比为0.20，粉煤灰配合比达到0.3时，其抗压强度约为不掺粉煤灰的 93%，远大于《普通混凝土配合比设计规程》中的粉煤灰影响系数 γ_f（0.65）。因此，在RPC中掺入适量粉煤灰，提高流动性，对RPC的抗压强度影响不大，因此建议 γ_s 取1。

P.O.52.5级水泥强度仅比 P.O.42.5级水泥高约10.8%，而按《普通混凝土配合比设计规程》计算的 P.O.52.5级水泥强度比 P.O.42.5级水泥高约23.5%。因此，胶砂件的强度 f_b，对于 P.O.42.5级水泥，按《普通混凝土配合比设计规程》规定取为 $\gamma_c f_{ce,g}$，即为 49.3；而对于 P.O.52.5级水泥，按2.3.1节的试验结果提高10%，即为 54.2。

（2）回归系数 α_a、α_b。

将上述胶砂件的强度 f_b 代入图 2.6 中的拟合公式，可求得不同养护制度下RPC的回归系数 α_a、α_b（表 2.13）。

表 2.13 不同养护制度下 RPC 的回归系数 α_a、α_b

养护方式	α_a	α_b
普通混凝土	0.53	0.2
RPC（标准养护）	0.43	0.1
RPC（蒸汽养护）	0.47	0.1
RPC（蒸压釜养护）	0.54	0.1

由表 2.13 可知，在标准养护和蒸汽养护制度下，RPC的回归系数 α_a 小于普通混凝土的回归系数，这与RPC试配值较规范计算值小的试验结果是一致的。

（3）钢纤维掺量引起的抗压强度提高系数 k_1。

随着掺钢纤维掺量增加，RPC抗压强度提高。但不同水胶比下，RPC抗压强度提高系数不同。而《活性粉末混凝土》（GB/T 31387—2015）规定 RPC 抗压强度需大于 100 MPa，其水胶比范围为 0.14～0.24，变化幅度不大；同时，为简化计算，取不同水胶比下的抗压强度提高系数的平均值作为钢纤维掺量引起的抗压强度提高系数 k_1，具体见表 2.14。

表 2.14 钢纤维掺量引起的抗压强度提高系数 k_1

钢纤维掺量	1%	2%	3%
k_1	1.16	1.24	1.31

2. RPC 配合比公式校核

RPC抗压强度计算值及其与试验值的对比见表 2.11。由表可知，除水胶比为0.16、水泥强度为 P.O.52.5级时抗压强度相差约8%外，其余相差均在±5%（工程允许误差范围）之内，式（2.3）的计算值与试验值吻合较好，可用于RPC配合比设计。

3. RPC 配合比设计步骤

综合以上试验和分析结果，建议按以下步骤进行 RPC 配合比设计：

（1）依据 RPC 设计抗压强度要求，按《活性粉末混凝土》（GB/T 31387—2015）规定计算试配强度，具体公式为

$$f_{cu,0} \geqslant 1.1 f_{cu,k} \tag{2.5}$$

（2）根据 RPC 使用位置，判断是否需要满足抗火设计要求。如需进行抗火设计，建议按式（2.1）计算防爆裂钢纤维掺量上限值，确保 RPC 在发生火灾时也不发生爆裂；否则，按《活性粉末混凝土》（GB/T 31387—2015）的要求掺入钢纤维。

（3）根据步骤（2）确定的钢纤维掺量，按表 2.14 确定钢纤维掺量引起的抗压强度提高系数 k_1，钢纤维掺量介于表中数据之间的取其线性插值。

（4）根据 RPC 养护制度，确定回归系数 α_a、α_b，对式（2.3）进行简单转换后，可得水胶比计算公式为

$$W/B = \frac{k_1 \alpha_a f_b}{f_{cu,0} + k_1 \alpha_a \alpha_b f_b} \tag{2.6}$$

（5）依据式（2.6）计算的水胶比进行试配。当水胶比小于 0.2 时，可考虑掺入适量的粉煤灰改善 RPC 的流动性；当粉煤灰配合比达到 0.3 而其流动性仍不能满足成型要求时，可考虑用纳米微珠取代部分粉煤灰，从而提高 RPC 的流动度。

2.4　本章小结

（1）经分析发现，水胶比是影响 RPC 性能的最主要因素，在一定范围内，随着水胶比的降低，抗压强度逐渐增大，流动度减小。试着从水胶比与孔结构的角度对其机理进行了阐述，并对适宜水胶比的选取提出了建议。

（2）RPC 拌和物中各组分（如石英砂、硅灰、钢纤维）在一定范围内掺量越大，流动度越小，而矿渣粉掺量增多会增大流动度，石英砂、硅灰、矿渣粉掺量与抗压强度的关系存在饱和点，钢纤维掺量在 1% ～ 4% 范围内变化时，抗压强度随其掺量增加而提高，粉煤灰和纳米微珠有助于改善 RPC 流动度，采用 SF90 级以下硅灰制备 RPC 有利于提高经济性。

（3）养护制度对 RPC 的抗压强度有较大影响，对于 RPC 这种掺有大量活性掺和料的混凝土，高压高温养护可以激发掺和料的活性，因此较其他方式更易获得较高的抗压强度。

（4）本章提出了防爆裂钢纤维掺量上限值 $\rho_{f,max}$ 和平均值 $\bar{\rho}_f$ 的拟合公式，并与《活性粉末混凝土》（GB/T 31387—2015）钢纤维掺量对比发现：对于 RPC160 及以下（除 RPC100 外），规范建议值均高于式（2.1）和式（2.2）计算的防爆裂钢纤维掺量平均值，但小于防爆裂钢纤维掺量上限值；而对于 RPC180，规范建议值小于防爆裂钢纤维掺量平均值，且仅约为防爆裂钢纤维掺量上限值的 47%，建议根据防爆裂要求进行调整。

（5）根据普通混凝土配合比设计理论和思路，引入了钢纤维掺量引起的抗压强度提高系数 k_1，拟合了不同养护制度下 RPC 的回归系数 α_a 和 α_b，提出了 RPC 配合比公式，公式计算强度与试配试验强度基本吻合，并给出了 RPC 试配的步骤，可用于指导 RPC 生产。

本章参考文献

[1] RICHARD P, CHEYREZY M. Composition of reactive powder concretes[J]. Cement and Concrete Research, 1995, 25(7):1501-1511.

[2] 郑文忠，吕雪源. 活性粉末混凝土研究进展[J]. 建筑结构学报，2015，10：44-58.

[3] FEYLESSOUFI A，VILLIÉRAS F，MICHOT L J，et al. Water environment and nanostructural network in a reactive powder concrete[J]. Cement and Concrete Composites，1996，18(1)：23-29.

[4] TEICHMANN T，SCHMIDT M. Influence of the packing density of fine particles on structure，strength and durability of uhpc[C]. Kassel：International Symposium on Ultra High Performance Concrete，2004.

[5] YAZICI H，YARDIMCI M Y，YIĞITER H，et al. Mechanical properties of reactive powder concrete containing high volumes of ground granulated blast furnace slag[J]. Cement and Concrete Composites，2010，32(8)：639-648.

[6] VAN V T A，RÖBLER C，BUI D D，et al. Rice husk ash as both pozzolanic admixture and internal curing agent in ultra-high performance concrete[J]. Cement and Concrete Composites，2014，53：270-278.

[7] YU R，SPIESZ P，BROUWERS H J H. Development of ultra-high performance fibre reinforced concrete (UHPFRC)：Towards an efficient utilization of binders and fibres[J]. Construction and Building Materials，2015，79：273-282.

[8] 曹峰，覃维祖. 超高性能纤维增强混凝土初步研究[J]. 工业建筑，1999，29(6)：42-44.

[9] 吴炎海，何雁斌. 活性粉末混凝土(RPC200)的配制试验研究[J]. 中国公路学报，2003，16(4)：44-49.

[10] 闫光杰，阎贵平，安明喆，等. 200 MPa级活性粉末混凝土试验研究[J]. 铁道学报，2004，26(2)：116-121.

[11] 郑文忠，李莉. 活性粉末混凝土配制及其配合比计算方法[J]. 湖南大学学报(自然科学版)，2009，36(2)：13-20.

[12] 何峰，黄政宇. 原材料对RPC强度的影响初探[J]. 湖南大学学报(自然科学版)，2001，28(2)：89-94.

[13] 覃维祖. 活性粉末混凝土的研究[J]. 石油工程建设，2002，28(3)：1-3.

[14] 施韬，陈宝春，施惠生. 掺矿渣活性粉末混凝土配制技术的研究[J]. 材料科学与工程学报，2005，23(6)：867-870.

[15] 赖建中，孙伟. 生态型RPC材料的力学性能及微观机理研究[J]. 新型建筑材料，2009(12)：20-23.

[16] 龙广成，谢友均，蒋正武，等. 集料对活性粉末混凝土力学性能的影响[J]. 建筑材料学报，2004，7(3)：269-273.

[17] 俞萍. 哈大客专沈哈段桥面附属设施设计简介[J]. 山西建筑，2010，36(12)：309-311.

[18] 敖长江. 工业厂房扩建工程RPC构件预制施工技术[J]. 山西建筑，2005，31(18)：127-128.

[19] 陈明宪. 矮寨特大悬索桥建设新技术研究[J]. 中外公路，2011，12(6)：1-5.

[20] 贾方方. 钢筋与活性粉末混凝土黏结性能的试验研究[D]. 北京：北京交通大学，2013.

[21] 吕雪源，王英，符程俊，等. 活性粉末混凝土基本力学性能指标取值[J]. 哈尔滨工业

大学学报，2014，46(10)：1-9.

[22] MORIN V, COHENTENOUDJI F, FEYLESSOUFI A, et al. Evolution of the capillary network in a reactive powder concrete during hydration process[J]. Cement and Concrete Research,2002,32(12):1907-1914.

[23] 谢友均，刘宝举，龙广成. 掺超细粉煤灰活性粉末混凝土的研究[J]. 建筑材料学报，2001,4(3):280-284.

[24] 杜庆檐，谭洪光，唐祥正. 磨细矿渣粉在混凝土中的应用试验研究[J]. 混凝土，2006(6):63-65.

[25] 刘辉，张长营，杨圣玮，等. 矿渣微粉在水泥中的效应分析[J]. 混凝土，2007(4):52-54.

[26] 施韬，陈宝春，施惠生. 掺矿渣活性粉末混凝土配置技术的研究[J]. 材料科学与工程学报，2005,23(6):867-870.

[27] 靳志国. 高效减水剂对水泥水化性能的作用[J]. 山西建筑，2007,33(10):221-217.

[28] 于龙，王培铭，孙振平. 若干掺和料对减水剂塑化效果的影响[J]. 混凝土，2007(4):34-39.

[29] 王颖，高日. 活性粉末混凝土的纤维力学机理分析[J]. 山西建筑，2007,33(10):212-214.

[30] 陈健，孙晓颖. 钢纤维掺量对活性粉末混凝土初裂性能影响研究[J]. 混凝土，2007(3):46-48.

[31] 国家质量技术监督局. 水泥胶砂强度检验方法:GB/T 17671—1999[S]. 北京:中国建筑工业出版社,1999.

[32] 中国国家标准化管理委员会. 水泥胶砂流动度测定方法:GB/T 2421—2005 [S]. 北京:中国建筑工业出版社,2005.

[33] 张明辉. 掺粉煤灰和矿渣粉活性粉末混凝土基本力学性能试验研究[D]. 哈尔滨:哈尔滨工业大学,2006.

[34] 刘斯凤，孙伟，张云升，等.新型超高性能混凝土的力学性能研究及工程应用[J].工业建筑，2002, 32(6):1-3.

[35] 刘娟红，宋少民，梅世刚. RPC 高性能水泥基复合材料的配制与性能研究[J]. 武汉理工大学学报,2001,23(11):14-18.

[36] 曹征良，邢锋，黄利东，等. 配合比因素对活性粉末混凝土强度及流动度的影响[J].混凝土,2004,3:5-7.

[37] 施韬，叶青. 活性粉末混凝土的研究和应用中存在的问题[J]. 建筑材料,2003(5):23-25.

[38] 中华人民共和国住房和城乡建设部. 建筑砂浆基本性能试验方法：JGJ 70—90[S]. 北京:中国建筑工业出版社,1990.

[39] 董维佳，覃理利. 矿渣微粉、粉煤灰微观分析比较研究[J]. 粉煤灰,2001(5):19-20.

[40] 中华人民共和国住房和城乡建设部. 普通混凝土配合比设计规程：JGJ 55—2011[S]. 北京:中国建筑工业出版社, 2011.

[41] 冯乃谦，李浩. 纳米微珠的特性与应用[J]. 混凝土与水泥制品,2010(5):1-3.

[42] 陈明阳，侯晓萌，郑文忠，等. 混凝土高温爆裂临界温度和防爆裂纤维掺量研究综述与分析[J]. 建筑结构学报,2017,38(1):75-80.

第3章 RPC基本力学性能试验研究

3.1 概　　述

RPC 轴心受压和受拉性能是 RPC 材料最基本的物理力学性能,不仅决定了 RPC 轴心受压和受拉强度,还是确定弹性模量、峰值应变、破坏形态等力学特性的主要因素,是研究 RPC 结构整体受力性能和设计计算方法的基础,也是 RPC 结构构件有限元分析的依据。RPC 受压和受拉应力－应变曲线体现了 RPC 在各个受力阶段的变形、内部微裂缝的发展、损伤累积、达到峰值应力、峰值过后的残余性能、最终破坏状态等一系列变化过程。本章分别对按未掺钢纤维 RPC 优选配合比配制的 RPC 和按掺钢纤维 RPC 优选配合比配制的 RPC 的基本力学性能进行了研究。

3.2 未掺钢纤维 RPC 的基本力学性能

3.2.1 试验概况

未掺钢纤维 RPC 的基本力学性能试验采用 4 种尺寸试件,其中尺寸为 40 mm×40 mm×160 mm 的试件共 5 组,每组 6 个,用于测定抗压强度和抗折强度;尺寸为 70.7 mm×70.7 mm×230 mm 的试件共 5 组,每组 3 个,用于测定轴心抗压强度和受压应力－应变关系曲线;尺寸为 70.7 mm×70.7 mm×70.7 mm 和 100 mm×100 mm×100 mm 的试件各 5 组,每组 3 个,用于测定立方体抗压强度。

试验采用未掺钢纤维 RPC 配合比试验得到的优选配合比。各原材料按配合比称量好,将石英砂和水泥、硅灰、粉煤灰、矿渣粉等胶凝材料倒入单卧轴强制式混凝土搅拌机中,干搅拌 3 min,使其搅拌均匀;再将 FDN 高效减水剂与水混合均匀后加入搅拌机,搅拌 5 min 后倒入相应的试模,在 50 Hz 振动台上振捣成型。试件成型 1 d 后,放入标准养护室分别按 28 d、45 d、60 d、75 d、90 d 这 5 种龄期进行养护。

40 mm×40 mm×160 mm 试件的抗压强度和抗折强度,以及立方体抗压强度在 YA－2000 型电液式压力机上测得。棱柱体抗压试验在 YEW－5000 型压力机上进行。为了采集 RPC 受压应力－应变曲线和泊松比,在试件成型时与顶面垂直的两个侧面各粘贴横竖两个应变片,在与顶面平行的侧面安装一个位移引伸计,标距 100 mm,如图 3.1 所示。荷载通过压力传感器控制,所有数据均由动态应变仪采集,加荷速度控制在 0.3 MPa/s 左右。

3.2.2 试验结果及分析

不同养护龄期的 RPC 试件强度实测值见表 3.1。

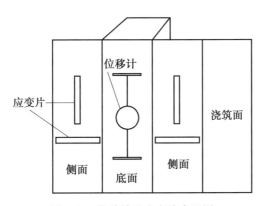

图 3.1　位移计及应变片布置图

表 3.1　不同养护龄期的 RPC 强度实测值 　　　　　　　　　　　　　MPa

养护龄期		$f_{cu,70.7}$	$f_{cu,100}$	$f_{c,70.7}$	$f_{c,40}$	f_r	R_c	
28 d		79.24	81.25	72.49	79.25	15.57	87.95	81.25
		81.58	80.76	79.56	68.94	17.01	83.54	90.02
		84.25	80.35	—	71.17	13.6	90.48	72.95
45 d		90.24	83.48	84.30	75.39	19.23	96.82	91.45
		80.92	77.60	80.07	71.76	18.5	86.43	81.58
		92.34	82.45	82.57	73.44	13.63	71.17	93.87
60 d		87.29	87.88	87.38	72.39	17.82	91.45	94.48
		95.15	85.51	82.68	68.67	17.61	89.62	102.25
		95.89	85.08	—	81.05	18.54	84.85	106.45
75 d		105.44	93.86	90.00	78.27	14.62	93.37	85.38
		96.32	105.38	85.89	88.16	21.72	93.39	114.26
		96.85	93.27	—	76.34	23.14	105.85	99.42
90 d		107.05	105.79	92.89	88.94	21.02	102.37	95.76
		98.38	108.07	89.83	93.84	21.24	96.87	106.14
		103.95	99.37	90.46	92.30	25.55	109.28	104.94
平均值	28 d	81.69	80.79	76.03	73.12	15.39	84.37	
	45 d	87.83	81.18	82.31	73.53	17.12	86.89	
	60 d	92.78	86.16	85.03	74.04	17.99	94.85	
	75 d	99.54	97.50	87.95	80.92	19.83	98.61	
	90 d	103.13	104.41	91.06	91.69	22.60	102.56	

注:① 标线格试件因为原始缺陷、无法精确对中等造成过早破坏,不参与统计。

② $f_{cu,70.7}$,$f_{cu,100}$ 分别为 70.7 mm×70.7 mm×70.7 mm 和 100 mm×100 mm×100 mm RPC 立方体的抗压强度,$f_{c,70.7}$、$f_{c,40}$ 分别为 70.7 mm×70.7 mm×230 mm 和 40 mm×40 mm×160 mm RPC 棱柱体的抗压强度,f_r 为 40 mm×40 mm×160 mm RPC 棱柱体的抗折强度,R_c 是按《水泥胶砂强度检验方法》(GB/T 17671—1999) 测定的抗压强度,其与一般的 RPC 立方体抗压强度或 RPC 棱柱体抗压强度不同,是一种局部压力情况下的抗压强度值。

从表 3.1 可以看出,各个尺寸试件的强度都随着龄期的延长而有不同程度的增长。对应于不同的龄期,边长为 100 mm 和 70.7 mm 的 RPC 立方体抗压强度比值的平均值为 0.966。棱柱体抗压强度与 RPC 立方体抗压强度比值($f_{c,70.7}/f_{cu,70.7}$)的平均值为 0.910,

高于普通混凝土。其主要原因是在普通混凝土中,粗骨料和水泥石之间的界面上存在初始微裂缝,当承受一定荷载后,初始微裂缝进一步发展,造成混凝土较早被破坏。而在RPC 中无粗骨料,基本无初始微裂缝,RPC 棱柱体抗压破坏相对较迟。

根据试验结果,可以拟合出 RPC 棱柱体抗压强度与 RPC 立方体抗压强度之间的关系,即

$$f_{c,70.7} = 3.29 (f_{cu,70.7})^{0.716} \qquad (3.1)$$

用 $f^c_{c,70.7}$、$f^t_{c,70.7}$ 分别表示棱柱体抗压强度的计算值和实测值,令 $x = f^c_{c,70.7}/f^t_{c,70.7}$,则其平均值为 0.999,均方差为 0.011,变异系数为 0.011。计算值与实测值吻合较好。

RPC 棱柱体试件在受压加载过程中,表面基本无可见裂缝。部分试件加载到极限荷载的 50% ~ 70% 时有轻微的破裂声,一般并不持续。当加载至极限荷载的 80% ~ 90% 时,试件内部有较明显的劈裂声,并有小碎片从试件表面崩出。破坏时,试件外表和中部混凝土炸裂,并伴有较大的炸裂声,破坏面较平整光滑。受压试验加载装置如图 3.2 所示,破坏后的 RPC 棱柱体如图 3.3 所示。

图 3.2　受压试验加载装置

图 3.3　破坏后的 RPC 棱柱体

根据试验数据,RPC 应力 — 应变曲线未测出下降段,只测出上升段,上升段基本变成了直线,即比例极限点显著升高,其应力值已接近峰值应力。在应力到达应力峰值点时,混凝土试件内部储存了相当高的能量。这样,试件内部积蓄的能量便以迅速和剧烈的方式释放,即发生爆裂型破坏。RPC 棱柱体抗压力学性能指标见表 3.2。

表 3.2　RPC 棱柱体抗压力学性能指标平均值

养护龄期	棱柱体抗压强度 $f^c_{c,70.7}/\text{MPa}$	与峰值应力对应应变 $\varepsilon_0/(\times 10^{-6})$	弹性模量 $E_c/(\times 10^4\ \text{MPa})$	泊松比
28 d	76.03	2 128	4.04	0.162 8
45 d	82.31	2 138	4.07	0.163 4
60 d	85.03	2 154	4.08	0.165 1
75 d	87.95	2 164	4.18	0.157 2
90 d	91.06	2 166	4.32	0.150 0

从表 3.2 中的数据可以看出,泊松比随 RPC 抗压强度的变化呈现出了一定的离散性,但离散程度不大。综合不同强度等级 RPC 的泊松比,可以得出未掺加掺钢纤维 RPC 的泊松比为 0.16。美国混凝土协会(American Concrete Institute,ACI) 高强混凝土委员会报道强度 55 ~ 80 MPa 的高强混凝土的泊松比为 0.2 ~ 0.28。可见,本章未掺钢纤维 RPC 的泊松比与高强混凝土的泊松比相比要小。

由表 3.2 中数据可知,棱柱体受压时,与峰值应力对应的应变比普通混凝土略高,其

平均值为 0.002 150。随着 RPC 抗压强度的增大,与峰值应力对应的应变有所增大。根据实测数据,回归得到与峰值应力对应应变和棱柱体抗压强度及立方体抗压强度之间的关系分别为

$$\varepsilon_0 = (1\ 914 + 2.8 f_{c,70.7}) \times 10^{-6} \tag{3.2}$$

$$\varepsilon_0 = (1\ 975 + 1.9 f_{cu,70.7}) \times 10^{-6} \tag{3.3}$$

图 3.4 所示为按式(3.2)计算的曲线与试验中实测数值的对比,可见两者吻合较好。

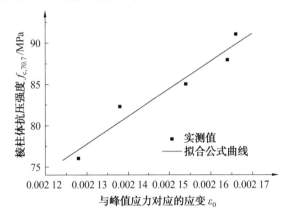

图 3.4　按式(3.2)计算的曲线与试验中实测数值的对比

对于高强混凝土,一般是在普通混凝土的基础上经过参数修正得到其应力－应变关系曲线上升段方程。基于高强混凝土应力－应变曲线上升段趋近线性性质,为了能够统一包括普通混凝土在内的不同等级混凝土的应力－应变曲线上升段的本构关系,考虑在Hognestad 提出的上升段公式基础上,引入系数 k 对其进行修正,修正后应力－应变关系为

$$\sigma_c = f_{c,70.7} \left[(2-k) \frac{\varepsilon_c}{\varepsilon_0} - (1-k) \left(\frac{\varepsilon_c}{\varepsilon_0} \right)^2 \right] \tag{3.4}$$

利用实测棱柱体受压应力－应变关系(图 3.5),对式(3.4)进行拟合,可以得到 k 值与 RPC 棱柱体抗压强度及 RPC 立方体抗压强度之间的关系为

$$k = 0.666\ln f_{c,70.7} - 2.057 \tag{3.5}$$

$$k = 0.477\ln f_{cu,70.7} - 1.264 \tag{3.6}$$

综合式(3.1)、式(3.3)、式(3.4)和式(3.6),可以由 RPC 立方体强度计算出相应强度等级混凝土的应力－应变曲线上升段表达式。

$$\begin{cases} f_{c,70.7} = 3.29 (f_{cu,70.7})^{0.716} \\ \varepsilon_0 = (1\ 975 + 1.9 f_{cu,70.7}) \times 10^{-6} \\ \sigma = f_{c,70.7} \left[(2-k) \dfrac{\varepsilon}{\varepsilon_0} - (1-k) \left(\dfrac{\varepsilon}{\varepsilon_0} \right)^2 \right] \\ k = 0.477\ln f_{cu,70.7} - 1.264 \end{cases} \tag{3.7}$$

RPC 应力－应变上升段实测曲线和按式(3.7)计算的曲线对比如图 3.5 所示。图 3.5中 T28－1 表示龄期为 28 d 第 1 个试件实测曲线,T28 表示龄期为 28 d 的试件按式(3.7)计算的曲线,依此类推。

由图 3.5 可知,按式(3.7)计算所得的 RPC 受压应力－应变曲线与实测曲线吻合

较好。

在未掺钢纤维 RPC 棱柱体受压试验中,RPC 受压应力－应变曲线未测出下降段,只测出上升段,RPC 峰值应力所对应的应变在 0.002 1 左右。而在钢筋 RPC 梁受弯试验中,测得梁纯弯区段受压区边缘极限压应变都大于 0.002 1,达到了 0.003 左右。这说明 RPC 应力－应变曲线有可能存在下降段,只是因为试验条件有限无法测出。本章认为可以换种思路,先假设下降段为一个下降的斜直线段。参考《高强混凝土结构技术规程》(CECS 104—99)中的规定并结合本章试验梁纯弯区段测得的 RPC 极限压应变值,RPC 的极限压应变取为 0.003,与极限压应变 ε_{cu} 相对应的应力为 σ_c。然后应用所假定的 RPC

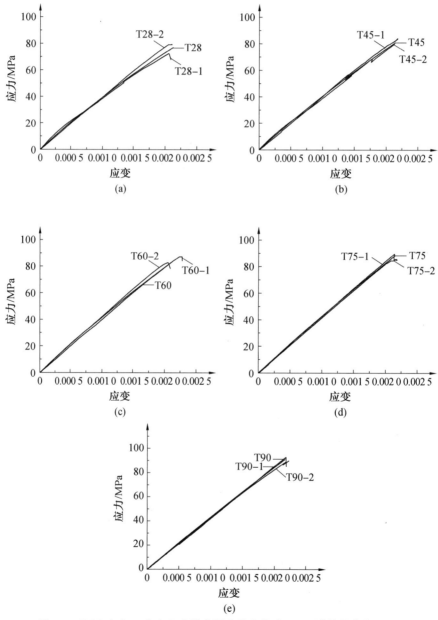

图 3.5　RPC 应力－应变上升段实测曲线和按式(3.7)计算的曲线对比

受压应力－应变全曲线方程及平截面假定,通过对梁的受压区进行分条带积分,可得到梁受压区 RPC 的合力 C;令试验梁受压区 RPC 的合力 C 等于钢筋的拉力 T,即 $C=T$,便可得到试验梁受压区边缘 RPC 达到极限压应变 ε_{cu} 时的 σ_c,然后对下降段数据进行拟合,可以得到 RPC 受压应力－应变曲线下降段的公式为

$$\sigma_c = f_{c,70.7} - 1.1 \times 10^4 (\varepsilon_c - \varepsilon_0) \quad (\varepsilon_0 < \varepsilon \leqslant \varepsilon_{cu}) \tag{3.8}$$

综合基本力学性能试验中得到的 RPC 受压应力－应变曲线上升段公式可以得到 RPC 应力－应变全曲线公式为

$$\begin{cases} f_{c,70.7} = 3.29 \left(f_{cu,70.7} \right)^{0.716} \\ \varepsilon_0 = (1\,975 + 1.9 f_{c,70.7}) \times 10^{-6} \\ k = 0.477 \ln f_{cu,70.7} - 1.264 \\ \sigma = f_{c,70.7} \left[(2 - k) \dfrac{\varepsilon}{\varepsilon_0} - (1 - k) \left(\dfrac{\varepsilon}{\varepsilon_0} \right)^2 \right] \quad (\varepsilon \leqslant \varepsilon_0) \\ \sigma = f_{c,70.7} - 1.1 \times 10^4 (\varepsilon - \varepsilon_0) \quad (\varepsilon_0 < \varepsilon \leqslant \varepsilon_{cu}) \end{cases} \tag{3.9}$$

3.3　掺钢纤维 RPC 的基本力学性能

3.3.1　试验概况

掺钢纤维 RPC 基本力学性能试验采用两种尺寸试件,其中 100 mm × 100 mm × 300 mm 的试件 6 个,用于测定轴心抗压强度和受压应力－应变关系曲线;尺寸为 60 mm × 60 mm ×400 mm 的试件 6 个,用于测定抗拉强度和受拉应力－应变关系曲线。受拉试件两端分别配有直径为 14 mm 的钢筋,锚固长度取为 120 mm,钢筋伸出长度为 200 mm。

试验采用掺钢纤维 RPC 配比试验得到的优选配合比。各原材料按配合比称量好,倒入卧轴强制式混凝土搅拌机中,搅拌约 20 min,然后将拌和物装入试模,振捣成型,标准环境下放置 24 h 拆模,然后将试件放入温度为 60 ℃ 的蒸汽养护室养护 12 min。

棱柱体受压试验在 MTS 试验机上进行,使用特制钢箍架设位移引伸计,位移测量标距取为 150 mm。压应力不大于 $0.8 f_c$ 时,采用力控制加载。压应力小于 $0.4 f_c$ 时,加载速率为 5 kN/s,超过 $0.4 f_c$,加载速率为 2 kN/s。为了得到应力－应变关系曲线的下降段,压应力大于 $0.8 f_c$ 时,采用位移控制加载,加载速率为 0.000 15 mm/s。受压试验加载装置如图 3.6 所示,破坏后的受压试件如图 3.7 所示。

图 3.6　受压试验加载装置　　　　　图 3.7　破坏后的受压试件

拉伸试验在普通液压拉伸试验机上进行。用试验机上的夹具固定试件两端的钢筋,加载过程中手动控制进油阀和回油阀,使进油速度与回油速度基本持平,但略大于回油速度,即拉伸位移缓慢施加,使拉伸试验的全过程近似为位移控制,试验过程中的力可通过表盘读出,拉伸应变由引伸计和粘贴于试件侧面的应变片测得。拉伸试验加载装置如图3.8所示,破坏后的受拉试件如图3.9所示。

图 3.8　拉伸试验加载装置　　　　图 3.9　破坏后的受拉试件

3.3.2　轴压试验及分析

由试验可知,从开始加载至应力约为 $0.6f_c$ 时,应力－应变关系接近直线,试件表面无可见裂缝;当压应力达到 $0.6f_c \sim 0.8f_c$ 时,试件内部裂缝不断开展,但试件仍能保持稳定;当压应力达到 $0.8f_c \sim 0.9f_c$ 时,裂缝数量及宽度增加,试件已进入裂缝不稳定状态,有混凝土碎渣从试件表面崩出,内部开始发出劈裂声,裂缝呈贯通趋势,此时试件的受压应力－应变关系呈曲线;继续加载至 f_c 之后,裂缝继续发展,试件表面出现非常明显的连贯竖向裂纹,试件的压应力开始下降,在下降过程中,曲线的曲率方向发生改变,出现反弯点,此时曲线开始凸向应变轴,随着变形增加,曲线仍然凸向应变轴,此段曲线中曲率最大点为收敛点,这时主裂缝已经上下贯通,由于RPC含有钢纤维,因此未呈现脆性破坏。根据实测数据,RPC试件受压应力－应变关系曲线如图3.10所示。曲线的峰值点对应于混凝土棱柱体的抗压强度 f_c 和相应的应变 ε_0,下降段曲线上的拐点对应于棱柱体上第一条可见裂缝的出现,最大曲率点对应于临界斜裂缝贯通试件全截面。曲线上的几何特征和RPC棱柱体试件的破坏过程是对应的,具有明确的物理意义。从图3.10可以看出,活性粉末混凝土受压应力－应变关系全过程有以下特点:① 活性粉末混凝土的弹性工作阶段较长,在 $60\% \sim 70\%$ 峰值应力前,应力－应变关系近似为直线,此时活性粉末混凝土处于弹性工作状态,而对于普通混凝土只有在应力水平小于 $0.4f_c \sim 0.5f_c$ 时才处于弹性工作阶段。② 活性粉末混凝土应力－应变关系曲线的下降段较平缓,而高强混凝土的应力－应变关系下降段较陡,破坏时脆性较大。

掺钢纤维RPC抗压力学性能指标实测值见表3.3。

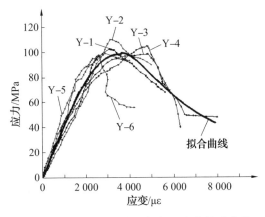

图 3.10　RPC 试件受压应力－应变关系曲线

表 3.3　掺钢纤维 RPC 抗压力学性能指标实测值

试件编号	RPC 棱柱体抗压强度 f_c/MPa	峰值应力对应应变 $\varepsilon_0/(\times 10^{-6})$	弹性模量 E_c/MPa	泊松比 ν
Y－1	102.80	3 090	4.12×10^4	0.18
Y－2	110.20	3 120	3.29×10^4	0.23
Y－3	98.60	4 850	3.37×10^4	0.25
Y－4	105.00	4 800	3.80×10^4	0.18
Y－5	99.30	2 900	5.74×10^4	0.22
Y－6	97.80	2 600	4.42×10^4	0.25
平均值	102.28	3 560	4.12×10^4	0.22

由表 3.3 中数据可知,RPC 的峰值应力对应的应变比普通混凝土和高强混凝土的大,泊松比比高强混凝土的略小。

由 RPC 棱柱体受压破坏过程和受压应力－应变关系曲线形状可知,曲线可用以下数学条件描述。首先将应力和应变无量纲化,令 $x = \dfrac{\varepsilon}{\varepsilon_0}$, $y = \dfrac{\sigma}{f_c}$。典型混凝土的受压应力－应变关系全曲线如图 3.11 所示。

图 3.11 所示的全曲线满足的几何条件如下:

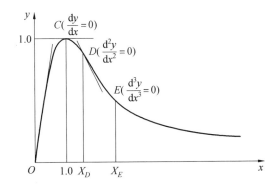

图 3.11　典型混凝土的受压应力－应变关系全曲线

① 曲线通过原点，即当 $x=0$ 时，$y=0$。

② 原点切线斜率为 $\dfrac{\mathrm{d}y}{\mathrm{d}x}=\dfrac{\mathrm{d}\sigma}{\mathrm{d}f_c}\dfrac{\mathrm{d}\varepsilon_0}{\mathrm{d}\varepsilon}=\dfrac{\mathrm{d}\sigma}{\mathrm{d}\varepsilon}\dfrac{\mathrm{d}\varepsilon_0}{\mathrm{d}f_c}=\dfrac{E_c}{E_{co}}$（其中 E_{co} 为峰值点与原点连线的斜率，即为割线模量）。

③ 曲线上升段凸向竖轴，即 $0\leqslant x\leqslant 1,\dfrac{\mathrm{d}^2y}{\mathrm{d}x^2}<0$。

④ 在曲线顶点处，切线近似认为水平，$x=1$ 时，$y=1,\dfrac{\mathrm{d}y}{\mathrm{d}x}=0$。

⑤ 在下降段某处存在一个拐点 x_D，即 $x>1$ 时，$\dfrac{\mathrm{d}^2y}{\mathrm{d}x^2}=0$。

⑥ 在下降段某处存在一个曲率最大点 x_E，即 $x>1$ 时，$\dfrac{\mathrm{d}^3y}{\mathrm{d}x^3}=0$。

⑦ 当应变很大时，应力趋向 0，且此时曲线切线水平，即当 $x\rightarrow\infty,y\rightarrow 1,\dfrac{\mathrm{d}y}{\mathrm{d}x}\rightarrow 0$。

⑧ 数值范围是 $x\geqslant 0$ 时，$0\leqslant y\leqslant 1$。

合理的本构模型应该满足 3 个条件：一是模型与试验结果吻合良好；二是模型的形式简单，便于工程应用；三是模型含有较少的待定参数，且参数具有明确的物理意义。由于 RPC 的轴心受压应力－应变曲线形式与普通混凝土的近似一致，所以其本构模型形式主要是基于现有的本构模型形式进行研究。根据曲线上升段和下降段的形状，分别采取不同的曲线方程，来作为 RPC 受压的本构模型，两个方程在峰值点符合连续条件。

由于 RPC 应力－应变关系曲线的上升段线性部分比较长，而且 RPC 强度较高，所以采用高次方程进行拟合，即

$$y=a_0+a_1x+a_4x^4+a_5x^5 \tag{3.10}$$

根据几何条件 ① 和几何条件 ④，得

$$\begin{cases} a_5=3a_1-4 \\ a_4=5-4a_1 \\ a_0=0 \end{cases} \tag{3.11}$$

根据几何条件 ②，得到 $a_1=1.55$，代入式（3.11），分别得到 a_4 和 a_5。因此，应力－应变曲线的上升段方程为

$$y=1.55x-1.20x^4+0.65x^5 \tag{3.12}$$

对方程（3.12）求二阶导得

$$\dfrac{\mathrm{d}^2y}{\mathrm{d}x^2}=13x^3-14.4x^2 \tag{3.13}$$

当 $0\leqslant x\leqslant 1,\dfrac{\mathrm{d}^2y}{\mathrm{d}x^2}=13x^3-14.4x^2<0$，可见满足几何条件 ③。

采用有理分式来拟合应力－应变关系曲线的下降段，即

$$y=\dfrac{x}{\alpha x^2+\beta x+\gamma} \tag{3.14}$$

根据几何条件 ④，得

$$\begin{cases} \gamma=\alpha \\ \beta=1-2\alpha \end{cases} \tag{3.15}$$

代入式（3.14）得

$$y = \frac{x}{\alpha\,(x-1)^2 + x} \tag{3.16}$$

因为 $x \geqslant 0, y \geqslant 0$，所以 $\alpha \geqslant 0$。经试算，$\alpha = 6$ 时拟合曲线与试验曲线非常吻合，所以取 $\alpha = 6$，即

$$y = \frac{x}{6\,(x-1)^2 + x} \tag{3.17}$$

由式(3.17)得

$$\frac{\mathrm{d}^2 y}{\mathrm{d}x^2} = \frac{72\left(x^3 - 3x + \dfrac{11}{6}\right)}{\left[6\,(x-1)^2 + x\right]^3} \tag{3.18}$$

解一元三次方程，当 $x = 1.227\,6$ 时，$x^3 - 3x + \dfrac{11}{6} = 0$，即 $\dfrac{\mathrm{d}^2 y}{\mathrm{d}x^2} = 0$。由此证明了在 $x > 1$ 时的某点处，$\dfrac{\mathrm{d}^2 y}{\mathrm{d}x^2} = 0$，即满足几何条件 ⑤。

$$\frac{\mathrm{d}^3 y}{\mathrm{d}x^3} = \frac{-216\left(6x^4 - 36x^2 + 26x - \dfrac{85}{6}\right)}{\left[6\,(x-1)^2 + x\right]^4} \tag{3.19}$$

解一元四次方程，当 $x = 2.116\,9$ 时，$60x^4 - 36x^2 + 26x - \dfrac{85}{6} = 0$ 时，即 $\dfrac{\mathrm{d}^3 y}{\mathrm{d}x^3} = 0$。由此证明了满足几何条件 ⑥。

$$\lim_{x \to \infty} y = \lim_{x \to \infty} \frac{x}{\alpha x^2 + (1-\alpha)x + \alpha} = \lim_{x \to \infty} \frac{1}{\alpha x + 1} = 0 \tag{3.20}$$

$$\lim_{x \to \infty} \frac{\mathrm{d}y}{\mathrm{d}x} = \lim_{x \to \infty} \frac{2(1-x^2)}{\left[2\,(x-1)^2 + x\right]^2} = \lim_{x \to \infty} \frac{2 - 2x^2}{4x^4 - 12x^3 + 17x^2 - 12x + 4} = 0 \tag{3.21}$$

证明了满足几何条件 ⑦。综合以上分析，RPC 受压应力－应变曲线方程为

$$\begin{cases} y = 1.55x - 1.20x^4 + 0.65x^5 & (0 \leqslant x \leqslant 1) \\ y = \dfrac{x}{6\,(x-1)^2 + x} & (x \geqslant 1) \end{cases} \tag{3.22}$$

3.3.3　轴拉试验及分析

由 RPC 轴拉试验可知，拉应力在 $0.6f_t$ 之前，受拉应力－应变关系曲线的上升段近似为线性关系；从 $0.6f_t$ 开始，曲线略弯，但不明显；在达到初裂荷载时，试件发出闷响，RPC 基体表面出现一条主裂缝，但由于钢纤维的存在，试件并未立即破坏，出现裂缝后，跨越裂缝的钢纤维开始发挥作用，弥补了基体开裂后造成的受拉承载力降低，随着裂缝的发展，钢纤维的作用逐渐增大，试件的承载能力继续提高，最后随着钢纤维的拔出，荷载达到极限抗拉强度，试件的承载能力逐渐下降。该试验现象说明，钢纤维的掺入提高了 RPC 抗拉破坏时的强度，并改善了抗拉破坏时的变形性能，提高了受拉韧性。RPC 抗拉力学指标实测值见表3.4。本节试验中 RPC 峰值拉应力对应应变为 $249\,\mu\varepsilon$，普通混凝土的应变为 $100 \sim 150\,\mu\varepsilon$，可见 RPC 的峰值应力对应应变约为普通混凝土的 2 倍。

试验表明，应力－应变曲线的下降段线型与试件裂缝发展过程紧密相关。试件的初始微裂缝、骨料粒径大小和排列及粘着状况等随机因素都将影响裂缝的发展过程，因此曲线下降段的线型有一定的离散。

表 3.4 RPC 抗拉力学指标实测值

试件编号	抗拉强度 f_t/MPa	峰值拉应力对应的应变 ε_{t0}/$\mu\varepsilon$	弹性模量 E_t/MPa
Z-1	11.17	262	4.38×10^4
Z-2	9.94	237	5.00×10^4
Z-3	10.68	245	4.43×10^4
Z-4	10.03	260	4.82×10^4
Z-5	9.53	224	6.10×10^4
Z-6	9.77	265	4.17×10^4
平均值	10.19	249	4.81×10^4

RPC 材料的拉伸应力-应变全曲线方程采用在峰值点连续的两个方程分别描述。首先将试验数据无量纲化,令 $x = \dfrac{\varepsilon_t}{\varepsilon_{t0}}$,$y = \dfrac{\sigma_t}{f_t}$($\varepsilon_t$ 为受拉试验中的拉应变;ε_{t0} 为峰值拉应变;σ_t 为试验中的拉应力)。用下列分段方程表示 RPC 轴心受拉应力-应变曲线的上升段和下降段:

$$\begin{cases} y = Ax + Bx^2 + Cx^3 & (0 \leqslant x < 1) \\ y = \dfrac{x}{\alpha (x-1)^\beta + x} & (x \geqslant 1) \end{cases} \tag{3.23}$$

根据试验曲线上升段的基本特征,模型需满足以下几何条件:

① 曲线通过原点,即 $x = 0$ 时,$y = 0$。

② 原点切线斜率为 $\dfrac{\mathrm{d}y}{\mathrm{d}x} = \dfrac{\mathrm{d}\varepsilon}{\varepsilon_{t0}} \dfrac{f_t}{\mathrm{d}\sigma} = \dfrac{\dfrac{\mathrm{d}\varepsilon}{\mathrm{d}\sigma}}{\dfrac{\varepsilon_{t0}}{f_t}} = \dfrac{E_{ft}}{E_t}$。

③ 在曲线顶点处,近似认为切线水平,即当 $x = 1$ 时,$y = 1$,$\dfrac{\mathrm{d}y}{\mathrm{d}x} = 0$。

④ 曲线上升段略凸向数轴,即 $0 \leqslant x \leqslant 1$ 时,$\dfrac{\mathrm{d}y}{\mathrm{d}x} > 0$,$\dfrac{\mathrm{d}^2 y}{\mathrm{d}x^2} < 0$。

将以上几何条件代入方程(3.23)第一个公式中,得到 $A = 1.17$,$B = 0.65$,$C = -0.83$。为保证上升段和下降段曲线在峰值点连续,下降段数学模型需满足:$x = 1$ 时,$y = 1$,$\dfrac{\mathrm{d}y}{\mathrm{d}x} = 0$。

方程(3.23)第二个公式包含了两个参数 α 和 β,经过试算对比,$\beta = 2.2$ 时拟合曲线和试验曲线吻合得较好,α 是与混凝土抗拉强度有关的系数,由于试验数据有限,同样经过试算,发现 $\alpha = 5.5$ 时拟合曲线和试验曲线比较吻合。因此,得到 RPC 受拉应力-应变的关系为

$$\begin{cases} y = 1.17x + 0.65x^2 - 0.83x^3 & (0 \leqslant x < 1) \\ y = \dfrac{x}{5.5 (x-1)^{2.2} + x} & (x \geqslant 1) \end{cases} \tag{3.24}$$

RPC 试件受拉应力-应变关系曲线如图 3.12 所示。由图可见,两者符合程度较好。

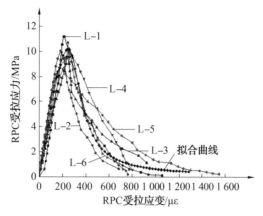

图 3.12　RPC 试件受拉应力－应变关系曲线

3.4　本章小结

通过 RPC 棱柱体轴压试验和轴拉试验,得到 RPC 的棱柱体轴心抗压强度、轴心抗拉强度、峰值应力对应的应变、极限压应变、弹性模量泊松比等力学性能指标,获得了 RPC 受压和受拉应力－应变曲线,并以此为基础拟合得到受压和受拉应力－应变关系全曲线方程。

本章参考文献

[1] HOGNESTAD E. A study of combined bending and axial loads in reinforced concrete members[D]. Illinois:University of Illinois,1951.

[2] 过镇海. 混凝土的强度和本构关系 —— 原理与应用[M]. 北京:中国建筑工业出版社,2004.

[3] 马亚峰. 活性粉末混凝土(RPC200)单轴受压本构关系研究[D]. 北京:北京交通大学,2006.

[4] 中国工程建设标准化协会. 高强混凝土结构技术规程:CECS104—99[S].北京:中国建筑工业出版社,1999.

第4章 RPC基本力学性能指标取值

4.1 概　述

由于RPC底板在运输、吊装和混凝土浇筑过程中必须满足裂缝控制和正截面承载力的验算要求,因此在设计阶段需要明确RPC的基本力学性能指标取值。本章在对国内RPC研究成果进行分析的基础上,提出以70.7 mm×70.7 mm×70.7 mm立方体抗压强度标准值为依据的RPC强度等级划分方法。并对RPC立方体抗压强度尺寸效应、轴心抗压强度、轴心抗拉强度、弹性模量、峰值压应变和极限压应变等基本力学性能指标进行了分析,获得了RPC相关力学性能指标之间的换算关系,并基于一次二阶矩法推导获得了RPC的材料分项系数。

4.2 RPC强度等级划分

4.2.1 划分依据

我国现行标准《混凝土结构设计规范》(GB 50010—2010)以边长为150 mm的立方体抗压强度标准值作为普通混凝土强度等级划分的依据。考虑到RPC中不含粗骨料,其微观结构与砂浆相似但好于砂浆,本章采用边长为70.7 mm的立方体抗压强度标准值作为RPC强度等级划分的依据。

4.2.2 抗压强度标准值及变异系数

要在实际工程中推广应用RPC,应有一个RPC强度等级的划分标准及与各强度等级相对应的基本力学性能指标取值。考虑到RPC不含粗骨料,以边长为70.7 mm×70.7 mm×70.7 mm立方体抗压强度标准值为依据,按10 MPa为一级,将RPC立方体抗压强度划分为90～100 MPa、100～110 MPa,⋯,200～210 MPa,共12级。

将何雁斌、张静、卢姗姗、单波、余清河和郝文秀等人测得的70.7 mm×70.7 mm RPC立方体的抗压强度分别归入相应的级别中,并计算每一级RPC立方体的抗压强度平均值和变异系数,结果如图4.1所示。

由图4.1可见,RPC立方体抗压强度的变异系数随抗压强度的升高而减小,这是因为RPC抗压强度越高,其均匀度也越高。出于安全考虑,以数据点的上包线作为70.7 mm×70.7 mm×70.7 mm RPC立方体抗压强度变异系数的函数,其表达式为

$$\delta_{cu} = \frac{2}{3f_{cu,m,70.7} - 205} + 0.03 \tag{4.1}$$

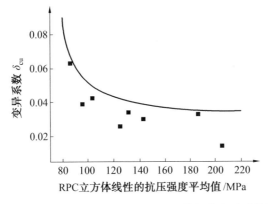

图 4.1　RPC 立方体试件的抗压强度平均值与其变异系数的关系

式中，$f_{cu,m,70.7}$ 为边长为 70.7 mm 的 RPC 立方体试件的抗压强度平均值，MPa；δ_{cu} 为 RPC 立方体试件抗压强度的变异系数。

RPC 立方体抗压强度的离散性受其微观结构、缺陷尺寸、组分和均匀性等多种独立因素共同影响，其中并没有起决定作用的单独因素，故假定 70.7 mm × 70.7 mm × 70.7 mm RPC 立方体抗压强度服从正态分布。为与《混凝土结构设计规范》（GB 50010—2010）相协调，边长为 70.7 mm 的 RPC 立方体抗压强度标准值 $f_{cu,k,70.7}$ 可按下式计算：

$$f_{cu,k,70.7} = f_{cu,m,70.7} - 1.645\sigma = (1 - 1.645\delta_{cu})f_{cu,m,70.7} \qquad (4.2)$$

联立式（4.1）和式（4.2），即可求得与不同 RPC 强度等级对应的 70.7 mm × 70.7 mm × 70.7 mm RPC 立方体抗压强度平均值和其变异系数，计算结果见表 4.1。

表 4.1　RPC 强度等级与性能指标

强度等级	抗压强度标准值 /MPa	抗压强度平均值 /MPa	变异系数	强度等级	抗压强度标准值 /MPa	抗压强度平均值 /MPa	变异系数
RPC90	90	99	0.051 7	RPC160	160	171	0.036 5
RPC100	100	109	0.046 4	RPC170	170	181	0.035 9
RPC110	110	119	0.043 2	RPC180	180	192	0.035 4
RPC120	120	129	0.041 0	RPC190	190	202	0.035 0
RPC130	130	140	0.039 3	RPC200	200	213	0.034 6
RPC140	140	150	0.038 2	RPC210	210	223	0.034 3
RPC150	150	160	0.037 3				

4.3　立方体抗压强度尺寸效应

为便于工程应用，本节不考虑钢纤维掺量和强度等因素对 RPC 立方体抗压强度尺寸效应的影响，分别将边长为 70.7 mm 的 RPC 立方体与同条件下边长为 100 mm 和 150 mm 的 RPC 立方体的抗压强度数据进行整理，结果如图 4.2 和图 4.3 所示。

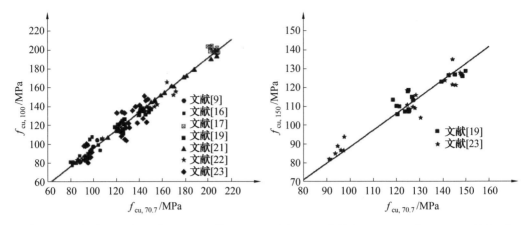

图 4.2　边长为 70.7 mm 与 100 mm 的 RPC　　图 4.3　边长为 70.7 mm 与 150 mm 的 RPC
　　　　立方体的抗压强度　　　　　　　　　　　　　立方体的抗压强度

由图 4.2 和图 4.3 可知,边长为 100 mm、150 mm 的 RPC 立方体抗压强度与边长为 70.7 mm 立方体抗压强度间存在明显的线性关系,将图 4.2 和图 4.3 中的数据分别进行线性回归可得

$$f_{cu,m,100} = 0.959 f_{cu,m,70.7} \qquad (4.3)$$
$$f_{cu,m,150} = 0.888 f_{cu,m,70.7} \qquad (4.4)$$

式中,$f_{cu,m,100}$ 为边长 100 mm 的 RPC 立方体的抗压强度平均值,MPa;$f_{cu,m,150}$ 为边长 150 mm 的 RPC 立方体试件的抗压强度平均值,MPa。

4.4　轴心抗压强度

为消除立方体在受压过程中两端竖向应力不均匀和套箍效应的影响,获得应力均匀的单轴受压状态,一般采用棱柱体测定 RPC 的轴心抗压强度。在所收集的本章参考文献中,RPC 棱柱体尺寸分为 70.7 mm × 70.7 mm × 210 mm 和 100 mm × 100 mm × 300 mm 两种。考虑到 RPC 中无粗骨料,其棱柱体抗压强度尺寸效应可忽略不计,通过式 (4.3) 将本章参考文献中边长为 100 mm 的立方体的抗压强度换算成边长为 70.7 mm 的立方体的抗压强度,可得 RPC 轴心抗压强度与立方体抗压强度的关系,如图 4.4 所示。

由图 4.4 可见,与普通混凝土相似,RPC 立方体的抗压强度与轴心抗压强度基本符合线性关系,经线性回归可得

$$f_{c,m} = 0.845 f_{cu,m,70.7} \qquad (4.5)$$

式中,$f_{c,m}$ 为 RPC 轴心抗压强度平均值,MPa。

RPC 棱柱体的抗压强度与立方体抗压强度的换算系数 $\dfrac{f_{c,m}}{f_{cu,m,70.7}}$ 为 0.845,其高于普通混凝土的强度换算系数 0.76 ~ 0.82。

4.5　轴心抗拉强度

在所收集的本章参考文献中,轴心抗拉强度试验所用的 RPC 试块均为自行设计,其

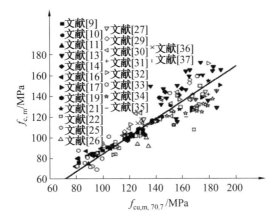

图 4.4　RPC 轴心抗压强度与边长为 70.7 mm 的立方体抗压强度的关系

形状和尺寸有一定差别。为建立 RPC 轴心抗压强度与轴心抗拉强度的关系,忽略纤维种类、掺量和试件几何外形的差异,并采用式(4.3)和式(4.5)将本章参考文献中不同尺寸和形状的 RPC 试件的抗压强度换算为轴心抗压强度,结果如图 4.5 所示。

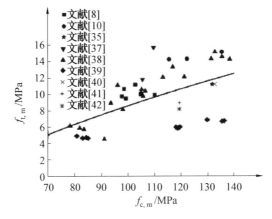

图 4.5　RPC 的轴心抗压强度与轴心抗拉强度的关系

对图 4.5 中的数据进行拟合,可得 RPC 的轴心抗压强度与轴心抗拉强度关系的表达式为

$$f_{t,m} = 2.14\sqrt{f_{c,m}} - 12.8 \qquad (4.6)$$

为方便设计,采用式(4.5)将 RPC 的轴心抗压强度换算成边长为 70.7 mm 的 RPC 立方体的抗压强度,则式(4.6)可变为

$$f_{t,m} = 1.79\sqrt{f_{cu,m,70.7}} - 11.8 \qquad (4.7)$$

按 RPC 轴心抗拉强度变异系数与边长为 70.7 mm 的 RPC 立方体抗压强度变异系数相同考虑,RPC 轴心抗拉强度标准值可按式(4.8)计算:

$$f_{tk} = f_{t,m}(1 - 1.645\delta_{cu}) \qquad (4.8)$$

则 RPC 轴心抗拉强度标准值与边长为 70.7 mm 的 RPC 立方体抗压强度标准值的关系为

$$f_{tk} = 1.88\sqrt{f_{cu,k,70.7}} - 11.7 \qquad (4.9)$$

4.6 弹 性 模 量

在所收集的本章参考文献中,RPC 的弹性模量测试采用的是 70.7 mm×70.7 mm× 210 mm 和 100 mm×100 mm×300 mm 两种尺寸的棱柱体试件。将 RPC 的轴心抗压强度与对应的弹性模量数据进行整理,结果如图 4.6 所示。

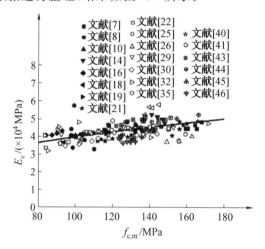

图 4.6 RPC 轴心抗压强度平均值与弹性模量的关系

选用根式函数对本章参考文献中的数据进行拟合,可得 RPC 弹性模量的计算公式为

$$E_c = 3\ 027\sqrt{f_{c,m}} + 9\ 533 \tag{4.10}$$

为方便设计计算,利用式(4.1)、式(4.2)和式(4.5)将 RPC 棱柱体试件的抗压强度换算成边长为 70.7 mm 的立方体抗压强度标准值,则 RPC 弹性模量的计算公式为

$$E_c = 2\ 055\sqrt{f_{cu,k,70.7}} + 18\ 897 \tag{4.11}$$

4.7 峰值压应变与极限压应变

4.7.1 峰值压应变

峰值压应变是指材料在达到最大压应力时所对应的应变。在所收集的本章参考文献中,RPC 峰值压应变试验采用的是 70.7 mm × 70.7 mm × 210 mm 和 100 mm × 100 mm×300 mm 两种尺寸的棱柱体。为研究 RPC 峰值压应变与轴心抗压强度的关系,将 RPC 的峰值压应变与对应的轴心抗压强度数据进行整理,结果如图 4.7 所示。

由图 4.7 可见,RPC 的峰值压应变随轴心抗压强度的增大而增大,采用根式函数对图 4.7 中的数据进行拟合,可得

$$\varepsilon_{0,m} = (377\sqrt{f_{c,m}} - 923) \times 10^{-6} \tag{4.12}$$

式中,$\varepsilon_{0,m}$ 为 RPC 峰值压应变平均值,MPa。

为研究 RPC 峰值压应变与边长为 70.7 mm 的 RPC 立方体抗压强度标准值的关系,

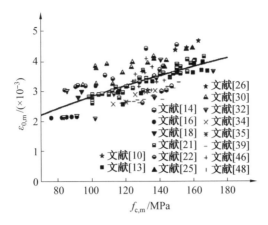

图 4.7　RPC 轴心抗压强度平均值与峰值压应变平均值的关系

利用式(4.1)、式(4.2)和式(4.5)对 RPC 轴心抗压强度进行换算,则 RPC 峰值压应变与边长为 70.7 mm 的 RPC 立方体抗压强度标准值之间的关系为

$$\varepsilon_{0,\mathrm{m}} = \left(345\sqrt{f_{\mathrm{cu,k,70.7}}} - 775\right) \times 10^{-6} \tag{4.13}$$

4.7.2　极限压应变

极限压应变指构件不均匀受压时,RPC 受压区边缘被压碎时对应的应变。极限压应变是采用平截面假定计算混凝土受弯和偏心受压构件相对界限受压区高度的重要依据。与普通混凝土相比,RPC 强度更高,且掺入钢纤维后试件具有良好的塑性性能,应针对 RPC 的特点探索其极限压应变的变化规律。郑文忠、卢姗姗、张明辉、陆小吕及李莉等人分别通过 RPC 矩形梁受弯性能试验对 RPC 受弯构件受压区边缘的极限压应变 $\varepsilon_{\mathrm{cu}}$ 进行了研究,数据见表 4.2。

表 4.2　RPC 的峰值压应变极限压应变

本章参考文献	钢纤维掺量 /%	$f_{\mathrm{c,m}}$/MPa	$f_{\mathrm{c,k,70.7}}$/MPa	$\varepsilon_{0,\mathrm{m}}$/$(\times 10^{-6})$	$\varepsilon_{\mathrm{cu}}$/$(\times 10^{-6})$	$\dfrac{\varepsilon_{\mathrm{cu}}}{\varepsilon_{0,\mathrm{m}}}$	$\varepsilon_{\mathrm{cu}}$ 建议值/$(\times 10^{-6})$
[9]	0	84.5	92	2 150	2 923 ~ 3 136	1.36 — 1.46	3 000
[12]	2	130	144	4 000	6 000 ~ 8 500	1.50 — 2.13	6 000
[28]	2	102.3	113	3 560	5 500 ~ 7 300	1.51 — 2.05	5 340

注:本章参考文献中的 RPC 均采用直径为 0.22 mm、长径比为 60 ~ 65 的表面镀铜光圆钢纤维;RPC 立方体抗压强度标准值是指利用式(4.1)、式(4.2)和式(4.5)计算得到的边长为 70.7 mm 的 RPC 立方体抗压强度标准值。

由本章参考文献可知,不掺钢纤维时,抗压强度标准值为 92 MPa 的 RPC 受弯构件受压区边缘的极限压应变约为 3 000×10⁻⁶。掺入钢纤维后,RPC 受弯构件受压区边缘极限压应变明显升高。经分析,当上述种类的钢纤维掺量为 2%(约 160 kg/m³)、RPC 立方体抗压强度标准值在 92 ~ 144 MPa 之间时,建议 RPC 受弯构件受压区边缘的极限压应变暂按下式计算:

$$\varepsilon_{\mathrm{cu}} = 1.5 \times \varepsilon_{0,\mathrm{m}} \tag{4.14}$$

结合式(4.1)、式(4.2)和式(4.5),可得 RPC 受弯构件受压区边缘的极限压应变与边

长为 70.7 mm 的立方体抗压强度标准值的关系式为

$$\varepsilon_{cu} = (518\sqrt{f_{cu,k,70.7}} - 1\,163) \times 10^{-6} \tag{4.15}$$

得到 RPC 的极限压应变后,即可建立 RPC 受弯构件与大、小偏心受压构件的正截面承载力计算公式。

4.8　峰值拉应变

峰值拉应变指轴心受拉试件在最大拉力下对应的拉应变。研究 RPC 峰值拉应变的本章参考文献较少,且试件外形、尺寸和试验方法也有所差异。为初步探索 RPC 峰值拉应变与轴心抗拉强度的关系,忽略上述因素的影响,将相关本章参考文献中 RPC 轴心抗拉强度与峰值拉应变的数据汇总,可得峰值拉应变与轴心抗拉强度的关系,如图 4.8 所示。

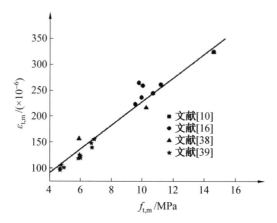

图 4.8　RPC 峰值拉应变平均值与轴心抗拉强度平均值的关系

由图 4.8 可见,RPC 峰值拉应变与轴心抗拉强度有明显的线性关系,对图中数据进行线性回归,可得

$$\varepsilon_{t,m} = 22.9 f_{t,m} \times 10^{-6} \tag{4.16}$$

式中,$\varepsilon_{t,m}$ 为 RPC 峰值拉应变实测值,MPa。

结合式(4.1)、式(4.2)和式(4.5),可得 RPC 峰值拉应变与边长为 70.7 mm 的 RPC 立方体抗压强度标准值的关系为

$$\varepsilon_{t,m} = (44.7\sqrt{f_{cu,k,70.7}} - 270) \times 10^{-6} \tag{4.17}$$

4.9　弯曲开裂应变和截面塑性影响系数

与普通混凝土相比,RPC 具有较高的密实度和匀质性且掺有钢纤维,其弯曲开裂应变得到明显提高。张明波等人对 8 根截面尺寸为 $b \times h = 150\,\text{mm} \times 280\,\text{mm}$,轴心抗压强度为 102 MPa(钢纤维掺量为 2%),配置 GFRP 筋的 RPC 矩形梁进行受力性能研究。结果表明:这类 RPC 梁的弯曲开裂应变为 750×10^{-6}。郑文忠等人对 6 根以热轧带肋钢筋为

受力筋,截面尺寸为 $b \times h = 150\ \text{mm} \times 200\ \text{mm}$,轴心抗压强度为 102 MPa(钢纤维掺量为 2%)的 RPC 矩形梁进行试验研究。结果表明:这类 RPC 梁的弯曲开裂应变为 750×10^{-6}。余自若等人对 4 根轴心抗压强度为 137 MPa(钢纤维掺量为 2%)、截面尺寸为 $b \times h = 115\ \text{mm} \times 190\ \text{mm}$ RPC 矩形梁,以及 3 根腹板宽度为 115 mm,高度为 190 mm,受压翼缘宽度和高度分别为 180 mm 和 30 mm 的 T 形梁进行了受弯性能试验研究。结果发现:RPC 矩形梁的弯曲开裂应变在 $705 \sim 778\ \mu\varepsilon$ 之间,其平均值为 $749\ \mu\varepsilon$;RPC T 形梁的弯曲开裂应变在 $719 \sim 864\ \mu\varepsilon$ 之间,其平均值为 $792\ \mu\varepsilon$。为使结构设计计算时偏于安全和方便,当轴心抗压强度为 $102 \sim 137$ MPa(边长为 70.7 mm 的 RPC 立方体抗压强度标准值为 $112 \sim 152$ MPa),钢纤维掺量为 2% 时,RPC 弯曲开裂应变可取 $750\ \mu\varepsilon$。

在构件受弯过程中,当 RPC 超过其受拉弹性阶段后,受拉区材料开始进入受拉塑性阶段,在按照弹性体计算构件开裂弯矩时需引入截面塑性影响系数。卢姗姗通过试验获得了 GFRP 筋不同配筋率下的 RPC 矩形梁截面塑性影响系数,陆小吕和郑文忠、李莉、卢姗姗等人通过试验获得了热轧带肋钢筋不同配筋率下的 RPC 矩形梁截面塑性影响系数。本章参考文献[12,28,47]中 RPC 矩形梁截面塑性影响系数基本值 γ_m 与配筋率 ρ 的关系如图 4.9 所示。

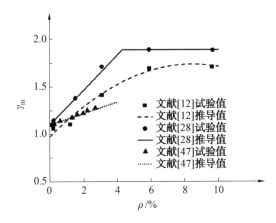

图 4.9　RPC 矩形梁截面塑性影响系数基本值 γ_m 与配筋率 ρ 的关系

由图 4.9 可见,GFRP 筋 RPC 矩形梁的 γ_m 与配筋率 ρ 为线性关系,可按式(4.18)计算。

$$\gamma_m = 1.1 + 6\rho \quad (\rho < 2.8\%) \tag{4.18}$$

本章参考文献[12]和[28]的数据变化规律基本一致。当配筋率不高于 4% 时,γ_m 随配筋率的升高而线性增大;当配筋率超过 4% 后,γ_m 随配筋率的升高而趋于稳定。对本章参考文献[12]和[28]中的数据分别进行拟合,可得

$$\gamma_m = -131.3\rho^2 + 21.8\rho + 1.11 \quad (\rho < 9.6\%) \tag{4.19}$$

$$\gamma_m = -106.3\rho^2 + 18.04\rho + 0.974 \quad (\rho < 9.6\%) \tag{4.20}$$

为便于应用,对本章参考文献[12]和[28]的数据进行拟合,可得

$$\gamma_m = -119.7\rho^2 + 20\rho + 1.04 \quad (\rho < 9.6\%) \tag{4.21}$$

由式(4.21)计算得到的 γ_m 计算值与试验值之比的平均值为 1.00,变异系数为

0.08。在配筋率为 0 或配筋率较低的情况下,由式(4.21)获得的截面抵抗矩塑性影响系数较普通混凝土偏低,其原因可能是 RPC 收缩较大,且表面收缩大于内部收缩,这一现象有待进一步的研究。

上述研究中的研究对象是掺有直径为 0.22 mm、长径比为 65 左右且掺量为 2%(约 160 kg/m³)的圆形表面镀铜钢纤维的 RPC 矩形梁,其他条件下的 RPC 受弯构件的 γ_m 计算方法仍有待研究。

随着构件截面高度增大,受拉区 RPC 应变梯度降低,使得 γ_m 有减小的趋势。由于缺少相关本章参考文献,当考虑截面高度变化时,γ 可暂按现行规范计算。

$$\gamma = \left(0.7 + \frac{120}{h}\right)\gamma_m \tag{4.22}$$

式中,h 为截面高度,mm。当 $h < 400$ 时,取 $h = 400$;当 $h > 1\ 600$ 时,取 $h = 1\ 600$。

4.10　泊　松　比

将本章参考文献中的泊松比 ν 与相应的 RPC 轴心抗压强度数据进行汇总,结果如图 4.10 所示。

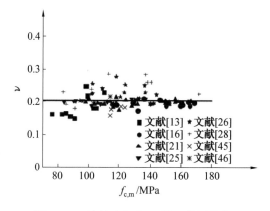

图 4.10　泊松比与 RPC 轴心抗压强度

对图 4.10 中的数据进行分析,可以发现 RPC 的泊松比大多分布在 0.18~0.22 之间,且不随轴心抗压强度变化而改变。取图中数据点的平均值作为 RPC 的泊松比,经计算可得 RPC 泊松比的平均值 $\bar{\nu} = 0.205$,设计时可近似取 $\nu = 0.2$,其与普通混凝土的泊松比基本相同。

4.11　材料分项系数

4.11.1　计算方法

普通混凝土的材料分项系数以轴压试件为分析对象,本节将使用相同的方法确定 RPC 的材料分项系数。

本节采用一次二阶矩理论的验算点法计算 RPC 的材料分项系数。考虑处于轴压状态的 RPC 构件,结合工程实际荷载情况,其功能函数的极限状态方程为

$$Z = R - S_G - S_Q = 0 \tag{4.23}$$

式中,Z 为极限状态函数;R、S_G 和 S_Q 分别为抗力、恒荷载效应和活荷载效应的随机变量。

根据《建筑结构可靠度设计统一标准》(GB 50068—2018),仅考虑简单荷载组合情况,式(4.23) 可写为

$$\frac{R_K}{\gamma_R} = \gamma_G S_{GK} + \gamma_Q \Psi S_{QK} \tag{4.24}$$

式中,R_K 为抗力标准值;γ_R 为抗力分项系数;S_{GK} 和 S_{QK} 分别为恒荷载效应和活荷载效应标准值;γ_G 和 γ_Q 分别为恒荷载效应和活荷载效应分项系数;Ψ 为可变荷载组合值系数。

当 $\dfrac{S_{GK}}{S_{QK}} \leqslant 2.8$ 时,$\gamma_G = 1.2$,$\gamma_Q = 1.4$,$\Psi = 1$;否则,$\gamma_G = 1.35$,$\gamma_Q = 1.4$,$\Psi = 0.7$。

令构件截面面积为 1,在轴压状态下,$R_K = f_{c,k}$,式(4.24) 中的抗力项可变为

$$\frac{R_K}{\gamma_R} = \frac{f_{c,k}}{\gamma_R} \tag{4.25}$$

式中,$f_{c,k}$ 为 RPC 轴心抗压强度标准值;γ_R 为 RPC 的材料分项系数。由本章参考文献 [51] 可知,对于某一特定的构件,满足关系式 $R^* = R_K$,则抗力分项系数表达式为

$$\gamma_R = \frac{R^*}{\gamma_G S_{GK} + \gamma_Q S_{QK}} \tag{4.26}$$

式中,R^* 为抗力验算点。经当量正态化后,抗力与荷载效应验算点在正态坐标系中的坐标为

$$\begin{cases} R^* = \mu_R + \alpha_R \beta \sigma_R \\ S_G^* = \mu_{SG} + \alpha_{SG} \beta \sigma_{SG} \\ S_Q^* = \mu_{SQ} + \alpha_{SQ} \beta \sigma_{SQ} \end{cases} \tag{4.27}$$

式中,μ_R、μ_{SG} 和 μ_{SQ} 分别为抗力、恒荷载效应和活荷载效应的平均值;σ_R、σ_{SG} 和 σ_{SQ} 分别为抗力、恒荷载效应和活荷载效应的标准差;α_R、α_{SG} 和 α_{SQ} 为系数,可由式(4.28)确定;β 为目标可靠指标,根据定义,β 可由表达式(4.29)表示;S_G^* 为恒荷载效应验算点;S_Q^* 为活荷载效应验算点。

$$\begin{cases} \alpha_R = -\dfrac{\dfrac{\partial Z}{\partial R} \sigma_R}{\sigma} = -\dfrac{\sigma_R}{\sigma} \\[4mm] \alpha_{SG} = -\dfrac{\dfrac{\partial Z}{\partial S_G} \sigma_{SG}}{\sigma} = \dfrac{\sigma_{SG}}{\sigma} \\[4mm] \alpha_{SQ} = -\dfrac{\dfrac{\partial Z}{\partial S_Q} \sigma_{SQ}}{\sigma} = \dfrac{\sigma_{SQ}}{\sigma} \end{cases} \tag{4.28}$$

$$\beta = \frac{\mu_R - \mu_{SG} - \mu_{SQ}}{\sqrt{\sigma_R^2 + \sigma_{SG}^2 + \sigma_{SQ}^2}} = \frac{1 - \dfrac{\mu_{SG}}{\mu_R} - \dfrac{\mu_{SQ}}{\mu_R}}{\sqrt{\delta_R^2 + \delta_{SG}^2 \left(\dfrac{\mu_{SG}}{\mu_R}\right)^2 + \delta_{SQ}^2 \left(\dfrac{\mu_{SQ}}{\mu_R}\right)^2}} \tag{4.29}$$

式中，σ 为标准差；δ_R、δ_{SG}、δ_{SQ} 均为变异系数。

对于一般结构而言，荷载效应与荷载符合线性关系，定义荷载效应与荷载的比值为

$$\rho = \frac{S_{QK}}{S_{GK}} = \frac{Q_K}{G_K} \tag{4.30}$$

荷载效应比反映了活荷载与恒荷载标准值间的比例关系。我国在研究钢筋混凝土构件的可靠度时，荷载效应比 ρ 取值一般为 0.1、0.25、0.5、1.0、2.0。为方便计算，定义荷载和抗力均值与标准值之间的关系为

$$\begin{cases} k_R = \dfrac{\mu_R}{R_K} \\[2mm] k_G = \dfrac{\mu_G}{G_K} \\[2mm] k_Q = \dfrac{\mu_Q}{Q_K} \end{cases} \tag{4.31}$$

式中，k_R 为抗力平均值与抗力标准值的比值；k_G 为恒荷载效应平均值与恒荷载效应标准值的比值；k_Q 为活荷载效应平均值与活荷载效应标准值的比值。对于活荷载，本节考虑住宅活荷载与办公室活荷载两种情况。根据《建筑结构设计统一标准》(GBJ 68—1984) 可获得比例系数 k 与荷载变异系数 δ 的取值，但该标准中办公室楼面和住宅楼面荷载标准值均为 $1.5\ kN/m^2$。为与现行标准（办公室楼面和住宅楼面荷载标准值均为 $2.0\ kN/m^2$）相协调，对本章参考文献[54]中的数据进行换算，换算后的比例系数 k 与荷载变异系数 δ 见表 4.3。

表 4.3　换算后的比例系数 k 与荷载变异系数 δ

荷载类型	恒荷载	住宅楼面活荷载	办公室楼面活荷载
k	1.060	0.392	0.331
δ	0.070	0.242	0.277

由式(4.30)和式(4.31)可得

$$\frac{\dfrac{\mu_{SQ}}{\mu_R}}{\dfrac{\mu_{SG}}{\mu_R}} = \frac{k_Q}{k_G}\rho \tag{4.32}$$

考虑式(4.32)，则式(4.24)的荷载效应项和式(4.27)可分别写成式(4.33)和式(4.34)。

$$\gamma_G S_{GK} + \gamma_Q \Psi S_{QK} = \gamma_G k_G \frac{\mu_G}{\mu_R} + \gamma_Q k_Q \frac{\mu_Q}{\mu_R} \tag{4.33}$$

$$R^* = \mu_R\left[1 - \frac{\beta \delta_R^2}{\sqrt{\delta_R^2 + \delta_{SG}^2\left(\dfrac{\mu_{SG}}{\mu_R}\right)^2 + \delta_{SQ}^2\left(\dfrac{\mu_{SQ}}{\mu_R}\right)^2}}\right] \tag{4.34}$$

联立式(4.29)、式(4.32)和式(4.34)即可求得 γ_R。

4.11.2　影响 RPC 强度的不确定因素

RPC 材料分项系数的确定应考虑 3 个独立的随机变量：材料性能不确定性 X_m、构件

几何参数不确定性 X_A 和构件计算模式不确定性 X_P。

1. 材料性能不确定性

原料品质、成型工艺、养护条件、加载速率、截面应变梯度等因素都会引起 RPC 材料性能的不确定性,用随机变量 X_m 表示。

$$X_m = \frac{f_p}{f_{pk}} \tag{4.35}$$

式中,f_p 为结构构件实际的材料性能值;f_{pk} 为规范规定的材料性能标准值(取各级 RPC 立方体抗压强度标准值)。令

$$\begin{cases} X_0 = \dfrac{f_p}{f_{p,m}} \\[2mm] X_f = \dfrac{f_{p,m}}{f_{pk}} \end{cases} \tag{4.36}$$

式中,$f_{p,m}$ 为试件材料性能值(取各级 RPC 立方体抗压强度平均值);X_0 为反映结构构件材料性能与试件材料性能差别的随机变量,对于普通混凝土,其为 0.88,但考虑到 RPC 构件一般由构件厂生产,其条件与实验室相当,故认为 RPC 结构构件的材料性能与试件材料性能相同,则 $\mu_{X_0} = 1$,$\delta_{X_0} = 0$;X_f 为反映试件材料性能不定性的随机变量,可由式(4.1)计算得到。

由式(4.35)和式(4.36),可得 X_m 的均值和变异系数分别为

$$\mu_{X_m} = \mu_{X_0} \mu_{X_f} \tag{4.37}$$

$$\delta_{X_m} = \sqrt{\delta_{X_0}^2 + \delta_{X_f}^2} \tag{4.38}$$

2. 构件几何参数不确定性

构件几何参数不确定性是指由制作和安装方面原因引起的构件几何参数的变异性,用随机变量 X_A 表示。

$$X_A = \frac{a}{a_k} \tag{4.39}$$

式中,a 和 a_k 分别为构件几何参数的实际值和标准值。考虑到 RPC 构件成型和安装工艺与普通钢筋混凝土构件相同,取 $\mu_{X_m} = 1$,$\delta_{X_A} = 0$。

3. 构件计算模式不确定性。

构件计算模式不确定性是指抗力计算中所采用的基本假定不完全符合实际和计算公式的近似等引起的变异性,用随机变量 X_p 表示为

$$X_p = \frac{R_0}{R_c} \tag{4.40}$$

式中,R_0 和 R_c 分别为构件实际抗力值和按规范公式计算的构件抗力值。

X_p 的均值和变异系数分别为

$$\mu_{X_p} = \frac{\mu_{R_0}}{\mu_{R_c}} \tag{4.41}$$

$$\delta_{X_p} = \delta_{R_0} \tag{4.42}$$

由于缺少相关统计资料,按普通钢筋混凝土轴压构件考虑,取 $\mu_{X_0} = 1$,$\delta_{X_0} = 0.05$。

4. 构件抗力统计特征

RPC 轴压构件的抗力为

$$R = X_\mathrm{p} R_\mathrm{p} = X_\mathrm{p} (X_\mathrm{m} f_\mathrm{pk})(X_A a_\mathrm{k}) \tag{4.43}$$

抗力均值为

$$\mu_\mathrm{R} = \mu_{X_\mathrm{p}} \mu_{X_\mathrm{f}} \mu_{X_A} (f_\mathrm{pk} a_\mathrm{k}) \tag{4.44}$$

令 $R_\mathrm{k} = f_\mathrm{pk} a_\mathrm{k}$，则

$$\eta_\mathrm{p} = \frac{\mu_\mathrm{R}}{R_\mathrm{K}} = \frac{\mu_{X_\mathrm{p}} \mu_{X_\mathrm{f}} \mu_{X_A}}{R_\mathrm{K}} \tag{4.45}$$

抗力变异系数为

$$\delta_\mathrm{R} = \sqrt{\delta_{X_\mathrm{m}}^2 + \delta_{X_A}^2 + \delta_{X_\mathrm{p}}^2} \tag{4.46}$$

4.11.3 材料分项系数

构件的失效概率 p_f 是可靠指标 β 的函数。对于不同的安全等级和破坏类型，根据《建筑结构可靠度设计统一标准》(GB 50068—2018)，目标可靠指标可按表 4.4 取值。

表 4.4　目标可靠指标

构件破坏类型	一级	二级	三级
延性破坏	3.7	3.2	2.7
脆性破坏	4.2	3.7	3.2

根据实际设计中常用的安全等级，目标可靠指标 β 取 3.7。按上述讨论的计算方法和参数取值，编制程序对 RPC 的材料分项系数进行计算，结果如图 4.11 所示。由图可见，材料分项系数受荷载效应比影响较大，与 RPC 强度等级和活荷载类型关系不大。由于活荷载平均值和标准值的比值较小，故荷载效应比越高，抗力分项系数越小。根据计算，在已讨论的 RPC 强度等级和荷载效应比范围内，RPC 试件的材料分项系数最大值约为 1.24。出于安全考虑，其材料分项系数取 1.3，比普通混凝土材料分项系数(1.2)略小。

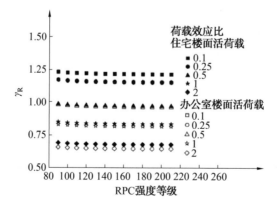

图 4.11　RPC 试件的材料分项系数

4.12　RPC 的基本力学性能指标取值

获得 RPC 的材料分项系数后，即可计算得到各强度等级（根据边长为 70.7 mm 的 RPC 立方体试件的抗压强度标准值划分）RPC 的材料强度设计值，不同强度等级 RPC 的基本力学性能指标取值见表 4.5。

表 4.5　不同强度等级 RPC 的基本力学性能指标取值

强度等级	抗压强度 /MPa		抗拉强度 /MPa		弹性模量 / ($\times 10^4$ MPa)	峰值压应变 / ($\times 10^{-6}$)	极限压应变 / ($\times 10^{-6}$)	峰值拉应变 / ($\times 10^{-6}$)
	标准值	设计值	标准值	设计值				
RPC90	90	58.9	5.95	4.58	3.60	2 364	3 751	130
RPC100	100	65.4	6.86	5.27	3.75	2 544	4 017	152
RPC110	110	71.9	7.71	5.93	3.88	2 710	4 269	173
RPC120	120	78.2	8.52	6.56	4.01	2 868	4 511	192
RPC130	130	85.1	9.38	7.21	4.14	3 033	4 742	213
RPC140	140	91.4	10.12	7.79	4.25	3 176	4 966	230
RPC150	150	97.6	10.85	8.34	4.36	3 315	—	248
RPC160	160	104.5	11.61	8.93	4.48	3 461	—	266
RPC170	170	110.7	12.29	9.45	4.59	3 590	—	282
RPC180	180	117.5	13.01	10.01	4.70	3 728	—	299
RPC190	190	123.7	13.64	10.50	4.79	3 850	—	314
RPC200	200	130.6	14.33	11.02	4.90	3 980	—	330
RPC210	210	136.8	14.93	11.49	4.99	4 095	—	344

注：RPC 泊松比 $\nu = 0.2$；极限压应变指受压区边缘极限压应变。

国家标准《活性粉末混凝土》（GB/T 31387—2015）以边长为 100 mm 的立方体抗压强度标准值为依据，按 20 MPa 为一级，将 RPC 划分为 RPC100、RPC120、RPC140、RPC160 和 RPC180 这 5 个强度等级。为与国家标准相协调，方便工程应用，按照本章所述方法将《活性粉末混凝土》（GB/T 31387—2015）中规定的各强度等级 RPC 的基本力学性能指标取值列于表 4.6。

表 4.6　各强度等级 RPC 的基本力学性能指标取值

强度等级	抗压强度 /MPa		抗拉强度 /MPa		弹性模量 / ($\times 10^4$ MPa)	峰值压应变 / ($\times 10^{-6}$)	极限压应变 / ($\times 10^{-6}$)	峰值拉应变 / ($\times 10^{-6}$)
	标准值	设计值	标准值	设计值				
RPC100	100	67.8	6.67	5.13	3.99	2 749	4 124	187
RPC120	120	81.3	8.33	6.41	4.19	3 084	4 627	230
RPC140	140	94.9	9.88	7.60	4.37	3 394	5 092	270
RPC160	160	108.5	11.33	8.71	4.54	3 681	—	307
RPC180	180	122.0	12.69	9.76	4.71	3 952	—	342

注：RPC 泊松比 $\nu = 0.2$；极限压应变指受压区边缘极限压应变。

4.13 本章小结

（1）考虑到 RPC 不含粗骨料，其微观结构与砂浆相似但好于砂浆，采用边长为 70.7 mm 的立方体抗压强度标准值作为 RPC 强度等级划分的依据，将 RPC 划分为 RPC90～RPC210 共 12 个强度等级。获得了不同强度等级的 RPC 立方体抗压强度的平均值和变异系数。

（2）本章获得了不同强度等级 RPC 的弹性模量、峰值压应变、受压区边缘极限压应变、轴拉开裂应变、弯曲开裂应变及泊松比的具体取值。RPC 矩形梁在不配纵筋或纵筋配筋率较低时，截面抵抗矩塑性影响系数值偏低的问题有待进一步研究。

（3）基于本章参考文献资料和可靠度分析，RPC 材料分项系数取 1.3。通过计算获得了不同强度等级 RPC 抗压强度标准值和设计值，以及 RPC 抗拉强度标准值和设计值。

本章参考文献

[1] RICHARD P, CHEYREZY M. Composition of reactive powder concretes[J]. Cement and Concrete Research, 1995, 25(7): 1501-1511.

[2] YAZICI H, YARDIMCI M Y, AYDIN S, et al. Mechanical properties of reactive powder concrete containing mineral admixtures under different curing regimes [J]. Construction and Building Materials, 2009, 23(3): 223-1231.

[3] RICHARD P, CHEYREZY M. Reactive powder concrete with high ductility and 200 MPa－800 MPa compressive strength[J]. ACI Special Publication, 1994(144): 507-518.

[4] BLAIS P Y, COUTURE M. Prestressed pedestrian bridge — world's first reactive powder concrete structure[J]. PCI, 1999, 44: 60-71.

[5] BEHLOUL M, LEE K C. Ductal(R) seonyu footbridge[J]. Structural Concrete, 2003, 4(4): 195-201.

[6] MAZZACANE P, RICCIOTTI R, LAMO R, et al. Roofing of the stade jean bouin in UHPFRC[C]. France: Symposium on Ultra-high Performance Fibre-Reinforced Concrete, 2013: 59-68.

[7] 何雁斌. 活性粉末混凝土（RPC）的配制技术与力学性能试验研究[D]. 福州: 福州大学, 2003.

[8] 李莉. 活性粉末混凝土梁受力性能及设计方法研究[D]. 哈尔滨: 哈尔滨工业大学, 2010.

[9] 郑文忠, 卢姗姗, 张明辉. 掺粉煤灰和矿渣粉的活性粉末混凝土梁受力性能试验研究[J]. 建筑结构学报, 2009, 30(3): 62-70.

[10] 张明波. 基于承载力控制的预应力 RPC 梁设计理论研究[D]. 北京: 北京交通大学, 2009.

[11] 罗华. 圆钢管活性粉末混凝土短柱轴压受力性能研究[D]. 北京: 北京交通大学, 2011.

[12] 陆小吕. 活性粉末混凝土矩形截面配筋梁正截面受弯的计算方法[D]. 北京: 北京交

通大学,2011.

[13] 张静. 钢管活性粉末混凝土短柱轴压受力性能试验研究[D]. 福州:福州大学,2005.

[14] 马远荣. 活性粉末混凝土(RPC)预应力叠合梁试验研究[D]. 长沙:湖南大学,2002.

[15] 贾方方. 钢筋与活性粉末混凝土黏结性能的试验研究[D]. 北京:北京交通大学,2013.

[16] 卢姗姗. 配置钢筋或 GFRP 筋活性粉末混凝土梁受力性能试验与分析[D]. 哈尔滨:哈尔滨工业大学,2010.

[17] 单波. 活性粉末混凝土基本力学性能的试验与研究[D]. 长沙:湖南大学,2002.

[18] 余清河. 活性粉末混凝土的性能研究[D]. 长沙:长沙理工大学,2008.

[19] 郝文秀,徐晓. 钢纤维活性粉末混凝土力学性能试验研究[J]. 建筑技术,2012,43(1):35-37.

[20] 中华人民共和国住房和城乡建设部. 混凝土结构设计规范:GB 50010—2010[S]. 北京:中国建筑工业出版社,2010.

[21] 吴炎海,林震宇,孙士平. 活性粉末混凝土基本力学性能试验研究[J]. 山东建筑工程学院学报,2004,19(3):7-11.

[22] 曾建仙,吴炎海,林清. 掺钢纤维活性粉末混凝土的受压力学性能研究[J]. 福州大学学报(自然科学版),2005,33(Z1):132-137.

[23] AN M Z, ZHANG L J, YI Q X. Size effect on compressive strength of reactive powder concrete[J]. Journal of China University of Mining and Technology, 2008,18(2):279-282.

[24] 中华人民共和国住房和城乡建设部. 普通混凝土力学性能试验方法标准:GB 50081—2002[S]. 北京:中国建筑工业出版社,2002.

[25] 李海燕. 活性粉末混凝土高温爆裂及高温后力学性能研究[D]. 哈尔滨:哈尔滨工业大学,2012.

[26] 徐飞. 钢纤维活性粉末混凝土抗火性能试验研究[D]. 哈尔滨:哈尔滨工业大学,2011.

[27] 冯建文. 钢管活性粉末混凝土柱的力学性能研究[D]. 北京:清华大学,2008.

[28] 郑文忠,李莉,卢姗姗. 钢筋活性粉末混凝土简支梁正截面受力性能试验研究[J]. 建筑结构学报,2011,32(6):62-70.

[29] 赵军卫. 预应力锚具下混凝土局部受压基本问题试验研究[D]. 哈尔滨:哈尔滨工业大学,2008.

[30] 柯发展,周瑞忠. 掺短切碳纤维活性粉末混凝土的受压力学性能研究[J]. 福州大学学报(自然科学版),2006,34(5):739-744.

[31] 刘数华,阎培渝,冯建文. 超高强混凝土 RPC 强度的尺寸效应[J]. 公路,2011(3):123-127.

[32] 王震宇,李俊. 掺纳米二氧化硅的 RPC 单轴受压力学性能[J]. 混凝土,2009(10):88-91,95.

[33] 吴捧捧. 自密实钢管 RPC 柱基本力学性能研究[D]. 北京:北京交通大学,2010.

[34] 石秋君. 碎石活性粉末混凝土抗压力学性能试验研究[D]. 北京:北京交通大学,2010.

[35] 余自若,安明喆. 活性粉末混凝土的疲劳损伤研究[J]. 华南理工大学学报(自然科

学版),2009,37(3):114-119.

[36] 方志,向宇,刘传乐.配置碳纤维预应力筋的钢纤维活性粉末混凝土无腹筋梁疲劳性能试验研究[J].建筑结构学报,2013,34(1):101-107,116.

[37] 方志,向宇,匡镇,等.钢纤维掺量对活性粉末混凝土抗疲劳性能的影响[J].湖南大学学报(自然科学版),2011,38(6):6-12.

[38] 杨志慧.不同钢纤维掺量活性粉末混凝土的抗拉力学特性研究[D].北京:北京交通大学,2006.

[39] 原海燕.配筋活性粉末混凝土受拉性能试验研究及理论分析[D].北京:北京交通大学,2009.

[40] 闫光杰,阎贵平.活性粉末混凝土双向拉压强度试验研究[J].中国安全科学学报,2007,17(3):162-165.

[41] 金凌志,祁凯能,刘潘,等.预应力RPC吊车梁正截面静载承载力试验研究[J].建筑科学,2013,29(3):40-45.

[42] 刘畅.活性粉末混凝土偏心受压构件破坏机理的试验研究[D].北京:北京交通大学,2012.

[43] 闫光杰.活性粉末混凝土单轴受压强度与变形试验研究[J].华北科技学院学报,2007,4(2):36-40.

[44] 鞠杨,刘红彬,陈健,等.超高强度活性粉末混凝土的韧性与表征方法[J].中国科学(E辑),2009,39(4):793-808.

[45] 马亚峰.活性粉末混凝土RPC200单轴受压本构关系研究[D].北京:北京交通大学,2006.

[46] 谭彬.活性粉末混凝土受压应力-应变全曲线的研究[D].长沙:湖南大学,2007.

[47] 卢姗姗,郑文忠.GFRP筋活性粉末混凝土梁正截面抗裂度计算方法[J].哈尔滨工业大学学报,2010,42(4):536-540.

[48] 杨剑,方志.超高性能混凝土单轴受压应力-应变关系研究[J].混凝土,2008(7):11-15.

[49] 余自若,阎贵平,张明波.活性粉末混凝土的弯曲强度和变形特性[J].北京交通大学学报(自然科学版),2006,30(1):40-43.

[50] 中华人民共和国住房和城乡建设部.建筑结构可靠度设计统一标准:GB 50086—2001[S].北京:中国建筑工业出版社,2001.

[51] 李欣,武岳,沈世钊.钢拉杆与钢绞线的抗力分项系数研究[J].土木工程学报,2008,41(9):8-13.

[52] 李国强,黄宏伟,吴迅,等.工程结构荷载与可靠度设计原理[M].北京:中国建筑工业出版社,2005.

[53] 李继华,林忠民.建筑结构概率极限状态[M].北京:中国建筑工业出版社,1990.

[54] 中华人民共和国住房和城乡建设部.建筑结构设计统一标准(试行):GBJ 68—84[S].北京:中国建筑工业出版社,1984.

[55] 中华人民共和国住房和城乡建设部.活性粉末混凝土:GB/T 31387—2015[S].北京:中国建筑工业出版社,2015.

第5章 RPC耐久性研究

5.1 概 述

国内外的统计资料表明,混凝土结构的耐久性所带来的问题日趋严重,其耐久性病害导致的经济损失非常巨大。例如,北海 Stavanger 近海钻井平台突然破坏造成 123 人死亡;乌克兰切尔诺贝利核电站的泄漏造成了大面积的放射性污染;我国的京石公路在建成后 3～5 年出现裂缝;北京的大北窑立交桥建成后仅使用 10 年就不得不拆掉。经调查发现,混凝土耐久性所引起的结构维修和更换费用,占建筑总投资的 40%。因此,混凝土的耐久性应引起足够的重视。

20 世纪 90 年代,法国布依格公司研制出了一种超高强度、高耐久性、体积稳定性良好的水泥基复合材料,由于使用了超细活性粉末,增加了混凝土的反应活性,故称为活性粉末混凝土。它是由级配石英细砂、水泥、活性掺和料、钢纤维和超塑化剂组成的,在成型、凝结、硬化过程中适当采取加压、加热等辅助工艺制备而成。活性粉末混凝土的高强度、高韧性和高耐久性等优良性能,预示着其在土木、军事、海洋、核电、市政等各个工程领域有广阔的应用前景。

本章在国内外对 RPC 耐久性研究的基础上,从抗冻性、抗碳化性、抗氯离子侵蚀性、抗硫酸盐侵蚀性、抗化学溶液侵蚀性和耐磨性方面做了综合的论述。

5.2 抗 冻 性

抗冻性是指饱水混凝土抵抗冻融循环作用的能力。对于严寒地区的混凝土结构来说,混凝土的抗冻性是表征混凝土耐久性的重要指标。在寒冷地区,当气温下降至混凝土中水的冰点以下时,水就会结冰,体积增大。水结冰过程中体积的增大会对孔壁产生很大的压力,使混凝土产生微小的裂缝,春天和冬天融化结冰交替进行,使结构产生冻融循环破坏,破坏包括冻胀开裂和表面剥蚀两个方面,它会导致混凝土弹性模量和强度等力学性能严重下降。据调查,在我国北方,某些工程局部或大面积遭受不同程度的冻融破坏,有的工程在施工过程中或竣工后不久就发生严重冻害。

东南大学按照 ASTMC666 标准对 RPC 棱柱体试件做了冻融循环试验,用耐久性系数(冻融循环后的动弹性模量与冻融前的动弹性模量之比)和质量损失率来评价混凝土的抗冻性能好坏,冻融循环 600 次后,质量损失在 0.3% 左右,接近于 0;耐久性系数也都不小于 100。北京交通大学对活性粉末混凝土和高性能混凝土做了抗冻性能对比试验,分别得到了 RPC 和 HPC 经过 50 次、100 次、150 次、200 次、250 次和 300 次冻融循环后的质量损失和动弹模量损失。湖南大学按照 ASTMC666 方法测定了 75 mm×75 mm×350 mm 棱柱体试件的抗冻融性能,以耐久性系数作为其抗冻融循环性能指标,试验表明,经300次冻融循环后其耐久性系数仍然不小于100,可见RPC具有非常好的抗冻融循环性能。

根据北京交通大学和湖南大学的试验数据得到的RPC和HPC经过n次冻融循环后的耐久性系数见表5.1。

表 5.1　RPC 和 HPC 经过 n 次冻融循环后的耐久性系数

研究单位	试验方法	混凝土类别	n 次冻融循环后的耐久性系数					
			50	100	150	200	250	300
北京交通大学	ASTMC 666	RPC	100	99.9	99.8	99.8	99.5	99.2
		HPC	93.8	90.9	81.6	71.3	63.6	—
湖南大学	ASTMC 666	RPC	—	—	—	—	—	100.7

注:表格中"—"表示试验数据未测。

浙江工业大学叶青教授做了关于RPC抗液氮冻融能力的试验,结果见表5.2。

表 5.2　RPC 抗液氮冻融试验结果

常规冻融 50 次		常规冻融 50 次 ＋ 液氮冻融 1 次		
外观	质量损失 /%	外观	质量损失 /%	强度损失 /%
无变化	0.2	无变化	0.4	1.8

由表5.2可见,RPC有很好的抗液氮冻融能力。

5.3　抗 碳 化 性

大气环境中的二氧化碳与水泥石中的碱性物质发生反应所引起的中性化过程称为混凝土的碳化。它会使混凝土内部丧失高碱性环境,从而导致钢筋表面的钝化膜逐渐被破坏,在其他条件具备时,钢筋就会发生锈蚀,所以,碳化是混凝土中钢筋脱钝锈蚀的前提条件,它的产生会影响混凝土结构的耐久性。

法国Roux等将RPC200试件在体积分数为100%的CO_2中存放90 d,发现试件没有发生丝毫碳化。北京交通大学对RPC材料和HPC材料的碳化性能做了测定。北京建筑大学对RPC材料和C35的普通混凝土、C80的高强混凝土28 d碳化性能做了对比试验。东南大学采用加速碳化的方法,测试了RPC 28 d的碳化深度,试验结果见表5.3。

表 5.3　混凝土碳化性能试验结果

研究单位	试验方法	混凝土类别	碳化深度 /mm			
			3 d	7 d	14 d	28 d
北京交通大学	—	RPC	—	0	0	0
		HPC	—	0.9	1.7	2.1
北京建筑大学	JGJ 70—2009	RPC	—	—	—	0
		C35	—	—	—	2.5
		C80	—	—	—	1.37
东南大学	GB/T 50082—2009	RPC	0	0	0	0.25

注:表格中"—"表示该试验数据未测。

结果显示,RPC的抗碳化性能明显优于其他混凝土。

5.4　抗氯离子渗透性

海洋工程或者近海工程中的混凝土长期受到氯离子侵蚀,钢筋锈蚀现象也很严重,已建的混凝土海港码头和海洋平台等工程多数都达不到设计寿命的要求。另外,在我国北方为了保证冬季交通畅行,向道路、桥梁及城市立交桥等撒除冰盐,其中含有大量的氯化钙和氯化钠,也会使氯离子侵入混凝土,引起钢筋锈蚀破坏。氯离子是极强的阳极氧化剂,它的直径很小,很容易侵入混凝土孔隙中。氯离子侵入混凝土的方式有扩散、渗透和毛细管吸附:扩散是氯离子在浓度梯度下运动产生的;渗透是氯离子在压力梯度下运动而产生的;而毛细管吸附是在湿度梯度下产生的。氯离子不断进入混凝土,当钢筋表面氯离子达到一定浓度后,就会破坏钢筋表面的钝化膜,使得钢筋发生锈蚀。国内外比较常用的氯离子快速渗透试验方法有 ASTMC1202试验方法、ACMT 法、RCM 法、NEL 法和压力渗透法。

法国 Roux 等将 5 mm 厚的圆形试件放在两极电化学溶液中,阴极为浓度0.5 mol/L 的 NaCl 溶液,阳极为蒸馏水,测得 C30、C80 及 RPC200 混凝土试件的电导率,再用 Nernst —Plank 公式确定混凝土的氯离子扩散系数,我们根据混凝土渗透标准对这 3 种混凝土的渗透性进行了评价。北京建筑大学和北京交通大学采用 NEL—PD 型电测仪测得了 RPC、普通混凝土和高强混凝土的氯离子扩散系数,试验结果见表 5.4。

表 5.4　RPC 普通混凝土和高强混凝土抗氯离子侵蚀试验结果

研究单位	试验方法	混凝土类别	氯离子扩散系数 /($\times 10^{-8}$ cm^2 · s^{-1})	渗透性评价
北京交通大学	NEL 法	RPC	0.222	很低
		HPC	1.544	中
北京建筑工程学院	NEL 法	RPC	0.405	很低
		C60	2.556	中
		C80	1.08	中
法国 Roux	外加电场加速渗透	C30	1.1	中
		C80	0.6	低
		RPC200	0.02	可忽略

同济大学和浙江工业大学使用 ASTMC1202标准测定了 RPC 的抗氯离子性能,结果显示 RPC 试件 6 h 内通过的电量均在 30 C 以下,而高强混凝土试件 6 h 内通过的电量为421 C,根据标准判别 RPC 为不渗透混凝土,高强混凝土为低渗透混凝土。

5.5　抗硫酸盐侵蚀性

硫酸盐侵蚀是混凝土侵蚀中较为常见的现象,其实质是土壤、地下水、海水、腐烂的有机物及工业废水中所含的硫酸根离子渗入混凝土中和水泥的水化产物发生反应,生成膨胀的腐蚀产物,在腐蚀初期,腐蚀结晶体的膨胀作用使得混凝土变得更加密实,此时强度有所提高。在腐蚀后期,由于大量具有膨胀性能的产物形成膨胀应力,使得孔结构遭受破坏,内部微裂缝不断发展,导致混凝土强度降低。

北京建筑大学将尺寸为100 mm×100 mm×100 mm 的试块浸泡在硫酸钠饱和溶液

中 24 h,再于 80 ℃ 的烤箱中烘干 24 h 为一个循环,结果发现 10 次循环后质量损失仅为 1‰,20 次循环后质量损失维持不变,而且试件的强度一直在增加。

5.6　抗化学溶液侵蚀性

东南大学将 RPC 试件浸入我国新疆盐湖卤水中,其主要成分为 $0.17\%CaCl_2$①, $7.32\%MgSO_4 \cdot 7H_2O$,$1.07\%MgCl_2 \cdot 6H_2O$,$17.62\%NaCl$。3 个月后测得试件的质量损失和动弹性模量损失。试验结果表明,3 个月内 RPC 试件无质量损失,动弹性模量损失在 90 d 时仅为 0.5% 左右,说明 RPC 材料具有很好的抗化学溶液侵蚀能力。湖南大学将养护后的试件置于自来水和人工海水中浸泡 180 d,人工海水的成分为 $2.7\%NaCl$, $0.32\%MgCl_2$,$0.22\%MgSO_4$,$0.13\%CaSO_4$,$0.02\%KHCO_3$,试验结果发现,在海水中浸泡的 RPC 抗压强度和抗折强度都比浸泡前要高,并且比在同样条件下自来水中浸泡的 RPC 强度高,说明 RPC 并未受到侵蚀。

浙江工业大学将养护到 28 d 龄期的 RPC 和高强混凝土试件分别浸泡在 $5\%H_2SO_4$ 溶液、$20\%Na_2SO_4$ 溶液和 5 倍人工海水侵蚀介质中,直到规定时间,取出并进行强度试验。另外,还考察了化学侵蚀和干湿循环交替作用下 RPC 试件和 HSC 试件的强度损失。以抗压强度侵蚀系数(试件受侵蚀后抗压强度与同龄期标养试件抗压强度之比)来表征其抗侵蚀性。结果同样显示,RPC 比 HSC 具有更优的抗化学侵蚀能力。RPC 抗化学溶液侵蚀性能试验结果见表 1.7。

5.7　耐　　磨　　性

法国 Roux 等通过耐磨性试验得到了 C30、C80 和 RPC200 混凝土的耐磨系数(表 5.5)。

表 5.5　C30、C80 和 RPC200 混凝土耐磨性试验结果

混凝土类别	C30	C80	RPC200
耐磨系数	4.0	2.8	1.3

其耐磨系数是由试件的磨损量与玻璃的磨损量之比来表征的,结果发现 RPC200 的耐磨系数仅为 1.3,可以与金刚砂配制的水泥砂浆媲美(耐磨系数为 1.2)。

深圳市政设计院按照我国《混凝土及其制品耐磨性试验方法》规定的滚珠轴承法测定 RPC 的耐磨性,其平均磨坑长度为 25.1 mm,根据《混凝土路面砖》(JC/T 446—2000)可知,耐磨性达到优等品的要求。

5.8　机理分析与展望

虽然以上研究单位对 RPC 材料耐久性的考察所采用的试验和指标各不相同,但是其结果无一例外地都表明 RPC 的耐久性要优于高强混凝土和普通混凝土。分析其原因有以下几个方面:

(1)RPC 的低水灰比使得混凝土内部的凝胶孔、毛细孔及连通孔数量很少;不掺加粗

---

①　"$0.17\%CaCl_2$"表示质量分数为 0.17% 的氯化钙溶液,本书中该表达形式均指此含义。

骨料,提高组分的细度,掺入多种不同粒径的活性掺和料和级配砂优化颗粒级配使得混凝土结构致密、质地均匀、内部缺陷(孔隙与微裂缝)减少。浙江工业大学采用压汞法对孔隙的研究结果显示 RPC 的孔隙率非常低,当养护温度为 $150 \sim 200$ ℃ 时,其孔隙率几乎为 0。基于上述几方面的原因,RPC 具有很好的抗渗性,毛细水和有害离子很难进入混凝土内部,阻断了侵蚀混凝土的通道。

(2)硅灰、矿渣、粉煤灰等活性矿物掺和料的火山灰效应也是 RPC 具有高耐久性的主要原因之一,众所周知,混凝土被碳化或者被硫酸根离子侵蚀都是与水泥水化产物 $Ca(OH)_2$ 有关的。由于硅灰等矿物掺和料中富含 SiO_2 或 Al_2O_3,SiO_2 和 Al_2O_3 与 $Ca(OH)_2$ 发生反应生成稳定高强的二次水化反应物水化硅酸钙,一方面减少了 $Ca(OH)_2$ 含量,尤其在热养护条件下,大部分 $Ca(OH)_2$ 转化为水化硅酸钙;另一方面,水化硅酸钙凝胶在含铝化合物表面形成一层保护层,从而降低了有害离子对 RPC 的侵蚀。

(3)RPC 的耐磨性好得益于两个方面:其一,RPC 一般采用石英砂配制而成,石英砂的 SiO_2 含量多,强度和硬度均高于普通砂,石英砂作为 RPC 中粒径最大的成分,它的耐磨性好有助于提高 RPC 的耐磨性;另外,RPC 采用极低水灰比和活性掺和料的微集料填充效应和火山灰效应所带来的高密实度,对混凝土内部孔结构和界面结构的改善,以及 RPC 耐磨性的提高起了很大作用。

自从 RPC 问世以来,已有多家单位对其耐久性进行了研究,但是众所周知,RPC 强度和流动度受水灰比、砂含量、活性矿物掺和料掺量、各成分的品种、养护制度等条件影响。这些条件的变化是否会影响 RPC 的耐久性,如果有影响,那么各因素影响程度有多少还有待研究。另外,在现实环境中,多种侵蚀因素是同时存在的,如在海洋环境中的浪溅区和潮差区,氯离子侵蚀、硫酸根离子侵蚀和干湿循环 3 种侵蚀作用同时存在,如果是在我国北方沿海,还存在冻融循环,因此,对 RPC 的耐久性研究还应考虑多种侵蚀因素。

本章参考文献

[1] 刘斯凤,孙伟.掺天然超细混合材高性能混凝土的制备及其耐久性研究[J].硅酸盐学报,2003(11):1080-1085.

[2] 安明喆,杨新红.RPC 材料的耐久性研究[J].建筑技术,2007(5):367-368.

[3] 杨吴生,黄振宇.活性粉末混凝土耐久性能研究[J].混凝土与水泥制品,2003(1):21-26.

[4] 叶青,朱劲松.活性粉末混凝土的耐久性研究[J].新型建筑材料,2006(6):33-36.

[5] ROUX N, ANDRADE C, SANJUAN M A. Experimental study of durability of reactive powder concretes[J]. Journal of Materials in Civil Engineering,1996, 8(1):1-6.

[6] 宋少民,未翠霞.活性粉末混凝土耐久性研究[J].混凝土,2006(2):72-73.

[7] 施惠生,施韬,陈宝春,等.掺矿渣活性粉末混凝土的抗氯离子渗透性研究[J].同济大学学报(自然科学版),2006,34(1):93-96.

[8] 未翠霞,宋少民.大掺量粉煤灰活性粉末混凝土耐久性研究[J].新型建筑材料,2005(9):27-29.

[9] 李忠,黄利东.钢纤维活性粉末混凝土耐久性能的研究[J].混凝土与水泥制品,2005(3):42-43.

第6章 钢筋RPC(未掺钢纤维)梁试验与分析

6.1 概　　述

为了研究未掺钢纤维RPC梁的受力性能,以及反推用于这类受弯构件正截面承载力计算的未掺钢纤维RPC受压应力－应变关系下降段,本书以受拉钢筋配筋率为变化参数,设计了5根钢筋RPC(未掺钢纤维)简支梁。通过对梁进行三分点加载试验,研究了梁正截面承载力、刚度、裂缝等受力性能,给出了钢筋RPC(未掺钢纤维)梁正截面抗弯承载力、梁刚度及裂缝宽度的计算方法。通过假设梁中RPC采用应力－应变关系曲线的下降段为直线,基于试验梁受弯承载力和受压区边缘极限压应变实测值,反推得到了用于这类受弯构件形式的正截面承载力计算的未掺钢纤维RPC受压应力－应变关系下降段。并考察了普通钢筋混凝土梁抗剪承载力计算公式对钢筋RPC(未掺钢纤维)梁是否适用。

6.2 试 验 设 计

6.2.1 试验梁设计

试验梁共5根,截面形状均为矩形,截面尺寸为$b×h=120\ mm×150\ mm$。试验梁长度为1 200 mm,计算跨度为900 mm。试验梁采用三分点加载。试验梁的变化参数为纵向受拉钢筋配筋率。底部受拉钢筋选用HRB400级钢筋,上部纵筋和箍筋选用HPB300钢筋,试验梁配筋一览表见表6.1,试验梁构造如图6.1所示,各试验梁的截面配筋如图6.2所示(本书中若无特殊说明,单位均为mm)。

表 6.1　试验梁配筋一览表

梁编号	底部纵筋	上部纵筋	箍筋
L－1	2 ϕ 12	2ϕ10	ϕ10 @100
L－2	2 ϕ 14	2ϕ10	ϕ10 @100
L－3	2 ϕ 16	2ϕ10	ϕ10 @100
L－4	2 ϕ 18	2ϕ10	ϕ10 @100
L－5	2 ϕ 22	2ϕ10	ϕ10 @80

注:① 上部纵筋并非通长布置,在纯弯区段被截断。

② 梁底部纵筋保护层厚度为20 mm。

试验梁所用RPC采用未掺钢纤维RPC配比试验得到的优选配合比。RPC的立方体抗压强度$f_{cu,70.7}$实测平均值为74.3 N/mm²。对试验梁底部受拉钢筋和箍筋,按照《金属材料室温拉伸试验方法》(GB/T 228—2019)规定,每种直径钢筋分别预留两根300 mm

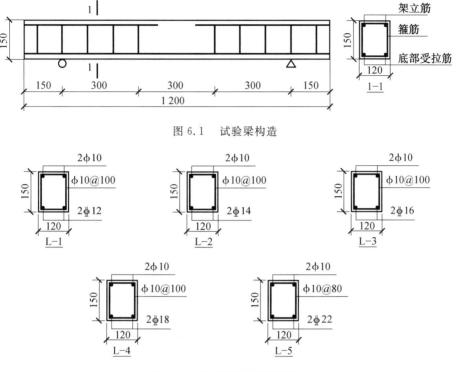

图 6.1 试验梁构造

图 6.2 各试验梁的截面配筋

长的试件做拉伸试验。试验所得钢筋力学性能指标见表 6.2。

表 6.2 钢筋力学性能指标

钢筋	$\phi 10$	$\phi 12$	$\phi 14$	$\phi 16$	$\phi 18$	$\phi 22$
屈服强度 $f_y/(N \cdot mm^{-2})$	332.5	480.2	476.5	451.3	467.6	478.3
极限强度 $f_u/(N \cdot mm^{-2})$	491	619.5	615.6	596.2	624.7	613.2
屈服应变 $\varepsilon_y/(\times 10^{-6})$	1 581	2 401	2 382	2 257	2 338	2 392
弹性模量 $E_s/(N \cdot mm^{-2})$	2.1×10^5	2×10^5	2×10^5	2×10^5	2×10^5	2×10^5

6.2.2 试验梁制作与养护

将各原材料按配合比称量好，将石英砂、水泥、硅灰、粉煤灰和矿渣粉等胶凝材料倒入单卧轴强制式混凝土搅拌机中，干搅拌 3 min，使其搅拌均匀。再将 FDN 高效减水剂与水混合均匀后加入搅拌机，搅拌 5 min 后倒入事先制作好的木模中，木模板图如图 6.3 所示。在混凝土高频振动台上振捣成型，室温下成型后拆模，放入标准养护室，标准养护 90 d。

6.2.3 试验方案

试验采用三分点加载，试验装置示意图如图 6.4 所示，实际加载图如图 6.5 所示。

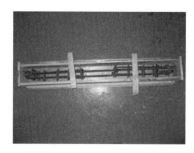

图 6.3　木模板图

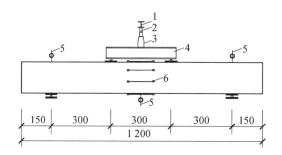

图 6.4　试验装置示意图
1— 反力架；2— 压力传感器；3— 千斤顶；4— 荷载分配梁；
5— 位移计；6— 应变引伸计

图 6.5　实际加载图

本试验参照《混凝土结构试验方法标准》(GB 50152—2012) 进行,试验时为了检验试验装置和仪器是否能正常工作,使得试件的支承部位和加载部位接触良好,对试件进行预载,预载不超过试验梁理论承载力的 5%(小于试验梁计算开裂荷载值),确认各项设备工作正常后卸载,开始正式加载。试验加载采用分级加载:梁开裂前,以 2.5 kN 为一级;梁开裂后,以 5 kN 为一级;逐级向上加载直到破坏,每级荷载持荷 10 ~ 15 min。在加载过程中,所施加荷载大小通过布于千斤顶上的压力传感器测得;梁的挠度通过布置于二支座和跨中的 3 个位移计测得;纯弯区段的裂缝宽度通过读数放大镜测得,同时记录各裂缝的发展情况,并在试验梁上描绘裂缝分布图,试验梁破坏后,将裂缝分布图按比例画在纸上;纯弯区段沿梁高的应变通过布置于梁侧的 4 个应变引伸计测得。

试验需要测试的内容如下:

① 各试验梁的开裂荷载、极限承载力及相关的试验现象。

② 纯弯区段沿梁高的应变通过布置于梁侧的 4 个应变引伸计测得,应变引伸计在梁顶和梁底各布置 1 个,位于梁中间的两个应变引伸计与梁顶的距离分别为 30 mm 和 90 mm。

③ 梁的挠度通过布置于二支座和跨中的 3 个位移计测得。

④ 记录各级荷载下裂缝发展宽度及间距,并在试验梁上描绘出裂缝发展形态,试验梁破坏后,将裂缝分布图按比例画在纸上。

6.3　试验现象及结果

6.3.1　试验现象

进行试验现象描述时,以试验梁靠窗侧为正面,以非靠窗侧为背面。描述中的荷载指所施加力 F 的大小。裂缝分布图中裂缝旁所注数值为裂缝出现时所施加力 F 的大小,单位为 kN。

(1)梁 L−1。

对于梁 L−1,试验从 2 kN 开始加载,当荷载达到 10 kN 时,纯弯区段受拉区出现第一条裂缝,当荷载达到 17.5 kN 时,纯弯区段受拉区裂缝基本出齐。纯弯区段裂缝高度初期发展较快,后期发展较慢。当外荷载达到 37.5 kN 时,纵筋屈服,达到 40 kN 时,荷载有所下降,继续加载到 41.5 kN 时,梁的挠度增加较快而不能继续承载,纯弯区段跨中受压混凝土被压碎,受拉区混凝土分层脱落。最大裂缝宽度为 0.75 mm,跨中截面挠度为 14.24 mm,试件破坏。梁 L−1 裂缝分布图、受压区边缘压碎情况图分别如图 6.6 和图 6.7 所示。

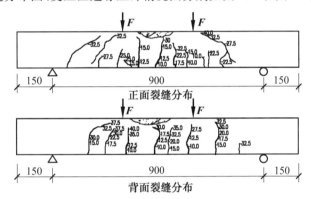

图 6.6　梁 L−1 裂缝分布图

图 6.7　梁 L−1 受压区边缘压碎情况图

(2)梁 L−2。

对于梁 L−2,试验从 2 kN 开始加载,当荷载达到 10 kN 时,纯弯区段受拉区出现第一条裂缝,当荷载达到 20 kN 时,纯弯区段受拉区裂缝基本出齐。纯弯区段裂缝高度初期发展较快,后期发展较慢。当外荷载达到 50 kN 时,纵筋屈服,达到 52.5 kN 时,梁跨中上部出现起皮现象,表面裂缝贯通两侧。继续加载到 55 kN 时,梁的挠度增加较快而不能继续承载,纯弯区段跨中受压混凝土被压碎,最大裂缝宽度为0.72 mm,跨中截面挠度为13.53 mm,试件破坏。梁 L－2 裂缝分布图、受压区边缘压碎情况图如图 6.8 和图 6.9 所示。

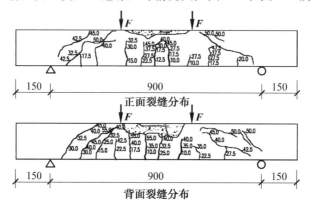

图 6.8　梁 L－2 裂缝分布图

图 6.9　梁 L－2 受压区边缘压碎情况图

(3) 梁 L－3。

对于梁 L－3,试验从 2 kN 开始加载,当荷载达到 7.5 kN 时,纯弯区段受拉区出现第一条裂缝。当荷载达到 12.5 kN 时,在剪跨区出现一条斜裂缝。当荷载达到 40 kN 后,受弯裂缝发展不明显,斜裂缝开始发展较快。当荷载达到 57.5 kN 时,梁发出响声,此后荷载开始下降,继续加载到 60 kN 时,加载点下面出现压碎现象,宣告梁剪切破坏。破坏时主斜裂缝宽度达到 1.5 mm。梁 L－3 裂缝分布图、破坏后斜裂缝发展情况图分别如图 6.10 和图 6.11 所示。

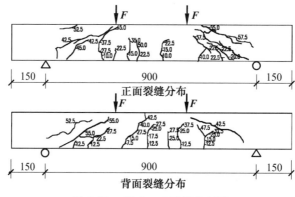

图 6.10　梁 L－3 裂缝分布图

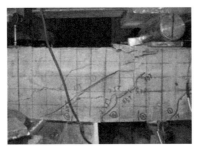

图 6.11　梁 L－3 破坏后斜裂缝发展情况图

（4）梁 L－4。

对于梁 L－4,试验从 2 kN 开始加载,当荷载达到 12.5 kN 时,纯弯区段受拉区出现第一条裂缝。当荷载达到 25 kN 时,在剪跨区出现一条斜裂缝。当荷载达到 40 kN 时,斜裂缝延伸至加载点处,宽度进一步发展。当荷载达到 47.5 kN 后,梁两侧均出现斜裂缝,且正面一条与反面一条裂缝在梁底贯通。当荷载达到 57.5 kN 时,正面一条斜裂缝延伸至加载点。当荷载达到 65 kN 时,伴随着响声正面出现一条新的斜裂缝。继续加载到 80 kN 时,梁开始发出响声,此后荷载开始下降,最后梁剪切破坏现象非常明显。斜裂缝发展较宽,最大的宽度达到了 2.5 mm。梁 L－4 裂缝分布图、破坏后斜裂缝发展情况图分别如图 6.12 和图 6.13 所示。

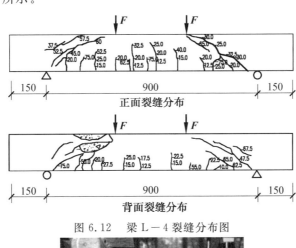

图 6.12　梁 L－4 裂缝分布图

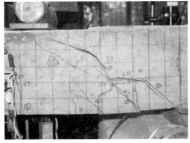

图 6.13　梁 L－4 破坏后斜裂缝发展情况图

（5）梁 L－5。

对于梁 L－5,试验从 2 kN 开始加载,当荷载达到 12.5 kN 时,纯弯区段受拉区出现第一条裂缝。当荷载达到 40 kN 时,出现斜裂缝,纯弯区段受拉区裂缝发展一直比较缓慢。当荷载达到 102.5 kN 时,两加载支座中间的上部混凝土突然发出崩裂的响声。间隔

10 min 又发生崩裂,梁跨中上部混凝土压成小块,有水平裂缝,荷载下降。继续加荷混凝土跨中受压区出现层状裂缝,宣告梁破坏。梁 L－5 裂缝分布图、受压区混凝土压碎情况图分别如图 6.14 和图 6.15 所示。

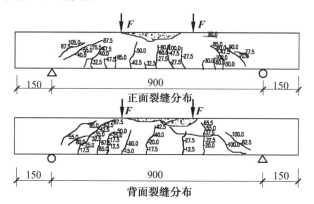

图 6.14　梁 L－5 裂缝分布图

图 6.15　梁 L－5 受压区混凝土压碎情况图

6.3.2　试验结果

梁 L－1、L－2 和 L－5 属于受弯破坏,前两根为适筋破坏,破坏时纯弯区段受拉钢筋屈服,受压区 RPC 压碎;后一根为超筋破坏,破坏时纯弯区段受拉钢筋未屈服,受压区 RPC 压碎。3根梁纯弯区段跨中截面应变均符合平截面假定,如图 6.16 所示。梁 L－3 和梁 L－4 属于斜截面受剪破坏。

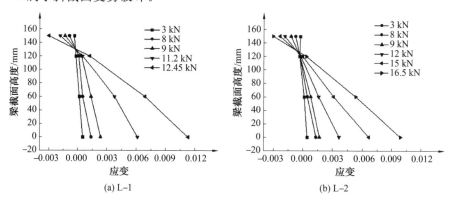

图 6.16　试验梁跨中截面应变

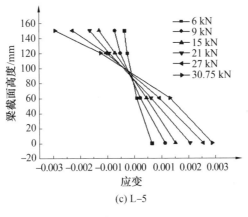

(c) L-5

续图 6.16

梁的开裂弯矩 M_{cr} 及破坏弯矩 M_u 见表 6.3，测得梁纯弯区段边缘极限压应变见表 6.4，梁的平均裂缝间距和平均裂缝宽度分别见表 6.5 和表 6.6。图 6.17 所示为试验梁作用弯矩与跨中挠度关系曲线。

表 6.3   梁的开裂弯矩及破坏弯矩

梁编号	$M_{cr}/(kN \cdot m)$	$M_u/(kN \cdot m)$
L－1	3.00	12.45
L－2	3.00	16.50
L－3	2.25	18.00
L－4	3.75	24.00
L－5	3.75	30.75

表 6.4   梁纯弯区段边缘极限压应变

梁编号	L－1	L－2	L－5
纯弯区段边缘极限压应变 ε_{cu}	0.003 136	0.003 037	0.002 923

表 6.5   梁的平均裂缝间距

梁编号	L－1	L－2	L－5
l_m^t/mm	75.2	69.5	65.7

表 6.6   梁的平均裂缝宽度

L－1		L－2		L－5	
作用弯矩 /(kN · m)	平均裂缝宽度 w_m/mm	作用弯矩 /(kN · m)	平均裂缝宽度 w_m/mm	作用弯矩 /(kN · m)	平均裂缝宽度 w_m/mm
6.00	0.057	8.25	0.061	15.00	0.052
6.25	0.073	9.00	0.075	15.75	0.063
7.50	0.099	9.75	0.082	16.50	0.063
8.25	0.106	10.50	0.103	17.25	0.081
9.00	0.121	11.25	0.110	18.00	0.085
—	—	12.00	0.127	—	—

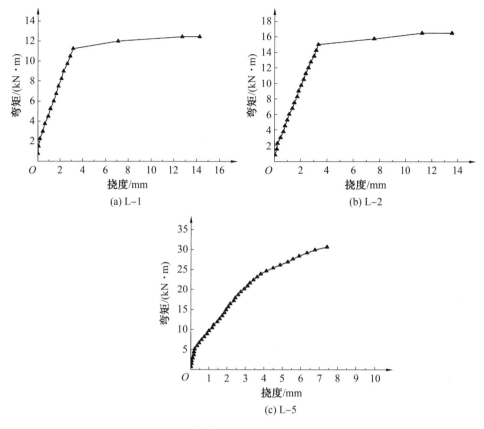

(a) L-1 (b) L-2

(c) L-5

图 6.17 试验梁作用弯矩与跨中挠度关系曲线

6.4 试 验 分 析

6.4.1 RPC(未掺钢纤维)应力－应变曲线下降段的确定

为了测定混凝土棱柱体受压应力－应变曲线,一般采用普通液压式试验机加载,可以得到稳定的应力－应变曲线上升段。但是当达到峰值应力后,试件迅速变形破坏,下降段曲线无规律。混凝土的强度越高,这种现象越明显。造成这种现象的主要原因在于试验机本身的刚度不足。试验机在加载过程中的变形随荷载的增大而增大,积聚了很大的弹性应变能,当试件达到峰值应力后开始下降时,试验机因受力减小而恢复变形,能量很快释放,对试件施加较大的附加应变,造成试件急速破坏。

在3.2节未掺钢纤维RPC基本力学性能试验中,RPC受压应力－应变曲线未测出下降段,只测出上升段,RPC峰值应力所对应的应变在 $2\,100\,\mu\varepsilon$ 左右。而在本章 RPC 梁受弯试验中,测得梁纯弯区段受压区边缘极限压应变都大于 $2\,100\,\mu\varepsilon$,达到了 $3\,000\,\mu\varepsilon$ 左右。这说明 RPC 应力－应变曲线有可能存在下降段,只是因为试验条件有限无法测出。

本章认为可以换种思路,先假设下降段为一下降的斜直线段。参考《高强混凝土结构技术规程》(CECS 104：99)中的规定并结合本章试验梁纯弯区段测得的RPC极限压应变值,RPC 的极限压应变取 $3\,000\ \mu\varepsilon$,与极限压应变 ε_{cu} 相对应的应力为 σ_c。然后应用所假定的 RPC 受压应力－应变全曲线方程及平截面假定,通过对 RPC 试验梁 L－1、L－2 的受压区进行分条带积分,可得到试验梁 L－1、L－2 受压区 RPC 的合力 C;令试验梁受压区 RPC 的合力 C 等于钢筋的屈服应力 f_y 与梁底受拉钢筋截面面积 A_s 的乘积 T,即 $C=T$,便可得到试验梁 L－1、L－2 在受压区边缘混凝土达到极限压应变 ε_{cu} 时的 σ_c 分别为 61.9 MPa,63.5 MPa,平均值为 62.7 MPa,此平均值与峰值应力(72.0 MPa)的比值为 0.87(图 6.18)。

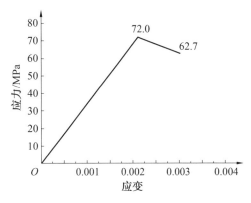

图 6.18　试验梁中 RPC 受压应力－应变曲线

对下降段数据进行拟合,可以得到梁中受压区 RPC 的受压应力－应变曲线下降段的公式为

$$\sigma_c = f_{c,70.7} - 1.1\times 10^4(\varepsilon_c - \varepsilon_0)\quad(\varepsilon_0 < \varepsilon \leqslant \varepsilon_{cu}) \tag{6.1}$$

综合基本力学性能试验中得到的 RPC 受压应力－应变曲线上升段的公式,可以得到用于这类受弯构件正截面承载力计算的未掺钢纤维 RPC 受压应力－应变关系全曲线方程为

$$\begin{cases} f_{c,70.7} = 3.29\,(f_{cu,70.7})^{0.716} \\ \varepsilon_0 = (1\,975 + 1.9 f_{cu,70.7})\times 10^{-6} \\ k = 0.477\ln f_{cu,70.7} - 1.264 \\ \sigma = f_{c,70.7}\left[(2-k)\dfrac{\varepsilon}{\varepsilon_0} - (1-k)\left(\dfrac{\varepsilon}{\varepsilon_0}\right)^2\right]\quad(\varepsilon \leqslant \varepsilon_0) \\ \sigma = f_{c,70.7} - 1.1\times 10^4(\varepsilon - \varepsilon_0)\quad(\varepsilon_0 < \varepsilon \leqslant \varepsilon_{cu}) \end{cases} \tag{6.2}$$

6.4.2　正截面承载力计算

钢筋 RPC 梁正截面承载力计算按以下几个基本假定:① 截面应变符合平截面假定;② 不考虑混凝土的抗拉强度;③RPC 的极限压应变取 0.003。

为了简化计算,采用与普通钢筋混凝土梁类似的等效方法,将钢筋 RPC 梁截面上的应力曲线图形替换为等效矩形应力图,如图 6.19 所示。

为了将截面上受压区理论应力图形等效为矩形应力图形,应满足以下两个等效条件:① 等效矩形应力图形的面积与理论应力图形的面积相等,即压应力的合力大小相等;② 等效矩形应力图的形心位置与理论应力图形的形心位置相同,即两图形中受压区合力 C 的作用点不变。

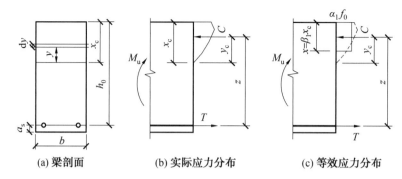

(a) 梁剖面   (b) 实际应力分布   (c) 等效应力分布

图 6.19　等效矩形应力图

由图 6.19(b) 可知,受压区 RPC 的压应力合力 C 为

$$C = \int_0^{x_c} \sigma_c(\varepsilon_c) \cdot b \cdot \mathrm{d}y \tag{6.3}$$

合力 C 到中和轴的距离为

$$y_c = \frac{\int_0^{x_c} \sigma_c(\varepsilon_c) \cdot b \cdot y \cdot \mathrm{d}y}{C} = \frac{\int_0^{x_c} \sigma_c \varepsilon_c y \mathrm{d}y}{\int_0^{x_c} \sigma_c \varepsilon_c \mathrm{d}y} \tag{6.4}$$

根据平截面假定,距中和轴 y 处的压应变为

$$\varepsilon_c = \frac{\varepsilon_{cu}}{x_c} \cdot y \tag{6.5}$$

由式(6.5),取 $y = \dfrac{x_c}{\varepsilon_{cu}} \varepsilon_c, \mathrm{d}y = \dfrac{x_c}{\varepsilon_{cu}} \mathrm{d}\varepsilon_c$,分别代入式(6.3) 和式(6.4) 得到

$$C = \int_0^{\varepsilon_{cu}} \sigma_c(\varepsilon_c) \cdot b \cdot \frac{x_c}{\varepsilon_{cu}} \mathrm{d}\varepsilon_c = x_c \cdot b \cdot \frac{C_{cu}}{\varepsilon_{cu}} \tag{6.6}$$

$$y_c = \frac{\int_0^{\varepsilon_{cu}} \sigma_c(\varepsilon_c) \cdot b \cdot \left(\dfrac{x_c}{\varepsilon_{cu}}\right)^2 \cdot \varepsilon_c \cdot \mathrm{d}\varepsilon_c}{x_c \cdot b \cdot \dfrac{C_{cu}}{\varepsilon_{cu}}} = x_c \cdot \frac{y_{cu}}{\varepsilon_{cu}} \tag{6.7}$$

式中,C_{cu} 和 y_{cu} 分别为 RPC 受压应力－应变曲线所围的面积和此面积的形心到坐标原点的距离,计算式为

$$C_{cu} = \int_0^{\varepsilon_{cu}} \sigma_c(\varepsilon_c) \mathrm{d}\varepsilon_c \tag{6.8}$$

$$y_{cu} = \frac{\int_0^{\varepsilon_{cu}} \sigma_c(\varepsilon_c) \varepsilon_c \mathrm{d}\varepsilon_c}{C_{cu}} \tag{6.9}$$

令 $k_1 f_c = \dfrac{C_{cu}}{\varepsilon_{cu}}, k_2 = \dfrac{y_{cu}}{\varepsilon_{cu}}$,系数 k_1 和 k_2 的值只取决于 RPC 受压应力－应变曲线的形状。k_1、k_2 称为 RPC 受压应力－应变曲线系数。

设等效矩形应力图的应力值为 $\alpha_1 f_c$,高度为 $\beta_1 x_c$,根据等效条件,可得

$$C = k_1 f_c b x_c = \alpha_1 f_c b x \tag{6.10}$$

$$x = \beta_1 x_c = 2(x_c - y_c) = 2(1 - k_2) x_c \tag{6.11}$$

由式(6.11) 得

$$\beta_1 = 2(1 - k_2) \tag{6.12}$$

$$\alpha_1 = \frac{k_1}{\beta_1} = \frac{k_1}{2(1 - k_2)} \tag{6.13}$$

根据未掺钢纤维 RPC 受压应力－应变关系方程和上述公式推导得到 $\alpha_1 = 0.95$, $\beta_1 = 0.67$。由图 6.19(c) 中受压区混凝土等效应力的合力等于钢筋合力得

$$\alpha_1 f_c \beta_1 x_c b = f_y A_s \tag{6.14}$$

由力矩平衡条件得

$$M_u = f_y A_s \left(h_0 - \frac{\beta_1 x_c}{2} \right) \tag{6.15}$$

按上述公式对适筋梁 L－1,L－2 进行正截面承载力计算,计算值 M_u^c 与试验值 M_u^t 的对比见表 6.7。

表 6.7　适筋梁 L－1、L－2 正截面承载力计算值与试验值对比

梁编号	$M_u^c/(kN \cdot m)$	$M_u^t/(kN \cdot m)$	$\dfrac{M_u^c}{M_u^t}$
L－1	12.50	12.45	1.00
L－2	16.40	16.50	0.99

由表 6.7 中数据可知,两者比值 $x = \dfrac{M_u^c}{M_u^t}$ 的平均值为 1.00,均方差为 0.01,变异系数为 0.01,可见两者吻合较好。

6.4.3　梁变形计算

由图 6.17 可以看出,在梁开裂前作用弯矩与挠度关系曲线呈良好的线性关系。梁开裂后曲线仍呈线性关系,只是直线斜率略有减小。由于梁 L－5 配筋相对较多,梁开裂之后曲线斜率减小不明显。梁 L－1 和梁 L－2 钢筋屈服之后,曲线发生明显转折,尽管仍呈直线关系,但斜率明显减小。梁 L－5 是超筋梁(受拉钢筋始终未屈服),曲线出现了第三个转折点,且第三段曲线斜率有一定减小,是由受压区混凝土塑性发展所致。

《混凝土结构设计规范》(GB 50010—2010) 中给出了短期刚度的计算公式

$$B_s = \frac{E_s A_s h_0^2}{1.15\psi + 0.2 + \dfrac{6\alpha_E \rho}{1 + 3.5\gamma_f'}} \tag{6.16}$$

由梁中 RPC 受压应力－应变关系曲线可知,曲线使用阶段基本呈直线,使得压应力图形丰满程度系数 ω 比普通混凝土小,造成相对受压区高度不如普通混凝土的高,影响 RPC 梁的刚度。同时由于 RPC 中没有粗骨料,RPC 与钢筋之间的黏结力降低,裂缝容易发展,造成裂缝间纵向受拉钢筋重心处的拉应变不均匀系数 ψ 相对较大,也使得 RPC 梁的刚度降低。各级荷载下按式(6.16)得到的刚度计算值与试验值对比见表 6.8。

表 6.8　各级荷载下按式(6.16)得到的刚度计算值与试验值对比

梁编号	$M/(kN \cdot m)$	$B_s^t(10^{11})$	$B_s^c(10^{11})$	$\dfrac{B_s^t}{B_s^c}$
L—1	6.00	3.670	3.860	0.950
L—1	6.75	3.580	3.780	0.947
L—1	7.50	3.530	3.710	0.950
L—1	8.25	3.400	3.660	0.929
L—1	9.00	3.390	3.620	0.936
L—2	8.25	4.105	4.366	0.940
L—2	9.00	4.228	4.331	0.976
L—2	9.75	4.119	4.300	0.958
L—2	10.50	4.060	4.277	0.949
L—2	11.25	4.066	4.256	0.955
L—2	12.00	3.998	4.237	0.944
L—5	15.00	6.657	6.810	0.978
L—5	15.75	6.598	6.797	0.971
L—5	16.50	6.563	6.784	0.967
L—5	17.25	6.303	6.770	0.931
L—5	18.00	6.354	6.766	0.939

表中 B_s^t 是根据 $f=\dfrac{SMl^2}{B_s}$ 计算得到的刚度试验值,式中,f 为跨中挠度值,S 为与荷载形式、支承条件有关的挠度系数,M 为跨中弯矩,l 为计算跨度。B_s^c 为由式(6.16)得到的刚度计算值。二者比值的平均值为 0.95,可见按式(6.16)计算的刚度值偏大,按此比值对公式进行修正,取折减系数 $k=0.95$,建立钢筋 RPC 梁短期刚度公式为

$$B_s = \frac{0.95 \cdot E_s A_s h_0^2}{1.15\psi + 0.2 + \dfrac{6\alpha_E\rho}{1+3.5\gamma_f'}} \tag{6.17}$$

6.4.4　梁裂缝分布及发展

对于裂缝机理及其计算方法,许多国家已经做了大量的试验研究及理论分析工作。到目前为止,对影响裂缝宽度的主要因素及裂缝宽度的限值尚无比较一致的看法。对裂缝宽度的计算方法大体可以分为两类,即半经验半理论的计算方法与经验方法。在半经验半理论的方法中,很多研究者以握裹滑移理论为基础,认为裂缝宽度主要取决于受拉混凝土与钢筋之间的相对滑移量,且多数忽略裂缝间不大的受拉混凝土变形的影响,从而建立起裂缝宽度与钢筋应力之间的关系。也有人认为在允许裂缝宽度范围内,裂缝截面处钢筋表面裂缝宽度为零,裂缝宽度主要取决于钢筋至混凝土表面的应变梯度,即所谓的无滑移理论;有的研究者及规范将上述理论加以综合,提出既与钢筋和混凝土之间的滑移量有关,又与保护层厚度有关的计算原则,建立起裂缝宽度与钢筋应力、保护层厚度等因素之间的关系。而经验方法,则是在分析影响裂缝宽度的主要因素的基础上所建立的实用计算方法。

由于材料的不均匀性及截面尺寸的偏差等因素的影响,裂缝的出现在某种程度上具

有偶然性,因此,裂缝的分布及宽度都是不均匀的。但是,通过大量试验资料的统计分析表明,平均裂缝间距和平均裂缝宽度从总体上来说具有一定的规律性。国内外许多设计规范、规程提出了各种裂缝的计算公式。

我国现行的《混凝土结构设计规范》(GB 50010—2010)推导裂缝宽度计算公式的方式是通过平均裂缝间距和混凝土与钢筋的平均应变推导出平均裂缝宽度计算公式,然后通过扩大系数得到荷载短期作用下和荷载长期作用下的最大裂缝宽度公式。

《混凝土结构设计规范》(GB 50010—2010)中给出平均裂缝间距计算公式为

$$l_{\mathrm{m}} = 1.9c + 0.08 \frac{d_{\mathrm{eq}}}{\rho_{\mathrm{te}}} \tag{6.18}$$

$$d_{\mathrm{eq}} = \frac{\sum n_i d_i^2}{\sum n_i \nu_i d_i} \tag{6.19}$$

式中,l_{m} 为平均裂缝间距;c 为保护层厚度;d_{eq} 为纵向受拉筋等效直径;ρ_{te} 为按有效受拉混凝土截面面积计算的纵向受拉筋配筋率;n_i 为第 i 种受拉纵筋的根数;d_i 为第 i 种受拉纵筋的公称直径;ν_i 为第 i 种受拉纵筋的相对黏结特征系数,光面钢筋为 $\nu_i = 0.7$,带肋钢筋为 $\nu_i = 1.0$。

将本节平均裂缝间距的试验值与按规范公式得到的平均裂缝间距计算值进行比较(表 6.9)。

表 6.9 平均裂缝间距试验值与计算值比较

梁编号	$l_{\mathrm{m}}^{\mathrm{t}}/\mathrm{mm}$	$l_{\mathrm{m}}^{\mathrm{c}}/\mathrm{mm}$	$\dfrac{l_{\mathrm{m}}^{\mathrm{c}}}{l_{\mathrm{m}}^{\mathrm{t}}}$
L—1	75.2	76.2	1.013
L—2	69.5	70.7	1.017
L—5	65.7	58.8	0.890

表中 $l_{\mathrm{m}}^{\mathrm{t}}$ 为平均裂缝间距的试验值,$l_{\mathrm{m}}^{\mathrm{c}}$ 为按规范公式得到的平均裂缝间距计算值。由表 6.9 可知,RPC 梁的平均裂缝间距试验值与按《混凝土结构设计规范》(GB/T 50010—2010)公式得到的平均裂缝间距计算值吻合较好,因此 RPC 梁的平均裂缝间距可按公式进行计算。平均裂缝宽度 w_{m} 等于构件裂缝区段内钢筋的平均伸长与相应水平处构件侧表面混凝土平均伸长的差值,即

$$w_{\mathrm{m}} = \varepsilon_{\mathrm{sm}} l_{\mathrm{m}} - \varepsilon_{\mathrm{ctm}} l_{\mathrm{m}} = \varepsilon_{\mathrm{sm}} \left(1 - \frac{\varepsilon_{\mathrm{ctm}}}{\varepsilon_{\mathrm{sm}}}\right) l_{\mathrm{m}} \tag{6.20}$$

$$\alpha_{\mathrm{c}} = 1 - \frac{\varepsilon_{\mathrm{ctm}}}{\varepsilon_{\mathrm{sm}}} \tag{6.21}$$

式中,$\varepsilon_{\mathrm{sm}}$ 为纵向受拉钢筋的平均拉应变,$\varepsilon_{\mathrm{sm}} = \psi \varepsilon_{\mathrm{sk}} = \psi \dfrac{\sigma_{\mathrm{sk}}}{E_{\mathrm{s}}}$;$\varepsilon_{\mathrm{ctm}}$ 为与纵向受拉钢筋相同水平处侧表面混凝土的平均拉应变;α_{c} 为裂缝间混凝土自身伸长对裂缝宽度的影响系数。

由上述分析,可得平均裂缝宽度计算公式为

$$w_{\mathrm{m}} = \alpha_{\mathrm{c}} \psi \frac{\sigma_{\mathrm{sk}}}{E_{\mathrm{s}}} l_{\mathrm{m}} \tag{6.22}$$

其中

$$\sigma_{\mathrm{sk}} = \frac{M_{\mathrm{k}}}{0.87 A_{\mathrm{s}} h_0} \tag{6.23}$$

式中，α_c 为裂缝间混凝土自身伸长对裂缝宽度的影响系数，由实测的平均裂缝宽度 w_m^t 可求得 α_c 的试验值，本节根据试验分析取 $\alpha_c = 0.91$。得到本书的平均裂缝宽度计算公式为

$$w_m = 0.91\psi\frac{\sigma_{sk}}{E_s}l_m \tag{6.24}$$

$$\psi = 1.1\left(1 - \frac{0.8M_{cr}}{M_k}\right) \tag{6.25}$$

对于普通混凝土，α_c 一般取 0.85；而对于 RPC，α_c 的取值偏大一些，这主要是因为 RPC 中没有粗骨料，RPC 与钢筋之间的黏结力降低，裂缝容易发展，造成裂缝间混凝土自身伸长对裂缝宽度的影响系数 α_c 变大。按式(6.24)得到的平均裂缝宽度计算值与试验值比较见表 6.10。

表 6.10　按式(6.24)得到的平均裂缝宽度计算值与试验值比较

梁编号	作用弯矩 /(kN·m)	w_m^t/mm	w_m^c/mm	$\dfrac{w_m^c}{w_m^t}$
L-1	6.0	0.057	0.069	1.211
L-1	6.75	0.073	0.081	1.110
L-1	7.5	0.099	0.093	0.939
L-1	8.25	0.106	0.105	0.990
L-1	9.0	0.121	0.117	0.967
L-2	8.25	0.061	0.074	1.233
L-2	9.0	0.075	0.082	1.093
L-2	9.75	0.082	0.090	1.098
L-2	10.5	0.103	0.098	0.951
L-2	11.25	0.110	0.106	0.964
L-2	12.0	0.127	0.114	0.898
L-5	15	0.052	0.058	1.115
L-5	15.75	0.063	0.062	0.984
L-5	16.5	0.063	0.065	1.032
L-5	17.25	0.081	0.069	0.852
L-5	18.0	0.085	0.072	0.966

表中 w_m^t 为平均裂缝宽度试验值，w_m^c 为按本章公式得到的平均裂缝宽度计算值。由表中数据得，$\dfrac{w_m^c}{w_m^t}$ 的平均值为 1.03，标准差为 0.108，变异系数为 0.106。可见按本章公式得到的平均裂缝宽度计算值与试验值吻合较好。

短期荷载作用下的最大裂缝宽度 $w_{s,max}$ 可根据平均裂缝宽度乘以扩大系数 τ_s 求得，即

$$w_{s,max} = \tau_s w_m \tag{6.26}$$

扩大系数 τ_s 可按裂缝宽度的概率分布规律确定。各试验梁纯弯区段各条裂缝宽度 w_i 与对应的平均裂缝宽度 w_m 的比值为 τ_i，其分布规律近似呈正态分布，若按 95% 的保证率考虑，可求得 $\tau_s = 1.65$，由此可得短期荷载作用下最大裂缝宽度为

$$w_{s,max} = 1.65 \times 0.91\psi\frac{\sigma_{sk}}{E_s}l_m \tag{6.27}$$

即

$$w_{s,\max} = 1.5\psi \frac{\sigma_{sk}}{E_s} l_m \tag{6.28}$$

在长期荷载作用下,裂缝宽度会随时间的增长而增大。主要原因有:① 受拉混凝土的收缩;② 受拉混凝土和钢筋之间的黏结滑移徐变,导致裂缝间受拉混凝土不断退出工作。

长期荷载作用下的最大裂缝宽度 $w_{l,\max}$ 可由短期荷载作用下的最大裂缝宽度 $w_{s,\max}$ 乘以扩大系数 τ_l 求得,即

$$w_{l,\max} = \tau_l w_{s,\max} \tag{6.29}$$

由于本书并没有进行长期荷载试验,所以建议扩大系数 τ_l 按普通钢筋混凝土梁的取值,取 1.5。

由此可得,活性粉末混凝土梁在长期荷载作用下的最大裂缝宽度公式为

$$w_{l,\max} = \tau_l w_{s,\max} = 1.5 \times 1.5\psi \frac{\sigma_{sk}}{E_s} l_m = 2.25\psi \frac{\sigma_{sk}}{E_s}\left(1.9c + 0.08\frac{d_{eq}}{\rho_{te}}\right) \tag{6.30}$$

6.4.5　梁斜截面受力分析

影响斜截面承载力的主要因素有:① 混凝土强度。斜截面破坏是由于混凝土达到了极限强度而发生的,所以混凝土的强度对梁的受剪承载力影响较大。② 斜截面上的骨料咬合力与纵筋的销栓力。在普通钢筋混凝土梁中,斜截面上的骨料咬合力与纵筋的销栓力所承受的剪力占总剪力的 20% 左右。而在钢筋 RPC 梁中,由于没有粗骨料,这部分可承受的剪力几乎没有。③ 箍筋配箍率。梁的斜截面承载力随配箍率的增大而增大,两者有着明显的线性关系。

国内外解释简支梁斜截面受剪机理的结构模型有很多种,如拱形桁架模型、桁架模型等。在研究各种破坏机理分析的基础上,对钢筋混凝土梁的斜截面受剪承载力已经建立过很多计算公式,但由于钢筋混凝土在复合受力状态下的影响因素过多,用混凝土强度理论较难反映其受剪承载力。目前应用的公式都是分析了梁受剪的一些主要影响因素而建立的半理论半经验的实用计算公式。对于斜拉破坏与斜压破坏,都是通过构造措施来设法避免。对于剪压破坏,《混凝土结构设计规范》(GB 50010—2010) 中给出了计算公式,主要考虑平衡条件 $\sum y = 0$,同时引入一些试验参数。对于在集中荷载作用下的矩形截面简支梁,仅配箍筋时,斜截面的受剪承载力计算公式为

$$V_u = \frac{1.75}{\lambda + 1} f_t b h_0 + 1.0 f_{yv} \cdot \frac{A_{sv}}{s} \cdot h_0 \tag{6.31}$$

式中,λ 为剪跨比;f_t 为混凝土轴心抗拉强度设计值;f_{yv} 为箍筋抗拉强度设计值;A_{sv} 为配置在同一截面内箍筋各肢的全部截面面积;s 为沿构件长度方向箍筋的间距;h_0 为构件截面的有效高度。

梁 L-3 和梁 L-4 属于斜截面受剪破坏。由于对钢筋 RPC 梁尚未有具体的斜截面承载力公式,本章试件设计时是按照上述普通钢筋混凝土梁斜截面承载力计算公式进行设计的。

公式中抗拉强度 f_t 是基于本章参考文献[7]中的截面塑性系数研究成果($\gamma = 1.57 + 15.7\rho_s$,$\rho_s$ 为受拉钢筋配筋率)和本章中开裂弯矩实测值 M_{cr}^t,通过 $M_{cr}^t = \gamma f_t W_0$ 计算确定的。试验梁按式(6.31)得到的斜截面受剪承载力计算值 V_u^c 与试验值 V_u^t 的对比见表6.11。

表 6.11　试验梁按式(6.31)得到的斜截面受剪承载力计算值与试验值对比

梁编号	V_u^c/kN	V_u^t/kN	$\dfrac{V_u^c}{V_u^t}$
L-3	87.9	60.0	1.47
L-4	115.4	80.0	1.45

由表 6.11 中数据可知,试验梁斜截面受剪承载力按式(6.31)得到的计算值分别为试验值的 1.47 和 1.45 倍,试验值小于计算值。这主要是因为 RPC 中无粗骨料,斜裂缝两侧 RPC 之间摩擦作用所提供受剪承载力小,同时还因为 RPC 对钢筋的锚固差,所以发生斜截面破坏时 RPC 剪受压区小,剪受压区 RPC 所提供受剪承载力也相对减小。可见普通混凝土梁斜截面受剪承载力公式并不适用于 RPC 梁,其斜截面受剪承载力计算有待于进一步的研究。

6.5　本章小结

本章主要介绍了钢筋 RPC(未掺钢纤维)梁的设计、制作与养护、试验方案、试验现象及结果。通过对 5 根钢筋 RPC 梁进行三分点加载试验,得到以下主要结论:

(1) 通过假设梁中 RPC 取用应力－应变关系曲线的下降段为直线,基于试验梁受弯承载力和受压区边缘极限压应变实测值,反推出梁中 RPC 取用应力－应变关系曲线对应于极限压应变的应力值,从而得到用于这类受弯构件正截面承载力计算的未掺钢纤维 RPC 受压应力－应变关系下降段公式,结合 RPC 基本力学性能试验得到的上升段公式,进而得到用于这类受弯构件正截面承载力计算的未掺钢纤维 RPC 受压应力－应变关系全曲线方程。

(2) 基于试验结果,推导得到了钢筋 RPC 梁等效矩形应力图系数的数值,给出了钢筋 RPC 梁正截面承载力计算公式。

(3) 结合普通钢筋混凝土梁刚度计算理论,基于试验分析,给出了 RPC 梁短期抗弯刚度计算公式。

(4) 结合普通钢筋混凝土梁裂缝宽度计算理论,基于试验分析,给出了 RPC 梁裂缝宽度计算公式。

(5) 通过对剪切破坏的梁 L-3 和梁 L-4 进行斜截面抗剪承载力计算,并分析破坏原因,认为普通混凝土梁斜截面受剪承载力公式并不适用于 RPC 梁。

本章参考文献

[1] 中华人民共和国国家质量监督检验检疫总局. 金属材料拉伸试验 第一部分:室温试验方法:GB/T 228—2019[S]. 北京:中国标准出版社,2019.

[2] 国家技术监督局. 混凝土结构试验方法标准:GB 50152—2012[S]. 北京:中国标准出版社,2012.

[3] 卢姗姗. 活性粉末混凝土梁受力性能试验研究[D] 哈尔滨:哈尔滨工业大学,2006.

[4] 郑文忠,卢姗姗. 掺粉煤灰和矿渣粉的活性粉末混凝土梁受力性能试验研究[J]. 建筑结构学报,2009,30(3):62-70.

[5] 丁大钧. 钢筋混凝土构件抗裂度裂缝和刚度[M]. 南京:南京工学院出版社,1986.

[6] TOUTANJI H A, SAAFI M. Flexural behavior of concrete beams reinforced with glass fiber — reinforced polymer (GFRP) bars[J]. ACI Structural Journal，2000，97(5):712-719.

[7] 王文雷. RPC 预应力梁相关设计参数研究[D]. 北京:北京交通大学,2006.

[8] 中国工程建设标准化协会. 高强混凝土结构技术规程: CECS 104—99[S]. 北京:中国建筑工业出版社,1999.

[9] 中华人民共和国建设部. 混凝土结构设计规范:GB/T 50010—2010[S]. 北京:中国标准出版社,2010.

第7章 钢筋RPC(掺钢纤维)梁试验与分析

7.1 概　　述

由活性粉末混凝土的材性试验发现,活性粉末混凝土与普通混凝土相比有较高的抗压和抗拉强度,其弹性模量、泊松比、应力－应变关系等力学性能指标与普通混凝土也不相同,这使得活性粉末混凝土梁与普通混凝土梁受力性能与破坏模式也有所差异。本章通过钢筋活性粉末混凝土简支梁试验对其截面抵抗矩塑性影响系数、开裂弯矩、抗弯承载力、刚度、裂缝的计算方法做了详细论述。

7.2 试　验　设　计

7.2.1 试验梁设计

活性粉末混凝土简支梁的截面尺寸均为 150 mm×200 mm,计算跨度为 1.2 m,为防止两端的锚固破坏,两边各预留 0.3 m,梁总长度为 1.8 m。纵筋采用 HRB400 级钢筋,箍筋采用 HPB300 级钢筋,截面受压区架立筋采用 HPB235 级钢筋。试验梁配筋基本参数见表 7.1。

表 7.1 试验梁配筋基本参数

梁编号	L－1	L－2	L－3	L－4	L－5	L－6
受拉纵筋	2ϕ6	2Φ14	2Φ22	3Φ18	2Φ25+1Φ22	2Φ22+1Φ40
架立筋	2ϕ6	2ϕ6	2ϕ6	2ϕ6	2ϕ6	2ϕ6
箍筋	ϕ6@150	ϕ10@80	ϕ10@80	ϕ10@80	Φ12@60	Φ12@60

注:架立筋在受弯区段截断。

RPC 材料的力学性能在第 3 章表 3.1 和表 3.2 中已经进行了详细说明,这里不再赘述。对试验梁中的受力筋和箍筋,按照《金属拉伸试验法》(GB 228—2019)规定,每种型号分别预留 3 根 450 mm 长的试件做拉伸试验。所得的钢筋物理力学性能指标如屈服强度 f_y、极限强度 f_u 及屈服应变 ε_y 见表 7.2。

表 7.2　　钢筋的力学性能

钢筋	φ6	φ 10	φ 12	φ 14	φ 25	φ 40	φ 22
屈服强度 f_y/(N·mm^{-2})	332.5	332.5	480.2	476.5	460.6	465.2	478.3
极限强度 f_u/(N·mm^{-2})	491	491	619.5	615.6	660.3	621.0	613.2
屈服应变 ε_y/$\mu\varepsilon$	1 581	1 581	2 401	2 382	2 298	2 301	2 392
弹性模量 E_s/(N·mm^{-2})	2.1×10^5	2.1×10^5	2×10^5	2×10^5	2×10^5	2×10^5	2×10^5

注:钢筋的弹性模量是按《混凝土结构设计规范》(GB 50010—2010)及《钢结构设计规范》
(GB 50017—2017)取用的。

7.2.2　试验梁制作与养护

RPC 材料使用卧轴式强制搅拌机搅拌约 20 min,然后将拌和物装入试模,用振捣棒振动成型,标准环境下静置 24 h 拆模,然后将试件放入温度为 60 ℃ 的蒸汽养护室养护 12 h。绑扎完的钢筋骨架和成型模板如图 7.1 所示,试件浇筑情形如图 7.2 所示。

图 7.1　绑扎完的钢筋骨架和成型模板

图 7.2　试件浇筑情形

7.2.3　试验方案

钢筋活性粉末混凝土简支梁试验装置示意图如图 7.3 所示,采用四分点对称加荷。

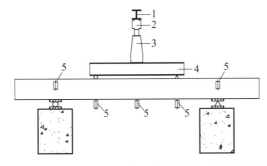

图 7.3　钢筋活性粉末混凝土简支梁试验装置示意图
1— 反力梁;2— 加载传感器;3— 液压千斤顶;4— 荷载分配梁;5— 电子位移计

7.3 试验现象及结果

7.3.1 试验现象

以试验梁南侧面为正面,与其相对的北侧面为背面,进行下面的试验现象描述。以下所述的荷载均指加载千斤顶所施加的荷载(裂缝分布图中的 **F**),即不包含试验梁自重及加载设备重。

(1)梁 L—1。

试件梁 L—1 为少筋梁。在荷载达到 72 kN 之前,试验梁表面未出现可见裂缝。当加载到 72 kN 时,试验梁跨中正面和背面均出现一条裂缝,且裂缝一出现即延伸至梁顶面,裂缝在纵向受拉钢筋中心处宽度为 10 mm,但裂缝间仍有钢纤维。继续加载至 74 kN,裂缝几乎贯通梁截面,梁破坏。试验梁破坏时跨中变形为 27.7 mm。图 7.4 所示为梁 L—1 裂缝分布图,尺寸单位为 mm。

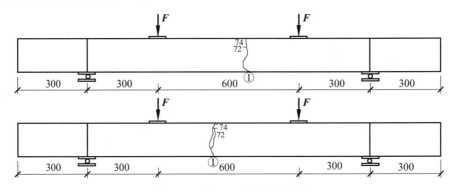

图 7.4 梁 L—1 裂缝分布图

(2)梁 L—2。

加载至 100 kN 时,试验梁跨中在正面出现两条裂缝,同时试验梁背面跨中出现一条裂缝。随着荷载的增加,试验梁纯弯区段的裂缝增多,已有裂缝继续发展与延伸。加载至 165 kN 时,试验梁的剪跨区段出现了由支座指向加载点的裂缝。加载至 200 kN 时,试验梁纯弯区段最大裂缝宽度为 0.1 mm。加载至 255 kN 时,听到梁中发出轻微的"啪啪"响声,受压区 RPC 被压碎,试验梁宣告破坏。破坏时试验梁纯弯区段正面最大裂缝宽度为 2.2 mm,背面最大裂缝宽度为 1.5 mm。试验梁纯弯区段正面共有 17 条裂缝(包括纯弯区段内的裂缝及两剪跨区段内距加载点最近的一条裂缝,下同),背面共有 17 条裂缝。试验梁跨中挠度为 28.2 mm。梁 L—2 裂缝分布图如图 7.5 所示。图中圆圈内的数字是裂缝出现的顺序编号;数字表示加载至此值时(单位为 kN)裂缝高度发展的位置。图中尺寸单位为 mm。

(3)梁 L—3。

加载至 160 kN 时,试验梁跨中在正面出现 3 条裂缝,同时试验梁背面跨中出现两条裂缝。随着荷载的增加,试验梁纯弯区段的裂缝增多,已有裂缝继续发展与延伸。加载至

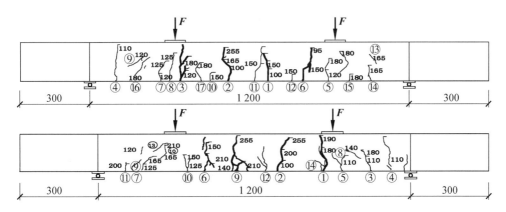

图 7.5   梁 L—2 裂缝分布图

250 kN 时,试验梁的剪跨区段出现了由支座指向加载点的裂缝。加载至 400 kN 时,听到梁中发出轻微的"啪啪"响声,试验梁纯弯区段最大裂缝宽度为 1.5 mm。加载到 420 kN 时,纯弯区段受压区 RPC 被压碎,至此试验梁破坏。破坏时试验梁纯弯区段正面最大裂缝宽度为 2.2 mm,背面最大裂缝宽度为 1.8 mm。纯弯区段受压区压碎 RPC 部分的高度为 25 mm。试验梁纯弯区段正面共有 10 条裂缝(包括纯弯区段内的裂缝及两剪跨区段内距加载点最近的一条裂缝,下同),背面共有 12 条裂缝。试验梁跨中挠度为 21.7 mm。

梁 L—3 裂缝分布图如图 7.6 所示。图中圆圈内的数字是裂缝出现的顺序编号;数字表示加载至此值时(单位为 kN)裂缝高度发展的位置。图中尺寸单位为 mm。

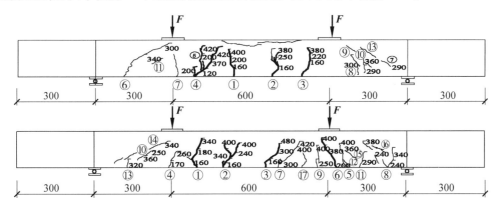

图 7.6   梁 L—3 裂缝分布图

(4) 梁 L—4。

加载至 130 kN 时,试验梁跨中在正面出现两条裂缝,同时试验梁背面跨中出现一条裂缝。随着荷载的增加,试验梁纯弯区段的裂缝增多,已有裂缝继续发展与延伸。加载至 170 kN 时,试验梁的剪跨区段也出现了由支座指向加载点的裂缝。加载至 400 kN 时,试验梁纯弯区段最大裂缝宽度为 1.2 mm。加载到 420 kN 时,听到梁中发出轻微的"啪啪"响声。加载到 430 kN 时,纯弯区段受压区 RPC 被压碎,至此试验梁宣告破坏。破坏时试验梁纯弯区段正面最大裂缝宽度为 2.0 mm,背面最大裂缝宽度为 1.8 mm。纯弯区段受压区压碎 RPC 部分的高度为 38 mm。试验梁纯弯区段正面共有 19 条裂缝(包括纯弯区段内的裂缝及两剪跨区段内距加载点最近的一条裂缝,下同),背面共有 15 条裂缝。试验梁跨中挠度为 33 mm。梁 L－4 裂缝分布图如图 7.7 所示。图中圆圈内的数字是裂缝出现的顺序编号;数字表示加载至此值时(单位为 kN)裂缝高度发展的位置。图中尺寸单位为 mm。

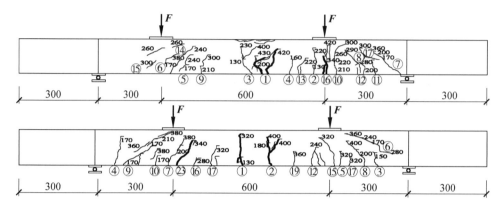

图 7.7　梁 L－4 裂缝分布图

(5)梁 L－5。

加载至 160 kN 时,试验梁跨中在正面出现一条裂缝,加载至 180 kN 时,试验梁跨中在背面出现一条裂缝。随着荷载的增加,试验梁纯弯区段的裂缝增多,已有裂缝继续发展和延伸。荷载加到 220 kN 时,试验梁的剪跨区段出现由支座指向加载点的裂缝。在随后的加载过程中,试验梁跨中区段及剪跨区段陆续有新增裂缝产生,原有裂缝继续发展。加载至 460 kN 时,试验梁纯弯区段最大裂缝宽度为 0.5 mm。加载到 580 kN 时,跨中受压区 RPC 被压碎,梁宣告破坏。破坏时试验梁纯弯区段正面最大裂缝宽度为 1.2 mm,背面最大裂缝宽度为 1.5 mm。纯弯区段受压区压碎混凝土部分的高度为 20 mm。试验梁纯弯区段正面共有 12 条裂缝(包括纯弯区段内的裂缝及两剪跨区段内距加载点最近的一条裂缝,下同),背面共有 16 条裂缝。试验梁跨中挠度为 16.5 mm。梁 L－5 裂缝分布图如图 7.8 所示。图中圆圈内的数字是裂缝出现的顺序编号;数字表示加载至此值时(单位为 kN)裂缝高度发展的位置。图中尺寸单位为 mm。

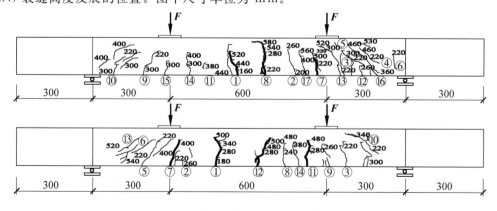

图 7.8　梁 L－5 裂缝分布图

(6) 梁 L—6。

加载至 180 kN 时,试验梁跨中在正面出现 3 条裂缝,同时试验梁背面也出现两条裂缝。随着荷载的增加,试验梁纯弯区段的裂缝增多。荷载加到 200 kN 时,试验梁的剪跨区段出现了由支座指向加载点的裂缝。加载到 280 kN 时,听到梁中发出轻微的"啪啪"响声。加载到 670 kN 时,受压区 RPC 被压碎,至此梁宣告破坏。破坏时试验梁纯弯区段正面最大裂缝宽度为 0.6 mm,背面最大裂缝宽度为 0.5 mm。纯弯区段受压区压碎 RPC 部分的高度为 48 mm。试验梁纯弯区段正面共有 14 条裂缝(包括纯弯区段内的裂缝及两剪跨区段内距加载点最近的一条裂缝,下同),背面共有 10 条裂缝。试验梁跨中挠度为 10.8 mm。梁 L—6 裂缝分布图如图 7.9 所示。图中圆圈内的数字是裂缝出现的顺序编号;数字表示加载至此值时(单位为 kN)裂缝高度发展的位置。图中尺寸单位为 mm。

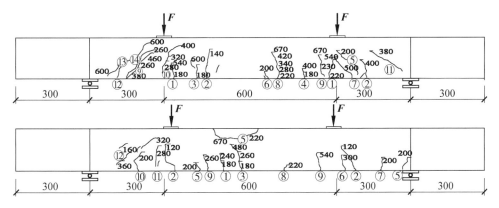

图 7.9　梁 L—6 裂缝分布图

7.3.2　试验结果

根据各试验梁在开裂及破坏时的荷载,求得的试验梁开裂弯矩实测值 M_{cr}^t 及极限弯矩实测值 M_u^t 见表 7.3。

表 7.3　各试验梁开裂弯矩实测值 M_{cr}^t 及极限弯矩实测值 M_u^t

梁编号	L—1	L—2	L—3	L—4	L—5	L—6
$M_{cr}^t/(kN \cdot m)$	10.80	15.30	24.00	19.50	24.00	27.00
$M_u^t/(kN \cdot m)$	11.10	38.25	63.50	64.50	87.00	101.00

注:表中的弯矩为千斤顶所施加的荷载、试验梁自重及加载设备自重产生的总的弯矩。

通过布置在试验梁跨中、加载点和支座的位移计读数可得到各点的位移,计算跨中和支座的位移差可得到试验梁的真实位移,从而绘出 6 根试验梁在各级荷载作用下的荷载—跨中位移关系曲线,如图 7.10 所示。

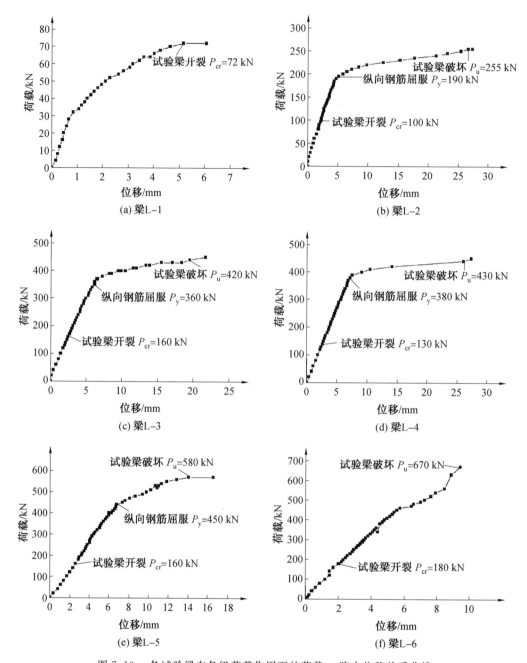

图 7.10　各试验梁在各级荷载作用下的荷载－跨中位移关系曲线

由图 7.10 可知,活性粉末混凝土简支梁作用下的荷载－挠度曲线有如下特点:

① 钢筋活性粉末混凝土适筋梁(L－2、L－3、L－4、L－5)的荷载－挠度关系曲线大致可分为 3 个阶段:从开始受力到试验梁开裂为第一阶段;从试验梁开裂到纵向钢筋屈服为第二阶段;从纵向钢筋屈服到试验梁破坏为第三阶段。

② 钢筋活性粉末混凝土少筋梁的荷载－位移关系曲线只有一个阶段,从开始受力到钢筋屈服即破坏;钢筋活性粉末混凝土超筋梁的荷载－位移关系曲线可分为两阶段,从

开始受力到试验梁开裂为第一阶段,从试验梁开裂到最后梁的受压区 RPC 被压碎为第二阶段。

③ 从纵向钢筋屈服到试验梁破坏荷载增加幅度较小,但变形较大,说明钢筋活性粉末混凝土梁具有很好的延性。

④ 从试验现象可以知道,钢筋活性粉末混凝土少筋梁与普通钢筋混凝土少筋梁的受力特征略有不同,前者在开裂后还可继续承担小幅度的加载,而后者一开裂即破坏,这说明活性粉末混凝土开裂后卸荷到钢纤维上,钢纤维拔出前,还可继续承担荷载。

通过钢筋 RPC 梁受弯试验的破坏现象发现,其破坏模式主要随配筋率的大小而变化,按照配筋率的大小可将钢筋活性粉末混凝土梁分为适筋梁、超筋梁和少筋梁 3 类,6 根试验梁的荷载－跨中位移曲线汇总于图 7.11 中。

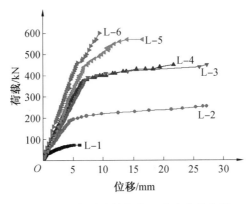

图 7.11　各试验梁荷载－跨中位移曲线

由图 7.11 可知,活性粉末混凝土简支梁的荷载－挠度曲线有如下特点:

① 钢筋活性粉末混凝土适筋梁(L－2、L－3、L－4、L－5)的荷载－挠度关系曲线大致可分为 3 个阶段,从开始受力到试验梁开裂为第一阶段,从试验梁开裂到纵向钢筋屈服为第二阶段,从纵向钢筋屈服到试验梁破坏为第三阶段。

② 钢筋活性粉末混凝土少筋梁的荷载－位移关系曲线只有一个阶段,从开始受力到钢筋屈服即破坏;钢筋活性粉末混凝土超筋梁的荷载－位移关系曲线可分为两阶段,从开始受力到试验梁开裂为第一阶段,从试验梁开裂到最后梁的受压区 RPC 被压碎为第二阶段。

③ 从纵向钢筋屈服到试验梁破坏荷载增加幅度较小,但变形较大,说明钢筋活性粉末混凝土梁具有很好的延性。

④ 由试验现象可知,钢筋活性粉末混凝土少筋梁与普通钢筋混凝土少筋梁的受力特征略有不同,前者在开裂后还可继续承担小幅度的加载,而后者一开裂即破坏,这说明活性粉末混凝土开裂后卸荷到钢纤维上,钢纤维拔出前,还可继续承担荷载。

(1)适筋梁。

当梁在其受拉区配置适量的受拉钢筋时,梁破坏首先是从受拉钢筋屈服开始的,经历一个过程之后 RPC 被压碎,截面破坏。L－2、L－3、L－4、L－5 均属于这种破坏,从图 7.11 中可以看出,从受拉钢筋屈服到最后 RPC 压碎,弯矩增长值并不大,但挠度增长值却较大,说明梁有比较好的延性。由于适筋梁在破坏时钢筋的拉应力达到屈服点,而 RPC 的压应力也随之达到极限抗压强度,此时钢筋和 RPC 两种材料基本都能得到充分利用,因而它是作为设计依据的一种破坏模式。

试验表明,当纵向受拉钢筋刚屈服的瞬间,受压区 RPC 应变和应力随着配筋率的增大而增大。即当配筋率较小时,由钢筋屈服到 RPC 被压碎的过程较长,当这个过程很短趋于零时,即出现受拉钢筋屈服与受压区 RPC 压碎同时发生的情况,为平衡破坏。

(2) 超筋梁。

当梁在受拉区配置钢筋较多时,则将发生受压区 RPC 首先被压碎而纵向受拉钢筋还未屈服的突然破坏,即当受压区边缘纤维应变已达到 RPC 弯曲极限压应变时,钢的拉应力尚小于屈服强度,但梁已经宣告破坏。此时梁的变形和裂缝发展均不明显,破坏没有明显征兆,即脆性破坏,这种破坏是设计应避免的,如本节中的梁 L—6。

(3) 少筋梁。

当梁在受拉区配置钢筋较少时,RPC 一旦开裂,则受拉 RPC 所承担的拉力将全部卸载到纵向受拉钢筋上,钢筋应力将突然猛增。配筋率越小,应力增加也越多,可能在开裂之后突然达到屈服强度,梁的裂缝宽度和挠度也达到上限值,甚至发生断裂,因此这种少筋破坏在设计中也是应该避免的。本节中的梁 L—1 属于这类破坏。

7.4 试 验 分 析

7.4.1 正截面开裂弯矩的计算

提高基体材料的密实度和匀质性是活性粉末混凝土材料设计概念的基础,因此活性粉末混凝土内部裂缝等缺陷远远少于普通混凝土,而且钢纤维的存在在受力之前限制基体的收缩,在受力之后限制裂缝的发展,缓和了因细微裂缝尖端产生的应力集中现象,从而推迟由此导致的基体开裂,所以 RPC 的初裂强度相比普通混凝土甚至钢纤维混凝土都有了较大的提高。

本节进行了 6 根钢筋活性粉末混凝土简支梁的试验研究,对活性粉末混凝土梁开裂弯矩计算方法进行了探讨,提出了截面抵抗矩塑性影响系数和开裂弯矩的计算公式。

在裂缝即将出现的状态下,钢筋活性粉末混凝土梁的正截面应力—应变分布图如图 7.12 所示,开裂荷载可看成由 RPC 基体所承担的弯矩和钢筋所承担的弯矩两部分组成,即

$$M_{cr} = M_s + M_c = f_t W_s \tag{7.1}$$

式中,M_{cr} 为钢筋活性粉末混凝土梁的开裂弯矩;M_s 为钢筋承担的弯矩;M_c 为 RPC 承担的弯矩;f_t 为 RPC 的峰值拉应力;W_s 为考虑混凝土受拉区塑性变形影响的钢筋活性粉末混凝土梁截面的弹塑性抵抗矩。

若采用截面抵抗矩塑性影响系数反映梁受拉区弹塑性发展程度,用材料力学原理建立抗裂公式,则 M_{cr} 的计算公式为

$$M_{cr} = \gamma_m f_t W_0 \tag{7.2}$$

式中，γ_m 为截面抵抗矩塑性影响系数；W_0 为将钢筋折算为活性粉末混凝土后换算截面对截面受拉边缘的弹性抵抗矩。

令式(7.1) 和式(7.2) 相等，得

$$\gamma_m = \frac{W_s}{W_0} \tag{7.3}$$

钢筋活性粉末混凝土梁达到开裂荷载时，受压区边缘 RPC 的压应力很小，处于弹性阶段，应力分布近似为三角形。受拉区 RPC 应力分布为曲线形，为了简化计算，近似为三角形分布和梯形分布。图 7.12 中 ε_c 为截面开裂时受压区边缘应变，ε_{t0} 为峰值拉应变(第 3 章已给出 $\varepsilon_{t0} = 249\ \mu\varepsilon$)，$\varepsilon_s$ 为截面开裂时纵向钢筋拉应变，ε_{tu} 为 RPC 抗弯初裂拉应变(实测 $\varepsilon_{tu} = 750\ \mu\varepsilon$)，$D$ 为截面受压区 RPC 合力，T_1 为截面受拉区上三角 RPC 合力，T_2 为截面受拉区梯形 RPC 合力，T_s 为钢筋合力，x_0 为截面受压区高度，x_t 为截面受拉区高度。

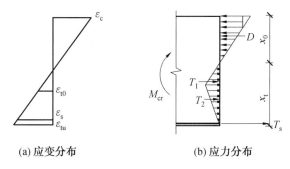

(a) 应变分布　　　　　　(b) 应力分布

图 7.12　开裂荷载下正截面应力-应变分布图

根据几何关系，受拉区 RPC 峰值拉应力对应的应变 ε_{t0} 与截面受拉边缘 RPC 开裂应变实测值 ε_{tu} 的比值即为受拉区上三角部分与受拉区高度的比值

$$\frac{\varepsilon_{t0}}{\varepsilon_{tu}} = \frac{248.8}{750} = \frac{1}{3.01} = 0.33$$

因此受拉区上三角部分的高度 x_1 占总受拉区高度 x_t 的 33%，受拉区梯形部分的高度 x_2 占总受拉区高度 x_t 的 67%。根据试验梁在开裂荷载作用下受拉区边缘 RPC 压应变和受拉区纵向钢筋拉应变，可得到此时的截面受压高度 x_1，由 RPC 受压应力－应变关系和钢筋的应力－应变关系可得到 RPC 压应力合力和钢筋合力，再根据截面力的平衡条件，可得到受拉边缘 RPC 的拉应力，取其平均值为 $0.1 f_t$。受压区 RPC 的合力为

$$D = \frac{1}{2}\sigma_c b x_c = \frac{1}{2}E_c \varepsilon_c b x_c = \frac{1}{2}E_c b x_c \frac{x_c}{h - x_c}\varepsilon_{tu} = \frac{1}{2}E_c b x_c \frac{x_c}{h - x_c}3.03\varepsilon_{t0}$$

$$= 1.515 E_c b \frac{x_c^2}{h - x_c}\varepsilon_{t0} \tag{7.4}$$

受压区 RPC 的合力对中和轴的弯矩为

$$M_c = D \cdot \frac{2}{3}x_c \tag{7.5}$$

受拉区 RPC 上三角部分合力为

$$T_1 = \frac{1}{2}f_t b \times 0.33 x_t = 1.68 b(h - x_c) \tag{7.6}$$

受拉区上三角部分合力对中和轴的弯矩为

$$M_1 = T_1 \times \frac{2}{3} \times 0.33(h - x_c) = 0.036\ 3 f_t b\ (h - x_c)^2 \tag{7.7}$$

受拉区梯形部分合力和对中和轴的变矩为

$$T_2 = (10.19 + 1.019) \times (1 - 0.33) \times (h - x_c) \times \frac{b}{2} = 3.755 b(h - x_c) \tag{7.8}$$

$$M_2 = T_2[0.33(h - x_c) + 0.364(h - x_c)] = 0.694 T_2(h - x_c) \tag{7.9}$$

钢筋合力为

$$T_s = \sigma_s A_s = E_s \varepsilon_s A_s = E_s A_s \cdot 3.03 \frac{h_0 - x_c}{h - x_c} \varepsilon_{t0} = 3.03 E_s A_s \varepsilon_{t0} \frac{h_0 - x_c}{h - x_c} \tag{7.10}$$

钢筋合力对中和轴的弯矩为

$$M_s = T_s(h_0 - x_c) \tag{7.11}$$

根据截面力平衡条件得到

$$D = T_1 + T_2 + T_s \tag{7.12}$$

即

$$1.515 E_c b x_0 \frac{x_0}{h - x_0} \varepsilon_{t0} = 5.43 b(h - x_0) + 3.03 E_s A_s \varepsilon_{t0} \frac{h_0 - x_0}{h - x_0} \tag{7.13}$$

解得受压区高度为

$$x_0 = \frac{-(10.873 bh + 3.03 E_s A_s \varepsilon_{t0})}{2(1.515 E_c b \varepsilon_{t0} - 5.43 b)} \pm$$

$$\frac{\sqrt{(10.873 bh + 3.03 E_s A_s \varepsilon_{t0})^2 + 4(1.515 E_c b \varepsilon_{t0} - 5.43 b)(5.43 bh^2 + 3.03 E_s A_s \varepsilon_{t0} h_0)}}{2(1.515 E_c b \varepsilon_{t0} - 5.43 b)} \tag{7.14}$$

根据截面力矩平衡条件得到：

$$M_{cr} = M_c + M_1 + M_2 + M_s \tag{7.15}$$

即

$$M_{cr} = 1.515 \times \frac{2}{3} \times E_c b \frac{x_0^3}{h - x_0} \varepsilon_{t0} + 2.524 b\ (h - x_0)^2 + 3.03 E_s A_s \varepsilon_{t0} \frac{(h_0 - x_0)^2}{h - x_0} \tag{7.16}$$

根据式(7.1)得

$$W_s = \left[1.01 E_c b \frac{x_0^3}{h - x_0} \varepsilon_{t0} + 2.37 b\ (h - x_0)^2 + 3.03 E_s A_s \varepsilon_{t0} \frac{(h_0 - x_0)^2}{h - x_0} \right] / f_t \tag{7.17}$$

将受拉区纵向钢筋换算为 RPC 的面积，计算换算截面弹性抵抗矩 W_0。

$$\alpha_{Er} = \frac{E_s}{E_{rc}} = \frac{200\ 000}{41\ 237} = 4.85 \tag{7.18}$$

换算后的截面面积为

$$A_0 = bh + (\alpha_{Er} - 1) A_s \tag{7.19}$$

换算截面重心距受压区边缘的距离为

$$x_1 = \frac{\frac{1}{2} bh^2 + (\alpha_{Er} - 1) A_s h_0}{bh + (\alpha_{Er} - 1) A_s} \tag{7.20}$$

换算截面对形心主轴的惯性矩为

$$I = \frac{1}{12}bh^3 + bh\left(x_1 - \frac{h}{2}\right)^2 + (\alpha_{Er} - 1)A_s(h_0 - x_1)^2 \tag{7.21}$$

$$W_0 = \frac{I_y}{h - x_1} = \frac{bh^3 + 3bh(2x_1 - h)^2 + 12A_s(\alpha_{Er} - 1)(h_0 - x_1)^2}{12(h - x_1)} \tag{7.22}$$

将式(7.17)和式(7.22)代入式(7.3),即可得到 RPC 梁的截面抵抗矩塑性影响系数 γ_m(表 7.4),由表 7.4 中数据可以看出,随着配筋率的增大,γ_m 也随之增大,这说明配筋率的增大使得其对钢筋周围 RPC 的塑化作用增大,间接地提高了 RPC 的抗拉强度。

表 7.4　各试验梁的截面塑性影响系数 γ_m

试件编号	配筋率	γ_m
L-1	0.002 3	1.14
L-2	0.012 0	1.38
L-3	0.030 7	1.71
L-4	0.030 8	1.71
L-5	0.059 0	1.89
L-6	0.096 6	1.89

在配筋率小于 4.3% 时,随着配筋率的增大,γ_m 呈线性增大,配筋率大于 4.3% 时,γ_m 取为 1.89。

将表 7.4 中的 γ_m 和配筋率 ρ 的关系点绘于图 7.13,取其下包线(由于试验梁数量有限,下包线的拐点暂取为 4.3%),拟合得到钢纤维(长径比为 65)体积掺量为 2%、棱柱体抗压强度为 100 MPa 左右的 RPC 矩形截面梁(截面高度为 200 mm)的 γ_m 计算公式为

$$\begin{cases} \gamma_m = 1.1 + 18.4\rho & (\rho < 4.3) \\ \gamma_m = 1.89 & (\rho \geqslant 4.3) \end{cases} \tag{7.23}$$

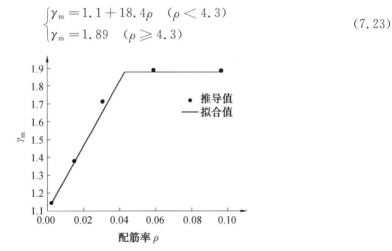

图 7.13　试验梁的 γ_m 推导值和拟合值

使用式(7.2)和式(7.7)得到的计算开裂弯矩 M_{cr}^c 和实测开裂弯矩 M_{cr}^t 比较见表 7.5。

表 7.5   各试验梁的开裂弯矩计算值 M_{cr}^c 和实测值 M_{cr}^t 比较

试件编号	M_{cr}^c/kN	M_{cr}^t/kN	$\dfrac{M_{cr}^c}{M_{cr}^t}$
L-1	11.94	10.80	1.11
L-2	14.46	15.30	0.95
L-3	20.03	24.00	0.83
L-4	20.07	19.50	1.03
L-5	23.76	24.00	0.99
L-6	23.04	27.00	0.85

表 7.5 中各试验梁的开裂弯矩计算值 M_{cr}^c 和实测值 M_{cr}^t 比值的数字特征为：平均值 0.960，标准差 0.098，变异系数 0.102。可见这种开裂弯矩计算方法基本上是可用的。

影响钢筋活性粉末混凝土梁截面抵抗矩塑性影响系数的因素还有梁的截面高度和形状、钢纤维类别及体积掺量、RPC 强度等，截面高度越大，γ_m 越小，这是因为截面高度的增大应变梯度变小。参考普通混凝土计算方法，当截面高度变化时，采用式（7.24）计算截面抵抗矩塑性影响系数。

$$\gamma = \left(0.7 + \frac{120}{h}\right)\gamma_m \qquad (7.24)$$

式中，h 为截面高度。当 $h < 400$ 时，h 取 400；当 $h > 1600$ 时，h 取 1600。

本节 6 根钢筋 RPC 试验梁的塑性影响系数平均值为 1.62，普通钢筋混凝土矩形截面梁塑性影响系数基本值为 1.55，钢筋 RPC 梁截面的塑性高度占受拉区高度的 60% ～ 70%，而普通钢筋混凝土梁截面的塑性高度约为 50%，这说明钢筋 RPC 梁截面受拉区的塑化程度大于普通钢筋混凝土梁。

7.4.2   钢筋 RPC 梁正截面受弯承载力的计算

1. 基本假定

钢筋活性粉末混凝土受弯构件正截面承载力计算与普通钢筋混凝土计算的主要不同之处在于，要考虑截面受拉区活性粉末混凝土的抗拉作用。在分析钢筋活性粉末混凝土梁正截面受力全过程时，必须满足几何、物理和静力三方面的关系。

（1）变形协调几何关系－平截面假设。

理论上，平截面变形假定只适用于连续匀质弹性材料的构件。对由各种混凝土及钢筋组成的构件，由于材料的非匀质性和可能存在的裂缝，严格说来，就破坏截面局部而言，这一假定已不再适用。但是考虑到构件破坏是产生在某一区段长度内的，而且由钢筋活性粉末混凝土梁的试验现象可以看出，试验梁正截面破坏表现为受压区 RPC 的压碎，而压碎是发生在一定长度范围内的，则实测的平均应变值，基本与平截面变形相符。而且应变测量的标距越长，这一假定的符合精度越好。因此采用平截面假定，既符合精度要求，又使力学概念明确，便于建立计算模型。

（2）钢筋的应力－应变关系。

为简化计算，正截面承载力计算时受力钢筋采用简化的理想弹塑性应力－应变关系，即钢筋的应力等于钢筋应变与其弹性模量的乘积，但不大于钢筋的强度设计值。纵向钢筋的极限拉应变取 0.01。

其应力－应变关系方程为

$$\sigma_s = E_s A_s \leqslant f_y \tag{7.25}$$

(3)RPC 的应力－应变关系。

钢筋 RPC 梁正截面受弯承载力分析时采用的 RPC 受压应力－应变关系方程为

$$y = 1.55x - 1.20x^4 + 0.65x^5 \quad (0 \leqslant x < 1) \tag{7.26}$$

$$y = \frac{x}{6(x-1)^2 + x} \quad (x \geqslant 1) \tag{7.27}$$

钢筋 RPC 梁正截面受弯承载力分析时采用的 RPC 受拉应力－应变关系方程为

$$y = 1.17x + 0.65x^2 - 0.83x^3 \quad (0 \leqslant x < 1) \tag{7.28}$$

$$y = \frac{x}{5.5(x-1)^{2.2} + x} \quad (x \geqslant 1) \tag{7.29}$$

(4) 关于截面受拉区 RPC 的贡献。

在普通混凝土受弯构件正截面承载力计算时,一般不考虑截面受拉区混凝土的贡献,经分析发现,如果考虑了混凝土的抗拉强度,截面最终承载力的增加不会超过1.5%,因此其对破坏弯矩的影响非常微小可忽略不计。而对于钢筋 RPC 受弯构件,RPC 有相对较高的抗拉强度,因此开裂截面的裂缝顶端至中和轴的未开裂 RPC 拉应力合力较大,开裂部分的 RPC 由于钢纤维的存在,仍然有拉应力存在,它对构件破坏弯矩的作用不可忽略,经计算发现,受拉区 RPC 的拉力对截面承载力的贡献随着配筋率的变化在10% ～ 40% 范围内变化,因此在正截面受弯承载力计算时应考虑截面受拉区 RPC 拉力的贡献。

2. 梁正截面受压区 RPC 应力图形的等效

钢筋活性粉末混凝土受弯构件受压区 RPC 的压应力分布图,理论上可根据平截面假定得出梁正截面每一根纤维的应变值,再从 RPC 的应力－应变曲线中找到相应的压应力值,从而求出受压区 RPC 的应力分布图。在钢筋活性粉末混凝土梁正截面承载力计算时,为了简化计算,我们也采用通常的做法,将钢筋活性粉末混凝土梁截面上的压应力曲线图形替换为等效矩形应力图的实用计算方法。钢筋活性粉末混凝土梁正截面破坏时的应力分布如图 7.14(a) 所示。

仿照普通混凝土,将截面上曲线应力图形等效为矩形应力图形的原则为:① 等效矩形应力图形的面积与理论图形的面积相等,即压应力的合力大小不变;② 等效矩形应力图的形心位置与理论应力图形的形心位置相同,即压应力的合力作用点不变。

由图 7.14(a) 可知,受压区压应力合力 C 为

$$C = \int_0^{x_c} \sigma_c(\varepsilon_c) \cdot b \cdot \mathrm{d}y \tag{7.30}$$

合力 C 到中和轴的距离为

$$y_c = \frac{\int_0^{x_c} \sigma_c(\varepsilon_c) \cdot b \cdot y \cdot \mathrm{d}y}{C} = \frac{\int_0^{x_c} \sigma_c(\varepsilon_c) y \mathrm{d}y}{\int_0^{x_c} \sigma_c(\varepsilon_c) \mathrm{d}y} \tag{7.31}$$

根据平截面假定,距中和轴 y 处的压应变为

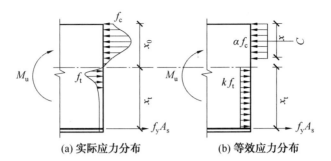

图 7.14　适筋梁在破坏时正截面应力分布

$$\varepsilon_c = \frac{\varepsilon_{cu} \cdot y}{x_c} \tag{7.32}$$

$$\mathrm{d}y = \frac{x_c}{\varepsilon_{cu}} \mathrm{d}\varepsilon_c \tag{7.33}$$

将式(7.32)和式(7.33)分别代入式(7.30)和式(7.31)得

$$C = \int_0^{\varepsilon_{cu}} \sigma_c(\varepsilon_c) \cdot b \cdot \frac{x_c}{\varepsilon_{cu}} \mathrm{d}\varepsilon_c = x_c \cdot b \cdot \frac{C_{cu}}{\varepsilon_{cu}} \tag{7.34}$$

$$y_c = \frac{\int_0^{\varepsilon_{cu}} \sigma_c(\varepsilon_c) \cdot b \cdot \left(\frac{x_c}{\varepsilon_{cu}}\right)^2 \cdot \varepsilon_c \cdot \mathrm{d}\varepsilon_c}{x_c \cdot b \cdot \dfrac{C_{cu}}{\varepsilon_{cu}}} = x_c \cdot \frac{y_{cu}}{\varepsilon_{cu}} \tag{7.35}$$

其中

$$C_{cu} = \int_0^{x_{cu}} \sigma_c \varepsilon_c \mathrm{d}\varepsilon_c \tag{7.36}$$

$$y_{cu} = \frac{\int_0^{\varepsilon_{cu}} \sigma_c(\varepsilon_c) \varepsilon_c \mathrm{d}\varepsilon_c}{C_{cu}} = \frac{\varepsilon_{cu}}{x_c} \frac{\int_0^{x_c} \sigma_c(\varepsilon_c) y \mathrm{d}y}{\int_0^{x_c} \sigma_c(\varepsilon_c) \mathrm{d}y} \tag{7.37}$$

令 $k_2 = \dfrac{y_{cu}}{\varepsilon_{cu}} k_1 f_c = \dfrac{C_{cu}}{\varepsilon_{cu}}$,则受压区 RPC 承担的弯矩为

$$M_c = C(y_c + h_0 - x_c) = k_1 f_c x_c b [h_0 - (1 - k_2) x_c] = \alpha f_c b x \left(h_0 - \frac{x}{2}\right) \tag{7.38}$$

由(7.38)式得

$$C = k_1 f_c b x_c = \alpha f_c b x \tag{7.39}$$

$$y_c + h_0 - x_c = h_0 - (1 - k_2) x_c = h_0 - \frac{x}{2} \tag{7.40}$$

由式(7.40)得

$$x = 2(x_c - y_c) = 2(1 - k_2) x_c \tag{7.41}$$

令

$$\beta = \frac{x}{x_c} = 2(1 - k_2) \tag{7.42}$$

$$\alpha = \frac{k_1}{\beta} = \frac{k_1}{2(1 - k_2)} \tag{7.43}$$

根据本书中的 RPC 受压应力 － 应变关系式(7.26)、式(7.27)和上述公式推导得到 $\alpha = 0.90, \beta = 0.77$,则等效后的截面受压区高度为 x,受压区 RPC 应力为 αf_c,如图 7.14(b) 所示。

3. 梁正截面受拉区 RPC 应力图形的等效

钢筋活性粉末混凝土梁正截面受弯承载力计算与普通钢筋混凝土梁最大的不同之处,就是要考虑其截面受拉区 RPC 的拉应力的贡献。如图 7.14(a) 所示,受拉区实际应力分布为曲线形,为了简化计算,并考虑塑性发展的影响,将曲线拉应力图等效为矩形拉应力图,等效图形的应力高度 $k f_t$ 可通过截面平衡条件和试验结果反推得到。

在钢筋活性粉末混凝土简支梁的受弯试验中,参数 b、h_0、α、β、f_c、f_y、A_s、a_s、f_t 均为已知量,由图 7.14(b) 根据平衡条件得

$$\sum N = 0, \quad \alpha f_c bx = f_y A_s + k f_t b \left(h - \frac{x}{\beta} \right) = f_y A_s + k f_t b x_t \tag{7.44}$$

$$\sum M = 0, \quad M_u = \alpha f_c bx \left(h_0 - \frac{x}{2} \right) - k f_t b \left(h - \frac{x}{\beta} \right) \left[0.5 \left(h - \frac{x}{\beta} \right) - a_s \right] \tag{7.45}$$

由实测的试验梁破坏弯矩 M_u^t,联立式(7.44)和式(7.45),可得到受压区高度 x 表达式为

$$x = \frac{-B + \sqrt{B^2 - 4AC}}{2A} \tag{7.46}$$

其中
$$
\begin{cases}
A = 0.5 \alpha f_c b - \dfrac{1}{2\beta} \alpha f_c b \\
B = 0.5 \alpha f_c bh - \alpha f_c b h_0 + \dfrac{1}{2\beta} f_y A_s - \alpha f_c b a_s \\
C = M_u^t + f_y A_s a_s - 0.5 f_y A_s h
\end{cases}
$$

式中,M_u^t 为钢筋活性粉末混凝土受弯构件正截面受弯承载力实测值;f_y 为纵向受拉钢筋屈服强度实测值;f_c 为活性粉末混凝土的抗压强度实测值;α 为等效后混凝土的压应力系数;β 为等效后混凝土的应力图形高度系数;x_t 为受拉区高度,$x_t = h - \dfrac{x}{\beta}$;$h_0$ 为截面有效高度,$h_0 = h - a_s$。

由式(7.46)可得到 x,将 x 代入式(7.44),即可得到等效系数 k。各试验梁的 k 值见表 7.6。

表 7.6　各试验梁的等效系数 k 值

试件编号	L－2	L－3	L－4	L－5	L－6
k	0.44	0.28	0.27	0.31	0.37

由表 7.6 所列 k 值可以看出,受拉区 RPC 对截面承载力的贡献随着配筋率的不同而不同,配筋较少的梁达到极限承载力时,受拉裂缝发展较大,受拉区 RPC 对截面承载力的贡献很小;配筋较多的超筋梁达到极限承载力时,受拉裂缝宽度较小,此时受拉区 RPC 对截面承载力的贡献也很小;在配筋率适中时,受拉区 RPC 对截面承载力的贡献达到峰值。为了简化计算,综合 5 根试验梁的计算结果,偏于安全地取 $k = 0.25$。

4. 梁正截面受弯承载力计算公式

根据简化的截面应力分布图 7.14(b)，由平衡条件得到钢筋活性粉末混凝土适筋梁的正截面受弯承载力计算公式为

$$0.9f_c bx = f_y A_s + 0.25f_t b\left(h - \frac{x}{0.77}\right) \tag{7.47}$$

$$M_u = 0.9f_c bx\left(h_0 - \frac{x}{2}\right) - 0.25f_t b\left(h - \frac{x}{0.77}\right)\left[0.5\left(h - \frac{x}{0.77}\right) - a_s\right] \tag{7.48}$$

钢筋活性粉末混凝土少筋梁，由于达到极限荷载时受拉区裂缝发展宽度较大，因此不考虑受拉区 RPC 作用，其承载力的计算可通过迭代方法得到。

虽然超筋梁破坏时裂缝发展宽度不大，但由于 RPC 具有较高的抗拉强度，计算其承载力时仍考虑受拉区 RPC 的作用，近似取 $k = 0.25$，根据截面平衡条件，计算公式为

$$M_{u,\max} = \alpha f_c bh_0^2 \xi_b(1 - 0.5\xi_b) - 0.25f_t\left(h - \frac{x}{\beta}\right)\left[\frac{1}{2}\left(h - \frac{x}{\beta}\right) - a_s\right] \tag{7.49}$$

将书中适筋梁 L-2、L-3、L-4、L-5 的截面尺寸 b、h 和配筋面积 A_s 代入式(7.47)和式(7.48)，将超筋梁 L-6 的截面尺寸代入式(7.49)，得到承载力计算值 M_u^c，与试验值 M_u^t 比较见表 7.7。$\dfrac{M_u^c}{M_u^t}$ 平均值为 0.950，标准差为 0.100，变异系数为 0.106。可见试验值和公式计算值吻合较好。

表 7.7 试验梁承载力试验值与计算值的比较

梁编号	计算值 M_u^c/(kN·m)	试验值 M_u^t/(kN·m)	$\dfrac{M_u^c}{M_u^t}$
L-1	11.94	10.80	1.11
L-2	29.95	38.25	0.78
L-3	57.49	63.00	0.91
L-4	58.48	64.50	0.91
L-5	85.97	87.00	0.99
L-6	99.98	101.00	0.99

5. 界限相对受压区高度及配筋率限值

构件的界限相对受压区高度是指当构件达到极限承载力时，正截面受拉钢筋应力达到屈服强度时的应变值，同时受压区边缘混凝土达到受弯时极限压应变值，此时构件处于适筋与超筋之间的界限状态而破坏，其界限状态换算受压区高度 x_b 与截面有效高度 h_0 的比值称为界限相对受压区高度，用 ξ_b 表示，如图 7.15 所示。

根据应变平截面假定及界限相对受压区高度的定义，代入前面算得的 β 值、本节所用 HRB400 钢筋的 f_y 实测值及 RPC 的 ε_{cu} 值，可求出本节试验中 RPC 梁的 ξ_b 值为

$$\xi_b = \frac{\beta}{1 + \dfrac{f_y}{\varepsilon_{cu} E_s}} = 0.54 \tag{7.50}$$

虽然 RPC 梁截面的受压区等效系数 β 比普通混凝土梁小，但由于 RPC 梁截面受压区边缘的极限压应变 ε_{cu} 为 5 500 $\mu\varepsilon$，因此活性粉末混凝土梁的 ξ_b 比采用同种配筋的普通混凝土梁大。由式(7.50)可以看出，当构件的实际配筋率大于界限状态破坏时的配筋率

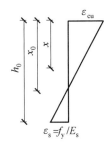

图 7.15　界限破坏时构件正截面应变图

时,即实际的 $\xi > \xi_b$ 时,则受弯破坏时钢筋应力 σ_s 要小于其相应的屈服强度 f_y,属于超筋破坏。反之,当实际的 $\xi < \xi_b$ 时,构件所配置的钢筋在受弯破坏时能够屈服,属于适筋破坏。因此,ξ_b 是衡量构件破坏时钢筋强度能否充分利用的一个特征值。

当 $\xi = \xi_b$ 时,构件相应的配筋率为最大配筋率,由式(7.47)得

$$x = \frac{f_y A_s + k f_t bh}{\alpha f_c b + \dfrac{k f_t b}{\beta}} \tag{7.51}$$

因此得到

$$\xi_b = \frac{x}{h_0} = \frac{f_y A_s + \gamma f_t bh}{bh_0 \left(\alpha f_c + \dfrac{\gamma f_t}{\beta}\right)} \tag{7.52}$$

由式(7.52)得最大配筋率为

$$\rho_{\max} = \frac{A_s}{bh_0} = \frac{\xi_b \left(\alpha f_c + \dfrac{k f_t}{\beta}\right)}{f_y} - \frac{k f_t h}{f_y h_0} \tag{7.53}$$

将本节试验梁的具体参数代入式(7.53),得到最大配筋率为 10%。

为了保证钢筋活性粉末混凝土梁的适筋破坏,不出现少筋破坏现象,必须控制截面的配筋率不小于某一界限配筋率,即最小配筋率 $\rho_{\min}$,它是少筋梁和适筋梁的界限值。按照最小配筋率配筋的钢筋活性粉末混凝土梁,破坏时所能承受的弯矩极限值应等于同截面的不配钢筋的素活性粉末混凝土梁所承受的弯矩 M_{cr}。

根据平衡条件,裂缝出现时时刻,截面所承担的弯矩 M 等于受拉区钢筋合力和 RPC 拉应力合力向受压区 RPC 合力作用点取矩,即

$$M_u = f_y A_s \left(h_0 - \frac{x}{2}\right) + k f_t b \left(h - \frac{x}{\beta}\right)\left(\frac{h}{2} - \frac{x}{2\beta} + \frac{x}{2}\right) \tag{7.54}$$

$$M_{cr} = \gamma_m f_t W_0 \tag{7.55}$$

令式(7.54)和式(7.55)相等,得到最小配筋面积为

$$A_{s,\min} = \frac{\gamma_m f_t W_0 - k f_t b \left(h - \dfrac{x}{\beta}\right)\left(\dfrac{h}{2} + \dfrac{x}{2\beta} - \dfrac{x}{2}\right)}{f_y \left(h_0 - \dfrac{x}{2}\right)} \tag{7.56}$$

当配筋率很小时,受压区高度 x 很小,根据试验数据,取 $x = 0.5h_0$。经计算,本节试验梁的最小配筋率为 0.31%。

7.4.3　梁刚度计算

从试验结果来看,RPC 梁的变形相对较小,这是因为在受拉区开裂后,由于钢纤维的阻裂作用,减小了受拉区的变形,使梁的刚度提高,挠度明显降低,超过荷载峰值以后,受拉区钢纤维仍起一定作用,同时受压区 RPC 极限压应变也有所提高,梁的延性也随之提高。

钢筋活性粉末混凝土受弯构件在短期荷载作用下的刚度根据平截面假定和变形协调条件,可表示为

$$B = \frac{M}{\phi} \tag{7.57}$$

$$\phi = \frac{\varepsilon_s + \varepsilon_c}{h_0} \tag{7.58}$$

式中,ϕ 为构件的曲率;ε_c 为截面受压区边缘 RPC 压应变;ε_s 为受拉钢筋应变,$\varepsilon_s = \psi \frac{\sigma_s}{E_s}$,$\psi$ 为纵向受拉钢筋重心处拉应变不均匀系数;B 为构件在荷载作用下的刚度。

普通钢筋混凝土构件中弯矩 $M = \sigma_s A_s \eta h_0$,外弯矩完全由钢筋承担。由于 RPC 的抗拉强度较高,且掺有钢纤维,因此截面弯矩由受拉钢筋和 RPC 共同承担。在使用荷载弯矩 M 作用下,钢筋活性粉末混凝土梁正截面应力和应变分布如图 7.16 所示,此时的截面受拉区 RPC 应力分布情况我们不去考虑,在图中示意为矩形分布。受压区混凝土平均应力为 $\omega \sigma_{ck}$,受压区高度为 ξh_0,受压区合力作用点到钢筋面积形心的内力臂为 ηh_0。

根据在使用荷载下实测的混凝土压应变和钢筋拉应变可以算得截面的受压区高度 ξh_0,从而计算 ηh_0,$\eta h_0 \approx (h_0 - \xi h_0) + y_c$,其中 y_c 为受压区曲线应力图形的合力 D 到中和轴的距离,可通过积分得到。普通混凝土的内力臂系数计算公式为

$$\eta = 1 - \frac{0.4 \sqrt{\alpha_E \rho}}{1 + 2 \gamma'_f} \tag{7.59}$$

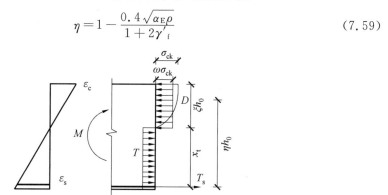

图 7.16　使用荷载作用下钢筋活性粉末混凝土梁正截面应力和应变分布

各试验梁的试验数据实测值和通过式(7.59)得到的计算值的比较见表 7.8,两者比值的平均值为 0.950,标准差为 0.035,变异系数为 0.037。可见试验值与计算值吻合较好,因此内力臂系数仍可按照普通混凝土的式(7.59)计算。

表 7.8　内力臂实测值和式(7.43)计算值的比较

试件编号	弯矩 /(kN·m)	实测值 /mm	式(7.43)计算值 /mm	公式计算值/ 实测值
L-2	15.28	151.92	149.08	0.98
	18.34	152.93	149.08	0.97
	21.39	157.13	149.08	0.95
	24.83	155.37	149.08	0.96
L-3	23.40	147.34	139.41	0.95
	28.08	146.65	139.41	0.95
	32.76	146.93	139.41	0.95
	38.03	148.25	139.41	0.94
L-4	23.40	145.31	139.41	0.96
	28.08	145.57	139.41	0.96
	32.76	145.09	139.41	0.96
	38.03	144.38	139.41	0.97
L-5	34.20	128.49	120.89	0.94
	41.04	127.84	120.89	0.95
	47.88	129.06	120.89	0.94
	55.58	129.15	120.89	0.94
L-6	40.40	116.91	101.02	0.86
	48.48	116.13	101.02	0.87
	56.56	116.29	101.02	0.87
	65.65	117.18	101.02	0.86

由图(7.16),根据截面力矩平衡条件,受拉区 RPC 合力和受拉钢筋合力向受压区 RPC 合力作用点取矩得到

$$M = M_T + M_s = M_T + \sigma_s A_s \eta h_0 \tag{7.60}$$

截面受压区 RPC 合力和截面受拉区 RPC 合力向纵向钢筋合力作用点取矩得到

$$M = M_c - M'_T = \xi \eta h_0 \omega \sigma_c b h_0 - M'_T \tag{7.61}$$

式中,M_T 为截面受压区 RPC 的拉应力合力 T 对受压区 RPC 合力作用点的力矩;M'_T 为截面受拉区 RPC 的拉应力合力 T 对钢筋拉作用点的力矩;M_s 为纵向钢筋所承担的弯矩,$M_s = \sigma_s A_s \eta h_0$;$M_c$ 为受压区 RPC 所承担的弯矩,$M_c = \xi \eta h_0 \omega \sigma_c b h_0$;$\omega$ 为受压区 RPC 应力图形丰满系数。

由粘贴在试验梁纯弯区段纵向受拉钢筋上的应变片测得的应变(对于应变片所在截面出现裂缝的梁,取此截面的钢筋拉应变实测值;对于粘贴应变片的截面未出现裂缝的梁,根据纯弯区段最大钢筋拉应变实测值和平均钢筋拉应变计算得到的 M_T,通过迭代得到裂缝间受拉钢筋应变不均匀系数的近似取值,从而得到裂缝截面的钢筋拉应变近似值),根据钢筋本构关系得到其应力,乘以内力臂 ηh_0,得到受拉钢筋合力对受压区 RPC 合

力作用点的力矩,截面承担的总弯矩 M 与其的差值为受拉区 RPC 的拉应力合力对受压区 RPC 合力作用点的力矩,经计算得到试验梁在 $40\% \sim 65\%$ 极限弯矩作用下的 $\dfrac{M_T}{M}$ 值见表 7.9。为了简化计算,将每根梁在各级荷载下的 $\dfrac{M_T}{M}$ 取平均值,由于 $\dfrac{M_T}{M}$ 随配筋率大致呈线性分布,因此根据各梁的 $\dfrac{M_T}{M}$ 平均值拟合得到式(7.62),各试验梁的 $\dfrac{M_T}{M}$ 公式计算值见表 7.9。$\dfrac{M_T}{M}$ 试验点分布和拟合曲线如图 7.17 所示。

$$\frac{M_T}{M} = 0.228 - 2.05\rho \tag{7.62}$$

$\dfrac{M_T}{M}$ 公式计算值与 $\dfrac{M_T}{M}$ 实测值的比值平均值为 1.010,标准差为 0.008,变异系数为 0.008。

令 a 等于受拉区 RPC 合力作用点至钢筋拉力作用点的力臂,b 等于受拉区 RPC 合力作用点至受压区 RPC 合力作用点的力臂,则 $\dfrac{M'_T}{M_T} = \dfrac{a}{b}$,由粘贴在截面受压区的混凝土应变片测得 RPC 压应变,并根据 RPC 受压本构关系,可计算得到受压区 RPC 合力作用点及截面中性轴位置,假定受拉区 RPC 拉应力合力点在截面受拉区的中央,由此得到在 $40\% \sim 65\%$ 极限弯矩作用下的 $\dfrac{a}{b}$ 值(表 7.9)。将每根梁在各级荷载下的 $\dfrac{a}{b}$ 取平均值,根据各梁的 $\dfrac{a}{b}$ 平均值拟合得到式(7.63)。各试验梁的 $\dfrac{M'_T}{M_T}$ 公式计算值见表 7.9。$\dfrac{M'_T}{M_T}$ 试验点分布和拟合曲线如图 7.18 所示。

$$\frac{M'_T}{M_T} = 2.85 - 2.03(3.35 \times 10^{-13})^\rho \tag{7.63}$$

表 7.9　$\dfrac{M_T}{M}$ 与 $\dfrac{M'_T}{M}$ 的实测值与公式计算值

梁号	$\dfrac{M}{M_u}$	ρ	$\dfrac{M_T}{M}$ 实测值	$\dfrac{M_T}{M}$ 平均值	$\dfrac{M_T}{M}$ 公式计算值	$\dfrac{M'_T}{M_T}$ 实测值	$\dfrac{M'_T}{M_T}$ 平均值	$\dfrac{M'_T}{M_T}$ 公式计算值
L－2	0.40	0.01	0.26	0.22	0.21	1.26	1.35	1.33
	0.48		0.23			1.34		
	0.56		0.21			1.36		
	0.65		0.21			1.45		
L－3	0.40	0.03	0.13	0.16	0.17	1.88	1.91	1.99
	0.48		0.18			1.85		
	0.56		0.18			1.95		
	0.65		0.14			1.97		

续表 7.9

梁号	$\dfrac{M}{M_u}$	ρ	$\dfrac{M_T}{M}$ 实测值	$\dfrac{M_T}{M}$ 平均值	$\dfrac{M_T}{M}$ 公式计算值	$\dfrac{M'_T}{M_T}$ 实测值	$\dfrac{M'_T}{M_T}$ 平均值	$\dfrac{M'_T}{M_T}$ 公式计算值
L－4	0.40	0.03	0.14	0.15	0.17	2.00	2.00	1.99
	0.48		0.15			2.00		
	0.56		0.17			1.99		
	0.65		0.14			2.01		
L－5	0.40	0.06	0.15	0.12	0.11	2.68	2.68	2.49
	0.48		0.13			2.69		
	0.56		0.10			2.68		
	0.65		0.09			2.67		
L－6	0.40	0.10	0.01	0.02	0.02	2.64	2.69	2.73
	0.48		0.03			2.69		
	0.56		0.03			2.71		
	0.65		0.01			2.73		

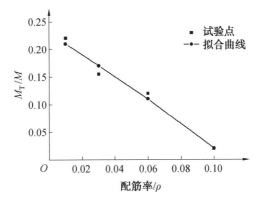

图 7.17　$\dfrac{M_T}{M}$ 试验点分布和拟合曲线

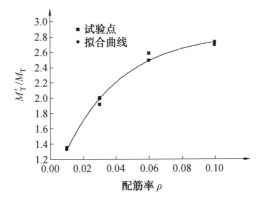

图 7.18　$\dfrac{M'_T}{M_T}$ 试验点分布和拟合曲线

$\dfrac{M'_\text{T}}{M_\text{T}}$ 公式计算值与 $\dfrac{M'_\text{T}}{M_\text{T}}$ 实测值的比值数字特征为：平均值 0.990，标准差 0.038，变异系数 0.038。

活性粉末混凝土的纤维体积分数为 2% 时，可用式(7.62) 计算 $\dfrac{M_\text{T}}{M}$；钢纤维体积分数为 0 时，$\dfrac{M_\text{T}}{M}$ 为 0。当钢纤维体积分数在 0～2% 时，可内插得到 $\dfrac{M_\text{T}}{M}$；当钢纤维体积分数大于 2% 时，可外插得到 $\dfrac{M_\text{T}}{M}$。

根据式(7.60) 和式(7.61)，使用荷载 M 作用下裂缝截面处钢筋应力和受压区边缘 RPC 应力为

$$\sigma_\text{s} = \frac{M - M_\text{T}}{A_\text{s} \eta h_0} \tag{7.64}$$

$$\sigma_\text{c} = \frac{M + M'_\text{T}}{\xi \eta \omega b h_0^2} \tag{7.65}$$

与普通混凝土规范相协调，令受压区边缘平均应变综合系数

$$\zeta = \gamma \omega \eta \xi \tag{7.66}$$

式中，γ 为 RPC 弹性特征系数，由应力 σ_c 计算受压区边缘 RPC 平均应变 $\overline{\varepsilon}_\text{c}$ 应考虑 RPC 的弹塑性变形性能，取变形模量 $E'_\text{c} = \gamma E_\text{c}$。

根据式(7.65) 可以得到

$$\zeta = \frac{M + M_\text{T}}{\overline{\varepsilon}_\text{c} E_\text{c} b h_0^2} \tag{7.67}$$

式(7.67) 说明 ζ 值可由试验数据求得，其中 M、M_T 和受压区边缘 RPC 应变 $\overline{\varepsilon}_\text{c}$ 可由试验得到，E_c、b 和 h_0 为已知值。与普通混凝土的计算公式相协调，并结合式(7.67) 求得的试验值，取

$$\zeta = \frac{0.62 \alpha_\text{E} \rho}{0.2 + 6 \alpha_\text{E} \rho} \tag{7.68}$$

与普通钢筋混凝土计算方法相协调，裂缝间受拉钢筋应变不均匀系数为

$$\psi = 1.1 \left(1 - \frac{0.8 M_\text{cr}}{M - M_\text{T}} \right) \tag{7.69}$$

式中，M_cr 为混凝土截面的抗裂弯矩，根据式(7.2) 计算。当 $\psi < 0.2$ 时，取 $\psi = 0.2$；当 $\psi > 1$ 时，取 $\psi = 1$。

由式(7.64) 和式(7.65)，根据物理关系可得到截面受压区边缘 RPC 压应变和受拉钢筋应变为(假定梁在用阶段受压区边缘 RPC 处于弹性阶段)

$$\varepsilon_\text{s} = \psi \frac{M - M_\text{T}}{E_\text{s} A_\text{s} \eta h_0} \tag{7.70}$$

$$\varepsilon_\text{c} = \frac{M + M'_\text{T}}{\zeta E_\text{c} b h_0^2} \tag{7.71}$$

联立式(7.57)、式(7.58)、式(7.70) 和式(7.71)，可以得到构件刚度的计算公式为

$$B = \frac{M}{\phi} = \frac{Mh_0}{\varepsilon_s + \varepsilon_c} = \frac{h_0}{\psi \dfrac{M - M_T}{E_s A_s \eta h_0} + \dfrac{M + M'_T}{\xi E_c b h_0^2}} \tag{7.72}$$

根据结构力学,四分点加载的试验梁的挠度计算公式为

$$f = \frac{11 P l^3}{384 B} \tag{7.73}$$

表 7.10　式(7.73) 挠度计算值与试验值对比表

梁号	M	f_s^t	f_s^c	$\dfrac{f_s^c}{f_s^t}$
	15.28	2.04	1.96	0.96
L—2	18.34	2.86	2.57	0.90
	21.39	3.34	3.17	0.95
	24.83	3.96	3.76	0.95
	23.40	2.28	2.33	1.02
L—3	28.08	2.86	2.89	1.01
	32.76	3.59	3.45	0.96
	38.03	4.04	4.08	1.01
	23.40	2.74	2.33	0.85
L—4	28.08	3.31	2.88	0.87
	32.76	4.00	3.44	0.86
	38.03	4.57	4.07	0.89
	34.20	3.33	3.60	1.08
L—5	41.04	3.98	4.38	1.10
	47.88	4.74	5.17	1.09
	55.58	5.55	6.05	1.09
	40.40	3.20	5.16	1.61
L—6	48.48	3.79	6.25	1.65
	56.56	4.62	7.35	1.59
	65.65	5.95	8.57	1.44

表 7.10 中 f_s^t 是 RPC 梁的挠度实测值,f_s^c 是根据式(7.73)得到的梁的挠度计算值。将两者进行比较,取 $x = \dfrac{f_s^c}{f_s^t}$,其平均值为 1.09,标准差为 0.25,变异系数为 0.23。由于 L—1 为少筋梁,数据未列出。

7.4.4　梁裂缝宽度计算

1. 平均裂缝间距计算

普通混凝土梁裂缝间距计算结合了黏结滑移理论中的变量 $\dfrac{d_{eq}}{\rho_{te}}$ 和无滑移理论中的 c,建立的平均裂缝间距计算公式为

$$l_m = 1.9c + 0.08 \frac{d_{eq}}{\rho_{te}} \tag{7.74}$$

式中，l_m 为平均裂缝间距，mm；c 为保护层厚度，mm；d_{eq} 为纵向受拉钢筋等效直径，

$d_{eq} = \dfrac{\sum n_i d_i^2}{\sum n_i \nu_i d_i}$；$\rho_{te}$ 为按有效受控混凝土截面面积计算的纵向受拉钢筋配筋率。

将平均裂缝间距的试验值 l_m^t 与按式(7.74)得到的平均裂缝间距计算值 l_m^c 进行比较（表7.11），可见两者较为吻合。

表 7.11　平均裂缝间距试验值与计算值比较

梁号	l_m^t/mm	l_m^c/mm	l_m^c/l_m^t
L—2	118.20	121.10	1.02
L—3	91.60	101.24	1.10
L—4	86.30	94.81	1.10
L—5	93.75	109.01	1.16
L—6	146.70	133.92	0.91

在使用阶段，钢筋和普通混凝土之间的黏结锚固是化学胶结作用和机械咬合作用并存，临近裂缝处钢筋与骨料咬合作用较大，远离裂缝处钢筋与骨料化学胶结作用相对较大，而钢筋与活性粉末混凝土之间的黏结锚固在使用阶段同样由两部分组成，只是由于活性粉末混凝土不含粗骨料，机械咬合是在钢筋的表面凹凸处和超高强的活性粉末混凝土之间发生，从普通混凝土梁的平均裂缝间距计算公式适用于钢筋活性粉末混凝土梁的裂缝计算结果说明，钢筋在活性粉末混凝土中黏结锚固性能和在普通混凝土中的黏结锚固性能相近。因此钢筋和 RPC 之间的相对黏结特征系数可取与普通混凝土相同的值，钢筋活性粉末混凝土梁的平均裂缝间距仍采用式(7.74)进行计算。

2. 裂缝宽度计算

平均裂缝宽度 w_m 等于构件裂缝区段内钢筋的平均伸长与相应水平处构件侧表面混凝土平均伸长的差值，推导得

$$w_m = \alpha_c \psi \frac{\sigma_s}{E_s} l_m \tag{7.75}$$

式中，α_c 为裂缝间混凝土自身伸长对裂缝宽度的影响系数，按普通混凝土取 0.85；ψ 为裂缝间纵向受拉钢筋应变不均匀系数，根据式(7.69)计算；σ_s 为构件裂缝截面处的纵向钢筋应力值，根据式(7.64)计算。

根据式(7.75)计算得到的裂缝宽度 w_m^c 与裂缝宽度实测值 w_m^t 见表7.12。$\dfrac{w_m^c}{w_m^t}$ 的数字特征为：平均值 1.140，均方差 0.08，变异系数 0.07。

表 7.12　根据式(7.75)得到的裂缝宽度计算值与试验值

梁号	M	$w_{\mathrm{m}}^{\mathrm{t}}$	$w_{\mathrm{m}}^{\mathrm{c}}$	$\dfrac{w_{\mathrm{m}}^{\mathrm{c}}}{w_{\mathrm{m}}^{\mathrm{t}}}$
	15.28	0.036	0.039	1.09
L－2	18.34	0.057	0.068	1.20
	21.39	0.088	0.098	1.11
	24.83	0.107	0.126	1.18
	23.40	0.038	0.043	1.12
L－3	28.08	0.053	0.059	1.11
	32.76	0.067	0.074	1.10
	38.03	0.084	0.092	1.09
	23.40	0.036	0.040	1.11
L－4	28.08	0.050	0.055	1.11
	32.76	0.064	0.070	1.10
	38.03	0.079	0.086	1.09
	34.20	0.050	0.054	1.07
L－5	41.04	0.069	0.074	1.07
	47.88	0.084	0.090	1.07
	55.58	0.101	0.108	1.07
	40.40	0.077	0.092	1.19
L－6	48.48	0.108	0.128	1.19
	56.56	0.112	0.155	1.39
	65.65	0.144	0.184	1.28

荷载标准组合作用下的短期最大裂缝宽度 $w_{\mathrm{s,max}}$ 可根据平均裂缝宽度乘以考虑裂缝发展不均匀影响的扩大系数 τ_{s} 求得,即

$$w_{\mathrm{s,max}} = \tau_{\mathrm{s}} w_{\mathrm{m}} \tag{7.76}$$

短期荷载作用下的裂缝扩大系数 τ_{s} 可按裂缝宽度的概率分布规律确定。各试验梁纯弯区段各条裂缝宽度 w_i 与对应的平均裂缝宽度 w_{m} 的比值为 τ_i,其分布规律近似呈正态分布,若按 95% 的保证率考虑,可求得 $\tau_{\mathrm{s}} = 1.60$,由此可得短期荷载作用下最大裂缝宽度为

$$w_{\mathrm{s,max}} = 1.6 \times 0.85 \psi \frac{\sigma_{\mathrm{sk}}}{E_{\mathrm{s}}} l_{\mathrm{m}} = 1.36 \psi \frac{\sigma_{\mathrm{sk}}}{E_{\mathrm{s}}} l_{\mathrm{m}} \tag{7.77}$$

长期荷载作用下的最大裂缝宽度 $w_{\mathrm{l,max}}$ 可由短期荷载作用下的最大裂缝宽度 $w_{\mathrm{s,max}}$ 乘以在荷载标准组合作用下并考虑荷载长期作用影响的扩大系数 τ_{l} 求得,即 $w_{\mathrm{l,max}} = \tau_{\mathrm{l}} w_{\mathrm{s,max}}$,由于没有进行长期荷载试验,因此建议 τ_{l} 暂按普通钢筋混凝土梁取用,取 1.5。

钢筋活性粉末混凝土梁按荷载效应的标准组合并考虑长期作用影响的最大裂缝宽度计算式为

$$w_{\mathrm{l,max}} = 1.5 \times 1.36 \psi \frac{\sigma_{\mathrm{sk}}}{E_{\mathrm{s}}} l_{\mathrm{m}} = 2.04 \psi \frac{\sigma_{\mathrm{sk}}}{E_{\mathrm{s}}} l_{\mathrm{m}} \tag{7.78}$$

7.5 本章小结

本章在 6 根钢筋活性粉末混凝土简支梁试验的基础上,分析了关键因素对截面抵抗矩塑性系数的影响规律,拟合了截面抵抗矩塑性系数的计算公式;推导得到了截面受拉区 RPC 应力折减系数和受压区应力图形等效系数的取值,建立了钢筋活性粉末混凝土梁正截面受弯承载力计算公式;在考虑活性粉末混凝土梁受力特性的基础上,给出了活性粉末混凝土梁裂缝宽度计算公式;建立了活性粉末混凝土梁刚度计算公式。本章钢筋活性粉末混凝土梁正截面设计计算方法可为相关结构设计提供参考。

本章参考文献

[1] 王兆宁. 活性粉末混凝土矩形截面配筋梁抗弯性能研究[D]. 北京:北京交通大学,2008.

[2] 高丹盈,朱海堂,李趁趁. 纤维增强塑料筋混凝土梁正截面抗裂性能的研究[J]. 水力发电学报,2003,(4):54-59.

[3] 丁大钧. 混凝土结构学[M]. 北京:中国铁道工业出版社,1988.

[4] 丁大钧. 钢筋混凝土构件抗裂度裂缝和刚度[M]. 南京:南京工学院出版社,1986.

[5] 中华人民共和国国家质量监督检验检疫总局. 金属材料拉伸试验 第一部分:室温试验方法:GB/T 228—2019[S]. 北京:中国标准出版社,2019.

[6] 中华人民共和国建设部. 混凝土结构设计规范:GB/T 50010—2010[S]. 北京:中国标准出版社,2010.

[7] 中华人民共和国建设部. 钢结构设计规范:GB/T 50020—2017[S]. 北京:中国标准出版社,2017.

第8章 GFRP筋RPC梁试验与分析

8.1 概　述

由于GFRP筋和RPC的材料性能与普通钢筋和混凝土的材料性能有明显不同,因此GFRP筋RPC梁的受力性能及破坏模式与普通钢筋混凝土梁也有明显不同。

普通钢筋混凝土梁可分为少筋梁、适筋梁和超筋梁,实际工程中一般将其设计成适筋梁,保证受压区混凝土压碎前钢筋屈服,以确保梁在濒临破坏时具有明显的预兆及破坏时具有适当的延性。

由于GFRP筋的应力—应变关系一直保持线弹性,因此GFRP筋RPC梁的破坏模式大致可分为3种:① 当受拉GFRP筋与受压区边缘RPC同时达到极限应变时,发生界限破坏,是一种比较理想的临界状态,此时的配筋率为界限配筋率;② 当GFRP筋配筋率较小,小于界限配筋率,受拉GFRP筋达到极限拉应变时被拉断,而受压区边缘RPC尚未达到极限压应变,未被压碎;③ 当GFRP筋配筋率较大,大于界限配筋率,受压区边缘RPC达到极限压应变时被压碎,而受拉GFRP筋未被拉断。

由于GFRP筋的应力—应变关系没有屈服阶段,不具备钢筋的优良延性,因此上述几种破坏均属于脆性破坏。相比较而言,GFRP筋拉断破坏较为突然,脆性更明显;而受压区RPC压碎破坏时,裂缝的发展和挠度均较大,具有一定的预兆。因此,实际应用中应将GFRP筋RPC梁设计成受压破坏梁。

本章为了研究GFRP筋RPC简支梁的受力性能,以配筋率为主要变化参数设计了8根GFRP筋RPC简支梁。通过对梁进行三分点加载试验,研究了梁的开裂荷载、正截面承载力、刚度、裂缝等受力性能,并给出了相应的设计计算方法。

8.2 试　验　设　计

8.2.1 试验梁设计

试验梁共8根,截面均为矩形,截面尺寸$b \times h = 150 \text{ mm} \times 280 \text{ mm}$。试验梁长度为2 400 mm,计算跨度为1 800 mm,两边各留出300 mm以锚固底部受拉筋。试验梁采用三分点加载。试验梁的变化参数为底部受拉筋配筋率。梁底部受拉筋和上部架立筋均选用表面螺旋绕肋GFRP筋,箍筋选用HPB300级钢筋。架立筋在纯弯区段截断。试验梁基本参数见表8.1。为了防止试验梁发生剪切破坏,在弯剪区段配制了足够的抗剪箍筋。GFRP筋RPC试验梁构造如图8.1所示。各试验梁的截面配筋如图8.2所示。

表 8.1 试验梁基本参数

梁编号	受拉纵筋	架立筋	箍筋	受拉纵筋配筋率
GL—1	$2\phi_f 5.5$	$2\phi_f 5.5$	$\phi 12@100$	0.13%
GL—2	$4\phi_f 5.5$	$2\phi_f 5.5$	$\phi 12@100$	0.25%
GL—3	$2\phi_f 12$	$2\phi_f 5.5$	$\phi 12@80$	0.61%
GL—4	$4\phi_f 12$	$2\phi_f 5.5$	$\phi 12@50$	1.31%
GL—5	$5\phi_f 12$	$2\phi_f 5.5$	$\phi 12@50$	1.61%
GL—6	$6\phi_f 12$	$2\phi_f 5.5$	$\phi 12@25$	1.97%
GL—7	$5\phi_f 14$	$2\phi_f 5.5$	$\phi 12@25$	2.21%
GL—8	$6\phi_f 14$	$2\phi_f 5.5$	$\phi 12@25$	2.69%

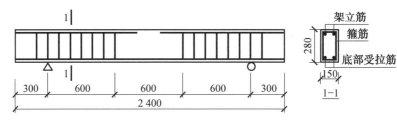

图 8.1 GFRP 筋 RPC 试验梁构造

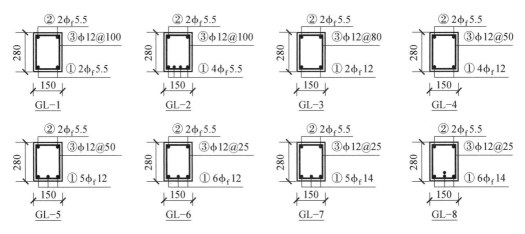

图 8.2 各试验梁截面配筋

8.2.2 试验梁制作与养护

将梁所用的 RPC 材料按配合比称量好,倒入卧轴强制式混凝土搅拌机中,搅拌约 20 min,然后将拌和物装入试模,用振捣棒振捣成型,在标准环境下静置 24 h 拆模,然后将试件放入温度为 60 ℃ 的蒸汽养护室养护 12 h。绑完的筋骨架和成型模板如图 8.3 所示。

图 8.3　绑完的筋骨架和成型模板

8.2.3　试验梁材料性能

梁中所用 RPC 材料的力学性能在 3.3 节已经进行了详细说明,这里不再赘述。

为了测试梁中所用 GFRP 筋的力学性能,每种直径的 GFRP 筋预留了 6 根拉伸试件。每根拉伸试件长 700 mm,两端各套 150 mm 的铁套管,与 GFRP 筋之间用加铁粉的环氧树脂黏结。GFRP 筋拉伸试件如图 8.4 所示。拉伸试验在 WE－30B 液压式万能试验机上进行,GFRP 筋拉伸试验装置如图 8.5 所示。

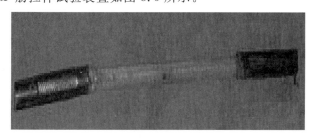

图 8.4　GFRP 筋拉伸试件

图 8.5　GFRP 筋拉伸试验装置

在拉伸试验的整个加载过程中,GFRP 筋的应力－应变关系始终保持良好的线性关系。GFRP 筋的力学性能指标见表 8.2。GFRP 筋受拉应力－应变关系为

$$f_f = E_f \varepsilon_f \quad (0 \leqslant \varepsilon_f \leqslant \varepsilon_{fu}) \tag{8.1}$$

式中,f_f 为 GFRP 筋的拉应力;ε_f 为 GFRP 筋的拉应变;E_f 为 GFRP 筋的弹性模量;ε_{fu} 为 GFRP 筋的极限拉应变。

表 8.2　GFRP 筋力学性能指标

GFRP 筋	$\phi_f 5.5$	$\phi_f 12$	$\phi_f 14$
极限强度 f_{tu}/MPa	1 159	990	836
弹性模量 E_f/MPa	4.94×10^4	4.76×10^4	5.00×10^4

8.2.4　试验方案

试验采用三分点加载,试验装置示意图如图 8.6 所示,实际加载图如图 8.7 所示。

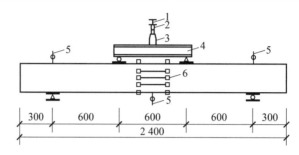

图 8.6　试验装置示意图
1— 反力架;2— 压力传感器;3— 千斤顶;4— 荷载分配梁;
5— 位移计;6— 应变引伸计

图 8.7　实际加载图

　　试验时为了检验试验装置和仪器仪表能否正常工作,试件的支承部位和加载部位的接触是否良好,对试件进行预载,预载不超过试验梁理论承载力的 5%(小于试验梁计算开裂荷载值),确认各项设备工作正常后卸载,开始正式加载。试验梁加载采用分级制,每级加载值为 10.0 kN,逐级加载直到破坏。每级荷载持荷 10 ~ 15 min。在加载过程中,采集每级荷载下钢筋应变片及位移计数据。纯弯区段的裂缝宽度通过读数放大镜测得,同时记录各裂缝的发展情况,并在试验梁上描绘裂缝分布图,试验梁破坏后,将裂缝分布图按比例画在纸上;纯弯区段沿梁高的应变通过布置于梁侧的 5 个应变引伸计测得。

　　试验需要测试的内容如下:

　　(1)各试验梁的开裂荷载、极限承载力及相关的试验现象。

　　(2)纯弯区段沿梁高的应变通过布置于梁侧的 5 个应变引伸计测得,应变引伸计沿梁高均匀布置,间距为 70 mm,测量标距为 250 mm。

　　(3)底部受拉 GFRP 筋的应变通过粘贴在筋上的应变片测得。

　　(4)梁的挠度通过布置于二支座和跨中的 3 个位移计测得。

（5）记录各级荷载下裂缝发展宽度及间距，并在试验梁上描绘出裂缝发展形态。

8.3　试验现象及结果

8.3.1　试验现象

以下进行试验现象描述时，以试验梁靠窗侧为正面、非靠窗侧为背面。描述中的荷载是指所施加力 F 的大小，裂缝分布图中裂缝旁所注数值为裂缝出现时所施加力 F 的大小，单位为 kN。

（1）梁 GL—1。

试验梁加载至 35 kN 之前，梁表面未出现可见裂缝。加载至 35 kN 时，梁正面纯弯区段出现一条宽度较大、延伸较高的主裂缝，在两个加载点下附近各出现一条延伸不高的细微裂缝。梁背面纯弯区段出现一条宽度较大、延伸较高的主裂缝。持荷状态下，梁不断发出响声，且裂缝宽度增大。继续加载至 37.5 kN 时，梁发出巨响，底部 GFRP 筋被拉断，梁发生受拉破坏。此时试验梁跨中挠度达到 9.58 mm。梁 GL—1 裂缝分布图如图 8.8 所示，梁 GL—1 破坏状态图如图 8.9 所示。

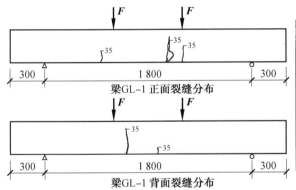

图 8.8　梁 GL—1 裂缝分布图

图 8.9　梁 GL—1 破坏状态图

（2）梁 GL—2。

试验梁加载至 35 kN 时，正反两面纯弯区段均出现竖向裂缝。随着荷载的不断增加，试验梁不断出现新裂缝，已有裂缝宽度逐渐增加，高度不断向上延伸。当加载至 45 kN 时，裂缝基本出齐。继续加载过程中，梁变形及裂缝宽度不断增大，且不断发出响声。继续加载至 65 kN 时，梁发出巨响，底部 GFRP 筋被拉断，梁发生受拉破坏。此时试验梁挠度达到 28.5 mm。梁 GL—2 裂缝分布图如图 8.10 所示，梁 GL—2 破坏状态图如图 8.11 所示。

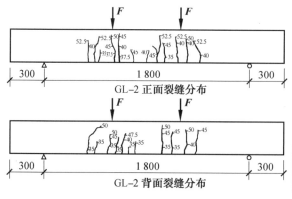

图 8.10　梁 GL－2 裂缝分布图　　　　图 8.11　梁 GL－2 破坏状态图

（3）梁 GL－3。

试验梁加载至 40 kN 时,梁正反两面纯弯区段均开始出现竖向裂缝。继续加载至 50 kN 时,竖向裂缝基本出齐。继续加载过程中,主裂缝宽度不断增加,高度不断向上延伸。在试验梁弯剪区出现一些向加载点延伸的斜向裂缝,开裂宽度不大。在此过程中,一些裂缝发展成树根状裂缝,还出现一些发展高度不高、裂缝宽度不大的次生裂缝。当加载至125 kN 时,底部 GFRP 筋发出拉断的响声,此时挠度达到 46.1 mm,梁宣告破坏。梁 GL－3 裂缝分布图如图 8.12 所示,梁 GL－3 破坏状态图如图 8.13 所示。

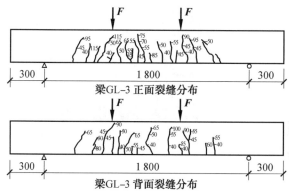

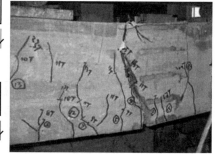

图 8.12　梁 GL－3 裂缝分布图　　　　图 8.13　梁 GL－3 破坏状态图

（4）梁 GL－4。

试验梁加载至 40 kN 时,纯弯区段正反两面均开始出现竖向裂缝。继续加载至 70 kN 时,裂缝基本出齐,且延伸到一定高度。加载过程中,梁正面右加载点下出现的竖向裂缝比较密集,且向上延伸高度很大。梁反面纯弯区段下部发展高度不大的次生裂缝较多,且一条主裂缝发展到一定高度开始斜向发展。加载至 70 kN 时,弯剪区开始出现向加载点延伸的斜向裂缝。继续加载至 170 kN 时,梁受压区发出"沙沙"的声响,且出现细微的起皮现象。加载至 190 kN 时,纯弯区段受压区活性粉末混凝土被压碎,且与延伸上来的主裂缝贯穿,形成一条发展较宽的斜向断裂带,此时梁挠度达到 42.5 mm,梁宣告破坏。梁

GL－4 裂缝分布图如图 8.14 所示,梁 GL－4 破坏状态图如图 8.15 所示。

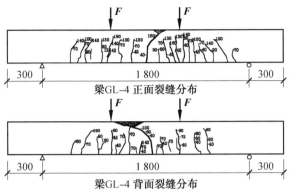

梁GL-4 正面裂缝分布

梁GL-4 背面裂缝分布

图 8.14　梁 GL－4 裂缝分布图

图 8.15　梁 GL－4 破坏状态图

（5）梁 GL－5。

试验梁加载至 40 kN 时,纯弯区段正反两面均开始出现裂缝。当荷载达到 45 kN 时,正面跨中一条主裂缝向上延伸高度较大。加载至 55 kN 时,纯弯区段竖向裂缝基本出齐。继续加载过程中,试验梁正反两面弯剪段均出现比较密集且向加载点延伸的斜向裂缝,但裂缝发展宽度不大。梁背面纯弯区段下部出现一些发展高度不高、裂缝宽度不大的次生裂缝。在纯弯区段内,主裂缝向上发展高度变化不大,但裂缝宽度逐渐变大。加载至 175 kN 时,受压区活性粉末混凝土开始发出"沙沙"的响声,并在跨中受压区出现横向裂缝。继续加载,试验梁变形进一步增大,跨中上表面 RPC 出现起皮现象。加载至 200 kN 时,受压区发出"砰"的响声,RPC 被压碎,正反面各有一条主裂缝瞬间变宽,此时梁跨中挠度达到40.7 mm,梁宣告破坏。梁 GL－5 裂缝分布图如图 8.16 所示,梁 GL－5 破坏状态图如图 8.17 所示。

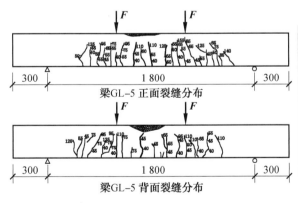

梁GL-5 正面裂缝分布

梁GL-5 背面裂缝分布

图 8.16　梁 GL－5 裂缝分布图

图 8.17　梁 GL－5 破坏状态图

（6）梁 GL－6。

试验梁加载至45 kN 时,纯弯区段正反两面均开始出现竖向裂缝。当荷载达到55 kN 时,纯弯区段竖向裂缝基本出齐。随着荷载的增加,纯弯区段主裂缝宽度不断发展,高度不断向上延伸。纯弯区段内部分裂缝发展成树根状裂缝,还出现一些发展高度不高、裂缝宽度不大的次生裂缝。加载过程中,梁弯剪区段开始出现一些向加载点延伸的斜裂缝,发展宽度不大。继续加载至 190 kN 时,受压区 RPC 上表面发出"沙沙"的声响。加载到 215 kN 时,受压区 RPC 上表面开始起皮,受拉区主裂缝宽度进一步变大,梁变形明显,挠度较大。当荷载达到 225 kN 时,受压区 RPC 上表面出现层状破坏,且延伸到几乎整个纯弯区宽度范围,此时跨中挠度达到 35.9 mm,梁宣告破坏。梁 GL－6 裂缝分布图如图 8.18 所示,梁 GL－6 破坏状态图如图 8.19 所示。

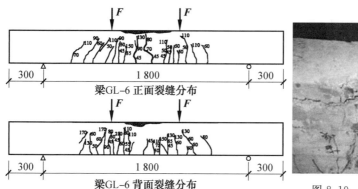

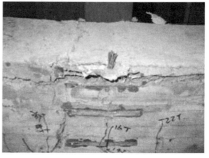

图 8.19　梁 GL－6 破坏状态图

图 8.18　梁 GL－6 裂缝分布图

(7) 梁 GL－7

试验梁加载至 45 kN 时,纯弯区段正反两面均开始出现竖向裂缝。当荷载达到 80 kN 时,纯弯区段竖向裂缝基本出齐。随着荷载的增加,纯弯区段主裂缝宽度不断发展,高度不断向上延伸。背面纯弯区段内部分裂缝发展成树根状裂缝,同时正反两面均出现一些延伸高度不高、裂缝宽度不大的次生裂缝。加载过程中,梁弯剪区段开始出现一些向加载点延伸的斜裂缝,发展宽度不大。加载至 200 kN 时,受压区 RPC 开始出现若干条横向裂缝,且上表面出现起皮现象,受拉区主裂缝宽度进一步增大,梁变形明显,挠度较大。继续加载至 245 kN 时,受压区 RPC 上表面出现层状破坏,破坏面与背面跨中一条主裂缝连成一体,此时梁跨中挠度达到 35.7 mm,梁宣告破坏。梁 GL－7 裂缝分布图如图 8.20 所示,梁 GL－7 破坏状态图如图 8.21 所示。

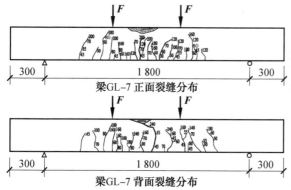

图 8.20　梁 GL－7 裂缝分布图

图 8.21　梁 GL－7 破坏状态图

（8）梁 GL－8。

试验梁加载至 45 kN 时，纯弯区段正反两面均开始出现竖向裂缝。当荷载达到 55 kN 时，裂缝出现条数较多。继续加载到 65 kN 时，纯弯区段竖向裂缝基本出齐。继续加载过程中，纯弯区段竖向主裂缝不断向上延伸，宽度不断增大。梁两面弯剪段均出现向加载点延伸的斜裂缝，发展宽度不大。纯弯区段部分裂缝发展成树枝状裂缝，同时梁下部出现一些延伸高度不高、裂缝宽度不大的次生裂缝。梁正面裂缝条数明显多于背面裂缝条数。加载至 225 kN 时，受压区 RPC 正面出现一条明显的横向裂缝，上表面出现起皮现象。继续加载至 250 kN 时，受压区 RPC 横向裂缝变宽且与竖向裂缝贯通，表面混凝土被压碎，出现层状破坏，梁跨中挠度达到 30.4 mm，梁宣告破坏。梁 GL－8 裂缝分布图如图 8.22 所示，梁 GL－8 破坏状态图如图 8.23 所示。

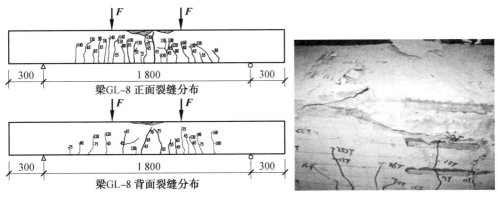

图 8.22　梁 GL－8 裂缝分布图　　　　图 8.23　梁 GL－8 破坏状态图

8.3.2　试验结果

由试验可知，梁 GL－1、梁 GL－2、梁 GL－3 属于受拉破坏，即受拉 GFRP 筋达到极限拉应变而被拉断，而受压区边缘 RPC 尚未达到极限压应变，未被压碎；梁 GL－4、梁 GL－5、梁 GL－6、梁 GL－7、梁 GL－8 属于受压破坏，即受压区边缘 RPC 达到极限压应变而被压碎，而受拉 GFRP 筋未被拉断。

利用布置在试验梁纯弯区段侧表面的应变引伸计，可以测得梁跨中截面各高度纤维的平均应变。各试验梁跨中截面平均应变测量结果如图 8.24 所示。由图可知，对 GFRP 筋 RPC 梁，平截面假定依然成立。

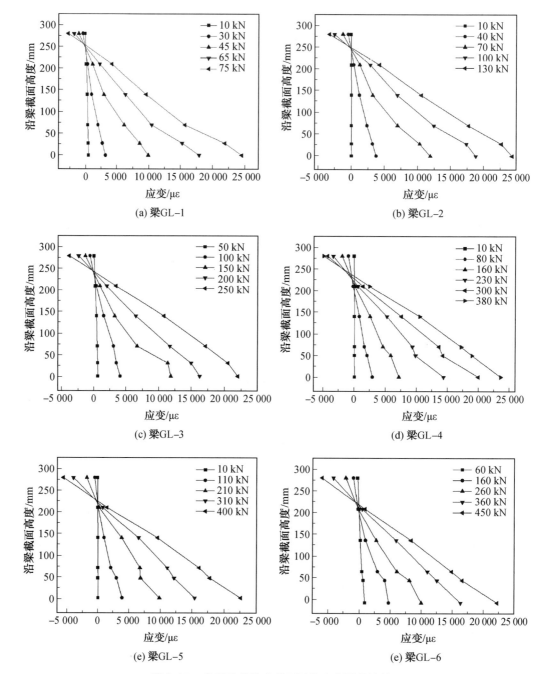

(a) 梁GL-1

(b) 梁GL-2

(c) 梁GL-3

(d) 梁GL-4

(e) 梁GL-5

(e) 梁GL-6

图 8.24　各试验梁跨中截面平均应变测量结果

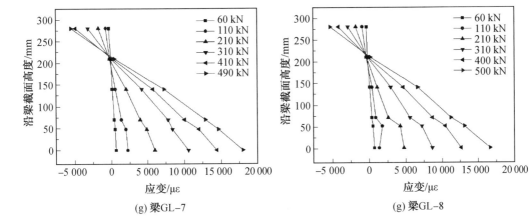

(g) 梁GL-7　　　　　　　　　　　(g) 梁GL-8

续图 8.24

各试验梁的开裂弯矩实测值 M_{cr}^t 及极限弯矩实测值 M_u^t 见表 8.3。

表 8.3　开裂弯矩及极限弯矩实测值

梁编号	GL-1	GL-2	GL-3	GL-4	GL-5	GL-6	GL-7	GL-8
M_{cr}^t/(kN·m)	21.0	21.0	24.0	24.0	24.0	27.0	27.0	27.0
M_u^t/(kN·m)	22.5	39.0	75.0	114.0	120.0	135.0	147.0	150.0

各试验梁的跨中弯矩—挠度曲线如图 8.25 所示,从图中可以看出,梁的跨中弯矩—挠度曲线基本上呈双折线型,曲线上都有一个明显的转折点,这个转折点为开裂弯矩。以此转折点为界,曲线大致分为两段,即梁开裂之前和开裂之后。开裂前后曲线斜率有明显的变化。开裂之前,曲线斜率较大,即截面刚度较大;随着荷载的增加,超过开裂荷载时,跨中纯弯区段开始出现裂缝,部分 RPC 退出工作,这部分拉力转由 GFRP 筋来承担,由于 GFRP 筋的弹性模量比较小,因此变形增长比较快,曲线斜率降低,截面刚度减小。

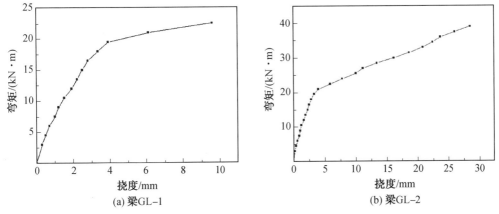

(a) 梁GL-1　　　　　　　　　　　(b) 梁GL-2

图 8.25　各试验梁的跨中弯矩—挠度曲线

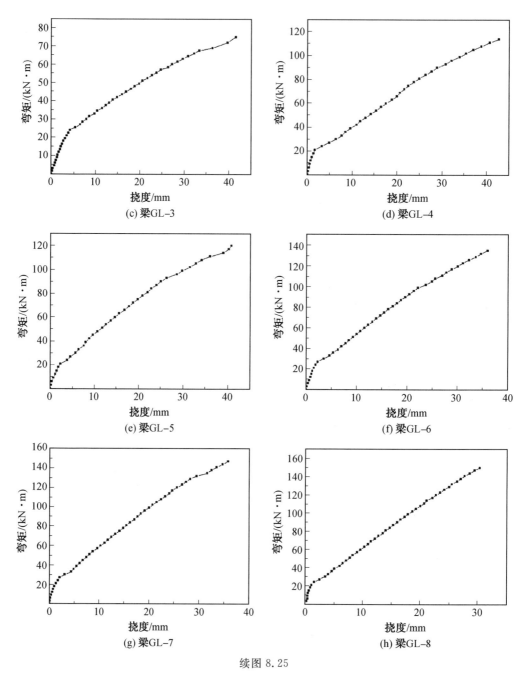

续图 8.25

各试验梁平均裂缝间距实测值见表 8.4。由于梁 GL－1 的开裂弯矩与破坏弯矩接近,因此未对其裂缝进行统计。

表 8.4　各试验梁平均裂缝间距实测值

梁编号	GL－2	GL－3	GL－4	GL－5	GL－6	GL－7	GL－8
l_m^t	155.1	106.1	87.8	77.9	69.3	71.2	93.0

8.4　试　验　分　析

8.4.1　破坏形态

由于 GFRP 筋受拉应力－应变关系从开始受力到断裂均呈线弹性,不像普通钢筋那样具有屈服点和较长的屈服平台,因此,GFRP 筋 RPC 梁正截面的破坏模式与钢筋混凝土梁有所不同,大致可分为受拉破坏、受压破坏和界限破坏。

(1)受拉破坏。

当 GFRP 筋配筋率较小,受拉 GFRP 筋达到极限拉应变时被拉断,而受压区边缘 RPC 尚未达到极限压应变,未被压碎,此时发生受拉破坏。

(2)受压破坏。

当 GFRP 筋配筋率较大,受压区边缘 RPC 达到极限压应变时被压碎,而受拉 GFRP 筋未被拉断,此时发生受压破坏。

(3)界限破坏。

当受拉 GFRP 筋与受压区边缘 RPC 同时达到极限应变时,发生界限破坏。这是比较理想的临界状态,此时对应的配筋率为界限配筋率。当配筋率小于界限配筋率时发生受拉破坏,当配筋率大于界限配筋率时发生受压破坏。

图 8.26 给出了梁正截面 3 种破坏形态的截面应力和应变分布图。

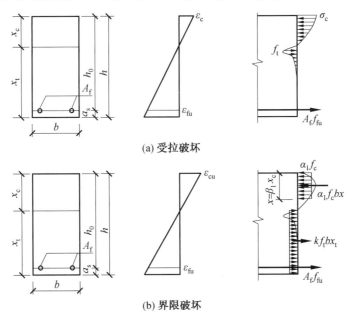

图 8.26　梁正截面 3 种破坏形态的截面应力和应变分布图

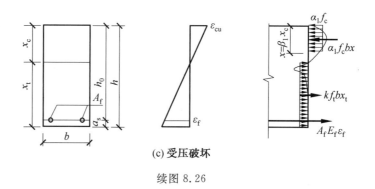

(c) 受压破坏

续图 8.26

8.4.2 正截面开裂荷载计算

对于 GFRP 筋 RPC 梁正截面抗裂性能目前尚没有比较系统的研究。由于抗裂性能是进行受弯构件受力性能研究和裂缝变形性能研究的基础,因此,本节对 GFRP 筋 RPC 梁正截面抗裂性能进行研究。

由于 RPC 内部裂缝等缺陷远远少于普通混凝土,而且钢纤维的存在在受力之前限制基体的收缩,在受力之后限制裂缝的发展,缓和了因细微裂缝尖端产生的应力集中现象,从而推迟由此导致的基体开裂,因此,RPC 的抗拉强度和开裂时的极限拉应变相比普通混凝土都有了很大的提高。

1. 开裂弯矩计算模型

GFRP 筋 RPC 梁即将开裂时,受拉区边缘达到极限拉应变,受拉区的应力分布图形呈曲线形。同时梁受压区 RPC 应变值相对较小,处于弹性状态,应力分布图形呈直线形,由此得到 GFRP 筋 RPC 梁的开裂弯矩计算模型如图 8.27 所示。

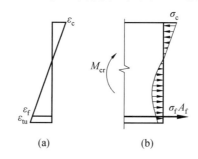

图 8.27　GFRP 筋 RPC 梁的开裂弯矩计算模型

根据力矩平衡条件,将 GFRP 筋和 RPC 所承担的弯矩分开计算,可求得截面开裂弯矩的计算公式为

$$M_{cr} = M'_c + M'_f = f_t W_s \tag{8.2}$$

式中,M_{cr} 为 GFRP 筋 RPC 梁的开裂弯矩;M'_c 为 RPC 承担的弯矩;M'_f 为 GFRP 筋承担的弯矩;f_t 为 RPC 的抗拉强度;W_s 为考虑混凝土受拉区塑性变形影响的 GFRP 筋 RPC 梁截面对受拉边缘弹塑性抵抗矩。

由于受拉区应力分布为曲线形,按此模型计算开裂弯矩比较复杂。为了简便,参照普通钢筋混凝土构件的处理方法,采用等效原则,在保持开裂弯矩不变的前提下,将受拉区曲线分布的应力图形换算成直线分布的弹性应力图形,如图 8.28 所示。受拉区边缘拉应力被折算成 $\gamma_{\mathrm{m}} f_{\mathrm{t}}$, γ_{m} 称为 RPC 梁截面抵抗矩塑性影响系数。将纵向 GFRP 筋面积折算成具有相同弹性模量的 RPC 面积,这样就可将 RPC 视为匀质弹性体,从而用弹性应力图形代替塑性应力图形建立开裂弯矩计算公式,即

$$M_{\mathrm{cr}} = \gamma_{\mathrm{m}} f_{\mathrm{t}} W_0 \tag{8.3}$$

式中, f_{t} 为 RPC 的抗拉强度; W_0 为梁截面对受拉边缘的弹性抵抗矩。

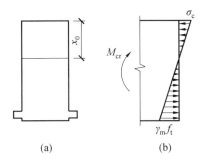

图 8.28　换算截面及应力分布

比较式(8.2)和式(8.3)得

$$\gamma_{\mathrm{m}} = W_{\mathrm{s}} / W_0 \tag{8.4}$$

根据以上分析可以看出,对 GFRP 筋 RPC 梁开裂荷载的计算问题关键在于对截面抵抗矩塑性影响系数 γ_{m} 的计算问题上。

2. γ_{m} 的计算

① 计算弹性抵抗矩。按照等效换算的原则,如图 8.28(a)所示,将 GFRP 筋换算成 RPC 面积,换算后的截面面积为

$$A_0 = bh + (\alpha_{\mathrm{E}} - 1)A_{\mathrm{f}} \tag{8.5}$$

$$\alpha_{\mathrm{E}} = E_{\mathrm{f}} / E_{\mathrm{c}} \tag{8.6}$$

截面重心距受压区边缘的距离为

$$x_0 = \frac{\dfrac{1}{2}bh^2 + (\alpha_{\mathrm{E}} - 1)A_{\mathrm{f}}h_0}{bh + (\alpha_{\mathrm{E}} - 1)A_{\mathrm{f}}} \tag{8.7}$$

换算截面对形心主轴的惯性矩为

$$I_0 = \frac{1}{12}bh^3 + bh\left(x_0 - \frac{h}{2}\right)^2 + (\alpha_{\mathrm{E}} - 1)A_{\mathrm{f}}(h_0 - x_0)^2 \tag{8.8}$$

由此得到截面弹性抵抗矩为

$$W_0 = \frac{I_0}{h - x_0} = \frac{bh^3 + 3bh(2x_0 - h)^2 + 12A_{\mathrm{f}}(\alpha_{\mathrm{E}} - 1)(h_0 - x_0)^2}{12(h - x_0)} \tag{8.9}$$

② 计算弹塑性抵抗矩。为了计算截面对受拉边缘的弹塑性抵抗矩,将图 8.27 模型简化成图 8.29 所示模型,其中 x_{c} 为受压区高度, x_1 为受拉区弹性部分高度, x_2 为受拉区塑性部分高度。根据 RPC 受拉应力－应变关系中峰值拉应力对应的应变 $\varepsilon_{\mathrm{t0}}$ 为 0.000 249,试验梁纯弯区段 RPC 受拉边缘开裂应变实测值 $\varepsilon_{\mathrm{tu}}$ 为 0.000 750,则 $\varepsilon_{\mathrm{tu}} / \varepsilon_{\mathrm{t0}} = 1/3$,再由比

例关系得到 $x_1 = 1/2x_2 = 1/3(h - x_c)$。

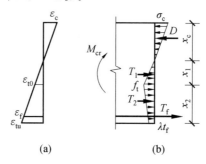

图 8.29　开裂弯矩简化计算模型

由图 8.29(a)，根据平截面假定得

$$\varepsilon_c = \frac{x_c}{h - x_c}\varepsilon_{tu} = \frac{x_c}{h - x_c}3\varepsilon_{t0} \tag{8.10}$$

$$\varepsilon_f = \frac{h_0 - x_c}{h - x_c}\varepsilon_{tu} = \frac{h_0 - x_c}{h - x_c}3\varepsilon_{t0} \tag{8.11}$$

图 8.29(b) 中，受压区部分的合力为

$$D = \frac{1}{2}\sigma_c b x_c = \frac{1}{2}E_c\varepsilon_c b x_c = \frac{3}{2}E_c b \frac{x_c^2}{h - x_c}\varepsilon_{t0} \tag{8.12}$$

受压区部分的合力对中和轴的弯矩为

$$M_c = D \cdot \frac{2}{3}x_c \tag{8.13}$$

受拉区弹性部分合力为

$$T_1 = \frac{1}{2} \cdot f_t b x_1 = \frac{1}{6} \cdot f_t b(h - x_c) \tag{8.14}$$

受拉区弹性部分合力对中和轴的弯矩为

$$M_1 = T_1 \cdot \frac{2}{3}x_1 = T_1 \cdot \frac{2}{9}(h - x_c) \tag{8.15}$$

受拉区塑性部分合力为

$$T_2 = \frac{1}{2}(1 + \lambda)f_t b x_2 = \frac{1}{3}(1 + \lambda)f_t b(h - x_c) \tag{8.16}$$

受拉区塑性部分合力对中和轴的弯矩为

$$M_2 = T_2 \cdot \left[\frac{(2\lambda + 1)}{3(\lambda + 1)}x_2 + x_1\right] = T_2 \cdot \frac{7\lambda + 5}{9(\lambda + 1)}(h - x_c) \tag{8.17}$$

GFRP 筋的合力为

$$T_f = \sigma_f A_f = E_f\varepsilon_f A_f = E_f A_f \cdot \frac{h_0 - x_c}{h - x_c} \cdot 3\varepsilon_{t0} \tag{8.18}$$

GFRP 筋合力对中和轴的弯矩为

$$M_f = T_f(h_0 - x_c) \tag{8.19}$$

由静力平衡条件，得到

$$D = T_1 + T_2 + T_f \tag{8.20}$$

将式(8.12)、式(8.14)、式(8.16)、式(8.18)代入式(8.20)得

$$\frac{3}{2}E_c b\varepsilon_{t0}\frac{x_c^2}{h-x_c}=\frac{3+2\lambda}{6}f_t b(h-x_c)+3E_f A_f\varepsilon_{t0}\frac{h_0-x_c}{h-x_c} \tag{8.21}$$

化简得

$$[9E_c b\varepsilon_{t0}-(3+2\lambda)f_t b]x_c^2+[(6+4\lambda)f_t bh+18E_f A_f\varepsilon_{t0}]x_c-$$
$$(3+2\lambda)f_t bh^2-18E_f A_f\varepsilon_{t0}h_0=0 \tag{8.22}$$

由式(8.22)可求得受压区高度 x_c 的值。

再由截面力矩平衡得

$$M_{cr}=M_c+M_1+M_2+M_f \tag{8.23}$$

将式(8.13)、式(8.15)、式(8.17)、式(8.19)代入式(8.23),可求得 M_{cr} 的值。通过分析,当 λ 的取值为 0.1 时,由式(8.23)得到的开裂弯矩的计算值与试验值吻合较好。将开裂弯矩的计算值代入式(8.2)就可求得 W_s 的值。

由式(8.9)可求得 W_0 的值,再由式(8.4)$\gamma_m=W_s/W_0$ 求得 γ_m 的值。试验梁 γ_m 的计算值见表 8.5。

由以上方法推导可得到各试验梁截面抵抗矩塑性影响系数的值。由表 8.5 的数据,通过对比分析可知,截面抵抗矩塑性影响系数与梁的纵向配筋率存在线性关系,随着配筋率的增大,截面抵抗矩塑性影响系数逐渐增大,进行线性拟合,可得

$$\gamma_m=1.1+6\rho \tag{8.24}$$

γ_m 计算值与按拟合公式(8.24)得到的曲线的对比如图 8.30 所示。由图可知,两者吻合较好。

表 8.5 试验梁 γ_m 的计算值

梁编号	底部纵筋配筋率 ρ	W_0/mm^3	W_s/mm^3	γ_m
GL－1	0.13%	1 961 196	2 150 436	1.096
GL－2	0.25%	1 962 392	2 178 720	1.110
GL－3	0.61%	1 964 229	2 246 886	1.144
GL－4	1.31%	1 966 129	2 316 452	1.178
GL－5	1.61%	1 968 236	2 378 114	1.208
GL－6	1.97%	1 969 191	2 412 344	1.225
GL－7	2.21%	1 974 881	2 476 612	1.254
GL－8	2.69%	1 976 895	2 528 914	1.279

3.试验验证

得到 γ_m 的值后,就可利用式(8.3)对开裂荷载进行计算。试验梁的开裂弯矩计算值 M_{cr}^c 与试验值 M_{cr}^t 的对比见表 8.6。

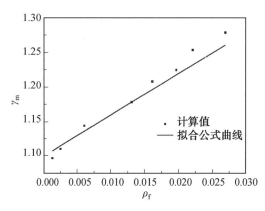

图 8.30　γ_{m} 计算值与按拟合公式(8.24)得到的曲线的对比

表 8.6　试验梁开裂弯矩计算值 $M_{\mathrm{cr}}^{\mathrm{c}}$ 与试验值 $M_{\mathrm{cr}}^{\mathrm{t}}$ 对比

梁编号	$M_{\mathrm{cr}}^{\mathrm{c}}/(\mathrm{kN} \cdot \mathrm{m})$	$M_{\mathrm{cr}}^{\mathrm{t}}/(\mathrm{kN} \cdot \mathrm{m})$	$M_{\mathrm{cr}}^{\mathrm{c}}/M_{\mathrm{cr}}^{\mathrm{t}}$
GL-1	22.1	21.0	1.05
GL-2	22.3	21.0	1.06
GL-3	22.7	24.0	0.95
GL-4	23.6	24.0	0.98
GL-5	24.0	24.0	1.00
GL-6	24.4	27.0	0.90
GL-7	24.8	27.0	0.92
GL-8	25.4	27.0	0.94

由表 8.6 数据可知,梁开裂弯矩计算值与试验值比值的平均值为 0.98,均方差为 0.06,变异系数为 0.06。由此可见,由以上推导得到的计算值与试验值吻合较好。

8.4.3　正截面受力分析

1. 基本假定

(1) 截面应变保持平面。在荷载作用下,梁的变形规律符合平均应变平截面假定,即平截面假定。也就是说截面各点的 RPC 和 GFRP 筋纵向应变沿截面高度方向呈直线变化。虽然就单个截面来讲,此假定不一定成立,但在一定长度范围内是正确的。该假定说明在一定标距内,即跨越若干条裂缝后,钢筋和混凝土的应变是协调的。根据 GFRP 筋 RPC 梁试验中测得的梁跨中截面各高度纤维的平均应变,如图 8.24 所示,可知平截面假定成立。

(2) GFRP 筋与 RPC 之间保持可靠的黏结。

(3) 普通混凝土受弯构件正截面承载力计算时,一般都不考虑截面受拉区混凝土的贡献。这主要是因为普通混凝土的抗拉强度本身就很小,且截面开裂后受拉区的混凝土大部分会退出工作,拉力转由受拉钢筋来承担。根据以往的分析发现,如果考虑了普通混凝土的抗拉强度,截面最终承载力的增加不会超过 1.5%。而对于 GFRP 筋 RPC 受弯构件,RPC 具有相对较高的抗拉强度,使得裂缝顶点至梁中和轴区段拉应力的合力相对较大;梁开裂后,开裂截面钢纤维仍受拉,可提供一定的拉力。这对构件正截面承载力的作用不可忽略,因此进行 RPC 梁正截面承载力计算时,宜考虑 RPC 受拉的贡献。

（4）根据第 3 章的研究结果可知，GFRP 筋 RPC 梁正截面受弯承载力分析时采用的 RPC 受压应力－应变关系方程为

$$\begin{cases} y=1.55x-1.20x^4+0.65x^5 & (0 \leqslant x \leqslant 1) \\ y=\dfrac{x}{6(x-1)^2+x} & (x \geqslant 1) \end{cases} \tag{8.25}$$

式中，$x=\varepsilon_c/\varepsilon_{c0}$，$y=\sigma_c/f_c$。其中，$\sigma_c$ 为 RPC 的压应力；ε_c 为 RPC 的压应变；f_c 为 RPC 的抗压强度；ε_{c0} 为 RPC 的峰值压应力对应的压应变。

RPC 受拉应力－应变关系方程为

$$\begin{cases} y=1.17x+0.65x^2-0.83x^3 & (0 \leqslant x < 1) \\ y=\dfrac{x}{5.5\,(x-1)^{2.2}+x} & (x \geqslant 1) \end{cases} \tag{8.26}$$

式中，$x=\varepsilon_t/\varepsilon_{t0}$，$y=\sigma_t/f_t$。其中，$\sigma_t$ 为 RPC 的拉应力；ε_t 为 RPC 的拉应变；f_t 为 RPC 的抗拉强度；ε_{t0} 为 RPC 的峰值拉应力对应的拉应变。

（5）GFRP 筋应力－应变关系方程为

$$f_f=E_f\varepsilon_f \quad (0 \leqslant \varepsilon_f \leqslant \varepsilon_{fu}) \tag{8.27}$$

式中，f_f 为 GFRP 筋的拉应力；ε_f 为 GFRP 筋的拉应变；E_f 为 GFRP 筋的弹性模量；ε_{fu} 为 GFRP 筋的极限拉应变。

2. RPC 应力计算图形的简化

图 8.31(a) 给出了 GFRP 筋 RPC 梁受压破坏时的应力图形。由于采用了平截面假定和基本假定中 RPC 应力－应变关系的曲线，截面 RPC 的应力图形符合应力－应变关系的曲线，称为理论应力图形。通过对理论应力图形进行积分可以得到合力及力臂的值，从而得到正截面承载力，但这样比较烦琐且不实用。为了简化计算，采用与普通钢筋混凝土梁类似的等效方法，将 GFRP 筋 RPC 梁截面上的应力曲线图形替换为等效矩形应力图。

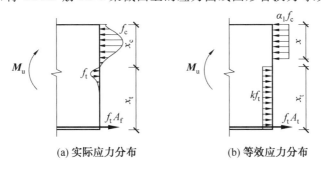

(a) 实际应力分布　　　　　(b) 等效应力分布

图 8.31　梁截面应力分布

GFRP 筋 RPC 梁受压应力计算过程见 6.4.2 节。

根据 RPC 受压应力－应变关系方程和推导得到 $\alpha_1=0.90$，$\beta_1=0.77$。

普通混凝土受弯构件正截面承载力计算时，一般都不考虑截面受拉区混凝土的贡献。而对于 GFRP 筋 RPC 受弯构件，由于 RPC 具有相对较高的抗拉强度，使得裂缝顶点至梁中和轴区段拉应力的合力相对较大；梁开裂后，开裂截面钢纤维仍受拉，可提供一定拉力。这对构件正截面承载力的作用不可忽略，因此进行 RPC 梁正截面承载力计算时，

宜考虑 RPC 受拉的贡献。

受拉区实际应力分布为曲线形,为了简化计算,并考虑塑性发展的影响,将曲线拉应力图等效为矩形拉应力图,等效图形的应力值为 kf_t(k 为抗拉强度等效系数)。根据实测的 GFRP 筋拉应变和 RPC 极限压应变,结合平截面假定得到受压区高度 x_c,再由截面力的平衡方程(8.28)可反推出 k 的值。

$$\alpha_1 f_c \beta_1 x_c b = f_f A_f + k f_t b x_t \tag{8.28}$$

试验梁抗拉强度等效系数 k 值见表 8.7,偏于安全地取 0.25。

表 8.7　试验梁抗拉强度等效系数 k 值

梁编号	GL－4	GL－5	GL－6	GL－7	GL－8	平均值
k	0.28	0.32	0.35	0.35	0.43	0.35

3. 正截面受弯承载力计算

(1)界限破坏。

界限破坏是区分受拉破坏和受压破坏的临界状态,GFRP 筋被拉断的同时 RPC 被压碎,此时对应的配筋率称为界限配筋率。如图 8.26(b)所示,由截面平衡条件及平截面假定有

$$\alpha_1 f_c \beta_1 x_c b = f_{fu} \rho_{fb} b h_0 + k f_t b x_t \tag{8.29}$$

$$\frac{x_c}{h_0} = \frac{\varepsilon_{cu}}{\varepsilon_{cu} + \varepsilon_{fu}} \tag{8.30}$$

$$x_t = h - x_c \tag{8.31}$$

联立式(8.29)～(8.31)得

$$\rho_{fb} = \frac{\alpha_1 \beta_1 f_c}{f_{fu}} \frac{\varepsilon_{cu}}{\varepsilon_{cu} + \varepsilon_{fu}} + \frac{k f_t}{f_{fu}} \left(\frac{\varepsilon_{cu}}{\varepsilon_{cu} + \varepsilon_{fu}} - \frac{h}{h_0} \right) \tag{8.32}$$

式中,f_c 为 RPC 棱柱体抗压强度;f_t 为 RPC 抗拉强度;ε_{cu} 为 RPC 极限压应变,通过布置于梁受压区边缘的应变引伸计测得,取平均值 0.005 5;ε_{fu} 为 GFRP 筋极限拉应变,由极限拉应力除以弹性模量得到;b 为梁截面宽度;h 为梁截面的高度;h_0 为梁截面的有效高度,$h_0 = h - a_s$,a_s 为受拉筋合力点至受拉边缘的距离;α_1、β_1 为受压区等效矩形应力图形系数;k 为抗拉强度等效系数;x_c 为正截面承载能力极限状态时梁受压区高度;x_t 为正截面承载能力极限状态时梁受拉区高度,$x_t = h - x_c$;ρ_{fb} 为界限配筋率。

试验梁的界限配筋率、实际配筋率和实际破坏形态见表 8.8。

表 8.8　试验梁的界限配筋率、实际配筋率和实际破坏形态

梁编号	界限配筋率	实际配筋率	实际破坏形态
GL－1	0.96%	0.13%	受拉破坏
GL－2	0.96%	0.25%	受拉破坏
GL－3	1.26%	0.61%	受拉破坏
GL－4	1.24%	1.31%	受压破坏
GL－5	1.24%	1.61%	受压破坏
GL－6	1.24%	1.97%	受压破坏
GL－7	1.81%	2.21%	受压破坏
GL－8	1.80%	2.69%	受压破坏

从表 8.8 中数据可以看出,当实际配筋率小于界限配筋率时,发生受拉筋被拉断而 RPC 未被压碎的受拉破坏;当实际配筋率大于界限配筋率时,发生受拉筋未被拉断而 RPC 被压碎的受压破坏。

(2) 受压破坏。

受压破坏时,如图 8.26(c) 所示,根据平截面假定得

$$\varepsilon_f = \varepsilon_{cu} \frac{h_0 - x_c}{x_c} = \varepsilon_{cu} \frac{\beta_1 h_0 - x}{x} \tag{8.33}$$

$$f_f = E_f \varepsilon_f = E_f \varepsilon_{cu} \frac{\beta_1 h_0 - x}{x} \tag{8.34}$$

根据受力平衡得

$$f_f A_f = \alpha_1 f_c b x - k f_t b x_t \tag{8.35}$$

$$x_t = h - \frac{x}{\beta_1} \tag{8.36}$$

将式(8.36) 代入式(8.35) 得

$$x = \frac{f_f A_f + k f_t b h}{\alpha_1 f_c b + k f_t b / \beta_1} \tag{8.37}$$

将式(8.37) 代入式(8.34) 得

$$f_f^2 A_f + (k f_t b h + E_f \varepsilon_{cu} A_f) f_f + E_f \varepsilon_{cu} k f_t b a_s - E_f \varepsilon_{cu} \beta_1 \alpha_1 f_c b h_0 = 0 \tag{8.38}$$

由式(8.38) 得

$$f_f = \frac{1}{2A_f} \left[\sqrt{(k f_t b h - E_f \varepsilon_{cu} A_f)^2 + 4 E_f A_f \varepsilon_{cu} h_0 (k f_t + \alpha_1 \beta_1 f_c b)} - (k f_t b h + E_f \varepsilon_{cu} A_f) \right] \leqslant f_{fu} \tag{8.39}$$

由此得到截面抗弯承载力公式为

$$M_u = f_f A_f (h_0 - x/2) + k f_t b x_t (x_t/2 + x/\beta_1 - x/2) \tag{8.40}$$

(3) 受拉破坏。

受拉破坏时,如图 8.26(a) 所示,GFRP 筋达到极限抗拉强度,而 RPC 受压区边缘未达到极限压应变,因此,不能按照等效应力图系数的方法求正截面承载力,可以按以下思路进行计算。首先,先不计受拉区 RPC 的贡献,对受压区 RPC 进行条带积分,使其合力等于 GFRP 筋的合力,结合平截面假定,求得受压区高度 x'_c,由此求得受拉区高 x'_t。再由受压区 RPC 合力等于受拉区 RPC 合力与 GFRP 筋合力之和,重新求得 x'_c,如此重复数次达到要求的精度,就可得到受压区高度 x_c,从而求得正截面承载力。正截面承载力计算值 M_u^c 与试验值 M_u^t 的对比见表 8.9。

表 8.9 正截面承载力计算值 M_u^c 与试验值 M_u^t 的对比

梁编号	$M_u^c/(kN \cdot m)$	$M_u^t/(kN \cdot m)$	M_u^c/M_u^t
GL—1	27.4	22.5	1.22
GL—2	40.7	39.0	1.04
GL—3	66.6	75.0	0.89
GL—4	104.6	114.0	0.92
GL—5	117.2	120.0	0.98
GL—6	122.5	135.0	0.91
GL—7	132.5	147.0	0.90
GL—8	138.8	150.0	0.93

由表8.9中数据可知,两者比值 $x=M_u^c/M_u^t$ 的平均值为0.970,均方差为0.10,变异系数为0.11,可见两者吻合较好。

8.4.4 梁变形计算

与普通钢筋不同,GFRP 筋的受拉应力－应变关系一直保持线弹性,且弹性模量较低,使得 GFRP 筋混凝土梁开裂后刚度降低明显,挠度较大。另外,RPC 中钢纤维的阻裂作用减小了受拉区的变形,使得梁的刚度有所提高,在一定程度上减少了挠度。因此,GFRP 筋 RPC 梁的挠度计算方法与普通钢筋混凝土梁会有所差别,本小节对 GFRP 筋 RPC 梁的挠度计算方法进行了分析研究。

由图 8.32 所示梁的跨中弯矩－挠度曲线可知,曲线基本上呈双折线型,转折点为开裂弯矩。裂缝出现之前,曲线基本呈线性关系,截面刚度较大。裂缝出现之后,曲线斜率明显减小,截面刚度变小,但曲线仍呈良好的线性关系直到破坏。

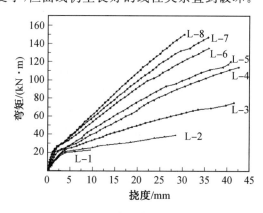

图 8.32 梁跨中弯矩－挠度曲线

为与我国《混凝土结构设计规范》(GB 50010—2010)(以下简称《规范》)相衔接,本节依据《规范》中普通钢筋混凝土梁刚度计算公式,给出 GFRP 筋 RPC 梁刚度计算公式。

对于匀质弹性材料梁,当梁的截面形状、尺寸和材料已知时,梁的弹性模量和截面惯性矩都是常数,截面弯曲刚度 EI 也是常数。因此,弯矩与挠度之间成正比例。由材料力学可知,匀质弹性材料梁的跨中挠度为

$$f = S\frac{Ml_0^2}{EI} = S\phi l_0^2 \tag{8.41}$$

式中，f 为跨中挠度；S 为与荷载形式、支承条件有关的挠度系数；M 为跨中弯矩；l_0 为梁的计算跨度；E 为匀质弹性材料的弹性模量；I 为截面惯性矩；ϕ 为截面曲率，即单位长度上的转角。

对于 RPC 这种非弹性材料，上述关于匀质弹性材料的力学概念仍然成立，区别在于，RPC 受弯构件的截面抗弯刚度不是常数而是变化的。

根据平截面假定，可得平均曲率为

$$\phi = \frac{1}{r} = \frac{\varepsilon_{sm} + \varepsilon_{cm}}{h_0} \tag{8.42}$$

由此得短期刚度的表达式为

$$B_s = \frac{M}{\phi} = \frac{Mh_0}{\varepsilon_{sm} + \varepsilon_{cm}} \tag{8.43}$$

其中

$$\varepsilon_{sm} = \psi\frac{M_f}{A_f\eta h_0 E_f} \tag{8.44}$$

$$\varepsilon_{cm} = \frac{M_c}{\zeta bh_0^2 E_c} \tag{8.45}$$

将式(8.44)、式(8.45)代入式(8.46)得

$$B_s = \frac{E_f A_f h_0^2}{\dfrac{\psi}{\eta}\dfrac{M_f}{M} + \dfrac{\alpha_E\rho}{\zeta}\dfrac{M_c}{M}} \tag{8.46}$$

其中

$$M = M_f + M_t \tag{8.47}$$

$$M = M_c - M_t' \tag{8.48}$$

式中，ε_{sm} 为纵向受拉筋重心处的平均拉应变；ε_{cm} 为受压区边缘 RPC 的平均压应变；ψ 为裂缝间纵向受拉筋拉应变不均匀系数；η 为裂缝截面处内力臂系数；ζ 为截面弹塑性抵抗矩系数；M 为使用荷载作用下的弯矩；M_f 为 M 作用下由 GFRP 筋拉力对受压区 RPC 重心取矩得到的弯矩值；M_t 为 M 作用下由受拉区 RPC 拉力对受压区 RPC 重心取矩得到的弯矩值；M_c 为 M 作用下由受压区 RPC 压力对 GFRP 筋重心取矩得到的弯矩值；M_t' 为 M 作用下由受拉区 RPC 拉力对 GFRP 筋重心取矩得到的弯矩值。

对于普通钢筋混凝土梁，弯矩完全由钢筋来承担，不考虑受拉区混凝土的作用。但由于 RPC 的抗拉强度较高，且掺有钢纤维，因此截面弯矩由 GFRP 筋和受拉区 RPC 共同承担。对受压区 RPC 重心取矩，得到式(8.47)；同样对 GFRP 筋重心取矩得到式(8.48)。

由试验中测得的 GFRP 筋应变乘以其弹性模量得到其应力，再乘以 GFRP 筋面积和内力臂 ηh_0，得到 M_f。由试验数据可知，M_f 在 M 中所占比例与配筋率呈线性关系，将各梁在使用阶段各级荷载下的比值取平均值（表 8.10），然后与配筋率进行线性拟合得到式(8.49)。再由式(8.47)得到 M_t 的计算公式。

$$M_f = (0.64 + 4.3\rho)M \tag{8.49}$$

$$M_t = (0.36 - 4.3\rho)M \tag{8.50}$$

由式(8.49)得到的 M_f/M 计算值与试验推导值比值的平均值为 1.00,均方差为 0.02,变异系数为 0.02。

对于钢纤维体积掺量为 2% 的 GFRP 筋 RPC 梁,M_f 与 M 的比值按式(8.49)进行计算,对钢纤维体积掺量为 0 的 GFRP 筋 RPC 梁,M_f 与 M 的比值取 1。当钢纤维体积掺量为 0 ~ 2% 时,可内插得到 M_f 与 M 的比值;当钢纤维体积掺量大于 2% 时,可外插得到 M_f 与 M 的比值。

M_t 与 M'_t 的比值等于 M 作用下受拉区 RPC 拉力对受压区 RPC 重心取矩的力臂与 M 作用下受拉区 RPC 拉力对 GFRP 筋重心取矩的力臂的比值,根据试验数据,M_t 与 M'_t 的比值与配筋率呈线性关系,将各梁在使用阶段各级荷载下的比值取平均值(表 8.10),然后与配筋率进行线性拟合得到式(8.51)。再由式(8.48)和式(8.50)得到 M_c 的计算公式

$$M_t = (1.5 + 65.6\rho)M'_t \tag{8.51}$$

由式(8.51)得到的 M_t/M'_t 计算值与试验推导值比值的平均值为 0.99,均方差为 0.02,变异系数为 0.02。

对于普通钢筋混凝土梁 $\psi = 1.1(1 - 0.8M_{cr}/M)$,对于 GFRP 筋 RPC 梁暂按此公式进行计算,只是公式中的 M 应减去 M_t,即 $\psi = 1.1(1 - 0.8M_{cr}/M_f)$。

对于普通钢筋混凝土梁 $\eta = 1 - 0.4\sqrt{\alpha_E\rho}/(1 + 2\gamma'_f)$,对于 GFRP 筋 RPC 梁暂按此公式进行计算。由于 GFRP 筋的弹性模量比较低,α_E 的值较小,因此 η 的值较普通钢筋混凝土梁偏大。

$\dfrac{\alpha_E\rho}{\xi} = 0.2 + \dfrac{6\alpha_E\rho}{1 + 3.5\gamma'_f}$,对于 GFRP 筋 RPC 梁也仍暂按此公式进行计算。

表 8.10　M_f/M 与 M_t/M'_t 的值

梁编号	$M/(kN \cdot m)$	M_f/M	M_t/M'_t
	30.0	0.65	1.65
GL—2	33.0	0.66	1.63
	36.0	0.66	1.62
平均值	—	0.66	1.64
公式计算值	—	0.65	1.66
	37.5	0.55	1.90
	42.0	0.58	1.88
GL—3	45.0	0.69	1.82
	49.5	0.71	1.77
	52.5	0.72	1.75
平均值	—	0.65	1.82
公式计算值	—	0.67	1.90

续表 8.10

梁编号	$M/(\mathrm{kN \cdot m})$	M_f/M	$M_\mathrm{t}/M'_\mathrm{t}$
	57.0	0.64	2.80
	63.0	0.66	2.73
GL－4	69.0	0.69	2.64
	75.0	0.72	2.58
	81.0	0.74	2.52
平均值	—	0.69	2.65
公式计算值	—	0.70	2.36
	60.0	0.66	2.51
	66.0	0.68	2.51
GL－5	72.0	0.71	2.49
	78.0	0.74	2.48
	84.0	0.77	2.45
平均值	—	0.71	2.49
公式计算值	—	0.71	2.56
	66.0	0.67	3.26
	75.0	0.72	3.13
GL－6	81.0	0.73	3.05
	90.0	0.76	2.91
	96.0	0.78	2.84
平均值	—	0.73	3.04
公式计算值	—	0.72	2.79
	75.0	0.69	2.98
	84.0	0.76	2.87
GL－7	90.0	0.74	2.85
	99.0	0.80	2.78
	105.0	0.78	2.77
平均值	—	0.75	2.85
公式计算值	—	0.74	2.95
	75.0	0.63	3.47
	84.0	0.76	3.21
GL－8	90.0	0.75	3.18
	99.0	0.80	3.09
	105.0	0.78	3.07
平均值	—	0.74	3.20
公式计算值	—	0.76	3.26

根据式(8.46)计算的刚度值比试验值偏大。通过分析,将式(8.46)乘以系数 0.83,得到 GFRP 筋 RPC 梁刚度计算公式为

$$B_s = \frac{0.83 E_f A_f h_0^2}{\dfrac{\phi}{\eta} \dfrac{M_f}{M} + \dfrac{\alpha_E \rho}{\zeta} \dfrac{M_c}{M}} \tag{8.52}$$

试验梁在使用荷载下按式(8.52)得到的刚度计算值与试验值的对比见表 8.11。由于梁 GL—1 的开裂弯矩与破坏弯矩接近,因此未对其刚度进行统计。表中 B_s^t 是根据 $f^t = S M l^2 / B_s$ 得到的刚度试验值,式中,f^t 为跨中挠度实测值,S 为与荷载形式、支承条件有关的挠度系数,M 为跨中弯矩实测值,l 为计算跨度。B_s^c 为由式(8.63)得到的刚度计算值。

表 8.11　试验梁在使用荷载下按式(8.52)得到的刚度计算值与试验值的对比

梁编号	$M/(\text{kN} \cdot \text{m})$	$B_s^c (\times 10^{11})$	$B_s^t (\times 10^{11})$	B_s^c / B_s^t
GL—2	30	7.51	6.42	1.17
GL—2	33	6.35	5.47	1.16
GL—2	36	5.62	5.23	1.07
GL—3	37.5	11.4	10.5	1.09
GL—3	45	9.57	9.21	1.04
GL—3	52.5	8.59	8.34	1.03
GL—4	57	12.6	12.0	1.05
GL—4	69	11.6	11.6	0.99
GL—4	81	10.9	11.3	0.97
GL—5	60	15.3	14.1	1.09
GL—5	72	14.2	13.3	1.07
GL—5	84	13.5	12.7	1.07
GL—6	69	16.0	17.1	0.94
GL—6	81	15.2	16.3	0.93
GL—6	96	14.5	15.5	0.93
GL—7	75	18.2	18.4	0.99
GL—7	90	17.3	17.5	0.98
GL—7	105	16.6	16.7	0.99
GL—8	75	20.2	20.3	1.00
GL—8	90	19.1	19.4	0.99
GL—8	105	18.5	18.8	0.98

根据表 8.11 中数据可得,刚度计算值与试验值比值 $x = B_s^c / B_s^t$ 的平均值为 1.03,均方差为 0.05,变异系数为 0.05,可见按式(8.52)得到的刚度计算值与试验值吻合较好。

8.4.5　梁裂缝分布及发展

为与我国《混凝土结构设计规范》(GB/T 50010—2010)相衔接,本节依据《规范》中钢筋混凝土梁裂缝宽度计算公式,给出 GFRP 筋 RPC 梁裂缝宽度计算公式。

《规范》中给出的平均裂缝间距计算公式为

$$l_m = 1.9c + 0.08 \frac{d_{eq}}{\rho_{te}} \tag{8.53}$$

$$d_{eq} = \sum n_i d_i^2 / \sum n_i v_i d_i \tag{8.54}$$

式中，l_m 为平均裂缝间距；c 为保护层厚度；d_{eq} 为纵向受拉筋等效直径；n_i 为第 i 种受拉纵筋的根数；d_i 为第 i 种受拉纵筋的公称直径；v_i 为第 i 种受拉纵筋的相对黏结特征系数，对光面钢筋，取 $v_i = 0.7$；对带肋钢筋，取 $v_i = 1.0$；ρ_{te} 为按有效受拉混凝土截面面积计算的纵向受拉筋配筋率。

对于 GFRP 筋，由于缺少试验数据，因此对本试验所用的表面螺旋绕肋 GFRP 筋，相对黏结特征系数暂取 0.9。

平均裂缝间距的试验值 l_m^t 与按式(8.53)计算得到的平均裂缝间距计算值 l_m^c 的比较见表 8.12。由于梁 GL-1 的开裂弯矩与破坏弯矩接近，因此未对其裂缝进行统计。

表 8.12　平均裂缝间距的试验 l_m^t 与按式(8.53)计算得到的平均裂缝间距计算值 l_m^c 的比较

梁编号	l_m^c / mm	l_m^t / mm	l_m^c / l_m^t
GL-2	155.3	155.1	1.00
GL-3	146.6	106.1	1.38
GL-4	97.1	87.8	1.11
GL-5	87.1	77.9	1.12
GL-6	80.5	69.3	1.16
GL-7	81.5	71.2	1.14
GL-8	75.8	93.0	0.82

平均裂缝间距计算值与试验值比值 l_m^c / l_m^t 的平均值为 1.10，均方差为 0.16，变异系数为 0.16，可见两者吻合较好。因此 GFRP 筋的平均裂缝间距可按式(8.53)进行计算。

平均裂缝宽度 w_m 等于构件裂缝区段内 GFRP 筋的平均伸长与相应水平处构件侧表面混凝土平均伸长的差值，推导得

$$w_m = \alpha_c \psi \frac{\sigma_f}{E_f} l_m \tag{8.55}$$

$$\sigma_f = \frac{M_f}{\eta A_f h_0} \tag{8.56}$$

式中，α_c 为裂缝间混凝土自身伸长对裂缝宽度的影响系数，对 RPC 可近似暂取 0.85；ψ 为裂缝间纵向受拉筋应变不均匀系数，按刚度计算公式中规定取用；σ_f 为构件裂缝截面处的纵向筋应力值；η 为裂缝截面处内力臂系数，按刚度计算公式中规定取用；M_f 为 M 作用下由 GFRP 筋拉力对受压区 RPC 重心取矩得到的弯矩值，按式(8.49)计算。

平均裂缝宽度的试验值 w_m^t 与按式(8.55)计算得到的平均裂缝间距计算值 w_m^c 的比较见表 8.13。

表 8.13　平均裂缝宽度的试验值与按式(8.55)计算得到的平均裂缝间距计算值的比较

梁编号	作用弯矩 /(kN・m)	w_m^c / mm	w_m^t / mm	w_m^c / w_m^t
GL－2	30.0	0.22	0.27	0.82
GL－2	33.0	0.47	0.51	0.92
GL－2	36.0	0.71	0.80	0.89
GL－3	37.5	0.35	0.38	0.92
GL－3	45.0	0.62	0.68	0.91
GL－3	52.5	0.88	0.96	0.92
GL－4	60.0	0.44	0.44	1.02
GL－4	72.0	0.60	0.60	1.00
GL－4	84.0	0.76	0.77	0.99
GL－5	63.0	0.35	0.35	0.99
GL－5	72.0	0.43	0.44	0.98
GL－5	84.0	0.55	0.59	0.93
GL－6	72.0	0.35	0.31	1.12
GL－6	81.0	0.42	0.37	1.13
GL－6	96.0	0.54	0.48	1.12
GL－7	78.0	0.34	0.33	1.01
GL－7	87.0	0.40	0.40	1.01
GL－7	105.0	0.52	0.53	0.99
GL－8	78.0	0.28	0.26	1.07
GL－8	87.0	0.33	0.33	1.00
GL－8	105.0	0.42	0.45	0.94

　　平均裂缝宽度计算值与试验值比值 w_m^c / w_m^t 的平均值为 0.980,均方差为 0.08,变异系数为 0.08,可见两者吻合较好。

　　荷载标准组合作用下的短期最大裂缝宽度 $w_{s,max}$ 可根据平均裂缝宽度乘以考虑裂缝发展不均匀影响的扩大系数 τ_s 求得,即

$$w_{s,max} = \tau_s w_m \tag{8.57}$$

　　短期荷载作用下的裂缝扩大系数 τ_s 可按裂缝宽度的概率分布规律确定。各试验梁纯弯区段各条裂缝宽度 w_i 与对应的平均裂缝宽度 w_m 的比值为 τ_i,其分布规律近似呈正态分布,若按 95% 的保证率考虑,可求得 $\tau_s = 1.69$,由此可得短期荷载作用下最大裂缝宽度为

$$w_{s,max} = 1.69 \times 0.85 \psi \frac{\sigma_f}{E_f} l_m \tag{8.58}$$

即

$$w_{s,max} = 1.44 \psi \frac{\sigma_f}{E_f} l_m \tag{8.59}$$

$$w_{l,max} = 2.16 \psi \frac{\sigma_f}{E_f} l_m \tag{8.60}$$

　　长期荷载作用下的最大裂缝宽度 $w_{l,max}$ 可由短期荷载作用下的最大裂缝宽度 $w_{s,max}$

乘以在荷载标准组合作用下考虑荷载长期作用影响的扩大系数 τ_1 求得，即 $w_{l,\max} = \tau_1 w_{s,\max}$。由于没有进行长期荷载试验，所以建议 τ_1 暂按钢筋混凝土梁的取用，取为 1.5。

8.5　本 章 小 结

本章主要介绍了 GFRP 筋 RPC(掺钢纤维)简支梁的设计、制作与养护，试验方案、试验现象及结果。通过对 5 根钢筋 RPC 简支梁进行三分点加载试验，得到以下主要结论：

(1) 基于 RPC 受拉应力－应变关系，同时结合试验数据，推导出 GFRP 筋 RPC 梁截面抵抗矩塑性影响系数计算公式和正截面开裂弯矩计算公式。

(2) 分析了 GFRP 筋 RPC 梁受拉破坏、界限破坏及受压破坏 3 种破坏模式，给出了界限配筋率计算公式。该公式考虑了受拉区 RPC 拉应力的影响，给出了受压破坏及受拉破坏正截面抗弯承载力计算方法。

(3) 在考虑 GFRP 筋 RPC 梁受力特性的基础上，基于试验结果，推导得到了与《混凝土结构设计规范》(GB 50010—2010) 相衔接的 GFRP 筋 RPC 梁的刚度和裂缝计算方法。

本章参考文献

[1] TOUTANJI H A, SAAFI M. Flexural behavior of concrete beams reinforced with glass fiber-reinforced polymer (GFRP) bars[J]. ACI Structural Journal, 2000, 97(5):712-719.

[2] 卢姗姗, 郑文忠. GFRP 筋活性粉末混凝土梁正截面抗裂度计算方法[J]. 哈尔滨工业大学学报, 2010, 42(4):536-540.

[3] 王兆宁. 活性粉末混凝土矩形截面配筋梁抗弯性能研究[D]. 北京:北京交通大学, 2008.

[4] 赵国藩, 彭少民, 黄承逵, 等. 钢纤维混凝土结构[M]. 北京:中国建筑工业出版社, 2002.

[5] 高丹盈, 朱海堂, 李趁趁. 纤维增强塑料筋混凝土梁正截面抗裂性能的研究[J]. 水力发电学报, 2003, (4):54-59.

[6] 中华人民共和国建设部. 混凝土结构设计规范:GB/T 50010—2010[S]. 北京:中国标准出版社, 2010.

第9章 钢筋 RPC 连续梁塑性性能分析

迄今为止,国内外对钢筋活性粉末混凝土连续梁的塑性性能研究尚未见报道。本章通过 5 根两等跨钢筋活性粉末混凝土连续梁的受力性能试验,探索了钢筋活性粉末混凝土连续梁的塑性内力重分布性能,建立了钢筋活性粉末混凝土连续梁的塑性设计方法,提出了等效塑性铰区长度计算公式和弯矩调幅系数的计算公式。

9.1 钢筋 RPC 连续梁试验

9.1.1 试验梁设计与制作

钢筋 RPC 两等跨连续梁的试验参数为中支座控制截面弯矩调幅系数。试验梁截面尺寸均为 180 mm×220 mm,梁长 3.4 m,计算跨度 3.2 m。纵筋采用 HRB400 级钢筋,箍筋采用 HRB335 级钢筋。其基本参数见表 9.1。

表 9.1 钢筋 RPC 连续梁试件设计参数

试件编号	试件长度/mm	截面尺寸/mm	预估调幅系数	中支座配筋	跨中纵筋	箍筋	a_s/mm
LL—1	3 400	180×220	0.21	2Φ22+1Φ14	3Φ22	Φ12@80	35
LL—2	3 400	180×220	0.29	2Φ22	3Φ22	Φ12@80	35
LL—3	3 400	180×220	0.43	2Φ18	3Φ22	Φ12@80	35
LL—4	3 400	180×220	0.57	2Φ14	3Φ22	Φ12@80	35
LL—5	3 400	180×220	0.68	2Φ10	3Φ22	Φ12@80	35

注:表中 a_s 是指纵向受拉钢筋合力点至梁截面受拉边缘的距离。

试验梁中支座控制截面受拉区纵筋的配置是根据预估弯矩调幅系数计算确定的,弯矩调幅系数大致分为高、中、低 3 个级别。为确保试验梁中支座控制截面弯矩调幅过程不因跨中控制截面发生正截面受弯破坏而终止,跨中配置了相对较多的纵向钢筋。试验梁配置了足够多的箍筋,以保证试件不会产生抗剪承载力不足而导致的破坏。中支座抵抗负弯矩的纵向受拉钢筋在满足充分利用点和理论切断点的伸出长度要求的位置弯折,以满足锚固长度要求。试验梁的跨中纵向受拉钢筋不伸入支座,在满足充分利用点和理论切断点的伸出长度要求的位置弯折,以满足锚固长度要求。为形成钢筋骨架和"强剪弱弯",在纵向钢筋不通长处设 2φ6 的架立钢筋。在满足跨中正截面抗弯承载力、斜截面抗剪承载力、斜截面抗弯承载力及纵筋黏结锚固要求的条件下,在距中支座控制截面大于梁高以外对跨中下部纵筋与中支座下部纵筋进行搭接,以避免跨中受压区钢筋对中支座塑性转动能力的影响。各试验梁配筋及构造如图 9.1 所示。图中尺寸单位均为 mm。

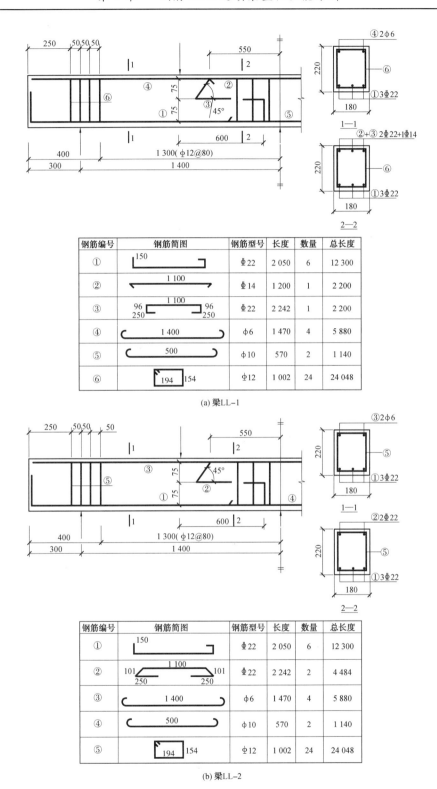

图 9.1　连续梁试件截面、配筋及其构造详图

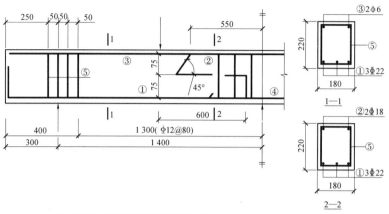

钢筋编号	钢筋简图	钢筋型号	长度	数量	总长度
①	150	Φ22	2 050	6	12 300
②	1 100 ⟨101 150 150 101⟩	Φ18	1 962	2	3 924
③	1 400	φ6	1 470	4	5 880
④	500	φ10	570	2	1 140
⑤	184 154	φ12	1 002	24	24 048

(c) 梁LL-3

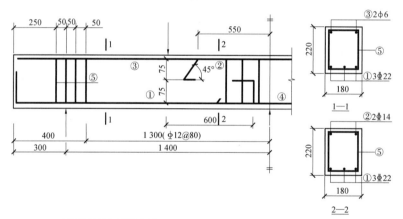

钢筋编号	钢筋简图	钢筋型号	长度	数量	总长度
①	150	Φ22	2 050	6	12 300
②	1 100 ⟨101 50 50 101⟩	Φ14	1 682	2	3 364
③	1 400	φ6	1 470	4	5 880
④	500	φ10	570	2	1 140
⑤	184 154	φ12	1 002	24	24 048

(d) 梁LL-4

续图 9.1

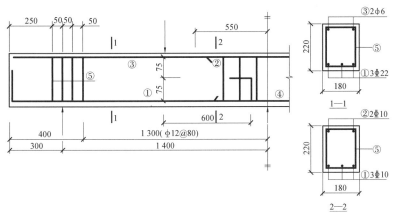

钢筋编号	钢筋简图	钢筋型号	长度	数量	总长度
①	150	φ22	2 050	6	12 300
②	1 000	φ10	1 100	2	2 200
③	1 400	φ6	1 470	4	5 880
④	500	φ10	570	2	1 140
⑤	184　154	φ12	1 002	24	24 048

(e) 梁LL-5

续图 9.1

RPC 材料使用卧轴式强制搅拌机搅拌约 20 min,然后将拌合物装入试模,用振捣棒振捣成型,标准环境下静置 24 h 拆模,然后将试件放入温度为 60 ℃ 的蒸汽养护室养护 12 h。试验梁的绑扎后的钢筋骨架如图 9.2 所示。

图 9.2　连续梁试件钢筋骨架

9.1.2　试验梁材料性能

RPC 材料的力学性能在第 3 章中已经进行了详细说明,在这里不再赘述。对试验梁中的受力筋和箍筋,按照《金属材料室温拉伸试验方法》(GB 228.1—2019)规定,每种型号的钢筋分别预留 3 根 450 mm 长的试件做拉伸试验。所得的钢筋物理力学性能指标如

屈服强度 f_y、极限强度 f_u 及屈服应变 ε_y 见表9.2。

表 9.2　钢筋力学性能指标

钢筋	ϕ 10	ϕ 10	ϕ 12	ϕ 14	ϕ 18	ϕ 22
屈服强度 f_y/MPa	275.0	356.0	364.0	476.5	467.6	478.3
极限强度 f_u/MPa	310.5	560.0	578.0	615.6	624.7	613.2
屈服应变 ε_y/$\mu\varepsilon$	1 310	1 756	2 401	2 100	2 380	2 163

9.1.3　试验方案

1.试验装置

钢筋活性粉末混凝土两等跨连续梁试验装置如图9.3所示。

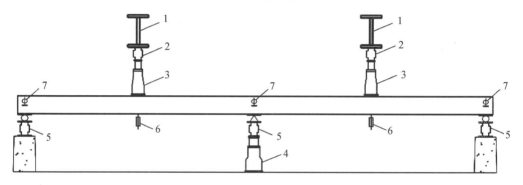

图 9.3　连续梁试验装置示意图

1— 反力梁;2— 加载传感器;3—250 t液压千斤顶;4—100 t螺旋千斤顶;

5— 支座传感器;6— 电子位移计;7— 百分表

采用液压千斤顶分别在试验梁两等跨中点单点对称施加集中荷载,试验梁中支座为固定铰支座,两边支座为滚动铰支座。为确保试验梁在试验过程中与真实受力状态一致,通过图9.3所示的中支座控制截面下的100 t螺旋式千斤顶反复节中支座高度,直至试验梁在自重及加载设备作用下,3个支座反力实测值与按两等跨连续梁计算简图得到的支反力弹性计算值的误差在允许范围内。试验全貌如图9.4所示,试验梁支座如图9.5所示。

图 9.4　试验全貌

(a) 西支座

(b) 中支座

(c) 东支座

图 9.5　试验梁支座

2. 测点的布置及测试方法

(1) 纵筋应变片布置。

为测得钢筋活性粉末混凝土连续梁中支座塑性铰区长度及塑性铰区截面曲率分布，在中支座控制截面两侧各 400 mm(约 1.5 倍梁高)范围内的受拉纵筋间隔 25 mm 粘贴了标距为 1 mm×2 mm 的胶基电阻应变片。为确保测试精度及应变片的存活率，采用了对需粘贴应变片的纵筋沿其纵肋开槽并在槽内粘贴应变片的布置方法。根据配筋需要，在试验梁纵筋开设宽×高为 5 mm×3 mm 的槽口，如图 9.6(a) 所示，开槽后的纵筋如图 9.6(b) 所示。试验梁受拉纵筋上的应变片与中支座控制截面的相对位置关系如图 9.7 所示。纵筋上密贴的应变片如图 9.8 所示。除此之外，在试验梁两等跨中控制截面的纵筋上也粘贴了应变片。

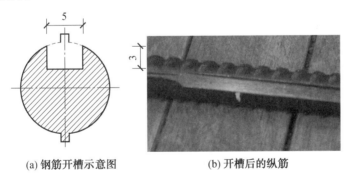

(a) 钢筋开槽示意图　　　(b) 开槽后的纵筋

图 9.6　纵筋开槽

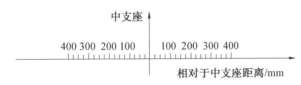

图 9.7　纵筋上应变片与中支座控制截面的相对位置

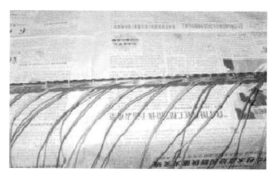

图 9.8　试验梁中支座纵筋上的应变片

（2）混凝土应变片布置。

在试验梁中支座及跨中控制截面受压区 RPC 表面粘贴了 5 mm×80 mm 的混凝土纸基应变片。其布置示意图如图 9.9 所示，粘贴完毕的混凝土应变片如图 9.10 所示。

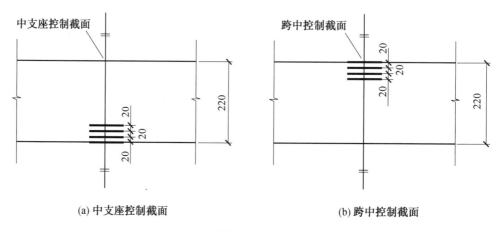

(a) 中支座控制截面　　　　　　　　　　　　(b) 跨中控制截面

图 9.9　试验梁混凝土应变片布置示意图

(a) 中支座控制截面　　　　　　　　　　　　(b) 跨中控制截面

图 9.10　粘贴完毕的混凝土应变片

（3）应变引伸计布置。

在试验梁中支座控制截面及跨中控制截面背面受压区 RPC 表面各布置了 2 个应变引伸计，如图 9.11 所示，布置完毕的应变引伸计如图 9.12 所示。

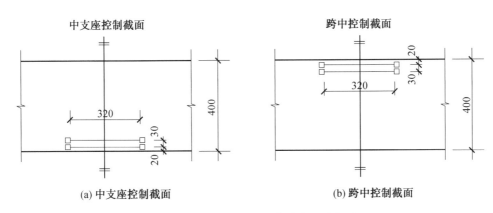

图 9.11　试验梁应变引伸计布置示意图

(a) 中支座控制截面　　　　　　　　(b) 跨中控制截面

图 9.12　布置完毕的试验梁应变引伸计

（4）测试方法。

试验过程中,荷载通过两个 100 t 液压千斤顶在梁两等跨中单点对称施加,千斤顶上设有压力传感器,用于量测施加荷载的大小,其读数通过 YE2537 静态电阻应变仪显示。试验梁跨中挠度由布置在各跨跨中的电子位移计量测,支座沉降采用布置于三个支座的位移计测量。所有应变均采用 DH－3816 静态电阻测试系统采集,电子位移计均接入DH－3816 静态电阻测试系统。各支座反力通过设在各支座下面的拉压传感器并连接YE2537 静态电阻应变仪采集。在梁两侧面画上纵横间距为 30 mm 的网格线,通过网格线观察裂缝发展形态,记录各级荷载下裂缝宽度和间距,并在试验梁上描绘出裂缝分布与开展情况。裂缝宽度采用 24 倍及 50 倍读数放大镜观测。试验所用的量测仪器、仪表在试验前均已严格标定。

9.1.4　试验现象

以粘贴了混凝土应变片的一面为正面,未粘贴混凝土应变片的一面为背面,后文中的左右跨是相对于梁正面支座控制截面所粘贴的应变片的左右而言的。以下荷载值均指各跨千斤顶各自所施加的荷载,不包括试件和加载设备的自重。

1. 各试验梁试验现象描述

(1) 梁 LL-1。

当加载至 105 kN 时,中支座控制截面附近出现第 1 条裂缝;当加载至 140 kN 时,左右两等跨跨中控制截面附近各出现 1 条新裂缝;当加载至 160 kN 时,中支座控制截面附近区段及两等跨跨中一定区段又有新裂缝产生,此时支座控制截面附近区段共有 8 条裂缝,平均裂缝间距为 70 mm,中支座控制截面附近最大裂缝宽度为 0.25 mm;当加载至 180 kN 时,已有裂缝进一步发展与延伸,同时继续出现新裂缝;当加载至 200 kN 时,试验梁的跨中变形达 3.1 mm;当加载至 250 kN 时,支座控制截面附近最大裂缝宽度达 0.5 mm,两等跨跨中控制截面附近最大裂缝宽度达 0.1 mm;当加载至 300 kN 时,中支座控制截面附近最大裂缝宽度达 1.5 mm,左跨跨中控制截面附近最大裂缝宽度达 0.6 mm;当加载至 340 kN 时,中支座控制截面受压边缘混凝土应变达到 5 500 $\mu\varepsilon$;当加载到 360 kN 时,左跨跨中控制截面受压边缘 RPC 被压碎,试验梁宣告破坏。破坏时中支座受拉区混凝土最大裂缝宽度为 2.5 mm,左跨跨中受拉区最大裂缝宽度为 2.0 mm,右跨跨中受拉区混凝土最大裂缝宽度为 1.1 mm。试验梁左跨正反两面裂缝数目分别为 11 条和 10 条,其分布区域长度分别为 630 mm 和 840 mm;右跨正反两面裂缝数目分别为 12 条和 11 条,其分布区域长度分别为 690 mm 和 730 mm;中支座正、反两侧受拉区 RPC 裂缝数目分别为 11 条和 12 条,其分布区域长度分别为 690 mm 和 630 mm。梁 LL-1 卸载后的裂缝开展与破坏状态如图 9.13 所示,裂缝分布如图 9.18 所示。

(a) 左跨跨中　　　　　　　　(b) 中支座　　　　　　　　(c) 右跨跨中

图 9.13　试验梁 LL-1 正面破坏情况

(2) 梁 LL-2。

当加载至 95 kN 时,中支座控制截面附近出现第 1 条裂缝,同时右跨跨中控制截面附近出现 1 条裂缝;当加载至 135 kN 时,左跨跨中控制截面附近出现 1 条新裂缝;当加载至 150 kN 时,中支座控制截面附近区段又有新裂缝产生,此时支座控制截面附近区段共有 8 条裂缝,平均裂缝间距为 60 mm;当加载至 240 kN 时,中支座控制截面附近最大裂缝宽度达 0.4 mm;当加载至 250 kN 时,试验梁的跨中变形达 7.1 mm;当加载至 260 kN 时,支座控制截面附近最大裂缝宽度达 1.5 mm,两等跨跨中控制截面附近最大裂缝宽度达 1 mm;当加载至 300 kN 时,已有裂缝进一步发展与延伸,同时继续出现新裂缝,中支座控制截面附近最大裂缝宽度达 3 mm,左跨跨中控制截面附近最大裂缝宽度达 3.5 mm;当加载至 315 kN 时,中支座控制截面受压边缘混凝土应变达到 5 500 $\mu\varepsilon$;当加载到 340 kN 时,左跨跨中控制截面受压边缘 RPC 被压碎,试验梁宣告破坏。破坏时中支座受拉区

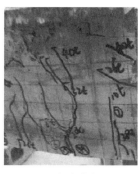

(a) 座跨跨中　　　　　　(b) 中支座　　　　　　(c) 右跨跨中

图 9.14　试验梁 LL－2 正面破坏情况

RPC 最大裂缝宽度为 1.5 mm,左跨跨中受拉区最大裂缝宽度为 1.7 mm,右跨跨中受拉区混凝土最大裂缝宽度为 1.5 mm。试验梁左跨正反两面裂缝数目均为 11 条,其分布区域长度分别为 900 mm 和 840 mm;右跨正反两面裂缝数目分别为 10 条和 14 条,其分布区域长度分别为 1 020 mm 和 960 mm;中支座正、反两侧受拉区 RPC 裂缝数目分别为 11 条和 10 条,其分布区域长度分别为 900 mm 和 893 mm。梁 LL－2 卸载后的裂缝开展与破坏状态如图 9.14 所示,裂缝分布如图 9.19 所示。

（3）梁 LL－3。

当加载至 90 kN 时,中支座控制截面附近出现第 1 条裂缝;当加载至 140 kN 时,左右两等跨跨中控制截面附近各出现 1 条新裂缝;当加载至 160 kN 时,中支座控制截面附近区段及两等跨跨中一定区段又有新裂缝产生,此时支座控制截面附近区段共有 8 条裂缝,平均裂缝间距为 90 mm,中支座控制截面附近最大裂缝宽度为 0.05 mm;当加载至 180 kN 时,已有裂缝进一步发展与延伸,同时继续出现新裂缝;当加载至 220 kN 时,中支座控制截面附近最大裂缝宽度为 0.1 mm;当加载至 270 kN 时,中支座控制截面附近最大裂缝宽度达 3.5 mm,左跨跨中控制截面附近最大裂缝宽度达 0.8 mm,右跨跨中控制截面附近最大裂缝宽度达 1.2 mm。加载至 290 kN 时,中支座控制截面受压边缘混凝土应变达到 5 500 $\mu\varepsilon$;当加载到 300 kN 时,左跨跨中控制截面受压边缘 RPC 被压碎,试验梁宣告破坏。破坏时中支座受拉区 RPC 最大裂缝宽度为 4 mm,左跨跨中受拉区最大裂缝宽度为 3 mm,右跨跨中受拉区混凝土最大裂缝宽度为 1.8 mm。试验梁左跨正反两面裂缝数目分别为 18 条和 12 条,其分布区域长度分别为 960 mm 和 1 080 mm;右跨正反两面裂缝数目分别为 14 条和 16 条,其分布区域长度分别为 1 050 mm 和 1 080 mm;中支座正、反两侧受拉区 RPC 裂缝数目分别为 10 条和 12 条,其分布区域长度分别为 570 mm 和 780 mm。梁 LL－3 卸载后的裂缝开展与破坏状态如图 9.15 所示,裂缝分布如图 9.20 所示。

（4）梁 LL－4。

当加载至 75 kN 时,中支座控制截面附近出现第 1 条裂缝;当加载至 125 kN 时,左跨跨中控制截面附近出现 1 条新裂缝;当加载至 135 kN 时,右跨跨中控制截面附近出现 1 条新裂缝;当加载至 140 kN 时,中支座控制截面附近区段及两等跨跨中一定区段又有新裂缝产生,此时支座控制截面附近区段共有 7 条裂缝,平均裂缝间距为 80 mm,中支座控制截面附近最大裂缝宽度为 0.1 mm;当加载至 200 kN 时,已有裂缝进一步发展与延伸,同

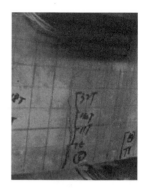

(a) 左跨跨中　　　　　(b) 中支座　　　　　(c) 右跨跨中

图 9.15　试验梁 LL－3 正面破坏情况

时继续出现新裂缝,中支座控制截面附近最大裂缝宽度为 0.8 mm,右跨跨中控制截面附近最大裂缝宽度为 0.6 mm,左跨跨中控制截面附近最大裂缝宽度为 0.7 mm;当加载至 240 kN 时,中支座控制截面附近最大裂缝宽度为 4.5 mm,左跨跨中控制截面附近最大裂缝宽度为 0.8 mm,右跨跨中控制截面附近最大裂缝宽度为 1.5 mm;当加载至 270 kN 时,中支座控制截面受压边缘混凝土应变达到 5 500 $\mu\varepsilon$,此时中支座控制截面附近最大裂缝宽度达 16 mm;当加载至 290 kN 时,左跨跨中控制截面受压边缘 RPC 被压碎,试验梁宣告破坏。破坏时中支座受拉区 RPC 最大裂缝宽度为 28 mm,左跨跨中受拉区 RPC 最大裂缝宽度为 3 mm,右跨跨中受拉区 RPC 最大裂缝宽度为 2.2 mm。试验梁左跨正反两面裂缝数目分别为 11 条和 13 条,其分布区域长度分别为 1 170 mm 和 1 200 mm;右跨正反两面裂缝数目分别为 14 条和 11 条,其分布区域长度分别为 930 mm 和 1 110 mm;中支座正、反两侧受拉区 RPC 裂缝数目均为 8 条,其分布区域长度为 420 mm。梁 LL－4 卸载后的裂缝开展与破坏状态如图 9.16 所示,裂缝分布如图 9.21 所示。

(a) 左跨跨中　　　　　(b) 中支座　　　　　(c) 右跨跨中

图 9.16　试验梁 LL－4 正面破坏情况

(5) 梁 LL－5。

当加载至 65 kN 时,中支座控制截面附近出现第 1 条裂缝;当加载至 130 kN 时,左跨跨中控制截面附近出现 1 条新裂缝;当加载至 137 kN 时,右跨跨中控制截面附近出现 1 条新裂缝;当加载至 150 kN 时,中支座控制截面附近区段及两等跨跨中一定区段又有新裂缝产生,此时支座控制截面附近区段共有 9 条裂缝,平均裂缝间距为 80 mm,中支座控制截面附近最大裂缝宽度为 0.8 mm;当加载至 155 kN 时,已有裂缝进一步发展与延伸,同时继续出现新裂缝,中支座控制截面附近最大裂缝宽度为 4 mm;当加载至 200 kN 时,左跨跨中控制截面附近最大裂缝宽度为 3.7 mm,右跨跨中控制截面附近最大裂缝宽度为 2.3 mm;当加载至 250 kN 时,中支座控制截面受压边缘混凝土应变达到 5 500 $\mu\varepsilon$,此时中支座控制截面附近最大裂缝宽度达 38 mm,左跨跨中控制截面附近最大裂缝宽度为 3.9 mm,右跨跨中控制截面附近最大裂缝宽度为 2.8 mm;当加载至 275 kN 时,右跨跨中控制截面受压边缘 RPC 被压碎;当加载至 280 kN 时,右跨跨中控制截面受压边缘 RPC 被压碎,试验梁宣告破坏。破坏时中支座受拉区 RPC 最大裂缝宽度为 25 mm,左跨跨中受拉区 RPC 最大裂缝宽度为 3 mm,右跨跨中受拉区 RPC 最大裂缝宽度为 4.2 mm。试验梁左跨正反两面裂缝数目分别为 11 条和 10 条,其分布区域长度分别为 1 050 mm 和 1 110 mm;右跨正反两面裂缝数目均为 13 条,其分布区域长度分别为 960 mm 和 1 020 mm;中支座正、反两侧受拉区 RPC 裂缝数目分别为 5 条和 7 条,其分布区域长度为 445 mm 和 770 mm。梁 LL－5 卸载后的裂缝开展与破坏状态如图 9.17 所示,裂缝分布如图 9.22 所示。

(a) 左跨跨中　　　　　　　(b) 中支座　　　　　　　(c) 右跨跨中

图 9.17　试验梁 LL－5 正面破坏情况

2. 钢筋 RPC 连续梁的破坏标志

以 5 根钢筋活性粉末混凝土连续梁任一跨出现荷载开始减小,位移急剧增大为承载力极限状态的标志是合理的,我们称之为真实承载能力极限状态。由于试验梁的破坏均发生在中支座及跨中附近,而在这两个区域受压区混凝土受到支座垫板或加载垫板的约束,混凝土实际上处于双向受压的应力状态,试验梁的极限承载力也高于没有垫板约束的情况,这一点与实际工程不符,因此这一破坏标志不能作为钢筋活性粉末混凝土连续梁设计计算的依据。实际工程中,当受压区混凝土边缘达到极限压应变预估值时,混凝土达到破坏,这是可用于设计计算并具有可操作性的破坏标志,我们称之为设计用承载能力极限状态。这里我们定义当钢筋活性粉末混凝土连续梁中支座受压区混凝土边缘达到极限压应变预估值时的状态作为设计用承载能力极限状态,同时作为钢筋活性粉末混凝土连续梁设计计算的依据。在本章中,称设计用承载能力极限状态为破坏标志 Ⅰ,真实承载能力极限状态为破坏标志 Ⅱ。

9.1.5 试验结果

1. 变形实测结果

根据布置在试验梁跨中及各支座的位移计测到的位移实测值,可计算得到试验梁在外荷载作用下的跨中挠度,各试验梁左右两等跨的荷载－跨中挠度曲线如图 9.23 所示,各试验梁均经过了中支座附近开裂、跨中附近开裂、中支座钢筋屈服、跨中钢筋屈服、中支座达到极限压应变和跨中达到极限压应变 6 个阶段,每个阶段所对应的荷载分别列于图中。开裂前,试验梁的两等跨中挠度均很小,且基本相等;由试验梁开裂至中支座控制截面纵向钢筋屈服,跨中挠度开始有较快增长;在中支座及跨中的塑性铰形成及转动过程中,跨中挠度急速增长,占最终变形的绝大部分。

我们采用第 7 章钢筋活性粉末混凝土梁短期刚度计算公式,按照最小刚度原则对本次钢筋活性粉末混凝土连续梁在中支座控制截面纵向受拉钢筋屈服前跨中挠度进行了计算,计算值与实测值的比较见表 9.3。其中挠度实测值取同一级荷载作用下两等跨变形较大者。

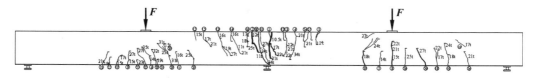

LL-1 正面

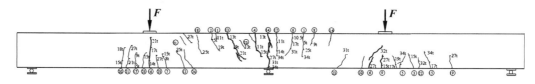

LL-1 反面

图 9.18 梁 LL－1 裂缝分布图

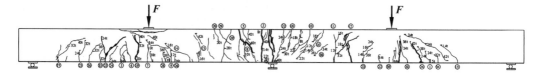

LL-2 正面

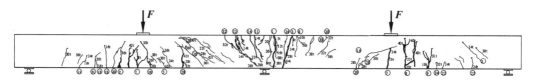

LL-2 反面

图 9.19 梁 LL－2 裂缝分布图

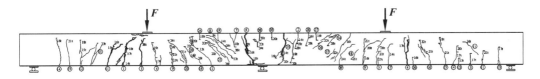

LL-3 正面

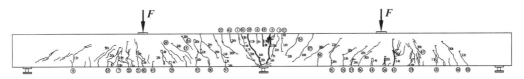

LL-3 反面

图 9.20　梁 LL－3 裂缝分布图

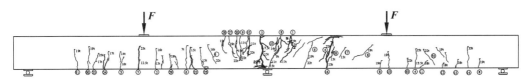

LL-4 正面

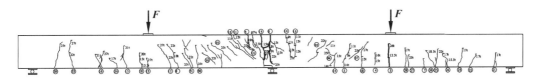

LL-4 反面

图 9.21　梁 LL－4 裂缝分布图

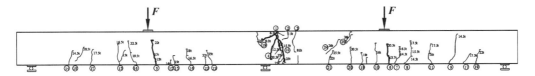

LL-5 正面

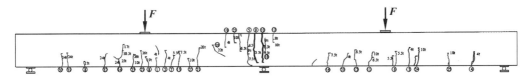

LL-5 反面

图 9.22　梁 LL－5 裂缝分布图

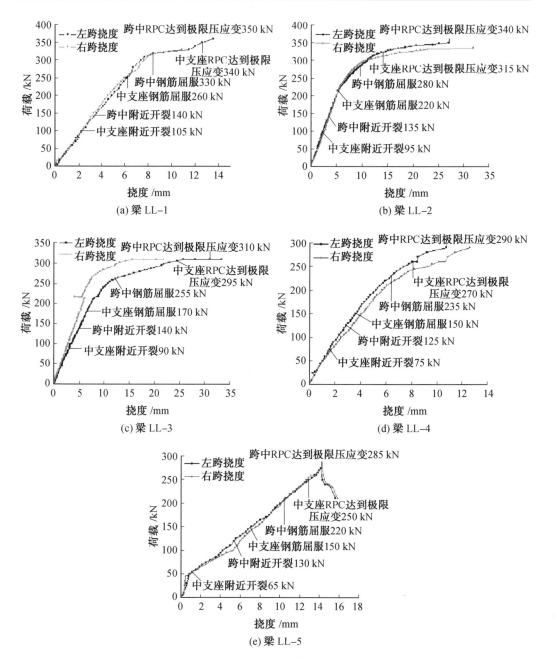

图 9.23　各试验梁外荷载与跨中挠度关系曲线

表 9.3　试验梁跨中挠度计算值与实测值的比较

试验梁编号	荷载 /kN	实测挠度值 f^t /mm	计算挠度值 f^c /mm
LL－1	70	1.09	1.18
	125	1.82	2.10
	180	2.77	3.02
	240	3.80	4.03

续表9.3

试验梁编号	荷载 /kN	实测挠度值 f^{t} /mm	计算挠度值 f^{c} /mm
LL—2	60	0.94	1.01
	105	1.67	1.76
	150	2.47	2.52
	200	3.35	3.36
LL—3	45	0.59	0.76
	80	1.05	1.34
	115	1.56	1.93
	150	2.04	2.52
LL—4	40	0.55	0.67
	70	1.01	1.18
	100	1.50	1.68
	130	2.05	2.18
LL—5	30	0.49	0.50
	53	0.77	0.89
	76	1.10	1.28
	100	1.47	1.68

令 $x=f^{\mathrm{c}}/f^{\mathrm{t}}$,平均值 $\bar{x}=1.13$,标准差 $\sigma=0.088$, $\delta=0.078$,可见第 7 章中的变形计算方法基本上是可用的。

2.试验梁开裂弯矩实测结果

试验梁对应于破坏标志 Ⅰ 的荷载值 $P_{\mathrm{u,I}}$ 、边支座反力 $R_{\mathrm{u,I}}$ 及正截面抗弯极限弯矩 $M_{\mathrm{u,I}}^{\mathrm{t}}$ 见表 9.4。试验梁对应于破坏标志 Ⅱ 的荷载值 $P_{\mathrm{u,II}}$ 、边支座反力 $R_{\mathrm{u,II}}$ 及正截面抗弯极限弯矩 $M_{\mathrm{u,II}}^{\mathrm{t}}$ 见表 9.5。

表 9.4 　试验梁对应于破坏标志 Ⅰ 的极限弯矩实测值

梁编号	$P_{\mathrm{u,I}}$ /kN	$R_{\mathrm{u,I}}$ /kN	$M_{\mathrm{u,I}}^{\mathrm{t}}$ /(kN·m)	
LL—1	340	119.92	中支座	80.13
			跨中	95.94
LL—2	315	113.61	中支座	68.33
			跨中	90.89
LL—3	295	112.50	中支座	56.00
			跨中	90.00
LL—4	270	115.19	中支座	31.37
			跨中	92.15
LL—5	250	111.75	中支座	21.20
			跨中	89.40

表 9.5 　试验梁对应于破坏标志 Ⅱ 的极限弯矩实测值

梁编号	$P_{\mathrm{u,II}}$ /kN	$R_{\mathrm{u,II}}$ /kN	$M_{\mathrm{u,II}}^{\mathrm{t}}$ /(kN·m)	
LL—1	360	128.63	中支座	82.19
			跨中	102.90
LL—2	340	124.26	中支座	73.18
			跨中	99.41
LL—3	310	117.96	中支座	59.00
			跨中	94.37
LL—4	290	122.41	中支座	36.14
			跨中	97.93
LL—5	285	123.89	中支座	29.78
			跨中	99.11

从表9.4和表9.5中可以看出虽然各试验梁跨中控制截面配置的纵筋相同,但破坏时的承载力不同,随着中支座控制截面配筋的减少,跨中控制截面的承载力增大。

9.2 连续梁的内力重分布

连续梁的内力重分布是指结构在受力过程中当外荷载超过弹性阶段荷载,某些截面出现非线性行为时,结构的弯矩分布不同于按线弹性结构分析得到的内力分布。

本次5根两等跨钢筋活性粉末混凝土连续梁加载后按照预期的顺序中支座先形成塑性铰,跨中后形成塑性铰,以致最后形成机动体系而破坏。钢筋活性粉末混凝土连续梁的内力重分布能力与其中支座的转动能力和跨中的抗弯承载能力密切相关。由于活性粉末混凝土的极限压应变不小于 $5\,500\,\mu\varepsilon$,大于普通混凝土的极限压应变 $3\,300\,\mu\varepsilon$,而且在试验梁的跨中配置了足够的受拉纵筋,5根试验梁的中支座和跨中塑性铰具有足够的转动能力,其内力重分布程度还是比较大的。

通过对两跨中单点对称施加集中荷载的钢筋活性粉末混凝土两跨连续梁进行内力分析,可直接计算出试验梁中支座反力弹性值和边支座反力弹性值,从而可求出试验梁加载全过程的跨中及中支座控制截面弯矩弹性计算值。根据荷载施加过程中试验梁加载千斤顶传感器及各支座传感器读数,可确定试验梁加载全过程的中支座反力实测值和边支座反力实测值,并可据此计算出试验梁加载全过程的跨中及中支座控制截面弯矩实测值。

各试验梁加载全过程的支座反力实测值与弹性计算值的对比如图9.24所示。试验梁加载全过程的中支座控制截面、跨中控制截面弯矩实测值与弹性计算值的对比如图9.25所示。

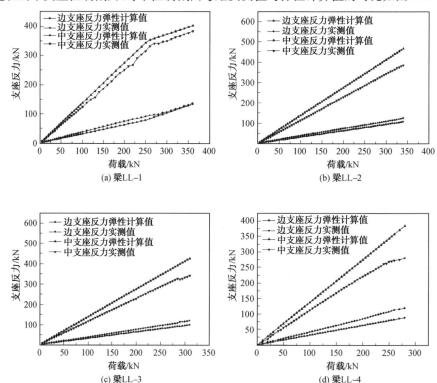

图 9.24 各试验梁加载全过程的支座反力实测值与弹性计算值的对比

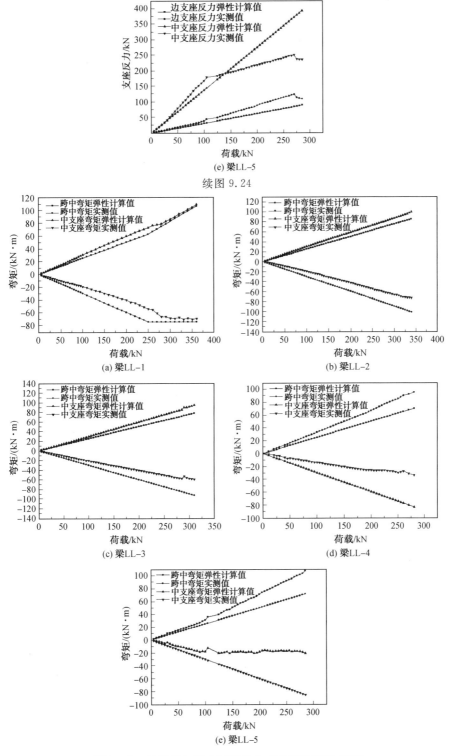

(e) 梁LL-5

续图 9.24

(a) 梁LL-1

(b) 梁LL-2

(c) 梁LL-3

(d) 梁LL-4

(e) 梁LL-5

图 9.25　试验梁加载全过程的中支座控制截面、跨中
控制截面弯矩实测值与弹性计算值的对比

由图 9.24 和图 9.25 可以看出,在开始加载之后的若干级荷载作用下,试验梁的支反力实测值与弹性计算值、控制截面弯矩实测值与弹性计算值基本相等,表明此时试验梁处于弹性受力阶段;随着荷载的增加,实测值与弹性计算值开始有偏差,至中支座控制截面纵向钢筋受拉屈服过程中,试验梁边支座反力实测值均逐渐较弹性计算值增大、中支座反力实测值较弹性计算值逐渐减小;相应地,中支座控制截面弯矩实测值逐渐小于弯矩弹性计算值、跨中控制截面弯矩实测值逐渐大于弯矩弹性计算值,表明试验梁开始出现一定程度的内力重分布现象。梁 LL—1 支座反力实测值与弹性计算值相差较小,说明其内力重分布程度较小;梁 LL—5 支座反力实测值与弹性计算值相差较大,说明其内力重分布程度较大。

试验梁在两种破坏标志状态下的边支座反力实测值和中支座弯矩实测值与其相应的弹性计算值的比较见表 9.6 和表 9.7,可反映各标志状态内力重分布程度。

表 9.6　试验梁在两种破坏标志状态下边支座反力实测值与其相应的弹性计算值的比较

梁号	试验梁达设计用承载能力极限状态			试验梁达真实承载能力极限状态		
	弹性值 $R_{u,I}^e$ /kN	实测值 $R_{u,I}^t$ /kN	$R_{u,I}^e/R_{u,I}^t$	弹性值 $R_{u,II}^e$ /kN	实测值 $R_{u,II}^t$ /kN	$R_{u,II}^e/R_{u,II}^t$
LL—1	128.13	130.65	0.981	133.13	136.20	0.977
LL—2	103.13	119.72	0.861	109.38	128.61	0.850
LL—3	101.56	124.72	0.814	106.25	131.20	0.810
LL—4	79.69	109.35	0.729	87.50	118.80	0.737
LL—5	85.94	113.70	0.756	89.06	109.26	0.815

表 9.7　试验梁在两种破坏标志状态下中支座弯矩实测值与其相应的弹性计算值的比较

梁号	试验梁达设计用承载能力极限状态			试验梁达真实承载能力极限状态		
	弹性值 $M_{u,I}^e$ /(kN·m)	实测值 $M_{u,I}^t$ /(kN·m)	$M_{u,I}^e/M_{u,I}^t$	弹性值 $M_{u,II}^e$ /(kN·m)	实测值 $M_{u,II}^t$ /(kN·m)	$M_{u,II}^e/M_{u,II}^t$
LL—1	75.00	70.96	1.06	75.00	70.07	1.07
LL—2	99.00	72.44	1.37	105.00	74.22	1.41
LL—3	97.50	60.44	1.61	102.00	62.07	1.64
LL—4	81.00	31.70	2.56	84.00	33.93	2.48
LL—5	82.50	38.07	2.17	85.50	53.19	1.61

由表 9.6 和 9.7 可知,对于钢筋活性粉末混凝土两等跨连续梁,在跨中控制截面所配钢筋面积一定的情况下,随着中支座控制截面配筋面积的减小,钢筋活性粉末混凝土连续梁塑性内力重分布的程度增大。

9.3　连续梁塑性铰性能

9.3.1　塑性铰的基本概念

钢筋活性粉末混凝土连续梁塑性铰是指连续梁中支座负弯矩钢筋不小于屈服应变的区域。实际塑性铰长度为中支座控制截面一侧截面曲率不小于屈服曲率的区段。截面曲率在塑性铰区域范围内的分布是不规则的,为了使塑性铰的转角计算具有可操作性,人们引入了等效塑性铰区长度的概念。等效塑性铰区长度 L_p 理论上为 $L_p = \int_0^{L_{p0}} (\phi - \phi_y) \mathrm{d}x / (\phi_u - \phi_y)$。其中 L_{p0} 为实际塑性铰区长度。针对不同的研究对象，建立了相应的等效塑性铰区长度的实用计算方法。

这样就将分析钢筋活性粉末混凝土连续梁中支座塑性铰的转动能力的问题，主要转化为如何计算中支座等效塑性铰区长度 L_p 的问题。这里需要指出的是，中支座两侧控制截面转动是异向的，故其中支座中心两侧应作为两个塑性铰来对待。

塑性铰的基本参数包括等效塑性铰区长度 L_p、截面的极限曲率 ϕ_u、截面的屈服曲率 ϕ_y 等，获得这些基本参数后便可计算所考察塑性铰的转动能力。

9.3.2　设计用承载能力极限状态下等效塑性铰区长度的确定

（1）设计用承载能力极限状态下塑性铰的形成和发展。

在本章中，以中支座控制截面纵向受拉钢筋拉应变达到材料实测屈服应变（详见 9.1 节）时的截面的曲率作为屈服曲率，以中支座受压区 RPC 边缘达到极限压应变预估值 $\varepsilon_{cu} = 5\,500\ \mu\varepsilon$（破坏标志 I）时的截面曲率作为对应于设计用承载能力极限状态的极限曲率。

通过布置在中支座纵向受力钢筋上的应变片可测得试验梁中支座塑性铰的形成和发展过程。在试验梁达到设计用承载能力极限状态时中支座纵向受拉钢筋的实测应变分布如图 9.26 所示。

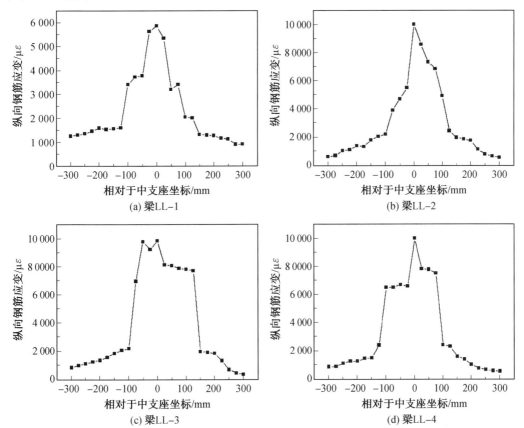

图 9.26　在试验梁达到设计用承载能力极限状态时中支座纵向受拉钢筋的实测应变分布

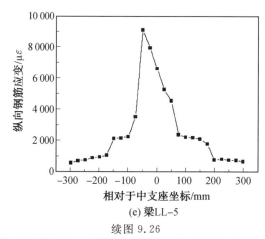

(e) 梁LL-5

续图 9.26

（2）设计用承载能力极限状态下等效塑性铰区长度的确定。

根据布置在中支座纵向受拉钢筋上的应变片，可实测出试验梁中支座控制截面两侧的实际塑性铰区长度。由于塑性铰区纵向受拉钢筋应变实测值、活性粉末混凝土受压应力－应变曲线关系、受拉应力－应变曲线关系和钢筋应力－应变曲线关系等均为已知，结合截面内力平衡条件和平截面假定，可通过程序计算确定试验梁实际塑性铰长度范围内曲率分布。

按与实际塑性铰区长度内非弹性曲率($\phi_u - \phi_y$)分布曲线所围面积相等（保证塑性转角相等）的原则，将非弹性曲率等效为矩形分布后，可确定试验梁中支座两侧的等效塑性铰区长度。在设计用承载能力极限状态下试验梁各支座塑性铰区实测曲率分布和等效矩形分布如图 9.27 所示。

由于活性粉末混凝土与钢筋之间的黏结应力有限，中支座钢筋拉应变在极限曲率截面附近沿一定长度发展，发生拉应变渗透。从图 9.26 和图 9.27 中可以看出钢筋活性粉末混凝土连续梁的中支座极限曲率可能并非局限于一个截面，而是分布于一定区域内。活性粉末混凝土材料的不均匀性及两跨加载不同步等试验误差，使得中支座控制截面两侧裂缝分布状况不同，这就造成了中支座两侧的塑性铰区长度实测值的不相等，相应地，中支座两侧的等效塑性铰区长度也是不相等的。试验梁基于设计用承载能力极限状态时中支座控制截面两侧塑性铰区长度及屈服曲率、极限曲率和塑性转角见表 9.8。

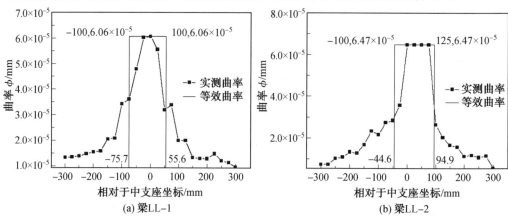

(a) 梁LL-1   (b) 梁LL-2

图 9.27 在设计用承载能力极限状态下试验梁各支座塑性铰区实测曲率分布和等效矩形分布

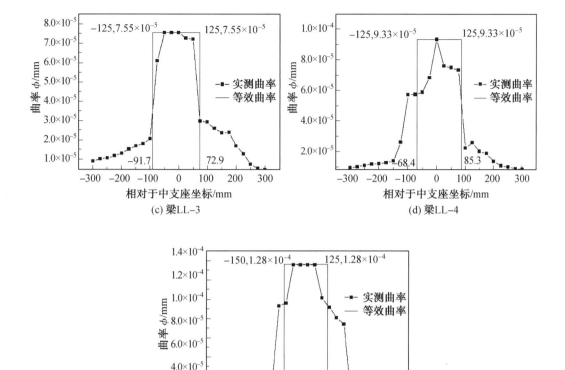

续图 9.27

表 9.8 试验梁基于设计用承载能力极限状态时中支座控制截面两侧
塑性铰区长度及屈服曲率、极限曲率和塑性转角

试验梁编号	$\varphi_y/(\times 10^{-6})$	$\varphi_d/(\times 10^{-6})$	l_{pd}/mm	$\theta_{pd}/(\times 10^{-3}\ \text{rad})$
LL—1	20.85	60.59	71.20	2.82
LL—2	19.72	64.67	81.45	3.67
LL—3	18.00	75.51	85.05	4.89
LL—4	16.56	93.33	87.00	6.67
LL—5	15.34	128.00	109.25	12.27

（3）设计用承载能力极限状态下等效塑性铰区长度。

根据 5 根钢筋活性粉末混凝土两等跨连续梁的试验结果和数值计算结果,得到对应于设计用承载能力极限状态下的等效塑性铰区长度平均值 $l_{pd}=0.400\ 5h_0$,因此取钢筋活性粉末混凝土连续梁等效塑性铰区长度为

$$l_{pd}=0.40h_0 \tag{9.1}$$

式中,h_0 为中支座控制截面纵向受拉钢筋合力作用点到受压区边缘的高度,即截面有效高度。

9.3.3　真实承载能力极限状态下等效塑性铰区长度的确定

（1）真实承载能力极限状态下塑性铰的形成和发展。

本章以中支座控制截面纵向受力钢筋拉应变达到材料实测屈服应变（详见9.1节）时的截面的曲率作为屈服曲率，以任一跨出现荷载减小、变形增大（破坏标志 Ⅱ）时的截面曲率作为对应于真实承载能力极限状态的极限曲率。

同样通过布置在中支座纵向受力钢筋上的应变片可监测试验梁达到真实承载能力极限状态时中支座纵向受拉钢筋的实测应变分布，如图9.28所示。

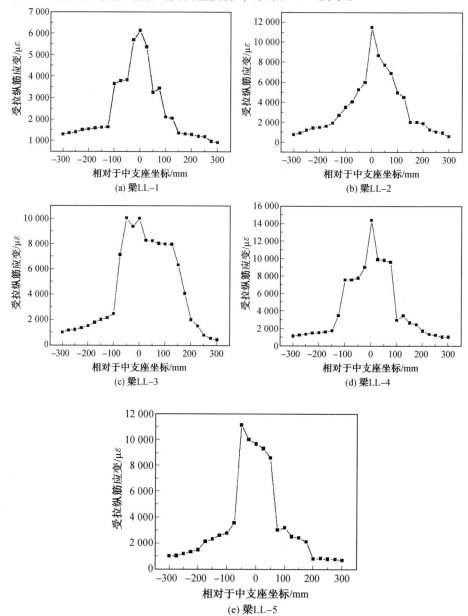

图 9.28　各试验梁在真实承载能力极限状态下中支座纵向受拉钢筋的实测应变分布

（2）真实承载能力极限状态下等效塑性铰区长度的确定。

根据布置在中支座控制截面区域的纵向受拉钢筋上的应变片，可实测出试验梁中支座控制截面两侧的实际塑性铰区长度。而后根据数值计算确定塑性铰区的曲率分布，并根据实际塑性铰区长度内非弹性曲率分布曲线所围面积相等的原则，将非弹性曲率等效为矩形分布，然后可确定试验梁中支座两侧的等效塑性铰区长度。

各试验梁在真实承载能力极限状态下中支座塑性铰区实测曲率分布如图 9.29 所示。

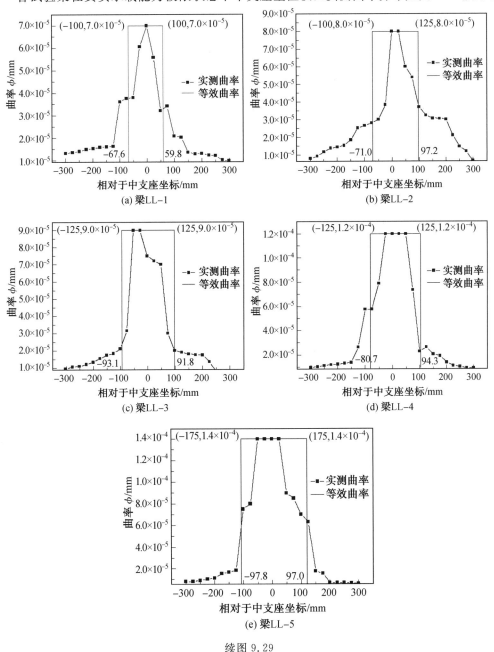

续图 9.29

图 9.29　各试验梁在真实承载能力极限状态下中支座塑性铰区实测曲率分布

由图 9.29 可得各试验梁屈服曲率 $\phi_{y,\mathbb{I}}$ 及极限曲率 $\phi_{u,\mathbb{I}}$，根据 $\theta_{pu}=(\phi_u-\phi_y)l_P$，可确定试验梁中支座极限塑性转角 $\theta_{p,\mathbb{I}}$。各试验梁中支座控制截面屈服曲率 $\phi_{y,\mathbb{I}}$、极限曲率 $\phi_{u,\mathbb{I}}$、等效塑性铰区长度 $l_{p,\mathbb{I}}$ 及极限转角 $\theta_{p,\mathbb{I}}$ 见表 9.9，表中极限塑性转角取中支座控制截面两侧极限塑性转角的平均值，等效塑性铰区长度是中支座控制截面两侧等效塑性铰区长度的平均值。

表 9.9　基于真实承载能力极限状态时试验梁中支座塑性铰基本参数实测值

试验梁编号	$\phi_y/(\times 10^{-6})$	$\phi_u/(\times 10^{-6})$	l_{pu}/mm	$\theta_{pu}/(\times 10^{-3}\ \text{rad})$
LL—1	20.85	70.00	71.70	3.52
LL—2	19.72	80.00	82.70	4.99
LL—3	18.00	90.00	96.25	6.93
LL—4	16.56	120.00	92.15	9.53
LL—5	15.34	140.00	113.50	14.15

（3）真实承载能力状态下等效塑性铰区长度。

根据 5 根钢筋活性粉末混凝土两等跨连续梁的试验结果和数值计算结果，得到对应于真实承载能力极限状态下等效塑性铰区长度平均值 $l_{pu}=0.459h_0$，因此取钢筋活性粉末混凝土连续梁等效塑性铰区长度为

$$l_{pu}=0.46h_0 \tag{9.2}$$

9.4　连续梁弯矩调幅分析

9.4.1　基于设计用承载能力极限状态下的调幅分析

试验梁在设计用承载能力极限状态下中支座弯矩实测值 M_d、中支座弯矩弹性值 M_e 和调幅系数 β_d 见表 9.10。

表 9.10　试验梁在设计用承载能力极限状态下中支座弯矩实测值 M_d、中支座弯矩弹性值 M_e 和调幅系数 β_d

梁编号	$M_d/(\text{kN} \cdot \text{m})$	$M_e/(\text{kN} \cdot \text{m})$	β_d
LL—1	80.13	102.27	0.22
LL—2	68.33	94.75	0.28
LL—3	57.50	88.74	0.35
LL—4	34.70	81.22	0.57
LL—5	29.00	75.20	0.61

以设计承载能力极限状态弯矩调幅系数 β_d 为纵坐标，以达到该状态时相对塑性转角 θ_{pd}/h_0 为横坐标，得到试验梁试验点分布，如图 9.30 所示，根据图中数据拟合得到基于设计用承载能力极限状态下以中支座相对塑性转角 θ_{pd}/h_0 为自变量的弯矩调幅系数计算公式为

$$\begin{cases} \beta_d=0.136\left(\dfrac{\theta_{pd}}{h_0}\times 10^5\right)+0.01 & \left(\dfrac{\theta_{pd}}{h_0}\leqslant 4.4\times 10^{-5}\right) \\ \beta_d=0.61 & \left(\dfrac{\theta_{pd}}{h_0}> 4.4\times 10^{-5}\right) \end{cases} \tag{9.3}$$

根据实测值计算的设计用承载能力状态下的试验梁中支座控制截面混凝土相对受压区高度 ξ_{id} 及调幅系数 β_d 见表 9.11。

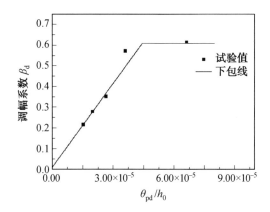

图 9.30　θ_{pd}/h_0 与 β_d 试验点分布及拟合曲线

表 9.11　根据实测值计算的设计用承载能力状态下的试验梁中
支座控制截面混凝土相对受压区高度 ξ_{id} 及调幅系数 β_d

梁编号	x_c^t/mm	h_0/mm	ξ_{id}	β_d
LL—1	26.30	185	0.142	0.22
LL—2	23.77	185	0.128	0.28
LL—3	15.34	185	0.102	0.35
LL—4	12.98	185	0.070	0.57
LL—5	7.03	185	0.038	0.61

　　以设计用承载能力状态下中支座混凝土相对受压区高度 ξ_{id} 为横坐标,以调幅系数 β_d 为纵坐标,可得到 5 根钢筋 RPC 连续梁 β_d 与 ξ_{id} 试验点分布,如图 9.31 所示。根据图中 β_d 与 ξ_{id} 试验点分布可得到调幅系数 β_d 与中支座混凝土相对受压区高度 ξ_{id} 关系下包线,并将其绘制于图 9.31。

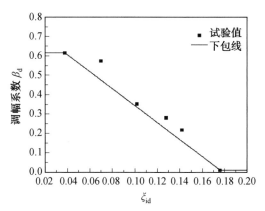

图 9.31　ξ_{id} 与 β_d 的试验点分布及拟合曲线

　　由图 9.31 得到以中支座混凝土相对受压区高度 ξ_{id} 为自变量的中支座弯矩调幅系数 β_d 的计算公式为

$$\beta_d = \begin{cases} 0.61 & (\xi_{id} < 0.038) \\ \text{直线内插} & (0.038 \leqslant \xi_{id} \leqslant 0.176) \\ 0.01 & (\xi_{id} > 0.176) \end{cases} \tag{9.4}$$

9.4.2 基于真实承载能力极限状态下的调幅分析

试验梁在真实承载能力极限状态下的中支座弯矩实测值 M_u、中支座弯矩弹性计算值 M_{ue} 和调幅系数 β_u 见表 9.12。

表 9.12 试验梁在真实承载能力极限状态下的中支座弯矩实测值 M_u、
中支座弯矩弹性计算值 M_{ue} 和调幅系数 β_u

梁编号	$M_u/(kN \cdot m)$	$M_{ue}/(kN \cdot m)$	β_u
LL-1	82.19	108.29	0.24
LL-2	73.18	102.27	0.28
LL-3	59.00	93.25	0.37
LL-4	36.14	87.23	0.59
LL-5	32.00	85.73	0.63

以真实承载能力极限状态弯矩调幅系数 β_u 为纵坐标,以达到该状态时相对塑性转角 θ_p/h_0 为横坐标,得到试验梁试验点分布,如图 9.32 所示。根据图中数据拟合得到基于真实承载能力极限状态下以中支座相对塑性转角 θ_p/h_0 为自变量的弯矩调幅系数的计算公式为

$$\begin{cases} \beta_u = 0.082\left(\dfrac{\theta_p}{h_0} \times 10^5\right) + 0.06 & \left(\dfrac{\theta_p}{h_0} \leqslant 6.89 \times 10^{-5}\right) \\ \beta_u = 0.63 & \left(\dfrac{\theta_p}{h_0} > 6.89 \times 10^{-5}\right) \end{cases} \tag{9.5}$$

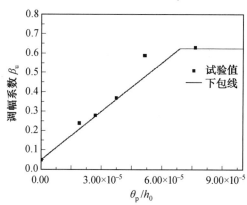

图 9.32 θ_p/h_0 与 β_u 试验点分布及拟合曲线

根据实测值计算的真实承载能力状态下的中支座控制截面混凝土相对受压区高度 ξ_{iu} 与调幅系数 β_u 的计算值见表 9.13。

表 9.13 各试验梁在真实承载能力状态下的 ξ_{iu} 及 β_u

梁编号	x_c^t/mm	h_0/mm	ξ_{iu}	β_u
LL-1	28.84	185	0.161	0.24
LL-2	26.05	185	0.141	0.28
LL-3	19.99	185	0.108	0.37
LL-4	15.14	185	0.082	0.59
LL-5	9.89	185	0.053	0.63

以真实承载能力极限状态下中支座混凝土相对受压区高度 ξ_{iu} 为横坐标,以调幅系数 β_u 为纵坐标,可得到 5 根钢筋 RPC 连续梁 β_u 与 ξ_{iu} 的试验点分布,如图 9.33 所示。根据图

中 β_u 与 ξ_{iu} 的试验点分布,可得到调幅系数 β_u 与中支座混凝土相对受压区高度 ξ_{iu} 关系下包线,并将其绘制于图 9.33。

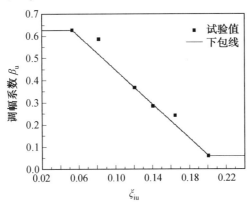

图 9.33　β_u 与 ξ_{iu} 试验点分布及关系曲线

可得到以中支座混凝土相对受压区高度 ξ_{iu} 为自变量的中支座弯矩调幅系数 β_u 的计算公式为

$$\beta_u = \begin{cases} 0.63 & (\xi_{iu} < 0.053) \\ \text{直线内插} & (0.053 \leqslant \xi_{iu} \leqslant 0.201) \\ 0.06 & (\xi_{iu} > 0.201) \end{cases} \tag{9.6}$$

综合以上试验现象及理论分析发现,钢筋 RPC 连续梁的调幅能力比相同截面相同配筋的普通钢筋混凝土连续梁大,这是由于 RPC 的极限压应变为 5 500 $\mu\varepsilon$,大于普通混凝土的极限压应变 3 300 $\mu\varepsilon$,对于适筋梁,截面的极限曲率 ϕ_u 取决于混凝土的极限压应变,而屈服曲率 ϕ_y 取决于钢筋的屈服应变,因此钢筋 RPC 连续梁的中支座截面极限曲率 ϕ_u 比普通钢筋混凝土连续梁大,使得钢筋 RPC 连续梁的中支座塑性铰转角比普通钢筋混凝土连续梁大,塑性铰长度也比普通混凝土连续梁大。由此说明钢筋 RPC 连续梁具有更优越的塑性调幅能力。

这里需要指出,本章所得的 RPC 连续梁的调幅规律是基于跨中控制截面有足够的承载力来承受支座控制截面弯矩调幅的前提下得出的,从事具体工程设计时,不但抗力要满足规范要求,变形和裂缝验算也要满足规范要求。

9.5　本 章 小 结

本章通过对 5 根两等跨钢筋活性粉末混凝土连续梁试验现象及试验结果的分析,探索了钢筋活性粉末混凝土连续梁内力重分布性能,分析了中支座塑性铰性能。基于试验结果,提出了与两种破坏标志状态相对应的等效塑性铰区长度的计算公式;提出了在两种破坏状态下,分别以塑性转角和相对受压区高度为自变量的弯矩调幅系数计算公式。

本章参考文献

[1] SCOTT H S, FENVES L F. A plastic hinge simulation model for reinforced

concrete members[C]. St. Louis: 17th Analysis and Computation Specialty Conference,2006: 1-11.

[2]INEL M, OZMEN H B. Effects of plastic hinge properties in nonlinear analysis of reinforced concrete buildings[J]. Steel Construction, 2006, 28(11):1494-1502.

[3]MENDIS. Plastic hinge lengths of normal and high-strength concrete in flexure[J]. Advances in Structural Engineering, 2001, 4(4):189-195.

[4]沈聚敏, 翁义军. 钢筋混凝土构件的变形和延性[J]. 建筑结构学报,1980, 1(2):47-58.

[5] 锻炼, 王文长, 郭苏凯. 钢筋混凝土结构塑性铰的研究[J]. 四川建筑科学研究, 1983, 1(3):21-22.

[6] 秦文钺. 钢筋混凝土结构[M]. 重庆: 重庆大学出版社,1985.

[7]CHEN W F. Plasticity in reinforced concrete[M]. New York:McGraw-Hill,1982.

[8]LOPES S, BERNARDO L. Plastic rotation capacity of high-strength concrete beams[J]. Materials and Structures, 2003, 36(1):22-31.

[9]PECCE M, FABBROCINO G. Plastic rotation capacity of beams in normal and high-strength performance concrete[J]. ACI Structural Journal, 1999, 96(2):290-296.

[10] Thuerlimanno B. Plastic analysis of reinforced concrete beams[M]. United States: ASTM Special Technical Publication,1979.

[11]YOSHIO K, YASUO T. Stress-strain relations for concrete in plastic hinge zone of RC beams[M]. Japan: Transactions of the Japan Concrete Institute,1986.

[12]BIGAJ A, WALRAVEN J C. Size effects in plastic hinges of reinforced concrete members[J]. Delft University of Technology, 2002,47(1):53-75.

[13]FENWICK R C, MEGGET L M. Elongation and load deflection characteristics of reinforced concrete members containing plastics hinges[J]. Bulletin of the New Zealand National Society for Earthquake Engineering, 1993, 26(1):28-41.

[14]HSU H L, YU H L. Seismic performance of concrete—filled tubes with restrained plastic hinge zones[J]. Journal of Constructional Steel Research,2003, 59(5): 587-608.

[15]WASHA G W, FLUCK P G U. Effect of compressive reinforcement on the plastic flow of reinforced concrete beams[J]. ACI Journal Proceedings,1952, 24(2): 89-108.

[16]OEHLERS D J, BUI H D, RUSSELL N C, et al. Development of ductility design guidelines for RC beams with FRP reinforcing bars[J]. Advances in Structural Engineering, 2001, 4(3):169-180.

[17] BARNARD P R, JOHNSON R P. Plastic behavior of continuous composites beams[J]. Proceedings of the Institution of Civil Engineers,1965, 32(2):180-197.

[18]OWEN D R J, HINTON E. Finite elements in plasticity: Theory and practice[M]. Swansea:Pineridge Press, 1980.

第 10 章　GFRP 筋 RPC 连续梁塑性性能分析

10.1　概　　述

由于 GFRP 筋的受拉应力－应变关系为线弹性，不像普通钢筋那样具有屈服点和较长的屈服平台，配置 GFRP 筋的连续梁不会出现明显的塑性铰，因此，在荷载作用下，GFRP 筋 RPC 连续梁内力发展的全过程大致分两个阶段。第一阶段为裂缝出现前的加载初期阶段，即近似弹性阶段；第二阶段为裂缝出现后的阶段，此阶段由于裂缝的产生引起刚度变化，从而引起内力重分布。本章对 GFRP 筋 RPC 连续梁内力重分布阶段的塑性性能进行研究。利用非线性分析方法，编制了计算弯矩调幅系数的计算程序。通过将已有 GFRP 筋普通混凝土连续梁试验结果与数值计算结果进行对比，验证了该计算程序的准确性。然后选取 GFRP 筋 RPC 模拟连续梁进行非线性分析，得到模拟梁的弯矩调幅系数，再将弯矩调幅系数与影响因素进行拟合得到以中支座及跨中控制截面配筋率为自变量的弯矩调幅系数计算公式。

10.2　弯矩－曲率非线性分析

10.2.1　基本假定

(1) 截面符合平截面假定。
(2) 不考虑 GFRP 筋与 RPC 之间的相对滑移。
(3) 不考虑剪切变形的影响。
(4) 不考虑 RPC 的收缩、徐变和温湿度变化对应力和变形状态的影响。

10.2.2　材料的本构关系

1. GFRP 筋本构关系

GFRP 筋的应力－应变关系始终保持线弹性，其关系表达式为

$$\sigma_f = E_f \varepsilon_f \quad (0 \leqslant \varepsilon_f \leqslant \varepsilon_{fu}) \tag{10.1}$$

式中，σ_f 为 GFRP 筋的拉应力；ε_f 为 GFRP 筋的拉应变；E_f 为 GFRP 筋的弹性模量；ε_{fu} 为 GFRP 筋的极限拉应变。

2. RPC 本构关系

RPC 本构关系详见 3.3 节。

10.2.2 弯矩－曲率计算

1. 基本方程

为了进行数值计算,梁截面以中和轴为界,将受压区和受拉区划分为平行于中和轴的若干有限条带,如图 10.1 所示。并假定每一条带单元上的应力均匀分布,采用单元形心处的应力和应变作为整个单元的应力-应变。

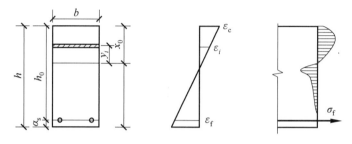

图 10.1　截面单元划分及应力-应变分布

梁截面曲率取给定的 ϕ,同时假定受压区边缘 RPC 应变为 ε_c,由平截面假定,RPC 条带形心处的应变为

$$\varepsilon_i = \phi y_i = \frac{\varepsilon_c}{x_0} y_i \tag{10.2}$$

式中,ε_i 为第 i 条带形心处的应变;y_i 为第 i 条带的形心到中和轴的距离;x_0 为中和轴高度。

GFRP 筋形心应变

$$\varepsilon_f = \phi y_f = \frac{\varepsilon_c}{x_0}(h_0 - x_0) \tag{10.3}$$

式中,ε_f 为 GFRP 筋形心处的应变;y_f 为 GFRP 筋形心到中和轴的距离;x_0 为中和轴高度。

根据 GFRP 筋和 RPC 的本构关系,可得到第 i 条带形心 RPC 或 GFRP 筋的应力

$$\sigma_i = \sigma(\varepsilon_i) \tag{10.4}$$

根据截面力的平衡得

$$\int_0^{x_0} \sigma_c(\varepsilon_i)b\mathrm{d}y - \int_0^{h-x_0} \sigma_t(\varepsilon_i)b\mathrm{d}y - \sigma_f A_f = 0 \tag{10.5}$$

由截面力矩平衡得

$$M = \int_0^{x_0} \sigma_c(\varepsilon_i)by_i\mathrm{d}y + \int_0^{h-x_0} \sigma_t(\varepsilon_i)by_i\mathrm{d}y + \sigma_f A_f(h_0 - x_0) \tag{10.6}$$

2. 数值迭代过程

求解弯矩和曲率的对应关系时,先假定曲率为已知,然后迭代求解相应内力弯矩,截面弯矩－曲率计算流程图如图 10.2 所示。具体求解步骤如下:

(1) 定义曲率 $\phi = \phi + \Delta\phi$。

(2) 假定梁截面受压区边缘初始应变为 ε_c。

(3) 求各 RPC 条带及 GFRP 筋的应变。

(4) 按 RPC 及 GFRP 筋的本构关系求与应变相对应的应力值。

(5) 按式(10.7)验证轴力是否满足截面平衡条件。

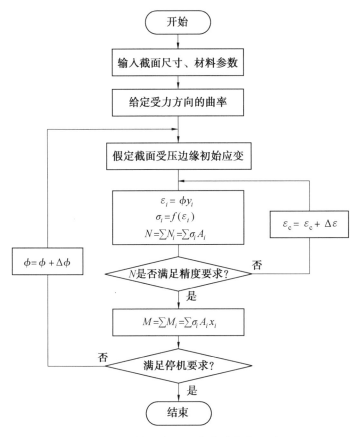

图 10.2　截面弯矩－曲率计算流程图

（6）若不满足平衡条件，需调整截面受压区边缘应变 ε_c，重复步骤（3）～（5）。

（7）满足平衡条件后，按式（10.8）求内力弯矩，得出 ϕ 所对应的弯矩 M。

（8）循环步骤（1）～（7），直至得出完整的 $M－\phi$ 关系曲线。

10.3　弯矩调幅系数的计算

　　本章模拟的两跨连续梁是一次超静定结构，求解弯矩调幅系数的基本思路为：① 将中支座的约束合理卸除，得到带有一个中支座反力 R 的静定结构。② 设定跨中荷载 P 的值和中支座反力 R 的初始值，根据静力平衡和弯矩平衡公式，可求得 P 对应的边支座反力 R_1 及各截面弯矩值，从而得到各截面曲率分布。然后利用共轭梁法，求得中支座处的挠度。采用迭代方法调整 R 的值，使中支座的挠度满足变形协调条件为零，此时的 R 即为 P 对应的中支座反力，从而可求得 P 对应的中支座截面弯矩值 M^c。③ 改变 P 的值重复以上计算即可求出各个 P 值对应的中支座反力及中支座截面弯矩值 M^c。④ 利用弹性计算方法，求出 P 作用下中支座的弯矩弹性计算值 M^e。从而得到 P 作用下弯矩调幅系数 $\beta = (M^e － M^c)/M^e$。

10.3.1　共轭梁法

图 10.3 所示为共轭梁法原理图。共轭梁法的原理是将实梁的曲率分布视为共轭梁的荷载分布,实梁跨中任意截面的转角和挠度等于虚梁在虚荷载作用下相应截面的虚剪力和虚弯矩值。具体方法是卸除中支座约束,将两跨超静定梁转化为静定梁,各跨沿梁长度方向均匀分成 m 个微段,假定每一小段内的曲率变化是线性的,并以各段中截面曲率代替这一段曲率,如图 10.3(b) 所示。微段宽度 $\Delta x = L/m$,第 i 微段中心截面的坐标 $x_i = i\Delta x - 0.5\Delta x$。

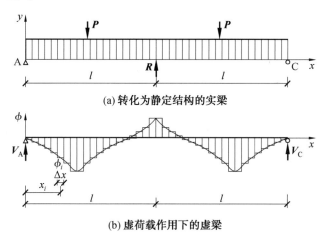

(a) 转化为静定结构的实梁

(b) 虚荷载作用下的虚梁

图 10.3　共轭梁法原理图

采用共轭梁法可计算出任一截面的转角 θ_i 和挠度 $\delta_i (i=1,2,\cdots,m)$。根据虚荷载平衡条件可得

A 端转角

$$\theta_A = V'_A = \sum_{i=1}^{2m} \phi_i \Delta x (1 - 0.5 x_i/l) \tag{10.7}$$

C 端转角

$$\theta_C = V'_C = 0.5 \sum_{i=1}^{2m} \phi_i \Delta x \cdot x_i/l \tag{10.8}$$

计算距离虚梁 A 支座 x_i 处截面弯矩,即计算实梁相应截面的位移 f_i:

$$f_i = M'_i = V'_A x_i - \sum_{j=1}^{i} \phi_j \Delta x (x_i - x_j) = x_i \sum_{k=1}^{2m} \phi_k \Delta x (1 - 0.5 x_k/l) - \sum_{j=1}^{i} \phi_j \Delta x (x_i - x_j) \tag{10.9}$$

中支座处位移为

$$f_R = M'_1 = l \sum_{k=1}^{2m} \phi_k \Delta x (1 - 0.5 x_k/l) - \sum_{j=1}^{m} \phi_j \Delta x (l - x_j) \tag{10.10}$$

10.3.2　分析步骤

(1) 准备阶段。划分微段,确定收敛误差,给定初始跨中荷载 P_0 及荷载增量水平 ΔP。

(2) 开始分析。令 $i=0$，施加跨中荷载 $P=P_0+i\Delta P$。

(3) 假定 P 对应的中支座反力初始值为 R_0，$R=R_0+j\Delta R$。

(4) 根据静力平衡和弯矩平衡公式，可计算得到 P 对应的边支座反力 R_1，进而求得各个截面弯矩值。

(5) 由各个截面的弯矩值调用预先存储的相应各个截面的 $M-\phi$ 曲线，得到各个截面曲率。

(6) 采用共轭梁法计算跨中截面处的位移 f。

(7) 收敛性检查。如果中支座竖向位移误差不满足要求，令 $j=j+1$，重复步骤(3)～(6)，直至满足误差要求。此时的 R 即为 P 对应的中支座反力，从而可求得 P 对应的中支座的弯矩值 M^c。

(8) 利用弹性计算方法，求出 P 作用下中支座的弯矩弹性计算值 M^e。

(9) 由公式 $\beta=(M^e-M^c)/M^e$，求得 P 作用下梁弯矩调幅系数。

(10) 令 $i=i+1$，重复步骤(2)～(9)，可得到各级荷载 P 作用下的弯矩调幅系数。

10.4 试 验 验 证

为了验证上述计算程序，用以上计算程序对本章参考文献[3]的 FRP 筋混凝土连续梁进行了计算。由于试验梁使用的是普通混凝土，因此将程序中 RPC 本构关系换成《混凝土结构设计规范》(GB 50010—2010) 附录 A 中普通混凝土本构关系。所用混凝土强度等级为 C35，实测立方体抗压强度 $f_{cu}=44.1$ MPa，轴心抗拉强度 $f_t=3.26$ MPa，抗压弹性模量 $E_c=33.5$ GPa。FRP 筋采用 ϕ_f10GFRP 筋，弹性模量为 47.3 GPa，极限抗拉强度为 1 083 MPa。试验梁截面尺寸均为 $b\times h=180$ mm$\times200$ mm，单跨为 1 800 mm，共两跨，采用跨中集中荷载加载。各试验梁极限荷载及弯矩调幅系数试验值与计算值的对比见表 10.1。

表 10.1 各试验梁极限荷载及弯矩调幅系数试验值与计算值的对比

梁编号	极限荷载		弯矩调幅系数	
	试验值 P_u^t/kN	计算值 P_u^c/kN	试验值 β_t	计算值 β_c
LGL－2－2	68.0	63.0	0.180	0.128
LGL－3－2	74.0	70.0	0.120	0.139
LGL－3－3	79.0	75.0	0.100	0.107
LGL－4－3	95.0	82.5	0.120	0.132

由表 10.1 数据可得，β_c/β_t 的平均值为 1.010，均方差为 0.175，变异系数为 0.174。可见按本章的计算程序得到的弯矩调幅系数计算值与试验值能较好地吻合，说明本章计算程序具有一定的精度，可用于计算分析。

10.5 模 拟 梁 的 选 取

为了对 GFRP 筋 RPC 连续梁的塑性性能进行分析，本节以连续梁中支座控制截面配筋率 ρ_i 和跨中控制截面配筋率 ρ_m 为变化参数，选取了 18 根模拟 GFRP 筋 RPC 连续梁。模拟梁的基本参数为：$b\times h=200$ mm$\times300$ mm，单跨计算跨度为 2 000 mm，共两跨，受

压架立筋均选用 $2\phi_f5.5$,混凝土保护层厚度均为 25 mm。RPC 材料力学性能指标同 3.3 节中 RPC 的力学性能指标。GFRP 筋的弹性模量暂取为 50.0 GPa,极限抗拉强度暂取为 990 MPa。根据已有研究成果,GFRP 筋 RPC 简支梁破坏形态主要有 GFRP 筋拉断的受拉破坏和 GFRP 筋拉断前 RPC 压碎的受压破坏,前者破坏更为突然,脆性特征更为明显,因此将模拟梁截面均设计成受压破坏截面。模拟梁配置足够箍筋,以保证不会因抗剪承载力不足而导致破坏。模拟梁基本设计参数见表 10.2,模拟梁构造示意图如图 10.4 所示,模拟梁 3 种加载形式如图 10.5 所示。

表 10.2　模拟梁基本设计参数一览表

梁编号	单跨跨度 /m	纵筋配置		
		截面位置	受拉纵筋	配筋率
LL－1	2.0	中支座	$7\phi_f12$	1.53%
		跨中	$8\phi_f12$	1.77%
LL－2	2.0	中支座	$7\phi_f12$	1.53%
		跨中	$9\phi_f12$	2.01%
LL－3	2.0	中支座	$7\phi_f12$	1.53%
		跨中	$10\phi_f12$	2.26%
LL－4	2.0	中支座	$7\phi_f12$	1.53%
		跨中	$8\phi_f14$	2.64%
LL－5	2.0	中支座	$7\phi_f12$	1.53%
		跨中	$9\phi_f14$	3.00%
LL－6	2.0	中支座	$7\phi_f12$	1.53%
		跨中	$10\phi_f14$	3.37%
LL－7	2.0	中支座	$8\phi_f12$	1.77%
		跨中	$9\phi_f12$	2.01%
LL－8	2.0	中支座	$8\phi_f12$	1.77%
		跨中	$10\phi_f12$	2.26%
LL－9	2.0	中支座	$8\phi_f12$	1.77%
		跨中	$8\phi_f14$	2.64%
LL－10	2.0	中支座	$8\phi_f12$	1.77%
		跨中	$9\phi_f14$	3.00%
LL－11	2.0	中支座	$8\phi_f12$	1.77%
		跨中	$10\phi_f14$	3.37%
LL－12	2.0	中支座	$9\phi_f12$	2.01%
		跨中	$10\phi_f12$	2.26%
LL－13	2.0	中支座	$9\phi_f12$	2.01%
		跨中	$8\phi_f14$	2.64%
LL－14	2.0	中支座	$9\phi_f12$	2.01%
		跨中	$9\phi_f14$	3.00%
LL－15	2.0	中支座	$9\phi_f12$	2.01%
		跨中	$10\phi_f14$	3.37%
LL－16	2.0	中支座	$10\phi_f12$	2.26%
		跨中	$8\phi_f14$	2.64%
LL－17	2.0	中支座	$10\phi_f12$	2.26%
		跨中	$9\phi_f14$	3.00%
LL－18	2.0	中支座	$10\phi_f12$	2.26%
		跨中	$10\phi_f14$	3.37%

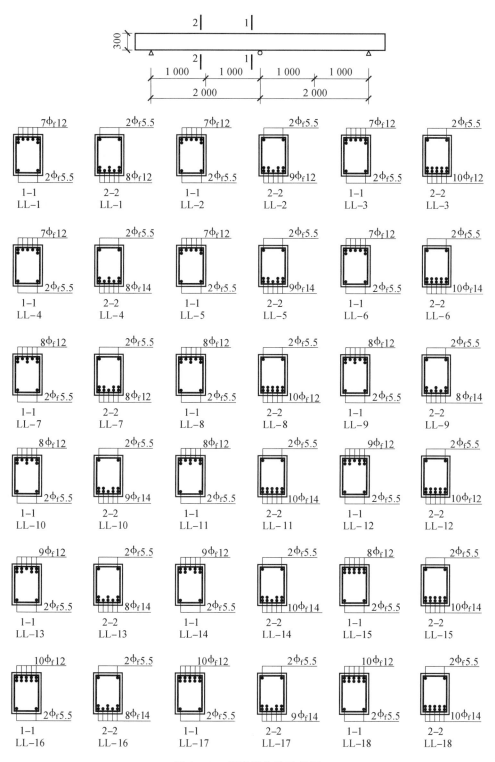

图 10.4　模拟梁构造示意图

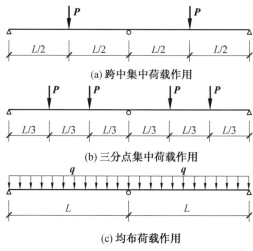

(a) 跨中集中荷载作用

(b) 三分点集中荷载作用

(c) 均布荷载作用

图 10.5　模拟梁 3 种加载形式

10.6　分　析　结　果

根据非线性分析方法求得的各模拟梁在跨中集中荷载(图 10.5(a))、三分点集中荷载(图 10.5(b))及均布荷载(图 10.5(c))分别作用下弯矩调幅系数及跨中和中支座各自的弯矩计算值 M_u^c 和弯矩弹性计算值 M_u^e 分别见表 10.3 ~ 10.5。

表 10.3　各模拟梁在跨中集中荷载作用下弯矩调幅系数及跨中和
中支座各自的弯矩计算值 M_u^c 和弯矩弹性计算值 M_u^e

梁编号	跨中极限荷载 P/kN	弯矩调幅系数计算值	中支座截面		跨中弯矩最大截面	
			弯矩仿真计算值 /(kN·m)	弯矩弹性计算值 /(kN·m)	弯矩仿真计算值 /(kN·m)	弯矩弹性计算值 /(kN·m)
LL－1	508.5	0.039	183.29	190.69	162.60	158.91
LL－2	523.0	0.065	183.29	196.13	169.85	163.44
LL－3	536.0	0.088	183.29	201.00	176.35	167.50
LL－4	555.0	0.119	183.29	208.13	185.85	173.44
LL－5	572.5	0.146	183.29	214.69	194.60	178.91
LL－6	585.5	0.165	183.29	219.56	201.10	182.97
LL－7	524.0	0.033	190.08	196.50	166.96	163.75
LL－8	536.0	0.054	190.08	201.00	172.96	167.50
LL－9	556.5	0.089	190.08	208.69	183.21	173.91
LL－10	572.5	0.115	190.08	214.69	191.21	178.91
LL－11	586.0	0.135	190.08	219.75	197.96	183.13
LL－12	541.5	0.028	197.46	203.06	172.02	169.22
LL－13	561.0	0.061	197.46	210.38	181.77	175.31
LL－14	577.5	0.088	197.46	216.56	190.02	180.47
LL－15	590.5	0.108	197.46	221.44	196.52	184.53
LL－16	555.0	0.038	200.15	208.13	177.43	173.44
LL－17	572.0	0.067	200.15	214.50	185.93	178.75
LL－18	584.5	0.087	200.15	219.19	192.18	182.66

表 10.4　各模拟梁在三分点集中荷载作用下弯矩调幅系数及跨中和
中支座各自的弯矩计算值 M_u^c 和弯矩弹性计算值 M_u^e

梁编号	跨中极限荷载 P/kN	弯矩调幅系数计算值	中支座截面		跨中弯矩最大截面	
			弯矩仿真计算值 /(kN·m)	弯矩弹性计算值 /(kN·m)	弯矩仿真计算值 /(kN·m)	弯矩弹性计算值 /(kN·m)
LL-1	285.5	0.037	183.29	190.33	129.24	126.89
LL-2	293.5	0.063	183.29	195.67	134.57	130.44
LL-3	300.0	0.084	183.29	200.00	138.90	133.33
LL-4	310.5	0.115	183.29	207.00	145.90	138.00
LL-5	319.5	0.140	183.29	213.00	151.90	142.00
LL-6	326.5	0.158	183.29	217.67	156.57	145.11
LL-7	295.0	0.034	190.08	196.67	133.31	131.11
LL-8	301.5	0.054	190.08	201.00	137.64	134.00
LL-9	311.5	0.085	190.08	207.67	144.31	138.44
LL-10	320.5	0.110	190.08	213.67	150.31	142.44
LL-11	327.5	0.129	190.08	218.33	154.97	145.56
LL-12	304.5	0.027	197.46	203.00	137.18	135.33
LL-13	315.0	0.060	197.46	210.00	144.18	140.00
LL-14	324.0	0.086	197.46	216.00	150.18	144.00
LL-15	330.5	0.104	197.46	220.33	154.51	146.89
LL-16	312.0	0.038	200.15	208.00	141.28	138.67
LL-17	321.0	0.065	200.15	214.00	147.28	142.67
LL-18	327.5	0.083	200.15	218.33	151.62	145.56

表 10.5　各模拟梁在均布荷载作用下弯矩调幅系数及跨中和
中支座各自的弯矩计算值 M_u^c 和弯矩弹性计算值 M_u^e

梁编号	跨中极限荷载 P/kN	弯矩调幅系数计算值	中支座截面		跨中弯矩最大截面	
			弯矩仿真计算值 /(kN·m)	弯矩弹性计算值 /(kN·m)	弯矩仿真计算值 /(kN·m)	弯矩弹性计算值 /(kN·m)
LL-1	380.0	0.035	183.29	190.00	109.41	106.88
LL-2	390.0	0.060	183.29	195.00	114.12	109.69
LL-3	399.0	0.081	183.29	199.50	118.38	112.22
LL-4	410.0	0.106	183.29	205.00	123.60	115.31
LL-5	421.0	0.129	183.29	210.50	128.83	118.41
LL-6	429.0	0.146	183.29	214.50	132.64	120.66
LL-7	394.0	0.035	190.08	197.00	113.42	110.81
LL-8	402.0	0.054	190.08	201.00	117.20	113.06
LL-9	413.0	0.080	190.08	206.50	122.40	116.16
LL-10	424.0	0.103	190.08	212.00	127.61	119.25
LL-11	432.0	0.120	190.08	216.00	131.42	121.50
LL-12	407.0	0.030	197.46	203.50	116.74	114.47
LL-13	418.0	0.055	197.46	209.00	121.93	117.56
LL-14	429.0	0.079	197.46	214.50	127.13	120.66
LL-15	437.0	0.096	197.46	218.50	130.92	122.91
LL-16	415.0	0.035	200.15	207.50	119.49	116.72
LL-17	425.0	0.058	200.15	212.50	124.21	119.53
LL-18	434.0	0.078	200.15	217.00	128.46	122.06

10.7 弯矩调幅分析

10.7.1 跨中集中荷载作用下弯矩调幅系数计算公式

模拟梁在跨中集中荷载作用下达到承载能力极限状态时的中支座控制截面弯矩弹性值、程序仿真计算值及调幅系数 β 见表 10.6。

表 10.6 模拟梁在跨中集中荷载作用下达到承载能力极限状态时的中支座控制截面弯矩弹性值、程序仿真计算值及调幅系数 β

梁编号	中支座截面配筋率 $\rho_i / \%$	跨中截面配筋率 $\rho_m / \%$	$M_u^e /(kN \cdot m)$	$M_u^c /(kN \cdot m)$	调幅系数 β
LL−1	1.53	1.77	190.69	183.29	0.039
LL−2	1.53	2.01	196.13	183.29	0.065
LL−3	1.53	2.26	201.00	183.29	0.088
LL−4	1.53	2.64	208.13	183.29	0.119
LL−5	1.53	3.00	214.69	183.29	0.146
LL−6	1.53	3.37	219.56	183.29	0.165
LL−7	1.77	2.01	196.50	190.08	0.033
LL−8	1.77	2.26	201.00	190.08	0.054
LL−9	1.77	2.64	208.69	190.08	0.089
LL−10	1.77	3.00	214.69	190.08	0.115
LL−11	1.77	3.37	219.75	190.08	0.135
LL−12	2.01	2.26	203.06	197.46	0.028
LL−13	2.01	2.64	210.38	197.46	0.061
LL−14	2.01	3.00	216.56	197.46	0.088
LL−15	2.01	3.37	221.44	197.46	0.108
LL−16	2.26	2.64	208.13	200.15	0.038
LL−17	2.26	3.00	214.50	200.15	0.067
LL−18	2.26	3.37	219.19	200.15	0.087

以中支座控制截面及跨中控制截面配筋指标 ρ_i、ρ_m 为自变量,可得到 18 根模拟梁 β 与 ρ_i、ρ_m 的数据点分布,如图 10.6 所示。

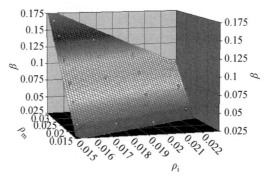

图 10.6 跨中集中荷载作用下 18 根模拟梁 β 与 ρ_i、ρ_m 的数据点分布

对以上数据进行拟合,得到跨中集中荷载作用下,中支座及跨中截面均为受压破坏截面且配筋率均小于 3.5% 的 GFRP 筋 RPC 连续梁以中支座控制截面及跨中控制截面配筋率 ρ_i、ρ_m 为自变量的弯矩调幅系数 β 的计算公式为

$$\beta = 0.077 - 10.872\rho_i + 7.658\rho_m \tag{10.11}$$

令 $x = \beta_{计算值}/\beta_{仿真值}$，$x$ 的平均值为 0.016，标准差为 0.084，变异系数为 0.083，说明回归公式精度较高，与仿真计算值吻合程度较好。

10.7.2　三分点集中荷载作用下弯矩调幅系数计算公式

模拟梁在三分点集中荷载作用下达到承载能力极限状态时的中支座控制截面弯矩弹性值、程序仿真计算值及调幅系数 β 见表 10.7。

表 10.7　模拟梁在三分点集中荷载作用下达到承载能力极限状态时的
中支座控制截面弯矩弹性值、程序仿真计算值及调幅系数 β

梁编号	中支座截面配筋率 $\rho_i/\%$	跨中截面配筋率 $\rho_m/\%$	$M_u^e/(kN \cdot m)$	$M_u^c/(kN \cdot m)$	调幅系数 β
LL—1	1.53	1.77	190.33	183.29	0.037
LL—2	1.53	2.01	195.67	183.29	0.063
LL—3	1.53	2.26	200.00	183.29	0.084
LL—4	1.53	2.64	207.00	183.29	0.115
LL—5	1.53	3.00	213.00	183.29	0.140
LL—6	1.53	3.37	217.67	183.29	0.158
LL—7	1.77	2.01	196.67	190.08	0.034
LL—8	1.77	2.26	201.00	190.08	0.054
LL—9	1.77	2.64	207.67	190.08	0.085
LL—10	1.77	3.00	213.67	190.08	0.110
LL—11	1.77	3.37	218.33	190.08	0.129
LL—12	2.01	2.26	203.00	197.46	0.027
LL—13	2.01	2.64	210.00	197.46	0.060
LL—14	2.01	3.00	216.00	197.46	0.086
LL—15	2.01	3.37	220.33	197.46	0.104
LL—16	2.26	2.64	208.00	200.15	0.038
LL—17	2.26	3.00	214.00	200.15	0.065
LL—18	2.26	3.37	218.33	200.15	0.083

以中支座控制截面及跨中控制截面配筋指标 ρ_i、ρ_m 为自变量，可得到 18 根模拟梁 β 与 ρ_i、ρ_m 的数据点分布，如图 10.7 所示。

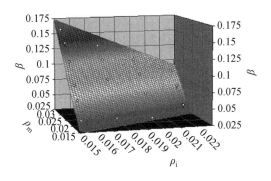

图 10.7　三分点集中荷载作用下 18 根模拟梁 β 与 ρ_i、ρ_m 的数据点分布

对以上数据进行拟合，得到三分点集中荷载作用下，中支座及跨中截面均为受压破坏截面且配筋率均小于 3.5% 的 GFRP 筋 RPC 连续梁以中支座控制截面及跨中控制截面配筋率 ρ_i、ρ_m 为自变量的弯矩调幅系数 β 的计算公式为

$$\beta = 0.073 - 10.243\rho_i + 7.253\rho_m \tag{10.12}$$

令 $x = \beta_{计算值}/\beta_{仿真值}$，$x$ 的平均值为 1.010，标准差为 0.084，变异系数为 0.083，说明回归公式精度较高，与仿真计算值吻合程度较好。

10.7.3 均布荷载作用下弯矩调幅系数计算公式

模拟梁在均布荷载作用下达到承载能力极限状态时的中支座控制截面弯矩弹性值、程序仿真计算值及调幅系数 β 见表 10.8。

表 10.8 模拟梁在均布荷载作用下达到承载能力极限状态时的中支座控制截面弯矩弹性值、程序仿真计算值及调幅系数 β

梁编号	中支座截面配筋率 $\rho_i/\%$	跨中截面配筋率 $\rho_m/\%$	$M_u^e/(kN \cdot m)$	$M_u^c/(kN \cdot m)$	调幅系数 β
LL—1	1.53	1.77	190.00	183.29	0.035
LL—2	1.53	2.01	195.00	183.29	0.060
LL—3	1.53	2.26	199.50	183.29	0.081
LL—4	1.53	2.64	205.00	183.29	0.106
LL—5	1.53	3.00	210.50	183.29	0.129
LL—6	1.53	3.37	214.50	183.29	0.146
LL—7	1.77	2.01	197.00	190.08	0.035
LL—8	1.77	2.26	201.00	190.08	0.054
LL—9	1.77	2.64	206.50	190.08	0.080
LL—10	1.77	3.00	212.00	190.08	0.103
LL—11	1.77	3.37	216.00	190.08	0.120
LL—12	2.01	2.26	203.50	197.46	0.030
LL—13	2.01	2.64	209.00	197.46	0.055
LL—14	2.01	3.00	214.50	197.46	0.079
LL—15	2.01	3.37	218.50	197.46	0.096
LL—16	2.26	2.64	207.50	200.15	0.035
LL—17	2.26	3.00	212.50	200.15	0.058
LL—18	2.26	3.37	217.00	200.15	0.078

以中支座控制截面及跨中控制截面配筋指标 ρ_i、ρ_m 为自变量，可得到 18 根模拟梁 β 与 ρ_i、ρ_m 的数据点分布，如图 10.8 所示。

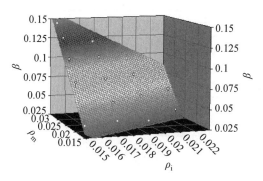

图 10.8 均布荷载作用下 18 根模拟梁 β 与 ρ_i、ρ_m 的数据点分布

对以上数据进行拟合，得到均布荷载作用下，中支座及跨中截面均为受压破坏截面且配筋率均小于 3.5% 的 GFRP 筋 RPC 连续梁以中支座控制截面及跨中控制截面配筋率 ρ_i、ρ_m 为自变量的弯矩调幅系数 β 的计算公式为

$$\beta = 0.074\ 7 - 9.475\rho_i + 6.487\rho_m \tag{10.13}$$

令 $x = \beta_{计算值}/\beta_{仿真值}$，$x$ 的平均值为 1.015，标准差为 0.078，变异系数为 0.077，说明回归公式精度较高，与仿真计算值吻合程度较好。

10.7.4　统一的弯矩调幅计算公式

比较各种荷载形式作用下的弯矩调幅系数，可以看出弯矩调幅系数的数值与荷载形式关系不大，也可用统一的计算公式进行表达。

以中支座控制截面及跨中控制截面配筋率 ρ_i、ρ_m 为自变量，可得到 18 根模拟梁 β 与 ρ_i、ρ_m 的数据点分布，如图 10.9 所示。

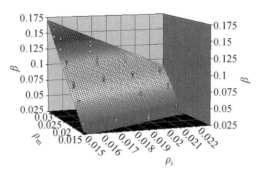

图 10.9　3 种荷载形式作用下 18 根模拟梁 β 与 ρ_i、ρ_m 的数据点分布

对以上数据进行拟合，得到中支座及跨中截面均为受压破坏截面且配筋率均小于 3.5% 的 GFRP 筋 RPC 连续梁以中支座控制截面及跨中控制截面配筋率 ρ_i、ρ_m 为自变量的各种荷载形式作用下统一的弯矩调幅系数 β 的计算公式为

$$\beta = 0.074\ 8 - 10.200\rho_i + 7.133\rho_m \tag{10.14}$$

令 $x = \beta_{计算值}/\beta_{仿真值}$，$x$ 的平均值为 1.010，标准差为 0.088，变异系数为 0.087，说明回归公式精度较高，与仿真计算值吻合程度较好。

由以上数据可知，GFRP 筋 RPC 连续梁具有良好的塑性性能。钢筋混凝土连续梁内力发展全过程大致分为 3 个不同阶段：第一阶段为裂缝出现前的加载初期阶段，为近似弹性阶段；第二阶段为裂缝出现后至塑性铰出现前的阶段，此阶段由于裂缝的产生引起刚度变化，从而引起内力重分布；第三阶段为塑性铰出现后的阶段，此阶段由于塑性铰的产生而引起内力重分布。后两个阶段均为内力重分布阶段。而 GFRP 筋受拉应力－应变关系从开始受力到断裂均呈线弹性，不像普通钢筋那样具有屈服点和较长的屈服平台，配置这种筋的连续梁也不会像钢筋混凝土连续梁那样出现明显的塑性铰。因此，GFRP 筋 RPC 连续梁内力发展过程只有普通钢筋混凝土连续梁内力发展的前两个阶段。但我们认为梁截面的塑性过程是广义的，这种塑性过程从受拉区混凝土进入塑性就开始了，经历了受拉区混凝土进入塑性、受拉边缘出现裂缝、裂缝条数增多及裂缝宽度和高度进一步发展与延伸、受压区边缘混凝土达到极限压应变等特征点。GFRP 筋的强度为 800 ～ 1 000 MPa，弹性模量约为 50.0 GPa，其破断应变达到 20 000 $\mu\varepsilon$ 左右，而钢筋混凝土梁达到正截面承载能力极限状态时受拉钢筋应变限值为 0.01。而且受压破坏时受压区边缘 RPC 的极限压应变可达到 5 500 $\mu\varepsilon$，远高于普通混凝土的极限压应变 3 300 $\mu\varepsilon$。因此，GFRP 筋 RPC 连续梁在达到承载能力极限状态之前能够保证截面具有相对较大的曲率。所以对 GFRP 筋 RPC 连续梁的调幅设计是有理论依据的。

10.8 本 章 小 结

本章给出了计算 GFRP 筋连续梁弯矩调幅系数非线性分析方法,通过将已有 FRP 筋混凝土连续梁试验结果与数值计算结果进行对比,验证了该方法的准确性。通过对 18 根模拟梁进行弯矩－曲率非线性仿真分析,再结合共轭梁法,使中支座截面变形满足变形协调条件,得到了 18 根模拟连续梁分别在跨中集中荷载、三分点集中荷载及均布荷载作用下达到承载力极限状态时的弯矩调幅系数。然后将弯矩调幅系数与影响因素进行拟合,分别得到跨中集中荷载作用下、三分点集中荷载作用下和均布荷载作用下,以中支座与跨中控制截面配筋率为自变量的弯矩调幅系数计算公式。同时给出了 3 种荷载形式作用下统一的弯矩调幅系数计算公式。本章为 GFRP 筋 RPC 连续梁的塑性性能分析和设计方法研究提供了参考。

本章参考文献

[1] 朱伯龙,董振祥. 钢筋混凝土非线性分析[M]. 上海:同济大学出版社,1985.

[2] 吕西林,金国芳,吴晓涵. 钢筋混凝土结构非线性有限元理论与应用[M]. 上海:同济大学出版社,1997.

[3] 祁皑,翁春光. FRP 筋混凝土连续梁力学性能试验研究[J]. 土木工程学报,2008,41(5):1-7.

[4] 中华人民共和国建设部. 混凝土结构设计规范:GB/T 50010—2010[S]. 北京:中国标准出版社,2010.

[5] TOUTANJI H A, SAAFI M. Flexural behavior of concrete beams reinforced with glass fiber-reinforced polymer (GFRP) bars[J]. ACI Structural Journal, 2000, 97(5):712-719.

[6] SAIKIA B, KUMAR P, THOMAS J, et al. Strength and serviceability performance of beams reinforced with GFRP bars in flexure[J]. Construction and Building Materials, 2007, 21(8):1709-1719.

[7] SHIN S, SEO D, HAN B. Performance of concrete beams reinforced with gfrp bars[J]. Journal of Asian Architecture and Building Engineering, 2009, 8(1):197-204.

[8] 张冲. 钢筋混凝土连续梁结构非弹性内力分析[J]. 汕头大学学报,1989,4(1):69-74.

[9] OEHLERS D J, BUI H D, RUSSELL N C, et al. Development of ductility design guidelines for RC beams with FRP reinforcing bars[J]. Advances in Structural Engineering, 2001, 4(3):169-180.

[10] INEL M, OZMEN H B. Effects of plastic hinge properties in nonlinear analysis of reinforced concrete buildings[J]. Steel Construction, 2006, 28(11):1494-1502.

[11] 李莉,郑文忠. 活性粉末混凝土连续梁塑性性能试验研究[J]. 哈尔滨工业大学学报,2010,42(2):193-199.

第11章 RPC带上反开洞肋底板叠合板设计与制作

11.1 概　　述

当分布荷载相近时,叠合板跨度越大,荷载效应越大。为控制变形、限制裂缝、提高受弯承载力,需要在预制底板中配置更多的预应力筋。为避免底板混凝土发生过大徐变,试验采用 RPC 带上反开洞肋底板。《无黏结预应力混凝土结构技术规程》(JGJ 92—2016)5.1.3 条规定:平板混凝土平均预压应力不宜大于 3.5 MPa。由于 RPC 强度高,受压应力-应变曲线线性段较长,若采用 RPC 制作带上反开洞肋底板,当张拉控制应力相同时,底板相同截面内可配置更多的预应力筋,从而延缓开裂,提高叠合板的刚度和受弯承载力,增大使用跨度。

已有的研究表明,在正常使用阶段和承载能力极限状态下,构件受拉区 RPC 拉应力的影响不宜忽略,这使得 RPC 构件的受力性能与普通混凝土构件有明显不同。本章分别设计了 4 块 RPC 带上反开洞肋底板和 4 块 RPC 带上反开洞肋底板叠合板,考察这两类构件的截面抵抗矩塑性影响系数、受弯承载力、抗弯刚度和裂缝产生发展规律等。

11.2 RPC原材料与配合比

11.2.1 水泥

选用哈尔滨亚泰集团生产的"天鹅牌"P.O.42.5 级水泥,比表面积为 356 m^2/kg,初凝时间为 65 min,终凝时间为 162 min,水泥的主要成分见表 11.1。

表 11.1　水泥的主要成分　　　　　　　　　　　　　　%

CaO	SiO$_2$	Al$_2$O$_3$	Fe$_2$O$_3$	SO$_3$	MgO	Ti$_2$O$_3$
64.27	21.70	4.21	3.10	2.61	1.45	0.71

11.2.2 硅灰

试验选用济南鹏程硅业有限公司生产的硅灰,外观为灰白色粉末,密度为 2 250 kg/m^3,SiO$_2$ 质量分数大于 92%,比表面积为 19 700 m^2/kg。

11.2.3 高炉矿渣粉

试验选用吉林省辽源市金刚水泥集团有限公司生产的 S95 级高炉矿渣粉,比表面积为 475 m^2/kg,其主要成分见表 11.2。

表 11.2　高炉矿渣粉的主要成分　　　　　　　　　　　　　　　　　%

CaO	SiO$_2$	Al$_2$O$_3$	Fe$_2$O$_3$	MgO	烧失量
37.57	34.90	14.66	1.36	9.13	0.30

11.2.4　石英砂

试验选用哈尔滨晶华水处理材料有限公司生产的石英砂,其中 40 ~ 70 目(粒径为 0.36 ~ 0.60 mm)和 70 ~ 140 目(粒径的 0.18 ~ 0.36 mm)的石英砂各占 50%。

11.2.5　钢纤维

试验选用河北玉田县鸭鸿桥永利制刷厂生产的直径为 0.22 mm、长为 13 mm 的镀铜光圆钢纤维。

11.2.6　高效减水剂

试验选用山东莱芜汶河化工有限公司生产的 FDN 高效萘系减水剂,其为黄褐色粉末。

11.2.7　配合比

经试配,综合考虑 RPC 的抗压强度和浆体流动性,试验选取的 RPC 配合比见表 11.3。

表 11.3　试验选取的 RPC 配合比

水泥	硅灰	矿渣粉	石英砂	水胶比	减水剂	钢纤维(体积比)
1	0.3	0.15	1.2	0.21	0.04	2%

11.3　RPC 带上反开洞肋底板设计

11.3.1　试件形式

借鉴本章参考文献[2]和[3],本试验中的 RPC 底板可分为两类:RPC 带上反开洞单肋底板和 RPC 带上反开洞双肋底板,分别如图 11.1(a) 和图 11.1(b) 所示。在施工过程中,将 RPC 带上反开洞肋底板拼装完毕后,通过上反肋预留孔洞布置垂直于预应力筋的普通钢筋,浇筑混凝土叠合层后可形成 RPC 带上反开洞肋底板实心叠合板。同理,将 RPC 带上反开洞双肋拼装完毕后,通过上反肋预留孔洞布置垂直于预应力筋的普通钢筋,按设计要求布置 XPS 填充块,浇筑混凝土叠合层后可形成 RPC 带上反开洞肋底板空心叠合板。RPC 带上反

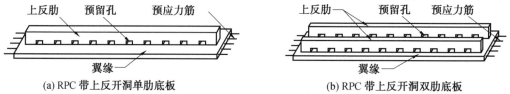

(a) RPC 带上反开洞单肋底板　　　　　　　　(b) RPC 带上反开洞双肋底板

图 11.1　RPC 带上反开洞肋底板

开洞肋底板实心和空心叠合板分别如图 11.2(a) 和图 11.2(b) 所示。

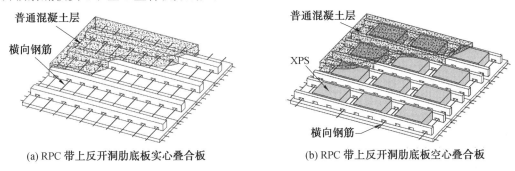

(a) RPC 带上反开洞肋底板实心叠合板　　　(b) RPC 带上反开洞肋底板空心叠合板

图 11.2　RPC 带上反开洞肋底板叠合板

11.3.2　试件参数

以预制底板在吊装、运输和施工过程中板底不开裂、肋顶不被压碎和节省材料为原则,共设计了 4 块 RPC 带上反开洞肋底板,其中 BS1－1 和 BS1－2 为单肋底板,截面分别用于跨度为 6 m 和 10 m 实心叠合板试件的底板。BS2－1 和 BS2－2 为双肋底板,截面分别用于跨度为 8 m 和 12 m 空心叠合板试件的底板。所有底板的翼缘厚度均为 40 mm,长度为 2 600 mm,计算跨度为 2 400 mm。钢筋选用直径为 7 mm 的 1570 级低松弛预应力螺旋肋钢丝,位于底板下翼缘重心处。RPC 带上反开洞肋底板构造和尺寸如图 11.3 所示,具体参数见表 11.4。

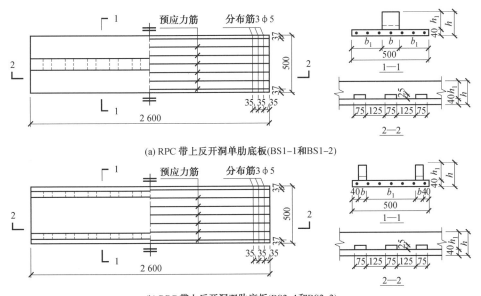

(a) RPC 带上反开洞单肋底板(BS1-1 和 BS1-2)

(b) RPC 带上反开洞双肋底板(BS2-1 和 BS2-2)

图 11.3　RPC 带上反开洞肋底板构造和尺寸

h_1— 肋高;h— 板高;b— 肋宽;b_1— 肋间距

表 11.4　RPC 带上反开洞肋底板具体参数

试件编号	预应力钢丝	b/mm	b_1/mm	h_1/mm	h/mm
BS1－1	$4\phi^H7$	100	200	70	110
BS1－2	$7\phi^H7$	110	195	110	150
BS2－1	$7\phi^H7$	50	320	90	130
BS2－2	$10\phi^H7$	55	310	110	150

11.4　RPC 带上反开洞肋底板叠合板设计

为贴近工程实际,按照下述原则进行 RPC 带上反开洞肋底板叠合板设计:

(1)均布活荷载标准值取 3 kN/m²,除板自重外的附加恒荷载标准值取 1.5 kN/m²,荷载基本组合按照《建筑结构荷载规范》(GB 50009—2019)考虑。

(2)试验板的跨高比按 40～45 考虑。

(3)后浇混凝土按 C40 考虑。

本试验共设计了 4 块 RPC 带上反开洞肋底板叠合板。试件 CS1－1 和 CS1－2 为单向实心叠合板,计算跨度分别为 6 000 mm 和 10 000 mm。RPC 带上反开洞肋底板实心叠合板构造和尺寸如图 11.4 所示;试件 CS2－1 和 CS2－2 为单向空心叠合板,计算跨度分别为 8 000 mm 和 12 000 mm,RPC 带上反开洞肋底板空心叠合板构造和尺寸如图 11.5 所示。各试件预制底板的预应力筋采用抗拉强度标准值 $f_{ptk} = 1\,570$ MPa,直径为 7 mm

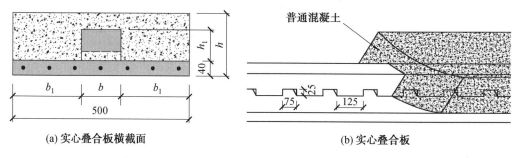

(a) 实心叠合板横截面　　　　　　(b) 实心叠合板

图 11.4　RPC 带上反开洞肋底板实心叠合板构造和尺寸

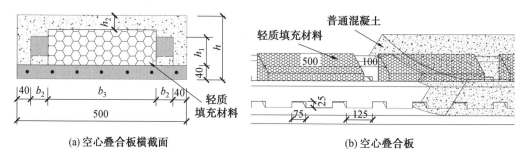

(a) 空心叠合板横截面　　　　　　(b) 空心叠合板

图 11.5　RPC 带上反开洞肋底板空心叠合板构造和尺寸

的低松弛消除应力螺旋肋钢丝,预应力筋均位于翼缘重心处。试件 CS1－1、CS1－2、CS2－1 和 CS2－2 中的预应力筋数量分别为 $4\phi^H7$、$10\phi^H7$、$7\phi^H7$ 和 $10\phi^H7$。RPC 带上反开洞肋底板叠合板具体参数见表 11.5。

表 11.5　RPC 带上反开洞肋底板叠合板具体参数

试件编号	截面形式	b/mm	b_1/mm	b_2/mm	b_3/mm	h_1/mm	h_2/mm	h/mm
CS1－1	实心	100	200	—	—	70	—	140
CS1－2	实心	110	195	—	—	110	—	240
CS2－1	空心	—	—	50	320	90	50	180
CS2－2	空心	—	—	55	310	110	40	270

11.5　试件制作与养护

11.5.1　底板模板制作

RPC 带上反开洞肋底板为先张预应力构件。在制作过程中需进行预应力张拉,故试件制作在两台座之间进行。RPC 带上反开洞单肋底板与双肋底板制作方法基本相同,具体步骤如下:

(1)将混凝土墩间的槽道清理干净,每隔 700 mm 布置截面为 100 mm×100 mm、长为 1 200 mm 的垫木,然后在垫木上铺设厚度为 2.8 mm 的钢板并作为 RPC 带上反开洞肋底板试件的底模。将∟40×40×3 的角钢沿底模长度方向布置在预定位置,作为底板下翼缘的侧模,如图 11.6 所示。然后用木螺丝贯通角钢底边和底模钢板的后成型孔,将二者固定于垫木上,如图 11.7 所示。

(2)按试验设计预定的位置布置预应力钢丝,在两台座间张拉预应力钢丝(图 11.8),张拉控制应力为 $\sigma_{con}=0.65f_{ptk}=1\,020$ MPa。

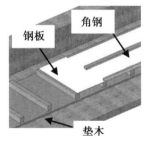
图 11.6　预制底板模板

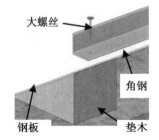
图 11.7　模板固定

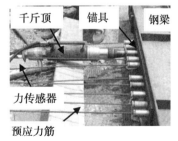
图 11.8　张拉预应力

(3)预应力钢丝张拉完毕后,安装上反开洞肋侧模。带上反开洞肋底板的侧模(图 11.9)采用厚度为 50 mm、高度与肋同高的木板。在侧模下方开设宽×高＝75 mm×25 mm、中心距为 200 mm 的长方形孔洞。这样做的目的是:一方面为与孔洞尺寸相同的垂直侧模的木方每隔 1.2 m 贯穿两侧模为底板侧模的角钢上沿提供方便;另一方面是贯穿于侧模布置截面与孔洞尺寸相同的 XPS 条块为成型上反肋的预留孔洞提供方便。RPC 底板模板如图 11.10 所示。

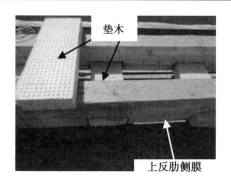

图 11.9 上反开洞肋底板的侧模

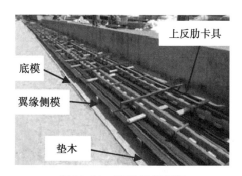

图 11.10 RPC 底板模板

11.5.2 底板浇筑

RPC 带上反开洞肋底板在哈尔滨某构件厂制作。RPC 采用 150 L 单轴立式强制混凝土搅拌机搅拌。首先投入石英砂、水泥、矿渣、硅灰和减水剂干拌 5 min,然后加水搅拌 5 min,最后均匀撒入钢纤维并继续搅拌 5 min。

为使上反肋与翼缘一体成型,将搅拌均匀的 RPC 从上反肋二侧模之间入模。浇筑过程中,需控制 RPC 入模速度,来保证 RPC 不从底板流失造成浪费,以及肋顶面与底板顶面的高差及顶面平整,如图 11.11 所示。成型后的 RPC 底板如图 11.12 所示。底板浇筑完毕后,在表面洒水并覆盖塑料膜以保持湿度。将试件在 20 ～ 30 ℃ 环境下静置 24 h 后拆除上反肋侧模。

图 11.11 浇筑 RPC

图 11.12 成型后的 RPC 底板

11.5.3 底板养护

RPC 浇筑结束后,为试件设置封闭空间,采用蒸发量为 0.9 t/h 的蒸汽锅炉向封闭空间内提供蒸汽,通过调整蒸汽阀门,使养护温度的升温速度为 10 ℃/h,在 90 ℃ ±5 ℃ 条件下恒温 12 h 后自然降温,8 h 后降至自然温度。

11.5.4 预应力放张

在试件的一端断筋,为避免截断预应力钢丝过程中试件发生转动,按照从两侧向中间的顺序依次切断预应力钢丝。由于试件制作过程中长度为 20 ～ 24 m,需用切割机切成设计长度。

11.5.5　叠合板制作

为使预制 RPC 底板与后浇混凝土层在共同受力过程中不发生面内剪切或面外剥离破坏,采用角磨机在预制底板上表面制作间距为 40 mm、深为 2 mm 的网状刻痕。

(1)RPC 带上反开洞肋底板实心叠合板制作。

在 RPC 底板下设垂直于 RPC 底板的木方,木方截面为 30 mm×50 mm,长为 800 mm,相邻两木方间距为 700 mm;在该木方上支厚度为 15 mm、高度与叠合板高度相同的侧模;在两侧模下布置木块,用长钉将该木块固定于 RPC 底板下方的木方上,用于固定侧模;在侧模顶布置 30 mm×50 mm 的木方,并用长钉将其与侧模固定。在支好侧模后,浇筑后浇层混凝土。RPC 带上反开洞肋底板实心叠合板模板和普通混凝土浇筑过程,如图 11.13 所示。

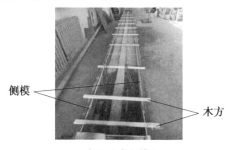

(a) 实心叠合板模板　　　　　　　　　　　(b) 浇筑普通混凝土

图 11.13　RPC 带上反开洞肋底板实心叠合板制作

(2)RPC 带上反开洞肋底板空心叠合板制作。

在双肋底板下设置可靠支承,在双肋之间填充 XPS 块,然后按实心叠合板的制作方法支好侧模,在两侧模之间浇筑普通混凝土并振捣密实,待普通混凝土结硬后即可形成 RPC 上反开洞肋底板空心叠合板,如图 11.14 所示。

(a) 空心叠合板模板　　　　　　　　　　　(b) 浇筑普通混凝土

图 11.14　RPC 带上反开洞肋底板空心叠合板制作

11.6　带上反开洞肋底板工业化生产方法

在制作过程中发现,带上反开洞肋底板的成型较为不便,其原因是当混凝土坍落度较大时,上反肋高度不易保证,且底板下翼缘部分的厚度容易过大;坍落度过小时,预留洞口下部的混凝土不易密实。鉴于上反肋和预留孔成型存在一定困难,影响构件的生产效率和质量,本节提出了带上反开洞肋底板工业化生产的新思路,即在成型过程中使上反肋位于构件下方,待混凝土达到规定强度后再将构件翻转过来的倒置成型工艺。该工艺流程如下:

(1)布置填充块。

对预制底板的底模(为提高预制底板与后浇混凝土层的黏结性能,底模可采用压花钢板制作)进行清理和涂刷脱模剂后,将轻质填充块放置于上反肋侧模的洞口处,如图11.15所示。采取固定措施,避免填充块在混凝土浇筑过程中发生位移。

(2)张拉预应力筋。

填充块布置完毕后,在张拉台座间穿入预应力筋,并张拉至控制应力,如图11.16所示。

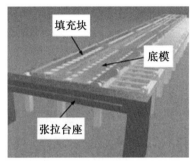

图11.15　布置填充块

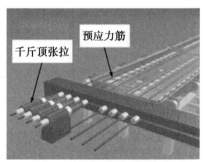

图11.16　张拉预应力筋

(3)浇筑混凝土。

预应力钢丝张拉完毕后,在底模中浇筑混凝土,并振捣密实(图11.17)。在浇筑过程中,应避免上反肋洞口处的轻质填充块发生位移或破坏。

图11.17　浇筑混凝土

(4)养护。

混凝土浇筑完成后,对构件进行养护。

(5)预应力筋放张。

构件混凝土达到规定强度后,切断预应力筋,如图11.18所示。为避免构件在断筋过程中发生较大位移,断筋前可采取一定措施进行缓慢放张。

(6)翻转。

采用机械装置,对底模和倒置的构件进行翻转,如图11.19所示。翻转完成后,将底模转回至初始位置即可实现脱模。清除上反肋预留孔中的轻质填充块,并运输至堆放场地后,带上反开洞肋底板生产完毕。将底模清理干净后可进行下一轮生产。

图 11.18　切断预应力筋

图 11.19　底模翻转

11.7　本章小结

本章介绍了 RPC 带上反开洞肋底板和叠合板的设计原则与试件参数,叙述了试件的制作和养护过程,明确了试件材料力学性能的测试方法。根据研究目标,分别制订了预制底板与叠合板的试验方案,为试验研究和理论分析提供了依据。本章提出了带上反开洞肋底板倒置成型工艺,为提高这类底板的生产效率和构件质量提供了新思路。

本章参考文献

[1] 李莉. 活性粉末混凝土梁受力性能及设计方法研究[D]. 哈尔滨:哈尔滨工业大学,2010.

[2] 郑伦存. PK 预应力混凝土叠合板的试验研究与应用[D]. 长沙:湖南大学,2005.

[3] 周友香. 预应力混凝土双向密肋夹芯或空心叠合板的研究[D]. 长沙:湖南大学,2006.

[4] 中华人民共和国住房和城乡建设部. 建筑结构荷载规范:GB5009—2012[S]. 北京:中国建筑工业出版社,2012.

[5] 中华人民共和国住房和城乡建设部. 无黏结预应力混凝土结构技术规程:JGJ92—2016[S]. 北京:中国建筑工业出版社,2016.

第12章 RPC带上反开洞肋底板试验与分析

12.1 概　　述

RPC带上反开洞肋底板的横截面为倒T形和倒π形,其翼缘较薄,上反肋开有等间距洞口,其受力性能有其自身特点。首先,这类带上反开洞肋底板在吊装、运输及浇筑叠合层混凝土过程中应满足承载力要求,当上反开洞肋受压、板底受拉时,如何考虑钢纤维拉应力对受弯承载力的贡献,是迫切需要解决的问题;其次,在这类带上反开洞肋底板吊装、运输和施工过程中,要保证底板不开裂,变形满足施工阶段验算要求,需要针对RPC弯曲开裂应变较大的特点,合理考虑所配纵向钢筋对截面抵抗矩塑性影响系数的贡献。

12.2 试 验 方 案

12.2.1 试验装置

为便于观察RPC带上反开洞肋底板在各级荷载作用下板底和板侧裂缝的产生和发展,测量板底裂缝宽度,4块试验板均采用倒置方式(翼缘底面朝上)进行加载,如图12.1所示。为减小集中荷载作用下底板下翼缘的剪力滞后效应,使底板下翼缘受力均匀,接近工程中的应力状态,在支座处用混凝土块塞实肋两侧支座上垫板至翼缘间的空隙。

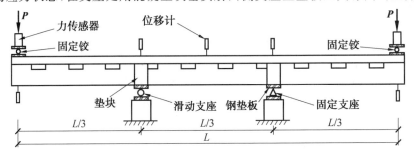

图12.1　RPC底板试验装置示意图

12.2.2 测试内容及方法

1.预应力钢丝有效预应力测试

国外相关研究资料表明,根据配合比与养护制度不同,RPC的收缩应变为$50 \times 10^{-6} \sim 700 \times 10^{-6}$,受压徐变为$3.3 \times 10^{-6} \sim 21.2 \times 10^{-6}$ MPa^{-1},尚无准确计算预应力筋由于RPC材料受压和收缩、徐变引起的预应力损失的方法。为准确获得试验板预应力钢丝的预应力水平,在试验板翼缘底部开槽暴露出预应力钢丝。在暴露出的预应力钢丝上粘贴两片钢筋应变片,然后切断预应力钢丝,读取应变采集系统测得的应变片数值,即可获得预应力钢丝被切断后的收缩应变。由于有效预应力低于预应力钢丝比例极限,可通过胡克定律求得预应力大小。

2. RPC 底板受力性能

(1) 跨中挠度。在试验板的加载点、支座和跨中截面各布置两个电子位移计(共 10个),底板试件根据各位移计的竖向位移差可计算得到试验板的跨中挠度,跨中挠度等于加载点位移实测值加上跨中位移实测值。位移计布置如图 12.1 所示。

(2) RPC 底板试件应变。在试验板纯弯区段的肋顶和翼缘底部连续布置标距为80 mm 的混凝土应变片,采集每级荷载作用下的 RPC 底板应变。

(3) 裂缝分布与发展。在试验板纯弯区段底面标出预应力钢丝的位置,并绘制间距为 100 mm × 100 mm 的网格。每级加载后,寻找新出现的裂缝,并在裂缝旁边描出裂缝的发展方向。采用电子式裂缝观测仪读取试验板纯弯区段板底裂缝与预应力钢丝交点处的宽度。

(4) 特征荷载和破坏特征,包括开裂荷载、极限承载力和破坏模式。

(5) 试验过程中有两名试验人员通过调整螺旋式千斤顶,分别控制试验板两端加载点的荷载。压力传感器数值通过 DH3818 静态应变采集箱显示;应变片和电子位移计数据由 DH3816 静态应变采集箱自动记录;裂缝宽度采用 F101 电子式裂缝观测仪(精度为0.01 mm)观察。

12.2.3　加载制度

根据《混凝土结构试验方法标准》(GB/T 50152—2012),本试验的加载制度如下:

(1) 为确保仪器设备能够正常工作,在正式加载前对试件进行预加载。预加载值不超过试验板预估开裂荷载 P_{cr}^c 的 70%。变幅重复加载和卸载 3 次,检查仪器设备工作情况,确认仪器设备工作正常后,将各仪器调零,准备正式加载。

(2) 在 $0.5P_{cr}^c$ 前,每级加载 $0.1P_{cr}^c$;超过 $0.5P_{cr}^c$ 后,每级加载 $0.05P_{cr}^c$,直至试验板开裂。

(3) 在试验板开裂至预估极限荷载 P_u^c 的 70% 阶段,每级加载 $0.1(P_u^c - P_{cr}^c)$;荷载超过 $0.7P_u^c$ 后,每级加载 $0.05(P_u^c - P_{cr}^c)$。当试验板的荷载 — 挠度曲线趋向水平时,适当减小每级增加的荷载,直至试件破坏。为便于寻找、绘制裂缝和观察试验现象,每级荷载维持 10 ~ 15 min。

12.3　材料力学性能

12.3.1　RPC 力学性能

对同条件制作的 RPC 棱柱体试件进行轴心抗压试验,并对哑铃形试件进行抗拉试验,将试验结果列于表 12.1。表 12.1 中,f_{cR} 为 RPC 棱柱体抗压强度;f_{tR} 为 RPC 棱柱体抗拉强度;E_R 为 RPC 棱柱体弹性模量;ε_{cR0} 为 RPC 棱柱体的峰值压应变。

表 12.1　RPC 力学性能指标

试件编号	f_{cR}/MPa	f_{tR}/MPa	E_R/MPa	$\varepsilon_{cR0}/\mu\varepsilon$
BS1－1	102.6	5.0	41 010	3 480
BS1－2	110.4	5.5	41 250	3 630
BS2－1	105.3	5.1	41 190	3 520
BS2－2	110.4	5.5	41 250	3 630

12.3.2　预应力钢丝力学性能

预应力钢丝的应力－应变关系曲线如图 12.2 所示。图 12.2 中,A 为比例极限点;B 为名义屈服点;C 为最大应力点;D 为破断点。将预应力钢丝各特征点对应的应力和应变试验值列于表 12.2。

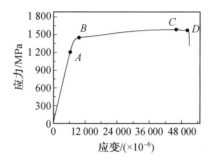

图 12.2　预应力钢丝的应力－应变关系曲线

对预应力钢丝的应力－应变关系进行拟合,有

$$\sigma_p = \begin{cases} E_p\varepsilon_p & (\varepsilon_p \leqslant \varepsilon_e) \\ f_e + (f_{ptu} - f_e)\dfrac{Ax^B}{C + Dx^B} & (\varepsilon_e < \varepsilon_p < \varepsilon_{ptu}) \end{cases} \tag{12.1}$$

式中,σ_p 为预应力钢丝拉应力;E_p 为预应力钢丝的弹性模量;f_e 为比例极限;f_{ptu} 为预应力钢丝抗拉强度;ε_p 为预应力钢丝拉应变;ε_e 为预应力钢丝比例极限对应的应变,$\varepsilon_e = f_e/E_p$;ε_{ptu} 为预应力钢丝达到抗拉强度时对应的应变;x 为变量,$x = (\varepsilon_p - \varepsilon_e)/(\varepsilon_{ptu} - \varepsilon_e)$;$A$、$B$、$C$、$D$ 为拟合参数。

表 12.2　预应力钢丝力学性能

力学参数	A	B	C	D
应力 /MPa	1 206	1 451	1 588	1 574
应变 /($\times 10^{-6}$)	6 249	9 518	46 056	50 000

注:预应力钢丝的弹性模量 $E_P = 1.93 \times 10^5$ MPa,断后伸长率为8.15%。

经计算,拟合参数 A、B、C、D 的值分别为 1.42、0.51、0.42 和 1.00。预应力钢丝应力－应变实测与拟合曲线对比如图 12.3 所示。

由图 12.3 可见,预应力钢丝应力－应变关系实测曲线与拟合曲线吻合良好,可用于试验板分析。

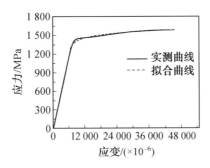

图 12.3　预应力钢丝应力－应变实测与拟合曲线对比

12.4　RPC 带上反开洞肋底板试验研究

12.4.1　试验现象

试验现象中所述的荷载值为作用在两个加载点上的合力,不包括试验板与加载设备自重。裂缝宽度为板底面裂缝与预应力钢丝交点处的宽度。因板底裂缝大多散乱而不连续,未对裂缝进行编号。

(1)试验板 BS1－1。

板底开裂前,试验板跨中挠度与荷载呈线性关系。当加载至 8.84 kN 时,试验板底面出现第 1 条裂缝,该裂缝位于靠近左侧支座的上反肋开洞截面。当加载至 9.83 kN 时,板底跨中的上反肋开洞截面出现第 2 条裂缝。当荷载达到 12.68 kN 时,第 2 条裂缝延伸至翼缘侧面,试验板发出轻微的"啪啪"声。随着荷载继续增大,原有裂缝宽度逐渐增大并向两端延伸,原有裂缝之间不断产生新的细小裂缝。当加载至 25.49 kN 时,持荷逐渐困难,试验板发出明显的"啪啪"声。当加载至 26.20 kN 时,靠近左侧支座的肋顶开洞截面处被压碎,荷载突然下降,试验板被破坏。直到破坏前一级荷载(25.49 kN),在板底仍不断出现新裂缝,裂缝细密而散乱,最大裂缝宽度为 0.2 mm。图 12.4(a)和图 12.5(a)分别展示了试验板纯弯区段板底裂缝分布和肋顶被压碎。

(2)试验板 BS1－2。

当荷载达到 24.55 kN 时,在跨中上反肋开洞截面的板底同时出现了 3 条可见裂缝。随着荷载提高,当加载至 28.26 kN 时,板底出现 9 条可见裂缝,其中 3 条裂缝延伸至翼缘侧面。随着荷载提高,试验板纯弯区段不断出现新的裂缝,原有的裂缝逐渐变宽和延伸,部分裂缝延伸一定距离后消失,在附近区域产生新的裂缝并沿相同方向继续延伸。当加载至 37.5 kN 时,裂缝处钢纤维拔出时发出轻微的"啪啪"声,板底最大裂缝宽度为 0.07 mm。当荷载达到 67.71 kN 时,上反肋顶部突然被压碎,试验板被破坏。在破坏前一级荷载(67.37 kN)作用下,板底最大裂缝宽度为 0.18 mm。图 12.4(b)和图 12.5(b)分别展示了试验板纯弯区段板底裂缝分布和肋顶被压碎。

(3)试验板 BS2－1。

当加载至 17.76 kN 时,试验板上反肋开洞截面板底出现 2 条可见裂缝。当荷载为 20.01 kN 时,板底出现 8 条裂缝,其中 3 条发展至翼缘侧面。当加载至 23.33 kN 时,试验板开始发出"啪啪"声,板底最大裂缝宽度为 0.08 mm。继续加载,试验板裂缝数量不断

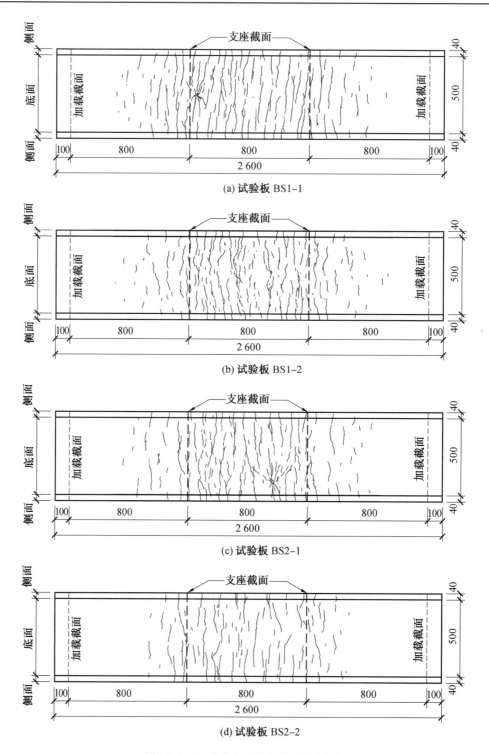

(a) 试验板 BS1-1

(b) 试验板 BS1-2

(c) 试验板 BS2-1

(d) 试验板 BS2-2

图 12.4　RPC 底板试验板裂缝分布图

增多,裂缝较细密且大多不贯穿,当荷载超过 37.67 kN 后,持荷逐渐困难,原有裂缝宽度逐渐增大,裂缝数量持续增加。加载至 41.22 kN 时,一侧上反肋突然被压碎,试验板被破坏。在破坏的前一级荷载(39.93 kN)作用下,最大裂缝宽度为 0.18 mm。图 12.4(c) 和图 12.5(c) 分别展示了试验板纯弯区段板底裂缝分布和肋顶被压碎。

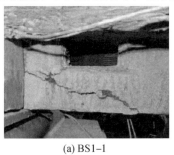

(a) BS1-1

(b) BS1-2

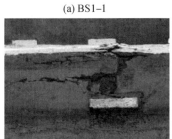

(a) BS2-1

(d) BS2-2

图 12.5　试验板肋顶压碎图

(4)试验板 BS2 — 2。

当加载至 33.65 kN 时,试验板上反肋开洞截面板底出现 1 条可见裂缝。当荷载提高至 33.65 kN 时,板底出现 9 条裂缝,其中 3 条延伸至翼缘侧面。当继续加载至 37.58 kN 时,裂缝处钢纤维拔出时发出轻微的"啪啪"声,板底最大裂缝宽度为 0.07 mm。随着荷载不断提高,板底不断出现新裂缝,裂缝细密而不连续,无明确的裂缝间距,原有裂缝也不断变宽。当荷载达到 65.96 kN 时,一侧肋顶突然被压碎,试验板被破坏。在破坏的前一级荷载(65.57 kN)作用下,最大裂缝宽度为 0.2 mm。图 12.4(d) 和图12.5(d) 分别展示了试验板纯弯区段板底裂缝分布和肋顶被压碎。

这类试验板的裂缝产生和发展具有明显的特点:第一批裂缝均在上反肋开洞截面的板底出现。裂缝出现后随荷载提高而向两端发展,延伸一段距离后消失,再从附近区域随机出现新的裂缝继续沿相同方向延伸。裂缝细密而散乱,没有明确的间距,且未发现有贯穿板底的单条裂缝。试验板上反肋被压碎之前,翼缘上表面未发现可见裂缝。

12.4.2　试验结果

开洞截面是这类底板的薄弱环节,下文中的计算截面均为底板的开洞截面。

1.有效预应力

按照 12.2.2 节所述的试验方法,可获得各试验板在不受力状态下预应力钢丝的有效预应力平均值 σ_{pe},再由材料力学知识可计算得到板底受压区边缘预压应力 σ_{cc} 和相应的 RPC 应力水平 σ_{cc}/f_{cR}(f_{cR} 为 RPC 轴心抗压强度),将试验结果列于表 12.3。

表 12.3　试验板预应力钢丝有效预应力平均值、受压区边缘预压应力和应力水平

试验结果	BS1－1	BS1－2	BS2－1	BS2－2
σ_{pe}/MPa	656.6	627.4	627.4	555.4
σ_{cc}/MPa	6.13	9.46	9.79	11.82
σ_{cc}/f_{cR}	0.059	0.090	0.093	0.107

2. 荷载－挠度关系

将各试验板板底 RPC 弯曲开裂应变 ε_{cr}（已扣除预压应变）、开裂弯矩 M_{cr} 和极限弯矩 M_u 实测值列于表 12.4。

表 12.4　试验板开裂应变、开裂弯矩与极限弯矩实测值

试验板结果	BS1－1	BS1－2	BS2－1	BS2－2
$\varepsilon_{cr}/(\times 10^{-6})$	458	515	490	537
$M_{cr}^t/(kN \cdot m)$	7.67	20.26	14.60	26.22
$M_u^t/(kN \cdot m)$	21.56	54.80	33.67	53.57

将电子位移计测得的数据进行整理，各试验板的荷载－挠度曲线如图 12.6 所示。由图 12.6 可见，此类试验板的荷载－挠度曲线可大致分为两个阶段：从开始加载到试验板出现第一条裂缝为第 1 阶段，该阶段试验板的跨中挠度与荷载近似为线性关系；从试验板开裂到肋顶 RPC 被压碎为第 2 阶段，此阶段荷载－挠度曲线逐渐发生转折，试验板刚度随荷载提高而下降。所有试验板破坏时均为肋顶 RPC 被压碎而预应力钢丝尚未屈服，被破坏前无明显征兆。为方便比较，将各试验板的荷载－挠度曲线绘制在同一个坐标系中，如图 12.7 所示。试验板 BS1－1、BS1－2、BS2－1 和 BS2－2 的受弯承载力分别为 21.56 kN·m、54.80 kN·m、33.67 kN·m 和 52.10 kN·m。

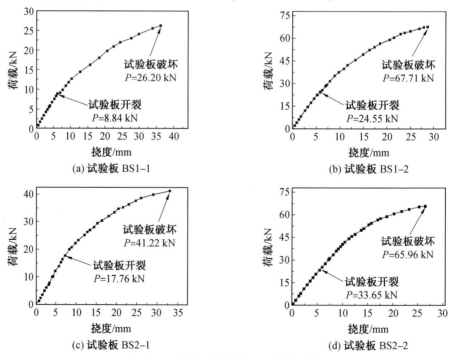

图 12.6　各试验板的荷载－挠度曲线

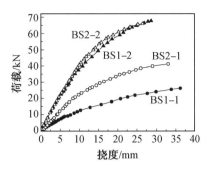

图 12.7　试验板的荷载－挠度曲线

3. 裂缝宽度

采用电子式裂缝观测仪对各试验板纯弯区段板底裂缝与预应力钢丝交点处的宽度进行测量,各试验板纯弯区段的平均裂缝宽度如图 12.8 所示。

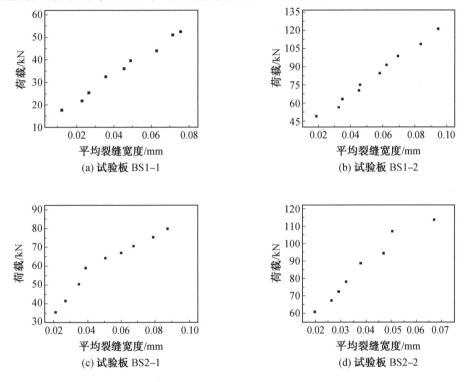

图 12.8　各试验板纯弯区段的平均裂缝宽度

由图 12.8 可见,各试验板的平均裂缝宽度与荷载近似为线性关系,与普通混凝土板相比,这类底板的平均裂缝宽度较小。当 $M_{cr} < M < M_u$ 时,各试验板的平均裂缝宽度均未超过 0.1 mm。

4. 肋受压区边缘压应变

各试验板纯弯区段肋顶压应变如图 12.9 所示,在已扣除预应力作用下的应变后,带上反开洞肋 RPC 底板肋顶压应变随荷载的增长而变化。由图可见,当跨中弯矩不超过 $0.5M_u$ 时,肋顶 RPC 压应变增长相对缓慢,然后肋顶压应变逐渐加快,接近破坏时,肋顶

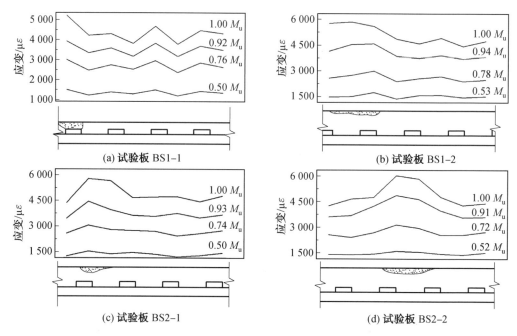

图 12.9　各试验板纯弯区段肋顶压应变

RPC压应变增长速度明显变快,且分布趋于不均匀。试验板 BS1－1 肋高较低,预留洞口顶部位于受压区,开洞截面和非开洞截面的肋顶压应变差别较大,肋顶被压碎时,RPC 的极限压应变为 $5\,221\times10^{-6}$;其他试验板的肋顶压应变与开洞截面无明显关系,试验板 BS1－2、BS2－1 和 BS2－2 的肋顶 RPC 极限压应变分别为 $5\,847\times10^{-6}$、$5\,779\times10^{-6}$ 和$6\,037\times10^{-6}$。

12.5　正截面开裂弯矩计算

RPC 的密实性和均匀性远高于普通混凝土,且钢纤维延缓了 RPC 裂缝的产生和发展。当达到开裂弯矩时,试验板 RPC 弯曲开裂应变为 $458\times10^{-6}\sim537\times10^{-6}$,远高于普通混凝土的弯曲开裂应变($80\times10^{-6}\sim120\times10^{-6}$)。另外,由于底板下翼缘的配筋率(预应力钢丝面积与底板下翼缘面积之比)较高,因此应考虑配筋率对这类底板正截面开裂弯矩的影响。现有的 RPC 弯曲开裂应变研究均针对矩形或 T 形 RPC 受弯构件,而 RPC 带上反开洞肋底板的截面形式为倒 T 形,底板下翼缘位于受拉区,本节针对上述特点,提出这类构件开裂弯矩的计算方法。

12.5.1　板底开裂弯矩计算模型

当 RPC 底板的板底即将开裂时,受压区的 RPC 仍处于弹性阶段,而受拉区边缘的 RPC 已超过其峰值拉应变进入塑性阶段。假定 RPC 受拉进入塑性后应力保持不变,由此可获得开裂弯矩作用下 RPC 底板开洞截面的应变和应力分布,如图 12.10 所示。

根据正截面静力平衡可得

$$C=T_{P}+T_{R} \tag{12.2}$$

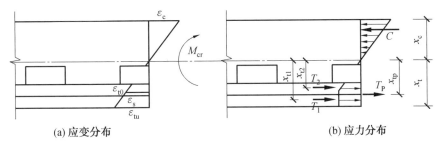

图 12.10　开裂弯矩作用下 RPC 底板开洞截面的应变和应力分布

式中，C 为受压区 RPC 合力；T_R 为受拉区 RPC 合力；T_P 为预应力钢丝拉力。其中，受压区 RPC 合力的计算公式为

$$C = \frac{1}{2} b x_c E_R \varepsilon_c \qquad (12.3)$$

式中，b 为板的宽度；x_c 为受压区高度；E_R 为混凝土弹性模量；ε_c 为混凝土压应变。

受拉区 RPC 合力的计算公式为

$$T_R = T_1 + T_2 \qquad (12.4)$$

式中，T_1 为受拉区弹性部分 RPC 承担的拉力；T_2 为受拉区塑性部分 RPC 承担的拉力。

按上述思路编制计算程序，偏保守考虑，取板底 RPC 弯曲开裂应变为 450×10^{-6}，通过试算获得中性轴高度，然后可按式(12.5) 得到试验板板底 RPC 开裂弯矩

$$M_{cr} = \frac{2}{3} C x_c + T_1 x_{t1} + T_2 x_{t2} + T_p x_{tp} \qquad (12.5)$$

式中，T_p 为预应力筋的拉力值；x_{tp} 为预应力筋的合力点至中和轴的距离；x_{t1} 为受拉塑性区 RPC 的合力点至中和轴的距离；x_{t2} 为受拉弹性区 RPC 的合力点至中和轴的距离。

为简化计算，参照普通混凝土构件开裂弯矩计算方法，将受拉区边缘 RPC 的拉应力折算为 $\gamma_m f_{tR}$（γ_m 为 RPC 底板截面抵抗矩塑性影响系数），从而可将开裂时刻的 RPC 底板视为弹性体。对于这类 RPC 底板，γ_m 的计算公式为

$$\gamma_m = \frac{M_{cr}/W_0 - \sigma_{pc}}{f_{tR}} \qquad (12.6)$$

式中，W_0 为试验板换算截面受拉边缘的弹性抵抗矩；σ_{pc} 为试验板预受压区边缘在预应力作用下的预压应力；f_{tR} 为 RPC 的抗拉强度。

将预应力钢丝的面积按弹性模量折算为相同高度处 RPC 的面积，以单肋底板的开洞截面为例，换算截面示意图如图 12.11 所示。

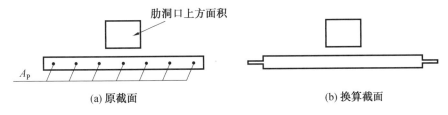

图 12.11　换算截面示意图

当原截面面积为 A 时，换算截面面积 $A_0 = A + (\alpha_E - 1) A_p$，其中 α_E 为预应力钢丝的弹性模量与 RPC 弹性模量之比；A_p 为预应力筋的总面积。

12.5.2　板底开裂弯矩计算

将按 12.5.1 小节方法获得的试验板截面抵抗矩塑性影响系数的计算值列于表 12.5。由表 12.5 可知,由于 RPC 弯曲开裂应变较大,当达到试验板开裂弯矩时,预应力钢丝应力有较大的增长,因而应考虑预应力钢丝对开裂弯矩的贡献作用。以底板下翼缘配筋率(预应力钢丝面积与 RPC 底板下翼缘面积之比)ρ_{te} 为自变量,对表 12.5 中的数据进行拟合,可得式(12.7)。

表 12.5　试验板 γ_m 的计算值

试件编号	$\rho_{te}/\%$	γ_m
BS1—1	0.77	1.16
BS1—2	1.35	1.31
BS2—1	1.35	1.31
BS2—2	1.92	1.41

$$\gamma_m = 21.8\rho_{te} + 1 \quad (0.77\% < \rho_{te} < 1.92\%) \tag{12.7}$$

试验板 γ_m 的试验值与计算值如图 12.12 所示。获得 γ_m 后,这类底板的开裂弯矩计算值可按式(12.8)计算:

$$M_{cr} = (\gamma_m f_{tR} + \sigma_{pc})W_0 \tag{12.8}$$

将开裂弯矩计算值 M_{cr}^c 与试验值 M_{cr}^t 进行比较,将结果列于表 12.6。各试验板 M_{cr}^c/M_{cr}^t 的平均值为 0.95,变异系数为 0.04,计算结果与试验结果吻合得较好。这类底板的高度(翼缘高度+肋高度)较小且变化不大(本试验中为 110~150 mm),因而不考虑底板高度不同所带来的应变梯度变化对 γ_m 的影响,在设计时取 $\gamma = \gamma_m$。因此,当 RPC 轴心抗压强度为 100~110 MPa,钢纤维(直径 0.22 mm、长 13 mm 的镀铜平直钢纤维)掺杂的体积分数为 2%,且 RPC 底板下翼缘宽度与肋宽度之比为 0.2~0.22,肋高与板高之比为 0.64~0.73 时,这类 RPC 底板的开裂弯矩可采用式(12.7)和式(12.8)进行计算。

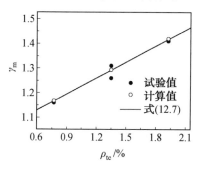

图 12.12　试验板 γ_m 的试验值与计算值

表 12.6　试验板开裂弯矩计算值与试验值的比较

试件编号	$M_{cr}^c/(\text{kN} \cdot \text{m})$	$M_{cr}^t/(\text{kN} \cdot \text{m})$	M_{cr}^c/M_{cr}^t
BS1—1	7.41	7.67	0.95
BS1—2	19.52	20.26	0.96
BS2—1	14.68	14.60	0.99
BS2—2	23.92	26.22	0.90

12.6　抗弯刚度计算

由图 12.6 可见,试验板在开裂前荷载－挠度曲线近似为直线,开裂后的荷载－挠度曲线逐渐发生转折,试验板刚度随荷载升高而逐渐减小。为便于计算,分别按开裂前和开裂后两个阶段探讨此类底板的短期刚度计算方法。

12.6.1　开裂前刚度

由结构力学可知,三分点加载的简支板的抗弯刚度 B 可按下式计算:

$$B = \frac{23Pl^3}{648\delta} \tag{12.9}$$

式中,P 为单侧外载;l 为计算跨度;δ 为跨中挠度。

在开裂弯矩作用下,试验板 BS1－1、BS1－2、BS2－1 和 BS2－2 的短期刚度分别为 $0.84E_RI_0$、$0.84E_RI_0$、$0.85E_RI_0$ 和 $0.88E_RI_0$(其中 E_R 为 RPC 的弹性模量,I_0 为上反肋开洞截面处的换算截面惯性矩),均小于其弹性刚度 E_RI_0。这是因为在开裂前,RPC 底板的受力状态可分为两个阶段,如图 12.13 所示(图中 σ_R 为 RPC 受压区应力计算值;σ_t 为 RPC 受拉区应力值;ε_t 为 RPC 受拉区应变值),从开始加载到板底应变达到 RPC 的峰值拉应变为弹性阶段,此时 RPC 底板横截面应力沿高度成线性分布;板底应变超过 RPC 的峰值拉应变后,底板进入弹塑性阶段,受拉区边缘的 RPC 拉应力随应变增加不再增大,其刚度逐渐低于弹性刚度。当受拉区边缘应变达到 RPC 的弯曲开裂应变时,板底出现第一批裂缝。RPC 带上反开洞肋底板开裂时刻的刚度与普通混凝土构件基本相同,为偏于保守和方便计算考虑,此类底板开裂前抗弯刚度可近似取为 $B = 0.85E_RI_0$。

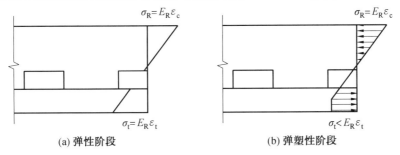

(a) 弹性阶段　　　　　　　　　(b) 弹塑性阶段

图 12.13　底板开裂前 RPC 应力分布

12.6.2　开裂后刚度

试验板开裂后,裂缝两侧的 RPC 由于钢纤维拉结作用仍能继续承担拉力,其受拉作用不宜忽略,因此在计算底板刚度时应考虑开裂截面 RPC 拉应力的影响。

由结构力学知识可知,三分点加载时,简支板的跨中挠度计算公式为

$$\delta = \frac{Pa}{24B}(3l^2 - 4a^2) \tag{12.10}$$

式中,P 为单点荷载;a 为剪弯段长度;l 为简支板跨度;B 为构件刚度。

根据弯矩－曲率关系,式(12.10)可写为

$$\delta = \frac{\phi}{24}(3l^2 - 4a^2) \tag{12.11}$$

式中，ϕ 为曲率。

则曲率表达式为

$$\phi = \frac{24\delta}{3l^2 - 4a^2} \tag{12.12}$$

由曲率定义可知

$$\phi = \frac{\varepsilon_c}{x_c} \tag{12.13}$$

式中，ε_c 为开洞截面肋顶压应变；x_c 为受压区高度。

将式(12.13)代入式(12.12)可得

$$x_c = \frac{\varepsilon_c}{24\delta}(3l^2 - 4a^2) \tag{12.14}$$

试验板开洞截面的中性轴高度为

$$y_c = h - x_c = h - \frac{\varepsilon_c}{24\delta}(3l^2 - 4a^2) \tag{12.15}$$

式中，h 为 RPC 底板高度（翼缘 ＋ 肋的高度）。

当跨中弯矩为 $M_{cr} - 0.8M_u$ 时，将 4 块试验板开洞截面板肋受压区边缘压应变数据代入式(12.15)，可得各试验板纯弯区段开洞截面在不同荷载作用下中性轴高度，将结果列于表 12.7。

表 12.7　试验板纯弯区段中性轴高度

试验板编号	$M/$ (kN·m)	M/M_u	y_c /mm	试验板编号	$M/$ (kN·m)	M/M_u	y_c /mm
	7.89	0.37	43.2		16.70	0.50	52.1
BS1－1	9.32	0.43	43.7	BS2－1	19.36	0.58	52.8
	13.59	0.63	43.3		23.13	0.69	52.5
	17.29	0.80	45.5		26.37	0.78	54.3
	21.17	0.39	65.0		27.72	0.52	61.8
BS1－2	28.80	0.53	67.2	BS2－2	33.27	0.62	63.3
	37.17	0.68	66.8		37.48	0.70	64.5
	44.03	0.80	65.9		41.66	0.78	66.1

试验板 BS1－1、BS1－2、BS2－1 和 BS2－2 中性轴高度的平均值分别为 43.9 mm、66.2 mm、52.9 mm 和 63.9 mm。考虑到表 12.7 中中性轴高度在不同荷载作用下差别不大，为简化刚度计算，暂取表 12.7 中各级荷载下中性轴高度的平均值为 y_c 取用值。考虑到中性轴高度与试件的截面几何性质有关，以底板上反肋扣除预留孔后的面积 A_r 和底板下翼缘的换算面积（将预应力钢丝的面积按弹性模量折算为相同高度处 RPC 的面积）A_f 之比为自变量对表 12.7 中的数据进行拟合（图 12.14），可得这类底板开裂后中性轴高度的计算公式为

$$y_c = 91.2\frac{A_r}{A_f} + 22.1 \tag{12.16}$$

式中，对于单肋底板（BS1－1 和 BS1－2），A_r 为上反肋扣除预留孔后的面积；对于双肋底板（BS2－1 和 BS2－2），A_r 为上反肋扣除预留孔后的总面积。由式(12.16)获得的底板中

性轴高度计算值与实测值之比为 1.00,变异系数为 0.04。

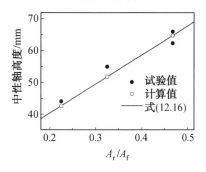

图 12.14　底板中性轴高度

　　分析 RPC 压应变数据可知,当肋顶 RPC 达到峰值压应变时,试验板纯弯区段弯矩约为 $0.8M_u$。根据 RPC 应力 — 应变关系,RPC 达到峰值压应变前的塑性变形较小,其应力和应变近似为线性关系。综上考虑,选取跨中弯矩 $M_{cr} - 0.8M_u$ 作为 RPC 底板开裂后刚度的计算区间。

　　RPC 底板开裂后,翼缘中 RPC 的拉应力随应变增大而降低。为考虑试验板开裂截面处 RPC 参与受拉的有利作用,引入 RPC 弹性模量折减系数 k'(图 12.15),并将底板下翼缘部分的 RPC 拉应力分布等效为矩形。根据上述原则,选取上反肋开洞截面作为计算截面,结合平截面假定,试验板正截面应变和应力分布如图 12.16 所示。图 12.16 中,ε_c 为肋顶压应变,ε_t 为翼缘底部拉应变。

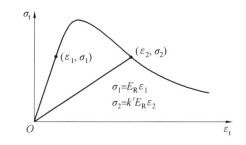

图 12.15　RPC 弹性模量折减系数

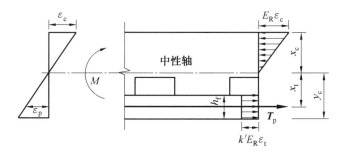

图 12.16　试验板正截面应变和应力分布
（ε_p 为预应力筋的拉应变;h_f 为 RPC 受拉区的高度）

　　采用有效惯性矩法计算试验板开裂后的刚度。当试验板的中性轴高度在翼缘、上反肋洞口处和高于上反肋洞顶时,试件开裂截面惯性矩 I_{cr} 可分别按式(12.17)、式(12.18)

和式(12.19)计算：

$$I_{cr} = b_r(x_c^3 - x_c'^3) + b(h_f - y_c)^3/3 + \alpha_E A_p x_t^2 + k' b y_c (y_c/2)^2 \tag{12.17}$$

$$I_{cr} = b_r(x_c^3 - x_c'^3)/3 + \alpha_E A_p x_t^2 + k' b h_f x_t^2 \tag{12.18}$$

$$I_{cr} = b_r x_c^3/3 + \alpha_E A_p x_t^2 + k' b h_f x_t^2 \tag{12.19}$$

式中，b_r 为上反肋宽度；b 为底板下翼缘宽度；h_f 为底板下翼缘厚度；x_c 为受压区高度；x_c' 为中性轴到上反肋矩形孔顶部的距离；y_c 为中性轴高度；x_t 为拉力合力点到中性轴的距离；A_p 为受拉区预应力筋的总面积。

试验板的有效惯性矩计算公式为

$$I_e = \left(\frac{M_{cr}}{M}\right)^3 I_g + \left[1 - \left(\frac{M_{cr}}{M}\right)^3\right] I_{cr} \tag{12.20}$$

式中，I_g 为试件开洞截面的惯性矩，取 $I_g = 0.85I$，I 为不开洞截面的惯性矩；M 为试验板纯弯区段弯矩。

由结构力学知识可知，三分点加载时试验板的跨中挠度计算公式为

$$\delta = \frac{23Pl^3}{1\ 296 E_R I_e} \tag{12.21}$$

式中，P 为承载力；l 为板的跨度；E_R 为 RPC 的弹性模量。根据上述方法并结合试验数据，可反算获得试验板开裂后受拉区 RPC 弹性模量折减系数 k'。当 $M_{cr} < M < 0.8M_u$ 时，将各试验板翼缘 RPC 弹性模量折减系数 k' 值列于表 12.8。

表 12.8 RPC 弹性模量折减系数 k'

试验板编号	$M/$(kN·m)	M/M_u	k'/mm	试验板编号	$M/$(kN·m)	M/M_u	k'/mm
BS1-1	7.89	0.37	0.42	BS2-1	16.70	0.50	0.40
	9.32	0.43	0.38		19.36	0.58	0.36
	13.59	0.63	0.37		23.13	0.69	0.39
	17.29	0.80	0.37		26.37	0.78	0.36
BS1-2	21.17	0.39	0.38	BS2-2	27.72	0.52	0.41
	28.80	0.53	0.39		33.27	0.62	0.37
	37.17	0.68	0.36		37.48	0.70	0.36
	44.03	0.80	0.29		41.66	0.78	0.36

经计算可得，试验板开裂后受拉区 RPC 弹性模量折减系数的平均值为 0.35，因此暂取 $k' = 0.35$。

由式(12.16)可获得各试验板的中性轴高度 y_c。根据中性轴位置不同，将 y_c 分别代入相应的公式[式(12.17) ~ (12.19)]中，即可获得试验板开裂截面惯性矩 I_{cr}，当 $M_{cr} < M < 0.8M_u$ 时，采用式(12.20)求出试验板的有效惯性矩 I_e 后，由式(12.21)即可获得试验板的跨中挠度计算值。将各试验板的跨中挠度计算值与试验值列于表 12.9。

试验板跨中挠度计算值与试验值之比 δ^c/δ^t 的平均值为 1.02，变异系数为 0.08。因此，当 RPC 轴心抗压强度为 100 MPa 左右，钢纤维（直径 0.22 mm、长 13 mm 的镀铜平直钢纤维）体积掺量为 2%，RPC 底板下翼缘宽度与肋宽度之比为 0.2 ~ 0.22，肋高与板高之比为 0.64 ~ 0.73，且底板下翼缘配筋率为 0.77% ~ 1.92% 时，该方法适用于这类 RPC 底板的变形计算。

表 12.9　试验板跨中挠度计算值与试验值

试验板编号	$M/$ $(\text{kN} \cdot \text{m})$	δ^{t} $/\text{mm}$	δ^{c} $/\text{mm}$	$\delta^{\text{c}}/\delta^{\text{t}}$	试验板编号	$M/$ $(\text{kN} \cdot \text{m})$	δ^{t} $/\text{mm}$	δ^{c} $/\text{mm}$	$\delta^{\text{c}}/\delta^{\text{t}}$
	7.89	6.99	6.57	0.94		16.70	8.41	8.50	1.01
BS1－1	9.32	8.66	9.56	1.10	BS2－1	19.36	10.59	10.40	0.98
	13.59	15.68	17.71	1.13		23.13	14.43	12.98	0.90
	17.29	22.57	25.65	1.14		26.37	18.06	15.53	0.86
	21.17	6.30	6.38	1.02		27.72	8.16	8.50	1.04
BS1－2	28.80	8.92	9.83	1.10	BS2－2	33.27	10.00	10.90	1.09
	37.17	13.30	13.32	1.00		37.48	11.83	12.65	1.07
	44.03	17.35	16.08	0.93		41.66	14.20	14.33	1.01

12.7　裂缝宽度计算

12.7.1　平均裂缝宽度

对于受弯构件,一般以开裂截面的钢筋应力为主要变量,综合考虑配筋率、保护层厚度、预应力度等其他因素的影响,建立起裂缝宽度的计算方法。RPC 带上反开洞肋底板为倒 T 形构件,中性轴到纵筋合力点距离与到板底的距离差异相对较大,开裂截面的钢筋应力不能准确地反映板底裂缝的发展状态。因此,本章假设 RPC 未开裂,按匀质材料计算出板底 RPC 名义拉应力 σ_{tR},根据试验数据建立这类试验板板底 RPC 名义拉应力与短期荷载作用下平均裂缝宽度 w_{m} 的关系。

由 12.5 节的讨论可知,RPC 底板下翼缘中的预应力钢丝对裂缝产生和发展有抑制作用,其影响可通过截面抵抗矩塑性影响系数考虑。综合考虑板底名义拉应力与配筋率的影响,选取的这类底板板底平均裂缝宽度计算公式的形式为

$$w_{\text{m}} = a(\sigma_{\text{tR}} - \gamma f_{\text{tR}}) + b \tag{12.22}$$

式中,a 和 b 为待定参数;γ 为 RPC 底板截面抵抗矩塑性影响系数;f_{tR} 为 RPC 抗拉强度;σ_{tR} 可由式(12.23)计算:

$$\sigma_{\text{tR}} = \frac{M}{W_0} - \sigma_{\text{cc}} \tag{12.23}$$

式中,σ_{cc} 为预应力作用下预受压区边缘纤维的混凝土压应力。

将式(12.23)代入式(12.22),当 $M_{\text{cr}} < M < 0.8M_{\text{u}}$ 时,对试验结果进行拟合,可得 $a = 2.98 \times 10^{-3}$ 和 $b = 17.23 \times 10^{-3}$,则式(12.22)变为

$$w_{\text{m}} = [2.98(\sigma_{\text{tR}} - \gamma f_{\text{tR}}) + 17.23] \times 10^{-3} \tag{12.24}$$

将 4 块试验板平均裂缝宽度的实测值与计算值进行对比,如图 12.17 所示。由图可见,当 $\sigma_{\text{tR}} - \gamma f_{\text{tR}} \leqslant 25$ MPa 时,试验板平均裂缝宽度计算值与试验值之比的平均值为 0.15,变异系数为 0.15。因此,当 RPC 轴心抗压强度为 100 MPa 左右,钢纤维(直径 0.22 mm、长 13 mm 的镀铜平直钢纤维)掺加的体积分数为 2%,且 RPC 底板下翼缘宽度与肋宽度之比为 0.2 ~ 0.22,肋高与板高之比为 0.64 ~ 0.73,底板下翼缘配筋率为 0.77% ~ 1.92%,且 $\sigma_{\text{tR}} - \gamma f_{\text{tR}} \leqslant 25$ MPa 时,式(12.24)适用于这类 RPC 底板板底平均裂缝宽度的计算。

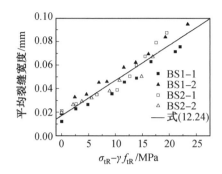

图 12.17　试验板平均裂缝宽度的实测值与计算值

12.7.2　最大裂缝宽度

短期荷载作用下的最大裂缝宽度 $w_{\max}$ 可由平均裂缝宽度 $w_{\mathrm m}$ 乘以短期裂缝宽度扩大系数 $\tau_{\mathrm s}$ 得到,计算公式为

$$w_{\max} = \tau_{\mathrm s} w_{\mathrm m} \tag{12.25}$$

$\tau_{\mathrm s}$ 可由试验板裂缝宽度的概率分布求得。对 4 块试验板 594 个裂缝宽度数据点进行整理与拟合,如图 12.18 所示。图 12.18 中左侧纵坐标为试验板板底裂缝宽度频数,右侧纵坐标为拟合函数的概率密度,横坐标为裂缝宽度 w_i 与该级荷载作用下平均裂缝宽度 $w_{\mathrm m}$ 的比值。

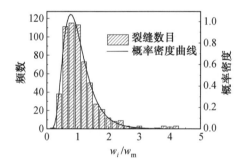

图 12.18　裂缝宽度分布与拟合曲线

由图 12.18 可见,裂缝宽度符合对数正态分布。通过对试验数据进行拟合,可得裂缝宽度分布概率密度函数的参数为 $\mu = -0.065$ 和 $\sigma = 0.44$。经计算可知,具有 95% 保证率的短期裂缝宽度扩大系数 $\tau_{\mathrm s} = 1.90$,由此可得短期荷载作用下板底最大裂缝宽度可按式(12.26)计算:

$$w_{\max} = [5.66(\sigma_{\mathrm{tR}} - \gamma f_{\mathrm{tR}}) + 32.74] \times 10^{-3} \tag{12.26}$$

12.8　正截面承载力计算

由试验现象可知,4 块 RPC 带上反开洞肋底板均为超筋破坏。这是因为在吊装和施工阶段,RPC 上反开洞肋的作用是满足底板刚度和承载力要求,为降低成本和自重,其高度和宽度较小,而底板中的预应力钢丝是叠合板的主要受力钢筋,其用量相对较大。本文设计的 RPC 带上反开洞肋底板均以工程应用为背景,发生超筋破坏是正常的,表明超筋

破坏是这类底板最常见的破坏模式。鉴于此,本节只讨论这类底板在超筋破坏模式下的正截面承载力计算方法。

12.8.1　基本假定

RPC 受弯构件正截面承载力计算的特点在于需要考虑受拉区 RPC 的受拉作用。为建立 RPC 带上反开洞肋底板正截面承载力计算方法,做如下假定。

(1) 平截面假定。严格来说,平截面假定只适用于均质连续的弹性材料构件,对于由 RPC 和预应力钢丝组成的构件,在破坏阶段已产生裂缝,就某一截面而言这一假定并不成立。由试验现象可知,肋顶 RPC 压碎区发生在一定区段范围内,当跨越一定长度时,其平均应变分布沿板高基本为线性变化。因此,在此类底板正截面承载力计算中采用平截面假定是合理的。

(2) RPC 受压应力 — 应变关系。根据本章参考文献[16],本章在分析这类底板正截面承载力时采用的 RPC 受压应力 — 应变关系为

$$\begin{cases} y = 1.55x - 1.20x^4 + 0.65x^5 & (0 \leqslant x < 1) \\ y = \dfrac{x}{6(x-1)^2 + x} & (x \geqslant 1) \end{cases} \tag{12.27}$$

仿照普通混凝土受弯构件正截面承载力计算方法,按照合力大小不变和合理作用点不变的原则,将 RPC 的曲线应力图形等效为矩形。由试验结果可知,试验板 BS1−1、BS1−2、BS2−1 和 BS2−2 发生破坏时,肋顶 RPC 压应变分别为 $5\,221 \times 10^{-6}$、$5\,847 \times 10^{-6}$、$5\,779 \times 10^{-6}$ 和 $6\,037 \times 10^{-6}$。近似取肋顶 RPC 受压区边缘的极限压应变为 $5\,500 \times 10^{-6}$,则试验板正截面受压区 RPC 应力图形等效系数为 $\alpha_1 = 0.90$、$\beta_1 = 0.77$。

(3) 受拉区 RPC 拉应力贡献。在普通钢筋混凝土受弯构件正截面承载力计算中,一般不考虑受拉区混凝土的抗拉强度。这是因为普通混凝土开裂后立即退出工作,而未开裂的普通混凝土靠近中性轴,对截面的抗弯作用可忽略不计。而 RPC 受弯构件开裂后,开裂截面的 RPC 仍可通过钢纤维传递拉力,其受拉作用对构件正截面承载力的影响不可忽略。考虑到底板下翼缘较薄,厚度仅为 40 mm,假定翼缘范围的 RPC 均匀受拉,引入拉应力等效系数 k,则翼缘内 RPC 的拉应力值为 kf_{tR}。

12.8.2　计算方法

RPC 底板上反肋面积较小,且接近中性轴,为便于设计计算,忽略上反肋 RPC 拉应力对正截面承载力的影响。在正截面承载能力极限状态下,破坏时试验板的正截面应力分布如图 12.19 所示。由于假定底板下翼缘范围的 RPC 拉应力均匀分布,因此 RPC 拉应力合力点与预应力钢丝合力点高度相同。

根据平截面假定,预应力受弯构件的界限相对受压区高度的计算公式为

$$\xi_b = \frac{x_b}{h_p} \frac{\beta_1}{1 + \dfrac{0.002}{\varepsilon_{cu}} + \dfrac{f_{py} - \sigma_{p0}}{E_s \varepsilon_{cu}}} \tag{12.28}$$

式中,ξ_b 为界限相对受压区高度;x_b 为界限受压区高度;h_p 为截面有效高度;β_1 为系数;ε_{cu} 为 RPC 的极限压应变;f_{py} 为预应力筋的条件屈服强度。

将试验结果代入式(12.28),可得试验板 BS1−1、BS1−2、BS2−1 和 BS2−2 的界限相对受压区高度分别为 0.368、0.365、0.366 和 0.356。为偏于安全和方便计算,近似取

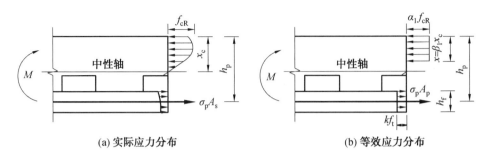

(a) 实际应力分布   (b) 等效应力分布

图 12.19 破坏时试验板的正截面应力分布

$\xi_b = 0.356$（各试件中，h_p、ξ_b、β_1 均大于预留孔顶面至肋顶的距离）。对预应力钢丝合力点取矩，试验板的正截面承载力可按下式计算：

$$M_u = \alpha_1 f_{cR} b_r h_p^2 \xi_b (1 - 0.5\xi_b) \tag{12.29}$$

试验板 BS1－1、BS1－2，BS2－1 和 BS2－2 的正截面承载力计算值与试验值的对比见表 12.10。试验板正截面承载力计算值与试验值之比的平均值为 1.00，变异系数为 0.04，计算结果与试验结果吻合得较好。

表 12.10 试验板正截面承载力计算值与试验值的对比

试件编号	$M_u^c/(kN \cdot m)$	$M_u^t/(kN \cdot m)$	M_u^c/M_u^t
BS1－1	21.88	21.56	1.01
BS1－2	51.24	54.80	0.94
BS2－1	33.55	33.67	1.00
BS2－2	54.03	52.10	1.04

为考察这类底板在承载能力极限状态下底板下翼缘部位的 RPC 拉应力等效系数 k，需获得预应力钢丝所承担的拉力。由曲率的定义可知，在承载能力极限状态下，曲率可由下式计算：

$$\phi = \frac{(\varepsilon_{cu} + \varepsilon_{pc}) + \Delta\varepsilon_s}{h_p} \tag{12.30}$$

式中，ε_{pc} 为由预应力产生的肋顶 RPC 应变（拉为正，压为负）；$\Delta\varepsilon_s$ 为从跨中弯矩为 0 到破坏时刻，预应力钢丝的应变增量。

联立式（12.12）和式（12.30）可得到预应力钢丝应变增量的计算公式：

$$\Delta\varepsilon_s = \frac{24\delta h_p}{3l^2 - 4a^2} - \varepsilon_{cu} - \varepsilon_{pc} \tag{12.31}$$

则预应力钢丝的总应变为

$$\varepsilon_p = \varepsilon_{pe} + \Delta\varepsilon_s \tag{12.32}$$

式中，ε_{pe} 为底板在不受力状态下，预应力钢丝的拉应变，可根据表 12.3 中的数据由胡克定律计算获得。结合式（12.1），可求得预应力钢丝的总拉力 T_p。忽略上反肋 RPC 的受拉作用，由 RPC 底板开洞截面的静力平衡可得

$$\alpha_1 f_{cR} b \xi_b h_p = T_p + k f_{tR} A_r \tag{12.33}$$

式中，A_r 为底板下翼缘面积；b 为开洞截面的有效宽度；T_p 为预应力筋拉力。

解式（12.33）即可获得 RPC 底板承载能力极限状态下，翼缘 RPC 拉应力等效系数 k。试验板 BS1－1、BS1－2、BS2－1 和 BS2－2 的值 k 分别为 0.59、0.69、0.65 和 0.71。为方便计算，这类底板的 RPC 拉应力等效系数可较保守地取 $k = 0.6$。

12.9　本章小结

本章通过三分点加载试验,分别对两块单肋 RPC 带上反开洞肋底板和两块双肋 RPC 带上反开洞肋底板的受力性能进行了研究和分析,得到以下主要结论:

(1)RPC 底板肋顶受压区边缘 RPC 极限压应变为 $5\,221\times10^{-6}\sim6\,037\times10^{-6}$,高于普通混凝土极限压应变 $3\,300\times10^{-6}$。板底弯曲开裂应变为 $458\times10^{-6}\sim537\times10^{-6}$,明显高于普通混凝土的弯曲开裂应变 $80\times10^{-6}\sim120\times10^{-6}$。由于 RPC 开裂应变较大,卸除荷载后,板底内的预应力钢丝中的应力较大,建立了考虑纵筋贡献作用的 RPC 带上反开洞肋底板截面抵抗矩塑性影响系数的计算公式。

(2)基于弯矩－曲率关系和荷载－挠度关系,获得了开裂后不同荷载水平(M_{cr}－$0.8M_u$)下中性轴高度与底板上反肋扣除预留孔后的面积和底板下翼缘换算面积的关系。在确定受压区高度后,根据截面应力分布,获得了底板开裂截面受拉区 RPC 弹性模量折减系数,其可暂取为 0.35。通过模量折减后的换算截面,推导了开裂截面惯性矩,进而提出了这类底板抗弯刚度计算方法。

(3)RPC 带上反开洞肋底板板底裂缝细密而不连续,无明确的裂缝间距。建立了以板底 RPC 名义拉应力、截面抵抗矩塑性影响系数和 RPC 抗拉强度为自变量的 RPC 底板裂缝宽度计算公式。

(4)RPC 带上反开洞肋底板的破坏模式一般为超筋破坏,表现为肋顶受压区边缘 RPC 被压碎,提出了这类底板正截面承载力的计算方法。在正截面承载力计算时,考虑到底板下翼缘较薄,厚度仅为 40 mm,翼缘厚度范围内按均匀受拉考虑,可通过将底板下翼缘 RPC 抗拉强度乘以 0.6 倍的折减系数来考虑 RPC 底板下翼缘中钢纤维拉应力对正截面承载力的贡献。

本章参考文献

[1] DAVID H, RODRIGO G, DINAR C. A physically non-linear GBT-based finite element for steel and steel-concrete beams including shear lag effects[J]. Thin-Walled Structures, 2015, 90(C): 202-215.

[2]CLAUDIO A, FEDRIGO C, LORENZO M,et al. Experimental evaluation of effective width in steel-concrete composite beams [J]. Constructional Steel Research, 2004, 60(3): 199-220.

[3]VAN V T A, RÖBLER C, BUI D D, et al. Rice husk ash as both pozzolanic admixture and internal curing agent in ultra-high performance concrete[J]. Cement and Concrete Composites, 2014, 53(C): 270-278.

[4]YOO D Y, MIN K H, LEE J H,et al. Shrinkage and cracking of restrained ultra-high-performance fiber-reinforced concrete slabs at early age[J]. Construction and Building Materials, 2014, 73(C): 357-365.

[5]TAM C M, TAM V W Y, NG K M. Assessing drying shrinkage and water permeability of reactive powder concrete produced in HongKong[J]. Construction

and Building Materials，2012，26(1)：79-89.

[6]GARAS V Y，KAHN L F，KURTIS K E. Short-term tensile creep and shrinkage of ultra-high performanceconcrete[J]. Cement and Concrete Composites，2009，31(3)：147-152.

[7] 中华人民共和国住房和城乡建设部. 混凝土结构试验方法：GB/T 50152—2012[S]. 北京：中国建筑工业出版社，2012.

[8] 卢姗姗.配置钢筋或 GFRP 筋活性粉末混凝土梁受力性能试验与分析[D]. 哈尔滨：哈尔滨工业大学，2010.

[9] 李莉. 活性粉末混凝土梁受力性能及设计方法研究[D]. 哈尔滨：哈尔滨工业大学，2010.

[10] 陆小吕. 活性粉末混凝土矩形截面配筋梁正截面受弯的计算方法[D]. 北京：北京交通大学，2011.

[11] 过镇海. 混凝土的强度和本构关系[M]. 北京：中国建筑工业出版社，2004.

[12]ACI Committee 318. Building code requirements for structural concrete and commentary（ACI 318M-11）[S]. Michigan：American Concrete Institute，2011.

[13] 郑文忠，王英. 预应力混凝土房屋结构设计统一方法与实例[M]. 哈尔滨：黑龙江科学技术出版社，1998.

[14]LI L，ZHENG W Z，LU S S. Experimental study on mechanical properties of reactive powder concrete [J]. Journal of Harbin Institute of Technology，2010，17(6)：795-800.

[15] 郑文忠，李莉，卢姗姗. 钢筋活性粉末混凝土简支梁正截面受力性能试验研究[J]. 建筑结构学报，2011，32(6)：62-70.

[16] 中华人民共和国住房和城乡建设部. 混凝土结构设计规范：GB/T 50010—2010[S]. 北京：中国建筑工业出版社，2010.

第 13 章　RPC 带上反开洞肋底板单向叠合板试验与分析

13.1　概　　述

为满足大跨度叠合板生产和应用的需要,对 RPC 带上反开洞肋底板单向叠合板的受弯性能进行研究。首先,这类叠合板底板 RPC 弯曲开裂应变大,且 RPC 开裂后仍参与受力,因而其受弯性能与普通混凝土板不同;其次,这类叠合板截面形状和高度与第 11 章所述 RPC 底板不同,因而截面的应变梯度也不同,故需结合这类新型叠合板的实际,提出用于开裂弯矩计算的截面抵抗矩塑性影响系数计算方法;再次,需通过确定底板下翼缘弹性模量折减系数的取值,来考察 RPC 开裂后钢纤维对截面刚度的贡献,以及底板下翼缘钢纤维拉应力对正截面承载力的贡献;最后,建立了考虑预应力钢丝等效应力的计算方法。

13.2　试　验　方　案

13.2.1　试验装置

4 块试验板均为两点对称加载的简支板。试验板采用螺旋式千斤顶加载,为避免加载点下应力不均匀产生附加弯矩,在加载点下方设置固定铰支座,如图 13.1 所示。为考察应变分布,在试验板跨中截面的两侧,分别沿高度方向均匀布置 5 块千分表,如图 13.2 所示。

图 13.1　加载点铰支座　　　　　图 13.2　板侧千分表

CS1－1 和 CS2－1 采用三分点加载。为获得更多的裂缝数据,在不发生斜截面破坏的前提下,适当提高试验板 CS1－2 和 CS2－2 的纯弯区段比例,试验板的加载参数见表 13.1。叠合板试验装置示意图和全貌分别如图 13.3 和图 13.4 所示。

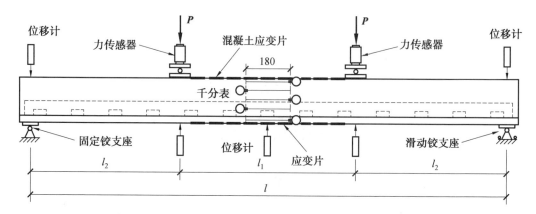

图 13.3　叠合板试验装置示意图

图 13.4　叠合板试验装置

表 13.1　试验板的加载参数

试件编号	l/mm	l_1/mm	l_2/mm
CS1-1	6 000	2 000	2 000
CS1-2	10 000	5 600	2 200
CS2-1	8 000	2 668	2 666
CS2-2	12 000	6 080	2 960

13.2.2　测试内容及方法

1.有效预应力

为获得试验板底板中钢筋的有效预应力,依据 12.2.2 节所述的方法对同条件制作的底板进行测试。

2.受力性能

(1)试验板跨中挠度。在试验板支座、加载点和跨中截面各布置两个电子位移计(共 10 个),如图 13.3 所示。

(2)普通混凝土和 RPC 应变。为测量板顶普通混凝土应变和板底 RPC 的弯曲开裂应变,在试验板纯弯区段板顶和板底中线连续粘贴标距为 80 mm 的混凝土应变片(图 13.3)。

(3)裂缝。在板侧绘制网格,每级加载完毕后,寻找新出现的裂缝,并绘制裂缝发展路径。采用 F101 电子式裂缝观测仪读取预应力钢丝重心高度处的裂缝宽度。

（4）在各级荷载作用下读取板侧千分表数据，经计算即可获得板侧应变沿高度的分布。

（5）记录各试验板的试验现象，主要包括开裂荷载、裂缝的宽度和发展趋势、极限承载力和破坏模式。

（6）在试验过程中，加载由两名试验人员通过调整螺旋式千斤顶完成。压力传感器数值由 DH3818 静态应变采集箱显示。混凝土应变片和电子位移计数据由 DH3816 静态应变采集箱自动记录。

13.2.3　加载制度

1. CS1－1 与 CS2－1

RPC 带上反开洞肋底板叠合板的开裂弯矩和正截面承载力计算方法仍是空白。本章参考文献[1]建立了 RPC 矩形梁的开裂弯矩和考虑受拉区 RPC 应力影响的正截面承载力计算方法。本章中，试验板的开裂弯矩和正截面承载力暂根据本章参考文献[1]提出的方法进行预估，但这类叠合板的受力性能有其自身特点，仍需进行深入研究。

试验板板底 RPC 开裂弯矩预估值为

$$M_{cr}^c = (\sigma_{pc} + \gamma f_{tR})W_0 \tag{13.1}$$

式中，M_{cr}^c 为试验板预估开裂弯矩；σ_{pc} 为底板下翼缘底面预压应力；γ 为截面抵抗矩塑性影响系数，按本章参考文献[1]中的方法计算；f_{tR} 为 RPC 轴心抗拉强度；W_0 为试验板换算截面受拉边缘的弹性抵抗矩。根据弹性模量的不同，将预应力钢丝和普通混凝土换算为相同高度处 RPC 的面积，以实心叠合板底板开洞截面为例，叠合板试验原截面及换算截面示意图如图 13.5 所示。

在图 13.5 中，A_0 为换算截面面积；A_R、A_P 和 A_c 分别为叠合板原截面 RPC、预应力钢丝和普通混凝土的面积；α_P 为预应力钢丝与 RPC 弹性模量的比值；α_R 为普通混凝土与 RPC 弹性模量的比值。

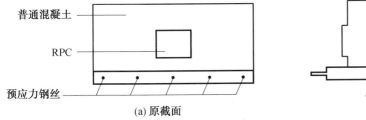
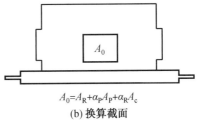

$$A_0 = A_R + \alpha_P A_P + \alpha_R A_c$$

(a) 原截面　　　　　　　　　　　(b) 换算截面

图 13.5　叠合板试验原截面及换算截面示意图

获得预估极限弯矩和开裂弯矩后，试验板 CS1－1 和 CS2－1 的加载制度与 12.2.3 节中所述相同。

2. CS1－2 与 CS2－2

为考察此类叠合板在变幅重复荷载和长期荷载作用下变形与裂缝的发展规律，在室内环境下分别对试验板 CS1－2 与 CS2－2 进行变幅重复加载与长期持荷试验，如图 13.6 所示。加载制度由 3 个主要阶段组成，即变幅重复加载阶段、持荷与卸载后恢复阶段和破坏加载阶段，具体加载过程如下：

（1）变幅重复加载阶段。将试验板从外载为 $0 \sim 70\%$ 预估极限弯矩 M_u^c 所对应的荷载均匀划分为17级。第1次循环为从荷载为0加载至第1级荷载,然后卸载至0;第2次循环为从荷载为0加载至第2级荷载,然后卸载至0……依此类推,直至加载到$0.7M_u^c$后卸载至0(共17次)。变幅重复加载期间记录加载与卸载过程中各级荷载作用下的试验数据和试验现象。

(2)持荷与卸载后恢复阶段。按变幅重复加载阶段的方式进行重复加载,当试验板跨中弯矩达到$0.35M_u^c$时进行持荷。持荷期间外载降低时应进行补荷,为降低因试验板挠度增长与补荷造成的荷载波动,在持荷设备中设置了弹簧,如图13.7所示。待试验板裂缝宽度和变形基本稳定后卸载至0,观察裂缝和变形恢复情况,当挠度和裂缝宽度基本稳定后进行下一轮变幅重复加载。重复加载的步骤与上文相同,加载至$0.45M_u^c$后进行持荷,待试验板挠度和裂缝宽度基本稳定后卸载至0,观察试验板卸载后的挠度与裂缝宽度恢复情况,当裂缝和挠度基本稳定后,持荷与卸载后恢复阶段结束。

(3)破坏加载阶段。当跨中弯矩不超过$0.7M_u^c$时,按之前划分的荷载逐级单调加载;跨中弯矩超过$0.7M_u^c$后,按12.2.3节中的相应状态加载,直至试验板被破坏。

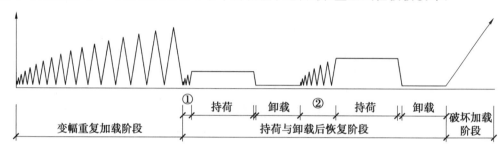

图13.6 CS1-2和CS2-2加载方案

试件CS1-2和CS2-2在①阶段变幅重复加载次数分别为3次和2次,在②阶段变幅重复加载次数分别为7次和6次。

图13.7 持荷设备

13.3 材料力学性能

1. RPC与普通混凝土力学性能

对同条件制作的RPC和普通混凝土试件进行力学性能试验,结果列于表13.2。表中，f_{cR} 为 RPC 棱柱体抗压强度，f_{tR} 为 RPC 棱柱体抗拉强度，E_R 为 RPC 棱柱体弹性模量；f_{cu} 为边长 150 mm 的普通混凝土立方体抗压强度。

2. 预应力钢丝力学性能

试验板中的预应力钢丝力学性能与 12.3 节所述相同。

表 13.2　RPC 与普通混凝土力学性能试验结果　　　　　　MPa

试验板编号	RPC			普通混凝土
	f_{cR}	f_{tR}	E_R	f_{cu}
CS1－1	102.6	5.0	41 010	51.3
CS1－2	110.4	5.5	41 250	47.2
CS2－1	105.3	5.1	41 190	47.7
CS2－2	110.4	5.5	41 250	49.7

13.4　RPC 底板叠合板试验研究

13.4.1　试验现象

试验现象中所述的荷载值为作用在两加载点上的合力，不包括试验板与加载设备的自重。如无特别说明，裂缝宽度是指试验板板侧预应力钢丝重心高度处的宽度。试验板 CS1－1 和 CS2－1 的加载制度为单调加载直至被破坏；CS1－2 和 CS2－2 则经历过变幅重复加载与长期持荷。开始加载时，试验板 CS1－1、CS1－2、CS2－1 和 CS2－2 普通混凝土的龄期分别为 107 天、115 天、44 天和 412 天，其中 CS1－1、CS1－2 和 CS2－2 板侧的普通混凝土在加载前已产生干缩裂缝。为便于描述，将试验板朝西的侧面称为 A 面，朝东的侧面称为 B 面。由于试验板裂缝较散乱，因此未对裂缝进行编号。

1. 试验板 CS1－1

当加载至 1.85 kN 时，B 侧板底 RPC 层突然出现 4 条可见裂缝。扣除预压应力后，可得 RPC 的弯曲开裂应变为 331×10^{-6}。继续加载至 2.12 kN，板底 RPC 层新出现 3 条裂缝，原有裂缝逐渐加宽并向上延伸。当荷载为 2.12～3.36 kN 时，试验板未出现新裂缝，原有裂缝长度和宽度发展缓慢。当荷载达到 3.36 kN 时，A 面 RPC 层的一条裂缝发展至叠合面后终止，板底 RPC 层继续出现新裂缝。加载至 5.69 kN 时，A 侧普通混凝土层自叠合面处出现第 1 条新裂缝并向上延伸，A 侧的 RPC 层又有 3 条裂缝发展至叠合面后停止延伸，RPC 层裂缝与普通混凝土层裂缝无明显关系。当加载至 7.07 kN 时，B 面的两条 RPC 层裂缝穿过叠合面延伸至叠合层普通混凝土，板底 RPC 钢纤维拔出时发出轻微的"啪啪"声。当荷载达到 8.45 kN 时，裂缝基本出齐，普通混凝土层裂缝多为板底 RPC 层裂缝向上延伸而成。然后继续加载到 11.73 kN，试验板达到其受弯承载力，然后荷载随挠度提高而下降，当荷载下降至 11.38 kN 时，试验板跨中突然断裂，试件宣告破坏。试验板断裂前一刻，破坏截面板顶的普通混凝土压应变为 $2\,971 \times 10^{-6}$，预应力钢丝破断应变为 $18\,656 \times 10^{-6}$（由 12.8.1 节计算获得）。试验板破坏前无明显征兆，板顶普通混凝土未被压碎，断裂处为 RPC 底板上反肋开洞截面，预应力钢丝断口发生颈缩。在试验板的剪弯段和纯弯区段均未发现普通混凝土层与 RPC 层间出现滑移现象。试验板 CS1－1 的纯弯区段裂缝分布展开图如图 13.8 所示，其破断面如图 13.9 所示。

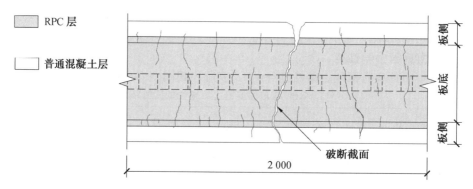

图 13.8　试验板 CS1－1 的纯弯区段裂缝分布展开图

(a) 横截面

(b) 侧面

图 13.9　试验板 CS1－1 破断面

2. 试验板 CS2－1

当加载至 5.52 kN 时,试验板跨中 B 侧的普通混凝土层出现裂缝,裂缝下端距叠合面 13 mm,而下部的 RPC 层并未开裂。当加载至 6.44 kN 时,A 侧两个加载点下部的 RPC 出现裂缝,裂缝尚未发展至预应力钢丝重心高度处。根据应变片数据,可得 RPC 弯曲开裂应变为 398×10^{-6}。在继续加载过程中,RPC 层与普通混凝土层的裂缝逐渐增多,试验板的裂缝大致可分为两类:第一类裂缝最初从普通混凝土层产生,出现位置一般距叠合面为 $0 \sim 15$ mm,裂缝出现后向两端发展,向下延伸至叠合面后向两侧水平发展 $20 \sim 30$ mm,向上则随荷载提高而延伸;第二类裂缝自板底 RPC 层发出,裂缝产生后逐渐向上发展,延伸至叠合面后向两侧水平延伸 $20 \sim 30$ mm,然后 RPC 层的竖向裂缝穿过叠合面进入普通混凝土层,并随荷载提高而继续向上延伸。第一类裂缝大多中间宽、两端细,最宽处一般距叠合面 $20 \sim 30$ mm;第二类裂缝则自下而上逐渐变细。当荷载达到 11.43 kN 时,板底 RPC 层发出轻微的"啪啪"声。继续加载至 16.32 kN 时,板侧裂缝基本出全,试验板挠曲变形明显,"啪啪"声频繁。随着荷载继续提高,试验板裂缝宽度不断增大,且持荷逐渐困难。当荷载达到 20.44 kN 时,试验板达到其受弯承载力,然后荷载随挠度增大而降低。当荷载降低到 20.25 kN 时,板底预应力钢丝突然断裂,试验板宣告破坏。试验板破断前一刻,破坏截面板顶的普通混凝土压应变为 $3\,067 \times 10^{-6}$,预应力钢丝破断应变为 $18\,802 \times 10^{-6}$(由 12.8.1 节计算获得)。试验板 CS2－1 断裂前变形明显,破断时板顶混凝土未被压碎,断裂处为 RPC 底板上反肋开洞截面,预应力钢丝断口发生颈缩。在试验板的剪弯段和纯弯区段均未发现 RPC 层与普通混凝土层间出现滑移现象。试验板 CS2－1 的纯弯区段裂缝分布展开图如图 13.10 所示,其破断面如图 13.11 所示。

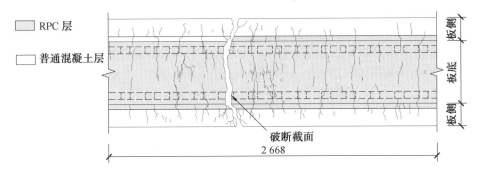

图 13.10   试验板 CS2－1 的纯弯区段裂缝分布展开图

(a) 横截面

(b) 侧面

图 13.11   试验板 CS2－1 的破断面

3. 试验板 CS1－2

（1）变幅重复加载阶段。

当荷载达到 6.09 kN 时，A 侧普通混凝土层出现一条新裂缝，最宽处距叠合面约 35 mm，卸载后该裂缝未闭合。扣除预压应变后，可得 RPC 的弯曲开裂应变为 357×10^{-6}。当加载至 9.15 kN 时，B 侧板底 RPC 层出现两条可见裂缝，其中一条裂缝延伸至叠合面，卸载至 0 后裂缝均未完全闭合。随着荷载提高，RPC 层与普通混凝土层不断产生新裂缝，原有裂缝宽度逐渐增加，卸载至 0 后，裂缝一般不闭合。多数 RPC 裂缝到达叠合面时会先向两侧分别延伸约 40 mm，然后 RPC 层裂缝穿过叠合面向上发展至普通混凝土层；其余裂缝则到达叠合面后向两侧水平延伸一段距离后消失。未与下部 RPC 层裂缝贯通的普通混凝土层裂缝最宽处距叠合面约 40 mm，呈中间粗、两端细的枣核形。

（2）持荷阶段。

在持荷初始阶段，试验板挠度和平均裂缝宽度的增长速度较快，然后随时间延长而逐渐降低。在持荷阶段，试验板未出现新裂缝，原有裂缝长度保持稳定。

（3）破坏加载阶段。

当荷载不超过 24.35 kN（$0.7M_u^c$）时，试验板原有裂缝宽度逐渐增长，但长度保持稳定，且不出现新裂缝。荷载超过 24.35 kN 后，试验板板侧 RPC 层与普通混凝土层开始产生新裂缝，原有裂缝出现延伸。当荷载达到 34.07 kN 时，裂缝基本出全。继续加载至 46.33 kN 时，试验板达到其受弯承载力，然后荷载随挠度增大而降低。当荷载降至 46.14 kN 时，板底预应力钢丝突然断裂，试验板被破坏。当达到极限承载力时，被破坏截面板顶的普通混凝土压应变为 $3\,177 \times 10^{-6}$，预应力钢丝破断应变为 $22\,465 \times 10^{-6}$（由 12.8.1 节计算获得）。试验板的破坏模式为预应力钢丝被拉断，板顶混凝土未被压碎。

观察破坏后的试验板,可见断裂处为底板的上反肋开洞截面;预应力钢丝断口发生颈缩;普通混凝土层与 RPC 层未出现滑移现象;纯弯区段板侧 RPC 层共有 52 条裂缝,其中 39 条裂缝穿过叠合面进入普通混凝土层。试验板 CS1－2 的纯弯区段裂缝分布展开图如图 13.12 所示,其破断面如图 13.13 所示。

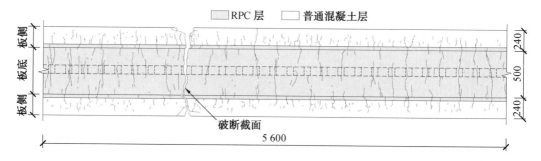

图 13.12 试验板 CS1－2 的纯弯区段裂缝分布展开图

(a) 横截面

(b) 侧面

图 13.13 试验板 CS1－2 的破断面

4. 试验板 CS2－2

(1) 变幅重复加载阶段。

当荷载达到 5.10 kN 时,B 侧普通混凝土层出现一条新裂缝,卸载至 0 后该裂缝未闭合。扣除预压应变后,可得 RPC 弯曲开裂应变为 376×10^{-6}。继续加载至 7.65 kN 时,B 侧 RPC 层出现两条裂缝,其中一条延伸至叠合面,卸载至 0 后裂缝未完全闭合。随着荷载提高,RPC 层与普通混凝土层不断产生新裂缝,原有裂缝宽度不断增大,裂缝延伸长度与最大荷载有关,而与加载次数无关,卸载至 0 后,裂缝一般不完全闭合。RPC 层裂缝发展至叠合面后向两侧分别水平延伸约 40 mm,再向上发展,在叠合面附近多呈"十字"形。部分 RPC 裂缝延伸至叠合面后分别向两侧延伸 30～40 mm 后消失,未进入普通混凝土层。未与 RPC 层裂缝贯通的普通混凝土层裂缝最宽处距叠合面约 40 mm,呈中间粗、两端细的枣核形。

(2) 持荷阶段。

挠度与裂缝宽度的增大均随时间延长而变缓,试验现象与试验板 CS1－2 基本相同。

(3) 破坏加载阶段。

当荷载不超过 21.68 kN($0.7M_u^c$) 时,试验板原有裂缝宽度逐渐增大,长度保持不变,且不出现新裂缝,荷载超过 21.68 kN 后,板侧 RPC 层与普通混凝土层均开始产生新裂缝,原有裂缝出现延伸。当荷载达到 31.20 kN 时,试验板裂缝基本出全。当加载到 40.86 kN 时,试验板达到其极限承载力,然后荷载随挠度增大而降低。当荷载降为 40.49 kN 时,板底预应力钢丝突然断裂,试验板被破坏。达到极限承载力时,破坏截面板顶的普通混凝土压应变为 $3\,219\times10^{-6}$,预应力钢丝破断应变为 $19\,812\times10^{-6}$(由 12.8.1 节计算获得)。试验板的破坏模式为预应力钢丝被拉断,板顶混凝土未被压碎。

观察破坏后的试验板,可见断裂截面为上反肋开洞截面处;预应力钢丝断口发生颈缩;普通混凝土层与 RPC 层未出现滑移现象;纯弯区段板侧 RPC 层共有 90 条裂缝,其中 75 条裂缝穿过叠合面进入普通混凝土层。试验板 CS2－2 的纯弯区段裂缝分布展开图如图 13.14 所示,其破断面如图 13.15 所示。

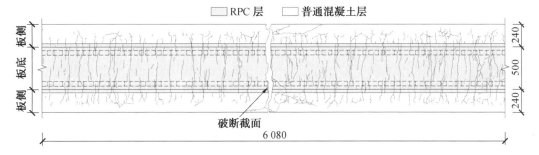

图 13.14 试验板 CS2－2 的纯弯区段裂缝分布展开图

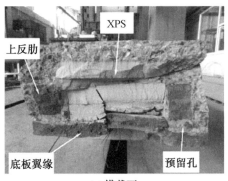

(a)横截面　　　　　　　　　　　　　　　　(b)侧面

图 13.15 试验板 CS2－2 的破断面

综上所述,这类叠合板的试验现象具有如下特点:

(1)在干缩或外载作用下,普通混凝土层先于 RPC 层开裂。

(2)未与 RPC 层裂缝贯通的普通混凝土层裂缝最宽处在叠合面上方 20～40 mm 处,表明 RPC 底板对后浇混凝土层裂缝有约束作用。

(3)RPC 底板裂缝细密而散乱,无明确的裂缝间距。

(4)试验板破坏模式均为预应力钢丝被拉断,受压区混凝土未被压碎。

13.4.2 试验结果

由试验现象可知,RPC 底板开洞截面对应的叠合板截面为试验板的薄弱环节。因此,本节中的计算截面均为 RPC 底板开洞处对应的叠合板截面。

1. 有效预应力

按照 12.2.2 节所述的试验方法,可获得各底板在不受力状态下预应力钢丝的有效预应力平均值 σ_{pe}。浇筑普通混凝土时,RPC 带上反开洞肋底板下设置有可靠支承,底板在自重和普通混凝土浆体作用下处于平直状态,其正截面弯矩为 0。故普通混凝土凝结后,当叠合板不受时,RPC 带上反开洞肋底板处于轴心受压状态,由材料力学知识可计算得到试验板由预应力引起的预压应力 σ_{pc},将试验结果列于表 13.3。

表 13.3 预应力钢丝的有效预应力和底板预压应力

测试内容	CS1−1	CS2−1	CS1−2	CS2−2
σ_{pe}/MPa	656.6	555.4	627.4	555.4
σ_{pc}/MPa	4.15	6.46	7.44	7.44

2. 荷载与挠度的关系

各试验板的 RPC 弯曲开裂应变 ε_{cr}、开裂弯矩试验值 M_{cr}^t 和极限弯矩试验值 M_u^t 见表 13.4。

表 13.4 各试验板的 RPC 弯曲开裂应变 ε_{cr}、开裂弯矩试验值 M_{cr}^t 和极限弯矩试验值 M_u^t

测试内容	CS1−1	CS1−2	CS2−1	CS2−2
ε_{cr}/($\times 10^{-6}$)	331	357	398	376
M_{cr}^t/(kN·m)	14.2	53.8	33.1	63.7
M_u^t/(kN·m)	32.2	131.8	66.9	146.0

试验板 CS1−1 和 CS2−1 的加载制度为单调加载,其弯矩−挠度曲线(图 13.16)有如下特点:

(1) 板底 RPC 层开裂前,试验板的荷载−挠度曲线近似为直线;在 RPC 层开裂时刻,试验板刚度变化不明显,但随着荷载继续增大,试验板的挠度增长逐渐加快。这是因为 RPC 开裂后并不立刻退出工作,而是与预应力钢丝共同承担拉力。

(2) 接近极限承载力时,试验板的荷载−挠度曲线渐趋水平;达到承载力后,荷载随挠度增大而略有下降,然后试验板因预应力钢丝断裂而被破坏。

试验板 CS1−1 与 CS2−1 的受弯承载力分别为 32.2 kN·m 和 66.9 kN·m。

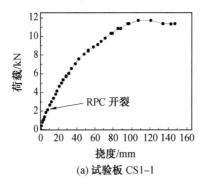

(a) 试验板 CS1-1

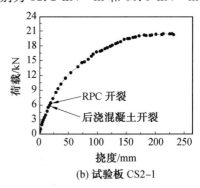

(b) 试验板 CS2-1

图 13.16 试验板 CS1−1 与 CS2−1 的弯矩−挠度曲线

试验板 CS1−2 和 CS2−2 变幅重复加载阶段的荷载−挠度曲线分别如图 13.17(a) 和图 13.18(a) 所示;不考虑残余变形,其破坏加载阶段的荷载−挠度曲线分别如图 13.17(b) 和图 13.18(b) 所示。

在变幅重复加载阶段,CS1−2 和 CS2−2 的荷载−挠度关系具有如下特点:

（1）板底 RPC 开裂前，试验板加载－卸载曲线均近似为直线，卸载后的残余变形很小。当最大历经荷载达到 RPC 层开裂荷载时，CS1－2 与 CS2－2 卸载后的残余变形分别为 1.64 mm 和 1.29 mm。

（2）板底 RPC 开裂后，当不超过最大历经荷载时，试验板加载曲线基本为直线，超过最大历经荷载时则出现偏折，卸载时则近似沿直线变化。随着最大历经荷载增大，试验板卸载后的残余变形也逐渐增大。

（3）试验板的挠度包络线形状与单调加载曲线相似，板底 RPC 开裂前基本为线性，开裂后则逐渐发生偏折。

在破坏加载阶段，当未超过变幅重复加载阶段的最大荷载时，试验板的荷载－挠度曲线近似为直线。超过变幅重复加载阶段的最大荷载后，试验板的挠度增长逐渐加快。当接近破坏时，试验板的荷载－挠度曲线趋于水平。达到极限承载力后，荷载随挠度增大略有降低，然后试验板因预应力钢丝被拉断而被破坏。试验板 CS1－2 与 CS2－2 的受弯承载力分别为 131.8 kN·m 和 146.0 kN·m。

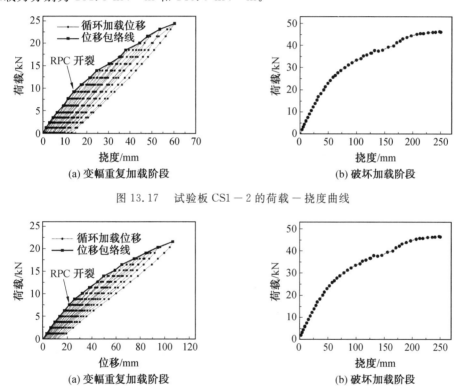

图 13.17　试验板 CS1－2 的荷载－挠度曲线

图 13.18　试验板 CS2－2 的荷载－挠度曲线

3.时间与挠度的关系

获得试验板的实测受弯承载力 M_u^t 后，可知两块试验板的预估荷载水平 $0.35M_u^c$ 和 $0.45M_u^c$ 分别对应于实际荷载水平 $0.34M_u^t$ 和 $0.44M_u^t$。为比较试验板在持荷与卸载期间的挠度变化，右侧纵坐标以持荷时间为 0 时的挠度为原点，左侧纵坐标以外载为 0 时的挠度为原点（挠度增大为正，挠度减小为负）。

（1）试验板 CS1－2。

当荷载水平为 $0.34M_u^t$ 和 $0.44M_u^t$ 时，测试得到试验板 CS1－2 在持荷与卸载期间挠度随时间的变化曲线，如图 13.19 和图 13.20 所示。

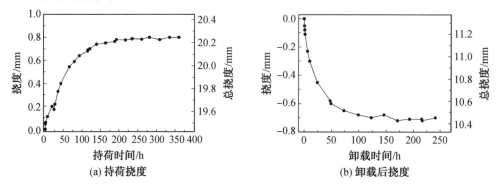

图 13.19　试验板 CS1－2 在持荷与卸载期间挠度随时间的变化曲线（荷载水平为 $0.34M_u^t$）

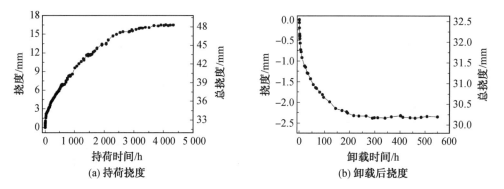

图 13.20　试验板 CS1－2 在持荷与卸载期间挠度随时间的变化曲线（荷载水平为 $0.44M_u^t$）

由图 13.19 和图 13.20 可见，在持荷及卸载后的初始阶段，试验板挠度变化较快，然后随时间延长逐渐稳定。当荷载水平为 $0.34M_u^t$ 时，试验板的挠度经历 200 h 后基本稳定，共增大约 0.8 mm；卸载后经过约 170 h 挠度减小约 0.7 mm，略小于持荷期间的挠度增长。当荷载水平为 $0.44M_u^t$ 时，试验板挠度稳定时间约 4 000 h，远高于荷载水平为 $0.34M_u^t$ 时的稳定时间，挠度增大约 16.5 mm；卸载后 300 h 变形基本稳定，挠度减小约 2.5 mm。

（2）试验板 CS2－2。

当荷载水平为 $0.34M_u^t$ 和 $0.44M_u^t$ 时，测试得到试验板 CS2－2 在持荷与卸载期间挠度随时间的变化曲线，如图 13.21 和图 13.22 所示。

由图可见，试验板 CS2－2 的挠度随时间变化的趋势为先快后慢，最后趋于稳定。当荷载水平为 $0.34M_u^t$ 时，试验板变形基本稳定的时间约为 250 h，挠度增大约 0.7 mm；卸载后经过约 100 h 挠度基本稳定，减小约 2.5 mm。当荷载水平为 $0.44M_u^t$ 时，试验板变形基本稳定时间为 900 h，挠度增大约 7.8 mm；卸载后变形稳定时间约为 200 h，挠度减小约 2.1 mm。

4. 荷载与平均裂缝宽度的关系

采用电子式裂缝观测仪对各试验板板侧预应力钢丝高度处的平均裂缝宽度进行测

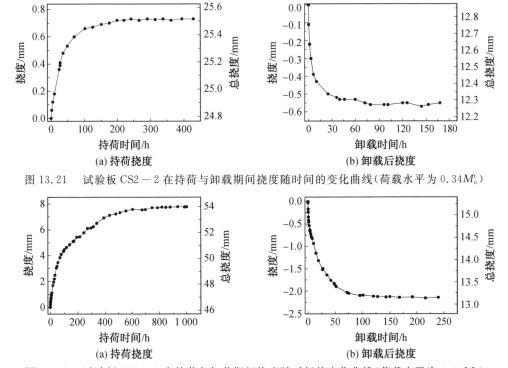

图 13.21　试验板 CS2－2 在持荷与卸载期间挠度随时间的变化曲线(荷载水平为 0.34M_u)

(a) 持荷挠度　　(b) 卸载后挠度

图 13.22　试验板 CS2－2 在持荷与卸载期间挠度随时间的变化曲线(荷载水平为 0.44M_u^t)量,如图 13.23 所示。

在单调荷载作用下,试验板 CS1－1 和 CS2－1 的平均裂缝宽度与荷载近似为线性关系。在变幅重复荷载作用下,试验板 CS1－2 和 CS2－2 的平均裂缝宽度与荷载近似为线性关系,随着最大加载弯矩提高,平均裂缝宽度有增大的趋势。卸载至 0 时,试验板裂缝不完全闭合。与普通混凝土板相比,这类叠合板的裂缝宽度较小,当荷载水平为 $M_{cr} \sim 0.7M_u^t$ 时,平均裂缝宽度不超过 0.1 mm。

5. 时间与平均裂缝宽度的关系

试验板 CS1－2 和 CS2－2 在持荷与卸载期间的平均裂缝宽度、温度和相对湿度的变化情况,如图 13.24 和图 13.25 所示。由于这类叠合板平均裂缝宽度较小,测量时相对误差较大,数据具有一定的离散性。

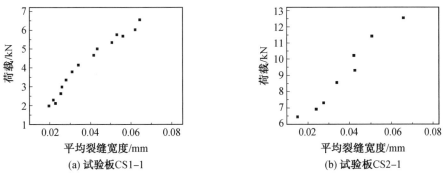

(a) 试验板CS1-1　　(b) 试验板CS2-1

图 13.23　荷载与平均裂缝宽度的关系

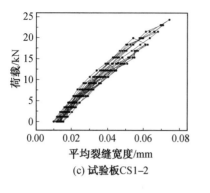

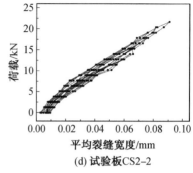

(c) 试验板CS1-2   (d) 试验板CS2-2

续图 13.23

（1）试验板 CS1-2。

由图 13.24 可见，在持荷与卸载后的初始阶段，试验板平均裂缝宽度变化得较快，然后逐渐变慢并趋于稳定。当荷载水平为 0.44M_u^t 时，试验板平均裂缝宽度随时间延长而增大，从约 0.021 mm 增长至约 0.022 mm；卸载后平均裂缝宽度约为 0.014 mm，随时间变化不大。当荷载水平为 0.44M_u^t 时，根据平均裂缝宽度随时间的变化趋势，可大体分为 3 个阶段：

① 持荷 0～1 800 h，平均裂缝宽度随时间延长逐渐增大，从约 0.024 mm 增大至约 0.029 mm。

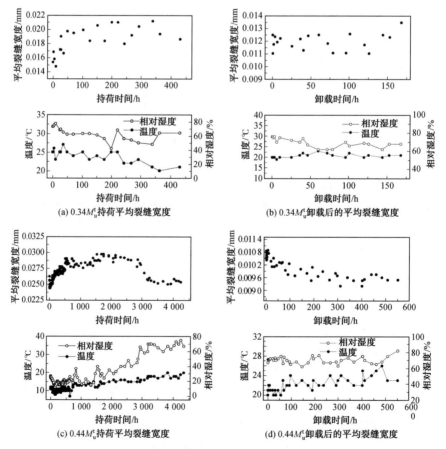

图 13.24 试验板 CS1-2 持荷与卸载期间的平均裂缝宽度、温度和相对湿度的变化情况

② 持荷 1 800～3 500 h,平均裂缝宽度随时间延长逐渐减小,从约 0.029 mm 降至约 0.025 mm,原因是这一阶段环境相对湿度逐渐提高,使 RPC 发生微量膨胀。

③ 持荷 3 500～4 228 h,平均裂缝宽度基本保持稳定,原因是这一阶段环境相对湿度变化不大,而板顶混凝土徐变增长和 RPC 与钢筋间的相对滑移也已基本完成。

卸载后,试验板平均裂缝宽度约为 0.011 mm,经过 400 h 降至约 0.009 mm,然后基本保持稳定。

（2）试验板 CS2－2。

试验板 CS2－2 的平均裂缝宽度变化趋势与 CS1－2 相似。当荷载水平为 $0.34M_u^t$ 时,持荷初始时刻的平均裂缝宽度约为 0.015 mm,持荷 200 h 后平均裂缝宽度增长至约 0.019 mm,然后基本保持稳定;卸载后平均裂缝宽度基本不变,约为 0.012 mm。当荷载

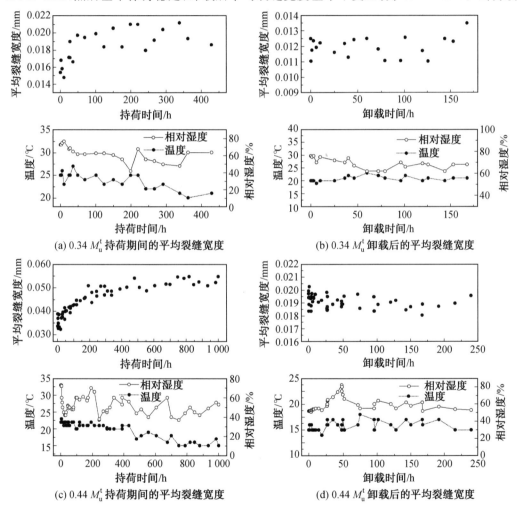

(a) $0.34 M_u^t$ 持荷期间的平均裂缝宽度　　(b) $0.34 M_u^t$ 卸载后的平均裂缝宽度

(c) $0.44 M_u^t$ 持荷期间的平均裂缝宽度　　(d) $0.44 M_u^t$ 卸载后的平均裂缝宽度

图 13.25　试验板 CS2－2 持荷与卸载期间的平均裂缝宽度、温度和相对湿度的变化情况

水平为 $0.44M_u^t$ 时,持荷初始时刻的平均裂缝宽度约为 0.033 mm,持荷 700 h 后平均裂缝宽度增长至约 0.050 mm,然后基本保持稳定;卸载后平均裂缝宽度变化趋势不明显,基本稳定在约 0.019 mm。

6. 荷载与板侧应变的关系

根据纯弯区段的千分表数据,得到试验板在不同荷载水平作用下板侧应变沿板高的分布情况,如图 13.26 所示。在图 13.26(b) 和 13.26(d) 中,荷载水平不超过 $0.7M_u^t$ 时为变幅重复加载阶段数据,荷载水平超过 $0.7M_u^t$ 后为破坏加载阶段的数据。

由图 13.26 可见,当荷载水平不超过 $0.8M_u^t$ 时,中性轴高度基本不变;当接近极限荷载时,中性轴高度有所上升。在测量范围内,试验板纯弯区段应变沿板高近似为线性分布,符合平截面假定,表明 RPC 层与普通混凝土层整体性良好,可忽略相对滑移,在计算时可按整浇板考虑。

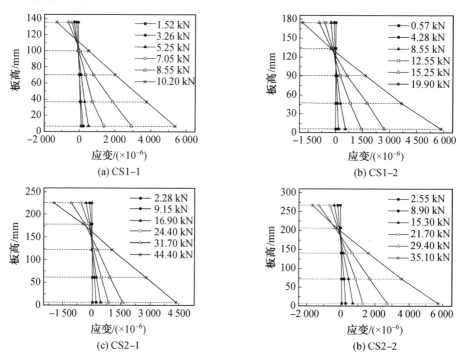

图 13.26　试验板在不同荷载水平下板侧应变沿板高的分布情况

13.5　正截面开裂弯矩计算

这类叠合板由上部的后浇混凝土层和下部的 RPC 底板组成,这两部分的材料力学性能指标存在较大差别,因而这类叠合板的开裂弯矩应按后浇混凝土层开裂和 RPC 底板开裂分别计算。

现有的研究表明,普通混凝土的弯曲开裂应变明显小于 RPC 的开裂应变,且 RPC 底板龄期较长,在干缩和外载的作用下,4 块试验板的后浇混凝土层均先于 RPC 底板开裂。在工程中,当后浇混凝土龄期较小时,结合现行规范,后浇混凝土层的开裂弯矩为

$$M_{cr} = \frac{\gamma f_t}{I_0} y_c \qquad (13.2)$$

式中,γ 为截面抵抗矩塑性影响系数;f_t 为后浇混凝土抗拉强度;I_0 为叠合板换算截面受拉边缘弹性抵抗矩;y_c 为后浇混凝土层受拉区边缘到构件中性轴的距离。

达到开裂弯矩时，板底的 RPC 已进入塑性，根据《混凝土结构设计规范》(GB 50010—2010)，预应力受弯构件的开裂弯矩为

$$M_{cr} = (\sigma_{pc} + \gamma_m f_{tR}) W_0 \tag{13.3}$$

对式(13.3)进行变形，可得预应力受弯构件截面抵抗矩塑性影响系数 γ_m 为

$$\gamma_m = \frac{M_{cr}/W_0 - \sigma_{pc}}{f_{tR}} \tag{13.4}$$

式中，M_{cr} 为 RPC 底板开裂弯矩；W_0 为试验板换算截面受拉边缘的弹性抵抗矩；σ_{pc} 为试验板底面预压应力；f_{tR} 为 RPC 抗拉强度。

将试验数据代入式(13.4)，可获得各试验板截面抵抗矩塑性影响系数 γ_m 的试验值，将结果列于表 13.5。由 12.5 节的讨论可知，纵向钢筋对底板开裂弯矩有贡献作用。在这类叠合板中，由于后浇混凝土层与 RPC 底板存在相互作用，对板底 RPC 开裂会产生一定的影响，这类叠合板的截面抵抗矩塑性影响系数不能根据平截面假定确定，而应按材料的应力－应变关系计算获得。因此，对试验数据进行拟合，获得了按有效受拉混凝土截面面积计算的纵向受拉钢筋配筋率 ρ_{te}[预应力钢丝面积与叠合板 $0.5h$(h 为板的高度)以下实心部分的面积之比]与 γ_m 的关系，试验板的 γ_m 可按式(13.5)计算。

表 13.5　各试验板截面塑性的影响系数

影响系数	CS1－1	CS1－2	CS2－1	CS2－2
γ_m	1.06	1.16	1.07	1.20
$\rho_{te}/\%$	0.44	0.93	0.64	1.01

$$\gamma_m = 25.01\rho_{te} + 0.934 \quad (0.44\% < \rho_{te} < 1.01\%) \tag{13.5}$$

将按式(13.5)得到的截面抵抗矩塑性影响系数计算值与试验值进行比较，如图 13.27 所示。

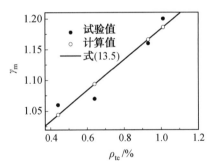

图 13.27　γ_m 计算值与试验值对比

将截面抵抗矩塑性影响系数计算值代入式(13.3)，可得开裂弯矩计算值 M_{cr}^c，将其与开裂弯矩试验值 M_{cr}^t 进行对比，见表 13.6。

表 13.6　试验板开裂弯矩计算值与试验值比较

影响系数	CS1－1	CS1－2	CS2－1	CS2－2
M_{cr}^c/kN	14.10	57.06	30.67	65.90
M_{cr}^t/kN	14.20	53.84	33.06	63.66
M_{cr}^c/M_{cr}^t	0.99	1.06	0.93	1.04

由表 13.6 可知，开裂弯矩计算值与试验值比值的平均值为 1.00，变异系数为 0.06，计算值与试验值吻合良好。因此，当 RPC 轴心抗压强度为 $100 \sim 110$ MPa，钢纤维(直径

0.22 mm、长13 mm的镀铜平直钢纤维)体积掺量为2%时,在这类叠合板板底RPC开裂弯矩计算中,截面抵抗矩塑性影响系数可按式(13.5)计算。

13.6　抗弯刚度计算

本节对RPC带上反开洞肋底板叠合板在单调和变幅重复荷载作用下的短期刚度以及考虑荷载长期作用影响的刚度计算方法进行了探讨。

13.6.1　单调加载刚度

为研究这类叠合板在单调荷载作用下的刚度,假定变幅重复荷载作用下的荷载—挠度曲线外包络线与单调加载相同。

1. 开裂前刚度

采用换算截面法将RPC和预应力钢丝面积换算成相同高度处普通混凝土面积,这样就能将试验板视为匀质弹性体,进而获得试验板的抗弯刚度 $E_c I_0$(E_c 是普通混凝土弹性模量,I_0 是将RPC和钢筋按弹性模量换算为普通混凝土面积后的截面惯性矩)。4块试验板的跨高比均高于40,在自重作用下的变形不可忽略。假定试验板在自重作用下的抗弯刚度为 $E_c I_0$,则试验板在加载前的挠度可由结构力学相关知识获得。试验板的总挠度为自重与外载作用下的挠度之和。

经计算可知,试验板 CS1-1、CS1-2、CS2-1 和 CS2-2 在开裂荷载作用下的刚度分别为 $0.85E_c I_0$、$0.88E_c I_0$、$0.87E_c I_0$ 和 $0.85E_c I_0$,与普通混凝土构件开裂时刻的抗弯刚度基本相同。为方便设计计算,此类叠合板RPC开裂前的抗弯刚度可取 $0.85E_c I_0$。

2. 开裂后刚度

《混凝土结构设计规范》(GB 50010—2010)中的刚度计算公式针对的是普通混凝土受弯构件,对于RPC带上反开洞肋底板叠合板并不适用。原因是这类叠合板板底RPC开裂后并不退出工作,锚固于裂缝两侧的钢纤维可与预应力钢丝共同承担拉力。为考虑受拉区RPC对刚度的贡献作用,采用有效惯性矩法建立这类叠合板RPC开裂后的抗弯刚度计算方法,公式如下:

$$I_e = \left(\frac{M_{cr}}{M}\right)^3 I_g + \left[1 - \left(\frac{M_{cr}}{M}\right)^3\right] I_{cr} \qquad (13.6)$$

式中,I_e 为截面有效惯性矩;I_g 为截面惯性矩(为与开裂时刻的刚度相协调,取 $I_g = 0.85I_0$);I_{cr} 为开裂截面的惯性矩;M 为跨度内最大弯矩。

这类叠合板由RPC、普通混凝土和钢筋3种材料组成,截面形式较复杂,为方便设计计算,在刚度计算中做如下假定:① 截面应变沿板高线性变化,即平截面假定;② 受压区普通混凝土应力与应变为线性关系;③ 忽略受拉区普通混凝土的抗拉强度;④ 底板上反肋受压区RPC按普通混凝土考虑;⑤ 不考虑底板上反肋受拉区RPC的抗拉强度。

根据上述假定,叠合板开裂截面的应变和应力分布如图13.28所示。在图13.28中,ε_y 为预应力筋的屈服应变;E_c 为普通混凝土的弹性模量;k' 为RPC弹性模量折减系数;E_R 为RPC的弹性模量;ε_R 为RPC的拉应变;σ_p 为预应力筋的拉应力;A_p 为预应力筋的面积;x_c 为受压区高度;x_t 为受拉区合力点到中性轴的距离;η 为内力臂系数;h_p 为RPC底板下翼缘厚度。为考虑开裂后RPC参与受拉的贡献作用,引入底板下翼缘RPC弹性模量折减系数 k',将底板下翼缘RPC拉应力分布等效为矩形。实心叠合板(CS1-1 和 CS1-

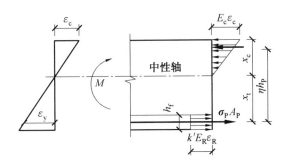

图 13.28　叠合板开裂截面的应变和应力分布

2) 与空心叠合板(CS2－1 和 CS2－2) 开裂截面惯性矩 I_{cr} 可分别按式(13.7)和式(13.8) 计算:

$$I_{cr} = \alpha_R \frac{bx_c^3}{3} + \alpha_{pE}A_p x_t^2 + k'bh_f x_t^2 \qquad (13.7)$$

式中,α_R 为普通混凝土与 RPC 的弹性模量之比;α_{pE} 为预应力钢丝与 RPC 的弹性模量之比;b 为叠合板宽度;x_c 为受压区高度;x_t 为受拉区合力点到中性轴的距离;h_f 为 RPC 底板下翼缘厚度。

$$I_{cr} = \alpha_R \frac{bx_c^3 - b_f(x_c - h_2)^3}{3} + \alpha_{pE}A_p x_t^2 + k'bh_f x_t^2 \qquad (13.8)$$

式中,h_2 为空心叠合板空心部分上部的普通混凝土层厚度;b_f 为 RPC 底板下翼缘宽度。

分析板侧千分表数据可知,在 $M_{cr} \sim 0.68M_u^t$ 范围内,试验板 CS1－1、CS1－2、CS2－1 和 CS2－2 的内力臂系数 η 平均值分别为 0.861、0.879、0.847 和 0.868,其与普通混凝土受弯构件的内力臂系数基本相同,故近似取 $\eta = 0.87$。此时,受压区高度和受拉区高度满足如下关系式:

$$\begin{cases} \dfrac{2}{3}x_c + x_t = 0.87h_p \\ h_p = x_c + x_t \end{cases} \qquad (13.9)$$

整理可得

$$\begin{cases} x_c = 0.39h_p \\ x_t = 0.61h_p \end{cases} \qquad (13.10)$$

为获得 k' 的取值,由力平衡可知,试验板的开裂截面满足如下关系:

$$C = T \qquad (13.11)$$

式中,C 为压力合力;T 为拉力合力。

当截面弯矩发生变化时,式(13.11) 变为

$$C + \Delta C = T + \Delta T \qquad (13.12)$$

结合式(13.11) 可得

$$\Delta C = \Delta T \qquad (13.13)$$

令板正截面的曲率增量为 $\Delta\phi$,试验板开裂截面惯性矩的计算简图如图 13.29 所示。在图 13.29 中,b 为叠合板宽度;b_1 为孔洞的宽度。

根据式(13.13),实心叠合板截面的力平衡关系式为

$$\Delta\phi \frac{bE_c x_c^2}{2} = \Delta\phi(E_s A_p x_t + k'E_R x_t bh_f) \qquad (13.14)$$

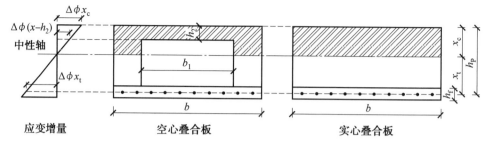

图 13.29　试验板开裂截面惯性矩的计算简图

整理可得

$$k' = \frac{0.5bE_c x_c^2 - E_s A_p x_t}{E_R x_t b h_f} \quad (13.15)$$

联立式(13.10)和式(13.15)，可获得试验板 CS1—1 和 CS1—2 的 RPC 弹性模量折减系数 k'，分别为 0.28 和 0.48。

根据中性轴高度不同，计算空心叠合板的 RPC 弹性模量折减系数 k' 时，应分为以下两种情况：① 中性轴从空心部分上部的普通混凝土层中通过；② 中性轴从空心部分通过（图 13.29）。

第 ① 种情况下，空心叠合板截面受力与实心叠合板相同，可按式(13.15)计算；第 ② 种情况下，空心叠合板的截面力平衡关系为

$$\Delta\phi \frac{E_c}{2}\left[bx_c^2 - b_1(x_c - h_2)^2\right] = \Delta\phi(E_s A_p x_t + k' E_R x_t b h_f) \quad (13.16)$$

整理可得

$$k' = \frac{0.5E_c\left[bx_c^2 - b_1(x_c - h_2)^2\right] - E_s A_p x_t}{E_R x_t b h_f} \quad (13.17)$$

式中，E_s 为预应力筋的弹性模量。

试验板 CS2—1 和 CS2—2 均为第 ② 种情况。联立式(13.10)和式(13.17)，可获得试验板 CS2—1 和 CS2—2 的 RPC 弹性模量折减系数 k' 分别为 0.34 和 0.42。

试验板的 k' 值与截面有效高度的关系如图 13.30 所示，以 h_P 为自变量对 k' 进行拟合，获得这类叠合板的 RPC 弹性模量折减系数 k'，也可按式(13.18)计算。

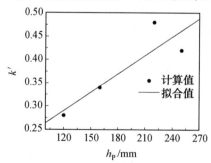

图 13.30　试验板的 k' 值与截面有效高度的关系

$$k' = (1.32h_P + 132) \times 10^{-3} \quad (120 \leqslant h_P \leqslant 250) \quad (13.18)$$

将式(13.18)计算获得的 k' 值代入式(13.7)和式(13.8)，可分别获得实心叠合板（CS1—1 和 CS1—2）与空心叠合板（CS2—1 和 CS2—2）的开裂截面惯性矩 I_{cr}，再由式

(13.6)即可求出试验板 RPC 开裂后的刚度 $B=E_cI_e$,进而获得试验板的挠度计算值 δ_1^c。另外为方便设计计算,取 $k'=0.3$,由此获得的挠度计算值为 δ_2^c。将各试验板的挠度计算值与试验值 δ^t 进行对比,见表 13.7。

表 13.7　各试验板挠度计算值与试验值比较

试验板 编号	M /(kN·m)	δ_1^c /mm	δ_2^c /mm	δ^t /mm	δ_1^c/δ^t	δ_2^c/δ^t
	14.30	14.4	14.50	15.2	0.95	0.95
	15.88	18.2	18.24	19.0	0.96	0.96
CS1-1	18.85	25.6	25.36	24.9	1.03	1.02
	20.56	29.7	29.37	29.4	1.01	1.00
	21.93	33.0	32.51	34.4	0.96	0.94
	31.97	30.3	32.9	30.6	0.99	1.07
	34.34	35.1	38.5	34.4	1.02	1.12
CS1-2	38.70	40.1	44.9	41.3	0.97	1.09
	43.15	49.6	54.6	50.1	0.99	1.09
	46.36	57.8	59.3	57.8	1.00	1.03
	57.16	33.5	31.0	31.3	1.07	0.99
	63.97	42.0	40.1	38.6	1.09	1.04
CS2-1	74.20	55.4	56.9	52.8	1.05	1.08
	84.32	67.8	70.1	65.2	1.04	1.08
	90.59	76.0	81.1	77.5	0.98	1.05
	63.66	47.0	47.6	46.1	1.02	1.03
	71.21	57.1	60.4	56.6	1.01	1.07
CS2-2	86.31	76.9	86.1	83.6	0.92	1.03
	93.86	88.7	98.6	99.6	0.89	0.99
	101.41	106.0	110.8	119.1	0.89	0.93

注:加载前的挠度按弹性构件计算。

各试验板 δ_1^c/δ^t 的平均值为 0.992,变异系数为 0.05;δ_2^c/δ^t 的平均值为 1.028,变异系数为 0.05;计算结果与试验结果均吻合良好。因此,当 RPC 棱柱体抗压强度为 100~110 MPa,钢纤维(直径 0.22 mm、长 13 mm 的镀铜平直钢纤维)体积掺量为 2% 时,这类叠合板板底下翼缘 RPC 弹性模量折减系数 k' 可取 0.3。

13.6.2　变幅重复加载刚度

由 13.3.2 节可知,板底 RPC 开裂前,试验板加载与卸载曲线基本重合,卸载后试验板的残余变形很小,可忽略不计。因此,当板底 RPC 未开裂时,这类叠合板在变幅重复荷载作用下的刚度可按单调加载计算。

板底 RPC 开裂后,当荷载相同时,试验板加载挠度与卸载挠度的差别逐渐增大。为考察这类叠合板在变幅重复荷载作用下的刚度变化规律,根据试验板在加载与卸载过程中的挠度计算得到相应的刚度 B^t,如图 13.31 所示。

由图 13.31 可见,试验板的加载刚度明显高于卸载刚度,不高于最大历经弯矩时,加载刚度近似为直线;超过最大历经弯矩后,加载刚度曲线发生转折。卸载刚度曲线较为平

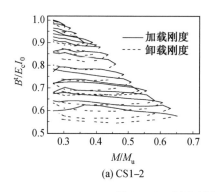 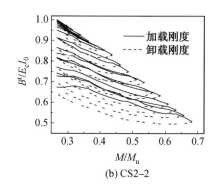

(a) CS1-2   (b) CS2-2

图 13.31　试验板在变幅重复荷载作用下的刚度

滑,近似为抛物线。卸载至 0 时(曲线最左端),部分循环的加载与卸载刚度曲线不闭合,这是因为卸载后未立即进行下一轮加载,受压区混凝土由于弹性后效作用应变有所恢复。为建立这类叠合板在变幅重复荷载作用下的刚度计算方法,提出以下原则:① 不超过最大历经弯矩时,试件的加载刚度与弯矩为线性关系;② 超过最大历经弯矩后,加载刚度按单调加载计算;③ 试件卸载刚度与弯矩为抛物线关系;④ 不考虑重复加载次数对试件抗弯刚度的影响。

为降低混凝土弹性后效的影响,选择 $0.3M_u$ 和最大历经弯矩 M_{un}($M_{un} \leqslant 0.68M_u$)对应的刚度 $B_{0.3}$ 和 B_{un} 作为参考点。其中 $B_{0.3}$ 可通过对相邻数据点进行线性插值得到。经分析可知,试验板的 $B_{0.3}/B_{un}$ 与 M_{un}/M_u 具有良好的线性关系,如图 13.32 所示,试验板 CS1－2 和 CS2－2 的拟合公式分别见式(13.19) 和式(13.20)。

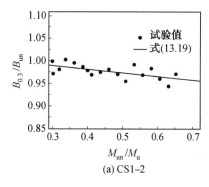 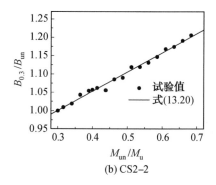

(a) CS1-2   (b) CS2-2

图 13.32　试验板 $B_{0.3}/B_{un}$ 与 M_{un}/M_u 的关系

$$\frac{B_{0.3}}{B_{un}} = -0.081 \frac{M_{un}}{M_u} + 1.015 \tag{13.19}$$

$$\frac{B_{0.3}}{B_{un}} = 0.523 \frac{M_{un}}{M_u} + 0.844 \tag{13.20}$$

得到 $B_{0.3}/B_{un}$ 后,根据前面提出的原则①,这类叠合板在变幅重复荷载作用下的加载刚度为

$$B = B_{0.3} + \frac{M - 0.3M_u}{M_{un} - 0.3M_u}(B_{un} - B_{0.3}) \tag{13.21}$$

式中,M 为计算条件下跨中最大弯矩;B_{un} 为最大历经弯矩对应的刚度,按单调加载刚度的计算方法获得。

根据前面提出的原则 ③,以二次抛物线对试验数据进行拟合,可得这类叠合板在变幅重复荷载作用下的卸载刚度为

$$B = B_{0.3} + \frac{M - 0.3M_u}{M_{un} - 0.3M_u}(B_{un} - B_{0.3}) + \frac{E_c I}{250} f\left(\frac{M_{un}}{M_u}\right) \left[\left(\frac{M - 0.3M_u}{M_{un} - 0.3M_u} - \frac{1}{2}\right)^2 - \frac{1}{4}\right]$$

(13.22)

式中,$f(M_{un}/M_u)$ 为拟合函数,试验板 CS1 − 2 和 CS2 − 2 可分别按式(13.23)和式(13.24)计算:

$$f\left(\frac{M_{un}}{M_u}\right) = -69.62\left(\frac{M_{un}}{M}\right)^2 + 111.15\left(\frac{M_{un}}{M}\right) + 17.48$$

(13.23)

$$f\left(\frac{M_{un}}{M_u}\right) = -423.53\left(\frac{M_{un}}{M}\right)^2 + 563.38\left(\frac{M_{un}}{M}\right) - 141.98$$

(13.24)

当 $M_{un} \leqslant 0.68M_u$ 时,测试试验板在变幅重复荷载作用下的跨中挠度计算值 δ^c 与试验值 δ^t 之比 δ^c/δ^t,如图 13.33 所示。

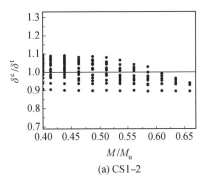
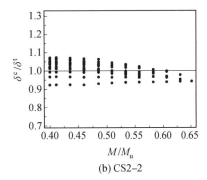

(a) CS1–2　　　　　　　　　　　　(b) CS2–2

图 13.33　变幅重复荷载作用下跨中挠度计算值与试验值对比

试验板 CS1 − 2 与 CS2 − 2 的挠度计算值与试验值之比(δ^c/δ^t)的平均值分别为 1.03 和 1.02,变异系数分别为 0.07 和 0.05,挠度的计算值与试验值吻合良好。

13.6.3　长期刚度

当荷载水平为 $0.34M_u^t$ 时,试验板 CS1 − 2 和 CS2 − 2 跨中挠度分别提高了 0.8 mm 和 0.7 mm,与变幅重复加载阶段第一次加载至 $0.34M_u^t$ 相比,挠度分别提高了约 54.6% 和 45.3%。当荷载水平为 $0.44M_u^t$ 时,试验板 CS1 − 2 和 CS2 − 2 跨中挠度分别提高了 16.5 mm 和 7.8 mm,与变幅重复加载阶段第一次加载至 $0.44M_u^t$ 相比,挠度分别提高了约89.6% 和 56.7%。

综上可见,当荷载水平为 $0.34M_u^t$ 和 $0.44M_u^t$ 时,试验板在长期荷载作用下的挠度提高了 45.3% ∼ 89.6%。由于试件较少,因此这类叠合板在长期荷载作用下的刚度可暂按《混凝土结构设计规范》(GB 50010—2010) 规定的方法计算,其结果是偏于保守的。

13.7　裂缝宽度计算

13.7.1　单调加载裂缝宽度

《混凝土结构设计规范》(GB 50010—2010) 中的裂缝宽度计算公式是采用黏结滑移 −

无滑移理论建立的,在计算时需要获得裂缝的平均间距。由 13.3.1 节可知,RPC 带上反开洞肋底板叠合板 RPC 层裂缝细密而散乱,无明确的裂缝间距不能按照现行规范的方法计算。由分析试验数据可知,试验板的平均裂缝宽度与荷载基本为线性关系,由此可推知平均裂缝宽度与预应力钢丝的等效应力存在线性关系。如图 13.28 所示,可得开裂截面处预应力钢丝等效应力为

$$\sigma_s = \alpha_E \frac{M - M_{p0}}{I_{cr}} x_t \tag{13.25}$$

式中,M 为计算条件下叠合板纯弯区段的弯矩;M_{p0} 为预应力钢丝重心高度处 RPC 消压时的弯矩;I_{cr} 为开裂截面的惯性矩;x_t 为叠合板中性轴到预应力钢丝重心的距离。

获得预应力钢丝等效应力后,采用 ACI 建议的板侧裂缝宽度公式对试验结果进行拟合,可得这类叠合板平均裂缝宽度为

$$w_m = \frac{0.025 \sqrt[3]{t_b A}}{1 + t_s/x_t}(\sigma_s - 22.9) \times 10^{-3} \tag{13.26}$$

式中,t_b 为板侧保护层厚度;A 为 RPC 底板下翼缘横截面积与钢筋根数之比;t_s 为板底保护层厚度。

式(13.26)为统计式,其计算值的量纲为 mm。当试验板跨中弯矩为 $M_{cr} \leqslant M \leqslant 0.68M_u$ 时,将式(13.26)计算得到的平均裂缝宽度计算值与试验值进行比较,见表 13.8。

4 块试验板平均裂缝宽度计算值 w_m^c 与试验值 w_m^t 之比的平均值为 1.02,变异系数为 0.14。这类叠合板的平均裂缝宽度远小于普通混凝土受弯构件,当弯矩不超过 $0.68M_u$ 时,平均裂缝宽度一般不超过 0.1 mm。

表 13.8　各试验板平均裂缝宽度计算值与试验值比较

试验板编号	M /(kN·m)	w^c /mm	w^t /mm	w^c/w^t	试验板编号	M /(kN·m)	w^c /mm	w^t /mm	w^c/w^t
	14.30	0.019	0.024	0.81		63.97	0.037	0.038	0.99
	15.88	0.024	0.025	0.95		70.77	0.050	0.046	1.08
CS1－1	18.85	0.040	0.035	1.14	CS2－1	74.20	0.056	0.052	1.09
	20.56	0.049	0.041	1.18		84.32	0.076	0.065	1.17
	21.93	0.056	0.049	1.15		90.59	0.087	0.072	1.22
	31.97	0.023	0.028	0.82		63.66	0.036	0.038	1.06
	33.06	0.031	0.039	0.79		71.21	0.046	0.046	1.00
CS1－2	38.70	0.048	0.057	0.83	CS2－2	86.31	0.072	0.067	1.08
	43.15	0.066	0.072	0.92		93.86	0.085	0.076	1.12
	46.36	0.075	0.093	0.81		101.41	0.098	0.082	1.19

13.7.2　变幅重复加载裂缝宽度

在变幅重复荷载作用下,试验板的平均裂缝宽度与跨中弯矩近似为线性关系,但卸载至 0 时,裂缝一般不闭合。由试验数据可知,当跨中弯矩为 $M = M_{cr}$ 时,试验板 CS1－2 和 CS2－2 的平均裂缝宽度分别为 0.030 mm 和 0.038 mm,对构件在正常使用阶段的影响较小,而各试验板的开裂荷载为 $0.4M_u \sim 0.46M_u$,故选择 $0.4M_u$ 为变幅重复荷载作用下的计算下限。经分析可知,当 $M_{un} \leqslant 0.68M_u$ 时,试验板的 $w_{0.4}/w_{un}$ 与 M_{un}/M_u 具有相对

稳定的关系(图 13.34),拟合可得

$$\frac{w_{0.4}}{w_{un}} = 0.159\left(\frac{M_{un}}{M_u}\right)^{-2.13} \tag{13.27}$$

式中,$w_{0.4}$ 为跨中弯矩为 $0.4M_u$ 时,试验板的平均裂缝宽度;w_{un} 为跨中弯矩为 M_{un} 时,试验板的平均裂缝宽度。

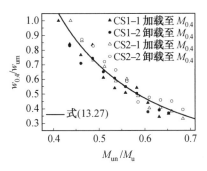

图 13.34　$w_{0.4}/w_{un}$ 与 M_{un}/M_u 的关系及拟合曲线

为建立这类叠合板在变幅重复荷载作用下的平均裂缝宽度计算方法,提出以下原则:① 不超过最大历经弯矩时,平均裂缝宽度与弯矩为线性关系;② 超过最大历经弯矩后,裂缝平均宽度按单次加载方法计算;③ 忽略加载次数的影响。则这类叠合板在变幅重复荷载作用下的平均裂缝宽度为

$$w_m = \frac{M - M_{un}}{M_{0.4} - M_{un}}(w_{un} - w_{0.4}) + w_{0.4} \tag{13.28}$$

当试验板的最大历经弯矩 M_{un} 不超过 $0.68M_u$ 时,将由式(13.28)计算得到的平均裂缝宽度计算值与试验值进行比较,如图 13.35 所示。

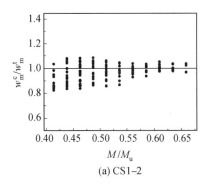

(a) CS1-2

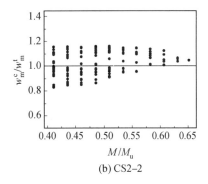

(b) CS2-2

图 13.35　变幅重复荷载作用下平均裂缝宽度计算值与试验值对比

在变幅重复荷载作用下,试验板 CS1-2 与 CS2-2 的平均裂缝宽度计算值与试验值之比(w_m^c/w_m^t)的平均值分别为 0.97 和 1.00,变异系数分别为 0.07 和 0.10,计算值与试验值吻合较好。

13.7.3　长期持荷裂缝宽度

在长期持荷与卸载后变形恢复阶段,当变形基本稳定时,裂缝宽度也已基本稳定。当荷载水平为 $0.34M_u$ 时,试验板 CS1-2 和 CS2-2 的平均裂缝宽度分别增长了 0.001 mm 和 0.004 mm,与持荷初始时刻相比分别提高了约 4.8% 和 26.7%(在变幅重复加载阶段,当荷载水平首次达到 $0.34M_u^l$ 时,试验板 CS1－2 与 CS2－2 的板底 RPC 均未开裂)。当荷载水平为 $0.44M_u^l$ 时,试验板 CS1－2 和 CS2－2 的平均裂缝宽度分别增长了 0.005 mm 和 0.017 mm,与持荷初始时刻相比分别提高了约 20.8％ 和 51.5％。

综上可见,当荷载水平为 $0.34M_u^l$ 和 $0.44M_u^l$ 时,试验板在长期荷载作用下平均裂缝宽度提高了 4.8％～51.5％,其考虑长期作用影响的裂缝宽度扩大系数可暂按《混凝土结构设计规范》(GB 50010—2010) 取 $\tau_l=1.5$。

13.7.4　最大裂缝宽度

由于裂缝宽度的分布具有明显随机性,因此数据离散性较大。为求得具有一定保证率的最大裂缝宽度,可用平均裂缝宽度乘以扩大系数。对 4 块试验板 41 605 个裂缝宽度数据点进行整理,得到各条裂缝的宽度 w_i 与该级荷载下平均裂缝宽度 w_m 的比值 w_i/w_m 的频数分布,如图 13.36 所示。

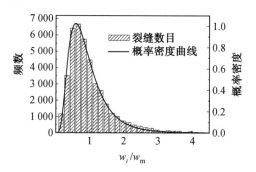

图 13.36　裂缝分布频数及概率密度曲线

由图 13.36 可见,裂缝分布频数符合对数正态分布。经拟合可得,其概率密度函数的参数分别为 $\mu=-0.213$ 和 $\sigma=0.565$,则具有 95％ 保证率的短期裂缝宽度扩大系数为 $\tau_s=1.94$。由此可得这类叠合板考虑长期作用影响的最大裂缝宽度为

$$w_{max}=\frac{0.049\sqrt[3]{t_b A}}{1+t_s/x_t}(\sigma_s-22.9)\times 10^{-3} \tag{13.29}$$

式(13.29)为统计式,其计算值的量纲为 mm,式中相关符号意义见式(13.26)。当钢筋等效应力 σ_s 相同时,RPC 带上反开洞肋底板叠合板的最大裂缝宽度明显小于普通钢筋混凝土构件,其原因为锚固于 RPC 裂缝两侧的钢纤维限制了裂缝宽度的发展。经试算可知,在正常使用过程中,这类叠合板最大裂缝宽度一般不超过 0.2 mm,满足一类环境下裂缝控制等级为三级的预应力构件裂缝宽度限值要求。研究表明,当裂缝宽度不超过 0.2 mm 时,裂缝在水泥水化与 Ca^{2+} 生成 $CaCO_3$ 等机制的作用下具有良好的自愈性,对耐久性影响较小。

13.8　正截面承载力计算

13.8.1　基本假定

4 块试验板的破坏模式均为正截面受弯破坏,表现为预应力钢丝被拉断,而板顶混凝

土未被压碎。为提出 RPC 带上反开洞肋底板叠合板正截面承载力设计计算公式,采用以下假定:① 截面应变符合平截面假定;② 忽略普通混凝土的抗拉强度;③ 普通混凝土的应力－应变关系按式(13.30)计算;④ 将底板下翼缘部分 RPC 的拉应力等效为矩形,其大小为 $\sigma_R = kf_{tR}$(k 为 RPC 拉应力等效系数);⑤ RPC 底板上反肋位于受压区时,受压性能按照普通混凝土考虑;⑥ 忽略 RPC 底板上反肋的受拉作用。

$$\begin{cases} \sigma_c = f_c \left[1 - \left(1 - \dfrac{\varepsilon_c}{\varepsilon_0} \right)^2 \right] & (\varepsilon_c < \varepsilon_0) \\ \sigma_c = f_c & (\varepsilon_0 < \varepsilon_c < \varepsilon_{cu}) \end{cases} \tag{13.30}$$

式中,f_c 为普通混凝土轴心抗压强度;ε_0 为普通混凝土峰值应力对应的压应变;ε_{cu} 为普通混凝土极限压应变;σ_c 为 RPC 应力;ε_c 为 RPC 应变。

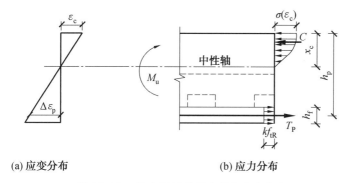

(a) 应变分布　　　　　　　　(b) 应力分布

图 13.37　叠合板正截面应变与应力分布

根据上述假定,获得这类叠合板在正截面承载能力极限状态下的正截面实际应力与等效应力分布,如图 13.37 所示(图 13.37 中 $\Delta\varepsilon_p$ 为预应力筋应变增量)。由正截面静力平衡和力矩平衡可得

$$\begin{cases} C = T \\ M_c + M_t = M_u \end{cases} \tag{13.31}$$

式中,C 为受压区混凝土总压力;T 为受拉区 RPC 和预应力钢丝总拉力;M_c 为受压区混凝土总压力对中性轴的力矩;M_t 为受拉区 RPC 和预应力钢丝总拉力对中性轴的力矩;M_u 为正截面承载力。

对于实心叠合板,受压区混凝土总压力为

$$C = b \frac{x_c}{\varepsilon_{cu}^t} \int_0^{\varepsilon_{cu}^t} \sigma_c(\varepsilon) d\varepsilon \tag{13.32}$$

式中,b 为叠合板宽度;ε_{cu}^t 为试验板受压区边缘混凝土的实测极限压应变;x_c 为试验板在承载能力极限状态下的受压区高度,按式(13.10)计算;$\sigma_c(\varepsilon)$ 为 RPC 的应力;ε 为 RPC 的应变。

受拉区 RPC 和预应力钢丝的总拉力为

$$T = kf_{tR} bh_f + \sigma_p(\varepsilon_{pe} + \Delta\varepsilon_p) A_p \tag{13.33}$$

式中,ε_{pe} 为叠合板不受外载时预应力钢丝的预拉应变;$\Delta\varepsilon_p$ 为叠合板从不受外载到承载能力极限状态时预应力钢丝的应变增量;σ_p 为预应力筋的应力值。

受压区混凝土合力对中性轴的力矩为

$$M_c = b \left(\frac{x_c}{\varepsilon_{cu}^t} \right)^2 \int_0^{\varepsilon_{cu}^t} \sigma_c(\varepsilon)\varepsilon d\varepsilon \tag{13.34}$$

受拉区 RPC 和预应力钢丝合力对中性轴的力矩为

$$M_t = [kf_{tR}bh_f + \sigma_p(\varepsilon_{pe} + \Delta\varepsilon_p)A_p](h_p - x_c) \tag{13.35}$$

将式(13.32)～(13.35)代入式(13.31),即可解得实心叠合板在正截面承载能力极限状态下的 RPC 拉应力等效系数 k 和预应力钢丝的破断应力 σ_{tu},进而可获得试验板中预应力钢丝的破断应变 $\varepsilon_{tu}(\varepsilon_{tu} = \varepsilon_{pe} + \Delta\varepsilon_p)$。

对于空心叠合板,当 $x_c \leqslant h_2$ 时(受压区高度不大于空心部分顶部的混凝土厚度),截面静力与弯矩平衡方程组与实心叠合板相同;当 $x_c > h_2$ 时,结合图 13.29,空心叠合板正截面受压区混凝土合力为

$$C = (b - b_3)\frac{x_c}{\varepsilon_{cu}^t}\int_0^{\varepsilon_{cl}}\sigma_c(\varepsilon)d\varepsilon + b\frac{x_c}{\varepsilon_{cu}^t}\int_{\varepsilon_{cl}}^{\varepsilon_{cu}^t}\sigma_c(\varepsilon)d\varepsilon \tag{13.36}$$

式中,b_3 为孔洞的宽度;ε_{cl} 为空心部分顶部的混凝土压应变。受压区混凝土合力对中性轴的力矩为

$$M_c = (b - b_3)\left(\frac{x_c}{\varepsilon_{cu}^t}\right)^2\int_0^{\varepsilon_{cl}}\sigma_c(\varepsilon)d\varepsilon + b\left(\frac{x_c}{\varepsilon_{cu}^t}\right)^2\int_{\varepsilon_{cl}}^{\varepsilon_{cu}^t}\sigma_c(\varepsilon)d\varepsilon \tag{13.37}$$

空心叠合板受拉区 RPC 和预应力钢丝受拉合力对中性轴的力矩计算公式与实心叠合板相同。

同理,根据正截面力和弯矩平衡可获得空心叠合板在正截面承载能力状态下的 RPC 拉应力等效系数 k 和预应力钢丝的破断应力 σ_{tu},进而可获得试验板中预应力钢丝的破断应变 $\varepsilon_{tu}(\varepsilon_{tu} = \varepsilon_{pe} + \Delta\varepsilon_p)$。

基于弯矩－曲率关系和荷载－挠度关系,试验板在承载能力极限状态下的受压区高度 x_c 为(具体推导过程见 12.6.2 节)

$$x_c = \frac{\varepsilon_{cu}^t}{24\delta}(3l^2 - 4l_2^2) \tag{13.38}$$

式中,ε_{cu}^t 为试验板受压区边缘混凝土的实测极限压应变;δ 为试验板在承载能力极限状态下的跨中挠度;l 和 l_2 分别为试验板的计算跨度和剪弯段长度。

根据上述方法可获得各试验板在承载能力极限状态下的 RPC 拉应力等效系数 k,预应力钢丝破断应变 ε_{tu} 和对应的破断应力 σ_{tu},将结果列于表 13.9。

表 13.9　试验板正截面承载能力极限状态下的 k、ε_{tu} 和 σ_{tu}

参数	CS1－1	CS1－2	CS2－1	CS2－2	平均值
k	0.54	0.51	0.47	0.44	0.49
$\varepsilon_{tu}/(\times 10^{-6})$	18 656	22 465	18 802	19 812	19 933.75
σ_{tu}/MPa	1 498	1 522	1 499	1 505	1 506

13.8.2　预应力钢丝弯折受拉破断分析

由 13.4.1 节可知,各试验板在达到极限承载力后因预应力钢丝被拉断而破坏,而根据表 13.9,各试验板的预应力钢丝破断应变均未达到其轴拉破断应变。在临近破坏时,各试验板破断截面均已开裂,开裂截面的预应力钢丝处于弯折受拉状态,如图 13.38(a)所示。预应力钢丝在开裂截面边缘产生折角 α,与裂缝宽度 w 和预应力钢丝到中性轴的距离 x_t 有关。开裂截面混凝土与预应力钢丝交点 A 处的受力简图如图 13.38(b)所示。由图可见,预应力钢丝 A 点截面受拉力和弯折力 P 的共同作用,且 P 随 α 的增大而增大。因此,A 点截面拉应力沿钢丝高度分布不均匀,处于弯折受拉状态,导致该截面预应力钢

丝在未达到轴拉破断应变时即发生破断。

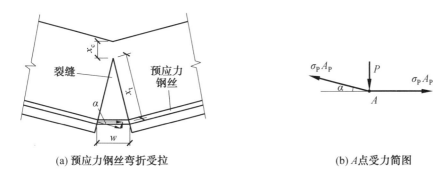

(a) 预应力钢丝弯折受拉　　　　　　　　　(b) A 点受力简图

图 13.38　开裂截面混凝土与预应力钢丝的受力状态

配筋指标 ω 反映了混凝土受弯构件的相对受压区高度,与试验板破断时刻的预应力钢丝折角和拉应变有密切关系。因此,引入配筋指标对预应力钢丝弯折受拉破断应变 ε_{tu} 进行分析。试验板破坏时刻,预应力钢丝的弯折受拉破断应变明显小于其轴拉破断应变 ε_{pu},而破断时刻的应力 σ_{tu} 与预应力钢丝的名义屈服强度 f_{py} 相近,故以 f_{py} 代替 σ_{tu} 来计算配筋指标。配筋指标为

$$\omega = (f_{py}A_p + kf_{tR}A_f)/(f_c bh_p) \tag{13.39}$$

计算配筋指标时,可取平均值 $k = 0.49$。试验板 CS1-1、CS1-2、CS2-1 和 CS2-2 的配筋指标分别为 0.12、0.16、0.15 和 0.13。以配筋指标为自变量对试验板预应力钢丝弯折受拉破断应变 ε_{tu} 与轴拉破断应变 ε_{pu}($50\ 000 \times 10^{-6}$) 之比进行拟合,获得式 (13.40)。

$$\varepsilon_{tu}/\varepsilon_{pu} = 1.09\omega + 0.247 \quad (0.11 < \omega < 0.16) \tag{13.40}$$

为便于比较,将由式 (13.40) 计算得到的预应力钢丝弯折受拉破断应变拟合值 ε_{tu}^c 与 13.8.1 节获得的预应力钢丝弯折受拉破断应变试验值 ε_{cu}^t 列于表 13.10,$\varepsilon_{cu}^c/\varepsilon_{cu}^t$ 拟合曲线与试验值的对比如图 13.39 所示。预应力钢丝 $\varepsilon_{tu}^c/\varepsilon_{cu}^t$ 的平均值为 1.00,变异系数为 0.07。因此,当这类叠合板纵向受力钢筋为直径 7 mm 的 1570 级预应力螺旋肋钢丝,且构件在不受力状态下预应力钢丝的有效预应力为 $550 \sim 660$ MPa 时,其预应力钢丝弯折受拉破断应变可按式 (13.40) 计算。

表 13.10　ε_{tu} 的拟合值与试验值

试验板编号	$\varepsilon_{cu}^c/(\times 10^{-6})$	$\varepsilon_{cu}^t/(\times 10^{-6})$	$\varepsilon_{tu}^c/\varepsilon_{cu}^t$	$\varepsilon_{tu}^c/\varepsilon_{pu}^t$	$\varepsilon_{cu}^c/\varepsilon_{pu}^t$
CS1-1	18 717	18 656	1.00	0.37	0.37
CS1-2	20 830	22 465	0.93	0.42	0.45
CS2-1	20 659	18 802	1.10	0.41	0.38
CS2-2	19 437	19 812	0.98	0.39	0.40

13.8.3　正截面承载力计算方法

试验板正截面应力分布如图 13.40 所示。实心叠合板的静力与弯矩平衡方程组为

$$\begin{cases} \alpha_1 f_c bx = kf_{tR}bh_f + \sigma_{tu}A_p \\ M_u = \alpha_1 f_c bx \left(h_p - \dfrac{x}{2} \right) \end{cases} \tag{13.41}$$

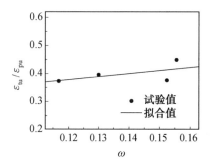

图 13.39 $\varepsilon_{tu}^c/\varepsilon_{cu}^t$ 拟合曲线与试验值的对比

由此可得截面的等效受压区高度为

$$x = \frac{kf_{tR}bh_f + \sigma_{tu}A_p}{\alpha_1 f_c b} \tag{13.42}$$

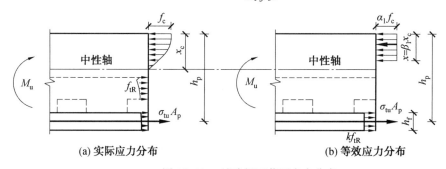

图 13.40 试验板正截面应力分布

对于空心叠合板,当 $x \leqslant h_2$ 时(等效受压区高度不大于空心部分顶部的混凝土厚度),截面静力与弯矩平衡方程组与式(13.41)相同;若 $x > h_2$,截面的静力与弯矩平衡方程组为

$$\begin{cases} \alpha_1 f_c [bx - b_3(x - h_2)] = kf_{tR}bh_f + \sigma_{tu}A_p \\ M_u = \alpha_1 f_c \left[(b - b_3)x \left(h_p - \dfrac{x}{2} \right) + b_3 h_2 \left(h_p - \dfrac{h_2}{2} \right) \right] \end{cases} \tag{13.43}$$

在承载能力极限状态下,试验板破坏截面受压区边缘混凝土平均压应变为 $3\ 109 \times 10^{-6}$,与《混凝土结构设计规范》(GB 50010—2010)中规定的混凝土极限压应变 $3\ 300 \times 10^{-6}$ 接近。为方便设计计算,仍取受压区等效矩形应力图的系数为 $\alpha_1 = 1.0$ 和 $\beta_1 = 0.8$。

底板下翼缘 RPC 钢纤维拉应力随裂缝宽度增大而降低,在正截面承载能力极限状态下,预应力钢丝的弯折受拉破断应变是影响底板下翼缘 RPC 裂缝宽度的主要因素,故根据 13.8.2 节的研究成果,对配筋指标 ω 为自变量对底板下翼缘 RPC 拉应力等效系数 k 进行拟合,将其拟合值与试验值列于表 13.11,k 的试验值及拟合曲线如图 13.41 所示。

$$k = 0.57 - 0.58\omega \quad (0.11 < \omega < 0.16) \tag{13.44}$$

由图 13.41 可见,k 值随配筋指标升高而减小,其原因为这类叠合板中预应力钢丝的弯折受拉破断应变随配筋指标提高而增大,因而在正截面承载能力极限状态下破断截面的裂缝宽度也随配筋指标升高而增大,从而使 RPC 中钢纤维拉应力随配筋指标升高而减小。

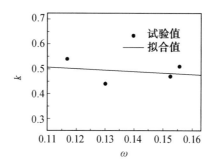

图 13.41　k 的试验值及拟合曲线

表 13.11　k 的试验值与拟合值对比

试验板编号	CS1－1	CS1－2	CS2－1	CS2－2
k 的试验值	0.54	0.51	0.47	0.44
k 的拟合值	0.50	0.48	0.48	0.50

　　k 的拟合值与试验值之比的平均值为 1.00，变异系数为 0.09。获得底板下翼缘 RPC 拉应力等效系数 k 和预应力钢丝的弯折受拉破断应力［根据式（13.40）和式（13.1）计算］后，即可按前述方法计算获得这类叠合板的正截面承载力。

　　为便于比较，分别采用由式（13.44）获得的 k 值和 $k=0.49$（各试验板的实测平均值）计算试验板的正截面承载力 $M_{u,1}^c$ 和 $M_{u,2}^c$，试验板正截面承载力计算值 $M_{u,1}^c$ 和 $M_{u,2}^c$ 与试验值 M_u^t 对比见表 13.12。$M_{u,1}^c/M_u^t$ 的平均值为 1.00，变异系数为 0.03；$M_{u,1}^c/M_u^t$ 的平均值为 0.99，变异系数为 0.03；两组计算值与试验值均吻合良好。因此，当预制底板的 RPC 棱柱体抗压强度为 $100\sim110$ MPa，光圆钢纤维（直径 0.22 mm、长 13 mm）的体积分数为 2%，叠合板不受外力条件下预应力钢丝（直径 7 mm，1570 级）有效预应力为 $550\sim660$ MPa，且配筋指标为 $0.11\sim0.16$ 时，在这类叠合板的正截面承载力中，底板下翼缘 RPC 拉应力等效系数 k 可取 0.49。

表 13.12　试验板正截面承载力计算值与试验值对比

试验板编号	CS1－1	CS1－2	CS2－1	CS2－2
$M_{u,1}^c/(\text{kN}\cdot\text{m})$	32.1	129.7	66.7	146.5
$M_{u,2}^c/(\text{kN}\cdot\text{m})$	31.5	129.3	66.9	147.7
$M_u^t/(\text{kN}\cdot\text{m})$	32.2	131.8	66.9	146.0
$M_{u,1}^c/M_u^t$	0.99	0.98	1.00	1.00
$M_{u,2}^c/M_u^t$	0.98	0.98	1.00	1.01

　　当不考虑 RPC 受拉作用时（$k=0$），试验板 CS1－1、CS1－2、CS2－1 和 CS2－2 的正截面承载力计算值与试验值的比值 M_u^c/M_u^t 分别为 0.82、0.91、0.90 和 0.94，平均值为 0.89，计算值明显小于试验值。因此，板底翼缘 RPC 的受拉作用在正截面承载力计算中不宜忽略。

13.9　本 章 小 结

　　本章对 RPC 带上反开洞肋底板叠合板在单调、重复及长期荷载作用下的受力性能进行了试验研究，得到以下主要结论：

（1）试验板中RPC弯曲开裂应变为$331 \times 10^{-6} \sim 398 \times 10^{-6}$，底板消压后预应力钢丝应力增长较大，因而在开裂弯矩计算中应考虑预应力钢丝的贡献作用。基于开裂弯矩实测值，建立了考虑预应力钢丝贡献的截面抵抗矩塑性影响系数的计算公式。

（2）RPC带上反开洞肋底板叠合板的板底裂缝细密而不连续，没有明确的裂缝间距。建立了单调荷载作用下，以预应力筋等效应力、保护层厚度、预应力筋约束混凝土面积、中性轴至预应力筋距离为自变量的裂缝宽度计算公式。

（3）基于板侧应变分布和正截面应力分析，推导获得RPC带上反开洞肋底板叠合板开裂截面受拉区RPC弹性模量折减系数。通过模量折减后的换算截面，推导出开裂截面惯性矩，进而提出了这类叠合板在单调荷载作用下抗弯刚度的计算方法。板底裂缝宽度为对数正态分布，具有95％保证率的短期裂缝宽度扩大系数为1.94。

（4）RPC带上反开洞肋底板叠合板在单调、变幅重复及长期荷载作用下整体性良好，未发生叠合面面外剥离和面内剪切破坏。在单调荷载作用下刚度和裂缝宽度计算方法的基础上，建立了变幅重复荷载作用下考虑最大历经弯矩的刚度和裂缝宽度计算方法。

（5）RPC带上反开洞肋底板叠合板的破坏模式均为预应力钢丝被拉断，而受压区边缘混凝土未被压碎。通过分析，指出了裂缝截面处预应力钢丝处于弯折受拉状态是导致其提前破断的主要原因，建立了以配筋指标为自变量的预应力钢丝弯折受拉破断应变计算方法，进而提出考虑底板下翼缘RPC拉应力贡献作用的正截面承载力计算公式和RPC拉应力等效系数的计算方法。

本章参考文献

[1] 郑文忠，李莉，卢姗姗. 钢筋活性粉末混凝土简支梁正截面受力性能试验研究[J]. 建筑结构学报，2011，32(6)：62-70.

[2] 中华人民共和国住房和城乡建设部. 混凝土结构设计规范：GB/T 50010—2010[S]. 北京：中国标准出版社，2010.

[3] KARSAN I D, JIRSA J O. Behavior of concrete under compressive loading[J]. Journal of Structural Division，1969，95(ST12)：2543-2563.

[4] SINHA B P, GERSTLE H K, TULIN L G. Stress-Strain relationships for concrete under cyclic loading[J]. Journal of ACI，1964，61(2)：195-211.

[5] ABEYSINGHE C M, THAMBIRATNAM D P, PERERA N J. Flexural performance of an innovative hybrid composite floor plate system comprising glass-fibre reinforced cement, polyurethane and steel laminate[J]. Composite Structures，2013，95(C)：179-190.

[6] GERGELY P, LUTZ L A. Maximum crack width in reinforced concrete flexural members[J]. ACI Journal，1968，SP20：87-177.

[7] WU M, JOHANNESSON B, GEIKER M. A review：self-healing in cementitious materials and engineered cementitious composite as a self-healing material[J]. Construction and Building Materials，2012，28(1)：571-583.

[8] PAULAY T, PRIESTLEY M J N. Seismic design of reinforced concrete and masonry buildings[M]. New York：John Wiley&Sons Inc.，1992.

第14章 RPC双向叠合板性能试验与分析

RPC带上反开洞肋底板双向叠合板一个方向以RPC底板中的预应力钢丝为受力钢筋,另一个方向以穿过上反开洞肋布置的非预应力筋为受力筋,即一向是预应力的,另一向是非预应力的。这类叠合板两个方向刚度和裂缝的发展与分布不同,拼缝是其薄弱部位,但对这类双向叠合板受力性能的研究尚不充分。因此,通过试验研究和理论分析,提出这类板刚度(变形)、裂缝宽度和极限荷载的计算方法是有必要的。

14.1 RPC带上反开洞肋底板双向叠合板试验方案

14.1.1 试验板设计与制作

RPC底板双向叠合板由12块RPC带上反开洞肋底板作为底模,在上反肋预留孔中穿插横向钢筋后,浇筑C40普通混凝土层而成。为使底板在浇筑普通混凝土过程中不产生裂缝和过大变形,在板底垂直于预应力钢丝方向设置间距为1 200 mm的水平支承。本试验中,RPC带上反开洞肋底板下翼缘中配有4根直径为7 mm的1570级预应力螺旋肋钢丝,底板的截面尺寸和构造如图14.1所示。RPC底板双向叠合板厚度为140 mm,预应力筋和非预应力筋方向的长度均为6 000 mm,横向钢筋采用直径为12 mm的HRB400钢筋,间距为200 mm。拼装完成后的RPC底板如图14.2所示。

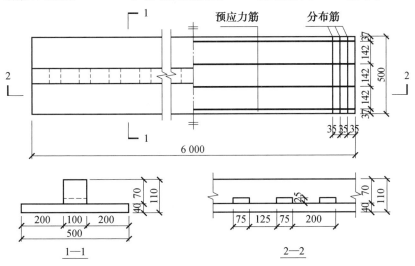

图14.1 RPC带上反开洞肋底板的截面尺寸和构造

图 14.2　拼装完成后的 RPC 底板

14.1.2　试验装置

　　试验板为四边简支支承,预应力筋与非预应力筋方向的跨度均为 5 800 mm。在设计阶段发现,试验板的极限均布荷载预估值较大,若采用砂石堆载,由于板的跨中变形较四边大,堆载材料中将出现拱效应,给试验结果带来较大误差。综合考虑后,采用在板顶施加集中力的方式加载。集中荷载由布置在板顶的 9 个螺旋式千斤顶施加,各千斤顶通过预应力筋和钢横梁与板底的反力梁形成自平衡体系,加载装置如图 14.3 所示。千斤顶布置在试验板跨中的长方形区域,布置方式如图 14.4 所示。

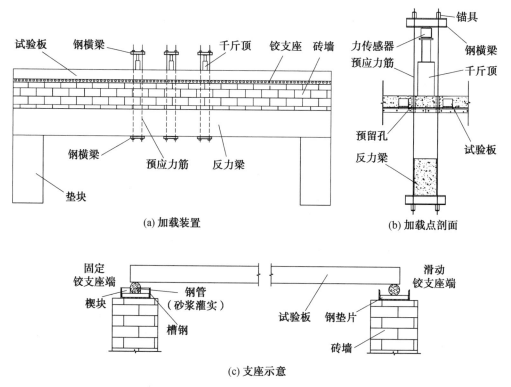

图 14.3　加载装置示意图

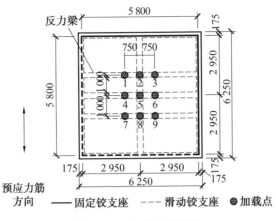

图 14.4　加载点布置图

14.1.3　测试内容与方法

（1）荷载。在每个千斤顶与钢横梁之间放置一个力传感器[图 14.3(b)]，测量所施加的荷载。

（2）试验板挠度。为测量底板的整体变形，在试验板的跨中区域和支座处分别布置电子位移计。为避开板底的反力梁，位移计布置呈不完全对称，测点如图 14.5 所示。

（3）横向钢筋应变。在底板拼缝截面处的横向钢筋表面布置应变片，如图 14.6 所示。

（4）裂缝。在板底绘制间距为 500 mm 的网格，每级加载完毕后，保持荷载稳定，寻找新出现的裂缝，绘制裂缝发展路径，并记录裂缝与预应力钢丝交点处裂缝与预应力钢丝的夹角。采用 KON－FK(B) 电子式裂缝观测仪读取裂缝与预应力钢丝交点处的宽度。

（5）记录各试验板的试验现象，主要包括开裂荷载、裂缝的宽度和发展情况、极限承载力和破坏模式。

（6）试验过程中，通过调整千斤顶，使各加载点荷载保持相同，力传感器数值由 DH3818 静态应变采集箱显示。应变片和电子位移计数据由 DH3816 静态应变采集箱自动记录。

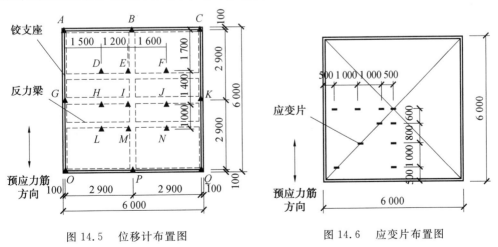

图 14.5　位移计布置图　　　　　图 14.6　应变片布置图

14.1.4　加载制度

参照《混凝土结构试验方法标准》(GB/T 50152—2012)，本试验采用如下加载制度：

(1) 在正式试验前，对试验板施加 $0.05P_u^c$(试验板预估承载力按塑性铰线法计算)，检查试验仪器和设备是否工作正常。在确认正常后，将各仪器调零，准备正式加载。

(2) 未超过 $0.5P_{cr}^c$(预估开裂荷载取 $0.35P_u^c$)时，每级加载 $0.05P_{cr}^c$；超过 $0.5P_{cr}^c$ 后，每级加载 $0.03P_{cr}^c$ 直至试验板开裂。

(3) 试验板开裂后，每级加载 $0.05P_u^c$，直至破坏。

14.2　RPC 带上反开洞肋底板双向叠合板试验现象

在初始加载阶段，试验板四角逐渐出现翘曲，当单点荷载(以下简称"荷载")达到 8 kN 时，四角向上翘曲约 2 mm。当荷载达到 17 kN 时，5 号加载点板底出现第一条垂直于预应力钢丝方向的裂缝，此时，板角翘曲挠度约为 8 mm。当荷载提高至 20.5 kN 时，板底跨中出现多条裂缝，宽度约为 0.02 mm。随着荷载提高，板底跨中不断出现新的裂缝，原有裂缝沿垂直于预应力钢丝方向延伸。当荷载达到 21 kN 时，板底开始出现斜向裂缝。当荷载加载至 25 kN 时，斜向裂缝逐渐增多并向板角延伸，板角翘曲挠度约为 15 mm。继续加载至 29 kN 时，板底裂缝发展为"X"形，且能听到钢纤维被拔出时发出的轻微"嗞嗞"声。当荷载达到 33 kN 时，斜向和垂直于预应力钢丝方向的裂缝延伸至支座板带。当加载至 35 kN 时，板顶角部垂直于对角线的方向出现两排裂缝。继续加载至 39 kN，板底原有裂缝不断延伸，而新出现的裂缝较少，板底裂缝处钢纤维拔出时发出明显的"嗞嗞"声，板顶角部裂缝延伸为圆弧形，角部翘曲高度约为 26 mm。当荷载达到 45 kN 时，板顶角部裂缝贯通为内、外两层环形裂缝，宽度为 2～3 mm。继续加载至 49 kN 时，5 号加载点下两根预应力钢丝突然被拉断，板顶混凝土未被压碎，钢筋破断处的裂缝宽度为 4～5 mm，试验板宣告破坏。破断前一刻，试验板 I 点挠度为 136 mm(挠跨比为 1/43)，与单向叠合板 CS1-1 的破断时刻挠度(147 mm)相近。在加载过程中，各加载点下相邻的 RPC 底板间未出现竖向错动现象，且未发现后浇混凝土层发生剥离现象，表明试验板具有良好的整体性。试验板在加载中的情形和板底预应力钢筋破断截面的裂缝分别如图 14.7 和图 14.8 所示。

　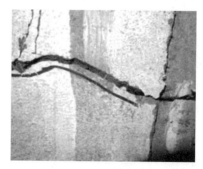

图 14.7　试验板加载　　　　图 14.8　钢筋破断截面裂缝

14.3 RPC 带上反开洞肋底板双向叠合板试验结果

14.3.1 材料力学性能

在加载时刻,同条件养护的 70.7 mm×70.7 mm×210 mm RPC 棱柱体抗压强度为 102.6 MPa,轴心受拉强度为 5.0 MPa。150 mm×150 mm×150 mm 普通混凝土立方体抗压强度为 47.5 MPa。横向钢筋屈服强度为 517 MPa,弹性模量为 $2.1×10^5$ MPa,预应力钢丝力学性能指标见表 12.2,且预应力钢丝中的有效预应力为 649.8 MPa。

14.3.2 荷载－挠度关系

由布置在试验板跨中和支座处的位移计,可测得试验板在各级荷载下的挠度值。跨中测点 I 的荷载－挠度曲线如图 14.9 所示。由图可见,测点 I 的荷载－挠度曲线为双折线。板底 RPC 出现斜向裂缝前,试验板跨中的挠度与荷载近似为线性关系。斜向裂缝出现后,试验板的荷载－挠度曲线发生偏折,试验板刚度随荷载提高而下降。为考察试验板的整体变形特征,将 AQ、CO 和 BP、GK 连线(各参照点如图 14.5 所示)上的测点在各级荷载作用下的挠度进行整理,并用样条函数曲线连接,结果如

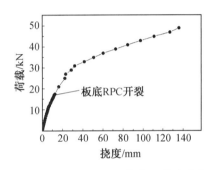

图 14.9 跨中测点 I 的荷载－挠度曲线

图 14.10 所示。图 14.10(a) 和图 14.10(b) 为试验板两对角线的荷载－挠度曲线,由图可见,角部翘曲随荷载提高而增大,变形为 0 的点随荷载提高而向板角部移动,表明角部翘曲增长速度较跨中挠度增长速度慢。在各级荷载作用下,试验板挠度曲线连续均匀,具有良好的对称性,表明各加载点的荷载基本相同。图 14.10(c) 和图 14.10(d) 分别为试验板跨中预应力筋方向和非预应力筋方向的挠度曲线。由图可见,各级荷载作用下,试验板在两个方向的挠度分布相似,表明试验板具有良好的双向受力性能。

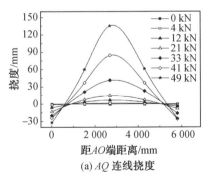

(a) AQ 连线挠度

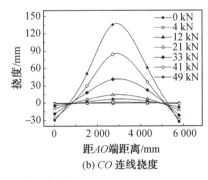

(b) CO 连线挠度

图 14.10 试验板荷载－挠度曲线

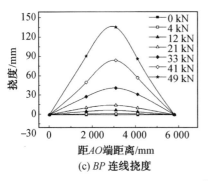

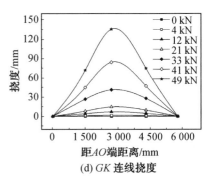

(c) BP 连线挠度　　　　　　　　　　　(d) GK 连线挠度

续图 14.10

14.3.3　裂缝分布

为考察试验板裂缝产生和发展的规律,将试验板板底裂缝在不同荷载作用下的分布作图,如图 14.11 所示。由图可见,板底第一批裂缝出现在跨中区域,裂缝沿垂直于预应力筋方向延伸一段距离后转向板角延伸。试验板破坏后,板底裂缝分布可分为两类:一类是垂直于预应力筋方向的横向裂缝,整体分布呈"一"字形;另一类是平行于对角线方向的斜向裂缝,与预应力钢丝夹角大致为 45°,整体分布呈"X"形。

板顶角部裂缝分布如图 14.12 所示。由图可见,板顶裂缝首先出现在角部,然后向板侧延伸发展为圆弧形。临近破坏时,角部裂缝连接为一体,形成完整的环形。由受力分析可知,环形外侧区域承受压力,内侧区域则承受拉力,表明试验板在临近破坏时有一定的受拉薄膜效应。

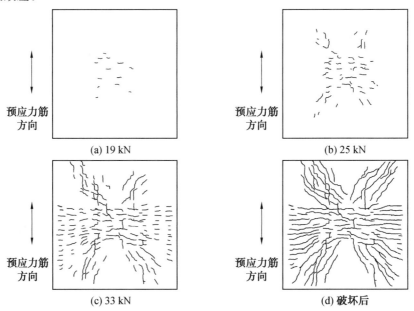

图 14.11　板底裂缝分布图

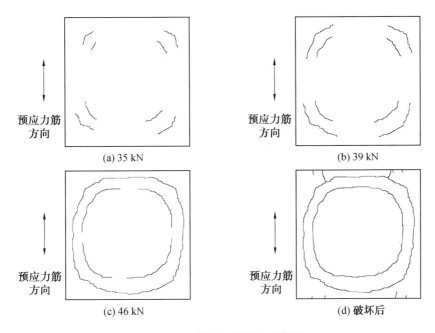

图 14.12　板顶角部裂缝分布图

14.4　RPC 带上反开洞肋底板双向叠合板有限元分析

ABAQUS 是目前应用最广的有限元分析软件之一,适用于解决混凝土结构中复杂的非线性问题。本节采用 ABAQUS 中的 Standard 模块对试验结果进行验证和分析。

14.4.1　材料本构关系

1. 普通钢筋应力 - 应变关系

普通钢筋的应力 - 应变关系采用理想弹塑性模型,其表达式为

$$\sigma_s = \begin{cases} f_y & (\varepsilon_s > \varepsilon_y) \\ E_s \varepsilon_s & (\varepsilon_y' < \varepsilon_s \leqslant \varepsilon_y) \\ f_y' & (\varepsilon_s \leqslant \varepsilon_y') \end{cases} \tag{14.1}$$

式中,σ_s、σ_s' 分别为普通钢筋的受拉、受压应力;ε_s、ε_s' 分别为普通钢筋的受拉、受压应变;f_y、f_y' 分别为普通钢筋的受拉、受压屈服强度;ε_y、ε_y' 分别为普通钢筋的受拉、受压屈服应变;E_s 为普通钢筋的弹性模量。

根据试验结果,钢筋受拉屈服强度 $f_y = 517$ MPa,弹性模量 $E_s = 2.1 \times 10^{-5}$ MPa。

2. 预应力钢丝应力 - 应变关系

预应力钢丝本构关系采用 12.3 节提出的表达式(12.1),此处不再赘述。

3. 普通混凝土应力 - 应变关系

由于混凝土材料的复杂性,混凝土本构关系的选择尚没有统一标准。根据试验板的受力特点,本节采用 ABAQUS 软件提供的混凝土塑性损伤模型中的塑性模型部分,该模型可用于模拟有围压作用时混凝土在单调和反复荷载作用下的力学行为。

（1）单轴应力－应变关系（图 14.13）。

普通混凝土单轴应力－应变关系采用过镇海表达式[式(14.2)和式(14.3)]，该表达式充分考虑曲线上升段和下降段的几何特点，适用于不同强度等级的混凝土。

单轴受压应力－应变关系为

$$y=\begin{cases} \alpha_a x-(3-2\alpha_a)x^2+(\alpha_a-2)x^3 & (0\leqslant x\leqslant 1)\\ \dfrac{x}{\alpha_d(x-1)^2+x} & (x>1) \end{cases} \qquad (14.2)$$

式中，y 为普通混凝土压应力与峰值压应力之比；x 为普通混凝土压应变与峰值压应变之比；α_a、α_d 为受压应力－应变曲线上升段、下降段的参数值，见本章参考文献[5]。

单轴受拉应力－应变关系为

$$y=\begin{cases} 1.2x-0.2x^6 & (0<x\leqslant 1)\\ \dfrac{x}{\alpha_t(x-1)^{1.7}+x} & (x>1) \end{cases} \qquad (14.3)$$

式中，y 为普通混凝土拉应力与峰值拉应力之比；x 为普通混凝土拉应变与峰值拉应变之比；α_t 为受拉应力－应变曲线下降段的参数值，见本章参考文献[5]。

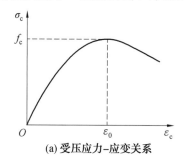 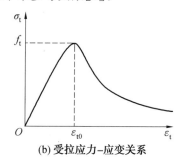

(a) 受压应力-应变关系　　(b) 受拉应力-应变关系

图 14.13　混凝土单轴应力－应变关系

（2）多轴应力－应变关系。

考虑材料损伤的混凝土多轴应力－应变关系可表示为

$$\boldsymbol{\sigma}=(1-d)\boldsymbol{D}_0^{el}(\boldsymbol{\varepsilon}-\boldsymbol{\varepsilon}^p) \qquad (14.4)$$

式中，$\boldsymbol{\sigma}$ 为普通混凝土应力张量；d 为损伤变量，$0\leqslant d<1$；$\boldsymbol{D}_0^{el}$ 为混凝土初始弹性张量；$\boldsymbol{\varepsilon}$ 为混凝土总应变张量；$\boldsymbol{\varepsilon}^p$ 为混凝土塑性应变张量。

（3）屈服条件。

本书采用本章参考文献[6]和[7]提出的屈服条件模型，其表达式为

$$F=\frac{1}{1-\alpha}(\bar{q}-3\alpha\bar{p}+\beta\langle\tilde{\sigma}_{max}\rangle-\gamma\langle-\tilde{\sigma}_{max}\rangle)-\bar{\sigma}_c=0 \qquad (14.5)$$

其中

$$\alpha=\frac{(\sigma_{b0}/\sigma_{c0})-1}{2(\sigma_{b0}/\sigma_{c0})-1} \qquad (14.6)$$

$$\beta=\frac{\bar{\sigma}_c}{\bar{\sigma}_t}(1-\alpha)-(1+\alpha) \qquad (14.7)$$

$$\gamma=\frac{3(1-K_c)}{2K_c-1} \qquad (14.8)$$

式中，$\langle\rangle$ 为表示运算，$\langle x\rangle=0.5(|x|+x)$；$\tilde{\sigma}_{max}$ 为最大主应力，MPa；σ_{b0}/σ_{c0} 为双轴抗压

屈服强度与单轴抗压屈服强度之比;$\overline{\sigma}_c$、$\overline{\sigma}_t$ 分别为等效压力、等效拉力,MPa;K_c 为偏平面中拉子午线与压子午线之比。

(4) 流动法则。

在混凝土塑性损伤模型中,采用塑性势面与屈服面不重合的流动法则。塑性势面为静水压力面 G,其表达式为

$$G = \sqrt{(\zeta f_t \tan \psi)^2 + \overline{q}^2} - \overline{p} \tan \psi \tag{14.9}$$

式中,ζ 为偏心率;f_t 为普通混凝土单轴抗拉强度;ψ 为 $\overline{p} - \overline{q}$ 应力平面中的膨胀角;$\overline{p}$、$\overline{q}$ 分别为等效 Mises 应力、静水压力。

(5) 参数取值。

根据实测和计算结果,普通混凝土的计算参数取值见表 14.1。

表 14.1　普通混凝土计算参数取值

f_{cu}/MPa	f_c/MPa	f_t/MPa	ψ/rad	σ_{b0}/σ_{c0}	ζ	K_c	μ
47.5	36.1	3.3	36	1.16	0.1	0.667	5×10^{-4}

4. RPC 应力－应变关系

由于 RPC 底板拼缝不传递横向荷载,因此 RPC 底板主要承受单轴荷载。RPC 的单轴受压应力－应变关系表达式为

$$y = \begin{cases} 1.55x - 1.2x^4 + 0.65x^5 & (0 \leqslant x \leqslant 1) \\ \dfrac{x}{6(x-1)^2 + x} & (x > 1) \end{cases} \tag{14.10}$$

式中,y 为 RPC 压应力与峰值压应力之比;x 为 RPC 压应变与峰值压应变之比。

RPC 的单轴受拉应力－应变关系采用三折线模型,表达式为

$$\sigma_{tR} = \begin{cases} E_R \varepsilon_{tR} & (\varepsilon_{tR} \leqslant \varepsilon_{tR0}) \\ f_{tR}\left[1 + 0.017\left(1 - \dfrac{\varepsilon_{tR}}{\varepsilon_{tR0}}\right)\right] & (\varepsilon_{tR0} < \varepsilon_{tR} \leqslant 13\varepsilon_{tR0}) \\ 0.3 f_{tR} & (\varepsilon_{tR} > 13\varepsilon_{tR0}) \end{cases} \tag{14.11}$$

式中,E_R 为 RPC 弹性模量;ε_{tR} 为 RPC 拉应变;ε_{tR0} 为 RPC 峰值拉应变;f_{tR} 为 RPC 轴心抗拉强度。

根据试验结果可知,RPC 的轴心抗压强度 f_{cR} 为 102.6 MPa,轴心抗拉强度 f_{tR} 为 5.0 MPa,峰值压应变 ε_{cR0} 为 $3\,480 \times 10^{-6}$,峰值拉应变 ε_{tR0} 为 116×10^{-6}。

14.4.2　收敛准则

在每次迭代运算后,ABAQUS 程序都会采用非平衡力准则判断非平衡力相对变化情况,若误差满足要求,则终止迭代运算,输出计算结果;若不满足误差要求,则继续进行迭代运算。非平衡力的计算公式为

$$\{\psi(\delta_i)\} = \{F(\delta_i)\}\{R\} \tag{14.12}$$

非平衡力收敛准则的判断条件为

$$\|\{\psi(\delta_i)\}\|_2 \leqslant \alpha_F \|\{R\}\| \tag{14.13}$$

式中,$\{R\}$ 为外荷载水平矢量;$\{F(\delta_i)\}$ 为第 i 次迭代完毕时,由单元积分得到的节点力矢量;α_F 为非平衡力收敛公差,一般取 0.1% ～ 5%,本模拟中取 0.5%;$\|\{\psi(\delta_i)\}\|_2$ 为欧

几里得范数。

14.4.3　有限元验证

1. 建模

建模时采用以下假定：

（1）不考虑普通钢筋与普通混凝土、预应力钢丝与RPC间的相对滑移。

（2）不考虑叠合面两侧RPC与普通混凝土的相对滑移。

为实现假定（1），建模时在钢筋与普通混凝土、预应力钢丝与RPC间施加embedded约束。为实现假定（2）和模拟RPC底板中存在预应力，而普通混凝土层中没有初始应力的状态，在施加预应力时设置两个分析步。在第1分析步中移除普通混凝土单元，采用降温法施加预应力，使预应力钢丝中的有效预应力与实测值（表13.2）相同；在第2分析步中激活普通混凝土单元，并在普通混凝土单元和RPC单元间施加"tie"约束。划分网格后的RPC底板与叠合板的有限元模型如图14.14所示。

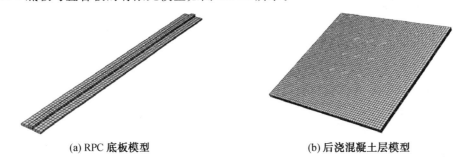

(a) RPC底板模型　　　　　　　　(b) 后浇混凝土层模型

图14.14　划分网格后的RPC底板与叠合板的有限元模型

2. 单元选择

普通混凝土和RPC均采用8节点六面体减缩积分单元（C3D8R）模拟，该单元具有对网格划分敏感性小，不易发生剪切自锁和位移计算较精确等特点，为避免出现沙漏，沿叠合板板厚度方向划分4个单元。预应力钢丝和普通钢筋采用2节点空间桁架单元（T3D2）模拟，该单元仅能承担轴向拉力或压力。

3. 模型验证

按上述方法建立试验板的有限元模型，根据加载点的实际布置施加集中力荷载，可获得试验板变形的有限元计算结果。将部分测点的试验结果与模拟结果进行对比，结果如图14.15所示。由图可见，在初始加载阶段，模拟结果的挠度增长相对较慢，但普通钢筋屈服后，模拟结果的挠度增长速度高于试验结果。当I点下预应力钢丝拉应变模拟值达到弯折受拉破断应变$18\ 717\times10^{-6}$时（预应力钢丝弯折受拉破断应变），I点的挠度模拟值为155 mm，较试验值大15%，单点集中荷载模拟值为47 kN，较试验值小4%。模拟结果与试验结果存在一定差异，但总体吻合较好，表明该模型具有一定精度，可用于进一步分析。

14.4.4　平均裂缝宽度计算

为便于分析，将板底划分为若干矩形区格（图14.16）。提取各区格形心处预应力筋和非预应力筋方向的弯矩模拟值，以该点弯矩模拟值作为该区格内的平均弯矩。

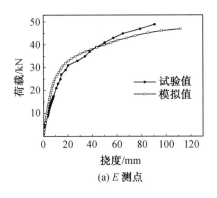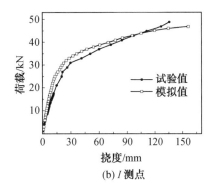

(a) E 测点　　　　　　　　　(b) I 测点

图 14.15　试验板模拟与实测荷载－挠度关系对比

在现行规范中,裂缝宽度计算公式适用于裂缝方向与受力钢筋方向垂直时的情况,当裂缝与受力钢筋夹角不为 $90°$ 时,应将钢筋的面积和应力进行等效折算,预应力钢丝的折算面积 A_{pn} 和折算应力 σ_{sn} 分别为

$$A_{pn} = A_p \cos^4 \theta \tag{14.14}$$

$$\sigma_{sn} = \sigma_s \cos^2 \theta \tag{14.15}$$

式中,θ 为预应力钢丝与裂缝的夹角;A_p 为预应力钢丝面积;σ_s 为预应力钢丝的等效应力,可按式(13.25)计算。

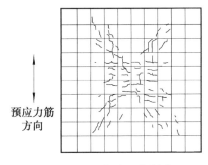

预应力筋方向

图 14.16　板底区格划分

当集中荷载为 $P_{cr} \leqslant P \leqslant 0.65 P_u$ 时,采用 ACI 建议的板底裂缝宽度计算公式的形式,根据试验结果可拟合得到试验板在短期荷载作用下板底裂缝平均宽度的计算公式:

$$w_m = 0.025 \sqrt[3]{t_b A} \frac{h_2}{h_1} (\sigma_s - 20.3) \times 10^{-3} \tag{14.16}$$

式中,t_b 为板侧保护层厚度;A 为 RPC 底板下翼缘面积与钢筋根数之比;h_1 为中性轴到预应力钢丝重心距离;h_2 为中性轴到板底受拉区边缘距离;σ_s 为开裂截面处预应力钢丝的等效应力。

式(14.16)为统计式,其计算值的量纲为 mm。

板底平均裂缝宽度计算值与试验值对比如图 14.17 所示。板底平均裂缝宽度计算值与试验值之比的平均值为 1.03,变异系数为 0.17。

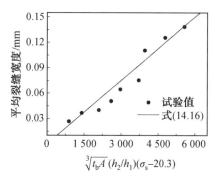

图 14.17　板底平均裂缝宽度计算值与试验值对比

14.4.5　挠度计算

在工程设计中,这类叠合板在均布荷载作用下的板中挠度可采用双向板带叠加法计算,具体方法如下。

(1)将双向叠合板在预应力方向和非预应力方向划分为多条板带。

(2)根据最小刚度原则确定各板带正、负弯矩区的刚度,其中预应力方向正弯矩区刚度按单向叠合板刚度方法计算,垂直于预应力筋方向的刚度按底板拼缝处普通钢筋混凝土叠合层刚度计算。负弯矩区刚度按支座截面处的普通混凝土板计算。

(3)在板中心施加单位集中力,将该集中力在两个方向各板带上产生弯矩与均布荷载作用下相应板带的弯矩进行图乘,然后将图乘结果累加即可获得均布荷载作用下板中心的挠度值。

14.5　RPC 带上反开洞肋底板双向叠合板极限承载力

为考察试验板的极限承载力,采用塑性铰线法进行分析。为确定塑性铰线的形状,采用以下原则:

(1)屈服线为直线。

(2)板能够沿支座自由转动。

(3)屈服线通过相邻分块的转动轴的交点。

根据加载点与塑性铰线的相对位置关系,可得塑性铰线分布的两种基本形式,如图14.18所示。令板中心点产生的虚位移为1,均布荷载 q 和单点集中荷载 P 所做的外力功可按式(14.17)与式(14.18)计算。

$$W_e = q \sum_{n=1}^{4} \iint_{A_n} w(x,y) \mathrm{d}A_n + P \sum_{i=1}^{9} w(i) \tag{14.17}$$

$$W_i = -[4m_x l_y / l_x + 4m_y l_x / (l_y - x)] \tag{14.18}$$

式中,$w(x,y)$ 为板块的虚位移函数;A_n 为由塑性铰线分割的各板块的面积;$w(i)$ 为集中力作用点的虚位移。

其中,均部荷载所做的外力功可按式(14.19)计算。

$$q \sum_{n=1}^{4} \iint_{A_n} w(x,y) \mathrm{d}A_n = q[x l_x / 2 + (l_y - x) l_x / 3] \tag{14.19}$$

当塑性铰线分布方式如图 14.18(a) 和 14.18(b) 所示时,集中荷载所做的外力功可分别按式(14.20)和式(14.21)计算。

$$P \sum_{i=1}^{9} w(i) = P\left(1 + 6 \frac{l_x - 2a}{l_y - x} + 2 \frac{l_y - x - 2b}{l_y - x}\right) \tag{14.20}$$

$$P \sum_{i=1}^{9} w(i) = P\left(6 \frac{l_x - 2a}{l_x} + 3\right) \tag{14.21}$$

由虚功原理可知,均布荷载与集中荷载所做的外力功与塑性铰线上极限弯矩所做的内力功相等。由 $W_e + W_i = 0$ 可得,当塑性铰线分布方式如图 14.18(a) 和 14.18(b) 所示时,单点集中荷载 P 可分别按式(14.22)和式(14.23)计算。

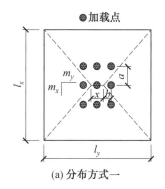
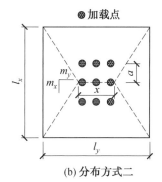

(a) 分布方式一　　　　　　　　　　(b) 分布方式二

图 14.18　塑性铰线分布

$$P = \frac{4m_x l_y + 4m_y l_x / (l_y - x) - q[x l_x / 2 + (l_y - x) l_x / 3]}{1 + 6(l_x - 2a)/l_x + 2(l_y - x - 2b)/(l_y - x)} \tag{14.22}$$

$$P = \frac{4m_x l_y / l_x + 4m_y l_x / (l_y - x) - q[x l_x / 2 + (l_y - x) l_x - 3]}{6(l_x - 2a)/l_x + 3} \tag{14.23}$$

在承载能力极限状态下,试验板预应力方向和非预应力方向单位长度的极限弯矩不同,其中预应力方向单位长度的极限弯矩应按所述的方法计算(考虑预应力钢丝的弯折受拉破断应变);非预应力方向单位长度的极限弯矩按 RPC 底板拼缝截面处的普通混凝土板计算。由计算可知,当 $x = 0$ 时,单点集中荷载达到最小值 $P = 49.6$ kN,计算值与试验值之比为 1.01,计算值与试验值吻合良好。此外,当 $x = 0$ 时,板底塑性铰线分布呈 X 形,与试验现象吻合较好。因此这类实心双向叠合板的极限承载力可采用塑性铰线法计算。

14.6　RPC－RC 双向叠合板抗冲切性能分析

14.6.1　概述

无梁楼盖在柱集中荷载的作用下、桥面板在局部面积荷载作用下,容易发生冲切破坏失效模式。冲切破坏是由于垂直于板面的外力引起的。在此种受力状态下,板在外力周围形成斜压杆来承受较大的剪力,混凝土达到抗拉强度并出现斜裂缝,之后板仍然能够依赖骨料咬合力和混凝土的剩余承载能力来承受荷载。现有许多既有建筑中以柱为板支座,在柱周围区域抗剪钢筋不足易引起冲切问题。既有 RC 板抗冲切加固方法通常采用直剪加强和弯剪加强。以 FRP 复合材料加强为例,直剪加强指将 FRP 复合材料作为抗剪栓钉贯穿板,弯剪加强指将 FRP 层置于既有板受拉侧,作用如同受弯钢筋。虽然使用 FRP 复合材料加强既有板,能提高抗冲切能力,但破坏时变形依然很小。而 RPC 板加固混凝土可以同时提高板的抗弯与抗冲切能力,改善构件延性。RPC 具有强度高、延性好等特点,钢筋混凝土楼盖、桥面板可以采用 RPC 叠合层进行加固,能够有效提高既有工程结构的承载性能。

本节基于统一强度理论求解轴对称混凝土板的冲切强度理论,构造了适用于 RPC 叠合板的抗冲切承载力理论模型,给出了相应的解析公式,在此基础上,基于 ABAQUS 软件,建立了 RPC 加固钢筋混凝土的组合板有限元模型,并获得了文献实验验证。之后提出了折算混凝土抗拉强度的概念,并取 RPC 与混凝土强度、修复层厚度、钢筋强度和折算混凝土抗拉强度为参数,分析各参数对 RPC 叠合板抗冲切延性和承载力性能的影响。并基于参数分析给出了一些工程建议。

14.6.2 冲切抗力塑性极限理论模型

1. 基本假设

图 14.19 给出了 RPC 冲切加固 RC 复合板的理想冲剪破坏,该平板由轴对称刚性破坏锥体(区域Ⅰ)、破坏锥体外刚性板(区域Ⅱ)和塑性连接区域(区域Ⅲ)组成。为了简化剪切模型,假定:(1)弯矩对平板抗剪强度的影响可以忽略不计,表现为冲切破坏;(2)纵筋与混凝土完全黏结;(3)纵筋变形集中在塑性区域;(4)在塑性连接中,纵向钢筋的剪切变形(即销栓作用)可以忽略;(5)混凝土是理想的刚塑性材料。

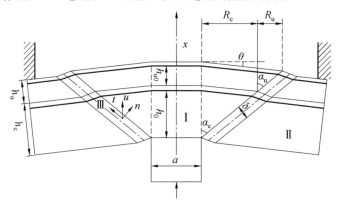

图 14.19　RPC－RC 复合板冲切破坏机制

2. 模型的建立

冲切锥受力图如图 14.19 所示,RPC－RC 复合平板的冲切剪切强度主要由混凝土贡献的抗剪强度 V_c;骨料咬合贡献的抗剪强度 V_r;纵筋贡献的抗剪强度 V_s 三部分贡献。当平板受到冲剪破坏时,裂纹宽度显著增大,抗剪强度 V_r 项可以忽略不计。只考虑剪压区混凝土和钢筋销栓力的作用,如下:

$$V = V_c + V_s \tag{14.24}$$

采用上限理论和耗散功方程建立复合板的冲切承载力表达。在塑性区域,由几何关系确定破坏线处的法向应变 ε_n 和破坏线平面上的剪切变形 γ_{nt}。

$$\varepsilon_n = \frac{u \sin \alpha}{\delta} \tag{14.25a}$$

$$\gamma_{nt} = \frac{u\cos\alpha}{\delta} \tag{14.25b}$$

式中，u 是混凝土锥体的竖向位移；α 是混凝土锥体的破坏角（钢筋混凝土板为 α_c、RPC 层压板为 α_u，如图 14.19 所示）；δ 是塑性区宽度；n 和 t 分别是混凝土锥体破坏线处的法向和切向。

根据虚功原理，定义理想混凝土锥体的耗散功方程

$$V_c \cdot u = \int_A (\sigma \cdot \varepsilon_n + \tau \cdot \gamma_{nt}) \delta\,\mathrm{d}A \tag{14.26}$$

其中，V_c 为普通混凝土和 RPC 部分贡献的抗冲切承载力，σ 为机动滑移线法向的正应力，τ 为机动滑移线平面上的剪应力；A 是混凝土椎体面积。

纵向受力钢筋的耗散功可以写为

$$V_s \cdot u = f_y \varepsilon_s \delta A_s \tag{14.27}$$

$$\varepsilon_s = \frac{u\sin\theta}{\delta} \tag{14.28}$$

其中，V_s 为钢筋部分贡献的抗冲切承载力。ε_s 是塑性发展区域受力钢筋拉应变；A_s 是纵筋面积；θ 是纵筋与水平面的夹角，$\theta = \arctan\left[\dfrac{2D_u}{l-a}\right]$；$D_u$ 是峰值强度对应的位移；l 是板跨；a 是柱子宽度。

3. 模型的求解

由本章参考文献[24]可知，法向应力 σ 和剪应力 τ 可由 K_1 和 K_2 确定。

$$\sigma = \frac{1}{K_1 + K_2}(f'_t + 2K_2\sigma_3) \tag{14.29}$$

$$\tau = \frac{1}{K_1 + K_2}\sqrt{\frac{K_2}{K_1}}\left[f'_t - (K_1 - K_2)\sigma_3\right] \tag{14.30}$$

式中，f'_t 为根据塑性理论定义的混凝土或 RPC 的有效抗拉强度（$f'_t = vf_t$）；v 是有效强度系数，等于 $\dfrac{20}{\sqrt{f_c}}$；f_c 是混凝土或 RPC 的圆柱体抗压强度；f_t 为混凝土或 RPC 的抗拉强度；σ_3 为第三主应力。

$$K_1(m,\mu) = 1 - \frac{b\mu}{m(1+b)} \tag{4.31a}$$

$$K_2(m,\mu) = \frac{b\mu + 1}{m(1+b)} \tag{14.31b}$$

$$m = \frac{v_c f_c}{v_t f_t} = \frac{f'_c}{f'_t} \tag{14.31c}$$

式中，μ 为泊松比，$b(0 < b < 1)$ 为反映中间主切应力及相应面上正应力对材料破坏影响程度的系数（混凝土和超高性能混凝土分别采用 $0 < b < 1$，$b = 0.25$ 和 0.75）；m 是混凝土（或超高性能混凝土）的压应力与拉应力之比；f'_c 是混凝土（或 RPC）的有效抗压强度。b 是与中间主剪应力和法向应力对破坏面的材料损伤影响有关的系数。

RPC-RC 叠合板的抗冲切承载力 V 由原钢筋混凝土板的抗冲切承载力 V_c 与 RPC 叠合层的抗冲切承载力 V_u 组合而成：

$$V = V_c + V_u \tag{14.32}$$

将式（14.25）、式（14.29）、式（14.30）代入式（14.26）中，将式（14.28）代入式（14.27）

可得原钢筋混凝土板抗冲切承载力为

$$V_{RC} = V_c + V_s = \frac{f'_{ct}}{2\sqrt{K_{c1}K_{c2}}}(4ah_0 + \pi\tan\alpha_c h_0^2) + f_{cy}\rho_c(4a + 2\pi R_c)h_0\sin\theta$$

$$(14.33a)$$

$$\tan\alpha_c = \frac{K_{c1} - K_{c2}}{2\sqrt{K_{c1}K_{c2}}} \tag{14.33b}$$

$$K_{c1} = 1 - \frac{b\mu_c}{m_c(1+b)} \tag{14.33c}$$

$$K_{c2} = \frac{b\mu_c + 1}{m_c(1+b)} \tag{14.33d}$$

$$m_c = \frac{v_{cc}f_{cc}}{v_{ct}f_{ct}} = \frac{f'_{cc}}{f'_{ct}} \tag{14.33e}$$

$$R_c = \frac{h_0\tan\alpha_c}{1 + \tan\alpha_c\tan\theta} \tag{14.33f}$$

式中，f'_{ct} 为普通混凝土有效抗拉强度，等于 vf_{ct}；f'_{cc} 为普通混凝土有效抗压强度，等于 vf_{cc}；f_{cy} 是 RC 板内纵筋屈服强度；ρ_c 为混凝土部分的钢筋配筋率；R_c 是柱面上钢筋混凝土板破坏锥的半径；h_0 是钢筋混凝土板的有效高度；μ_c 是混凝土的泊松比（$\mu_c = 0.2$）。

采用式(14.26)和式(14.27)相同方法，可得 RPC 叠合层抗冲切承载力为

$$V_{UHPC} = \frac{f'_{ut}}{2\sqrt{K_{c1}K_{c2}}}(4ah_u + 2\pi\tan\alpha_c h_c h_u + \pi\tan\alpha_u h_u^2) + f_{uy}\rho_u(4a + 2\pi R_c + 2\pi R_u)h_u\sin\theta$$

$$(14.34a)$$

其中

$$\tan\alpha_u = \frac{K_{u1} - K_{u2}}{2\sqrt{K_{u1}K_{u2}}} \tag{14.34b}$$

$$K_{u1} = 1 - \frac{b\mu_u}{m_u(1+b)} \tag{14.34c}$$

$$K_{u2} = \frac{b\mu_u + 1}{m_u(1+b)} \tag{14.34d}$$

$$m_u = \frac{v_{uc}f_{uc}}{v_{ut}f_{ut}} = \frac{f'_{uc}}{f'_{ut}} \tag{14.34e}$$

$$R_u = \frac{h_u\tan\alpha_u}{1 + \tan\alpha_u\tan\theta} \tag{14.34f}$$

式中，f'_{ut} 为 RPC 有效抗拉强度，$f'_{ut} = vf_{ut}$；f'_{uc} 是 RPC 的有效抗压强度，$f'_{uc} = vf_{uc}$；h_u 为 RPC 部分的板高；f_{uy} 是 RPC 板内纵筋强度；ρ_u 为 RPC 部分的钢筋配筋率；R_u 是 RPC 椎体半径与 RC 板锥半径之差；μ_u 为 RPC 的泊松比。

这样，根据式(14.33)和式(14.34)，得到 RPC－RC 复合板的抗冲切强度塑性极限解答

$$V = \frac{f'_{ct}}{2\sqrt{K_{c1}K_{c2}}}(4ah_0 + \pi\tan\alpha_c h_0^2) + \frac{f'_{ut}}{2\sqrt{K_{u1}K_{u2}}}(4ah_u + 2\pi\tan\alpha_c h_c h_u + \pi\tan\alpha_u h_u^2) +$$

$$[(4a + 2\pi R_c)h_0\rho_c f_{cy} + (4a + 2\pi R_c + 2\pi R_u)h_u\rho_u f_{uy}]\sin\theta$$

$$(14.35)$$

4. 理论模型的试验验证

本章参考文献[25,26]中进行了一系列 RPC－钢筋混凝土叠合板在中心集中荷载下

的抗冲切试验,其试件情况见表 14.3。板宽 2 000 ～ 3 000 mm,柱宽 200 ～ 260 mm,钢筋混凝土板厚 136 ～ 210 mm,RPC 层板厚 0 ～ 50 mm,混凝土抗压强度 32.3 ～ 51.7 MPa,混凝土抗拉强度 2.8 ～ 3.6 MPa,RPC 抗压强度 120 ～ 150 MPa,RPC 抗拉强度 8.7 ～ 12.8 MPa。

表 14.3　试验试件几何与材料参数

| 试件编号 | l /mm | a /mm | h_0 /mm | h_u /mm | 普通钢筋混凝土板 | | | | RPC－钢筋混凝土叠合板 | | | |
					f_{cc} /MPa	f_{ct} /MPa	纵筋 /mm	f_{cy} /MPa	f_{uc} /MPa	f_{ut} /MPa	纵筋 /mm	f_{uy} /MPa
SAMD1	2 000	200	136	50	51.4	3.6	D14@150	526	150	11.5	D10@150	937
SAMD2	2 000	200	136	23	46.7	3.4	D14@150	526	—	12.8	—	—
PBM1	3 000	260	180	50	32.6	2.8	D16@150	546	120	8.7		
PBM2	3 000	260	180	50	36	2.8	D16@150	546	120	8.7	D8@150	532
PBM3	3 000	260	180	50	32.3	2.8	D16@150	546	120	8.7	D8@150	772
PBM4	3 000	260	210	25	32.3	2.8	D16@125	546	—	10.1	—	—
PG19	3 000	260	210	0	46.2	3.4	D16@125	546	—	—	—	—
PG20	3 000	260	210	0	51.7	3.6	D20@100	551	—	—	—	—

注:D8、D10、D14、D16 和 D20 分别表示钢筋直径为 8 mm、10 mm、14 mm、16 mm 和 20 mm。

文献实验加载采用位移控制,加载与边界条件如图 14.20 所示。

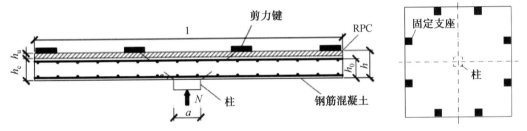

图 14.20　加载方式示意图

表 14.4 将所提出模型理论结果与试验结果进行了比较。理论模型预测结果与试验结果吻合较好,平均比值为 0.97,标准差为 0.05。关于混凝土和 RPC 对冲切强度的贡献,试验值与理论模型预测值的比值分别为 1.07 和 0.75。

表 14.4　计算结果比较

| 试件编号 | V_p/kN | | | V_{exp}/kN | | | V_{exp}/V_p | | |
	钢筋混凝土	RPC	合力	钢筋混凝土	RPC	合力	钢筋混凝土	RPC	合力
SAMD1	482	501	982	585	398	983	1.21	0.79	1.00
SAMD2	458	229	687	487	174	661	1.06	0.76	0.96
PBM1	648	528	1 176	694	396	1 090	1.07	0.75	0.93
PBM2	706	529	1 235	767	396	1 163	1.09	0.75	0.94
PBM3	682	511	1 194	764	396	1 160	1.12	0.77	0.97
PBM4	811	297	1 108	864	193	1 057	1.07	0.65	0.95
PG19	956	0	956	860	0	860	0.90	—	0.90
PG20	1 027	0	1 027	1 094	0	1 094	1.07	—	1.07
平均值							1.07	0.75	0.97
S 标准差							0.08	0.05	0.05

注:V_{exp} 为文献中实验抗冲切强度值,V_p 为本文理论计算强度值。

14.6.3　数值分析

1. 材料参数

图 14.21 给出了基于 ABAQUS 软件的 RPC－RC 复合板有限元模型。普通混凝土和 RPC 采用 C3D8R 单元,钢筋采用 T3D2 单元。假设 RPC 罩面层板没有脱离钢筋混凝土板,RPC 和钢筋混凝土之间采用 tie 进行绑定。因此,不考虑钢筋混凝土板和 RPC 罩面层板之间的滑移行为。根据图 14.21 中的固定支承边界条件,设置 RPC 板建模八个荷载块。竖向位移控制加载在板中心的加载块。

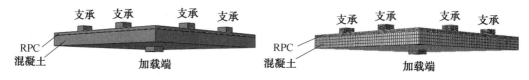

图 14.21　RPC－RC 复合板有限元模型

混凝土采用 GB 50010 规范中的混凝土单轴应力－应变关系,混凝土下降段参数 α_c、α_t 参数根据过镇海的混凝土本构关系取值。RPC 单轴受压定义为弹性,单轴受拉定义为三折线即弹性－屈服－软化。混凝土及 RPC 均采用塑性损伤模型进行分析。钢筋采用双折线弹塑性模型,分为弹性和塑性两阶段。混凝土、RPC、钢筋应力应变关系如图 14.22 所示。

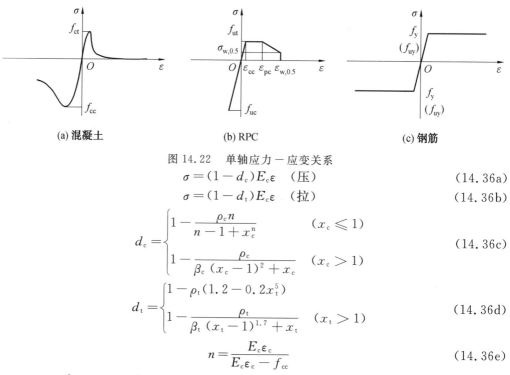

(a) 混凝土　　　　(b) RPC　　　　(c) 钢筋

图 14.22　单轴应力－应变关系

$$\sigma = (1-d_c)E_c\varepsilon \quad (\text{压}) \tag{14.36a}$$

$$\sigma = (1-d_t)E_c\varepsilon \quad (\text{拉}) \tag{14.36b}$$

$$d_c = \begin{cases} 1-\dfrac{\rho_c n}{n-1+x_c^n} & (x_c \leqslant 1) \\ 1-\dfrac{\rho_c}{\beta_c (x_c-1)^2+x_c} & (x_c > 1) \end{cases} \tag{14.36c}$$

$$d_t = \begin{cases} 1-\rho_t(1.2-0.2x_t^5) \\ 1-\dfrac{\rho_t}{\beta_t (x_t-1)^{1.7}+x_t} & (x_t > 1) \end{cases} \tag{14.36d}$$

$$n = \frac{E_c\varepsilon_c}{E_c\varepsilon_c - f_{cc}} \tag{14.36e}$$

式中,$\rho_c = \dfrac{f_{cc}}{(E_c\varepsilon_c)}$;$\rho_t = \dfrac{f_{ct}}{(E_c\varepsilon_t)}$;$x_c = \dfrac{\varepsilon}{\varepsilon_c}$;$x_t = \dfrac{\varepsilon}{\varepsilon_t}$($\varepsilon_c$ 是同 f_{cc} 相应的压应变;ε_t 是同 f_{ct} 相应的拉应变;E_c 是混凝土的弹性模量)。混凝土强度折减系数 β_c 和 β_t 可以由混凝土强度(表

14.5）计算得到。

表 14.5　混凝土强度折减参数 β_c 和 β_t

$f_{ct}/(N \cdot mm^{-2})$	1.0	1.5	2.0	2.5	3.0	3.5	4.0
β_t	0.31	0.70	1.25	1.95	2.81	3.82	5.00
$f_{cc}/(N \cdot mm^{-2})$	20	25	30	35	40	45	50
β_c	0.74	1.06	1.36	1.65	1.94	2.21	2.48

2. 结果分析

图 14.23 给出了 PG20 试样的分析结果。弯曲裂缝开始于平板顶部（图 14.23(a)），随后是从底部柱附近的钢筋混凝土板的顶部到底部发展形成对角线裂缝（图 14.23(b)）。在峰值荷载作用下，由于冲剪破坏，出现了冲切圆锥体（图 14.23(c)）。峰值荷载后，底部柱端至板顶部的斜裂纹得到扩展（图 14.23(d)）。图 14.23(e) 表明，后峰值阶段，柱端至板顶的斜裂缝发生扩展加宽。其结果与板中塑性区发展的情况相对应（见图 14.19）。受拉区刚度退化的部分即为裂缝的明显发展的位置，其范围与冲切锥区域相吻合，在原混凝土板与 RPC 叠合层相交的界面位置发展出了两条主裂缝。

(a) 板顶受弯裂缝图

(b) 冲切斜裂缝的形成图

(c) 峰值荷载下裂缝发展情况

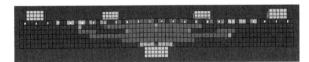

(d) 加载结束时裂缝发展情况

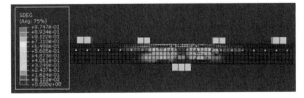

(e) 横截面刚度退化

图 14.23　分析结果

对称圆锥破坏如图 14.24 所示,将各试件的有限元模拟与试验结果相对比,两者的冲切锥形状均类似,且冲切锥斜面与水平面之间的夹角为 20°到 30°。是否含有 RPC 叠合层对该夹角的角度影响不大,这与上面理论计算中对 RPC 及混凝土的冲切角估计基本一致。

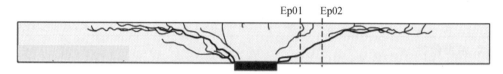

图 14.24　试验加载结束时裂缝发展情况[25]

对于 RPC 叠合层厚度为 50 mm 的 SAMD1,其峰值荷载对应的变形要小于 RPC 叠合层厚度为 23 mm 的 SAMD2。然而,PBM1～3 的峰值荷载对应的应变基本相同,这可能是因为叠合板内钢筋均未达到屈服。

表 14.6　有限元模拟结果

试件编号	V_u/kN		D_u/mm	
	结果	试验结果	结果	试验结果
SAMD1	748	983	2.03	8.6
SAMD2	598	661	1.94	12.1
PBM1	1 099	1 090	2.22	14
PBM2	1 170	1 163	2.59	14.8
PBM3	1 160	1 160	2.31	13.2
PBM4	848	1 057	2.59	10.2
PG19	764	860	3.71	13.7
PG20	849	1 094	3.17	10.9

注:V_u 为有限元模拟所得的抗冲切强度,D_u 为有限元模拟所得峰值荷载对应位移。

见表 14.6,通过有限元与试验曲线在峰值荷载及对应位移方面的对比,可以发现峰值荷载及对应位移的有限元结果普遍略低于试验结果。这可能是因为,试验中出现了钢筋与混凝土之间的黏结滑移,RPC 与混凝土界面之间出现黏结问题,使得其延性增加,而这些在有限元分析中都是忽略的。

3. 设计参数分析

在上述试件的基础上增加试件,采用 ABAQUS 有限元软件进行参数化研究,考察 RPC 与混凝土相对厚度、RPC 强度、混凝土强度、钢筋强度、配筋率等因素对 RPC－钢筋混凝土叠合板抗冲切承载能力的影响,试件参数见表 14.7。根据 Lin,该模型的纵筋与水平面的夹角 θ 可定义如下

$$\theta = 0.14(1 + 0.88\lambda_f)\left(\rho_s \frac{f_c}{\mu_s f_y}\right)^{\frac{1}{3}} \tag{14.37}$$

式中,$\lambda_f = \dfrac{V_f l_f}{d_f}$;$V_f$ 是纤维体积掺量;l_f 是钢纤维长度;d_f 是钢纤维直径;λ_f 是剪跨比;ρ_s 是纵向受力钢筋配筋率。

表 14.7　叠合板参数化分析试件表

试件编号	l /mm	a /mm	h_0 /mm	h_u /mm	钢筋混凝土板				钢纤维 RPC 板				
					f_{cc} /MPa	f_{ct} /MPa	纵筋 /mm	f_{cy} /MPa	f_{uc} /MPa	f_{ut} /MPa	纵筋 /mm	f_{uy} /MPa
SAMD1	2 000	200	136	50	51.4	3.6	D14@150	526	150	11.5	D10@150	937
SAMD2	2 000	200	136	23	46.7	3.4	D14@150	526	—	12.8		
PBM1	3 000	260	180	50	32.6	2.8	D16@150	546	120	8.7		
PBM2	3 000	260	180	50	36		D16@150	546	120	8.7	D8@150	532
PBM3	3 000	260	180	50	32.3	2.8	D16@150	546	120	8.7	D8@150	772
PBM4	3 000	260	210	25	32.3	2.8	D16@125	546	—	10.1		
PG19	3 000	260	210	0	46.2	3.4	D16@125	546	—	—		
PG20	3 000	260	210	0	51.7	3.6	D20@100	551	—	—		

表 14.8 比较了有限元分析和建议模型的预测。除试件 depth0 外,模型预测结果与有限元分析结果一致。

表 14.8　计算结果

试件编号	V_u/kN		D_u/mm
	FEA	预测模型	FEA
steel0	1 140	1 212	2.22
steel1	1 170	1 235	2.59
steel2	1 157	1 233	2.31
depth0	567	1 023	3.32
depth1	1 168	1 446	2.68
depth2	877	1 116	3.06
RPC1	1 100	1 321	2.78
concrete 1	1 153	1 312	3.41
ratio1	1 170	1 207	2.50

注:V_u 为有限元模拟或理论计算所得的抗冲切极限荷载;D_u 为有限元模拟所得极限荷载对应的位移。

(1)RPC 与混凝土强度。

研究叠合板中 RPC 与混凝土强度对叠合板抗冲切能力的影响,如图 14.25 所示,比较了 steel0 与抗压强度 f_{uc} 为 120 MPa 的 RPC 层压板有限元分析结果,RPC1 的 RPC 抗压强度 f_{uc} 为 150 MPa,concrete1 的混凝土抗压强度 f_{cc} 为 51.7 MPa。通过比较 PBM1 与 RPC1 两个试件可以看出,随着叠合层中 RPC 强度的增高,叠合板的抗冲切承载力有所提升,更为重要的是其峰值荷载对应的位移有了较大的提升,提升了 25%。同理,从 PBM1 与 concrete1 两个试件也可以看出,叠合板中原混凝土强度的提升也可以提升叠合板自身的抗冲切承载力与峰值荷载,提升了 53%,这与上文理论公式的论证是相符的。

单纯提高 RPC 或混凝土的强度有时候并不是一个好方法,通过本节公式也可以看出在常见板的范围内,考虑有效强度 v 的叠合板抗冲切承载力近似与 $f_c^{\frac{1}{2}}h$ 成比例,这时要提升叠合板的抗冲切承载力,最好通过增加叠合层的厚度来实现。

(2)RPC 修复层厚度。

如图 14.26 所示,在板的总厚度一定的情况下,通过增加叠合层的相对厚度可以有效增加叠合板的极限承载力。与纯混凝土板 depth0 相比,叠合层厚度为 25 mm 的叠合板 depth2 的极限承载力提升了 55%,叠合层厚度为 50 mm 的叠合板 PBM1 的极限承载力 104%,叠合层厚度为 100 mm 的叠合板 depth1 极限承载力提升了 106%。与此同时,峰值荷载对应位移则有所下降。

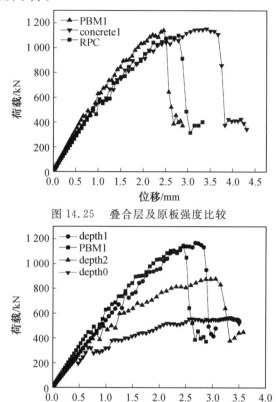

图 14.25　叠合层及原板强度比较

图 14.26　基于有限元模拟的叠合层相对厚度比较

如图 14.27 所示,含有 RPC 叠合层的叠合板可以有效增加原混凝土板的延性,在该模型中,RPC－RC 复合板的冲切剪切强度与混凝土抗拉强度、RPC 抗拉强度、RC 板厚度和 RPC 层合板厚度近似成正比。增加 RPC 层合板厚度来提高 RPC－RC 复合板的抗冲切性能比增加混凝土强度更为有效。但在板总厚度一定的情况下,叠合层相对厚度增加到一定程度时,对叠合板的极限承载力的提升不明显。这是因为越靠近板底,冲切锥面积越大,对板的抗冲切承载力贡献越大。当位于板底的叠合层相对厚度较大时,已经承担了大

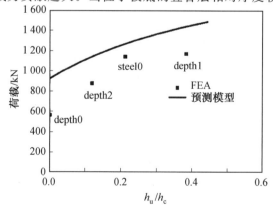

图 14.27　不同叠合层相对厚度下理论结果与有限元结果比较

部分的冲切荷载,再增加其厚度并不能有效提升整个叠合板的承载能力。

（3）钢筋强度。

PBM2 和 PBM3 试件在 RPC 叠合层中分别配置了屈服强度为 532 MPa,772 MPa 的钢筋,将它们与 PBM1 试件相比较,考察 RPC 叠合层中钢筋强度对叠合板抗冲切承载力的影响。同时,PBM1 与 ratio1 试件考察了原混凝土板的配筋率对叠合板抗冲切承载力的影响,2 个试件的配筋率分别为 0.74% 和 1.4%。由图 14.28 中有限元模拟结果及图 14.28(a) 理论计算结果可以看出,纵向钢筋的钢筋强度与其配筋率对 RPC－钢筋混凝土叠合板的抗冲切承载力、峰值荷载对应位移的影响均不大。在有限元分析中,假设纵向钢筋在冲切破坏时由于 RPC 罩面板的小变形而没有屈服。在该模型中,高强度钢筋减小了纵筋与水平面的夹角 θ,从而减小了钢筋的贡献。结果表明,RPC 层合板中纵筋对冲切强度的贡献不显著。

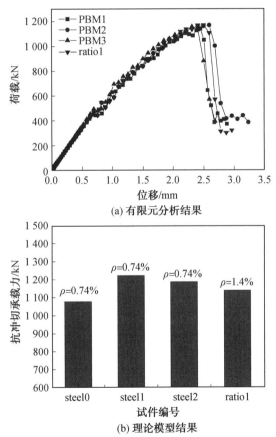

(a) 有限元分析结果

(b) 理论模型结果

图 14.28　配筋率与基于有限元模拟的抗冲切承载力比较

（4）折算混凝土抗拉强度。

根据参数研究,RPC 层合板厚度、RPC 强度和混凝土强度对冲切强度有影响。在试件 depth2,RPC1 和 depth1 中,RPC 层压板厚度分别为 25 mm、50 mm 和 100 mm。利用厚度比,可以定义 RPC－RC 组合板的混凝土平均抗拉强度 f_t 为

$$f_t = (1 - \eta) f_{ct} + \eta f_{ut} \tag{14.38}$$

这里,η 是厚度比,等于 $h_u / (h_u + h_c)$;f_{ct} 是混凝土抗拉强度,f_{ut} 是 RPC 抗拉强度。由图

14.29可以看出随着折算混凝土抗拉强度 f_t 的增加,板的承载力提高幅度呈线性变化,相关性系数为 0.97 与 0.95。这意味着叠合层混凝土抗拉强度、叠合层厚度均与板的承载力提高幅度大致呈线性关系。说明增加叠合层混凝土抗拉强度、提高叠合层厚度都可以较好的提升 RPC－钢筋混凝土叠合板在集中荷载下的承载能力。

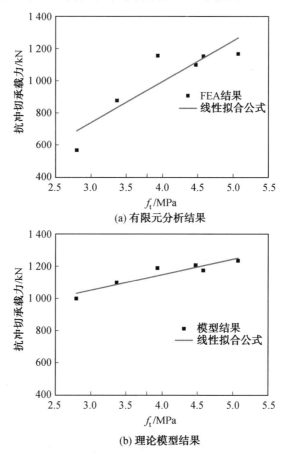

图 14.29　基于混凝土折算抗拉强度的冲切强度

　　RPC 作为罩面叠合层可以显著提高承载力与延性。含有 RPC 叠合层的 RPC－RC 叠合板可以有效增加原混凝土板的延性,但在板总厚度一定的情况下,叠合层相对厚度增加到一定程度时,对叠合板的极限承载力的提升不明显。预提升叠合板的抗冲切承载力,相对于单纯提高 RPC 或混凝土强度技术方法,增加叠合层厚度效果更好。修复后叠合板承载力与 RPC 叠合层厚度、RPC 叠合层抗拉强度线性相关。叠合板内纵向钢筋的钢筋强度与其配筋率对 RPC－钢筋混凝土叠合板的抗冲切承载力、峰值荷载对应位移的影响均不大。

14.7　本 章 小 结

　　本章对一块四边简支 RPC 带上反开洞肋底板双向叠合板进行试验与分析,得到以下主要结论。

（1）从开始加载到破坏整个过程中，试验板双向整体工作性能良好。在承载能力极限状态下，叠合层未发生面外剥离和面内剪切破坏。

（2）基于有限元模拟结果和板底裂缝宽度实测值，建立了考虑各关键参数影响的这类叠合板板底裂缝宽度计算方法。

（3）基于虚功原理和塑性铰线分布所得的极限荷载与试验板破坏荷载吻合良好。

（4）沿预应力筋方向板带的刚度可按单向叠合板计算，垂直于预应力筋方向的刚度按底板拼缝处普通钢筋混凝土叠合层刚度计算。获得预应力筋和非预应力方向的刚度后，这类双向叠合板的变形可按双向板带叠加法计算。

本章参考文献

[1] 中华人民共和国住房和城乡建设部. 混凝土结构试验方法标准：GB 50152—2012[S]. 北京：中国标准出版社，2012.

[2] FARIA R，OLIVER J，CERVERA M. A strain-based plastic viscous-damage model for massive concrete structures[J]. International Journal of Solids and Structures，1998，35(14)：1533-1558.

[3] GRASSL P，JIRASEK M. Damage-plastic model for concrete failure[J]. International Journal of Solids and Structures，2006，43：7166-7196.

[4] CICEKLI U，VOYIADJIS G Z，ABU Al — Rub. A plasticity and anisotropic damage model for plain concrete[J]. International Journal of Plasticity，2007，23：1874-1900.

[5] 过镇海. 混凝土的强度和本构关系[M]. 北京：中国建筑工业出版社，2004.

[6] LUBLINER J，OLIVER J，OLLER S，et al. A plastic-damage model for concrete [J]. Journal of Solids and Structures，1989，25(3)：299-326.

[7] LEE J，FENVES G L. Plastic-damage model for cyclic loading of concrete structures [J]. Journal of Engineering Mechanics，1998，124(8)：892-900.

[8] DRUCKER D C，PRAGER W. Soil mechanics and plastic analysis or limit design[J]. Quarterly of Applied Mathematics，1952，10：157-165.

[9] 郑文忠，李莉，卢姗姗. 钢筋活性粉末混凝土简支梁正截面受力性能试验研究[J]. 建筑结构学报，2011，32(6)：62-70.

[10] 原海燕. 配筋活性粉末混凝土受拉性能试验研究及理论分析[D]. 北京：北京交通大学，2009.

[11] 中华人民共和国住房和城乡建设部. 混凝土结构设计规范：GB/T 50010—2010[S]. 北京：中国标准出版社，2010.

[12] GERGELY P，LUTZ L A. Maximum crack width in reinforced concrete flexural members[J]. ACI Journal，1968，SP20：87-177.

[13] 袁涛. 普通混凝土双向板正常使用阶段变形计算[D]. 哈尔滨：哈尔滨工业大学，2008.

[14] PARK R. GAMBLE W L. Reinforced concrete slabs[M]. New York：John Wiley & Sons，1980.

[15] 王琨. 套建增层预应力钢骨混凝土框架抗震性能试验与分析[D]. 哈尔滨：哈尔滨工业大学，2010.

[16] 吕西林，金国芳，吴晓涵. 钢筋混凝土结构非线性有限元理论与应用[M]. 上海：同济大学出版社，1997.

[17] ABDULLAH A，BAILEY C G. Punching behaviour of column-slab connection strengthened with non-prestressed or prestressed FRP plates[J]. Engineering Structures，2018，160：229-242.

[18] KOPPITZ R，KENEL A，KELLER T. Punching shear strengthening of flat slabs using prestressed carbon fiber-reinforced polymer straps[J]. Engineering Structures，2014，76：283-294.

[19] BINICI B，BAYRAK O. Use of Fiber-Reinforced Polymers in Slab-Column Connection Upgrades[J]. ACI Structural Journal，2005，102(1)：93-102.

[20] EBEAD U，MARZOUK H. Fiber-Reinforced Polymer Strengthening of Two-Way Slabs[J]. Aci Structural Journal，2004，101(5)：650-659.

[21] El－SALAKAWY E，SOUDKI K，POLAK M A. Punching Shear Behavior of Flat Slabs Strengthened with Fiber Reinforced Polymer Laminates[J]. Journal of Composites for Construction，2004，8(5)：384-392.

[22] SHARAFM H，SOUDKI K A，DUSEN M V. CFRP Strengthening for Punching Shear of Interior Slab－Column Connections[J]. Journal of Composites for Construction，2006，10(5)：410-418.

[23] BASTIEN－MASSE M，BRUHWILER E. Contribution of R－UHPFRC Strengthening Layers to the Shear Resistance of RC Elements[J]. Structural Engineering International，2016，26(4)：365-374.

[24] 魏雪英,杨政,于澍,等. 用统一强度理论求解轴对称混凝土板的冲切强度[J]. 工程力学,2002,19(5)：92-96.

[25] BASTIEN－MASSE M，BRÜHWILER，E. Experimental investigation on punching resistance of R－UHPFRC－RC composite slabs[J]. Materials & Structures，2016，49(5)：1573-1590.

[26] BASTIEN－MASSE M，BRÜHWILER，E. Composite model for predicting the punching resistance of R－UHPFRC－RC composite slabs[J]. ENGINEERING STRUCTURES，2016，117：603-616.

[27] NIELSEN M P，HOANG L C. Limit analysis and concrete plasticity：Third Edition [M]. New York：CRC Press. 1984.

[28] European Committee for Standardisation TC 250. Design of concrete structures－Part 1，General rules for buildings，European Prestandard：Eurocode 2－1992－1－1：1991[S]. Brussels：British Standard Institution，1991.

[29] 陈思远. UHPF 钢筋混凝土－钢筋混凝土叠合板抗弯性能研究[D]. 哈尔滨：哈尔滨工程大学,2014.

[30] 过镇海. 钢筋混凝土原理[M]. 北京：清华大学出版社,2013.

[31] 林旭健. 钢纤维高强混凝土板抗冲切受力性能研究[D]. 杭州：浙江大学,1999.

第 15 章 RPC 局部受压试验与分析

15.1 概　　述

活性粉末混凝土是近年来发展起来的一种超高强、高耐久的水泥基复合材料,将其与预应力技术相结合,形成的预应力活性粉末混凝土结构,采用较小的截面尺寸即能实现更大的跨度,适应预应力混凝土结构更高性能、更轻巧、更新颖的发展趋势。由于预应力的施加使构件端部产生较大的集中力,预应力锚具作用范围内的局受压区受力复杂,因此,后张预应力筋(束)锚具作用下活性粉末混凝土局部受压机理与局压承载力计算是预应力活性粉末混凝土结构分析与设计的关键。

国内外学者已对后张预应力锚具作用下普通混凝土的局受压区受力性能进行了系统研究,提出了套箍强化理论、楔劈理论、拉压杆桁架模型等描述混凝土局部受压机理和计算局压承载力的方法,并在相关标准中得到体现。然而,目前尚缺乏对后张预应力锚具作用下活性粉末混凝土局部受压承载力计算理论与设计方法的系统研究。

由于活性粉末混凝土局部受压开裂和破坏均具有显著的突然性和脆性特征,虽然表现为先开裂后破坏模式,但其开裂荷载与破坏荷载较为接近,承压板下的楔形体滑移导致局受压区楔劈破坏,局受压区劈裂成块,丧失完整性。这主要是超高强度的活性粉末混凝土脆性明显、局部受压过程积累的较大变形能在破坏时突然释放所致。在后张预应力活性粉末混凝土锚固区布置钢筋网片,可约束核心活性粉末混凝土,以提高局压承载力,改善延性。

本章针对现行标准中混凝土局压承载力计算公式对活性粉末混凝土的适用性问题,完成48个活性粉末混凝土(RPC)棱柱体试件轴心局部受压试验。研究活性粉末混凝土强度等级和局压面积比(A_b/A_1)的变化对其局部受压性能的影响规律,建立活性粉末混凝土局压承载力计算公式,同时通过对钢筋网片约束活性粉末混凝土中心局压试验,研究其破坏模式,分析局压下钢筋网片应力分布及其对核心活性粉末混凝土的约束作用,结合未配筋活性粉末混凝土局压试验,提出钢筋网片约束活性粉末混凝土局压承载力实用计算方法。

15.2 RPC 局压承载力计算

15.2.1 试件设计与制作

共制作了48个RPC试件,其中44个试件为200 mm×200 mm×400 mm的棱柱体,4 个为140 mm×140 mm×300 mm的棱柱体。采用4个小尺寸试件是因考虑到RPC强度较高,当局压面积比较大时试件预估破坏荷载较大,采用小尺寸试件降低破坏荷载预估值,确保其处于压力试验机试验力范围之内,以便试验顺利进行。

采用方形承压板,承压板边长为 a,厚度均为 20 mm,按照试验时承压板承受压力大小的不同,选用 Q235、45Mn、65Mn 三种材质钢材制成,见表 15.1。由于对试件加荷是压力机通过承压板直接传给试件的,而压力机的压板尺寸又大于承压板尺寸,故承压板的面积即为局压面积 A_l。

表 15.1　承压板明细表

承压板边长 a/mm	60	70	80	90	115
材质	65Mn	65Mn	65Mn	45Mn	Q235

局压试验中考察RPC强度、局压面积比(A_b/A_l)两个因素。试件按照RPC强度不同分为 RA、RB、RC、RD 四小组,每小组取 6 个 A_b/A_l 水平,每个 A_b/A_l 水平 2 个试件,按照全面试验法安排试验方案,试件参数见表 15.2。

表 15.2　R 组试件明细表

试件编号	a/mm	A_b/A_l	试件编号	a/mm	A_b/A_l	试件编号	a/mm	A_b/A_l
RA1			RA3			RA5		
RB1	60	11.11	RB3	80	6.25	RB5	115	3.03
RC1			RC3			RC5		
RD1			RD3			RD5		
RA2			RA4			RA6	165	1.47
RB2	70	8.16	RB4	90	4.94	RB6		
RC2			RC4			RC6	115	1.48
RD2			RD4			RD6		

注:① RA、RB、RC、RD 四小组试件 RPC 拟配强度分别为 90 N/mm²、110 N/mm²、130 N/mm²、150 N/mm²。

② RA1试件参数对应的两个试件编号分别为RA1-1、RA1-2,其余试件参数对应的两个试件编号类似。

③ RC6、RD6 两试件参数对应的 4 个试件(RC6-1、RC6-2、RD6-1、RD6-2)选择 140 mm×140 mm×300 mm 的棱柱体,其余 42 个试件选择 200 mm×200 mm×400 mm 的棱柱体。

15.2.2　试验方案与测试内容

局压试验采用 YEW-5000 型微机屏显液压式压力试验机加载。图 15.1 所示为试验装置。在试件与压力机底板间垫一薄层细砂,以减小底板与试件间的摩擦约束对试验结果的影响。

试件采用方形承压板轴心加载,其属于静力加载试验,采用分级加载制度,每级荷载不大于预估破坏荷载的 10%。正式加载前先预载 1~2 级,以便压密细砂垫层和检测各仪器设备工作是否正常。由于压力机加载时力值可以通过计算机实时显示和控制,而且试验力示值精度不大于 ±1%,所以试验时每级荷载取 50 kN,逐级加载直至试件破坏。

试件局压试验时测试记录了每级荷载下承压板压陷值、试件压缩值、裂缝发展和破坏荷载等项目。

(1)位移值。

在试件两对称侧面顶部中轴线附近粘贴钢片,安装两个电子位移计来测量承压板的压陷值 Δ_p。在压力机底板上对称安装两个电子位移计测量底板的位移 Δ,则试件压缩

图 15.1　试验装置

值 $\Delta_s = \Delta - \Delta_p$。

（2）破坏荷载。

以第一条肉眼可见的裂缝（宽度约 0.02 mm）出现为开裂标志。以压力机荷载示值开始下降前的最大荷载为试件破坏荷载。

全部试件在分级加载过程中都及时观测和记录了初始裂缝位置、走向和长度，及时观察和记录了破坏过程、破坏形态和特性、裂缝分布及破坏荷载等。

15.2.3　试验现象与试验结果

分析轴心局部受压试验现象发现，未掺加钢纤维的 RA、RB 小组与素 RPC 试件局压破坏表现出的特点基本相同，掺加钢纤维的 RC、RD 小组 RPC 试件局压破坏表现出的特点基本相同。

1.试件的破坏形态

（1）RA、RB 小组试件破坏形态和特点。

试验中观察到 A_b/A_l 为 11.11 的 4 个试件（RA1－1、RA1－2、RB1－1、RB1－2）开裂与破坏几乎同时发生。当荷载加至某一数值时，伴随着清脆的劈裂声，这类试件某一侧面出现裂缝，试件开裂，随后"砰"的一声，试件被崩成数块或局部有大块混凝土崩落，试件破坏。其余 20 个 $A_b/A_l < 9$ 的试件在局压试验中表现为先开裂后破坏。当荷载达到 50%～80% 的破坏荷载时，伴随着清脆的劈裂声，此类试件某一侧面出现裂缝，裂缝宽度较小，在随后的加载过程中，试件不时发出劈裂声。伴随着每一次劈裂声，试件侧面或出现新裂缝，或局部混凝土被崩离脱落。部分试件加载接近破坏荷载时，还出现压力机荷载示值小幅下降后又回升的趋势。加载至破坏荷载时，"砰"的一声，试件被崩成数块，试件破坏。

未掺加钢纤维的素 RPC 脆性特征比较明显，在局受压区未配置间接钢筋时，其试件局压破坏表现出脆性破坏的特点，这与普通素混凝土局压破坏相似。"开裂与破坏同时发生"和"先开裂后破坏"两种破坏形态的界限（$A_b/A_l \approx 9$）也与普通素混凝土局压破坏的界限相同。由于素 RPC 脆性明显，试件每一次裂缝出现或者局部混凝土脱落都是在该局部区域应力增加到一定程度时突然发生的，这就导致该区域集聚的能量突然释放，试件发出劈裂声，而且局部混凝土突然脱落会导致压力机上下压板间瞬时的松弛，因此压力机荷载示值就会出现小幅下降，随后继续给压力机供油，荷载又会回升。达到破坏荷载时试件被突然崩成数块，也是由素 RPC 试件脆性破坏特点引起的，当试件达到破坏荷载时，其刚度突然降低，压力机加载过程中吸收的弹性应变能突然释放将试件崩成数块。图 15.2 所示为 RA、RB 小组试件的破坏情况。

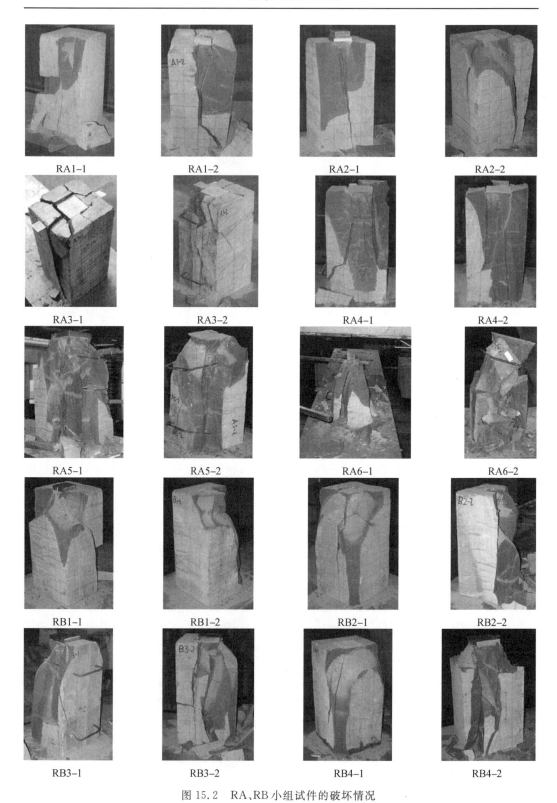

图 15.2 RA、RB 小组试件的破坏情况

RB5-1

RB6-1

RA、RB

续图 15.2

（2）RC、RD 小组试件破坏形态和特点。

试验中观察到 RC、RD 小组试件的局压破坏为先开裂后破坏。当荷载达到 30% ～ 70% 的破坏荷载时，伴随着清脆的劈裂声，试件某一侧面出现裂缝，试件开裂。当荷载临近破坏荷载时，压力机荷载示值出现几次小幅度下降又回升的趋势，同时试件中发出因钢纤维在 RPC 中突然滑移的"抽丝声"。加载至破坏荷载时，"砰"的一声，试件被崩坏，荷载示值突然出现较大幅的下降，随后继续给压力机供油，荷载示值缓慢下降。当荷载下降到破坏荷载的 30% 时，停止加载，加载试验结束。

由于 RPC 脆性特征明显，在加载过程中，试件某一区域拉应力达到抗拉强度时，局部突然开裂或原裂缝突然增宽，该区域集聚的能量突然释放，这就导致试件开裂时发出劈裂声、试件破坏时发出"砰"的响声、试件突然崩开、荷载示值突然下降等现象出现。这些都体现出未配置间接钢筋的 RPC 试件局部受压的脆性破坏特点。同样由于 RPC 的脆性特点，在试件加载后期，承压板压陷变形出现了几次突然增长，这就引起了压力机上下压板间的瞬时松弛，从而压力机荷载示值出现小幅下降，随后继续给压力机供油，荷载回升。由于钢纤维的存在，试件破坏后有被崩开的趋势，但保持一个整体，未被崩成数块。图 15.3 所示为 RC、RD 小组试件的破坏情况。

卸载后观察发现，裂缝间的部分钢纤维发生黏结滑移破坏，从 RPC 中"抽丝""拔出"，但没有被拉断，如图 15.4 所示。这表明该类钢纤维强度能满足 RPC 的配置要求，但其与 RPC 的黏结性能较弱，裂缝间大量钢纤维"抽丝""拔出"，最终导致试件破坏。因此在以后的试验研究中可尝试采用"钢纤维端部弯钩""钢纤维压痕"等方法来加强钢纤维与 RPC 的黏结性能，从而提高 RPC 的强度。

RC1-1

RC1-2

RC2-1

RC2-2

图 15.3　RC、RD 小组试件的破坏情况

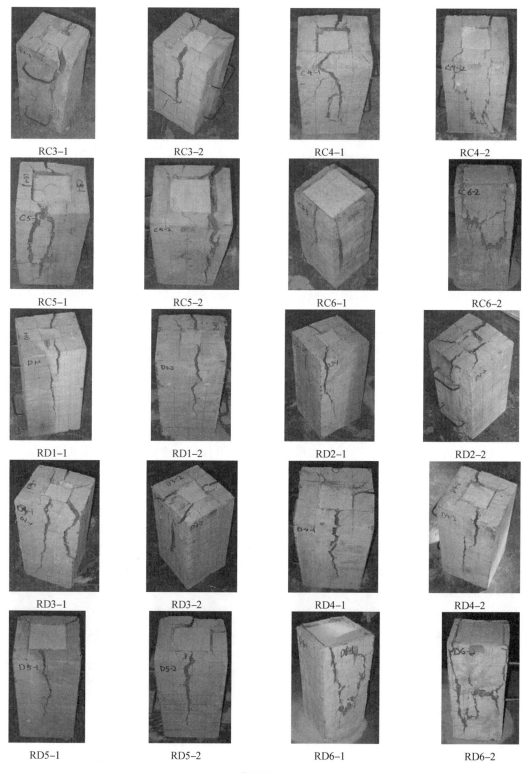

RC3-1 RC3-2 RC4-1 RC4-2

RC5-1 RC5-2 RC6-1 RC6-2

RD1-1 RD1-2 RD2-1 RD2-2

RD3-1 RD3-2 RD4-1 RD4-2

RD5-1 RD5-2 RD6-1 RD6-2

续图 15.3

全部试件破坏图(1)

全部试件破坏图(2)

续图 15.3

图 15.4　钢纤维"拔出"破坏

2. 试件的裂缝分布特点

R 组试件裂缝展开图如图 15.5 所示。由于未掺加钢纤维的 RA、RB 小组试件达到破坏荷载时试件被崩成数块,因此其裂缝展开图为荷载达到 90% ~ 95% 破坏荷载时的裂缝分布情况。RC、RD 小组的裂缝展开图为试件破坏后的裂缝分布情况。

由图中可以看出,RA、RB 小组试件各侧面发展的裂缝数量较少,宽度较小。多数裂缝在某一荷载下突然出现,在随后的加载过程中几乎没有发展。

RC、RD 小组试件开裂裂缝多出现在成型层,在随后的加载中该裂缝发展较小,达到破坏荷载前,各侧面裂缝最大宽度在 0.5 mm 以下。伴随试件的突然崩坏,试件侧面突然出现新的裂缝,而且裂缝宽度较大。试验结束观察发现,试件侧面裂缝数量少,宽度大,这是因为 RPC 中掺加的钢纤维长度较小(13 mm),没有起到分散裂缝的作用。试件侧面的裂缝上宽下窄,顶面裂缝外宽里窄,而承压板尖角处的裂缝里宽外窄,这些裂缝分布和自身的特点都呈现出楔劈破坏的特点。(裂缝旁的数字为荷载大小,单位 kN,其余试件裂缝展开图类似。)

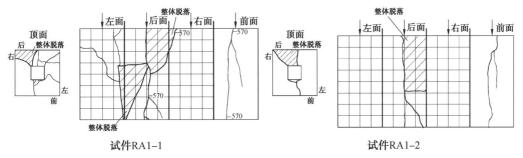

图 15.5　R 组试件裂缝展开图

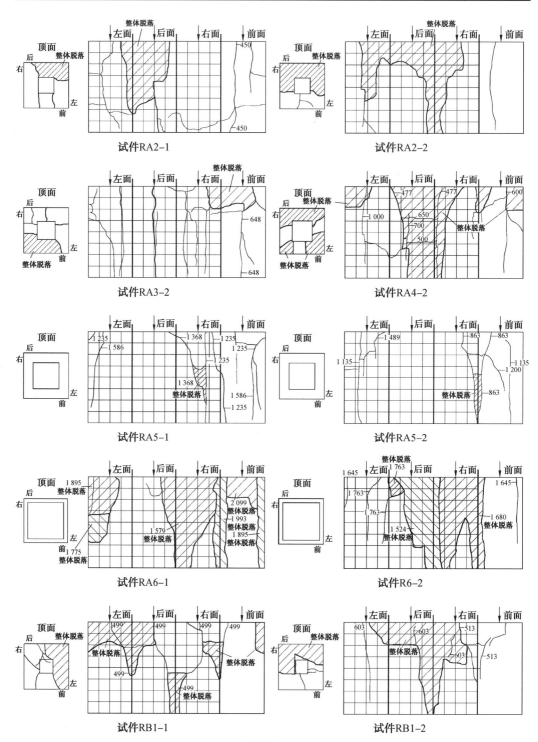

续图 15.5

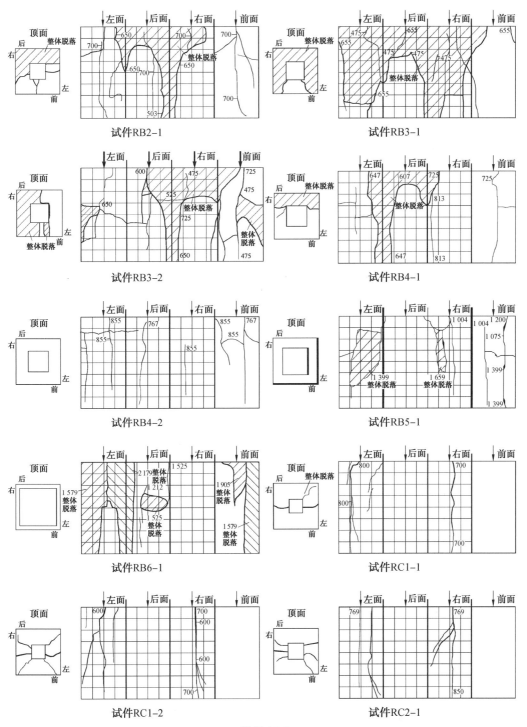

续图 15.5

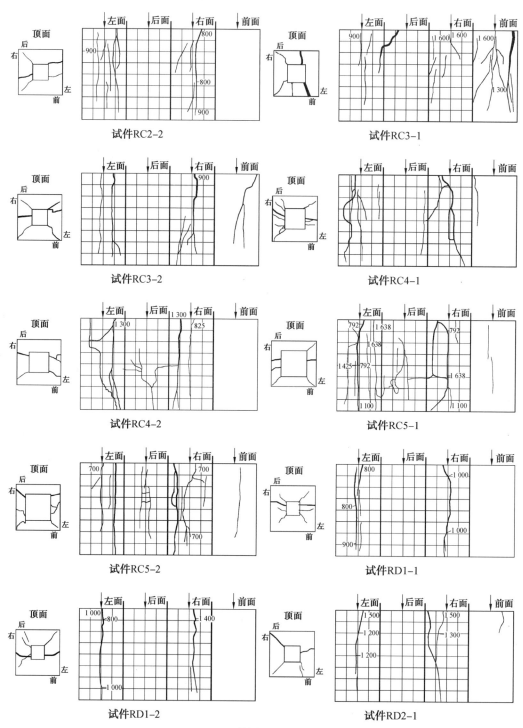

续图 15.5

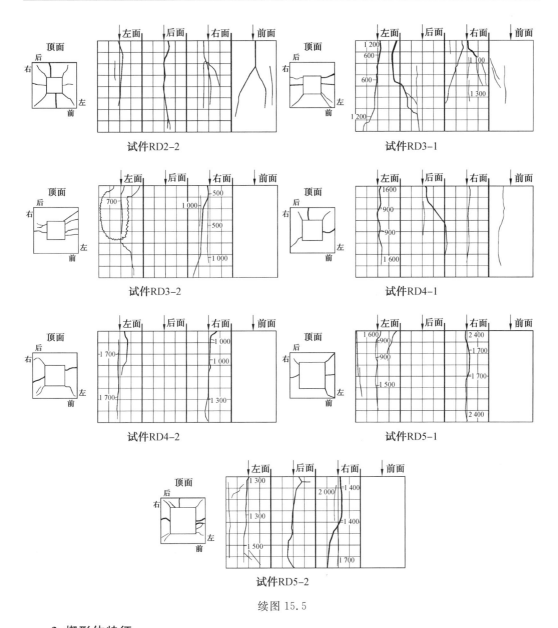

续图 15.5

3. 楔形体特征

与素普通混凝土类似,在素 RPC 试件(RA、RB 小组)中,A_b/A_l 为 11.11 的 4 个试件破坏后承压板下没有形成明显的楔形体,其余试件承压板下都有明显的楔劈趋势,部分试件可剥离出棱锥形楔形体。但由于素 RPC 的脆性特征明显,试件局压破坏较为突然,楔形体与周围 RPC 界面剪切滑移不充分,因此楔形体形状发展不完全,如图 15.6(a)～(e)所示。

掺加钢纤维的 RPC 试件(RC、RD 小组)承压板下均有明显的楔劈趋势,凿掉承压板外围的混凝土可看到近似棱锥体形的楔形体,如图 15.6(f)、(g)所示。由于钢纤维存在,楔形体形状发展不完全,不能从试件中剥离出来。

(a) 试件RA2-1　　　　(b) 试件RA3-2　　　　(c) 试件RA5-1　　　　(d) 试件RA3-2

(e) 试件RB4-2、RB5-1、RB6-1　　　　(f) 试件RC2-1　　　　(g) 试件RD3-2

图 15.6　承压板下的楔形体

4. 荷载－位移曲线

R 组试件实测的局压荷载 N 与承压板压陷值 Δ_p 的关系曲线及局压荷载 N 与试件压缩值 Δ_s 的关系曲线,如图 15.7 所示。

由图分析可知,素 RPC 试件(RA、RB 小组)局部受压与普通素混凝土局压工作的 4 个阶段较为相似,即压密阶段、弹性阶段、弹塑性阶段和破坏阶段。同样由于素 RPC 的脆性特点,曲线没有下降段。素 RPC 试件实测荷载位移曲线也表现出自身局压破坏的特点。部分试件接近破坏荷载时,Δ_p 显著增长,压力机示值在破坏荷载附近小幅度波动,如 RA2－2、RB1－2 和 RB5－1。这是因为素 RPC 的脆性特征明显,试件接近破坏时,伴随着崩裂声,试件裂缝突然加宽、局部混凝土突然脱落,承压板压陷变形 Δ_p 突然增大,这就导致压力机与试件之间出现瞬时松弛,从而压力机荷载示值少许降低。继续加载,Δ_p 缓慢增长,压力机示值逐渐回升。这一过程中压力机加载速率恒定,也即压力机下压板上升的速度恒定,因此下压板上升的位移与 Δ_p 的差值就会减小,Δ_s 出现相反方向的增大,甚至试件出现"拉伸变形"($\Delta_s < 0$)的假象。同样由于上述原因,部分试件荷载位移曲线出现水平错动,也即 N 不变时,Δ_p 突然增大,Δ_s 突然减小。

掺加钢纤维的试件(RC、RD 小组)接近破坏荷载时,随着 Δ_p 增大,N 也出现破坏荷载附近小幅度波动,这与部分素 RPC 试件类似,是由 RPC 材料脆性破坏特点引起的。达到破坏荷载后,$N-\Delta_p$ 曲线、$N-\Delta_s$ 曲线突然下降,N 下降至破坏荷载的 35% ～ 60%,在这瞬时的下降中,伴随"砰"的一声,试件突然崩开,这也是因 RPC 材料的脆性破坏特点明显,荷载超过某一临界值时,导致试件破坏的裂缝突然出现,试件刚度突然降低,压力机加载过程中吸收的弹性应变能突然释放,试件突然崩开,荷载突然下降。随后继续给压力机供油,荷载下降速度减慢,Δ_p、Δ_s 缓慢增长。在整个下降过程中,部分试件 Δ_p 增长速度大于压力机下压板上升速度,下压板上升的位移与 Δ_p 的差值 Δ_s 就会减小,有时 Δ_s 出现相反方向的增长,甚至试件出现"拉伸变形"($\Delta_s < 0$)的假象。

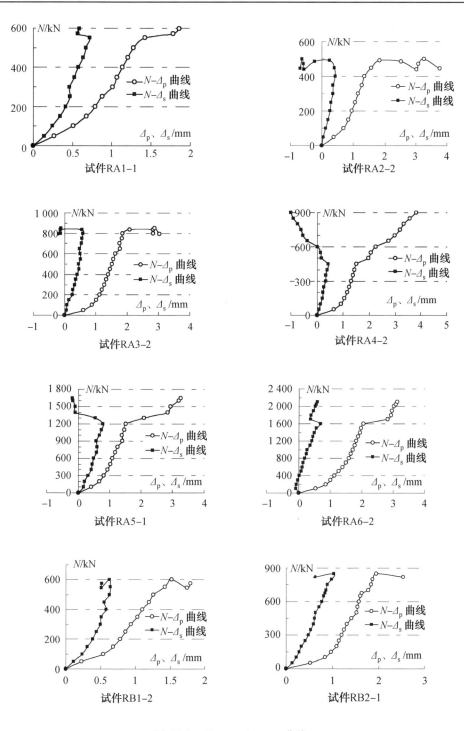

图 15.7　$N-\Delta_{\mathrm{p}}$、$N-\Delta_{\mathrm{s}}$ 曲线

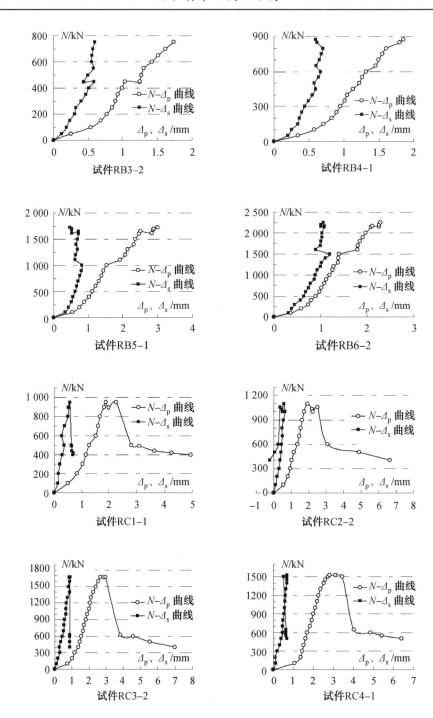

续图 15.7

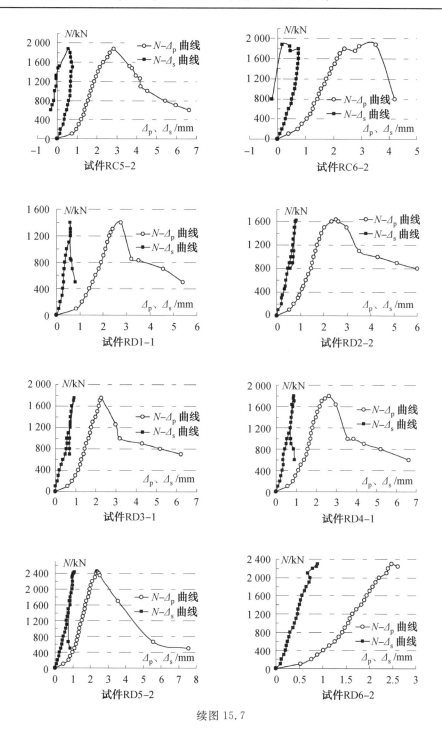

续图 15.7

15.2.4　RPC 局压承载力计算公式的建立

1. 素 RPC 局压承载力计算公式的建立

RA、RB 小组未掺加钢纤维的素 RPC 试件局压承载力实测值 $N_{u,P}^{T}$ 见表 15.3。

表 15.3　素 RPC 试件局压承载力实测值与计算值比较

试件编号	实测值 $N_{u,P}^{T}$ /kN	计算值 $N_{u,P}^{C1}$ /kN	计算值 $N_{u,P}^{C2}$ /kN	比较 $\dfrac{N_{u,P}^{C1}}{N_{u,P}^{T}}$	比较 $\dfrac{N_{u,P}^{C2}}{N_{u,P}^{T}}$	试件编号	实测值 $N_{u,P}^{T}$ /kN	计算值 $N_{u,P}^{C1}$ /kN	计算值 $N_{u,P}^{C2}$ /kN	比较 $\dfrac{N_{u,P}^{C1}}{N_{u,P}^{T}}$	比较 $\dfrac{N_{u,P}^{C2}}{N_{u,P}^{T}}$
RA1—1	597	482	497	0.807	0.833	RB1—1	513	540	575	1.052	1.122
RA1—2	521	482	497	0.925	0.955	RB1—2	603	540	575	0.895	0.954
RA2—1	537	665	621	1.239	1.156	RB2—1	849	711	718	0.838	0.846
RA2—2	507	665	621	1.312	1.224	RB2—2	680	711	718	1.046	1.056
RA3—1	815	848	756	1.041	0.927	RB3—1	900	883	874	0.981	0.971
RA3—2	837	848	756	1.014	0.903	RB3—2	754	883	874	1.171	1.159
RA4—1	992	1031	902	1.040	0.91	RB4—1	884	1055	1044	1.193	1.181
RA4—2	1 075	1 031	902	0.960	0.839	RB4—2	920	1 055	1 044	1.147	1.134
RA5—1	1 655	1 489	1 319	0.900	0.797	RB5—1	1 732	1 484	1 526	0.857	0.881
RA5—2	1 698	1 489	1 319	0.877	0.777	RB5—2	1 800	1 484	1 526	0.824	0.848
RA6—1	2 406	2 405	2 370	1.000	0.985	RB6—1	2 273	2 343	2 741	1.031	1.206
RA6—2	2 100	2 405	2 370	1.145	1.129	RB6—2	2 230	2 343	2 741	1.051	1.229

《混凝土结构设计规范》(GB 50010—2010)和《高强混凝土结构技术规程》(CECS 104:99)中均以下式来计算 C50～C80 级高强混凝土局部受压承载力,仅在混凝土强度影响系数 β_c 的取值上略有不同。

$$N_u = \beta_c \beta_l f_c A_{ln} \tag{15.1}$$

$$\beta_l = \sqrt{\frac{A_b}{A_l}} \tag{15.2}$$

因此本书也以式(15.1)为基础建立素 RPC 局压承载力计算公式。

由式(15.1)变形可得 $\beta_c = \dfrac{N_u}{\beta_l f_c A_{ln}}$,以 $\sqrt{\dfrac{A_b}{A_l}}$ 为横坐标,以 $\beta_c^{T} = \dfrac{N_{u,P}^{T}}{\beta_l f_c A_{ln}}$ 为纵坐标,则 RA、RB 小组试件 β_c^{T} 分布及拟合曲线如图 15.8 所示。

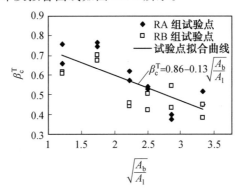

图 15.8　RA、RB 小组试件 β_c^{T} 分布及拟合曲线

(1)计算模式 Ⅰ。

由图 15.8 可以看出,RA、RB 小组试件 RPC 强度影响系数实测值 β_c^{T} 均随 $\sqrt{\dfrac{A_b}{A_l}}$ 的增

大而减小。当 $\sqrt{\dfrac{A_b}{A_l}}$ 相同时,RA 小组强度影响系数实测值较 RB 小组实测值略大,这表明 RPC 强度影响系数随着 RPC 强度的提高而呈降低趋势。由于 RA、RB 两小组试件试验点分布差别较小,可对 RA、RB 小组 24 个试验点进行拟合,即可得到素 RPC 强度影响系数计算公式为

$$\beta_{c,RP} = 0.86 - 0.13\sqrt{\frac{A_b}{A_l}} \tag{15.3}$$

则素 RPC 局压承载力为

$$N_{u,P}^l = \beta_{c,RP}\beta_l f_c A_{ln} \tag{15.4}$$

其中,$\beta_{c,RP}$ 按式(15.3)计算,其余符号的意义及计算方法同现行规范。

RA、RB 小组素 RPC 试件局压承载力实测值 $N_{u,P}^T$ 与按式(15.4)计算值 $N_{u,P}^{Cl}$ 的比较见表 15.3,令 $X_1 = N_{u,P}^{Cl}/N_{u,P}^T$,则其平均值为 1.040 7,标准差为 0.150 9,变异系数为 0.145 0。

(2)计算模式 Ⅱ。

考虑到 β_c^T、β_l 都与 $\sqrt{\dfrac{A_b}{A_l}}$ 有关,为简化计算,可取素 RPC 局压强度影响系数 $\beta_{l,RP} = \beta_c\beta_l$,用单一系数 $\beta_{l,RP}$ 综合考虑 RPC 强度及局部受压两方面因素对试件局压承载力的影响。

以无量纲项 $\beta_{l,RP} = \beta_c\beta_l = N/(f_c A_{ln})$ 为纵坐标,以 $\sqrt{A_b/A_l}$ 为横坐标,则 RA、RB 小组素 RPC 试件试验点、式(15.1)表示的曲线和式(15.4)表示的曲线及拟合曲线如图 15.9 所示。其中式(15.1)曲线 β_c 取现行规范中 C80 对应值 0.8。

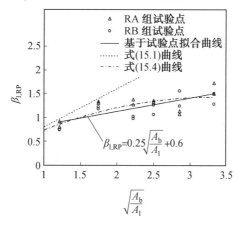

图 15.9　RA、RB 小组素 RPC 试件试验点、式(15.1)表示的曲线、式(15.4)表示的曲线及拟合曲线

由图 15.9 中 RA、RB 小组试件实测素 RPC 局压强度影响系数 $\beta_{l,RP}^T$ 分布可知,素 RPC 的局压强度随 $\sqrt{A_b/A_l}$ 近似线性增加,而且两小组试验点分布规律基本相同。

对 RA、RB 小组 24 个试验点进行线性拟合(如图 15.9 中的拟合曲线),即可得到素 RPC 局压强度影响系数为

$$\beta_{l,RP} = 0.25\sqrt{\frac{A_b}{A_l}} + 0.6 \tag{15.5}$$

故未配置间接钢筋的素 RPC 局部受压承载力计算公式为

$$N_{u,P}^2 = \beta_{l,RP} f_c A_{ln} \tag{15.6}$$

其中，$\beta_{l,RP}$ 按式(15.5)计算，其余符号含义及计算方法同现行规范。

RA、RB 小组素 RPC 试件局压承载力实测值 $N_{u,P}^T$ 与按式(15.6)计算值 $N_{u,P}^{C2}$ 的比较见表 15.3，令 $X_2 = N_{u,P}^{C2}/N_{u,P}^T$，则其平均值为 1.000 9，标准差为 0.149 5，变异系数为 0.149 4。

由图 15.9 可以看出，素 RPC 局压承载力计算模式 Ⅰ 的式(15.4)与计算模式 Ⅱ 的式(15.6)的主要区别在于，模式 Ⅰ 以一条二次曲线表示 RPC 局部受压时 $\beta_c\beta_l$ 与 $\sqrt{A_b/A_l}$ 的关系，而模式 Ⅱ 以一条线性曲线表示不同强度等级 RPC 的 $\beta_c\beta_l$ 与 $\sqrt{A_b/A_l}$ 的关系。由 RA、RB 两小组试验数据分析表明，两个计算模式的计算结果差别较小，而且两个模式计算值与实测值均符合较好。

2. 掺钢纤维 RPC 局压承载力计算公式的建立

RC、RD 小组掺钢纤维的 RPC 试件局压承载力实测值 $N_{u,S}^T$ 见表 15.4。

表 15.4　掺钢纤维的 RPC 试件局压承载力实测值与计算值比较

试件编号	实测值 $N_{u,S}^T$ /kN	计算值 $N_{u,S}^{C1}$ /kN	计算值 $N_{u,S}^{C2}$ /kN	比较 $\frac{N_{u,S}^{C1}}{N_{u,S}^T}$	比较 $\frac{N_{u,S}^{C2}}{N_{u,S}^T}$	试件编号	实测值 $N_{u,S}^T$ /kN	计算值 $N_{u,S}^{C1}$ /kN	计算值 $N_{u,S}^{C2}$ /kN	比较 $\frac{N_{u,S}^{C1}}{N_{u,S}^T}$	比较 $\frac{N_{u,S}^{C2}}{N_{u,S}^T}$
RC1-1	954	907	1 102	0.950	1.155	RD1-1	1 399	1 285	1 338	0.918	0.956
RC1-2	1151	907	1 102	0.788	0.957	RD1-2	1 440	1 285	1 338	0.892	0.929
RC2-1	1 494	1 058	1 294	0.708	0.866	RD2-1	1 698	1 499	1 571	0.883	0.925
RC2-2	1 135	1 058	1 294	0.932	1.141	RD2-2	1 638	1 499	1 571	0.915	0.959
RC3-1	1 712	1 209	1 489	0.706	0.87	RD3-1	1 784	1 713	1 808	0.96	1.013
RC3-2	1 691	1 209	1 489	0.715	0.881	RD3-2	1 943	1 713	1 808	0.881	0.931
RC4-1	1 543	1 360	1 687	0.881	1.093	RD4-1	1 800	1 927	2 048	1.07	1.138
RC4-2	1 321	1 360	1 687	1.029	1.277	RD4-2	2 005	1 927	2 048	0.961	1.021
RC5-1	1 868	1 737	2 192	0.930	1.173	RD5-1	2 736	2 462	2 660	0.9	0.972
RC5-2	1 880	1 737	2 192	0.924	1.166	RD5-2	2 450	2 462	2 660	1.005	1.086
RC6-1	1 850	1 216	1 584	0.657	0.856	RD6-1	2 150	1 723	1 923	0.802	0.894
RC6-2	1 886	1 216	1 584	0.645	0.84	RD6-2	2 300	1 723	1 923	0.749	0.836

《纤维混凝土结构技术规程》(CECS 38:2016)中以下式计算未配置间接钢筋的钢纤维混凝土局部受压承载力：

$$N_u = (1 + \beta_{fl}\lambda_f)\beta_c\beta_l f_c A_{ln} \tag{15.7}$$

式中，β_{fl} 为钢纤维对钢纤维混凝土构件局部受压承载力影响系数，其取值与钢纤维种类、形状有关；λ_f 为钢纤维掺量特征值，$\lambda_f = \beta_f l_f/d_f$，$\beta_f$ 为钢纤维体积率，l_f/d_f 为钢纤维长度与直径的比值；其余符号含义及计算方法同式(15.1)。下面以式(15.7)为基础研究掺加钢纤维的 RPC 局压承载力计算方法。对于本批试验采用的钢纤维，RC 小组试件 $\beta_{fl}=0.34$，$l_f/d_f=59.1$，$\beta_f=1\%$，$\lambda_f=0.591$；RD 小组试件 $\beta_{fl}=0.34$，$l_f/d_f=59.1$，$\beta_f=2\%$，$\lambda_f=1.182$。

由式(15.7)变形可得 $\beta_c = \dfrac{N_u}{(1+\beta_{fl}\lambda_f)\beta_l f_c A_{ln}}$，以 $\sqrt{\dfrac{A_b}{A_l}}$ 为横坐标，以 $\beta_c^T =$

$\dfrac{N_{u,S}^{T}}{(1+\beta_{fl}\lambda_f)\beta_l f_c A_{ln}}$ 为纵坐标,则 RC、RD 小组试件实测 RPC 强度影响系数分布如图 15.10 所示。

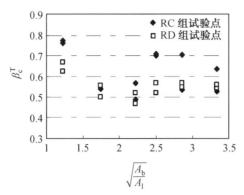

图 15.10　RC、RD 小组试件实测 RPC 强度影响系数分布

（1）计算模式 Ⅰ。

由图 15.10 可以看出,RC、RD 两个小组 β_c^T 的变化规律基本相同。将 RPC 强度影响系数取为常数。将 RC、RD 小组 24 个试验点取近似下包线,得 $\beta_c^T=0.5$,则 RPC 局压承载力计算公式为

$$N_{u,S}^{1}=(1+\beta_{fl}\lambda_f)\beta_c\beta_l f_c A_{ln} \tag{15.8}$$

其中,$\beta_c=0.5$,其余符号含义及计算方法同式(15.7)。

RC、RD 小组 RPC 试件局压承载力实测值 $N_{u,S}^{T}$ 与按式(15.8)计算值 $N_{u,S}^{Cl}$ 的比较见表15.4,令 $Y_1=N_{u,S}^{Cl}/N_{u,S}^{T}$,则其平均值为 0.866 7,标准差为 0.118 3,变异系数为 0.136 5。分析表明将 RPC 强度影响系数近似取为常数 0.5 时,计算值与实测值有偏差,计算值过于保守。

（2）计算模式 Ⅱ。

由于 RPC 局部受压问题研究资料较少,钢纤维对 RPC 构件局部受压承载力影响系数 β_{fl} 能否按照钢纤维混凝土取值还有待探究。与钢纤维种类、特征、掺量有关的系数 β_{fl}、λ_f 影响 RPC 强度,从而影响系数 β_c,也即 β_{fl}、λ_f、β_c 是相互耦合、关联的。因此为简化计算,可按 15.2.3 节中方法,使用单一系数 $\beta_{l,RS}$ 来代替 $(1+\beta_{fl}\lambda_f)\beta_c\beta_l$,综合考虑钢纤维特征及掺量、RPC 强度和局部受压等因素对试件局压承载力的影响。

以无量纲项 $\beta_{l,RS}=(1+\beta_{fl}\lambda_f)\beta_c\beta_l=\dfrac{N}{f_c A_{ln}}$ 为纵坐标,以 $\sqrt{\dfrac{A_b}{A_l}}$ 为横坐标,则 RC、RD 小组试件试验点、式(15.7) 表示的曲线、式(15.8) 表示的曲线及拟合曲线如图 15.11 所示。其中式(15.7) 曲线中 β_c 取现行规范中 C80 对应值 0.8,ρ_f 取 2%(RD 小组钢纤维体积率);式(15.8) 曲线中 $\beta_c=0.5$,ρ_f 取 1%(RC 小组钢纤维体积率)。

由图 15.11 可以看出,RC、RD 两个小组试件实测 RPC 局压强度影响系数 $\beta_{l,RP}^{T}$ 分布规律基本相同,且 $\beta_{l,RP}^{T}$ 随 $\sqrt{A_b/A_l}$ 线性增加。

对 RC、RD 小组 24 个试件试验点进行拟合(如图 15.11 的拟合曲线),即可得到掺加钢纤维 RPC 局压强度影响系数为

$$\beta_{l,RS}=0.7\sqrt{\dfrac{A_b}{A_l}}+0.1 \tag{15.9}$$

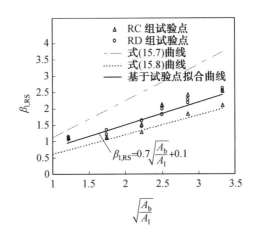

图 15.11　RC、RD 小组试件试验点、式(15.7) 表示的曲线、式(15.8) 表示的曲线及拟合曲线

故未配置间接钢筋的 RPC 局部受压承载力计算公式为

$$N_{u,S}^{C2} = \beta_{l,RS} f_c A_{ln} \qquad (15.10)$$

其中，$\beta_{l,RS}$ 按式(15.9) 计算，其余符号的含义及计算方法同现行规范。

　　RC、RD 小组 RPC 试件局压承载力实测值与按式(15.10) 计算值 $N_{u,S}^{C2}$ 的比较见表 15.4，令 $Y_2 = N_{u,S}^{C2}/N_{u,S}^{T}$，则其平均值为 0.997 4，标准差为 0.126 6，变异系数为 0.126 9，计算值与实测值符合较好。

　　由图 15.11 可以看出，式(15.7)、式(15.8) 表示的局部受压混凝土强度影响系数 $\beta_{l,RP}$ 随 $\sqrt{A_b/A_l}$ 的变化规律为图中的一系列直线［如式(15.7) 曲线、式(15.8) 曲线］，因 RPC 强度影响系数 β_c、钢纤维的种类形状有关的系数 β_{fl}、钢纤维掺量特征值 λ_f 等的不同，直线具有不同的斜率。计算模式 Ⅱ 中的式(15.10) 利用单一系数 $\beta_{l,RP}$ 来综合考虑相互耦合、关联的 β_{fl}、λ_f、β_c、β_l 等系数影响，选择一条基于试验点的拟合直线来表征 $\beta_{l,BP}$ 随 $\sqrt{A_b/A_l}$ 增大的变化规律。

15.3　钢筋网片约束 RPC 局压性能研究

15.3.1　试验概况

1.试件设计

　　按圣维南原理，当集中压力扩散距离等于构件截面长边时，纵向压应力基本均匀分布。为此，试验设计了 12 个试件，考虑局压面积比 A_b/A_l、钢筋网片内表面范围内的核心混凝土面积 A_{cor}、局部受压面积 A_l 以及钢筋网片体积配筋率的影响。试件采用长、宽、高分别为 200 mm、200 mm、400 mm 的块体。试件截面中心预留贯通全高的圆形孔洞模拟预应力孔道，孔径 d 为 50 mm。试件基本参数见表 15.5。

表 15.5 试件基本参数

试件编号	a/mm	A_b/A_l	l_{cor}/mm	A_{cor}/A_l	ρ_v/%
CR1	100	4.000	115	1.323	5.83
CR2	100	4.000	125	1.563	5.37
CR3	100	4.000	135	1.823	4.97
CR4	100	4.000	145	2.103	4.63
CR5	115	3.025	115	1.000	5.83
CR6	115	3.025	125	1.181	5.37
CR7	115	3.025	135	1.378	4.97
CR8	115	3.025	145	1.590	4.63
CR9	140	2.041	115	0.675	5.83
CR10	140	2.041	125	0.797	5.37
CR11	140	2.041	135	1.323	4.97
CR12	140	2.041	145	1.563	4.63

注：a 为方形承压板的边长；A_b 为局部受压计算底面积；A_{cor} 为钢筋网片内表面核心活性粉末混凝土面积；A_l 为局部受压面积；l_{cor} 为钢筋网片内边尺寸；ρ_v 为钢筋网片体积配筋率。

考虑小局压面积比情况在工程中应用较为普遍，采用边长 a 分别为 100 mm、115 mm、140 mm 的方形承压板施加局部压力，按"同心、对称"原则确定的局部受压计算底面积 A_b，局压面积比 A_b/A_l 为 4.000、3.025、2.041。

钢筋网片内表面范围内的核心混凝土面积 A_{cor}（$A_{cor} = l_{cor}^2$）与局部受压面积 A_l（$A_l = a^2$）的比值影响局压破坏模式。考虑到工程实践中 A_{cor} 与 A_l 相近，试件钢筋网片内边尺寸 l_{cor} 分别取 115 mm、125 mm、135 mm、145 mm。研究表明：同等数量钢筋网片靠近承压板均匀布置半高范围时，局压承载力的提高幅度最大。因此，在试件自局压加载端起向下 310 mm 范围布置了 5 片钢筋网片，第一排距端部 35 mm，相邻钢筋网片间距 60 mm。钢筋网片由 4 根直径为 10 mm 的 HRB335 级钢筋点焊而成，其形状与几何尺寸如图 15.12 所示。各钢筋网片间由 4 根直径为 8 mm 的 HPB235 级钢筋作为架立筋，并与钢筋网片焊接形成钢筋骨架，试件 CR1 几何尺寸及钢筋网片布置如图 15.13 所示。钢筋网片的体积配筋率 $\rho_v = nA_s l_{cor}/(A_{cor}s)$，与 l_{cor} 为 115 mm、125 mm、135 mm、145 mm 对应的 ρ_v 分别为 5.83%、5.37%、4.97% 和 4.63%，其中，n 为网片的钢筋数量；A_s 为网片内单根钢筋截面面积；s 为网片间距。

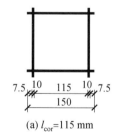
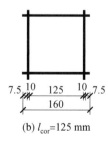
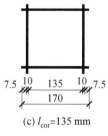
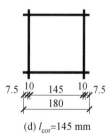

(a) $l_{cor}=115$ mm　　(b) $l_{cor}=125$ mm　　(c) $l_{cor}=135$ mm　　(d) $l_{cor}=145$ mm

图 15.12 钢筋网片形状与几何尺寸

试件制作时，采用强制式搅拌机先干拌、后加水搅拌成流态拌和料，将其入模振实成型，在室内常温下静置 48 h 后，将试件放入蒸压釜高温高压养护 8 h。蒸养制度为：前 2 h 匀速加压到 8 个标准大气压，同时升温到 140 ℃，然后，恒温恒压 4 h，最后 2 h 匀速减压到 1 个标准大气压，温度随蒸压釜压力降低而自然降低。蒸养后的试件在室内常温下自然

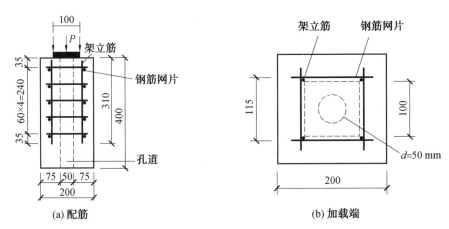

图 15.13　试件 CR1 几何尺寸及钢筋网片布置

养护 28 d。

2. 材料试验与力学性能

活性粉末混凝土设计强度为 100 MPa，其设计配合比见表 15.6，表中减水剂项为减水剂质量占胶凝材料质量百分比。主要材料为 P.O. 42.5 普通硅酸盐水泥、SiO_2 质量分数不小于 93% 的硅灰，比表面积为 4 108 cm^2/g、7 d 活性指数为 77.5% 的矿渣粉，SiO_2 质量分数不小于 99.6%、级配选用 40～70 目和 70～140 目的石英砂，FDN－A 型萘系高效减水剂。

表 15.6　活性粉末混凝土配合比

水胶比	水泥	硅灰	矿渣	石英砂	减水剂
0.2	1	0.3	0.15	1.2	4%

与局压试件同条件制作了边长为 100 mm 的立方体试块和 150 mm × 150 mm × 300 mm 的棱柱体试块，在局压试验前，进行了活性粉末混凝土力学性能试验，得到其材性指标平均值：立方体抗压强度 $f_{cu,100}$ 为 120.5 MPa，轴心抗压强度 f_c 为 74.1 MPa，抗拉强度 f_t 为 8.6 MPa，弹性模量 E_c 为 3.359×10^4 MPa。网片钢筋的力学指标实测值：屈服强度 f_y 为 408 MPa，抗拉强度 f_{st} 为 535 MPa，弹性模量 E_s 为 2.0×10^5 MPa。

3. 加载方案及测量内容

试验加载装置为 YEW－5000 型液压式压力试验机，采用分级加载，每级荷载不大于预估破坏荷载的 10%，持荷 10 min。以第 1 条可见裂缝对应的荷载为开裂荷载，当变形继续增大而荷载开始下降时认为试件破坏，以试验荷载峰值为极限荷载。与普通混凝土局压表述一致，局压试件的钢筋网片范围内为核心体，其余为外围体，核心体内包含承压板下的楔形体。局压荷载下试件变形包括承压板的压陷（即楔形体相对其外围体压陷）Δ_{cs}、核心体竖向压缩变形 Δ_{cc}、试件整体竖向压缩变形 Δ_c、侧面横向膨胀变形 Δ_{ce}。位移计布置如图 15.14 所示，其中，$2^{\#}$ 和 $4^{\#}$ LVDT 用于测量 Δ_{cs}，$1^{\#}$ 和 $3^{\#}$ LVDT 用于测量 Δ_c，$5^{\#} \sim 8^{\#}$ LVDT 用于测量 Δ_{ce}。由于 Δ_c 为楔形体相对压陷变形 Δ_{cs} 与核心体竖向压缩变形 Δ_{cc} 两部分之和，试件破坏前核心体与外围体为整体，即核心体和外围体竖向压缩变形 $\Delta_{cc} = \Delta_c - \Delta_{cs}$。局压端楔形体最终滑移变形值 Δ_{cs} 在卸载后采用游标卡尺进行测量。

试件的每一钢筋网片对称布置 2 个应变片，即沿高度布置 10 片，在试件高温高压养护后将应变片 341 粘贴在预留小孔 15 mm × 15 mm 内暴露网片钢筋上，其应变测点布置如图 15.15 所示。测点 1、6 用于测量第 1 片钢筋网片应变平均值 ε_{35}（下角标表示网片距加载端距离为 35 mm），其余网片的应变分别用 ε_{95}、ε_{115}、ε_{215}、ε_{275} 表示。

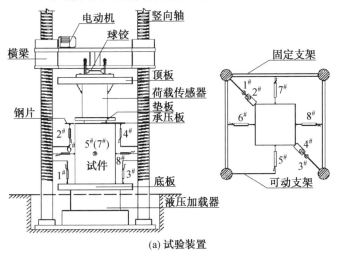

(a) 试验装置

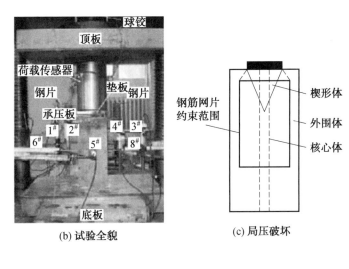

(b) 试验全貌　　　　　　(c) 局压破坏

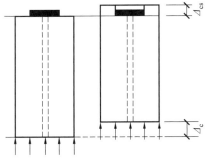

(d) 压陷变形与压缩变形

图 15.14　试验加载装置及测点测量

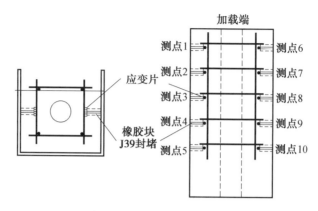

图 15.15　钢筋应变测点布置

15.3.2　试验结果及分析

1. 破坏形态

试件的破坏模式为首先混凝土开裂然后破坏,其中开裂荷载与极限荷载相差较大。不同试件加载至 20%～50% 极限荷载 P_u 前,无明显现象,此后,试件出现侧面裂缝;随着荷载增大,侧面裂缝不断加宽并出现新裂缝,开裂声逐渐增大且连续。临近极限荷载 P_u 时,加载速率减慢,崩裂声显著,加载端出现混凝土脱落现象。达到极限荷载时,伴随一次或数次沉闷的崩裂声,荷载突然大幅下降,试件破坏。继续加载则试件发生明显的塑性压缩变形,荷载不断减小,说明试件已丧失承载能力,部分试件中部有明显鼓胀现象(图 15.16 中的试件 CR3、CR5、CR7、CR9、CR11)。卸载后观察发现,加载端处外围体与核心体分离,部分钢筋网片外露。剥离外围体后,发现承压板下有明显的楔形体特征。部分试件(试件 CR2、CR7、CR8、CR9、CR10、CR12)的外围体剥落,试件破坏后较为完整。

| 试件CR1 | 试件CR2 | 试件CR3 | 试件CR4 | 试件CR5 | 试件CR6 |
| 试件CR7 | 试件CR8 | 试件CR9 | 试件CR10 | 试件CR11 | 试件CR12 |

图 15.16　破坏形态

2. 裂缝发展模式

裂缝发展模式开裂时,试件主要表现为侧面基本集中于试件上半高配筋区内一条连续或断开的纵向裂缝,试件 CR1 ~ CR6 及 CR8 出现在侧面中心轴上或近承压板边缘下方,自上而下发展,试件 CR7 及 CR9 ~ CR12 出现在中心轴上至顶面的距离约等于垫板宽度的高度范围内从中间向两端发展。侧面纵裂缝一旦出现即延伸至整个试件高度,初始裂缝宽度较小、沿裂缝发展方向宽度基本均匀,初始裂缝最大宽度为 0.1 mm。此后,随着荷载增大,已有裂缝缓慢延伸、加宽,但新裂缝较少。达到极限荷载时,新裂缝迅速出现并发展,其中,侧面纵向裂缝主要出现在中心轴上或钢筋骨架与混凝土交界面处,呈现明显的"上宽下窄"裂缝;加载端处裂缝出现在近承压板中部或边缘或对角处,呈现出"外宽内窄"裂缝。加载端处沿承压板四周出现较宽的裂缝,加载端及各侧面上部区域出现少量混凝土脱落,但试件基本保持整体性。试件 CR5 裂缝特征如图 15.17 所示。试件 CR1裂缝展开图如图 15.18 所示。破坏后,外围体较易剥离,表明外围体与钢筋骨架交界面出现了延伸至试件表面的剪切裂缝。这主要是因为钢筋网片约束混凝土区域的核心体刚度较大,而外围体刚度较小,刚度差异导致两者变形不协调。试件裂缝发展模式如图 15.19所示。

(a) 初裂　　　　　　(b) 破坏时侧面"上宽下窄"裂缝　　　(c) 破坏时加载端"外宽内窄"裂缝

图 15.17　试件 CR5 裂缝特征

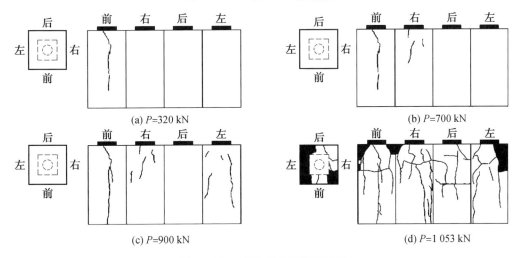

(a) P=320 kN　　　　　　　　　　　　　(b) P=700 kN

(c) P=900 kN　　　　　　　　　　　　　(d) P=1 053 kN

图 15.18　试件 CR1 裂缝展开图

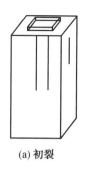 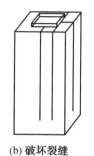

(a) 初裂　　　　　　　　　　　　　(b) 破坏裂缝

图 15.19　试件裂缝发展模式

3. 楔形体特征

将破坏后的试件外围体剥除,可观察到承压板下的楔形体有明显的楔劈现象,受孔道影响,试件 CR1 ～ CR6、CR8、CR9、CR12 的楔形体难以完整取出。楔形体可取为正四角锥体,端部边长与承压板边长一致,均为 a,高度为 h_1,如图 15.20 所示。

  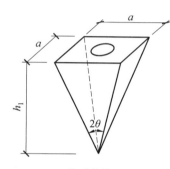

楔劈趋势　　　　　　　取出的楔形体

(a) 试件CR7局压楔形体　　　　　　　　　　　(b) 楔形体模型

图 15.20　局压楔形体及其模型

试验测量了加载面与楔形体两条斜边间的夹角,再由三角形内角和推算出劈尖夹角。从 4 个方向分别测量夹角,取其平均值记为 2θ。楔形体劈尖夹角见表 15.7。

表 15.7　楔形体劈尖夹角

试件编号	CR1	CR2	CR3	CR4	CR5	CR6	CR7	CR8	CR9	CR10	CR11	CR12
2θ	43°	49°	42°	43°	41°	58°	40°	40°	45°	42°	50°	46°

由表 15.7 可知,试件的楔形体劈尖夹角在 40°～58° 之间,去掉最大值和最小值后取平均值 $2\theta \approx 44°$。这与未配筋普通混凝土局压试验结果获得的楔形体劈尖夹角平均值 43° 接近,说明配置钢筋网片对楔形体的形态影响不大。

4. 荷载－变形关系

局压荷载 P 与试件整体竖向压缩变形 Δ_c、承压板的压陷 Δ_{cs}、侧面横向膨胀变形 Δ_{ce}、核心体竖向压缩变形 Δ_{cc} 的关系曲线 $P-\Delta_c$、$P-\Delta_{cs}$、$P-\Delta_{ce}$ 与 $P-\Delta_{cc}$ 如图 15.21 所示。

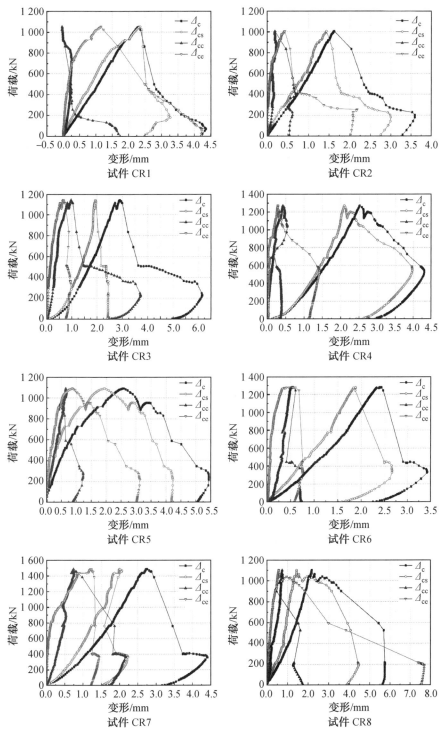

图 15.21　试件荷载－变形关系曲线

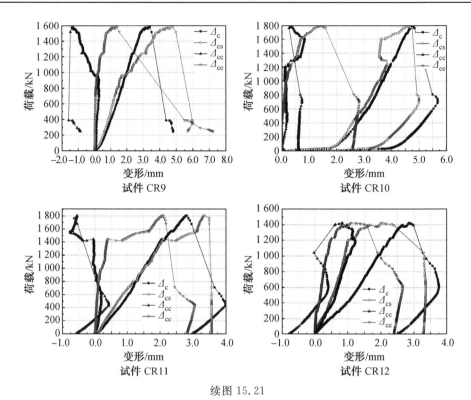

续图 15.21

根据图 15.21 可知,各试件的荷载－变形发展趋势基本类似,可归纳为图 15.22 所示荷载－变形关系。结合普通混凝土局压及未配筋活性粉末混凝土局压试验结果,图 15.23 给出了局压变形的阶段示意图:压密、楔形体形成、楔形体滑移和破坏阶段。

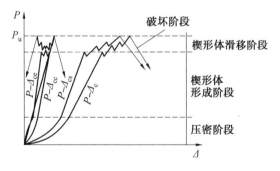

图 15.22　典型的荷载－变形关系

(1)压密阶段:由加载至(5% ～ 25%)P_u。若在此阶段卸载,试件大部分变形恢复。

(2)楔形体形成阶段:发生在(60% ～ 95%)P_u 之间。此阶段 P 与 Δ 基本保持线性关系,$P-\Delta$ 曲线出现拐点,承压板下混凝土相对外围体开始下陷,在两者的界面上出现微裂缝,楔形体逐渐形成。同时,核心体与外围体的交界面上产生剪切微裂缝,试件表面出现纵向裂缝,外围体形成的约束作用逐渐减弱。

(3)楔形体滑移阶段:此阶段 $P-\Delta$ 曲线出现第 2 个拐点,楔形体与外围体界面上的微裂缝开始贯通并形成滑移面,试件进入楔形体滑移阶段,变形值 Δ_c、Δ_{cs} 和 Δ_{ce} 快速增大。核心体的纵向压缩也导致核心体与外围体间的剪切裂缝纵向贯通,发生相对滑动,导

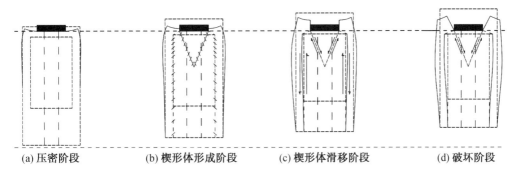

| (a) 压密阶段 | (b) 楔形体形成阶段 | (c) 楔形体滑移阶段 | (d) 破坏阶段 |

图 15.23　局压变形的 4 个阶段

致外围体的压缩变形 Δ_{cc} 发展迟滞，$P-\Delta_{cc}$ 曲线出现停滞甚至回折现象。楔形体在试件中的楔入使核心体加快发生纵向压缩和横向膨胀变形，但由于钢筋网片约束核心体的膨胀变形，外围体形成的套箍则限制了钢筋和核心体膨胀。钢筋网片和外围体均承受环向拉力。试件 CR6、CR7、CR11 在此阶段的 Δ_{ce} 值增长速度较 Δ_c、Δ_{cs} 快，说明外围体横向膨胀显著。观察裂缝发展情况可知，外围体自外而内出现横向贯通裂缝。

（4）破坏阶段：此阶段开始时荷载基本保持不变，各变形值大幅度增大。伴随着较大的开裂声，已丧失外围体约束作用的端部外围体开始脱落。达到极限荷载之后，荷载大幅下降，钢筋应变迅速增大，钢筋网片受拉屈服，核心体发生较大横向膨胀变形，外围体约束失效，核心体急剧横向膨胀，楔形体快速下楔。伴随试件内部沉闷的崩裂声，核心发生楔劈破坏。继续加载试件发生较大塑性变形，荷载不再提高，说明试件已完全丧失承载能力。卸载后，荷载和变形出现回折。

楔形体形成阶段的 $P-\Delta$ 曲线斜率稳定且近似为常数，取该段斜率（即单位荷载引起的变形量）的倒数为相对变形量，各试件的相对变形量 Δ/P 见表 15.8。由表 15.8 可知，除试件 CR10、CR11 外，其余均有 $\Delta_c/P > \Delta_{cc}/P > \Delta_{cs}/P > \Delta_{ce}/P$，即 $P-\Delta_c$、$P-\Delta_{cc}$、$P-\Delta_{cs}$ 和 $P-\Delta_{ce}$ 4 条曲线的斜率依次增大，表明楔形体形成阶段的局压刚度基本稳定。

表 15.8 中亦给出了试件开裂荷载与极限荷载。由表 15.8 可知，66.7% 的试件开裂荷载不小于其极限荷载的 40%；75% 的试件开裂荷载小于其极限荷载的 45%；91.7% 的试件开裂荷载小于其极限荷载的 50%，试件 CR12 开裂荷载与极限荷载的比值超过 50% 而小于 55%；全部试件的开裂荷载与极限荷载之比的平均值为 39.32%。布置钢筋网片约束核心混凝土限制了楔形体滑移过程，减弱了其楔劈作用。三向受力的核心混凝土与钢筋网片形成一体共同工作，局压加载过程中二者横向膨胀导致相对较薄的网片混凝土保护层（28～43 mm）在达到抗拉强度后开裂。

5. 网片钢筋应变

各试件荷载－钢筋应变关系曲线如图 15.24 所示。依据材性试验，钢筋的屈服应变为 0.002；而钢筋应力为 300 N/mm^2 时，同一位置对称布置的网片筋 2 个应变实测平均值为 0.001 5。由图 15.24 可知，局压破坏时，83.33% 试件网片钢筋应变实测平均值不小于 0.001 5，其中 50% 试件网片筋能够完全屈服。网片钢筋应变超过 0.001 5 的 10 个试件的局压面积与核心混凝土面积比均不小于 1，而试件 CR9 和试件 CR10 的局压面积与核心混凝土面积比值分别为 0.675 和 0.797，二者网片钢筋应变最大值均不超过 0.001。图 15.25 所示为钢筋网片屈服位置，图中，m 为测点屈服试件数，由图可知，试件中各网片位置与钢筋是否屈服没有相关性。在不同试件中各测点均发生屈服，其中，7 个试件距加载端 155 mm 网片钢筋应变超过 0.001 5,5 个试件距加载端 35 mm 和 215 mm 测点网片钢筋超过屈服,3 个试件距加载端 95 mm 和 275 mm 测点网片钢筋超过屈服。可见,距加载端 155 mm 的钢筋网片发生屈服的可能性最大,事实上,侧面纵轴在该位置弹性应变最大,而且破坏后承压板下楔形体的劈尖也大致位于该处。由图 15.24 可见,试件开裂时,各试件钢筋应变均较小,在楔形体形成和滑移阶段,钢筋应变出现较大增长,说明此时钢筋网片约束了试件内部微裂缝的形成和发展,到试件破坏,大部分钢筋屈服,钢筋网片的约束作用消失或因钢筋网片的保护层脱落,试件发生破坏。

表 15.8　荷载与变形特征

试件编号	Δ_c/P	Δ_{cc}/P	Δ_{cs}/P	Δ_{ce}/P	P_{cr}/kN	P_u/kN	P_{cr}/P_u
CR1	2.088	1.758	0.355	0.387	320	1 053	30.39%
CR2	1.647	1.484	0.348	0.164	330	1 005	32.84%
CR3	1.753	1.439	0.448	0.559	544	1 142	47.64%
CR4	1.566	1.246	0.361	0.315	250	1 272	19.65%
CR5	1.985	1.500	0.849	0.637	522	1 091	47.85%
CR6	1.832	1.501	0.342	0.141	520	1 279	40.66%
CR7	1.493	1.106	0.583	0.179	616	1 486	41.45%
CR8	1.924	1.232	0.746	0.513	365	1 102	33.12%
CR9	1.659	1.474	0.280	0.166	651	1 578	41.25%
CR10	1.466	1.532	0.337	0.343	710	1 779	39.91%
CR11	1.371	1.490	0.389	0.311	714	1 806	39.53%
CR12	1.593	0.865	0.742	0.422	756	1 423	53.13%

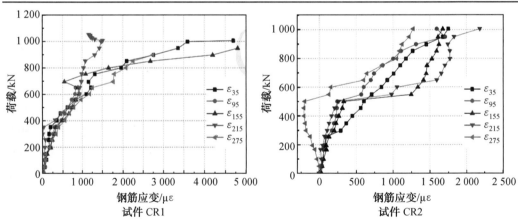

图 15.24　各试件荷载－钢筋应变关系曲线

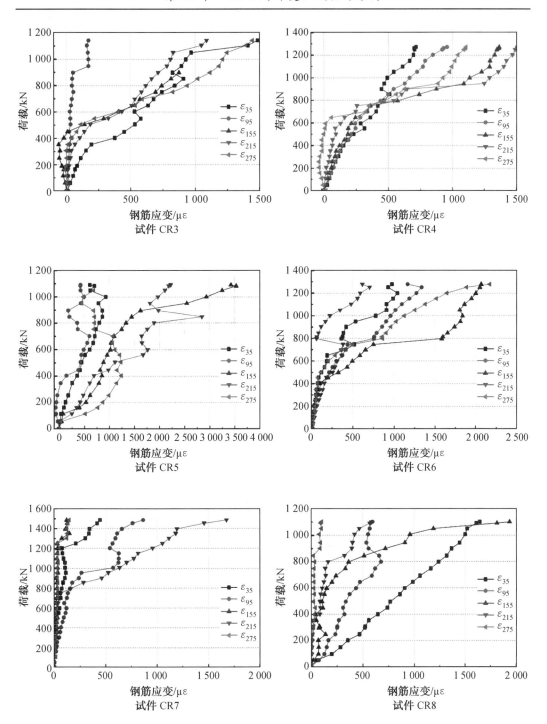

续图 15.24

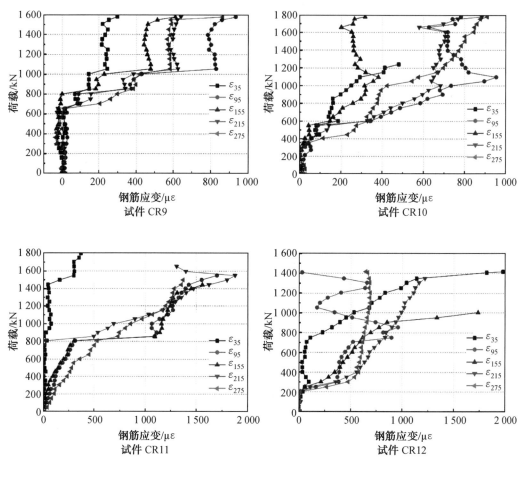

续图 15.24

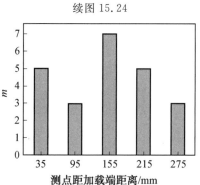

图 15.25　钢筋网片屈服位置

15.3.3　局压承载力计算

由于国内外对活性粉末混凝土局压性能的研究刚刚起步,本书仅以本次试验数据分析其局压承载力。配置间接钢筋的混凝土局压承载力,可按其由混凝土贡献项与钢筋网片贡献项两部分组成的实用方法进行计算。混凝土贡献,直接采用活性粉末混凝土局压

试验结果获得的实用计算式确定,其表达式为

$$P_{u,c} = \left(1 - 0.6\,\frac{d}{a}\right)(0.26\beta_l + 0.6)f_c A_{ln} \tag{15.11}$$

式中,d 为孔道直径;a 为承压板的边长;β_l 为局压承载力提高系数,$\beta_l = \sqrt{A_b/A_l}$,A_b 为局压计算面积,A_l 为局压受压面积;A_{ln} 为局压净面积;f_c 为 RPC 轴心抗压强度。设局压净面积为 $A_{ln}(\beta_{cor} \geqslant 1$ 时)或扣除孔道面积后的钢筋网片内表面范围内混凝土核心截面面积 $A_{cor,n}(\beta_{cor} < 1$ 时),局压承载力约束系数 $\beta_{cor} = \sqrt{A_{cor}/A_l}$,取 $\beta = \alpha\beta_{cor}$,综合考虑活性粉末混凝土强度与 β_{cor},则钢筋对局压承载的贡献可表达为

$$P_{u,s} = 2\beta\rho_v f_y A_{ln} \tag{15.12}$$

将试件的局压承载力实测值 P_u^T 减去按式(15.11)的计算值 $P_{u,c}^T$ 即可得钢筋贡献实测值 $P_{u,s}^T$,见表 15.9。

表 15.9　RPC 试件的局压承载力

试件	β_l	β_{cor}	β_T	P_u^T/kN	$P_{u,c}^T$/kN	$P_{u,s}^T$/kN	$P_{u,s}^C$/kN	$P_{u,s}^T/P_u^T$	$P_{u,s}^C/P_{u,s}^T$
CR1	2.000	1.150	0.914	1 052.56	703.15	349.41	259.40	33.20%	0.742
CR2	2.000	1.250	0.858	1 005.16	703.15	302.01	372.40	30.05%	1.233
CR3	2.000	1.350	1.347	1 142.04	703.15	438.89	468.19	38.43%	1.067
CR4	2.000	1.450	1.874	1 272.00	703.15	568.85	551.23	44.72%	0.969
CR5	1.739	1.000	0.212	1 091.02	977.39	113.62	208.47	10.41%	1.835
CR6	1.739	1.087	0.611	1 278.87	977.39	301.48	354.66	23.57%	1.176
CR7	1.739	1.174	1.114	1 485.99	977.39	508.60	478.75	34.23%	0.941
CR8	1.739	1.261	1.546	1 635.28	977.39	657.88	586.22	40.23%	0.891
CR9	1.429	0.821	0.141	1 578.07	1 052.29	75.79	23.92	4.80%	0.316
CR10	1.429	0.893	0.462	1 778.92	1 052.29	276.64	188.78	15.55%	0.682
CR11	1.429	0.964	0.461	1 806.31	1 052.29	304.02	386.51	16.83%	1.271
CR12	1.429	1.036	0.750	2 001.78	1 052.29	499.49	570.90	24.95%	1.143

比较表 15.9 中的 $P_{u,s}^T/P_u^T$,当 $\beta_{cor} \geqslant 1$ 时,$P_{u,s}^T$ 在局压承载力中所占比例较大,而 $\beta_{cor} < 1$ 时,该比例较小。无论 β_{cor} 是否大于 1,$P_{u,s}^T/P_u^T$ 均随 β_l 和 β_{cor} 的增大而增大。根据式(15.12),$\beta = P_{u,s}/(2\rho_v f_y A_{ln})$,$\beta$ 的试验值 β^T 也随 β_l 和 β_{cor} 的增大而增大。分别以 β_l、β_{cor} 为横坐标,β^T 为纵坐标,则试验值及拟合曲线如图 15.26 所示。

由图 15.26 可知,β^T 与 β_l、β_{cor} 均有较强的相关性,且与 β_l、β_{cor} 呈近似线性关系。对本次 12 个试验点进行多元线性回归分析,得到局压承载力提高系数 β 为

$$\beta = 3.79\beta_{cor} - 1.07\beta_l - 1.54 \tag{15.13}$$

取置信度为 95%,通过 F 检验分析可知,F 统计量的 P 值为 9.63×10^{-6},远小于显著性水平 0.05,说明回归效果显著。通过 t 检验分析可知,β_l、β_{cor} 各自回归系数的 t 统计量 P 值分别为 0.018 5、2.69×10^{-5},均小于显著性水平 0.05,说明 β_l、β_{cor} 与 β 明显相关。因此,采用 β_l 和 β_{cor} 对 β 进行线性拟合是合理的。

由回归分析可知,复相关系数 $R = 0.961$,接近于 1,说明 β_l、β_{cor} 与 β 高度相关;相关系数 $R^2 = 0.923$,接近于 1,说明回归结果较好。调整复测定系数为 0.906,标准误差为 0.163。这 4 个评价指标的数值表明,计算值与试验值符合较好。

将式(15.13)代入式(15.12),可得钢筋网片约束活性粉末混凝土局压承载力的钢筋

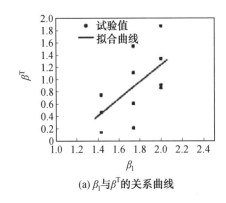

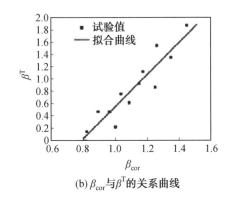

(a) β_1与β^T的关系曲线   (b) β_{cor}与β^T的关系曲线

图 15.26 试验值及拟合曲线

项表达式为

$$P_{u,S} = 2(3.79\beta_{cor} - 1.07\beta_1 - 1.54)\rho_v f_y A_{ln} \tag{15.14}$$

结合式(15.11)和式(15.14),可得钢筋网片约束活性粉末混凝土局压承载力表达式为

$$P_u = \left(1 - 0.6\frac{d}{a}\right)(0.26\beta_1 + 0.6)f_c A_{ln} + 2(3.79\beta_{cor} - 1.07\beta_1 - 1.54)\rho_v f_y A_{ln} \tag{15.15}$$

式中,当 $\beta\beta_{cor} < 1$ 时,取 $A_{ln} = A_{cor,n}$。

本次试验的钢筋项实测值 $P_{u,S}^T$ 与其计算值 $P_{u,S}^C$ 见表 15.9。令 $X = P_{u,S}^C/P_{u,S}^T$,则平均值为 1.022,标准差为 0.357,变异系数为 34.89%,计算值与试验值符合较好。

15.4 本 章 小 结

(1)对24个未掺加钢纤维的素RPC试件、24个掺加钢纤维的RPC试件进行了轴心局部受压试验,研究了RPC强度、局压面积比等参数的变化对RPC局部受压性能的影响,获得了试件破坏形态、裂缝发展特点、楔形体特征和荷载－变形曲线等试验资料。

(2)RPC强度等级对其局压强度提高系数影响较小,RPC局压强度提高系数随着 $\sqrt{A_b/A_1}$ 的增大而线性增大。同局压面积比条件下,RPC局压强度提高系数较高强混凝土局压强度提高系数低。掺加钢纤维对RPC局部受压性能影响较大,但不同钢纤维掺量的RPC局部受压性能差别不大。基于试验结果分别提出了素RPC和掺加钢纤维RPC局压承载力的两类计算模式。素RPC局压承载力计算模式Ⅰ中RPC强度影响系数随局压面积比增大而呈线性降低;模式Ⅱ以RPC局压强度影响系数 $\beta_{l,RP}$ 代替 $\beta_c\beta_1$,利用单一系数综合考虑RPC强度及局部受压两因素对试件局压承载力的影响。掺加钢纤维RPC局压承载力计算模式Ⅰ取RPC强度影响系数为常数;模式Ⅱ以RPC局压强度影响系数 $\beta_{l,RS}$ 代替 $(1 + \beta_{fl}\lambda_f)\beta_c\beta_1$,利用单一系数综合考虑钢纤维特征及掺量、RPC强度及局部受压等因素对试件局压承载力的影响。

(3)配置钢筋网片使活性粉末混凝土局压破坏特征变化明显,由开裂与破坏荷载接近的脆性破坏转变为较早开裂后裂缝充分发展的延性破坏。试件破坏表现为较好的整体性。

(4)在局压面积与核心混凝土面积比不小于1时,局受压区网片钢筋应力能够达到屈服,对核心活性粉末混凝土约束作用显著。从加载端算起,配置钢筋网片的 1.55 倍截面高度范围内的核心混凝土受到局压荷载的影响。钢筋网片体积配筋率及构造符合现行标准时,可采用 HRB335 钢筋焊接钢筋网片作为后张预应力活性粉末混凝土锚固区的间接钢筋。

(5) 以局压面积比、局压承载力提高系数、体积配筋率为基本参数,提出了钢筋网片约束活性粉末混凝土局压承载力实用计算式。计算结果表明,计算值与试验值吻合较好。

本章参考文献

[1] RICHARD P,CHEYREZY M. Composition of reactive powder concretes[J]. Cement and Concrete Research,1995,25(7):1051-1511.

[2] BONNEAU O,POULIN C,DUGAT J. Mechanical properties and durability of two industrial reactive powder concrete[J]. ACI Material Journal,1997,94(4):286-290.

[3] 蔡绍怀. 混凝土及配筋混凝土的局部承压强度[J]. 土木工程学报,1963,9(6):1-10.

[4] 曹声远,杨熙坤. 混凝土局部承压的工作机理及强度理论[J]. 哈尔滨建筑工程学院学报,1982,10(3):44-53.

[5] 曹声远,杨熙坤,徐凯怡. 钢筋混凝土局部承压的工作机理[J]. 哈尔滨建筑工程学院学报,1984,12(1):1-8.

[6] 刘永颐,曹声远,杨熙坤,等. 混凝土及钢筋混凝土的局部承压问题[J]. 建筑结构,1982,12(4):1-9.

[7] 蔡绍怀,薛立红. 高强度混凝土的局部承压强度[J]. 土木工程学报,1994,27(5):52-61.

[8] AU T,BAIRD D L. Bearing capacity of concrete blocks[J]. ACI Journal,1960,56(9):869-879.

[9] 中华人民共和国建设部. 混凝土结构设计规范:GB/T 50010—2020[S]. 北京:中国标准出版社,2010.

[10] 中华人民共和国建设部. 高强混凝土结构技术规程:CECS 104:99[S]. 北京:中国建筑工业出版社,1999.

[11] 大连理工大学. 纤维混凝土结构技术规程:CECS 38:2016[S]. 北京:中国计划出版社,2016.

[12] 刘永颐,关建光,王传志. 预应力混凝土结构端部锚固区的抗裂验算与配筋设计[J]. 建筑结构学报,1983,4(5):11-22.

[13] 曹声远,杨熙坤,徐凯怡. 钢筋混凝土局部承压的试验研究[J]. 哈尔滨建筑工程学院学报,1983,11(2):1-14.

[14] 刘永颐,关建光,王传志. 混凝土局部承压强度及破坏机理[J]. 土木工程学报,1985,18(2):53-65.

第 16 章　螺旋式高强箍筋约束 RPC 圆柱受压性能的试验研究

16.1　概　　述

约束混凝土圆柱在轴心压力作用下使混凝土产生横向膨胀变形,使圆形螺旋箍筋在横截面内产生连续的侧向约束压力,混凝土处于三向受压的状态,故钢筋对混凝土圆柱的约束效果较好。因此,对约束混凝土圆柱力学性能和变形能力的研究具有实际意义。

为研究螺旋式高强箍筋对 RPC 的约束性能,本章将完成 7 根 HRB600 级钢筋作为螺旋箍筋的 RPC 圆柱受压性能试验研究,探索 HRB600 级钢筋作为螺旋箍筋的成型工艺,通过轴压承载力的大小来考察 HRB600 级钢筋作为螺旋箍筋对核心 RPC 的约束效果。试验将以箍筋体积配箍率为参数,分析其对 RPC 圆柱受压性能的影响。

16.2　试件设计与制作

试验以长细比 $l_0/d=3$ 的短柱为研究对象,设计了 7 根 HRB600 级钢筋作为螺旋箍筋的 RPC 圆柱(ACS1 ~ ACS7)。试件的截面均为圆形,直径为 250 mm,柱高为 750 mm,试件如图 16.1 所示。

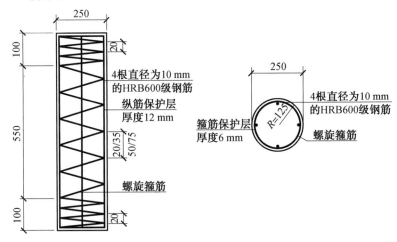

(a) 箍筋直径为 6 mm 的试件示意图

图 16.1　试件示意图

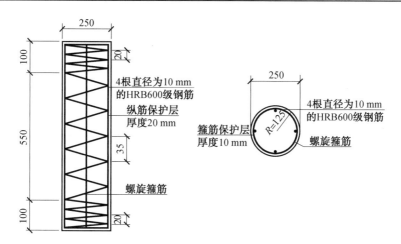

(b) 箍筋直径为 10 mm 的试件示意图

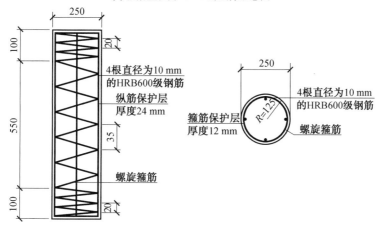

(c) 箍筋直径为 12 mm 的试件示意图

续图 16.1

圆柱截面均匀配置了 4 根 HRB600 级纵筋,直径为 10 mm,保护层厚度取箍筋直径,箍筋有 3 种直径,分别为 6 mm、10 mm 和 12 mm,每种型号的钢筋都预留一部分进行材性试验。试验的主要参数为箍筋体积配箍率,试件的主要参数见表 16.1。

表 16.1　试件的主要参数

试件编号	截面直径 /mm	d/mm	S/mm	体积配箍率 /%	RPC 轴心抗压强度 f_c/MPa
ACS1	250	—	—	0	144.5
ACS2	250	6	75	0.68	144.5
ACS3	250	6	50	1.03	144.5
ACS4	250	6	35	1.47	144.5
ACS5	250	6	20	2.57	144.5
ACS6	250	10	35	4.48	144.5
ACS7	250	12	35	6.78	144.5

注:① 试件的命名方法中,ACS 为轴压试件 Axial Compression Specimen 的缩写。

②d 为箍筋直径,S 为螺旋式箍筋间距。

表中的箍筋体积配箍率 ρ_v 为

$$\rho_v = \frac{4A_{SS1}}{d_{cor}S} \tag{16.1}$$

式中，A_{SS1} 为单根螺旋箍筋的截面面积；d_{cor} 为螺旋式箍筋内表面范围内的混凝土截面直径；S 为螺旋式箍筋间距。

16.2.1　材料性能

1. RPC 力学性能

本试验测试了 RPC 的立方体抗压强度、轴心抗压强度、弹性模量、峰值应变、泊松比等力学性能。取 $0.2f_c$ 时试件横向应变与纵向应变的比值为 RPC 的泊松比，采用 $70.7\ mm \times 70.7\ mm \times 70.7\ mm$ 的立方体试模，轴心抗压强度按照吕雪源提出的换算系数进行计算，计算公式为

$$f_c = 0.845f_{cu,70.7} \tag{16.2}$$

试验得到的 RPC 力学性能见表 16.2。

表 16.2　RPC 力学性能

抗压强度 f_{cu}	轴心抗压强度 f_c	峰值应变 $\varepsilon_c/(\times 10^{-6})$	弹性模量 E_c	泊松比 ν
171.00	144.50	3 850.00	3.91×104	0.215

2. HRB600 级钢筋力学性能

（1）试验设备和材料。

拉伸试验机采用的是哈尔滨工业大学二校区文体中心的微机控制电液伺服万能试验机，最大的量程是 1 000 kN（图 16.2）。钢筋的加载、数据采集及处理都是通过计算机完成的。试验中的 HRB600 级钢筋由唐山钢铁集团有限责任公司生产，进行了直径为 6 mm、10 mm、12 mm 3 种钢筋的拉伸试验，每种直径的钢筋分别取 3 根进行试验。

（2）测试内容。

根据《金属材料拉伸试验 第 1 部分：室温试验方法》（GB/T 228.1—2019）的规定，两端的夹持端应当留有足够的长度，使得近端夹具与试样原始标距的标记点之间的距离不超过 1.5d。HRB600 级钢筋的材性试验原始标距为 5d，按照最大的直径 $d=12\ mm$ 计算，试验机夹具的夹持长度每端取 60 mm，那么钢筋最短长度为 180 mm，实际截取钢筋的长度为 250～300 mm，钢筋的破坏断口如图 16.3 所示。钢筋的材性试验的主要目的是研究 HRB600 级钢筋的应力－应变关系曲线，确定 HRB600 级钢筋的屈服强度、极限强度、伸长率和弹性模量等力学性能指标。

图 16.2　微机控制电液伺服万能试验机

图 16.3　钢筋的破坏断口

（3）测试过程。

首先用记号笔标记钢筋原始标距,每隔一倍直径画线标记。不得使用对钢筋截面有损伤的标记方式,以免影响钢筋拉伸试验测量的精度。然后打开试验机测控系统,安装试验机端部夹具,调整两端头夹具位置,安装 HRB600 级钢筋并固定。在电脑的系统中输入材料信息。按照《金属材料拉伸试验 第 1 部分:室温试验方法》(GB/T 228.1—2019)规定,HRB600 级钢筋屈服前,试验机夹头的分离速率尽可能保持在每秒 $6 \sim 60$ N/mm^2;如果需测定 HRB600 级钢筋下屈服强度,HRB600 级钢筋平行长度的屈服期间应变速率应为 $0.000\,25 \sim 0.002\,5$ s^{-1}。横梁移动速度应当设置为 1.5 mm/min,应变片采集仪每间隔 2 kN 采集一次应变片数据。完成准备工作后开始加载,正式加载前,采用不超过预期屈服强度的 5% 对中,并对荷载－位移关系曲线以及应力－应变关系曲线进行观测。当荷载达到了 HRB600 级钢筋预估极限抗拉强度的 90% 时,试验机的横梁移动速度调整为 6 mm/min,一直到 HRB600 级钢筋被拉断,峰值荷载与公称横截面积的比值则为 HRB600 级钢筋的极限强度,试验得到的钢筋受拉本构曲线如图 16.4 所示。

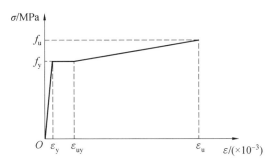

图 16.4　钢筋受拉本构曲线

钢筋应变为 ε_s 时,σ_s 为

$$\sigma_s = \begin{cases} E_s \varepsilon_s & (\varepsilon_s \leqslant \varepsilon_y) \\ f_y & (\varepsilon_y < \varepsilon_s \leqslant \varepsilon_{uy}) \\ f_y + k(\varepsilon_s - \varepsilon_{uy}) & (\varepsilon_{uy} < \varepsilon_s \leqslant \varepsilon_u) \\ 0 & (\varepsilon_s > \varepsilon_u) \end{cases} \tag{16.3}$$

式中,E_s、ε_y、f_y、ε_{uy}、ε_u、k 分别为弹性模量、屈服应变、屈服强度、钢筋硬化起点应变、抗拉强度 f_u 对应的应变和钢筋硬化段斜率,取值见表 16.3 和 16.4。

（4）测试结果。

HRB600 级钢筋材性试验得到的力学性能指标与延性性能指标的结果见表 16.3 和表 16.4。

表 16.3　HRB600 级钢筋材性试验得到的力学性能指标结果

钢筋直径 /mm	E_s /MPa	ε_y/($\times 10^{-6}$)	f_y/MPa	ε_{uy}/($\times 10^{-6}$)	ε_u/($\times 10^{-6}$)	f_u/MPa	k
6	1.986×10^5	3 309.7	657.3	15 443.2	86 600	872.6	1 489.4
10	2.045×10^5	3 112.7	636.5	14 985.3	78 780	825.9	1 315.2
12	1.910×10^5	3 305.0	632.7	15 274.5	84 800	841.5	1 378.9

表 16.4　HRB600 级钢筋材性试验达到的延性性能指标结果

钢筋级别	钢筋直径 / mm	δ_{5d} / %	δ_{10d} / %
HRB600	6	23.4	18.2
HRB600	10	22.0	15.0
HRB600	12	20.4	16.4

16.2.2　钢筋笼制作

本试验试件在北京宝和源光电设备有限公司下属的构件厂加工制作,圆形螺旋箍筋下料长度根据每圈的长度与圈数估算,并适当放大,纵筋考虑锚固长度也适当放大。用 HRB600 级钢筋在圆柱形胎膜上缠绕,胎膜直径分别为 226 mm、210 mm 和 202 mm,纵筋采用的是 4 根 HRB600 级钢筋,直径为 10 mm,调整好纵筋位置与尺寸之后,用普通钢筋的圆形钢筋环在纵筋两端点焊,固定住 4 根纵筋,在纵筋上用石笔画出箍筋绑扎的位置,将缠绕好的箍筋用小铁丝绑扎在纵筋上标记处。在实际工程应用中,已经大量地采用专业钢筋缠绕制作器械,箍筋与纵筋一体焊接成钢筋笼。

16.2.3　贴应变片、做防水

应变片对称设置,箍筋应变片贴 4 个,纵筋应变片贴 2 个,贴在对称的两根纵筋上,考虑到试件后续会采用高温高压养护,温度能达到 220 ℃,压强能达到 1.3 MPa,所以必须使用能耐高温的应变片、胶以及相应的耐高温的导线。本书试验采用的是北京一洋应振测试技术有限公司生产的耐 250 ℃ 的高温应变片(BA121－0.5AA 型,敏感栅格尺寸为 0.5 mm×0.9 mm),并且应变片自带耐高温的导线,贴应变片的胶采用的是北京一洋应振测试技术有限公司配置的耐高温的环氧树脂胶与 704 胶。

制作好的钢筋笼用石笔在相应的贴应变片位置做好标记,在不削弱钢筋强度的情况下,用打磨机在标记处打磨平整,然后用棉签蘸无水酒精将钢筋表面清洗干净,等钢筋表面的无水酒精挥发掉后,在钢筋表面先涂一层薄薄的耐高温的环氧树脂胶,等环氧树脂胶稍微上点强度后,将高温应变片与钢筋平行地粘贴在钢筋表面,用塑料薄膜按压 3 ～ 5 min 后,再在高温应变片表面涂上一层耐高温的环氧树脂胶,24 h 后涂上耐高温的 704 胶,30 min 后用耐高温的玻璃丝布将贴应变片处钢筋包裹 3 ～ 5 层,并用高温胶带缠上一圈。

16.2.4　RPC 搅拌、振捣成型

本书试验采用的是定做的 100 L 的砂浆搅拌机。模板是由北京宝和源光电设备有限公司制作的 2 套钢模板。投料方式采用的是 B 投料方式,即全部干料搅拌 3 ～ 5 min;加入一半的溶有全部减水剂的水搅拌 3 ～ 5 min;加入剩余一半的水搅拌 3 ～ 5 min;均匀撒入钢纤维搅拌 3 ～ 5 min。

振捣采用的是直径为 40 mm 的振动棒振捣,试件竖向浇筑,因此只能从上端振捣。由于箍筋相对来说比较密,且 RPC 比较黏稠,所以分 3 ～ 5 层浇筑,每层装料大致相当,分层振捣。由于 RPC 的黏性较普通混凝土大得多,会导致试件内部的气泡不容易排出,所以需增加振捣的次数,并且增加每次振捣的时间,由此减少 RPC 中的残余气泡,提高 RPC 圆柱的浇筑质量。在振捣过程中,为防止钢筋骨架位置出现偏差,导致 RPC 圆柱的保护

层无法保证,所以在钢筋笼两端绑扎水平细钢筋以保证保护层厚度,浇筑完成后 48 h 再拆模,准备养护。

16.2.5　RPC 圆柱养护、贴碳纤维布

RPC 圆柱在浇筑完成 48 h 之后拆模,拆模之后进行高温高压养护,养护地点在北京金隅混凝土加气有限公司,养护温度为 220 ℃,压强为 1.3 MPa,养护时间为 12 h。RPC 圆柱经过 12 h 高温高压养护之后取出,24 h 之后等 RPC 圆柱表面温度完全冷却下来方可贴碳纤维布,先在柱端 100 mm 范围内用砂纸打磨干净,并且用毛刷将柱表面刷干净,用毛刷在柱表面涂一层环氧树脂胶,贴上碳纤维布,并用滚筒排出气泡。

16.2.6　加载方案和测试方案

试验在北京建筑大学 2 号实验室的 20 000 kN 长柱微机控制电液伺服压力试验机上进行。在每个 RPC 圆柱的截面对称位置 1、2 处贴纵向应变片(BX121 - 80AA 型,敏感栅格尺寸为 5 mm × 80 mm),并在圆柱的中间位置 1、2 处附近贴横向应变片,并保证横向应变片的位置对称。同时在圆柱对称位置预埋 4 根带螺纹的钢筋,用于固定百分表,采用百分表测量圆柱中间 250 mm 的纵向变形。

试验之前,进行几何对中,为了使试件上下两端能均匀受力,用石英砂对上下底面进行找平,用水准仪进行找平,保证试件竖直。然后通过预期承载力的 10 % 左右的轴向压力进行物理对中,通过监测 4 个混凝土应变片与 2 个百分表的数值随荷载变化是否变化均匀,并通过增添试件上端的石英砂来进行微调,使得试件的中心轴线与试验机上下加载板几何中心重合。同时也可以检验试验仪器、应变片、百分表是否正常工作。待满足试件对中要求之后,即可进行轴压试验。

试件加载先采用荷载控制 — 变形双控制的加载制度,加载方法根据《混凝土结构试验方法标准》(GB/T 50152—2012) 规定,以每级加载承载力估计值的 10 % 分级加载,每级加载的荷载值为 800 kN,每级荷载持荷时间约为 2 min,待读数稳定后再读取数据。当加至 80 % ~ 90 % 最大荷载后采用变形控制加载(第一根柱加至 60 % ~ 70 % 时采用变形控制加载),加载速率为 0.1 mm/min,直至试件完全破坏。试验加载装置如图 16.5 所示。

图 16.5　试验加载装置

试验数据采用动态数据采集系统采集,荷载值通过电液伺服压力试验机自带的压力传感器测量,荷载值和应变片的数值由相应的传感器采集后,通过一台 DH3820 应变数据

采集仪处理,直接连接计算机,可以实现各数据的实时显示、监测和储存,百分表的数值通过人工读数的方式获得,并做好相应数据的记录。

16.2.7 试验结果

试验柱轴力由 RPC 和纵筋共同承担,则 RPC 所承担的轴力为试件柱所承受的轴力减去纵筋承担的轴力。对比纵筋应变片数值与由试验柱中部轴向变形换算成的约束 RPC 应变的一致性,假定钢筋与混凝土之间没有滑移,则纵筋的应变等于 RPC 的应变。当约束 RPC 应变为 ε_c 时,所承受的轴力为

$$N_c(\varepsilon_c) = N(\varepsilon_c) - N_s(\varepsilon_c) \tag{16.4}$$

$$N_s(\varepsilon_c) = \sigma_s(\varepsilon_c)A_s \tag{16.5}$$

式中,$N_c(\varepsilon_c)$ 为柱应变为 ε 时 RPC 所承受的轴力;$N(\varepsilon_c)$ 为柱应变为 ε 时试验柱所承受的总轴力;$N_s(\varepsilon_c)$ 为柱应变为 ε 时纵筋承受的轴力;$\sigma_s(\varepsilon_c)$ 为柱应变为 ε 时纵筋的应力,若纵筋屈服,则令 $\sigma_s = f_y$;A_s 为纵筋的总面积。

不妨设在轴心受压时,柱截面上的应力均匀分布,可得约束 RPC 的应力 σ_c 为

$$\sigma_c = \frac{N(\varepsilon_c) - N_s(\varepsilon_c)}{A_c} \tag{16.6}$$

式中,A_c 为 RPC 截面扣除全部纵筋的面积。

约束 RPC 的应变为

$$\varepsilon_c = \frac{\Delta}{l} \tag{16.7}$$

式中,Δ 为试件中部百分表标距 l 范围内的轴向位移;l 为试件中部百分表的测量标距,$l = 250 \text{ mm}$。

试验结果汇总见表 16.5。

表 16.5　试验结果汇总

试件编号	ρ_v /%	f_c /MPa	f_{cc} /MPa	ε_c /($\times 10^{-6}$)	ε_{cc} /($\times 10^{-6}$)	ε_{85} /($\times 10^{-6}$)	ε_{sv} /($\times 10^{-6}$)	ε_s /($\times 10^{-6}$)	P_u /kN
ACS1	0	144.5	—	3 850	—	—	—	3 850	7 090
ACS2	0.68	144.5	148.84	3 850	4 074	—	650	4 074	7 141
ACS3	1.03	144.5	159.53	3 850	4 588	—	800	4 588	7 977
ACS4	1.47	144.5	157.68	3 850	4 359	5 177	957	4 359	7 857
ACS5	2.57	144.5	160.81	3 850	4 790	6 175	1 036	4 790	8 046
ACS6	4.48	144.5	173.11	3 850	5 473	7 388	1 257	5 473	8 620
ACS7	6.78	144.5	174.85	3 850	6 053	9 092	1 468	6 053	8 724

注:ρ_v 为箍筋体积配箍率;f_c 为 RPC 轴心抗压强度;f_{cc} 为约束 RPC 峰值应力;ε_c 为 RPC 峰值应变;ε_{cc} 为约束 RPC 峰值压应变;ε_{85} 为 85% 峰值荷载对应的 RPC 压应变;ε_{sv} 为峰值荷载对应的箍筋应变;ε_s 为峰值荷载对应的纵筋应变;P_u 为峰值荷载。

16.2.8 试验现象

1. ACS1 试件

试件直径为 250 mm,没有配置箍筋。主要的试验现象为:在荷载达到 5 387 kN 之前,试件处于弹性段,没有任何裂缝出现;在荷载达到 5 387 kN 时,试件从下端部沿碳纤

维布处延伸出一条斜裂缝,一直延伸至距离下加载板 250 mm 处,并发出轻微的响声,试件表面的 RPC 出现少量剥落,呈小碎片弹出;当荷载达到 6 869 kN 时,试件距离下加载板 250 mm 处出现"人"字形裂缝,不停伴随"滋滋"的响声,随着荷载的增加,裂缝继续发展;当荷载达到 6 950 kN 时,试件中部出现 2 条水平裂缝,表面 RPC 出现较大范围的剥落,并伴随着"滋滋"的响声,然后第一条裂缝继续往试件中部发展,并与中部的裂缝贯通,形成一个"人"字形裂缝,这个过程中时刻伴随着"滋滋"的响声;当荷载达到 7 050 kN 时,试件中部出现大面积 RPC 剥落,并且裂缝宽度也在增大;当荷载超过峰值荷载 7 090 kN,降为 7 073 kN 时,突然发生一声巨大的响声,试件出现一个巨大的"人"字形裂缝,裂缝最宽处达到 8 mm,试件破坏,承载力急剧下降。ACS1 试件破坏形态如图 16.6 所示。

图 16.6　ACS1 试件破坏形态

2. ACS2 试件

试件直径为 250 mm,箍筋直径为 6 mm,箍筋间距为 75 mm,加密区箍筋体积配箍率为 2.57%,非加密区箍筋体积配箍率为 0.68%。 主要的试验现象为:在荷载达到 6 000 kN 之前,试件处于弹性段,没有任何裂缝出现;在荷载达到 6 000 kN 时,试件距下加载板 150 mm 处出现第一条水平裂缝,长度大约为 20 mm,试件表面 RPC 轻微剥落;当继续加载时,裂缝沿斜向上方发展,最后形成一条拱形裂缝,水平裂缝的另一端向试件端部发展,不停有 RPC 小碎片剥落,并且发出轻微的响声;当荷载加到 7 300 kN 左右时,突然听到一声巨响,在试件中间稍微偏上一点的位置出现一条巨大的斜裂缝,裂缝旁边的 RPC 保护层被炸开,承载力急剧下降,呈现非常明显的脆性破坏。ACS2 试件破坏形态如图16.7 所示。

图 16.7　ACS2 试件破坏形态

3. ACS3 试件

试件直径为 250 mm,箍筋直径为 6 mm,箍筋间距为 50 mm,加密区箍筋体积配箍率为 2.57%,非加密区箍筋体积配箍率为 1.03%。 主要的试验现象为:在荷载达到 2 400 kN 之前,试件处于弹性段,没有任何裂缝出现;在荷载达到 2 400 kN 时,试件距上加载板 200 mm 处出现第一条水平裂缝,裂缝长度在 150 mm 左右,同时 RPC 轻微外鼓,继续加载,裂缝继续发展;荷载加到 4 800 kN 时,试件沿竖向出现 5 条水平裂缝,中间位置出现 2 条水平裂缝,试件表面 RPC 外鼓,同时出现轻微的响声,裂缝处 RPC 出现少量剥落,继续加载,裂缝进一步发展,并在试件上端出现大量的斜裂缝,RPC 大面积剥落,随之试件承载力急剧下降。ACS3 试件破坏形态如图 16.8 所示。

图 16.8 ACS3 试件破坏形态

4. ACS4 试件

试件直径为 250 mm,箍筋直径为 6 mm,箍筋间距为 35 mm,加密区箍筋体积配箍率为 2.57%,非加密区箍筋体积配箍率为 1.47%。 主要的试验现象为:在荷载达到 1 800 kN 之前,没有任何裂缝出现;当荷载达到 1 800 kN 时,从架设百分表的预埋件斜向上方出现第一条裂缝,长度大约 60 mm;当荷载加到 5 400 kN 时,试件距上加载板 200 mm 处出现水平裂缝,同时 RPC 轻微外鼓,此时伴有轻微的响声,试件表面的 RPC 出现轻微剥落,不停有 RPC 小碎片弹出;荷载加到 6 300 kN 时,刚才的水平裂缝斜着向下发展,与第一条裂缝贯通,在试件的竖直方向形成圆弧形的裂缝,并在试件中间位置形成一条水平裂缝,与前两条裂缝贯通,此时不停有轻微的响声,RPC 碎片弹出;继续加载,发现不断有新的裂缝出现,且裂缝杂乱无章,并无任何规律,试件并没有出现比较大的变形,听见"砰"一声巨响,试件承载力急剧下降,试件表现出明显的脆性破坏。ACS4 试件破坏形态如图 16.9 所示。

图 16.9 ACS4 试件破坏形态

5. ACS5 试件

试件直径为 250 mm,箍筋直径为 6 mm,箍筋间距为 20 mm,试件箍筋体积配箍率为 2.57%。主要的试验现象为:在荷载达到 6 300 kN 之前,没有任何裂缝出现;在荷载达到 6 300 kN 时,试件距离下加载板 200 mm 处出现第一条水平裂缝,长度大约 100 mm,试件上端距上加载板 180 mm 处出现"V"字形裂缝,RPC 外鼓,出现少量剥落,并伴随"滋滋"的响声,随着荷载增加,下部的水平裂缝继续沿水平发展;当荷载加到 7 421 kN 时,试件中部对称出现 2 条水平裂缝,裂缝处出现 RPC 剥落,伴随着"滋滋"的响声,随着荷载的增大,这 2 条裂缝继续沿水平发展,上面的水平裂缝发展比较迅速;到荷载达到 8 019 kN 时,出现一声巨响,出现 2 条巨大的斜裂缝,旁边并且有很多的小的裂缝与之贯通,试件表面 RPC 出现大面积剥落,试件表面被裂缝分割成很多小块,此时试件承载力急剧下降,试件破坏。ACS5 试件破坏形态如图 16.10 所示。

图 16.10　ACS5 试件破坏形态

6. ACS6 试件

试件直径为 250 mm,箍筋直径为 10 mm,箍筋间距为 35 mm,加密区箍筋体积配箍率为 7.84%,非加密区箍筋体积配箍率为 4.48%。主要的试验现象为:在荷载达到 8 200 kN 之前,没有任何裂缝出现;在荷载达到 8 200 kN 时,试件距下加载板 300 mm 出现第一条水平裂缝,长度大约 30 mm,试件表面 RPC 外鼓,并发出轻微的响声,少量剥落,当继续加载时,裂缝沿水平发展;当荷载加到 8 500 kN 时,试件下端距离下加载板 180 mm 处出现较大的水平裂缝,裂缝长度约 130 mm 长,发出巨大的响声,表面 RPC 出现较大面积剥落;随着位移的增加,竖向荷载保持在 8 300 ~ 8 600 kN 范围内,处在一个比较平稳的阶段,突然出现一声巨大的响声,试件中间偏上一点的位置出现多条斜裂缝,同时局部呈现出"八"字形的裂缝,表面 RPC 出现大面积剥落;继续加载,试件下端的水平裂缝快速发展,并出现一条贯穿的斜裂缝,此时反方向出现一条很长的斜裂缝,与之前的斜裂缝形成一个巨大的"八"字裂缝,同时试件的另一面的下端位置出现许多不规则的裂缝;随着裂缝的不断发展,试件的承载力不断下降。ACS6 试件破坏形态如图 16.11 所示。

7. ACS7 试件

试件直径为 250 mm,箍筋直径为 12 mm,箍筋间距为 35 mm,加密区箍筋体积配箍率为 11.90%,非加密区箍筋体积配箍率为 6.78%。主要的试验现象为:在荷载达到 7 935 kN 之前,试件没有任何裂缝出现;在荷载达到 7 935 kN 时,试件出现第一条斜裂缝,一直延伸至试件中部,裂缝处 RPC 剥落,并伴有"滋滋"的响声,随之斜裂缝延伸至中部后向水平方向延伸,有少量的 RPC 剥落,接着裂缝继续以锯齿形沿水平方向发展,裂缝

图 16.11　ACS6 试件破坏形态

处以及裂缝附近 RPC 剥落,并不时伴有巨大的响声;当荷载增大到 8 294 kN 时,突然发生一声巨响,试件中上部出现一条竖向裂缝,长度约 150 mm,并与之前的水平裂缝贯通,裂缝旁边的 RPC 并没有剥落,试件承载力瞬间下降 2 400 kN,随着试验机位移的增大,竖向裂缝宽度增大,最大增大 8 mm,并不时有 RPC 碎片弹出,试件承载力持续在 5 000 ～ 6 000 kN,试件并无明显的变化;当承载力低于 5 000 kN 时,停止试验。ACS7 试件破坏形态如图16.12 所示。

图 16.12　ACS7 试件破坏形态

16.3　螺旋式高强箍筋约束 RPC 圆柱受压性能分析

对 7 根不同箍筋体积配箍率(0 ～ 6.78%)的螺旋式高强箍筋约束 RPC 圆柱进行轴压试验,在试验过程中详细观察及记录试验现象与试验结果,并阐述了箍筋约束作用的机理,根据已有的试验数据,得到每个试件的荷载－位移曲线、应力－应变曲线。拟合得到约束 RPC 峰值荷载时的箍筋实际拉应变、峰值压应力、峰值压应变、ε_{85} 的计算公式,利用已有的本构模型,回归分析得到了约束 RPC 的应力－应变本构方程。

16.3.1　箍筋约束作用机理

混凝土的约束作用形式分为主动约束和被动约束两类。在液体环境下,约束应力在开始阶段就存在,且围压应力值基本保持不变,此为主动约束;在受力初始阶段约束应力不存在,当核心区混凝土不断膨胀产生侧向变形时,约束应力从零逐渐增大,此为被动约束。

箍筋约束是被动约束的一种。螺旋箍筋约束混凝土柱、普通箍筋约束混凝土柱和素混凝土柱的 $N-\varepsilon$ 曲线如图16.13所示。在受力初期,螺旋箍筋柱的压应变低于素混凝土柱的峰值压应变,即 $\varepsilon < \varepsilon_{co}$,此时,混凝土处于线弹性变形阶段,其横向变形较小,箍筋的变形也很小,箍筋沿圆周的拉应力较小,对核心区混凝土的约束作用不明显,随着混凝土横向变形的增大,箍筋对混凝土的约束逐渐增强。但是,当荷载进一步增大时,混凝土进入塑性变形阶段,箍筋约束力增长趋势减缓,混凝土应力－应变上升段的曲线斜率逐渐减小。当螺旋箍筋柱的压应变逐渐增大至 $\varepsilon > \varepsilon_{co}$ 时,箍筋外围混凝土保护层处的混凝土达到其极限应变,纵向裂缝开始出现,并逐渐发展扩散,外表层区域混凝土保护层逐渐剥落,该部分混凝土的承载力下降。与此同时,混凝土材料的泊松比增大。核心区混凝土的横向变形增长速度加快,箍筋对混凝土的约束作用逐渐显现出来,并以较快的速度增长。箍筋的约束作用使混凝土处于三向受压的应力状态,核心区混凝土的抗压强度得到提高,约束混凝土柱的总承载能力呈增加的趋势,此时混凝土 $N-\varepsilon$ 曲线仍缓慢上升。

当约束混凝土柱箍筋用量大,箍筋体积配箍率较大时,核心区混凝土受到的约束作用较强。但由于较密布置的箍筋会降低核心混凝土与保护层之间的连接,当外部混凝土保护层剥落后,承载力会出现小幅度下降,而此时箍筋仍对核心混凝土提供良好的约束作用力,$N-\varepsilon$ 曲线会出现二次上升段。内部混凝土在三向受压的状态下产生裂缝并不断发展,最后纵向钢筋屈服,核心区混凝土达到其承载能力极限值而被压碎,试件破坏时箍筋可能尚未出现屈服,在 $N-\varepsilon$ 曲线上形成下降段。对于箍筋配箍率较低的约束混凝土试件,外部混凝土保护层与核心区连接良好,但是随着轴向压力逐渐增大,箍筋达到其屈服强度甚至被拉断,内部混凝土丧失了箍筋对其约束作用力后产生更大的横向膨胀变形,试件进而鼓曲破坏,在 $N-\varepsilon_c$ 曲线上形成下降段。约束混凝土在箍筋的约束作用下,其峰值应力 f_{cc} 和峰值应变 ε_{cc} 均比素混凝土有所提高,应力－应变全曲线的下降段较为平缓,混凝土的变形能力得到相应的改善。

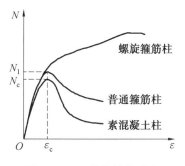

图 16.13　3 种柱性能对比

16.3.2　试件荷载－应变关系曲线

由于试件在弹塑性阶段甚至在弹性阶段会有裂缝出现,所以试件表面的混凝土应变片只能测量试件相应位置未开裂前的变形,相应的变形为左右两个混凝土竖向应变片的算术平均值,开裂后的变形将由百分表来测量,变形同样取两者的算术平均值,综合两者测量到的数据,得到图 16.14 所示的试件荷载－应变曲线。

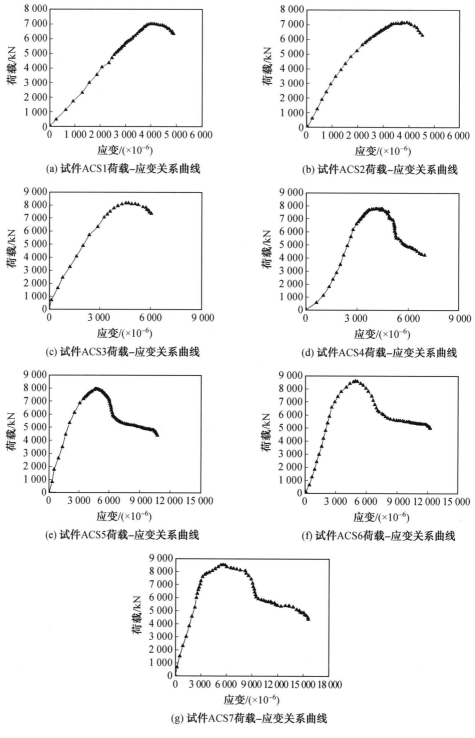

(a) 试件ACS1荷载–应变关系曲线

(b) 试件ACS2荷载–应变关系曲线

(c) 试件ACS3荷载–应变关系曲线

(d) 试件ACS4荷载–应变关系曲线

(e) 试件ACS5荷载–应变关系曲线

(f) 试件ACS6荷载–应变关系曲线

(g) 试件ACS7荷载–应变关系曲线

图 16.14　各试件荷载－应变关系曲线

从图 16.14 可以看出：荷载较小时,试件处于弹性阶段,应变随荷载呈线性增长;继续增大荷载,RPC 塑性变形增大,荷载－应变关系曲线斜率变小;继续增大荷载,RPC 表面开始出现裂缝,则试件纵向应变、横向应变及泊松比增长很快;达到承载力峰值点时,关系曲线在此点的切线水平;荷载峰值点之后,随着变形增大,承载力反而减小。通过以上分析可知,高强钢筋约束 RPC 主要提高约束 RPC 强度和塑性变形能力,使试件延性变好。

16.3.3　试件应力－应变本构曲线

试件箍筋体积配箍率对 RPC 的强度和变形能力都有很大的影响。箍筋体积配箍率越大,约束 RPC 的峰值应力 f_{cc} 越高,应力－应变本构曲线下降段越平缓,如图 16.15 所示。

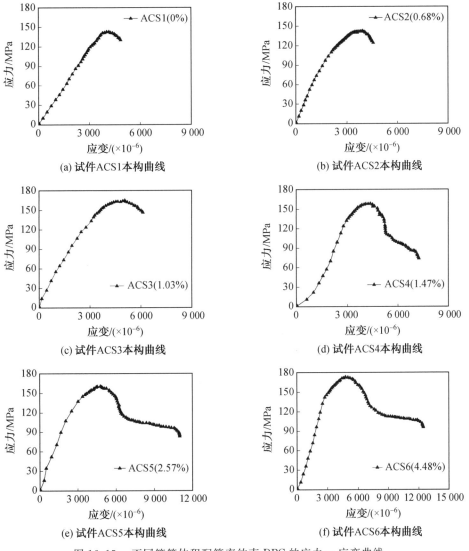

(a) 试件 ACS1 本构曲线　　　　　　(b) 试件 ACS2 本构曲线

(c) 试件 ACS3 本构曲线　　　　　　(d) 试件 ACS4 本构曲线

(e) 试件 ACS5 本构曲线　　　　　　(f) 试件 ACS6 本构曲线

图 16.15　不同箍筋体积配箍率约束 RPC 的应力－应变曲线

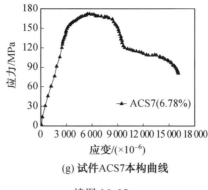

(g) 试件ACS7本构曲线

续图 16.15

将所有试件的应力－应变本构曲线汇总在一个坐标轴中进行比较,如图 16.16 所示。

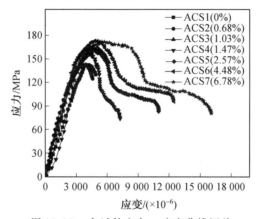

图 16.16　各试件应力－应变曲线汇总

由图 16.16 可知,箍筋体积配箍率越大,箍筋用量越多,约束 RPC 的弱约束区越小,箍筋的约束效果得到显著提高。同时提高箍筋的体积配箍率可以增加对纵向钢筋的侧向约束能力,能够有效防止纵向钢筋屈曲,因此试件的承载能力和变形能力得到明显提高。当配箍率很小时,约束 RPC 柱的承载能力和变形能力提高幅度较小。

对于普通强度箍筋,因其屈服强度较低,当约束混凝土达到其极限承载能力时,箍筋普遍屈服,提高箍筋的体积配箍率可以有效提高约束混凝土结构的抗压强度和变形能力。但是,对于高强度箍筋,由于其屈服强度较高,在约束混凝土达到极限承载能力时箍筋尚未屈服,因此,高强度箍筋对约束混凝土强度和变形能力的影响与普通强度箍筋的情况存在一定的差异。

对于普通强度混凝土试件,随体积配箍率的增大,约束混凝土柱的变形能力和强度均有所提高。同样,对于 RPC 试件,提高箍筋体积配箍率也可以改善约束 RPC 圆柱的变形能力和承载能力,但是其提高程度相对较小。其根本原因是,RPC 泊松比小,相同的竖向应变产生的侧向膨胀应变较小,因此箍筋的应变较小,对核心区混凝土的约束效果也较差。

16.3.4　箍筋应变拟合公式

试验过程中高强箍筋并没有屈服,而且高强箍筋的强度利用率也比较低,得到的试验结果见表 16.6。

表 16.6　试验结果

试件编号	箍筋体积配箍率 ρ_{sv} /%	RPC 轴心抗压强度 f_c /MPa	箍筋弹性模量 /MPa	峰值应力对应的箍筋应变 /($\times 10^{-6}$)
ACS1	0	144.5	—	—
ACS2	0.68	144.5	1.986×10^5	650
ACS3	1.03	144.5	1.986×10^5	800
ACS4	1.47	144.5	1.986×10^5	957
ACS5	2.57	144.5	1.986×10^5	1 036
ACS6	4.48	144.5	2.045×10^5	1 257
ACS7	6.78	144.5	1.914×10^5	1 468

箍筋的应力在试件整个加载过程中并不是均匀变化的,各试件的箍筋荷载-应变曲线如图 16.17 所示。

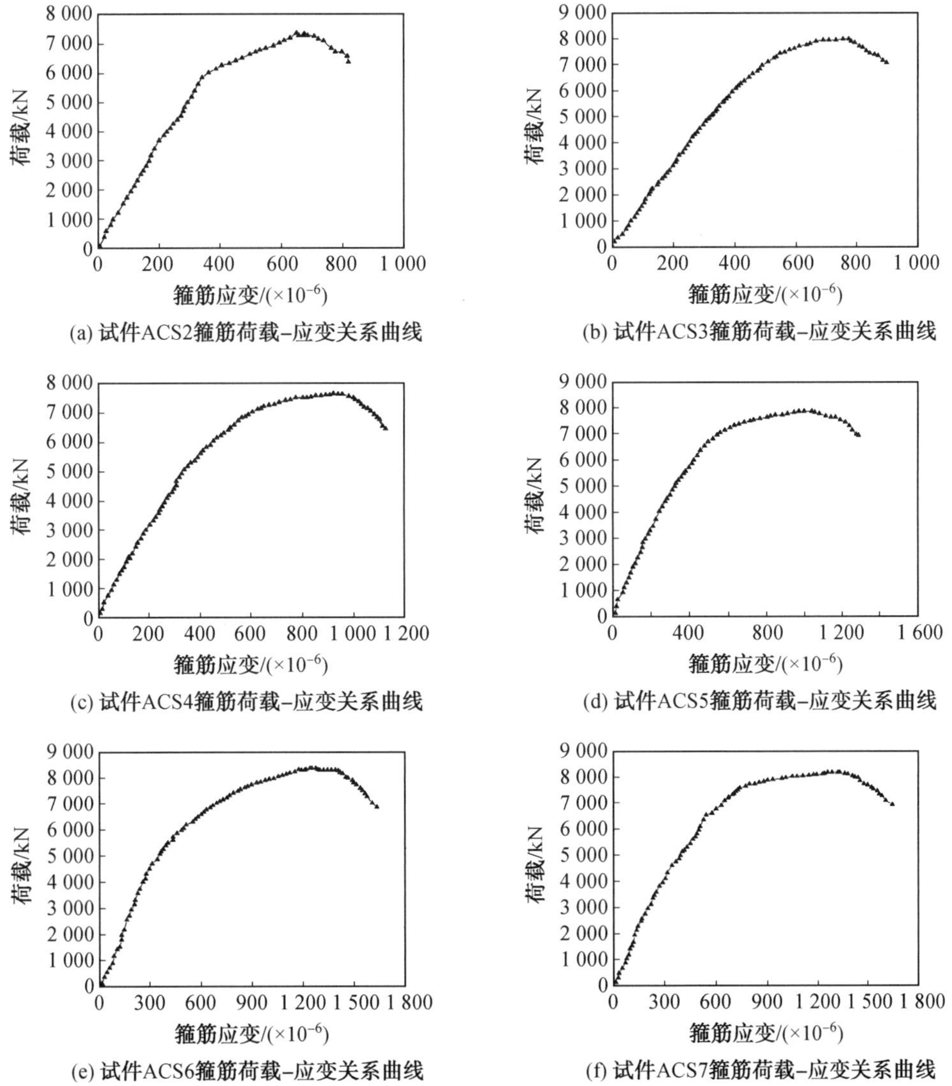

(a) 试件 ACS2 箍筋荷载-应变关系曲线

(b) 试件 ACS3 箍筋荷载-应变关系曲线

(c) 试件 ACS4 箍筋荷载-应变关系曲线

(d) 试件 ACS5 箍筋荷载-应变关系曲线

(e) 试件 ACS6 箍筋荷载-应变关系曲线

(f) 试件 ACS7 箍筋荷载-应变关系曲线

图 16.17　各试件的箍筋荷载－应变关系曲线

由于所有试件中箍筋都未屈服，且试件的箍筋强度发挥水平也都不一样，在实际工程中有时候需要估计约束 RPC 圆柱箍筋强度发挥的水平。因此，有必要建立箍筋应变与箍筋体积配箍率、RPC 轴心抗压强度、箍筋弹性模量的经验公式。本书参考了本章参考文献[4] 提出的经验公式，提出如下的公式(16.8)来进行拟合。

$$\varepsilon_{sv} = \left[a \left(\frac{E_s \rho_v}{f_c} \right)^b + c \right] \times 10^{-6} \tag{16.8}$$

式中，E_s 为钢筋弹性模量；ρ_v 为箍筋体积配箍率；f_c 为 RPC 轴心抗压强度；a、b、c 为回归参数。

通过 origin 软件对试验数据进行拟合，得到 $a = 814.838\ 6$；$b = 0.204\ 1$；$c = -608.984\ 2$。代入式(16.8)，得到箍筋应变的经验公式如下：

$$\varepsilon_{sv} = \left[814.838\ 6 \left(\frac{E_s \rho_v}{f_c} \right)^{0.204\ 1} - 608.984\ 2 \right] \times 10^{-6} \tag{16.9}$$

式中，E_s 为钢筋弹性模量；ρ_v 为箍筋体积配箍率；f_c 为 RPC 轴心抗压强度。

将试验数据与拟合曲线进行对比，如图 16.18 所示。

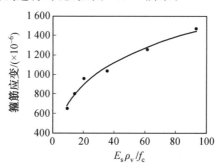

图 16.18　箍筋应变试验数据与拟合曲线对比

通过箍筋应变公式得到箍筋应变值与试验实测值见表 16.7。

表 16.7　ε_{sv} 计算值与试验实测值比较

试件编号	ε_{sv} 实测值 $/(\times 10^{-6})$	ε_{sv} 计算值 $/(\times 10^{-6})$	ε_{sv} 计算值 $/\varepsilon_{sv}$ 实测值
ACS2	650	677	1.04
ACS3	800	791	0.99
ACS4	957	896	0.94
ACS5	1 036	1 078	1.04
ACS6	1 257	1 292	1.03
ACS7	1 468	1 432	0.98

由表 16.7 得到 ε_{sv} 计算值与 ε_{sv} 实测值的比值的平均值为 1.001，变异系数为 0.037，所以得到的拟合公式具有一定的精度，可用来估算约束 RPC 圆柱达到峰值荷载时对应的箍筋应变的大小。

16.3.5　约束 RPC 圆柱峰值压应力、峰值压应变、ε_{85} 的拟合公式

1. 约束 RPC 圆柱峰值压应力的拟合公式

1928 年，Richart 等对围压下混凝土的应力、应变进行研究，提出了约束混凝土的著名经验公式：

$$f_{cc} = f_c + 4.1\sigma_2 \tag{16.10}$$

式中,f_{cc} 为约束 RPC 峰值应力;f_c 为 RPC 轴心抗压强度;σ_2 为侧向约束力。

参照 Richart 等的经验公式,提出本书峰值压应力的计算公式为

$$\frac{f_{cc}}{f_c} = 1 + k\left(\frac{f_1}{f_c}\right)^n \tag{16.11}$$

式中,f_{cc} 为约束 RPC 峰值压应力;f_c 为 RPC 轴心抗压强度;f_1 为箍筋侧向约束应力,即式 (16.10) 中的 σ_2,按式 (16.12) 计算;k、n 为回归参数。

箍筋侧向约束应力为

$$f_1 = \frac{2A_{ss1}}{d_s S}\sigma_{sv} = \frac{1}{2}\rho_v\sigma_{sv} \tag{16.12}$$

式中,A_{ss1} 为单根箍筋的截面面积;d_s 为螺旋箍筋圆的外径;S 为箍筋间距;σ_{sv} 为箍筋应力;ρ_v 为箍筋体积配箍率。

得到的试验结果见表 16.8。

表 16.8　试验结果

试件编号	箍筋体积配箍率 ρ_v/%	RPC 轴心抗压强度 f_c/MPa	约束 RPC 峰值应力 f_{cc}/MPa	箍筋应力实测值 σ_{sv}/MPa	箍筋侧向约束力 f_1/MPa	f_1/f_c	f_{cc}/f_c
ACS2	0.68	144.50	148.84	129.09	0.44	0.003 0	1.03
ACS3	1.03	144.50	159.53	158.88	0.82	0.005 7	1.10
ACS4	1.47	144.50	157.68	190.06	1.40	0.009 7	1.09
ACS5	2.57	144.50	160.81	205.75	2.64	0.018 3	1.11
ACS6	4.48	144.50	173.11	249.64	5.59	0.038 7	1.20
ACS7	6.78	144.50	174.85	291.54	9.88	0.068 4	1.21

通过 origin 软件回归分析得到 $k = 0.726\,8$;$n = 0.440\,5$,代入式 (16.11) 中,得到约束 RPC 圆柱峰值压应力的计算公式为

$$f_{cc} = \left[1 + 0.726\,8\left(\frac{f_1}{f_c}\right)^{0.440\,5}\right]f_c \tag{16.13}$$

式中,f_{cc} 为约束 RPC 峰值应力;f_c 为 RPC 轴心抗压强度;f_1 为箍筋侧向约束力。

将式 (16.12) 的 f_1 代入式 (16.13) 中,得到约束 RPC 圆柱峰值压应力的计算公式为

$$f_{cc} = \left[1 + 0.726\,8\left(\frac{\rho_v\sigma_{sv}}{2f_c}\right)^{0.440\,5}\right]f_c \tag{16.14}$$

式中,f_{cc} 为约束 RPC 峰值应力;f_c 为 RPC 轴心抗压强度;σ_{sv} 为箍筋应力;ρ_v 为箍筋体积配箍率。

将试验得到的约束 RPC 的峰值应力与回归得到的公式进行对比,如图 16.19 所示。

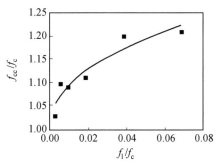

图 16.19　试验数据与回归公式对比

利用峰值应力公式计算得到的约束 RPC 峰值压应力与试验实测值见表 16.9。

表 16.9 f_{cc} 计算值与试验实测值比较

试件编号	f_{cc} 实测值 /MPa	f_{cc} 计算值 /MPa	f_{cc} 计算值 / f_{cc} 实测值
ACS2	148.84	152.67	1.03
ACS3	159.53	155.25	0.97
ACS4	157.68	158.11	1.00
ACS5	160.81	162.52	1.01
ACS6	173.11	169.57	0.98
ACS7	174.85	176.72	1.01

由表 16.9 得到 f_{cc} 计算值与 f_{cc} 实测值的比值的平均值为 1.000,变异系数为 0.018,拟合公式与试验数据拟合较好,所以得到的拟合公式具有一定的精度,可用来计算约束 RPC 圆柱峰值压应力。

2. 约束 RPC 圆柱峰值压应变的拟合公式

箍筋不仅可以提高 RPC 圆柱的承载力,还可以提高 RPC 圆柱的变形能力,相对来说,箍筋对于 RPC 圆柱的变形能力的提高比承载力要明显。约束 RPC 的峰值压应变的计算公式对于约束 RPC 圆柱研究具有重大意义,因此,有必要通过回归分析得到约束 RPC 峰值压应变的计算公式。得到的试验结果见表 16.10。

表 16.10 试验结果

试件编号	箍筋体积配箍率 ρ_v/%	RPC 峰值压应变 ε_c/($\times 10^{-6}$)	约束 RPC 峰值压应变 ε_{cc}/($\times 10^{-6}$)	箍筋应力实测值 σ_{sv}/MPa	箍筋侧向约束力 f_1/MPa	f_1/f_c	$\varepsilon_{cc}/\varepsilon_c$
ACS2	0.68	3 850	4 074	129.09	0.44	0.003 0	1.06
ACS3	1.03	3 850	4 588	158.88	0.82	0.005 7	1.19
ACS4	1.47	3 850	4 359	190.06	1.40	0.009 7	1.13
ACS5	2.57	3 850	4 790	205.75	2.64	0.018 3	1.24
ACS6	4.48	3 850	5 473	249.64	5.59	0.038 7	1.42
ACS7	6.78	3 850	6 053	291.54	9.88	0.068 4	1.57

同样,参考 Richart 经验公式,提出如下公式进行回归分析:

$$\frac{\varepsilon_{cc}}{\varepsilon_c} = 1 + k\left(\frac{f_1}{f_c}\right)^n \tag{16.15}$$

式中,ε_{cc} 为约束 RPC 峰值压应变;ε_c 为 RPC 峰值压应变;f_c 为 RPC 轴心抗压强度;f_1 为箍筋侧向约束应力,即式(16.10)中的 σ_2,按式(16.12)计算;k、n 为回归参数。

通过 origin 软件回归分析得到 $k = 3.013\ 6$;$n = 0.616\ 5$,代入式(16.15)中,得到约束 RPC 峰值压应变的计算公式为

$$\varepsilon_{cc} = \left[1 + 3.013\ 6\left(\frac{f_1}{f_c}\right)^{0.616\ 5}\right]\varepsilon_c \tag{16.16}$$

式中,ε_{cc} 为约束 RPC 峰值压应变;ε_c 为 RPC 峰值压应变;f_c 为 RPC 轴心抗压强度;f_1 为箍筋侧向约束应力,即式(16.10)中的 σ_2,按式(16.12)计算。

将式(16.12)的 f_1 代入式(16.16)中,得到约束 RPC 圆柱峰值压应变的计算公式为

$$\varepsilon_{cc} = \left[1 + 3.013\ 6\left(\frac{\rho_v \sigma_{sv}}{2f_c}\right)^{0.616\ 5}\right]\varepsilon_c \tag{16.17}$$

式中，ε_{cc} 为约束 RPC 峰值压应变；ε_{c} 为 RPC 峰值压应变；f_{c} 为 RPC 轴心抗压强度；σ_{sv} 为箍筋应力；ρ_{v} 为箍筋体积配箍率。

将试验得到的约束 RPC 的峰值应变与回归得到的公式进行对比，如图 16.20 所示。

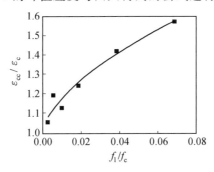

图 16.20　试验数据与回归公式对比

利用回归计算公式得到的约束 RPC 峰值压应力与试验实测值见表 16.11。

表 16.11　ε_{cc} 计算值与试验实测值比较

试件编号	ε_{cc} 实测值 /($\times 10^{-6}$)	ε_{cc} 计算值 /($\times 10^{-6}$)	ε_{cc} 计算值 /ε_{cc} 实测值
ACS2	4 074	4 175	1.02
ACS3	4 588	4 328	0.94
ACS4	4 359	4 514	1.04
ACS5	4 790	4 835	1.01
ACS6	5 473	5 413	0.99
ACS7	6 053	6 070	1.00

由表 16.11 得到 ε_{cc} 计算值与 ε_{cc} 实测值的比值的平均值为 1.001，变异系数为 0.030，拟合公式与试验数据拟合较好，所以得到的拟合公式具有一定的精度，可用来计算约束 RPC 圆柱峰值压应变。

3. 约束 RPC 圆柱 ε_{85} 的拟合公式

由于在试件承载力下降到峰值荷载的 85% 时，箍筋基本都处于屈服状态，因此在拟合约束 RPC 的荷载下降到峰值荷载 85% 所对应的 RPC 压应变 ε_{85} 时，可采用箍筋体积配箍率进行拟合，得到的试验结果见表 16.12。

表 16.12　试验结果

试件编号	箍筋体积配箍率 ρ_{v}/%	约束 RPC 峰值压应变 ε_{cc}/($\times 10^{-6}$)	峰值荷载 85% 时所对应的 RPC 压应变 ε_{85}/($\times 10^{-6}$)	$\varepsilon_{85}/\varepsilon_{cc}$
ACS4	1.47	4 359	5 176.64	1.19
ACS5	2.57	4 790	6 175.18	1.29
ACS6	4.48	5 473	7 388.55	1.35
ACS7	6.78	6 053	9 091.97	1.50

采用前面类似的模型进行拟合，拟合公式为

$$\frac{\varepsilon_{85}}{\varepsilon_{cc}} = 1 + k\rho_{v}^{n} \tag{16.18}$$

式中，ε_{85} 为 RPC 承载力降到峰值荷载 85% 时对应的压应变；ε_{cc} 为 RPC 峰值压应变；ρ_{v} 为

箍筋体积配箍率;k、n 为回归参数。

利用 origin 软件回归分析得到 $k=2.589\ 1$，$n=0.618\ 7$，代入式(16.15)得到约束 RPC 极限应变的计算公式为

$$\varepsilon_{85}=(1+2.589\ 1\rho_v^{0.618\ 7})\varepsilon_{cc} \tag{16.19}$$

式中，ε_{85} 为 RPC 承载力降到峰值荷载 85% 时对应的压应变；ε_{cc} 为 RPC 峰值压应变；ρ_v 为箍筋体积配箍率。

将得到的回归公式与试验数据进行对比，如图 16.21 所示。

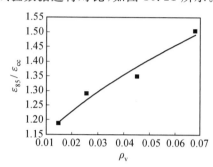

图 16.21　试验数据与回归公式对比

利用回归公式得到的 ε_{85} 与试验实测值见表 16.13。

表 16.13　ε_{85} 计算值与试验实测值比较

试件编号	ε_{85} 实测值 /($\times 10^{-6}$)	ε_{85} 计算值 /($\times 10^{-6}$)	ε_{85} 计算值 /ε_{85} 实测值
ACS4	5 177	5 188	1.00
ACS5	6 175	6 077	0.98
ACS6	7 389	7 548	1.02
ACS7	9 092	9 018	0.99

由表 16.13 得到 ε_{85} 计算值与 ε_{85} 实测值的比值的平均值为 1.000，变异系数为 0.011，拟合公式与试验数据拟合较好，所以得到的拟合公式具有一定的精度，可用来计算约束 RPC 圆柱极限压应变。

16.3.6　约束 RPC 本构曲线拟合

箍筋可以提高 RPC 柱的承载力，同时会提高 RPC 柱的变形能力，对约束 RPC 柱的应力－应变关系曲线影响较大。建立合适的约束 RPC 本构模型，可以全面地反映各试件在各个受力阶段的破坏过程与变形特点，对于后续研究约束 RPC 柱力学性能具有重要的意义。

RPC 轴压本构曲线是分析结构受力性能的重要依据，曲线采用无量纲化的坐标，其中 $x=\varepsilon/\varepsilon_{cc}$，$y=\sigma/f_{cc}$。应力－应变关系曲线应满足以下条件：

(1) 曲线通过原点，即当 $x=0$ 时，$y=0$。

(2) 原点切线斜率为 $\dfrac{dy}{dx}=\dfrac{d\sigma}{df_c}\dfrac{d\varepsilon_c}{d\varepsilon}=\dfrac{d\sigma}{d\varepsilon}\dfrac{d\varepsilon_c}{df_c}=\dfrac{E_c}{E_{co}}$。

(3) 曲线上升段凸向竖轴，即 $0\leqslant x<1$，$\dfrac{d^2y}{dx^2}<0$。

(4) 在曲线顶点处，切线近似认为水平，$x=1$ 时，$y=1$，$\dfrac{dy}{dx}=0$。

（5）在下降段某处存在一个拐点，即 $x > 1$ 时，$\dfrac{\mathrm{d}^2 y}{\mathrm{d}x^2} = 0$。

（6）在下降段某处存在一个曲率最大点，即 $x > 1$ 时，$\dfrac{\mathrm{d}^3 y}{\mathrm{d}x^3} = 0$。

（7）当应变很大时，应力趋向为 0，且此时曲线切线水平，即当 $x \to \infty$，$y \to 0$，$\dfrac{\mathrm{d}y}{\mathrm{d}x} \to 0$。

（8）数值范围是 $x \geqslant 0$ 时，$0 \leqslant y \leqslant 1$。

本书采用过镇海提出的普通混凝土本构模型稍加修改来对约束 RPC 柱本构曲线进行拟合。本构模型为

$$\begin{cases} y = ax + (5-4a)x^4 + (3a-4)x^5 & (x \leqslant 1) \\ y = \dfrac{x}{b(x-1)^2 + x} & (x > 1) \end{cases} \tag{16.20}$$

上述模型显然是满足受压应力-应变本构曲线的 8 个条件，用 origin 软件进行曲线拟合，得到各试件应力－应变本构曲线上升段参数 a 与下降段参数 b 见表 16.14。

表 16.14　各试件应力－应变本构曲线上升段参数 a 与下降段参数 b

试件编号	上升段参数 a	下降段参数 b
ACS1	1.005 6	2.585 0
ACS2	1.539 0	3.569 1
ACS3	1.537 2	3.581 3
ACS4	1.043 5	5.188 8
ACS5	1.578 3	1.563 0
ACS6	1.437 9	1.004 7
ACS7	1.713 9	0.764 6

将得到的 a 与 b 代入上述模型公式中得到各试件应力－应变本构曲线方程见表 16.15。

表 16.15　各试件应力－应变本构曲线方程

试件编号	上升段方程	下降段方程
ACS1	$y = 1.005\,6x + 0.977\,6x^4 - 0.983\,2x^5$	$y = \dfrac{x}{2.585\,0(x-1)^2 + x}$
ACS2	$y = 1.537\,2x - 1.148\,8x^4 + 0.611\,6x^5$	$y = \dfrac{x}{3.569\,1(x-1)^2 + x}$
ACS3	$y = 1.539\,0x - 1.156x^4 + 0.617x^5$	$y = \dfrac{x}{3.581\,3(x-1)^2 + x}$
ACS4	$y = 1.043\,5x + 0.826x^4 - 0.869\,5x^5$	$y = \dfrac{x}{5.188\,8(x-1)^2 + x}$
ACS5	$y = 1.578\,3x - 1.313\,2x^4 + 0.734\,9x^5$	$y = \dfrac{x}{1.563\,0(x-1)^2 + x}$
ACS6	$y = 1.437\,9x - 0.751\,6x^4 + 0.313\,7x^5$	$y = \dfrac{x}{1.004\,7(x-1)^2 + x}$
ACS7	$y = 1.713\,9x - 1.855\,6x^4 + 1.141\,7x^5$	$y = \dfrac{x}{0.764\,6(x-1)^2 + x}$

注：$x = \varepsilon/\varepsilon_{cc}$，$y = \sigma/f_{cc}$。

将得到的试验曲线与理论曲线进行对比,如图 16.22 所示。

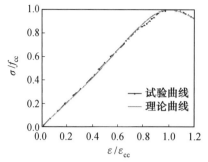

(a) 试件ACS1试验曲线与理论曲线对比

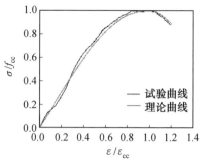

(b) 试件ACS2试验曲线与理论曲线对比

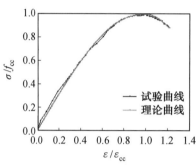

(c) 试件ACS3试验曲线与理论曲线对比

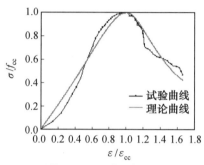

(d) 试件ACS4试验曲线与理论曲线对比

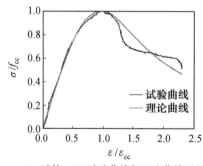

(e) 试件ACS5试验曲线与理论曲线对比

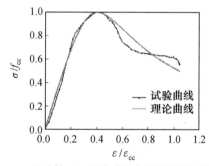

(f) 试件ACS6试验曲线与理论曲线对比

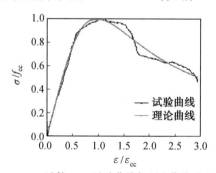

(g) 试件ACS7试验曲线与理论曲线对比

图 16.22　各试件试验曲线与理论曲线对比

在上升段,理论曲线与试验曲线吻合较好,精度较高;在下降段,由于试验条件等其他因素的制约,理论曲线与试验曲线误差较大,但是在可接受的范围内。总体来说,本书选取的理论模型与试验实测值拟合效果较好,且结构形式简单,能够反映高强钢筋作为箍筋约束的 RPC 各个阶段的受力性能的变化情况,应用比较方便。

16.4　本 章 小 结

本章完成了 7 根不同箍筋体积配箍率的螺旋式高强箍筋约束 RPC 圆柱的受压性能试验,通过理论分析,得到了如下研究成果:

(1)通过试验得到了所研究的 RPC 立方体抗压强度、轴心抗压强度、峰值压应变、弹性模量、泊松比等基本力学性能指标,为进行 RPC 结构构件力学性能分析与设计提供了依据。

(2)完成了 7 根不同箍筋体积配箍率(0% ～ 6.78%)的螺旋式高强箍筋约束 RPC 圆柱受压性能试验。根据试验结果显示,配箍率的大小对约束 RPC 圆柱达到极限承载能力时箍筋拉应力的影响不大,但是配箍的多少对于 RPC 的变形能力影响比较明显。

(3)试验得到了不同箍筋体积配箍率(0% ～ 6.78%)的螺旋式高强箍筋约束 RPC 圆柱的应力－应变本构曲线。根据箍筋应变实测值显示,本次试验的高强箍筋均未屈服,建立有效的模型,利用箍筋的弹性模量 E_s、箍筋体积配箍率 ρ_v、RPC 的轴心抗压强度 f_c,回归分析得到峰值荷载对应的箍筋拉应变计算公式。通过实测的箍筋应变 ε_{sv},得到箍筋的应变 σ_{sv},进而得到箍筋的侧向约束力 f_l,并利用 RPC 的轴心抗压强度 f_c,建立有效的模型,回归分析得到约束 RPC 峰值压应力、峰值压应变、ε_{85} 的计算公式。最后利用过镇海的普通混凝土本构模型,回归分析得到各试件的应力－应变本构全曲线方程。

本章参考文献

[1] 吕雪源,王英,符程俊,等. 活性粉末混凝土基本力学性能指标取值[J]. 哈尔滨工业大学学报,2014,46(10):1-9.

[2] 中华人民共和国国家质量监督检验检疫总局. 金属材料拉伸试验 第一部分:室温试验方法:GB/T 228—2019[S]. 北京:中国标准出版社,2019.

[3] 中华人民共和国住房和城乡建设部. 混凝土结构试验方法标准:GB 50152—2012[S]. 北京:中国标准出版社,2012.

[4] 史庆轩,王南,田园,等. 高强箍筋约束高强混凝土轴心受压应力－应变全曲线研究[J]. 建筑结构学报,2013,34(4):144-151.

[5] 过镇海. 混凝土的强度和本构关系[M]. 北京:中国建筑工业出版社,2004.

第17章　高强复合箍筋约束 RPC 柱轴压性能的试验研究

17.1　概　　述

经高温高压短时养护的 RPC,其 70.7 mm 立方体抗压强度可超过 190 MPa,甚至高达 200 MPa,与高强混凝土相比,其抗压强度仍有显著的提高。同时,RPC 中不含粗骨料,所以不存在胶凝体与粗骨料之间的初始裂缝,使其在受力下不存在胶凝体与骨料之间微裂缝的发展引起的横向膨胀问题,而乱向分布的钢纤维起到了阻止裂缝发展、束缚横向变形的作用,这些因素都使得约束活性粉末混凝土柱(约束 RPC 柱)在受力性能与破坏模式上展现出新的特点。

根据国内外学者的研究,在混凝土强度、箍筋强度和箍筋形式一定的情况下,体积配箍率是影响约束混凝土承载力和变形能力最主要的因素,因此试验控制参数选取体积配箍率作为变量。体积配箍率不同,箍筋对混凝土柱的约束程度不同,相应地会影响混凝土柱的承载力和变形能力等力学性能。本章为了研究高强箍筋网格式复合箍筋约束 RPC 柱的轴压力学性能,以体积配箍率为主要变化参数设计了 6 根活性粉末混凝土短柱。

17.2　试验柱设计与制作

17.2.1　试验柱设计

根据哈尔滨工业大学侯翀驰对约束混凝土柱中最大体积配箍率合理取值的研究,HRB600 级箍筋的最大体积配箍率对于立方体抗压强度小于 55 MPa 的混凝土取 0.93%,对于立方体抗压强度在 55～85 MPa 之间的混凝土取 1.69%。满足最大体积配箍率的要求,箍筋能够在约束混凝土达到抗压强度时屈服。

对于约束 RPC 柱而言,考虑到 RPC 横向变形相对较小以及体积配箍率的增大能够提升混凝土柱的变形能力的特点,将体积配箍率的范围选定在 0.5%～4% 之间。

在本次试验中,共设置了 6 种在 0.5%～4% 范围内变化的体积配箍率。6 根约束 RPC 柱的截面尺寸均为 250 mm×250 mm,高度为 750 mm。箍筋形式为十字形网格式复合箍筋,采用直径为 6 mm 的 HRB600 级钢筋。为方便箍筋绑扎和研究高强纵筋受压下的强度问题,设置 8 根直径为 10 mm 的 HRB600 级纵向钢筋,纵筋配筋率为 1.0%。试件保护层厚度均为 10 mm。试验柱参数见表 17.1。

十字形网格式复合箍筋由封闭箍筋和两道十字交叉的拉筋组成,拉筋同时钩住主筋和箍筋。外箍和拉筋的弯钩均向核心混凝土内弯曲 135°,弯钩平直段长度取 12d,弯弧内直径取 6d,其中 d 为箍筋和拉筋的直径。为了防止试验柱在受压时端部发生局压破坏,在柱上下两端进行箍筋加密,加密区范围为 100 mm,箍筋间距为 20 mm。试验柱设计尺寸及配筋如图 17.1 所示。

表 17.1　试验柱参数

试验柱编号	长 × 宽 × 高 /(mm × mm × mm)	箍筋				
		形式	强度等级	直径 /mm	间距 /mm	配箍率 /%
Z1	250 × 250 × 750	十字形复合箍筋	HRB600	6	150	0.55
Z2	250 × 250 × 750	十字形复合箍筋	HRB600	6	100	0.80
Z3	250 × 250 × 750	十字形复合箍筋	HRB600	6	75	1.10
Z4	250 × 250 × 750	十字形复合箍筋	HRB600	6	50	1.60
Z5	250 × 250 × 750	十字形复合箍筋	HRB600	6	35	2.30
Z6	250 × 250 × 750	十字形复合箍筋	HRB600	6	20	4.00

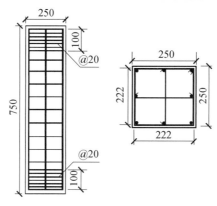

图 17.1　试验柱设计尺寸及配筋

17.2.2　试验柱制作与养护

试验柱制作时 RPC 的搅拌采用预先定制的单卧轴强制式砂浆搅拌机 HJW — 100。RPC 的搅拌方式先将全部粉体干料搅拌 3 ~ 5 min;加入一半的溶有全部减水剂的水搅拌3 ~ 5 min;再加入剩余一半的水搅拌至浆体形成;最后均匀撒入钢纤维并搅拌 5 min 左右至混合均匀。

与实验室适配试验不同的是,考虑到经济性和实际状况,试验柱制作时采用的是唐山冀东水泥股份有限公司生产的 P.O. 42.5 水泥和北京海贝斯科技有限公司生产的 40 ~ 80 目和 80 ~ 120 目的石英砂。

RPC 拌和物搅好后,即刻将拌和物从搅拌机中倒出,铲入放置好钢筋笼的立式木模中,插入直径 40 mm 的振捣棒振动成型,覆盖浇水润湿的棉被,在自然条件下静置 24 h 拆模,然后将试验柱放入温度为 200 ℃、压强为 12.5 atm(1 atm = 101 325 Pa)的蒸压釜中高温高压养护 12 h。养护完成后,待 RPC 表面温度恢复到室温,用厚度 0.167 mm、抗拉强度 3 400 MPa 的碳纤维布包裹柱上下端 100 mm 范围内的区域,可与柱端加密箍筋一起防止轴力作用下柱端部先发生破坏。

17.2.3 材料性能

1. RPC 强度的确定

RPC 含钢纤维而不含粗骨料,尺寸效应对试件力学性能的影响较小,故制作边长为 150 mm 的大尺寸试块以进行抗压强度的测试并非必要。且在具体工程实践中,通常使用边长为 100 mm 的立方体试件进行高强混凝土的强度测定。这主要是因为普通的 200~300 t 压力试验机无法测试边长为 150 mm 的高强混凝土标准试件,所以在本章试验中,RPC 强度测试采用的是《建筑砂浆基本性能试验方法标准》(JGJ/T 70—2009)中边长为 70.7 mm 的立方体试块。

现场浇筑 6 个试验柱时,每个试验柱均预留 3 个同条件养护的 70.7 mm × 70.7 mm × 70.7 mm 的立方体试块。在北京建工新材料公司 300 t TYE—3000B 型电液式压力试验机上进行试块受压试验。采用力控制加载,加载速率遵循《普通混凝土力学性能试验方法》(GB/T 50081—2019)规定。压应力小于 $0.4f_{cu}$(f_{cu} 为立方体试块的峰值应力)时,加载速率为 5 kN/s;压应力超过 $0.4f_{cu}$ 时,加载速率为 2 kN/s。

根据圣维南原理,加载面上的不均匀垂直应力与总和为零的水平应力,只影响试件端部约为试件截面高度的范围,中间部分已接近于均匀的单轴受压应力状态,且棱柱体的受压状态与实际的受压构件的受力状态比较接近,所以混凝土的轴心抗压强度通常用高度与边长之比等于 3 的棱柱体试件得出。因为本章中立方体试块的尺寸为 70.7 mm × 70.7 mm × 70.7 mm,故棱柱体试件尺寸采用 70.7 mm × 70.7 mm × 212 mm,其抗压强度用 f_c 表示。

70.7 mm × 70.7 mm × 212 mm 的棱柱体试件的轴心抗压强度 f_c 与边长为 70.7 mm 的立方体试件的抗压强度 $f_{cu,70.7}$ 的换算关系为

$$f_c = 0.845 f_{cu,70.7} \tag{17.1}$$

由式(17.1)可知,RPC 棱柱体与立方体试件的抗压强度换算系数 $f_c/f_{cu,70.7}$ 为 0.845,高于普通混凝土的抗压强度换算系数 0.76~0.82。

各试验柱 RPC 立方体强度和棱柱体强度见表 17.2。

表 17.2 各试验柱 RPC 立方体强度和棱柱体强度

试验柱编号	Z1	Z2	Z3	Z4	Z5	Z6	平均值
立方体强度平均值 f_{cu}/MPa	150.6	154.9	151.7	152.0	149.5	148.4	151.2
棱柱体强度 f_c/MPa	127.2	130.9	128.2	128.4	126.4	125.4	127.8

试验中,从开始加载至试块压应力约为 $0.7f_{cu}$ 时,试验机显示的力—位移关系曲线接近直线,试件表面无可见裂缝;当压应力达到 $0.7f_{cu} \sim 0.8f_{cu}$ 时,裂缝开始出现;当压应力达到 $0.8f_{cu} \sim 0.9f_{cu}$ 时,裂缝发展,数量及宽度逐渐增加,试件开始发出劈裂声,并有混凝土碎渣从试件表面崩出;继续加载,裂缝迅速发展贯通至试验机无法加荷,此时峰值应力即为 RPC 立方体抗压强度。由试验发现 RPC 试块不像素混凝土试块那样发生混凝土大面积开裂、剥落、碎块崩出的现象,而是基本上保持原来的外形,只呈现许多裂纹和脱皮,这是因为钢纤维乱向而均匀的分布起到了不断阻止裂缝发展的作用,使试块裂而不散,提高了强度和抗断裂性能。

从表 17.2 中可发现,现场的制备条件与实验室相比差别较大,存在强度上的损失,且由于试件尺寸大、箍筋分布密集,导致振捣效果差,总强度损失值在 15% 左右。

2. RPC 峰值压应变、弹性模量和泊松比的确定

RPC 峰值压应变与 70.7 mm 立方体抗压强度标准值 $f_{cu,k,70.7}$ 的关系为

$$\varepsilon_0 = (345 \sqrt{f_{cu,k,70.7}} - 775) \times 10^{-6} \tag{17.2}$$

由表 17.2 可知,试验柱的 RPC 立方体强度平均值为 151.2 MPa,该 RPC 的立方体标准值 $f_{cu,k,70.7}$ 取 140 MPa,因此由式(17.2)可得峰值压应变 ε_0 为 $3\,307 \times 10^{-6}$。

RPC 弹性模量与 70.7 mm 立方体抗压强度标准值 $f_{cu,k,70.7}$ 之间的关系为

$$E_c = 2\,055 \sqrt{f_{cu,k,70.7}} + 18\,897 \tag{17.3}$$

由式(17.3)可得试验柱的 RPC 弹性模量 E_c 为 4.32×10^4 N/mm²。普通混凝土 C30 的弹性模量 E_c 为 3.00×10^4 N/mm²,C80 高强混凝土的弹性模量 E_c 为 3.80×10^4 N/mm²,可见活性粉末混凝土的弹性模量比普通混凝土和高强混凝土的弹性模量都大。

RPC 的泊松比 ν 不随轴心抗压强度变化而改变,其值大多分布在 0.18 ～ 0.22 之间,平均值 $\bar{\nu} = 0.205$,取为 0.20,与普通混凝土的泊松比相同。ACI 高强混凝土委员会发布的高强混凝土(强度范围为 55 ～ 80 MPa)泊松比试验结果为 0.2 ～ 0.28,由此可见,RPC 的泊松比比高强混凝土略小。

水泥标号从 P. O. 52.5 降为 P. O. 42.5、石英砂粒径的增大、材料久置受潮以及现场使用大型搅拌机拌制均对 RPC 的强度产生影响,即使将水胶比从 0.16 降低为 0.15,RPC 的强度也损失了约 30 MPa,损失比例将近 15%。但考虑到购买原材料成本的降低,以及大规模搅拌时不稳定干扰因素较多,最终获得的试验柱的 RPC 强度在可接受的范围内。

3. 钢材强度的确定

(1)试验设备和材料。

钢筋拉伸试验的主要目的是研究钢筋的应力－应变关系曲线,确定钢筋的屈服强度、弹性模量等力学性能指标。试验采用唐山钢铁集团有限责任公司生产的 HRB600 级钢筋。

拉伸试验机采用的是哈尔滨工业大学的微机控制电液伺服万能试验机,其最大量程是 1 000 kN。钢筋的加载、数据采集及处理都是通过计算机完成的。拉伸试验分别采用了直径为 6 mm 和 10 mm 的两种钢筋,每种直径的钢筋分别取 3 根进行试验。

(2)测试内容。

根据《金属材料室温拉伸试样方法》(GB/T 228.1—2019)的规定,两端的夹持端应当留有足够的长度,使得近端夹具与试样原始标距的标记点之间的距离不超过 1.5d。拉伸试验的试验段长度为 5d,按照直径 d = 10 mm 计算为 50 mm,试验上下夹具的夹持长度每端取 60 mm,因此钢筋最短长度为 170 mm,实际截取钢筋的长度为 250 ～ 300 mm。

(3)测试过程。

打开试验机测控系统,安装试验机端部夹具,调整两端头夹具位置,安装 HRB600 级钢筋并固定。按照《金属材料 拉伸试验 第 1 部分:室温试验方法》(GB/T 228.1—2019)规定,钢筋从开始加载至上屈服强度范围内,试验机夹头的分离速率应尽可能保持恒定,应力速率范围为 6 ～ 60 MPa/s,取 10 MPa/s。测定下屈服强度,在试样平行长度的屈服期间应变速率应当为 0.000 25 ～ 0.002 5 s⁻¹。横梁移动速度应当设置为 1.5 mm/min,应变片采集仪每间隔 2 kN 采集一次应变片数据。

正式加载前,采用不超过预期屈服强度的 5% 对中,并对荷载－位移关系曲线以及应

力－应变关系曲线进行观测。当荷载达到了 HRB600 级钢筋预估极限抗拉强度的 90%时,试验机的横梁移动速度调整为 6 mm/min,一直到 HRB600 级钢筋被拉断,峰值荷载与公称横截面积的比值则为 HRB600 级钢筋的极限强度。

(4)测试结果。

试验得到了钢筋单调加载的应力－应变关系曲线,如图 17.2 所示。

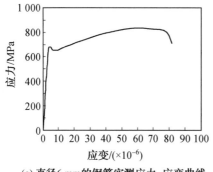 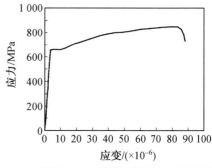

(a) 直径6 mm的钢筋实测应力–应变曲线　　　(b) 直径10 mm的钢筋实测应力–应变曲线

图 17.2　HRB600 级钢筋拉伸应力－应变曲线

为简化计算,将钢筋拉伸时的弹性阶段简化为单调上升的直线段,屈服平台简化为水平的直线段,强化阶段简化为单调上升的直线段,故钢筋拉伸的应力－应变关系曲线可看作由三部分的线段组成。钢筋的应力－应变本构关系曲线采用图 17.3 所示的计算模型。

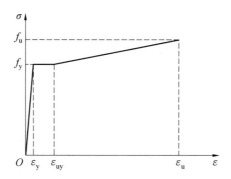

图 17.3　钢筋的应力－应变本构关系曲线

全曲线方程为

$$\sigma_s = \begin{cases} E_s \varepsilon_s & (\varepsilon_s \leqslant \varepsilon_y) \\ f_y & (\varepsilon_y < \varepsilon_s \leqslant \varepsilon_{uy}) \\ f_y + k(\varepsilon_s - \varepsilon_{uy}) & (\varepsilon_{uy} < \varepsilon_s \leqslant \varepsilon_u) \\ 0 & (\varepsilon_s > \varepsilon_u) \end{cases} \qquad (17.4)$$

式中,E_s 为钢筋弹性模量,MPa;ε_y 为钢筋屈服应变;f_y 为屈服强度;ε_{uy} 为钢筋硬化起点应变;ε_u 为抗拉强度对应的应变;k 为钢筋硬化段斜率,$k = \dfrac{f_u - f_y}{\varepsilon_u - \varepsilon_{uy}}$。

HRB600 级钢筋相关力学性能试验结果见表 17.3。HRB600 级钢筋各项延性性能试验结果见表 17.4。

表 17.3　HRB600 级钢筋相关力学性能试验结果

钢筋直径 /mm	E_s/MPa	ε_y /($\times 10^{-6}$)	f_y /MPa	ε_{uy} /($\times 10^{-6}$)	ε_u /($\times 10^{-6}$)	f_u/MPa	k
6	1.986×10^{-5}	3 309.7	657.3	15 443.2	162 822.4	872.6	1 489.4
10	2.045×10^{-5}	3 112.7	636.5	15 297.8	159 309.1	825.9	1 315.2

表 17.4　HRB600 级钢筋各项延性性能试验结果

钢筋级别	钢筋直径 /mm	δ_{5d}/%	δ_{10d}/%
HRB600	6	23.4	18.2
HRB600	10	22.0	15.0

17.2.4　试验装置

试验加载装置采用北京建筑大学 2 000 t 长柱微机控制电液伺服压力试验机,如图 17.4 所示。试件加载全貌如图 17.5 所示。

图 17.4　2 000 t 长柱微机控制
电液伺服压力试验机

图 17.5　试件加载全貌

1. 测试内容及方法

为了获取试验柱的荷载－位移曲线、混凝土应变和钢筋应变,进行了如下尝试:

(1)试验柱的轴向位移。试验柱截面尺寸为 250 mm × 250 mm,高度为 750 mm。根据圣维南原理,加载面上的不均匀垂直应力与总和为零的水平应力只影响试件端部的局部范围(高度约等于试件截面高度 250 mm),中间 250 mm 范围内的部分已接近于均匀的单轴受压应力状态。同时,大量试验表明,在试件内纵横轴各个截面上的应变分布不均匀,只有标距很大的截面应变才可以认为是均匀分布。因此,在试验柱相对的两个侧面各预埋两根距试件上下两端 250 mm 的螺丝,用于架设两个标距为 250 mm 的百分表,测量柱中部 1/3 高度范围的轴向位移,百分表量程为 10 mm。

(2)试验柱轴力。试验柱轴力可由电液伺服试验机配套的控制软件直接读出。

(3)钢筋应变。在试件中间区域 5 道十字形拉筋复合箍中,每隔 1 道箍筋上粘贴两个电阻应变片以测量箍筋应变,在柱高居中位置的纵筋上埋设两个应变片,测量纵筋的变形。由于试验柱需进入蒸压釜内进行 200 ℃ 左右的高温养护,应变片采用的是北京一洋应振测试技术有限公司测试生产的 BA121－5AA 型耐高温应变片,其自带高温导线,能耐 250 ℃ 高温。先将钢筋上粘贴应变片的区域表面打磨使其光滑,使用酒精清洗后,用耐 250 ℃ 高温的环氧树脂结构胶粘贴应变片,待 4 h 初步固化后,用其与 704 胶一同做好应变片的防水防撞击保护措施。

（4）混凝土应变。在试件两相对侧面的中部设置两个纵向和两个横向混凝土应变片，测量混凝土表面的纵向应变和横向变形，应变片敏感栅长 80 mm。

试验过程中，混凝土和钢筋应变均由 DH－3820 静态电阻测试系统采集。

2. 加载制度

本试验参照《混凝土结构试验方法标准》（GB/T 50152—2012）进行，正式加载前，试件首先要进行几何对中和预加载（物理对中）。先进行几何对中，为使试件受力均匀，用石英砂和水准尺对上下底面进行找平，保证试件竖直，与加载板接触均匀，并用红外线水准仪调整百分表使其竖直。然后进行预加载，预加载承载力估计值的 15％，利用两个纵向混凝土应变片和百分表的数值反复较正试件和仪器仪表使其对中，确保试件轴心受压。

预加载后，开始正式实施加载，采用荷载－变形双控制的加载制度。力加载时采用分级加载，每级加载承载力估计值的 10％（约为 900 kN），加载速率为 300 kN/min，持荷时间约为 2 min，待读数稳定后读取数据。当加至 80％ 预估最大荷载后采用位移控制加载，加载速率为 0.05 mm/min，超过峰值荷载后，将加载速率调节至 0.1 mm/min，直至试件完全破坏，如图 17.6 所示。

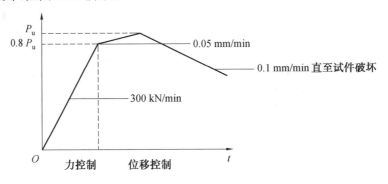

图 17.6　加载制度示意图（P_u 为极限承载力）

17.2.5　试验现象

以加载时试验柱正对试验者的方位定义试件的正面、背面、左侧面和右侧面进行如下试验现象描述。

1. 试验柱 Z1

在单调轴压荷载作用下，试验柱 Z1 的破坏过程：加载前期，试件处于弹性阶段，轴向变形的增加与荷载的增加基本成正比；在加载到极限荷载的 50％ 后，表层 RPC 发生局部的轻微剥落，角部 RPC 剥落较重，露出钢纤维，发出轻微的"噼啪"声；继续加载，表层 RPC 持续轻微剥落，RPC 的塑性变形逐渐发展，变形的增大速率高于荷载的增速，此时试验柱表面无可见裂缝；在达到极限荷载的 90％ 后，两道裂缝从试件右侧面和背面的交角处距顶面 200 mm 的位置斜向下迅速发展，形成斜向下破坏面，发出巨大的崩裂声，试件破坏突然，脆性明显。试验柱 Z1 破坏情况如图 17.7 所示。

2. 试验柱 Z2

在单调轴压荷载作用下，试验柱 Z2 的破坏过程：试件加载初期，柱子轴向变形的增加与荷载的增加基本成正比；在加载到极限荷载的 50％ ～ 60％ 时，表层 RPC 轻微剥落，发出清脆的"噼啪"声;在达到极限荷载的 70% 前,试验柱表面无可见裂缝,表层 RPC 持续轻微剥落,角部剥落相对较重,RPC 塑性变形逐渐发展,但总体而言无明显变化;在达到极限荷载的 80%～90% 时,试件右侧中部棱角处 RPC 斜向下轻微开裂;当达到极限荷载的 90% 后,试件各个面的棱角处斜向下开裂;继续加载,斜裂缝迅速发展、贯通,试件承载力迅速下降,试件完全破坏,表现出脆性。试验柱 Z2 破坏情况如图 17.8 所示。

图 17.7　试验柱 Z1 破坏情况　　　　图 17.8　试验柱 Z2 破坏情况

3. 试验柱 Z3

在单调轴压荷载作用下,试验柱 Z3 的破坏过程:加载的初始阶段,柱子轴向变形的增加与荷载的增加基本成正比;在加载到极限荷载的 40%～50% 时,表层 RPC 轻微剥落,发出清脆的"噼啪"声;在达到极限荷载的 70% 前,试验柱表面无可见裂缝,表层 RPC 持续轻微剥落,角部剥落相对较重,露出钢纤维,但总体而言无明显变化;在达到极限荷载的 90% 后,试件正面中部和右侧面中部出现水平裂缝,当达到极限荷载以后,两水平裂缝逐渐发展、贯通;继续加载,正面、右侧面和背面出现纵向裂缝,迅速沿着棱角处纵筋位置和中部纵筋位置纵向发展,裂缝宽度急剧扩大,承载力迅速下降,试件完全破坏,延性较差。试验柱 Z3 破坏情况如图 17.9 所示。

4. 试验柱 Z4

在单调轴压荷载作用下,试验柱 Z4 的破坏过程:在加载到极限荷载的 40% 后,表层 RPC 轻微剥落,发出清脆的"噼啪"声;在达到极限荷载的 90% 前,试验柱表面无可见裂缝,表层 RPC 持续轻微剥落,角部剥落相对较重,露出钢纤维,但总体而言无明显变化;在达到极限荷载的 90% 后,试件右侧距顶面 100 mm 处 RPC 水平开裂,正面距顶面 250 mm 处出现局部开裂,紧邻的棱角处也随之出现斜向短裂缝;继续加载,裂缝持续发展,发出开裂的"噼啪"声,当达到极限荷载,承载力大幅下降后维持在一个相对平缓的阶段,承载力下降较为缓慢,裂缝不断发展,伴随着巨大的崩裂声,承载力迅速下降,试件完全破坏,试件总体表现出一定的延性。试验柱 Z4 破坏情况如图 17.10 所示。

图 17.9　试验柱 Z3 破坏情况　　　　图 17.10　试验柱 Z4 破坏情况

5. 试验柱 Z5

在单调轴压荷载作用下,试验柱 Z5 的破坏过程:加载到极限荷载的 50% 后,表层 RPC 轻微剥落,发出细小的"噼啪"声;在达到极限荷载的 70% 前,试验柱表面无可见裂缝,表层 RPC 持续轻微剥落,角部剥落相对较重,钢纤维露出,但总体而言无明显变化;在达到极限荷载的 80% 时,试件背面中部和背面与左侧面的中部交角处出现水平裂缝,随着荷载的提高,裂缝逐渐发展,在试件正面和右侧面相继出现水平裂缝;当达到极限荷载,裂缝迅速发展、增多,试件正面中部出现两道斜向上发展的裂缝,试件背面也出现一道纵向裂缝;继续加载,承载力下降缓慢,裂缝持续缓慢发展,裂缝处的钢纤维被拔出,并伴有剥落、开裂声,但由于钢纤维的乱向分布,保护层 RPC 不致大范围剥落,柱保持较完整的形态;最终随着试件中部鼓胀愈发明显,伴随着巨大的闷响,内部 RPC 被压碎,承载力急剧下降,无法继续持荷,试件完全破坏,表现出良好的延性。试验柱 Z5 破坏情况如图 17.11 所示。

6. 试验柱 Z6

在单调轴压荷载作用下,试验柱 Z6 的破坏过程:加载到极限荷载的 50% 后,表层 RPC 轻微剥落,发出细小的"噼啪"声;在达到极限荷载的 70% 后,试件正面和背面距顶面约 250 mm 处出现 RPC 开裂,出现水平短裂缝,表层 RPC 持续局部地轻微剥落;荷载增大到极限荷载的 80% 后,水平短裂缝逐渐斜向上发展;当达到极限荷载以后,裂缝迅速增多、发展,试件右侧面距顶部约 200 mm 处上部出现一道贯穿的水平裂缝,棱角处出现沿纵筋方向开裂的竖直裂缝;继续加载,承载力下降缓慢,裂缝持续缓慢发展,并伴有剥落、开裂声,但由于钢纤维的乱向分布,保护层 RPC 不致大范围剥落,柱保持较完整的形态;最终伴随着巨大的崩裂声,承载力急剧下降,无法继续持荷,表现出良好的延性。试验柱 Z6 破坏情况如图 17.12 所示。

图 17.11　试验柱 Z5 破坏情况

图 17.12　试验柱 Z6 破坏情况

试验柱 Z1 ～ Z6 的体积配箍率分别为 0.55％、0.8％、1.1％、1.6％、2.3％ 和 4％,从各柱的破坏情况可以发现,对于低约束的试件 Z1 和 Z2,试件破坏的裂缝形态为斜向开裂形成的斜裂缝。对于中、高约束的试件 Z3 ～ Z6,试件破坏时的裂缝形态为一部分裂缝斜向发展,与试件中部的水平裂缝相互连通,并在纵筋位置和棱角处出现竖向裂缝。

17.2.6　试验结果

将各柱的轴压试验结果列于表 17.5 中。表中,P_u 为极限承载力;Δ_{max} 为极限承载力对应的位移;Δ_{85} 为承载力下降到 85％ 极限承载力时对应的位移;ε_s' 为峰值点时纵筋的应变;ν 为泊松比。

表 17.5　各柱轴压试验结果

试验柱编号	f_c /MPa	ε_0 /($\times 10^{-6}$)	S /mm	ρ_v/％	P_u /kN	Δ_{max} /mm	Δ_{85}/mm	ε_s' /($\times 10^{-6}$)	ν
Z1	127.3	3 307	150	0.55	8 364.6	0.84	0.95	3 290	0.18
Z2	130.9	3 307	100	0.80	9 109.5	0.89	1.02	3 356	0.19
Z3	128.2	3 307	75	1.10	8 989.5	0.94	1.10	4 623	0.18
Z4	128.4	3 307	50	1.60	9 240.1	1.03	1.20	4 745	0.20
Z5	126.4	3 307	35	2.30	9 311.6	1.15	1.36	4 830	0.18
Z6	125.4	3 307	20	4.00	9 743.7	1.27	1.65	4 988	0.19

通过布置在试验柱中部的百分表读数可以得到轴向变形,轴力由电液伺服试验机直接读出,从而绘出 6 根试验柱在各级荷载作用下的荷载 — 位移关系曲线,如图 17.13 所示。

试验柱 Z1 ～ Z6 的箍筋间距分别为 150 mm、100 mm、75 mm、50 mm、35 mm 和 20 mm,对应的体积配箍率分别为 0.55％、0.80％、1.1％、1.6％、2.3％ 和 4％。

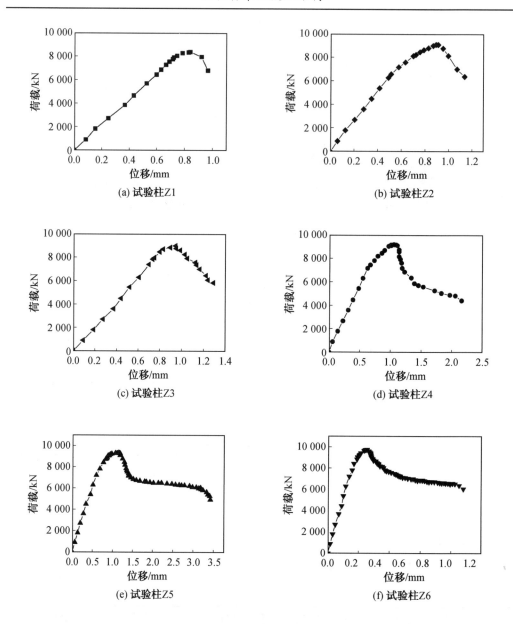

图 17.13　各试验柱荷载－位移关系曲线

将各试验柱荷载－位移曲线绘于同一坐标系中,如图 17.14 所示。由图可知,约束活性粉末混凝土的荷载－位移曲线有如下特点。

(1) 加载初期,混凝土和钢筋都处于弹性阶段,试验柱轴向变形的增加与荷载的增加基本成正比,且上升段基本一致,说明此时箍筋尚未发挥作用,体积配箍率对直线上升段的影响很小。

(2) 继续加载,随着 RPC 塑性变形的发展,轴向刚度逐渐减小,曲线上升段放缓,轴向变形的增长速度快于荷载增速。在峰值点后的初始阶段,体积配箍率对荷载下降速率的影响不明显,在荷载下降到极限承载力的 70% 时,体积配箍率对荷载下降速率的影响逐渐变得明显。试验柱体积配箍率越大,曲线下降段越平缓,构件延性得到提升,试件变形

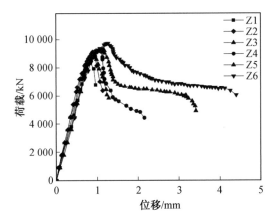

图 17.14　各试验柱荷载－位移曲线

能力越好。

（3）试验柱的峰值荷载和峰值荷载对应的峰值位移随体积配箍率的增加而增大。说明随着体积配箍率的增大，箍筋对核心混凝土的约束作用越强，柱的承载力越大，变形性能越好。

（4）根据纵筋应变片的实测值可知，纵筋在约束 RPC 达到峰值应力时均能屈服，且纵筋的应变与约束 RPC 的应变基本一致。因此采用高强钢筋作为受压纵筋，强度能充分发挥。

17.2.7　约束 RPC 应力－应变关系曲线

如图 17.15 所示，试验柱轴力由 RPC 和纵筋共同承担，则 RPC 所承担的轴力为试验柱所承受的总轴力扣除全部纵筋承担的轴力，其中纵筋所承担的轴力通过纵筋应变片用式(17.4)的钢筋本构方程求得。

对比纵筋应变片数值与由试验柱中部轴向变形换算成的约束 RPC 应变，可假定钢筋与混凝土之间没有滑移，纵筋的应变等于 RPC 的应变。

综上，当应变为 ε_c 时，约束 RPC 所承受的轴力为

$$N_c(\varepsilon_c) = N(\varepsilon_c) - N_s(\varepsilon_c) \tag{17.5}$$

$$N_s(\varepsilon_c) = \sigma_s(\varepsilon_c) A_s \tag{17.6}$$

式中，$N_c(\varepsilon_c)$ 为柱应变为 ε 时 RPC 所承受的轴力；$N(\varepsilon_c)$ 为柱应变为 ε 时试验柱所承受的总轴力；$N_s(\varepsilon_c)$ 为柱应变为 ε_c 时纵筋承受的轴力；$\sigma_s(\varepsilon_c)$ 为柱应变为 ε 时纵筋的应力，具体计算详见式(17.4)；A_s 为纵筋的总面积。

不妨假设在轴心受压时，柱截面上的应力均匀分布，则可得约束 RPC 的应力 σ_c 为

$$\sigma_c = \frac{N(\varepsilon_c) - N_s(\varepsilon_c)}{A_c} \tag{17.7}$$

式中，A_c 为 RPC 截面扣除全部纵筋的面积。

约束 RPC 的轴向应变为

$$\varepsilon_c = \frac{\Delta}{l} \tag{17.8}$$

式中，Δ 为百分表标距 l 范围内的轴向位移；l 为百分表的测量标距，$l = 250$ mm。

根据上述公式，将试验测得的各试验柱的荷载－位移曲线转化为各试验柱约束 RPC

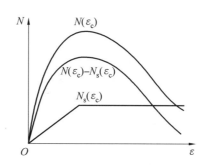

图 17.15　RPC 承担荷载的计算

的应力－应变关系曲线,如图 17.16 所示。由图可以看出,各试验柱在轴压下,约束 RPC
的应力－应变曲线上升段基本一致,应变的增加与应力的增长成正比。此时,应变较小
而应力增长较快,箍筋尚未发挥约束作用。随着荷载的增大,RPC 塑性变形发展,
试件的应力－应变曲线上升趋势逐渐变缓,应变的增速高于应力的增速。峰值点后,曲
线下降段随体积配箍率的增大而变得平缓。

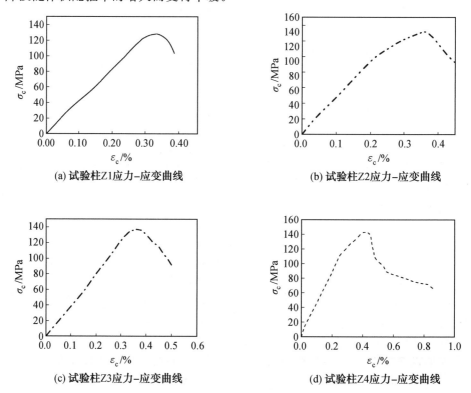

(a) 试验柱Z1应力–应变曲线

(b) 试验柱Z2应力–应变曲线

(c) 试验柱Z3应力–应变曲线

(d) 试验柱Z4应力–应变曲线

图 17.16　各试验柱约束 RPC 的应力－应变关系曲线

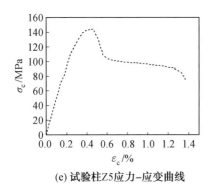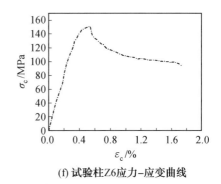

(e) 试验柱Z5应力-应变曲线　　　　　(f) 试验柱Z6应力-应变曲线

续图 17.16

17.2.8　箍筋应力

将坐标横轴表示为外箍和内箍的平均应变,将坐标纵轴表示为约束 RPC 的轴向应力,各试验柱的箍筋实测应变曲线如图 17.17 所示。

约束 RPC 达到峰值强度时箍筋的应变实测值见表 17.6。由图 17.17 和表 17.6 可知,当达到峰值应力时,各试验柱的高强箍筋均尚未屈服,应力发挥水平在 30% ～ 40% 之间,且应力发挥程度随体积配箍率的增大而增大。造成这种现象的原因主要是:随着配箍

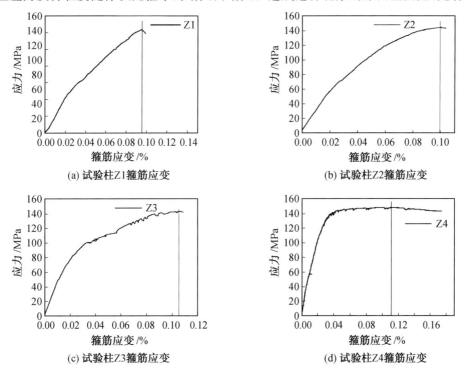

(a) 试验柱Z1箍筋应变　　　　　(b) 试验柱Z2箍筋应变

(c) 试验柱Z3箍筋应变　　　　　(d) 试验柱Z4箍筋应变

图 17.17　各试验柱箍筋实测应变曲线

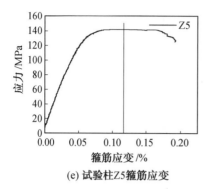

(e) 试验柱Z5箍筋应变

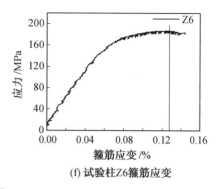

(f) 试验柱Z6箍筋应变

续图 17.17

率的增大,箍筋对混凝土的约束效果逐渐变得明显,横向膨胀变形逐渐增大,导致箍筋拉应变增大,相应的箍筋应力水平提升。但由于 RPC 中不含粗骨料,所以胶凝体与粗骨料之间不存在初始裂缝,由于胶凝体与粗骨料之间微裂缝的发展引起横向膨胀的问题也就不存在,而乱向分布的钢纤维起到了阻滞裂缝发展、束缚横向变形的作用,因此 RPC 相应的横向变形较一般混凝土小,导致箍筋的拉应变水平较低。

表 17.6 约束 RPC 达到峰值强度时箍筋的应变实测值

试验柱编号	体积配箍率 ρ_v /%	内箍平均应变 /$\mu\varepsilon$	外箍平均应变 /$\mu\varepsilon$	网格箍平均应变 /$\mu\varepsilon$	箍筋屈服应变 /$\mu\varepsilon$	应力发挥程度 /%
Z1	0.55	639.0	1 268.0	953.5	3 309.67	29
Z2	0.80	723.8	1 286.6	1 005.2	3 309.67	30
Z3	1.10	804.7	1 294.9	1 049.8	3 309.67	32
Z4	1.60	813.0	1 379.6	1 096.3	3 309.67	33
Z5	2.30	855.3	1 459.5	1 157.4	3 309.67	35
Z6	4.00	969.4	1 577.6	1 273.5	3 309.67	38

17.2.9 高强复合箍筋约束 RPC 受力和变形特点

将各试验柱应力 — 应变关系曲线绘于同一坐标系中,如图 17.18 所示。

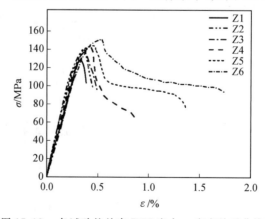

图 17.18 各试验柱约束 RPC 应力 — 应变关系曲线

由图可以看出,各试验柱在轴压下,约束 RPC 的应力－应变曲线上升段基本一致,在加载初期,试件处于弹性变形阶段,应变的增加与应力的增加成正比。此时,应变较小而应力增长较快,箍筋尚未发挥约束作用。随着荷载的增大,RPC 塑性变形发展,试件的应力－应变曲线上升趋势逐渐变缓,应变的增长速度高于应力的增长速度。随着荷载的进一步增加,应力－应变关系曲线上升段斜率迅速减小,随后达到峰值点,此时高强箍筋尚未屈服(应力只达到屈服强度的 30% ～ 40%)。

约束 RPC 的峰值应力和峰值压应变随体积配箍率的增加而增大。峰值点后,高强箍筋强度富余量大,能够继续约束 RPC 的变形,约束效果取决于体积配箍率的大小。试件体积配箍率越大,应力－应变曲线的下降段越平缓,延性越好。随着应力进一步下降,应变增长速率增大,最后两道箍筋之间的 RPC 被压溃,箍筋角部被拉断,核心 RPC 承载力急剧下降,试件破坏。

17.3　高强复合箍筋约束 RPC 柱轴压力学性能

由 17.2 节试验结果可知,体积配箍率对约束箍筋的应力水平以及约束 RPC 的强度和变形能力均起到提升的作用,尤其是对构件延性性能的提升。可见,体积配箍率是影响 RPC 受压性能的重要因素。

本节根据第 17.2 节的试验结果,对约束混凝土的强度、变形与约束的关系进行研究,为以高强钢筋作为受压纵筋、高强钢筋作为网格式约束箍筋的约束 RPC 柱的设计提供参考。

17.3.1　箍筋约束机理

1. 有效约束区域

普遍认为螺旋箍筋或圆环形箍筋能对其约束的混凝土产生最有效的约束作用,且受力特性较方形箍筋清晰明确,故从螺旋箍筋(环形箍筋)着手进行理论分析。

螺旋箍筋或圆环形箍筋产生拉应力的原因在于随着轴向压力的增加,箍筋内的混凝土的应力达到其单轴抗压强度后,约束混凝土柱会在横向上膨胀而发生变形。柱的横向变形导致了箍筋的变形,于是就产生了箍筋的拉应力。箍筋在因混凝土柱横向变形而外鼓的同时,根据力的相互作用原理会对其约束的核心混凝土产生与外鼓方向相反的约束应力,此时核心混凝土处于三向受压状态。

Sheikh 和 Uzumeri(1982) 对约束混凝土柱的研究表明,矩形或方形箍筋对核心混凝土在横向上的被动约束力的分布不同于螺旋箍筋或环形箍筋的均匀分布,而是不均匀分布。在箍筋的拐角即对角线方向,箍筋的轴向刚度在很大程度上决定了箍筋对混凝土的横向约束力,而钢筋在屈服之前其轴向刚度很高,因此箍筋的横向约束作用往往在此处达到最大。当离开拐角处进入直线段时,随着距离的增加,箍筋的抗弯刚度渐渐地起主导作用,使轴向刚度作用减弱。而箍筋的抗弯刚度很小,水平弯曲时形成"拱",越靠近箍筋直线段的中部,对核心混凝土的横向约束力越低,侧向约束应力形成拱形的分布,如图17.19所示。因为"拱"作用的存在,箍筋直线段中部的侧向约束应力相比于拐角处的约束应力低得多。

如图 17.20 所示,主要由箍筋拐角(箍筋和纵筋绑扎处)提供的侧向约束应力在箍平面内和两箍筋之间以拱(抛物线)的形式向核心混凝土内部扩散,拱切线与箍筋的夹角为45°。核心混凝土内阴影部分为有效约束区域,核心混凝土内非阴影部分为弱约束区,箍筋外围混凝土保护层为无约束区。Mander认为所有处于拱以外的混凝土都被看作和混凝土保护层一样不受约束作用,箍筋的约束力在其间不能充分发挥作用,而是在拱以内阴影部分的有效约束区域内发挥作用。

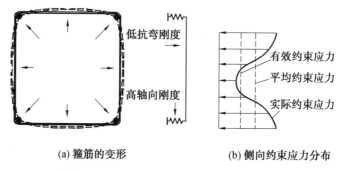

(a) 箍筋的变形　　　　　　(b) 侧向约束应力分布

图 17.19　方形箍筋的被动约束应力分布图

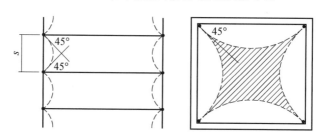

图 17.20　方形箍筋约束区与非约束区

从整体上看,箍筋的横向约束力在图17.20所示的核心混凝土有效约束区域发挥作用,两相邻箍筋中间的横截面是核心混凝土被箍筋有效约束的薄弱区,有效约束面积最小。

综上,箍筋对核心混凝土的横向约束力在有效约束区域内发挥作用,将考虑了有效约束区域的箍筋约束力称为箍筋有效侧向约束应力。其约束作用的大小取决于两个大方面,一是有效约束区域的大小,二是在有效约束区域上箍筋约束力与混凝土强度的相对大小。这两个因素由箍筋间距、直径、屈服强度、布置形式等因素综合决定。本章试验柱采用网格式复合箍筋,体积配箍率的改变通过调节箍筋间距实现,因此以下分析箍筋的形式和间距对箍筋约束作用的影响。

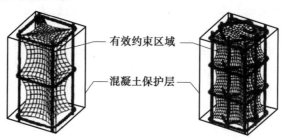

图 17.21　核心混凝土有效约束区域

（1）箍筋形式。

试验柱的箍筋形式采用网格式箍，由一个外箍和两个相互垂直的拉筋组成，如图17.22(c) 所示。这种复合箍在平面的有效约束区域介于螺旋箍筋和矩形箍筋之间，原因在于中间的拉结筋减小了外箍直线段的无支长度，使其分段抗弯，抗弯刚度增加，拱高减小，弱约束区域相应减小，因此平面内有效约束区域较普通箍筋得到了增加。同时，抗弯刚度的增加使得主要由抗弯刚度决定的约束力增大。

（2）箍筋间距。

箍筋形式确定之后，箍筋、纵筋所形成的钢筋骨架是对混凝土形成有效约束的关键。如图 17.22(b) 与(c) 所示，两相邻箍筋之间的中部截面是钢筋笼约束的最薄弱面，有效约束区域的面积最小。箍筋间距的减小使得沿柱高方向上的有效约束区域增加，全柱的有效约束区域增大，箍筋约束作用增强。同时，纵筋的无支长度减小，抗弯刚度增加，导致纵筋不易发生受压屈曲，约束混凝土下降段变形能力增强。

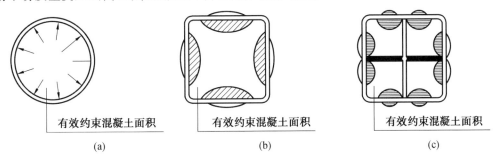

图 17.22　不同箍筋形式对应的有效约束混凝土区域

综上所述，箍筋对核心混凝土的约束作用主要取决于箍筋布置形式和箍筋间距，它们共同使得有效约束混凝土面积增大，约束能力增强，需引入相关参数来反映这方面的影响。

2. 约束效率系数

引入约束效率系数 α 考虑箍筋形式和间距对核心混凝土内有效约束区域大小的影响，约束效率系数 α 应按下列规定确定：

$$\alpha = \alpha_n \alpha_s \tag{17.9}$$

式中，α_n 为截面形状与箍筋形式的影响系数；α_s 为截面形状与箍筋间距的影响系数。

如图 17.23 所示，对矩形截面：

$$\alpha_n = 1 - \frac{\sum l_i^2}{6A_{cor}} \tag{17.10}$$

式中，A_{cor} 为矩形核心截面的面积，$A_{cor} = a_{cor} b_{cor}$（$a_{cor}$、$b_{cor}$ 为矩形核心截面两方向的边长）；l_i 为沿矩形截面周边两个方向由箍筋约束的纵向钢筋间距。

对矩形封闭箍筋：

$$\alpha_s = \left(1 - \frac{s}{\psi a_{cor}}\right)\left(1 - \frac{s}{\psi b_{cor}}\right) \tag{17.11}$$

式中，ψ 为系数，轴心受压时可取 1.0，偏压时可取 2.0，可统一取 2.0；s 为箍筋间距。

对于试验柱 Z1 ～ Z6，经计算，约束效率系数 α 见表 17.7。

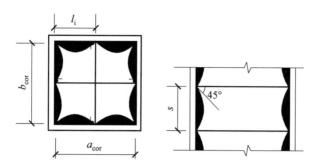

图 17.23 约束效率系数各计算参数示意图

表 17.7 各试验柱约束效率系数 α

试验柱编号	箍筋间距 /mm	体积配箍率 ρ_v/%	α_n	α_s	α
Z1	150	0.55	0.70	0.43	0.30
Z2	100	0.8	0.70	0.59	0.41
Z3	75	1.1	0.70	0.69	0.48
Z4	50	1.6	0.70	0.78	0.55
Z5	35	2.3	0.70	0.85	0.59
Z6	20	4.0	0.70	0.91	0.63

3. 箍筋有效侧向约束应力

箍筋平均侧向约束应力计算图如图 17.24 所示,通过静力平衡方程可计算出箍筋对核心混凝土截面两个方向的平均侧向约束应力 σ_2、σ_3:

$$\sigma_2 = \frac{3f_{sv}A_{sv1}}{s\,a_{cor}} \tag{17.12}$$

同理

$$\sigma_3 = \frac{3f_{sv}A_{sv1}}{s\,b_{cor}} \tag{17.13}$$

式中,f_{sv} 为箍筋实际应力大小;A_{sv1} 为单根箍筋截面面积。

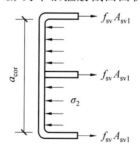

图 17.24 箍筋平均侧向约束应力计算图

对方形截面的十字形网格式复合箍,$a_{cor} = l_{cor}$,故 $\sigma_2 = \sigma_3$。

体积配箍率 ρ_v 为

$$\rho_v = \frac{6A_{sv1}}{s\,a_{cor}} \tag{17.14}$$

联立式(17.12)和式(17.14),得出平均侧向约束应力为

$$\sigma_2 = \frac{1}{2}\rho_v f_{sv} \tag{17.15}$$

引入式(17.9)的约束效率系数 α,可得箍筋有效侧向约束应力为

$$\sigma_{2e} = \frac{1}{2}\alpha\rho_v f_{sv} \tag{17.16}$$

17.3.2　箍筋应力计算公式

由 17.2.8 节可知,箍筋在约束 RPC 达到峰值应力时应力发挥程度约为屈服强度的 $30\% \sim 40\%$,且随体积配箍率的增加而增大。因此,峰值时箍筋实际应力大小主要受体积配箍率的影响,且据有关研究表明,还与约束效率系数、混凝土强度有关。约束效率系数越大,箍筋的约束效果越好,核心混凝土横向变形越大,相应的箍筋拉应变越高。混凝土强度越高,脆性越明显,横向变形能力越弱,相应的箍筋应力发挥程度越低。

拟合箍筋应力与 RPC 强度、体积配箍率、约束效率系数之间的关系,如图 17.25 所示,得到了约束 RPC 达到峰值应力时箍筋应力的计算式:

$$f_{sv} = 1.60E_s\alpha\frac{\rho_v}{f_c} + 193 \tag{17.17}$$

式中,E_s 为箍筋弹性模量;α 为约束效率系数;ρ_v 为体积配箍率;f_c 为 RPC 轴心抗压强度。

箍筋应力的计算值 f_{sv}^c 与实测值 f_{sv}^t 汇总于表 17.8。箍筋应力实测值与计算值对比如图 17.26 所示,计算值与实测值之比的平均值为 1.00,变异系数为 0.03,计算值与实测值符合程度较好。

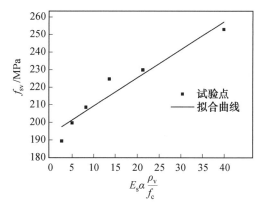

图 17.25　箍筋实际应力计算公式拟合曲线

表 17.8　约束 RPC 达到峰值应力时箍筋应力实测值与计算值

试验柱编号	$E_s\alpha\dfrac{\rho_v}{f_c}$	复合箍平均应变 /$\mu\varepsilon$	箍筋应力实测值 f_{sv}^t/MPa	箍筋应力计算值 f_{sv}^c/MPa
Z1	2.57	953.5	189.37	29
Z2	4.98	1 005.2	199.63	30
Z3	8.18	1 049.8	208.49	32
Z4	13.61	1 131.3	224.68	33
Z5	20.32	1 157.4	229.86	35
Z6	39.91	1 273.5	252.92	38

线性拟合的校正决定系数(R^2)为 0.911,模型对数据的拟合较好。

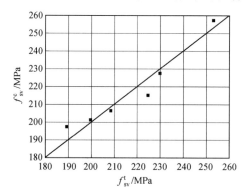

图 17.26　箍筋应力实测值与计算值对比

17.3.3　约束 RPC 的强度和变形计算

1. 强度计算

1928 年,Richart 等对三轴围压下混凝土的应力、应变进行研究,提出了约束混凝土的著名经验公式:

$$f_{cc} = f_c + 4.1\sigma_2 \tag{17.18}$$

式中,f_{cc} 为约束混凝土的轴心抗压强度;f_c 为非约束混凝土的轴心抗压强度;σ_2 为横向应力(三向围压下的主应力,$\sigma_1 = f_{cc}$,$\sigma_2 = \sigma_3$),即箍筋的侧向约束应力。

参照式(17.18)的形式,箍筋的侧向约束应力 σ_2 用式(17.16)中有效侧向约束应力 σ_{2e} 表示,本章试验柱的轴心抗压强度计算公式为

$$\frac{f_{cc}}{f_c} = 1 + k\left(\frac{\sigma_{2e}}{f_c}\right)^n \tag{17.19}$$

式中,f_c 为 RPC 轴心抗压强度;k,n 为系数。

联立式(17.16)和式(17.19)得

$$f_{cc} = \left[1 + k\left(\frac{\alpha\rho_v f_{sv}}{2f_c}\right)^n\right]f_c \tag{17.20}$$

式中,α 为约束效率系数,按式(17.9)计算;ρ_v 为体积配箍率;f_c 为 RPC 轴心抗压强度;f_{sv} 为箍筋的实际应力,按式(17.17)计算。

各试验柱的峰值应力试验结果见表 17.9,对试验结果进行回归分析,得 $k = 1.45$,$n = 0.53$,故本试验中约束 RPC 抗压强度的计算公式为

表 17.9　各试验柱峰值应力试验结果

试验柱编号	f_c /MPa	ε_0 /($\times 10^{-6}$)	ρ_v /%	f_{cc}^t /MPa	$\alpha\rho_v f_{sv}$ /($2f_c$)	f_{cc} /f_c	f_{cc}^c /MPa
Z1	127.3	3 307	0.55	128.73	0.001 2	1.011	132.64
Z2	130.9	3 307	0.80	140.77	0.002 5	1.075	138.79
Z3	128.2	3 307	1.10	138.83	0.004 3	1.083	138.38
Z4	128.4	3 307	1.60	142.88	0.007 7	1.113	142.14
Z5	126.4	3 307	2.30	144.04	0.012 3	1.140	143.60
Z6	125.4	3 307	4.00	151.02	0.025 4	1.204	150.07

$$f_{cc} = \left[1 + 1.45 \left(\frac{\alpha \rho_v f_{sv}}{2 f_c} \right)^{0.53} \right] f_c \tag{17.21}$$

拟合结果如图 17.27 所示,校正决定系数 R^2 为 0.92,拟合效果较好。约束 RPC 峰值应力试验值 f_{cc}^t 与按计算公式(17.21)求出的计算值 f_{cc}^c 列于表 17.9 中,它们的对比如图 17.28 所示。计算值与实测值之比的平均值为 0.996,变异系数为 0.014,计算值与实测值符合程度较好。

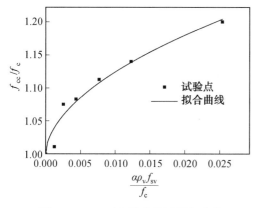

图 17.27　f_{cc}/f_c 试验值及拟合曲线

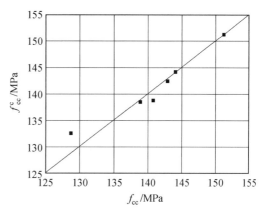

图 17.28　峰值应力试验值与计算值比较

《混凝土结构设计规范》(GB 50010—2010)的 6.2.16 条中约束混凝土柱正截面承载力计算公式(6.2.21-1)和 6.6.3 条中混凝土局部受压承载力计算公式(6.6.3-1)均引入了间接钢筋对混凝土约束的折减系数(当混凝土强度等级不超过 C50 时,折减系数取 1.0;当混凝土强度等级为 C80 时,取 0.85;混凝土强度等级在 C50～C80 之间,按线性内插法确定,对更高强度等级的混凝土约束折减系数取外插值来做规定)。这表明约束箍筋配置相同时,随着混凝土强度等级的提高,混凝土受到的约束相对减弱。

本次试验发现,各试验柱体积配箍率分别为 0.55%、0.8%、1.1%、1.6%、2.3% 和 4% 时,约束 RPC 的抗压强度相对于非约束 RPC 的抗压强度分别提高了 1%、7.5%、8.3%、11.3%、14% 和 19%,提升幅度不大。原因主要是试验柱 RPC 立方体强度达 150 MPa,强度远高于一般混凝土,箍筋对约束 RPC 的强度提升作用较弱。

2. 峰值压应变计算

峰值压应变是约束 RPC 应力—应变关系曲线上的变形特征值,能反映约束 RPC 的变形能力。各试验柱峰值压应变试验结果见表 17.10。

表 17.10　各试验柱峰值压应变试验结果

试验柱编号	f_c /MPa	ε_0 /($\times 10^{-6}$)	ρ_v /%	ε_{cc}^t /($\times 10^{-6}$)	$\alpha \rho_v f_{sv}$ /($2 f_c$)	ε_{cc}^t /ε_0	ε_{cc}^c /($\times 10^{-6}$)
Z1	127.3	3 307	0.55	3 360	0.001 2	1.016	3 416
Z2	130.9	3 307	0.80	3 560	0.002 5	1.077	3 529
Z3	128.2	3 307	1.10	3 780	0.004 3	1.143	3 688
Z4	128.4	3 307	1.60	4 100	0.007 7	1.240	3 989
Z5	126.4	3 307	2.30	4 584	0.012 3	1.386	4 401
Z6	125.4	3 307	4.00	5 420	0.025 4	1.639	5 559

根据 Richart 经验公式,约束混凝土的峰值压应变与围压的关系为

$$\frac{\varepsilon_{cc}}{\varepsilon_0} = 1 + k_1 \left(\frac{\sigma_2}{f_c}\right) \tag{17.22}$$

式中,ε_{cc} 为约束混凝土的峰值压应变;ε_0 为非约束混凝土的峰值压应变;σ_2 为侧向约束应力;k_1 为系数。

式(17.22)中侧向约束力 σ_2 用式(17.16)所示的箍筋有效侧向约束应力 σ_{2e} 表示,得

$$\frac{\varepsilon_{cc}}{\varepsilon_0} = 1 + \beta \left(\frac{\alpha \rho_v f_{sv}}{2f_c}\right)^\eta \tag{17.23}$$

式中,α 为约束效率系数,按式(17.9)计算;ρ_v 为体积配箍率;f_c 为 RPC 轴心抗压强度;ε_0 为 RPC 峰值压应变;f_{sv} 为箍筋的实际应力,按式(17.17)计算。

利用试验数据进行回归分析,如图 17.29 所示,其中,$\beta = 26.8$,$\eta = 1.0$,校正后的决定系数 $R^2 = 0.97$,拟合效果较好。可得本试验的约束 RPC 峰值压应变计算式为

$$\varepsilon_{cc} = \left(1 + 13.4 \frac{\alpha \rho_v f_{sv}}{f_c}\right) \varepsilon_0 \tag{17.24}$$

约束 RPC 峰值压应变试验值 ε_{cc} 与按计算公式(17.24)求出的计算值 ε_{cc}^c 见表17.10,它们的对比如图 17.30 所示。计算值与实测值之比的平均值为1.01,变异系数为0.03,计算值与实测值符合程度较好。

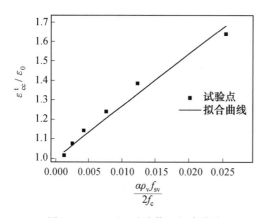

图 17.29　$\varepsilon_{cc}/\varepsilon_0$ 试验值及拟合曲线

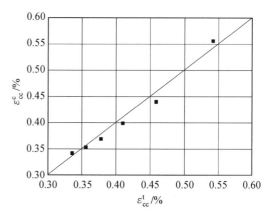

图 17.30　峰值应力试验值与计算值比较

通过试验结果发现,各试验柱体积配箍率分别为 0.55%、0.8%、1.1%、1.6%、2.3% 和 4% 时,约束 RPC 的峰值压应变相对于非约束 RPC 的峰值压应变分别提高了 1.6%、7.7%、14.3%、24%、38.6% 和 63.9%,可见箍筋对约束 RPC 峰值压应变的提升作用较抗压强度显著。

3. 应力下降至峰值应力 85% 时压应变的计算

约束 RPC 的应力下降到峰值应力 85% 时对应的压应变 ε_{85} 是约束 RPC 应力-应变关系曲线上的变形特征值,能体现下降段变形的大小,反映约束 RPC 柱变形性能的好坏。

本章各试验柱均测出了应力-应变曲线 85% 的下降段,将试验结果列于表 17.11。

表 17.11　试验柱 ε_{85} 试验结果

试验柱编号	ε_{cc} /($\times 10^{-6}$)	ρ_v /%	$\alpha\rho_v f_{sv}/(2f_c)$	ε_{85} /($\times 10^{-6}$)	ε_{85} /ε_{cc}	ε_{85}^c /($\times 10^{-6}$)
Z1	3 360	0.55	0.004	3 817	1.14	3 802
Z2	3 560	0.80	0.008	4 072	1.14	4 087
Z3	3 780	1.10	0.014	4 380	1.16	4 392
Z4	4 100	1.60	0.023	4 790	1.17	4 827
Z5	4 584	2.30	0.035	5 432	1.18	5 466
Z6	5 420	4.00	0.066	6 617	1.22	6 587

$\varepsilon_{85}/\varepsilon_{cc}$ 与箍筋有效侧向约束应力的关系为

$$\frac{\varepsilon_{85}}{\varepsilon_{cc}} = 1 + \xi\left(\frac{\alpha\rho_v f_{yv}}{2f_c}\right)^{\theta} \tag{17.25}$$

式中，f_{yv} 为箍筋的屈服强度；ε_{cc} 为约束 RPC 峰值压应变，按式(17.24)计算；α 为约束效率系数，按式(17.9)计算；f_c 为 RPC 轴心抗压强度；ξ、θ 为待定系数。

利用本章试验数据进行回归分析，如图 17.31 所示，$\xi = 0.35$，$\theta = 0.18$，校正决定系数 R^2 为 0.95，拟合效果较好。故应力下降到 $0.85f_{cc}$ 时应变 ε_{85} 的计算公式为

$$\varepsilon_{85} = \left[1 + 0.35\left(\frac{\alpha\rho_v f_{yv}}{f_c}\right)^{0.18}\right]\varepsilon_{cc} \tag{17.26}$$

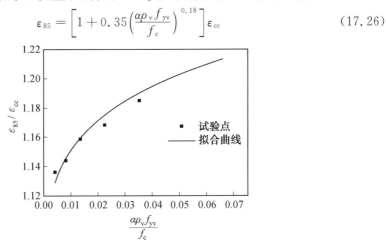

图 17.31　试验柱 $\varepsilon_{85}/\varepsilon_{cc}$ 试验值及拟合曲线

将 ε_{85} 试验值与按计算公式(17.26)得出的计算值 ε_{85} 列于表 17.11 中，它们的对比如图 17.32 所示。计算值与实测值之比的平均值为 0.99，变异系数为 0.01，计算值与实测值符合程度较好。

通过试验结果发现，各试验柱体积配箍率分别为 0.55%、0.8%、1.1%、1.6%、2.3% 和 4% 时，约束 RPC 的极限应变相对于约束 RPC 的峰值压应变分别提高了 14%、14%、16%、17%、18% 和 22%，可见体积配箍率对 ε_{85} 提升并不十分明显。

从试验柱 Z4 ~ Z6 的应力 — 应变曲线可以发现，选用应力下降到峰值应力 60% ~ 70% 时对应的压应变更能反映体积配箍率对柱下降段变形性能的影响，对此有待进一步研究。

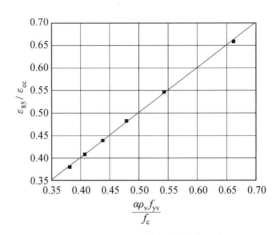

图 17.32 ε_{85} 试验值与计算值比较

17.3.4 受压应力－应变曲线

1903 年以来,国内外学者对约束混凝土受压应力－应变关系进行了一系列试验研究。每个学者都基于各自的试验结果拟合得到了相应的约束混凝土受压应力－应变全曲线方程,但普适程度不高,尤其是对于 RPC 这种掺入钢纤维的超高强的混凝土,应力－应变曲线呈现出了新特点。因此,本节主要探索适用于本试验的 HRB600 级钢筋作为网格式复合箍筋约束 RPC 柱的应力－应变模型的建立。

1. 数学模型

研究应力－应变全曲线方程时,首先将 17.2 节中试验得到的实测应力－应变曲线无量纲化,用无量纲坐标表示,即令 $x = \varepsilon_c / \varepsilon_{cc}$,$y = \sigma_c / f_{cc}$。其中,$\varepsilon_{cc}$、$f_{cc}$ 分别为曲线中的峰值压应变和抗压强度。

典型受压应力－应变关系曲线如图 17.33 所示,受压应力－应变关系曲线应满足以下条件。

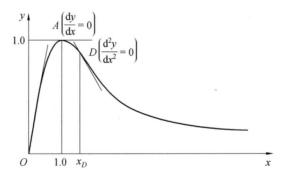

图 17.33 典型受压应力－应变关系曲线

曲线上升段($0 \leqslant x < 1$,$0 \leqslant y \leqslant 1$):

(1) 曲线通过原点,即当 $x = 0$ 时,$y = 0$。

(2) 原点切线斜率为:$\dfrac{\mathrm{d}y}{\mathrm{d}x} = \dfrac{\mathrm{d}\sigma_c}{\mathrm{d}\varepsilon_c} \dfrac{\varepsilon_{cc}}{f_{cc}} = E_c \dfrac{\varepsilon_{cc}}{f_{cc}}$。

(3) 曲线外凸，导数 $\dfrac{\mathrm{d}y}{\mathrm{d}x}$ 单调下降，即当 $0 \leqslant x < 1$ 时，$\dfrac{\mathrm{d}^2 y}{\mathrm{d}x^2} < 0$。

(4) 在曲线顶点处，曲线取得极大值，即当 $x = 1$ 时，$y = 1$，$\dfrac{\mathrm{d}y}{\mathrm{d}x} = 0$。

曲线下降段（$x > 1, 0 \leqslant y \leqslant 1$）：

(1) 当 $x = 1$ 时，$y = 1$，$\dfrac{\mathrm{d}y}{\mathrm{d}x} = 0$。

(2) 下降段存在拐点 D，拐点处 $\dfrac{\mathrm{d}^2 y}{\mathrm{d}x^2} = 0$。

(3) 当 $x \to \infty$，$y \to 0$，$\dfrac{\mathrm{d}y}{\mathrm{d}x} \to 0$。

根据曲线上升段和下降段的形状，分别采取不同的曲线方程进行描述，来作为 RPC 受压的本构模型。

(1) 上升段曲线方程。

上升段方程采用 Mander 模型的表达形式，即

$$y = \frac{\gamma x}{x^\gamma + \gamma - 1} \tag{17.27}$$

该表达式满足上升段条件(1)(3)(4)，将上升段条件(2) 代入式(17.27)，得

$$\gamma = \frac{E_c}{E_c - \dfrac{f_{cc}}{\varepsilon_{cc}}} \tag{17.28}$$

式中，E_c 为 RPC 的弹性模量；f_{cc} 为约束 RPC 的峰值应力；ε_{cc} 为约束 RPC 的峰值压应变。

(2) 下降段曲线方程。

下降段方程根据哈尔滨工业大学李莉对 RPC 下降段的研究，采用过镇海模型的有理分式的形式，即

$$y = \frac{x}{ax^2 + bx + c} \tag{17.29}$$

将下降段条件(1) 代入式(17.29)，得到 $c = a$ 及 $b = 1 - 2a$，即

$$y = \frac{x}{a(x-1)^2 + x} \tag{17.30}$$

经验证，当 $a > 0$ 时该方程满足下降段条件(2)(3)。

2. 高强箍筋约束 RPC 应力 — 应变全曲线方程

计算各试验柱上升段曲线方程中的参数 γ，下降段曲线方程中的参数 a 通过拟合各试验柱实测应力 — 应变曲线的下降段得到。

上升段参数 γ 和下降段参数 a 的值见表 17.12。其中校正决定系数 R^2 和标准差 σ 反映下降段拟合结果的好坏。

表 17.12　约束 RPC 应力-应变曲线上升段和下降段参数

试验柱编号	$\rho_v/\%$	f_{cc}^c/MPa	$\varepsilon_{cc}^c/(\times 10^{-6})$	上升段参数 γ	下降段参数 a	校正决定系数 R^2	标准差 σ
Z1	0.55	132.64	3 416	9.88	11.27	0.87	2.48
Z2	0.80	138.79	3 529	11.16	8.31	0.98	0.46
Z3	1.10	138.38	3 688	7.61	6.64	0.944	0.39
Z4	1.60	142.14	3 989	5.71	3.51	0.68	0.5
Z5	2.30	143.60	4 401	4.09	0.69	0.14	0.07
Z6	4.00	150.07	5 559	2.67	0.59	0.12	0.06

注：f_{cc}^c、ε_{cc}^c 分别为式(17.21)和式(17.24)的计算值。

综上，网格式高强复合箍筋约束 RPC 的应力－应变全曲线方程为

$$
\begin{cases}
\sigma_c = \dfrac{\gamma f_{cc}\left(\dfrac{\varepsilon_c}{\varepsilon_{cc}}\right)}{\left(\dfrac{\varepsilon_c}{\varepsilon_{cc}}\right)^{\gamma} + \gamma - 1} & (0 \leqslant \varepsilon_c \leqslant \varepsilon_{cc}) \\[4mm]
\sigma_c = \dfrac{f_{cc}\left(\dfrac{\varepsilon_c}{\varepsilon_{cc}}\right)}{a\left(\dfrac{\varepsilon_c}{\varepsilon_{cc}} - 1\right)^{2} + \left(\dfrac{\varepsilon_c}{\varepsilon_{cc}}\right)} & (\varepsilon_c > \varepsilon_{cc}) \\[4mm]
\gamma = \dfrac{E_c}{E_c - \dfrac{f_{cc}}{\varepsilon_{cc}}}
\end{cases}
\tag{17.31}
$$

式中，E_c 为 RPC 的弹性模量；f_{cc} 为约束 RPC 的峰值应力；ε_{cc} 为约束 RPC 的峰值压应变；γ 为上升段控制参数；a 为下降段控制参数，各试验柱的取值见表 17.12。

各试验柱的应力－应变关系试验曲线和计算曲线的对比如图 17.34 所示。由图可以看出，当体积配箍率较小时($0.5\% < \rho_v < 2\%$)，试验曲线与计算曲线吻合较好。当体积配箍率较大($\rho_v > 2\%$)时，试验曲线与计算曲线存在一定差异。

造成上述结果的原因主要是约束 RPC 在应力－应变曲线下降段的初始阶段，下降速率随体积配箍率的变化不明显，直至下降到峰值应力的 $50\% \sim 70\%$ 时，体积配箍率对延性的提升作用才逐渐明显，体积配箍率越大，曲线越平缓，且存在较长的平台段。

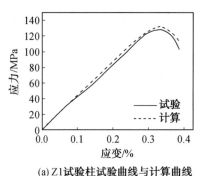

(a) Z1 试验柱试验曲线与计算曲线

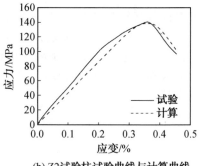

(b) Z2 试验柱试验曲线与计算曲线

图 17.34　各试验柱的应力－应变关系试验曲线与计算曲线的对比

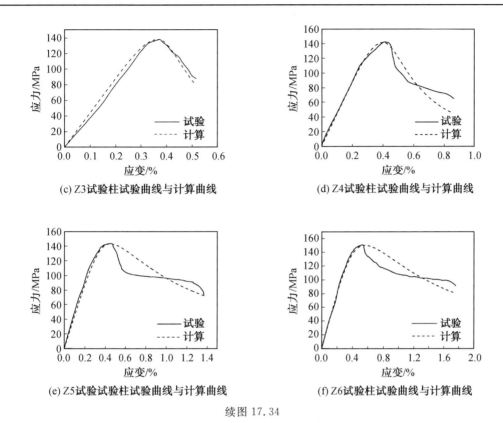

(c) Z3试验柱试验曲线与计算曲线　　　　(d) Z4试验柱试验曲线与计算曲线

(e) Z5试验试验柱试验曲线与计算曲线　　　(f) Z6试验柱试验曲线与计算曲线

续图 17.34

17.4　本 章 小 结

本章通过 6 根高强复合箍筋约束活性粉末混凝土柱轴压性能试验及理论分析,得出以下结论:

(1)获得了高强复合箍筋约束 RPC 柱在单调轴心受压下的试验结果。试验结果表明,对于 RPC 轴心抗压强度达 130 MPa、采用 HRB600 钢筋作为受压纵筋和十字形拉筋网格式复合箍筋、箍筋体积配箍率为 0.55% ～ 4% 的试验柱,箍筋在柱达到极限承载力的拉应变随体积配箍率的增加而增大,但增幅不明显,箍筋的应力仅达到了其屈服强度的 30% ～ 40%;体积配箍率的变化主要影响箍筋约束程度的大小,体积配箍率越大,约束 RPC 抗压强度、峰值压应变和极限应变越大,延性越能得到提升,箍筋的约束效果越好,因此,增大体积配箍率能有效改善约束 RPC 柱在轴压下的强度和变形能力;由于 RPC 的峰值压应变高于一般混凝土,且箍筋的约束作用进一步增大了被约束 RPC 的峰值压应变,因此采用 HRB600 级高强受压纵筋在约束 RPC 达到抗压强度时能够屈服,强度得到充分发挥。

(2)根据国内外对约束混凝土的研究,约束混凝土的强度和变形能力与箍筋侧向约束应力密切相关,因此通过分析网格式复合箍筋的约束机理和侧向约束应力的平衡方程,引入反映箍筋、纵筋空间布置形式和截面形状的约束效率系数,将箍筋侧向约束应力表示为与约束效率系数、箍筋实际应力大小和体积配箍率有关的有效侧向约束应力的形式。由于箍筋在承载力极限状态时尚未屈服,因此采用箍筋应力实测值,拟合得出了采用

HRB600 级网格式复合箍筋、轴心抗压强度达 120 MPa 的 RPC、体积配箍率在 0.55％～4％之间的约束 RPC 柱抗压强度、峰值压应变和应力下降到抗压强度85％时对应的压应变的计算公式。并通过回归分析得出了约束 RPC 达到抗压强度时箍筋实际应力的计算公式,将其与约束 RPC 的抗压强度、峰值压应变计算公式相结合进行计算。

(3)高强网格式复合箍筋约束 RPC 的抗压强度相比于无约束 RPC 提升了1％～19％,峰值压应变相比于无约束 RPC 提升了 1.6％～63.9％,可见网格式复合箍筋作为约束箍筋能起到对 RPC 强度和抗变形能力的提升作用。在具体设计时,应考虑高强复合箍筋的约束作用对 RPC 强度和抗变形能力的提高作用。

(4)对于本章的试验柱,提出了相应的约束 RPC 应力－应变全曲线方程,上升段参照 Mander 模型的表达式,下降段采用有理分式的形式对试验得出的应力－应变曲线进行拟合,试验曲线与计算曲线在试验柱体积配箍率较小时吻合良好,在体积配箍率较大时拟合效果一般。

本章参考文献

[1] 侯翀驰. 约束混凝土柱中最大体积配箍率合理取值研究[D]. 哈尔滨:哈尔滨工业大学,2015.

[2] 中华人民共和国住房和城乡建设部. 建筑砂浆基本性能试验方法标准:JGJ/T 70—2009[S]. 北京:中国建筑工业出版社,2009.

[3] 中华人民共和国住房和城乡建设部. 普通混凝土力学性能试验方法:GB/T 50081—2019[S]. 北京:中国建筑工业出版社,2019.

[4] 中华人民共和国建设部. 混凝土结构设计规范:GB/T 50010—2010[S]. 北京:中国标准出版社,2010.

[5] 中华人民共和国国家质量监督检验检疫总局. 金属材料拉伸试验 第一部分:室温试验方法:GB/T 228—2019[S]. 北京:中国标准出版社,2019.

[6] 中华人民共和国住房和城乡建设部. 混凝土结构试验方法标准:GB 50152—2012[S]. 北京:中国标准出版社,2012.

[7] SHEIKH S, UZUMERI S M. Analytical model for concrete confinement in tied columns[J]. Journal of Structural Engineering(ASCE), 1982, 108(12): 2703-2722.

[8] 王晓伟. 箍筋约束混凝土异形柱轴压性能试验及理论研究[D]. 天津:天津大学,2009.

[9] MANDER J B, PRIESTLEY M J N, PARK R. Theoretical stress-strain model for confined[J]. Journal of Structural Engineering, 1988, 114(8): 1804-1826.

[10] 李莉. 活性粉末混凝土梁受力性能及设计方法研究[D]. 哈尔滨:哈尔滨工业大学,2010.

第18章　爆炸荷载作用下RPC抗爆门和双向板动态响应分析

18.1　爆炸荷载作用下钢板－RPC抗爆门动态响应分析

近年来,爆炸事故时有发生,如:2013年美国波士顿国际马拉松赛连环爆炸事故、2015年天津滨海新区爆炸事故,影响巨大,损失惨重。设置抗爆门是有效防止爆炸危害扩散的一种抗爆防护方法,国内外学者对爆炸作用下抗爆门的动态响应与设计方法进行了相关研究工作。本章参考文献[1]中研究了梁板式钢抗爆门的动力响应,发现在铰页附近门扇肋梁先发生局部屈服而破坏;本章参考文献[2]中利用有限元软件JK－V分析了爆炸荷载作用下钢结构抗爆门的动态响应,并对现有钢抗爆门进行了优化设计,提出了适合常规武器爆炸荷载作用下的新型抗爆门设计方法;本章参考文献[3]中对抗爆门截面和骨架梁布置方式进行了优化计算与分析,并进行了抵抗爆炸荷载的能力研究。

目前,梁板式钢抗爆门应用较多,但由于其存在空腔,在抗爆等级高的工程中应用受到限制,所以,研发抗爆等级高、造价低的新型抗爆门,是当前的热点问题。本章参考文献[4]中对比分析了爆炸荷载作用下钢板－混凝土组合板和钢筋混凝土板的动态响应,结果表明,与钢筋混凝土板相比,钢板－混凝土组合板具有更好的隔爆效果;本章参考文献[5]和[6]中的研究表明,爆炸荷载作用下活性粉末混凝土(RPC)动态抗压、抗拉强度明显增大。

为此,本书作者提出将RPC填充于钢抗爆门空腔以提高其抗爆能力的方法,基于ANSYS/LS－DYNA有限元软件,模拟钢板－RPC抗爆门动态响应,研究钢板内肋数量、抗爆门钢板厚度RPC的强度等对抗爆门抗爆性能的影响,进而提出钢板RPC抗爆门的设计建议,为抗爆门设计提供参考。

18.1.1　钢板－RPC抗爆门有限元模型

采用ANSYS/LS－DYNA有限元程序,对爆炸荷载作用下钢板RPC抗爆门的动态响应进行分析。钢板、RPC均采用SOLID 164 3D单元模拟钢板门扇与内肋采用焊缝连接。在数值模拟中,上、下面板与内肋共用节点,不考虑钢板和RPC之间的黏结滑移。

1. 材料模型

研究RPC动态力学性能是进行钢板－RPC抗爆门动态响应数值模拟的基础。课题组的前期研究表明:RPC动态应变率为$100 \sim 260 \text{ s}^{-1}$时,掺纤维RPC(体积掺量2%钢纤维)动态抗压强度增长系数在$1.15 \sim 2.39$之间;RPC的名义应变率为$100 \sim 320 \text{ s}^{-1}$时,掺纤维RPC动态抗拉强度增长系数在$3.68 \sim 5.70$之间。为此,应考虑爆炸荷载下RPC应变率效应,以提高数值模拟的准确性。

采用混凝土损伤破坏模型(Mat_72R3)模拟RPC与混凝土。分析中采用的RPC及普通混凝土抗拉、抗压强度动态增长系数分别见本章参考文献[6]和本章参考文献[8]。采用线弹塑性硬化模型(Plastic Kinematic)模拟钢板,其计算公式见本章参考文献[9]。

2. 爆炸荷载的施加

分析中采用两种方法施加爆炸荷载:第一种方法是通过 DEFINE_CURVE 命令施加爆炸荷载。当爆炸荷载相同,分析抗爆门设计构造等关键参数对其动态响应影响时,采用 DEFINE_CURVE 命令,将爆炸荷载简化为三角形荷载。第二种方法是通过在 K 文件中添加 Load_BLAST 关键字,即在关键字下输入炸药的质量、坐标、爆炸类型即可添加成功。在分析炸药量及爆炸距离对抗爆门的动态影响时,选择第二种加载方式。

18.1.2 数值模型验证

通过本章参考文献[11]中完成的爆炸荷载下钢筋混凝土板的动态响应试验来验证有限元模型的正确性。试验板尺寸为 1 100 mm×1 000 mm×40 mm,混凝土立方体(150 mm×150 mm×150 mm)抗压强度为 40 MPa。板底布置单层双向钢筋网片,实测钢筋抗拉强度为 501 MPa,屈服强度为 395 MPa。试验板的几何尺寸和钢筋布置如图 18.1 所示。TNT 炸药悬于钢筋混凝土板中心正上方 0.4 m 处,TNT 质量为 0.46 kg。

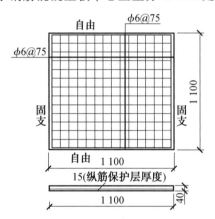

图 18.1 试验板的几何尺寸和钢筋布置

混凝土板顶面和底面的破坏形态与数值模拟结果对比分别如图 18.2 和图 18.3 所示。由图 18.2(a)可见,试验中混凝土板顶面中央出现明显裂缝;由图 18.2(b)可见,数值模拟结果中板的塑性区发展与试验板的裂缝分布相符。图 18.3(a)所示为试验中混凝土板底中心区域混凝土剥落,受力钢筋暴露的形态;在有限元分析中,相同区域的有效塑性应变 ε_{eq} 较大[图 18.3(b)],与试验现象相符。

爆炸荷载作用下板底中心点最大位移试验结果与有限元分析结果的对比见表 18.1,由表可见,有限元分析结果和试验结果吻合较好。

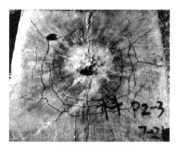
(a) 试验板顶破坏形态

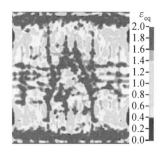
(b) 有限元分析板顶有效塑性应变

图 18.2　混凝土板顶面的破坏形态与数值模拟结果对比

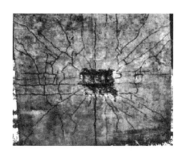
(a) 试验板底破坏形态

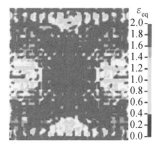
(b) 有限元分析板底有效塑性应变

图 18.3　混凝土板底面的破坏形态与数值模拟结果对比

表 18.1　爆炸荷载作用下板底中心点最大位移的试验结果和有限元分析结果的对比

| 爆炸距离 R/m | TNT 质量 m/kg | $\Delta_{\max}$ | | 误差 /% |
		试验	有限元	
0.4	0.46	35.20	31.98	9.15

18.1.3　抗爆门动态响应分析

钢板抗爆门的门扇厚度由抗爆等级确定。钢材一般为 45♯ 碳素钢,其抗拉强度为 600 MPa,屈服强度为 355 MPa,与 RPC 相比价格高昂。为此,采用掺纤维 RPC(钢纤维的体积掺量为 2%)填充钢板抗爆门的空腔,降低门扇钢板厚度,可提高其抗爆等级并降低材料造价。此外,将钢板－RPC 抗爆门与钢板－混凝土抗爆门的动态响应进行对比分析。

1. 抗爆门破坏标志

《TM5－1300》手册中建议抗爆门支承旋转角小于 2° 爆炸破坏后可以快速修复好抗爆门。如图 18.4 所示,单开门的支承旋转角 $\theta_{\max}$ 定义为:$\tan\theta_{\max}=2\Delta_{\max}/B$,其中 $\Delta_{\max}$ 为抗爆门的中心最大位移,B 为抗爆门的宽度。由于抗爆门的破坏等级以支承旋转角作为判定标准,故取门扇中点的最大位移进行分析。

在设计最大爆炸荷载作用下,抗爆门虽产生一定的塑性变形,但未达到破坏的程度。由于爆炸荷载是偶然荷载,且抗爆门的设计要求只需要抵抗一次爆炸作用,设计时可适当降低安全储备,以门扇中心最大位移作为抗爆门破坏的标准过于保守。因此,本章分析中,用抗爆门动态响应中心平衡位移 Δ_{b} 代替中心最大位移 $\Delta_{\max}$,定义抗爆门的破坏。即当抗爆门中心平衡位移 Δ_{b} 超过 $\Delta_{\max}$ 时(支承旋转角 $\theta_{\max}=2°$),抗爆门破坏。

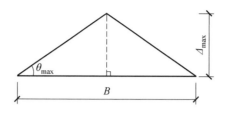

图 18.4　支承旋转角示意图

2. 抗爆门数值模型

建立钢板－RPC 抗爆门有限元模型。抗爆门尺寸为 1 030 mm×2 130 mm，门扇厚度为 71 mm，门扇钢板厚度为 6 mm，内肋厚度为 3 mm、间距为 262．9 mm，其正面、侧面及细部构造图如图 18.5 所示。抗爆门的抗爆等级为 300 T/m²。除特别说明外，分析时 RPC 静态轴心抗压强度取为 100 MPa。

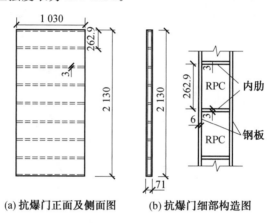

(a)抗爆门正面及侧面图　　(b)抗爆门细部构造图

图 18.5　抗爆门尺寸

将有限元分析中的 6 种抗爆门列于表 18.2。施加的爆炸荷载由抗爆门抗爆等级来确定，如抗爆等级为 300 T/m²，等价于爆炸荷载的等效静荷载 P_s 为 3 MPa。而分析中施加的三角形荷载为超压峰值 P_m，超压峰值与等效静荷载的关系为

$$P_s = P_m \times D_{max} \tag{18.1}$$

式中，D_{max} 为动力荷载系数，是与 t/T_n 有关的函数，其中 t 为爆炸荷载的作用时间，T_n 为抗爆门的自振周期。

表 18.2 中钢板－RPC 抗爆门的尺寸为 1 030 mm×2 130 mm，按《人民防空地下室设计规范》(GB 50038—2019)中规定，计算其自振周期 T_n 约为 7 ms。当爆炸荷载正向作用时间为 2 ms 时，D_{max} 约为 1.0，因此对于该尺寸钢板－RPC 抗爆门，取 $D_{max}=1.0$，此时超压峰值等于等效静荷载。

表 18.2　不同类型抗爆门数值模拟分析

抗爆门类型	钢板厚度/mm	RPC 厚度/mm	混凝土厚度/mm
钢板抗爆门	6	0	0
钢板－RPC 抗爆门Ⅰ	6	59	0
钢板－RPC 抗爆门Ⅱ	2	67	0
钢板－RPC 抗爆门Ⅲ	3	65	0
钢板－混凝土抗爆门Ⅰ	3	0	65
钢板－混凝土抗爆门Ⅱ	6	0	59

3. 抗爆门动态响应对比

（1）钢板最大主应力。

爆炸荷载作用下，抗爆门门扇钢板主应力可能达到极限强度而发生破坏。选择表 18.2 中钢板抗爆门、钢板－RPC 抗爆门Ⅰ 和钢板－混凝土抗爆门Ⅱ 进行钢板最大主应力对比分析，3 种工况下钢板最大主应力云图变化分别如图 18.6、图 18.7、图 18.8 所示。由图可见，钢板抗爆门的最大主应力值 $\sigma_1 = 578.5$ MPa，超过钢板动态屈服强度，门扇发生破坏。相同爆炸荷载作用下，在空腔内分别填充 RPC 或混凝土，最大主应力均未达到屈服强度，钢板－RPC 抗爆门Ⅰ 和钢板－混凝土抗爆门Ⅱ 未发生破坏。钢板－RPC 抗爆门Ⅰ 的钢板主应力最小，说明其抗爆性能更好。

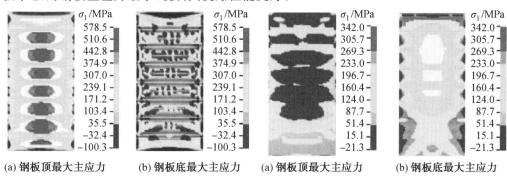

(a) 钢板顶最大主应力	(b) 钢板底最大主应力	(a) 钢板顶最大主应力	(b) 钢板底最大主应力

图 18.6　$t = 3$ ms 钢板－RPC
抗爆门Ⅰ 最大主应力云图　　　　图 18.7　$t = 3$ ms 钢板－RPC
抗爆门Ⅱ 最大主应力云图

（2）有效塑性应变。

爆炸荷载作用下，抗爆门门扇内芯填充材料可能会发生塑性破坏而退出工作。选择表 18.2 中钢板－RPC 抗爆门Ⅰ 和钢板－混凝土抗爆门Ⅱ 进行 RPC 和混凝土的有效塑性应变对比分析，两种工况下 RPC 和混凝土的有效塑性应变云图变化如图 18.9 所示。

由图 18.9 可见，相同爆炸荷载作用下，钢板－RPC 抗爆门Ⅰ 内芯 RPC 塑性发展更慢，塑性损伤最轻，抗爆性能更佳。由图 18.9(a)、(c) 和 (e) 可见，随着爆炸时间的增加，RPC 内芯顶面支座附近的塑形损伤逐渐增大，最后布满 RPC 内芯整个顶面。这是因为 RPC 内芯在顶面支座周围和底面中心区域受拉，RPC 的抗拉强度远低于其抗压强度，所以这些部位最先进入塑性阶段。

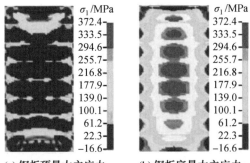

(a) 钢板顶最大主应力　　　　(b) 钢板底最大主应力

图 18.8　$t = 3$ ms 钢板－混凝土抗爆门 II 最大主应力云图

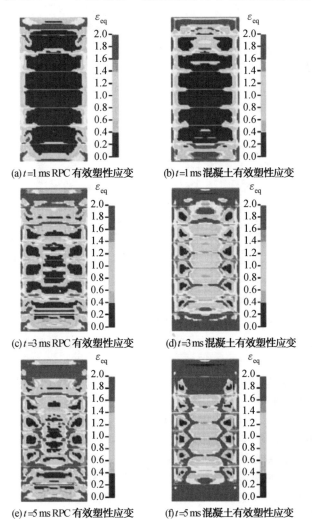

(a) $t = 1$ ms RPC 有效塑性应变　　　(b) $t = 1$ ms 混凝土有效塑性应变

(c) $t = 3$ ms RPC 有效塑性应变　　　(d) $t = 3$ ms 混凝土有效塑性应变

(e) $t = 5$ ms RPC 有效塑性应变　　　(f) $t = 5$ ms 混凝土有效塑性应变

图 18.9　钢板－RPC 抗爆门 I 和钢板－混凝土抗爆门 II 的 RPC 和混凝土的有效塑性应变云图变化

（3）位移响应。

爆炸荷载作用下，不同工况下钢板、钢板－RPC 及钢板－混凝土三种抗爆门门扇中心位移时程曲线如图 18.10 所示。

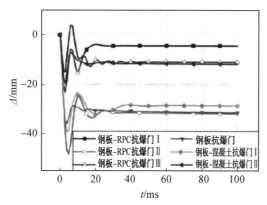

图 18.10　3 种抗爆门门扇中心位移时程曲线

对比钢板抗爆门、钢板－RPC 抗爆门 Ⅰ 可知，用 RPC 填充抗爆门空腔后，与钢板抗爆门相比，门扇中心平衡位移降低 86%。对比钢板抗爆门和钢板－RPC 抗爆门 Ⅲ 可知，用 RPC 填充抗爆门空腔后，若将抗爆门门扇钢板厚度降低为 3 mm，则中心平衡位移为 10.96 mm，抗爆门未发生破坏。与钢板抗爆门相比，钢板－RPC 抗爆门 Ⅲ 能使抗爆门中心平衡位移降低 65%。用 RPC 填充钢抗爆门空腔，不仅能够显著降低门扇中心平衡位移，提高抗爆等级，而且可显著降低工程造价。

对比钢板抗爆门、钢板－混凝土抗爆门 Ⅱ 可知，用混凝土填充抗爆门空腔后，与钢板抗爆门相比，门扇中心平衡位移降低 63%。对比钢板抗爆门、钢板－混凝土抗爆门 Ⅰ 可知，用混凝土填充抗爆门空腔后，若将抗爆门门扇钢板厚度降低为 3 mm，门扇中心平衡位移为 28.81 mm，超过限值 18 mm，门扇已经发生破坏。有限元分析表明：抗爆门门扇钢板厚度为 4 mm 时，门扇平衡位移也超过限值 18 mm，门扇发生破坏；抗爆门门扇钢板厚度为 5 mm 时，门扇中心平衡位移为 15.5 mm，虽未发生破坏，但与钢板－混凝土抗爆门性能相比，钢板－RPC 抗爆门 Ⅲ 在造价和性能方面仍均占优势。钢板－RPC 抗爆门 Ⅲ、钢板－混凝土抗爆门 Ⅱ 均未破坏，且抗爆水平相当，但钢板－RPC 抗爆门比钢板－混凝土抗爆门的材料造价节省了 18%。

18.1.4　影响钢板－RPC 抗爆门动态响应的主要因素

本节将分析钢板门扇钢板厚度、内肋数量及厚度、RPC 抗压强度、爆炸距离、装药量、荷载作用时间等对抗爆门动态响应的影响。除特殊说明外，钢板－RPC 抗爆门尺寸及其他条件同 18.1.3 节模型。对于钢板－RPC 抗爆门，仅在钢板门扇间横向布置内肋。单根内肋长、宽、高分别为 1 030 mm、6 mm 和 59 mm。边界条件简化为四边简支。爆炸荷载的等效静载取正向超压峰值 3.0 MPa，正向作用时间为 2 ms。

1. 门扇钢板厚度

分析中选取的钢板厚度分别为 2 mm、3 mm、4 mm、6 mm，其他参数均相同，门扇钢板厚度对抗爆门中心平衡位移时程曲线的影响如图 18.11 所示。由图 18.11 可知，钢板厚度对抗爆门抗爆性能影响显著，随着钢板厚度的增大，抗爆门中心平衡位移减小。当钢板厚度为 2 mm 时,门扇中心平衡位移达到 32 mm,支承转角为 3.5°,超过限值 2.0°,门扇发生破坏。当钢板厚度由 2 mm 增大到 6 mm 时,门扇中心平衡位移由 32 mm 减小到 4.4 mm,减小幅度达 86%。

2. 钢板内肋数量

分析中选取钢板内肋数量为 3、5、7、9、11,其他参数均相同。钢板内肋数量对抗爆门中心平衡位移时程曲线的影响如图 18.12 所示。由图 18.12 可知,随着内肋数量的增加,门扇中心平衡位移减小。当内肋数量由 3 根变为 11 根时,门扇中心平衡位移由 16 mm 减为 5.5 mm,减小幅度为 66%。可见在抗爆门设计中,可以考虑通过适当增加内肋数量以减小门扇中心平衡位移。

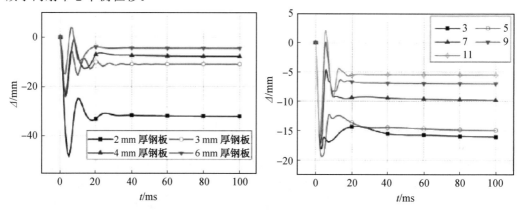

图 18.11　门扇钢板厚度对抗爆门中心　　　图 18.12　钢板内肋数量对抗爆门中心
　　　　　平衡位移时程曲线的影响　　　　　　　　　平衡位移时程曲线的影响

3. 钢板内肋厚度

分析中选取钢板内肋厚度为 4 mm、5 mm、6 mm、7 mm、8 mm,其他参数均相同。钢板内肋厚度对抗爆门中心位移时程曲线的影响如图 18.13 所示。由图 18.13 可知,随钢板内肋厚度的增大,门扇中心位移逐渐减小。当钢板内肋厚度由 4 mm 增大到 8 mm 时,门扇中心平衡位移由 10.66 mm 减小到 7.07 mm,仅减小 3.59 mm,可见其影响程度并不显著。因此,在钢板－RPC 抗爆门设计中钢板内肋厚度建议统一采用 4 mm。

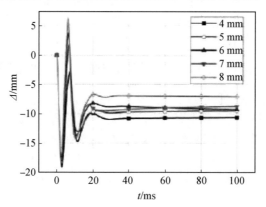

图 18.13　钢板内肋厚度对抗爆门中心
　　　　　平衡位移时程曲线的影响

4. RPC 抗压强度

分析中将 RPC 静态轴心抗压强度分别选为 80 MPa、100 MPa、150 MPa、200 MPa，RPC 抗压强度对抗爆门中心平衡位移时程曲线的影响如图 18.14 所示。由图 18.14 可知，随着 RPC 抗压强度的增大，抗爆门门扇中心平衡位移逐渐减小。当 RPC 轴心抗压强度由 80 MPa 增大到200 MPa 时，门扇中心平衡位移由 6.3 mm 减小为 3.7 mm。提高 RPC 的抗压强度会增加工程造价，而轴心抗压强度 100 MPa 可以满足大部分抗爆门抗爆等级的要求，因此，综合考虑，抗爆门设计中，不建议采用提高 RPC 抗压强度的方法提高抗爆门的抗爆性能。

5. 爆炸距离

爆炸距离 R 是指爆炸源到抗爆门之间的水平距离。当装药量一定时，爆炸距离越小，超压峰值越大。为研究爆炸距离对抗爆门动态响应的影响规律，取 TNT 质量 25 kg，R 值分别为 2 m、3 m、4 m、5 m、6 m，爆炸距离对抗爆门中心平衡位移时程曲线的影响如图 18.15 所示。由图可见，炸药量一定时，当爆炸距离 R 由 2 m 增大到 6 m 时，门扇中心平衡位移由 20.02 mm 减小到了 1.27 mm，减小幅度达 94%。这说明随着 R 的减小，中心平衡位移逐渐增大，且爆炸距离对门扇中心平衡位移的影响显著。

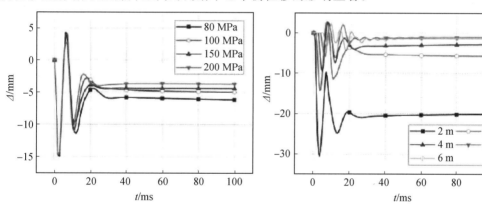

图 18.14　RPC 抗压强度对抗爆门中心　　　　图 18.15　爆炸距离对抗爆门中心
　　　　平衡位移时程曲线的影响　　　　　　　　　　平衡位移时程曲线的影响

6. 装药量

为研究装药量对抗爆门动态响应的影响规律，取爆炸距离 $R=5$ m，其他参数不变，装药量分别取 25 kg、35 kg、45 kg、55 kg，装药量对抗爆门中心平衡位移时程曲线的影响如图 18.16 所示。由图可见，当爆炸距离一定时，随着 TNT 装药量的增大，门扇中心平衡位移呈逐渐增大的趋势。当装药量由 55 kg 减小到 25 kg 时，门扇中心平衡位移由 4.31 mm 减小到了 1.05 mm，减小幅度达 76%。

7. 爆炸作用时间

分析中取相同超压峰值作用(3 MPa)，爆炸作用时间选取 2 ms、10 ms、50 ms、100 ms，爆炸作用时间对抗爆门中心平衡位移时程曲线的影响如图 18.17 所示。由图可见，爆炸作用时间对抗爆门中心位移影响显著，随着荷载作用时间的增大，门扇中心位移逐渐增大。当爆炸作用时间由 100 ms 减小到 2 ms 时，门扇中心平衡位移由 222.87 mm 减小到了9.24 mm，减小幅度达 96%。

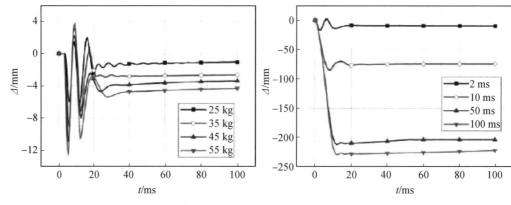

图 18.16 装药量对抗爆门中心平衡　　　图 18.17 爆炸作用时间对抗爆门中心
位移时程曲线的影响　　　　　　平衡位移时程曲线的影响

18.1.5 钢板－RPC 抗爆门设计建议

为满足工程建造不同尺寸、不同抗爆等级钢板－RPC 抗爆门的需求,基于抗爆门各影响因素的分析结果,经过有限元分析,得出满足不同抗爆等级、不同尺寸的钢板－RPC 抗爆门的设计建议分别列于表18.3、表18.4 和表18.5 中,其他尺寸的钢板－RPC 抗爆门可按表中数值线性插值设计。表18.3 中钢板强度等级为 355 MPa,内肋厚度为 4 mm,RPC 抗压强度等级为 100 MPa,均为四边简支抗爆门。

表 18.3　门扇尺寸 1 030 mm×2 130 mm 的钢板－RPC 抗爆门的设计建议

抗爆等级 /(T·m^{-2})	设计门扇厚度 /mm	门扇钢板厚度 /mm	内肋数量	中心平衡位移 /mm	支承转角 /(°)	材料造价 /元
100	71	3	5	8.8	1.0	1 080
200	71	3	7	14.1	1.6	1 163
300	71	3	9	15.4	1.7	1 246
400	90	3	9	20.7	2.0	1 445
500	110	3	9	20.9	2.0	1 630
600	132	4	9	14.3	1.6	2 035

表 18.4　门扇尺寸 1 445 mm×3 150 mm 的钢板－RPC 抗爆门的设计建议

抗爆等级 /(T·m^{-2})	设计门扇厚度 /mm	门扇钢板厚度 /mm	内肋数量	中心平衡位移 /mm	支承转角 /(°)	材料造价 /元
100	81	3	5	21.2	1.5	1 503
200	101	4	7	20.3	1.7	3 375
300	120	6	9	23.0	1.8	4 572
400	135	7	9	20.7	1.7	5 233
500	160	8	9	25.4	2.0	6 075
600	172	9	9	23.2	1.8	6 705

表 18.5　门扇尺寸 1 940 mm×4 200 mm 的钢板－RPC 抗爆门的设计建议

抗爆等级 /(T·m⁻²)	设计门扇厚度 /mm	门扇钢板厚度 /mm	内肋数量	中心平衡位移 /mm	支承转角 /(°)	材料造价 /元
100	101	4	5	34.2	2.0	5 936
200	160	5	9	26.6	1.6	8 547
300	190	6	9	28.3	1.7	10 197
400	220	7	9	30.2	1.8	11 847
500	250	8	9	33.1	2.0	13 497
600	280	9	9	33.8	2.0	15 149

表 18.4、表 18.5 两种门扇尺寸下爆炸荷载作用时间、动力荷载系数 D_{max} 的确定方法同 18.1 节。统一取 $D_{max} = 1.0$，门扇尺寸为 1 455 mm×3 150 mm、1 940 mm× 4 200 mm 的抗爆门，爆炸荷载作用时间分别为 5 ms、8 ms。

18.2　爆炸作用下 RPC 双向板动态响应分析

活性粉末混凝土是一种高强度、高韧性的新型水泥基复合材料，爆炸作用下 RPC 受到高速冲击（应变率一般为 $10^2 \sim 10^4$ s⁻¹），其动态力学性能与静态力学性能差别很大。对 RPC 板在爆炸作用下的动态响应的研究鲜有报道，RPC 应变速率效应等主要参数对板动态响应的影响规律尚不明确。为此，本节基于 ANSYS/LS－DYNA 有限元软件，对爆炸作用下 RPC 板的动态响应进行数值模拟，研究爆炸作用折合距离、荷载水平、RPC 抗压强度、板厚度、边界条件等因素对 RPC 板动态响应的影响。

18.2.1　RPC 双向板有限元模型的建立

利用 ANSYS/LS－DYNA 有限元显示动力分析软件对 RPC 双向板在爆炸作用下的动态响应进行分析。

1. 爆炸作用的施加

采用分离式共用节点的方法，建立 RPC 板的数值分析模型，炸药位于 RPC 板中心正上方。RPC 采用 SOLID 164 单元模拟，钢筋采用 BEAM 161 梁单元。数值模拟计算过程中采用 CONWEP 算法，通过 load-blast 加载方法模拟炸药在不同位置爆炸对 RPC 板的破坏情况。该方法只需要在 K 文件 load-blast 关键字下输入炸药质量、坐标、爆炸类型即可将爆炸荷载施加在作用面上。

2. 材料模型与应变率效应

（1）RPC 材料本构模型。

RPC 采用的是混凝土损伤破坏模型（MAT_CONCRETE_DAMAGE_REAL_3），简称 Mat72R3 模型。研究表明 Mat72R3 模型能有效模拟混凝土在高应变率、大变形下的力学性态。该模型仅需要输入 RPC 抗压强度即可自动生成模型参数。

爆炸作用下 RPC 在毫秒级别的时间内应变率可达到 $100 \sim 1\ 000$ s⁻¹。高应变率下，RPC 材料本构模型的特征参数，如强度、韧性、极限变形均不同于静态。课题组前期完成的试验结果表明应变率为 300 s⁻¹ 时，尺寸为 $\phi36$ mm×20.5 mm（表示直径为 36 mm，高度为 20.5 mm 的圆柱体）的掺纤维 RPC 的抗压强度是静载抗压强度的 $2 \sim 3$ 倍，RPC 极限应变明显增加。数值模拟中，应考虑 RPC 的应变率效应，以提高数值模拟的准确性。RPC 抗拉强度动态增长系数为

$$T_{DIF} = \frac{\sigma_{td}}{\sigma_{ts}} = \begin{cases} \left(\dfrac{\dot{\varepsilon}}{\dot{\varepsilon}_{ts}}\right)^{\delta} & (\dot{\varepsilon} \leqslant 1 \text{ s}^{-1}) \\ \beta\left(\dfrac{\dot{\varepsilon}}{\dot{\varepsilon}_{ts}}\right)^{1/3} & (\dot{\varepsilon} > 1 \text{ s}^{-1}) \end{cases} \tag{18.2}$$

式中，σ_{td} 为应变率为 $\dot{\varepsilon}$ 时 RPC 的动态抗拉强度；σ_{ts} 为直径 75 mm、高 75 mm 的 RPC 静态抗拉强度；$\dot{\varepsilon} = 10^{-6} \text{ s}^{-1}$；$\lg \beta = 6\delta - 2$，$\delta = 1/(1 + 8f'_c/f'_{c0})$，$f'_c$ 为直径 75 mm、高 75 mm 的 RPC 静态抗压强度，$f'_{c0} = 10$ MPa。

根据相关试验数据拟合出 RPC 抗压动态增长系数的计算式为

$$C_{DIF} = \frac{\sigma_d}{\sigma_s} = \gamma(\dot{\varepsilon})^{0.5} \quad (70 \text{ s}^{-1} \leqslant \dot{\varepsilon} \leqslant 320 \text{ s}^{-1}) \tag{18.3}$$

式中，$\gamma = 10^{9.621\alpha - 1.092}$，$\alpha = (f_{cu} - 50.65)^{-1}$，$f_{cu}$ 为 RPC 标准立方体静态抗压强度；σ_d 为应变率为 $\dot{\varepsilon}$ 时 RPC 的动态抗压强度；σ_s 为 RPC 静态抗压强度。

当应变率小于 70 s^{-1} 时，材料的动态抗压强度取静态抗压强度。

（2）钢筋本构模型。

钢筋本构模型采用的是 ANSYS/LS-DYNA 程序中的线弹塑性硬化模型（MAT_PLASTIC_KINEMATIC）。该模型考虑了应变率效应，其材料强度的动态增长系数采用 Cowper-Symond 模型考虑。钢筋强度的动态增长系数为

$$S_{DIF} = \left(\frac{\dot{\varepsilon}}{10^{-4}}\right)^{\alpha} \tag{18.4}$$

式中，$\dot{\varepsilon}$ 为钢筋的应变率，s^{-1}；α 为 $0.074 - 0.040f_y/414$；f_y 为钢筋的屈服强度，MPa。式（18.4）的适用范围为：$10 \text{ s}^{-1} \leqslant \dot{\varepsilon} \leqslant 255 \text{ s}^{-1}$，$270 \text{ MPa} \leqslant f_y \leqslant 560 \text{ MPa}$。

18.2.2 数值模型验证

目前，针对爆炸作用下 RPC 板的破坏试验鲜有报道，为此，本节通过爆炸作用下钢筋混凝土板受力性能试验，验证数值模型的正确性。选取已有的钢筋混凝土简支板受力性能试验进行模型验证。钢筋混凝土板的几何尺寸和钢筋布置如图 18.18 所示。试验板混凝土轴心抗压强度为 48 MPa，钢筋屈服强度为 560 MPa，将炸药悬于钢筋混凝土板中心上方 0.6 m 处，爆炸冲击波对板的作用方向为垂直板面向下，爆炸工况 Ⅰ、Ⅱ 的等效 TNT 质量分别为 0.079 kg 和 2.09 kg。

采用 ANSYS/LS-DYNA 软件建立试验板的有限元模型，并与试验结果进行对比分析，以验证数值模拟的正确性。由于工况 Ⅰ 下试验板未发生明显破坏，仅给出工况 Ⅱ 下混凝土板顶面、底面的试验破坏形态与板有效塑性应变分布数值的模拟结果对比，分别如图 18.19 和图 18.20 所示。

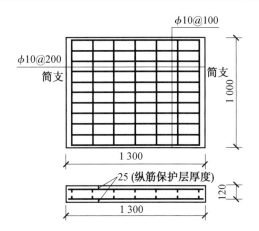

图 18.18　钢筋混凝土板的几何尺寸和钢筋布置

由图 18.19 和图 18.20 可看出,数值模拟中板的塑性区发展情况与试验混凝土板产生的裂缝破坏情况大致相同。有效塑性应变 ε_{eq} 随位移增大而增大,当材料进入塑性变形状态,即出现有效塑性应变。混凝土试验板顶面中央出现明显的裂缝,图 18.20 显示在试验中混凝土板底面中部发生严重的塑性变形,钢筋裸露,在数值模拟中相同区域的塑性变形较大(图 18.20 中浅色部分),与试验结果吻合较好。

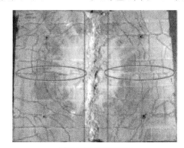

板顶面压缩破坏

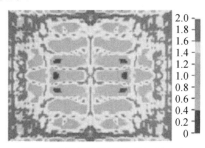

板顶面有效塑性应变分布 (*t*=70 ms)

图 18.19　板顶面试验结果与计算结果对比

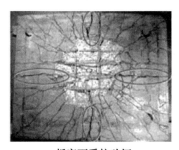

板底面受拉破坏

板底面有效塑性应变分布 (*t*=70 ms)

图 18.20　板底面试验结果与计算结果对比

图 18.21 为工况 Ⅰ、Ⅱ 下混凝土板底面中心点位移 Δ 的时程曲线。爆炸作用折合距离 $Z=r/\sqrt[3]{C}$,C 为等效 TNT 装药量,kg;R 为爆炸中心至作用点(板顶面中心点)的距离,m。

在工况 Ⅰ 下,爆炸折合距离 Z 为 1.40 m/kg$^{1/3}$,最大超压为 1.86 MPa(最大超压为

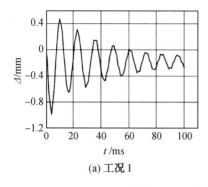

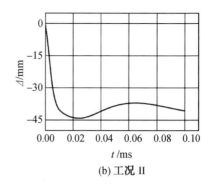

(a) 工况 I　　　　　　　　　　　　　　(b) 工况 II

图 18.21　混凝土板底面中心点位移时程曲线

爆炸入射波峰值压强,由 ANSYS/LS - DYNA 软件计算给出),爆炸作用时间为 0.73 ms。试验和数值结果均显示在板中心的峰值很小,混凝土板处于弹性变形阶段,在平衡位置附近做有阻尼的高频率振荡,最终静止在初始位置。

在工况 II 作用下,爆炸折合距离 Z 为 0.47 m/kg$^{1/3}$,最大超压为 5.06 MPa,爆炸作用时间为 0.36 ms,板中心最大变形为 44.95 mm。混凝土板在受到冲击作用后向下运动,在新的平衡位置低频振荡,最后发生塑性变形,未恢复到初始位置。

板中心点最大位移试验值与计算值的对比见表 18.6,表明混凝土板底中心点最大位移的数值结果和试验值吻合较好。

表 18.6　板中心点最大位移试验值和计算值的对比

爆炸工况	R/m	C/kg	Z/(m·kg$^{-1/3}$)	δ_{max}/mm 试验值	计算值	误差/%
I	0.6	0.079	1.40	1.12	0.99	11.8
II	0.6	2.090	0.47	50.00	44.95	10.1

18.2.3　RPC 双向板数值分析结果

为分析 RPC 板在爆炸作用下的动态响应,取几何尺寸为 3 000 mm × 3 000 mm × 120 mm 的四边固支双向板进行有限元分析。取 RPC 静态轴心抗压强度 f_c 为 100 MPa,钢筋的屈服强度为 335 MPa,纵向钢筋配筋率为 0.33%,荷载水平 η 为 0.3(η 定义为实际作用于板上的静荷载与板所能承受的最大静荷载之比)。爆炸作用的等效 TNT 装药量 $C=8$ kg,爆炸中心至作用点(板顶面中心点)的距离为 $R=1$ m,荷载折合距离为 0.5 m/kg$^{1/3}$。有限元分析时,RPC 的 C_{DIF} 与应变率按式(18.2)和式(18.3)计算,钢筋的 S_{DIF} 与应变率的关系按式(18.4)计算。

1. 有效塑性应变

RPC 双向板顶面和底面的有效塑性应变 ε_{eq} 的云图变化过程如图 18.22 所示。由图可知,随着时间增加,RPC 板顶面支座附近的塑性损伤逐渐增大,最后布满 RPC 板顶面。这是因为固支双向板在板顶面支座周围和板底面中心区域受拉,RPC 的抗拉强度远低于其抗压强度,所以这些部位最先进入塑性变形阶段。对比图 18.22(a)、图 18.22(c) 和图 18.22(b)、18.22(d),可见随爆炸时间增加,板面没有出现新的塑性区,这是由于爆炸时间大体符合倒三角加载方式,随时间增加,作用到板面的爆炸作用逐渐减弱。

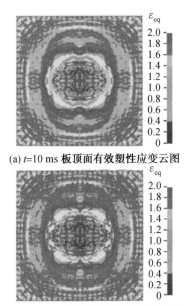

(a) t=10 ms 板顶面有效塑性应变云图

(b) t=10 ms 板底面有效塑性应变云图

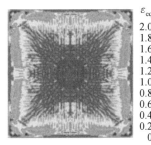

(c) t=40 ms 板顶面有效塑性应变云图

(d) t=40 ms 板底面有效塑性应变云图

图 18.22　RPC 双向板顶面和底面的有效塑性应变 ε_{eq} 的云图变化过程

2. 位移时程曲线

RPC 板的顶面、底面和侧面的 Y 向位移云图变化过程如图 18.23、图 18.24 所示,图中 Y 向位移向下为负,向上为正。由图可见,爆炸作用下 RPC 板的位移云图呈中心对称,在板面的中心区域发生最大位移。

3. RPC 最大主应力

当 RPC 最大主应力 σ_1 达到其抗拉强度时,材料发生断裂破坏,RPC 板顶面和底面的最大主应力云图变化过程如图 18.25 所示,其中,压应力为正,拉应力为负。在爆炸作用初始阶段,RPC 板顶面支座附近和板底面大部分区域应力较大。随着爆炸作用时间的增加,板顶应力逐渐分布于整个板顶面后趋于稳定。

(a) 板顶面位移云图

(b) 板底面位移云图

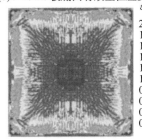

(c) 板侧面位移云图

δ/mm

| 4.537 | −22.740 | −50.010 | −77.290 | −104.600 | −131.800 |
| −9.100 | −36.380 | −63.650 | −90.920 | −118.200 |

图 18.23　$t = 10$ ms RPC 板位移云图

(a) 板顶面位移云图

(b) 板底面位移云图

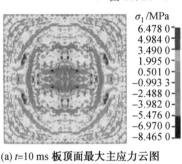

(c) 板侧面位移云图

图 18.24 $t = 40$ ms RPC 板位移云图

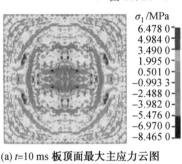

(a) t=10 ms 板顶面最大主应力云图

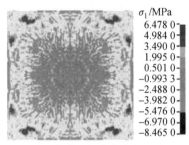

(b) t=10 ms 板底面最大主应力云图

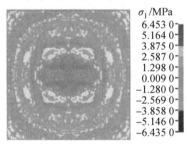

(c) t=40 ms 板顶面最大主应力云图

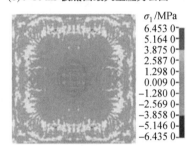

(d) t=40 ms 板底面最大主应力云图

图 18.25 RPC 板顶面和底面的最大主应力云图变化过程

4. 纵向钢筋应力

RPC 板底跨中处和板顶支座处钢筋应力 σ_s 随时间变化的规律如图 18.26 所示,其中,压应力为正,拉应力为负。爆炸初始阶段,双向板顶支座处和板底跨中截面均受拉,板顶支座、板底跨中钢筋最大应力达到 330 MPa。

18.2.4 影响 RPC 双向板动态响应的主要因素

选取尺寸为 3 000 mm×3 000 mm×120 mm 的 RPC 双向板,研究应变率、爆炸作用折合距离、荷载水平、RPC 抗压强度、板厚度、纵向钢筋配筋率、边界条件等因素对 RPC 板动态响应的影响。板初始爆炸作用折合距离、荷载水平、RPC 抗压强度、纵向钢筋配筋率、钢筋强度等均与第 18.2.3 节所述 RPC 板相同。例如,为研究爆炸作用折合距离对板动态响应的影响,使 RPC 抗压强度、边界条件、钢筋强度等维持不变,仅改变爆炸作用折合距离。

1. 应变率

欧洲规范 CEB－FIP 建议的动态增长系数－应变率的相关计算式,主要适用于钢筋混凝土,并不适用于 RPC 板。在数值模拟中,可通过在材料单元的参数中加入动态增长系数－应变率数组,分析应变率效应对 RPC 板动态响应的影响。应变率对板底中心点位移时程曲线的影响如图 18.27 所示,可见,考虑应变率效应时,RPC 板底跨中位移显著减小。

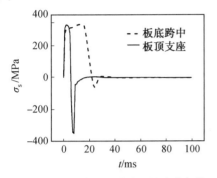
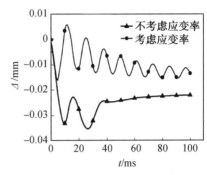

图 18.26　钢筋应力随时间的变化规律　　　图 18.27　应变率对板底中心点位移时程曲线的影响

2. 爆炸作用折合距离

为研究爆炸作用折合距离 Z 对 RPC 板的动态响应的影响,取相同爆炸距离下不同的 TNT 装药量来进行数值模拟。Z 分别取 $0.50 \text{ m/kg}^{1/3}$、$0.75 \text{ m/kg}^{1/3}$、$1.00 \text{ m/kg}^{1/3}$、$1.25 \text{ m/kg}^{1/3}$,不同折合距离对 RPC 板底中心点 Y 向位移时程曲线的影响如图 18.28 所示。由图 18.28 可看出,折合距离越小,RPC 受到的冲击能量越多,发生的位移越大。当折合距离 $Z=0.5 \text{ m/kg}^{1/3}$ 时,RPC 板在冲击作用下的下凹面积最大,其中心点最大位移为 161 mm,当 $Z=0.5 \text{ m/kg}^{1/3}$ 时,RPC 板在平衡位置处发生高频振动,板中心点位移峰值仅为 4.74 mm。

3. 荷载水平

有限元分析中,爆炸距离取 1 m,TNT 量取 2.37 kg,荷载水平 η 分别取 0.3、0.4、0.5、0.6,不同荷载水平下板底中心点 Y 向位移时程曲线如图 18.29 所示。荷载水平为 0.3 ～ 0.6 时,位移时程曲线形状相似,板底中心点峰值位移约为板厚度的 5%,说明荷载水平对 RPC 板的动态响应影响不大。

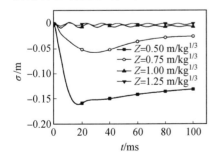
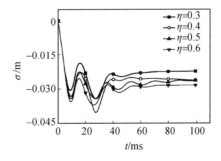

图 18.28　折合距离对板底中心点　　　　图 18.29　荷载水平对板底中心点
　　　　　　Y 向位移时程曲线的影响　　　　　　　　　Y 向位移时程曲线的影响

4. RPC 抗压强度

将 RPC 静态轴心抗压强度分别取 80 MPa、100 MPa、150 MPa、200 MPa,不同 RPC 抗压强度对板底中心点 Y 向位移时程曲线的影响如图 18.30 所示。随着 RPC 抗压强度增大,RPC 板中心点峰值位移逐渐减小。当 RPC 抗压强度由 80 MPa 增加到 200 MPa 时,板底中心点最大位移减小了 58.6%。考虑到提高 RPC 抗压强度会明显增加工程造价,在抗爆设计中,不建议采用提高 RPC 抗压强度的方法提高板的抗爆性能。

5. 板厚度

为研究 RPC 板厚度对 RPC 板动态响应的影响,RPC 板厚度分别取 100 mm、120 mm、140 mm、160 mm、200 mm,分析爆炸作用下 RPC 板的动态响应。不同厚度的 RPC 板底面中心点的 Y 向位移时程曲线如图 18.31 所示。由图可见,板厚度对其动态响应影响较大。板厚度越大,板底中心点的最大位移越小。这是因为板厚度增加使截面惯性矩增大,截面受弯和受剪承载力均有所提高。针对平面尺寸为 3 000 mm × 3 000 mm 的 RPC 双向板,当板厚度在 100 ~ 160 mm 之间时,增加 RPC 板的厚度能显著减小板底中心点的最大位移。当板厚度超过 160 mm 时,其对板底峰值位移的影响有限。

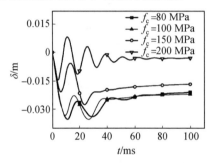

图 18.30　RPC 抗压强度对板底中心点 Y 向位移时程曲线的影响

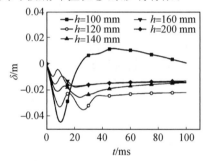

图 18.31　板厚度对板底中心点 Y 向位移时程曲线的影响

6. 纵向钢筋配筋率

纵向钢筋配筋率 ρ 分别取 0.33%、0.52%、0.75%、1.03%,不同纵向钢筋配筋率对 RPC 板底中心点 Y 向位移时程曲线的影响如图 18.32 所示。由图可见,随着配筋率增大,板底中心点 Y 向位移减小,当配筋率从 0.33% 增加到 1.03% 时,板底中心点的峰值位移约减小 30%,说明纵向钢筋配筋率对板动态响应的影响有限。

7. 边界条件

选取四边支座固支和四边支座简支两种情况,研究边界条件对 RPC 板动态响应的影响。不同边界条件下 RPC 板中心点 Y 向位移时程曲线,如图 18.33 所示。由图可见,随着支座约束加强,RPC 板中心点最大位移减小,动态响应减弱。爆炸作用下四边固支板在平衡位置附近做高频振荡运动,而四边简支板在相同爆炸作用下发生较大位移。边界条件对 RPC 板的动态响应影响较大,提高 RPC 板支座的约束能力是增强板抗爆性能的有效途径,同时在应力较大的支座附近应采取增设角部钢筋网片等构造措施。

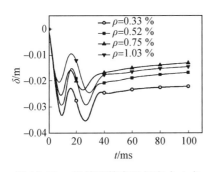

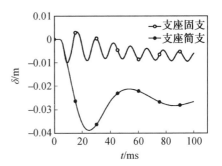

图 18.32　纵筋配筋率对板底中心点　　图 18.33　边界条件对板底中心点
　　　　　Y 向位移时程曲线的影响　　　　　　　　Y 向位移时程曲线的影响

18.3　本　章　小　结

（1）在梁板式钢抗爆门空腔内填充 RPC,可有效提高其抗爆性能。实现了钢板－RPC 抗爆门动态响应的有限元模拟,并与试验结果进行对比,验证了模型的正确性。结果表明:钢板－RPC 抗爆门的抗爆能力明显优于钢抗爆门和钢板－混凝土抗爆门,相同抗爆等级下,钢板－RPC 抗爆门的材料造价更低。

（2）增大钢板厚度、增加钢板内肋数量、增大爆炸距离、减小装药量、减小荷载作用时间能够显著减小门扇中心位移,而钢板内肋厚度、RPC 抗压强度等级对钢板－RPC 抗爆门位移影响相对较小。

（3）基于 ANSYS/LS－DYNA 有限元软件,实现了爆炸作用下 RPC 双向板受力性能的数值分析,爆炸作用下试验板变形计算值与实测值吻合较好。

（4）RPC 应变率对板动态响应影响显著。尺寸为 3 000 mm×3 000 mm×120 mm 的 RPC 双向板在考虑 RPC 材料应变率效应时,板中心点峰值位移减小约 53.9%;随爆炸作用折合距离增大、RPC 抗压强度提高、板厚度增加、板纵筋配筋率增加,RPC 板底中心点峰值位移减小,应变率、板厚度、边界条件对板中心点峰值位移影响明显,而荷载水平对 RPC 板的动态响应影响不大;增加板厚度、提高支座约束能力是提高板抗爆性能的有效方法。考虑到四边固支板角部应力较大,建议在抗爆设计中对板角部采用增配双向钢筋网等构造措施。

本章参考文献

[1] HSIEH M W, HUNG J P, CHEN D J. Investigation on the blast resistance of a stiffened door structure[J]. Journal of Marine Science and Technology, 2008, 16(2): 149-157.

[2] 郭海凰. 新型钢结构防护门的动态响应分析及设计[D]. 南京:解放军理工大学,2005.

[3] 方秦,谷波,张亚栋. 钢结构防护门结构优化的数值分析[J]. 解放军理工大学学报, 2006,7(6):557-561.

[4] 彭先泽,杨军,李顺波,等. 爆炸冲击载荷作用下双层钢板混凝土板与钢筋混凝土板

动态响应对比研究[J].防灾科技学院学报,2012,14(3):18-23.

[5] 侯晓萌,李刚,郑文忠.爆炸作用下活性粉末混凝土双向板动态响应分析[J].建筑结构学报(增刊2),2014,35:91-98.

[6] 李刚.不同纤维种类和掺量RPC动态抗压性能及应用研究[D].哈尔滨:哈尔滨工业大学,2014.

[7] MALVAR L J, CRAWFORD J E, MORRILL K B. K&C concrete material model, release Ⅲ: automated generation on material model input[R]. Technical Report TR-99-24. Burbank, California: Karagozian and Case Structural, 1999.

[8] 李忠献,师燕超,史祥生.爆炸荷载作用下钢筋混凝土板破坏评定办法[J].建筑结构学报,2009,30(6):60-66.

[9] 陆新征,江见鲸.抗爆门在爆炸荷载作用下有限元动力数值模拟[J].防护工程,2003,25(1):14-20.

[10] Livemore Software Technology Corporation. LS-DYNA Keyword user's manual[Z].2007.

[11] 汪维.钢筋混凝土构件在爆炸载荷作用下的毁伤效应及评估方法研究[D].长沙:国防科技大学,2012.

[12] 郭东.爆炸荷载作用下防护门的动态响应行为与反弹机理研究[D].北京:清华大学,2011.

[13] 中华人民共和国国家质量监督检验检疫总局.人民防空地下室设计规范:GB 50038—2019[S].北京:中国计划出版社,2019.

[14] 宁建国,王成,马天宝.爆炸与冲击动力学[M].北京:国防工业出版社,2010.

[15] 胡时胜,王道荣,刘剑飞.混凝土材料动态力学性能的实验研究[J].工程力学,2001,18(5):115-121.

[16] GLEM R P, BANNISTER K A. Airblast loading model for DYNA2D and DYNA3D[R]. Maryland: Army Research Laboratory, 1997:2-7.

[17] MALVAR L, SIMONS D. Concrete material modeling in explicit computations[C]. Vicksburg: Workshop on Recent Advances in Computational Structural Dynamic and High Performance Computing, 1996:165-94.

[18] 石少卿,康建功,汪敏.ANSYS/LS－DYNA在爆炸与冲击领域内的工程应用[M].北京:中国建筑工业出版社,2011.

[19] 孙文彬.钢筋混凝土对边简支板的爆炸试验[J].力学与实践,2008,30(4):58-60,72.

第19章 高温下 RPC 的力学性能

19.1 概 述

RPC 优异的耐久性为其在盐湖地区及海洋环境的应用提供了可能,但是采用 RPC 材料的构件或结构也有发生火灾的可能。目前,国内外对 RPC 的研究多集中于其配制技术和常温力学性能方面,对高温下 RPC 的爆裂和力学性能的研究尚不成系统。因此,有必要对 RPC 高温下的相关性能进行系统研究,火灾下 RPC 的爆裂规律及其力学性能退化规律等都是人们关注的问题。国内外学者对高温下普通混凝土(Normal Strength Concrete,NSC)和高强混凝土(High Strength Concrete,HSC)的抗压强度、抗拉强度和弹性模量的退化规律等方面做了深入研究。RPC 相对普通混凝土和高强度混凝土的优势在于其致密的内部微观结构,致密的微观结构确保了 RPC 拥有超高强度的力学性能和优异的抗渗性,但是这也易引发火灾下 RPC 的爆裂。因此,本章以"高温下活性粉末混凝土爆裂规律及力学性能研究"为主要工作,通过高温下 RPC 的爆裂试验、力学性能试验和强度退化试验等一系列试验,获得高温下 RPC 的爆裂、力学性能退化、微观结构及其演变、质量变化和矿物成分及相变等随温度的变化规律。

19.2 试 件 设 计

19.2.1 原材料选用及配合比

RPC 主要选用的原材料有水泥、矿渣、硅灰、石英砂、高效减水剂、纤维(聚丙烯纤维和钢纤维)和水。

(1)水泥。

采用黑龙江省宾州水泥有限公司生产的 P.O.42.5 级普通硅酸盐水泥。水泥的各项指标符合 GB 175—2007《硅酸盐水泥、普通硅酸盐水泥》的质量要求。其化学成分见表19.1。

(2)矿渣和硅灰。

选用辽源金刚水泥集团有限公司生产的 S95 级矿渣,SiO_2 的质量分数为 36.9%,比表面积为 4 750 cm^2/g,其化学成分见表19.1。选用遵义天冠微硅粉回收有限公司生产的微硅粉,SiO_2 的质量分数 94.5%,比表面积为 20 780 m^2/kg,其化学成分见表19.1。

(3)石英砂。

选用哈尔滨晶华水处理材料有限公司生产的 40 ～ 70 目(粒径 0.6 ～ 0.36 mm)和 70 ～140 目(粒径 0.36 ～ 0.18 mm)的石英砂,两种目数的石英砂比例为 1∶1,SiO_2 的质量分数超过 99.6%。

表 19.1　水泥、硅灰及矿渣的主要成分　　　　　　　　%

胶凝材料	$w(SiO_2)$	$w(Al_2O_3)$	$w(Fe_2O_3)$	$w(CaO)$	$w(MgO)$	烧失量
水泥	20.40	5.45	3.50	64.48	1.46	2.51
硅灰	94.50	0.50	0.45	0.60	0.70	0.80
矿渣	34.90	14.66	1.36	37.57	9.13	0.30

（4）高效减水剂。

选用 FDN 浓缩型高效减水剂,粉末状。高效减水剂是获得高强度、低水胶比和良好流动性的关键因素。

（5）钢纤维和聚丙烯（PP）纤维。

选用鞍山昌宏科技发展有限公司生产的平直型镀铜钢纤维,其平均长度为 13 mm,平均直径为0.22 mm。PP 纤维的平均长度为 18～20 mm,平均直径为 45 μm,密度为0.91 g/cm³,熔点为 165 ℃。

（6）水。

采用自来水。

为研究纤维种类和掺量对高温下 RPC 爆裂及力学性能的影响,采用 3 种方案:单掺PP 纤维（其体积分数分别为 0.1%、0.2% 和 0.3%）,单掺钢纤维（其体积分数分别为 0、1%、2% 和 3%）及不同体积率的钢纤维和 PP 纤维混掺。具体配合比见表 19.2。

表 19.2　试验用 RPC 配合比

编号	ρ(胶凝材料)/(kg·m⁻³)			ρ(石英砂)/(kg·m⁻³)	ρ(减水剂)/(kg·m⁻³)	ρ(水)/(kg·m⁻³)	钢纤维体积掺量/%	PP 纤维体积掺量/%	流动度/mm
	水泥	硅灰	矿渣						
RPC0	816.87	245.06	122.53	980.24	47.38	236.89	0	0.0	245
SRPC1	808.70	242.61	120.31	970.44	46.90	234.52	1	0.0	220
SRPC2	800.53	240.16	120.08	960.64	46.43	232.15	2	0.0	210
SRPC3	792.36	237.71	118.85	950.84	45.96	229.79	3	0.0	195
PRPC1	816.05	244.82	122.41	979.27	47.33	236.66	0	0.1	240
PRPC2	815.24	244.57	122.29	978.28	47.28	236.42	0	0.2	215
PRPC3	814.42	244.33	122.16	977.30	47.24	236.18	0	0.3	170
HRPC1	799.92	239.91	121.96	959.66	46.38	231.92	2	0.1	175
HRPC2	798.90	239.67	121.83	958.68	46.34	231.68	2	0.2	160
HRPC3	807.07	242.12	120.06	968.48	46.81	234.05	1	0.5	165

19.2.2　试件尺寸确定

高温爆裂试验试件所用尺寸分为 3 类:一类是 70.7 mm×70.7 mm×70.7 mm 的立方体;一类是70.7 mm×70.7 mm×220 mm 的棱柱体;一类是如图 19.1 所示的哑铃形试件。

力学试验试件所用尺寸分为 3 类,按照 JGJ/T 70—2009《建筑砂浆基本性能试验方法标准》和 GB/T 5008—2019《普通混凝土力学性能试验方法标准》,受压试验采用70.7 mm×70.7 mm×70.7 mm 的立方体试件,本构试验采用 70.7 mm×70.7 mm×220 mm 的棱柱体试件,抗拉试验采用图 19.1 所示的哑铃形试件。

轴拉试验试件所用尺寸及形状尚不明确标准,试验方法一般采用外夹式、内埋式和粘贴式。本试验采用外夹式,且哑铃形试件及试模如图 19.1 和图 19.2 所示。

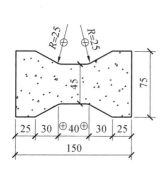

图 19.1　哑铃形试件(试件厚 45 mm)

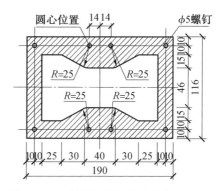

图 19.2　哑铃形试模(尺寸单位为 mm)

19.2.3　试件制作与养护

RPC 制备过程的投料顺序、搅拌时间及养护制度需按一定要求进行。首先将称量好的石英砂、水泥、硅灰、矿渣和减水剂依次倒入混凝土搅拌机,干拌 3 min;然后在搅拌过程中缓慢加入称量好的水,湿拌 6 min;再均匀撒入钢纤维和 PP 纤维,搅拌 6 min 出料。将拌和物注入钢模,在混凝土振动台上经高频振动成型,标准环境下静置 24 h 后拆模;而后将试件放入 90 ℃的混凝土加速养护箱中养护 3 d;再将其放入标准养护室养护 60 d 拿出晾干;2 个月后进行试验。

19.2.4　试验方法

1. 高温下的爆裂试验

影响混凝土爆裂的因素包括强度等级、含水率(水的质量分数)、集料种类、升温速度、最高温度、试件几何形状等。本试验采用表 19.2 中的配合比研究含水率、升温速度、试件形状与尺寸、防水涂料和恒温时间、纤维种类及掺量等对高温 RPC 爆裂的影响。

(1)爆裂因素。

① 含水率。

试件含水率等级分别为 0、0.82%、0.91%、1.25%、1.87%、2.85% 和 3.92%,采用立方体试件进行爆裂试验,同时也进行了哑铃形试件和棱柱体试件的爆裂试验。

② 升温速度。

选取了 4 ℃/min、8 ℃/min 和 12 ℃/min 三种升温速度,考察升温速度对 RPC 爆裂的影响。试件为立方体试件,试件均在(105±5) ℃的烘箱中烘干,升温速度为 5 ℃/min。

③ 试件形状与尺寸。

试件形状与尺寸包含 3 个等级水平,分别为哑铃形试件、立方体试件和棱柱体试件,试件在(105±5) ℃的烘箱中烘干,升温速度为 5 ℃/min。

④ 防火涂料和恒温时间。

采用隧道型防火涂料,涂料厚度为 10 mm。恒温时间分别为 0 min、60 min 和 180 min,升温速度定为 5 ℃/min。

⑤ 纤维种类及掺量。

本试验采用表 19.2 中的配合比,研究纤维种类及掺量对 RPC 爆裂性能的影响,爆裂试件为立方体试件。所有试件均在烘箱内烘干备用,按照预定的 5 ℃/min 的升温速度升温。

（2）爆裂试验仪器。

高温爆裂试验采用图 19.3 所示的试验炉,试验炉的尺寸为 $\phi 400$ mm $\times$ 400 mm,炉腔尺寸为 $\phi 200$ mm $\times$ 250 mm。试验炉由炉盖、把手、炉箱、保温毡、电热丝和保温板组成,外层用薄铁皮包裹。炉体的上下炉口处用保温板填充,试验炉上下开口有利于观察试验现象和进行试件的对中。炉腔的侧面用保温毡填充,保温毡和保温板的材质为硅酸铝。炉腔用两根 2.5 kW 的电热丝缠绕,试验炉总功率为 5 kW,最高温度达 1 000 ℃,最高升温速度为 33 ℃/min。

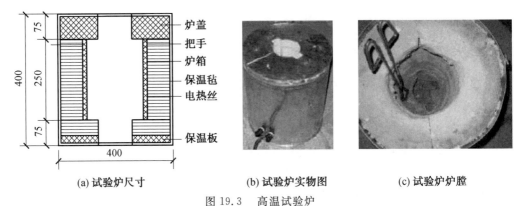

(a) 试验炉尺寸 (b) 试验炉实物图 (c) 试验炉炉膛

图 19.3 高温试验炉

2. 高温下 RPC 的力学性能试验

本章中的力学性能试验为高温下无应力试验。依据表 19.2 的配合比,用于力学性能试验的试件总数为 783 个,试验所用的 RPC 试件的形状尺寸、养护制度、含水率、升温速度、试件数量见表 19.3。其中的蒸汽养护是指将试件放入混凝土加速养护箱中,在 90 ℃的蒸汽中养护 3 d。

表 19.3 试验用 RPC 试件一览表

试验项目	形状尺寸 /(mm×mm×mm)	养护制度	含水率 /%	升温速度 /(℃·min^{-1})	对应表 19.2 配比	试件数量/个
爆裂	70.7×70.7×70.7 70.7×70.7×220 哑铃形试件	蒸汽养护	0,0.82,0.91, 1.25,1.87, 2.85,3.92	4,8,12	以 SRPC2 为主,其他配比兼顾考虑	109
立方体抗压	70.7×70.7×70.7	蒸汽养护	0	5	全部配比	270
抗拉试验	哑铃形试件	蒸汽养护	0	5	全部配比	270
本构试验	70.7×70.7×220	蒸汽养护	0	5	SRPC1,SRPC2,SRPC3, HRPC1,HRPC2,HRPC3	90
恒温时间试验	70.7×70.7×220	蒸汽养护	0	5	SRPC2	45
轴心抗压强度试验	70.7×70.7×220	蒸汽养护	0	5	RPC0,PRPC1 PRPC2,PRPC3	108
微观试验	小颗粒;粉末	蒸汽养护	0	5	RPC0,PRPC3 SRPC2,HRPC2	65

本章中的试验制度为：爆裂试验采用的升温速度为 4 ℃/min、8 ℃/min 和 12 ℃/min,考察 3 种升温速度对爆裂的影响,设计目标温度为 600 ℃。高温下力学性能试验包括抗压、抗拉强度试验和应力－应变试验,试验参数设计目标温度为 20 ℃、100 ℃、200 ℃、300 ℃、400 ℃、500 ℃、600 ℃、700 ℃ 和 800 ℃,平均升温速度为 5 ℃/min。为测量试件内部温度,分别在立方体试件、哑铃形试件和棱柱体试件的中心点布置 WRNK－101K 镍铬－镍硅型热电偶(图 19.4),每隔 10 ℃ 记录一次炉腔温度和 RPC 中心温度,并观察试验现象。先按 5 ℃/min 对试件升温,达到预定温度后,使目标温度保持一段时间,当炉温与试件中心温度达到一致时,继续维持目标温度,进行高温下的力学试验,加载直至试件破坏。

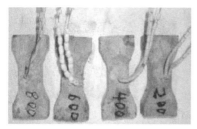
(a) 哑铃形试件

(b) 立方体试件

(c) 棱柱体试件

图 19.4　内置热电偶试件

3. 高温下强度退化试验

(1) 立方体受压试验。

立方体受压试验按照 JGJ/T 70—2009《建筑砂浆基本性能试验方法标准》,在 YA－1000 万能试验机上进行试验,试验加载速率为 1 kN/s。受压试验加载图示如图 19.5 所示。其抗压强度结果取 3 个试件的平均值。

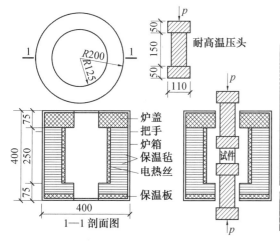
(a) 试验炉及试验位置
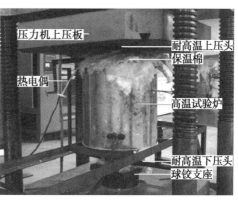
(b) 受压试验加载图

图 19.5　试验炉及试验位置与受压试验加载图示

受压试验步骤:将耐高温下压头放置在压力机的下压力板上,然后将试验炉放置在炉架上,将试件放置在耐高温下压头上,再放置耐高温上压头,耐高温上下压头与试验炉的空隙用保温棉塞严保温。同时,确保耐高温下压头、上压头和试件垂直对中。当试件加载破坏后,拆除保温棉,移走耐高温上压头,从试验炉中取出试件,移走试验炉,用电风扇对耐高温压头进行冷却,更换另一个相同参数的试验炉继续开始下一个试验。高温下 RPC 受压试验过程如图 19.6 所示。

(a) 放置耐高温下压头

(b) 放置保温棉和试验炉

(c) 放置试件及耐高温上压头

(d) 移走高温上下压头

(e) 高温下RPC试件

图 19.6   高温下 RPC 受压试验过程

（2）受拉试验。

采用哑铃形夹具,通过自制夹具在 W－YA－600 万能试验机上进行轴心受拉试验,采用力加载控制,加载速率为 0.5 kN/min。加载方式和步骤与立方体受压加载程序相似,在加载过程中务必保证耐高温夹具和试件垂直对中,轴心受拉试验加载如图19.7所示。所有温度下的 RPC 抗拉强度均为 3 个试件测量值的平均值,计算结果精确到0.01 MPa。

（3）应力－应变关系试验。

高温下应力－应变关系试验在 5 000 kN 电液伺服液压试验机上进行。荷载采用1 000 kN 压力传感器测量,高温下 RPC 的位移采用 LVDT 测量。将 LVDT 绑扎在耐高温上、下压头分别引出的两根钢杆上,钢杆材质与耐高温压头的材质一致,高温下 RPC 试件的位移为两个 LVDT 测得位移的平均值。试件的长度通过游标卡尺测得。试验过程中荷载和位移由 WS3811 应变采集仪自动采集,数据采集仪器如图 19.8 所示。

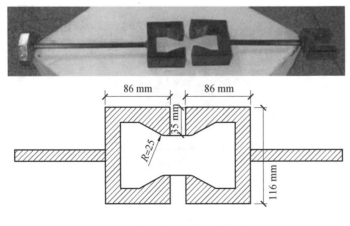
(a) 耐高温夹具及其尺寸详图

(b) 轴心受拉试验加载图

图 19.7   耐高温夹具及其轴心受拉试验加载图

应力－应变关系试验的加载制度如下:如图 19.9 所示,3 根钢柱位于边长为 120 mm 等边三角形的顶点,并由 6 根连杆和 24 个连接螺母连接成一个整体。将两组刚性元件固

(a) 引伸钢杆固定 LVDT

(b) 北京波普WS3811数据采集仪

图 19.8　数据采集仪器

定并标记好位置,压力传感器和钢垫块之间放置石棉隔热,然后将耐高温下压头、试验炉、试件和耐高温上压头依次放置在合适位置,保证压力传感器和耐高温上、下压头及试件保持垂直对中。由于本试验装置的螺纹、刚性元件、混凝土垫板等处存在虚位移,在升温试验前,应消除相应环节的虚位移。正式加载前,完成两次预压消除虚位移。将试件以一定加载速率加载至峰值荷载的 40%,然后将试件卸载至无应力状态,空载 60 s 的目的是恢复试件的弹性变形,然后再预载一次,最后按照相应升温制度升温,达到预定温度后进行本构试验。

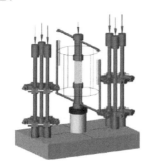

(a) 刚性元件及加载分布图

(b) 本构试验加载图

图 19.9　高温下刚性元件及加载分布图和本构试验加载图

（4）扫描电子显微镜试验。

扫描电子显微镜（Scanning Electron Microscopy,SEM）是一种利用电子束扫描样品表面从而获得样品信息的仪器。它产生的样品表面图像具有高分辨率和三维等特点。经历温度作用后,RPC 的微观结构反映了其相应温度的力学性能,可以通过微观结构的形态、微裂缝和孔洞等推断出 RPC 所达到的最高温度。因此,本试验采用 SEM 对各温度的微观结构进行分析,建立了 RPC 微观结构的形态图像学与其宏观力学性能相对应的规律,揭示了高温下 RPC 的爆裂机理和力学性能的退化规律。

本试验选用的试样是70.7 mm×70.7 mm×70.7 mm立方体,经历的温度分别为20 ℃、200 ℃、400 ℃、600 ℃ 和 800 ℃。试样取自于受压及受拉破坏以后的整体碎块,且为随机取样。选用尺寸约为 5 mm、形状规则和表面平整的试样,并通过无水乙醇冲洗、烘干。将试样用导电胶固定,在真空机中抽真空,然后在试样表面喷金,最后观测试样。SEM 型号为荷兰 Philips-FEI 公司生产的Quanta200 型,本试验在哈尔滨工业大学土木工程学院材料实验室完成。喷金镀膜仪、扫描电子显微镜和试样的照片如图 19.10 所示。

(a) 喷金镀膜仪

(b) SEM

(c) 试样

图 19.10　试验设备及试样照片

（5）压汞试验。

压汞试验可用来研究材料内部孔的直径和体积。本试验采用经历高温作用的 RPC 试样，对试样在 60 ℃ 的烘箱中预处理 4 h，确保预处理不会影响 RPC 的孔结构。压汞试验测定 RPC 孔径分布的步骤如下：样品取自 RPC 不同区域 1 cm³ 的小块，将称量好的 RPC 样品置于干净、干燥的膨胀计中；然后对样品膨胀计抽真空以去除样品中的气体；将样品膨胀计注入汞，记录真空条件下样品上端汞的静压力，记录外压力和对应的注汞体积；当达到所需最大压力后，减压力至大气压，将样品膨胀计转移至高压单元，随着汞被压入孔体系，可测出相应的压力和相应的注汞体积；最后根据注汞体积的分布，可以计算出 RPC 在不同温度段的总孔体积、孔径分布和孔隙率的分布。

（6）热重－差热分析试验。

热分析方法是研究高温下混凝土质量变化、吸热和放热反应的常用方法。热分析可以研究试样的成分及相图、固－气反应、反应动力学、反应热测定、相变和结晶过程等。热重（Thermogravimetric，TG）分析指在一定升温条件下，测量混凝土质量随温度变化的技术。TG 分析利用的是混凝土质量变化会引起天平偏移，偏移量可转化成电磁信号，将较弱的电磁信号经过放大并记录的原理。由于混凝土在加热过程中伴随着升华、汽化、气体逸出或失去结晶水等物理、化学反应，因此被测的混凝土的质量也会随温度发生改变。通过分析热重曲线，可分析出试样随温度的变化规律，即试样质量随温度的升高而下降，并且根据失质量可计算出失去了多少物质。

差热分析是在一定的气氛和一定的升温制度下研究热量随温度变化规律的分析方法，包括差热分析（Differential Thermal Analysis，DTA）和差示扫描量热法（Differential Scanning Calorimetry，DSC）。DTA 是在程序控制温度条件下，测量样品与参比物之间的温度差与温度关系的一种热分析方法；而 DSC 是在一定升温条件下，测量混凝土与参比物的功率差随温度变化的一种热分析方法。这两种方法的区别在于：DTA 仅可以测试混凝土的相变温度点，而 DSC 除可以测得相变温度点外，还可获得混凝土相变时的热量变化；DTA 曲线上的放热峰和吸热峰无明确的物理含义，而 DSC 曲线上的放热峰和吸热峰分别代表放出热量和吸收热量。

TG－DSC 分析试验在上海电源研究所完成，本章 TG－DSC 分析采用的试验仪器为德国耐弛 STA449F3 和 DSC200F3 热分析设备（图 19.11），由计算机自动、连续采集数据。将试样充分研磨，称 10 mg 的粉末；保护气体为 O_2；坩埚材质为 $\alpha - Al_2O_3$。TG－DSC 联动分析试验的升温速度为 10 ℃/min，最高目标温度为 950 ℃。

（7）X 射线衍射分析试验。

X 射线衍射（X-ray Diffraction，XRD）分析是一种对材料进行 X 射线衍射，分析其衍

图 19.11　TG−DSC 热分析设备

射图谱,以获得材料的成分、内部原子或分子的结构或形态等信息的研究手段。在混凝土领域,XRD 分析也是近年来迅速发展起来的一种清洁可靠的方法。该方法通过分析衍射图谱的晶面距和相对强度,与粉末衍射标准联合委员会(Joint Committee on Powder Diffraction Standards,JCPDS) 的标准图谱进行匹配检索,以确定所制样品的成分。如果试样的成分未知,可将图谱中几个相对强度较高的 d 值归于一组,然后与图谱中的索引进行对照。

经历高温作用后的混凝土,其成分经历了物理和化学的变化,如自由水和结合水的蒸发,混凝土颜色的变化,SiO_2 的晶型在 573 ℃ 时由 α 型向 β 型的转换等物相的变化,C−S−H 和 CH 等矿物的分解。经历高温后,混凝土的内部微观结构可反映出宏观力学性能变化,通过分析经历高温作用混凝土的矿物成分,即通过分析混凝土经历不同温度后的产物,即可推断出其力学性能随温度变化的规律。

XRD 试验分析过程如下:将试件按预定升温曲线升温,冷却后用铁锤将试件敲碎,在试件的中部和表面取若干碎片,将碎片放在刚玉钵中进行研磨,充分研磨达到要求后将粉末置于有机玻璃中,最后将制备好的试样在 XRD 衍射仪中进行衍射试验。

19.3　RPC 高温爆裂影响因素

随着高强混凝土和超高强混凝土在土木工程领域的广泛应用,应对其高温下的爆裂给予足够的重视。高温下混凝土爆裂的主要影响因素与含水率、升温速度、试件尺寸、恒温时间和温度梯度等有关。一般爆裂机理有蒸气压机理和热应力机理两种。但是,目前的研究主要集中于普通混凝土和高强混凝土的爆裂,对 RPC 这样超高强混凝土的爆裂因素和爆裂机理则很少涉及,但是温度梯度和质量损失对 RPC 爆裂的影响尤为关键。RPC 具有比高强混凝土更高的强度和更致密的微观结构,发生爆裂的风险也更高,因此有必要研究 RPC 的爆裂机理和爆裂影响因素。本章采用试件尺寸为70.7 mm×70.7 mm×70.7 mm 和钢纤维体积掺量为 2% 的立方体试件专门考察爆裂,同时在高温力学试验中,也考察了哑铃形试件、棱柱体试件和不同纤维掺量及纤维种类试件的爆裂情况,共计109 个试件,具体升温速度及含水率见表 19.3。

19.3.1　含水率

混凝土的爆裂过程与爆裂程度可以通过爆裂临界温度(初爆温度)、初爆时间与持续时间、爆裂深度与爆裂面积以及爆裂度等指标进行评价。爆裂度为爆裂概率与平均爆裂面积的乘积,爆裂概率为爆裂试件个数占试件总数的比值,爆裂面积为试件爆裂面积与试件受热面积的比值,爆裂面积率为用于爆裂试验试件的爆裂面积率的平均值。不同含水率下 RPC 的爆裂指标见表 19.4。

表 19.4　不同含水率下 RPC 的爆裂指标

含水率 /%	爆裂概率 /%	爆裂面积 /cm²	最大爆裂深度 /mm	爆裂面积率 /%	爆裂度 /%
0	0	0	0	0	0
0.82	0	0	0	0	0
0.91	25	0.634	25	5.28	1.32
1.25	50	1.247	35	10.40	5.20
1.87	75	2.740	35	22.85	20.14
2.58	100	6.380	35	53.24	53.24
3.92	100	8.816	35	73.49	73.49

从表 19.4 中可看出,含水率对 RPC 的爆裂概率、最大爆裂深度、爆裂面积率和爆裂度的影响非常明显,RPC 的爆裂概率、最大爆裂深度、爆裂面积率和爆裂度均随含水率的增加而增大。含水率越大,RPC 的爆裂首发时间和爆裂温度也越提前,但爆裂终止温度相差不大。爆裂概率、爆裂面积随含水率的增加而增加,这是由于含水率越高,高温下水蒸气越多,蒸气压也越大,因此 RPC 爆裂风险也随之增加,爆裂破坏程度就会越严重。

如图 19.12 所示,含水率为 0 和 0.82% 时,RPC 试件保持了良好的完整性,试件均无裂缝、掉角等情况。含水率为 0.91% 和 1.25% 时,RPC 的个别试件有较大的裂缝,裂缝位置主要集中在角部和边棱处。含水率为 1.87% 时,RPC 试件爆裂破坏程度进一步增大,裂缝数目和宽度较大,个别裂缝完全贯通整个 RPC 试件。含水率为 2.58% 时,RPC 试件已经完全爆裂,掉角和剥落严重,试件不能保持较好的完整性。含水率为 3.92% 时,RPC 试件已经完全爆裂为碎片。

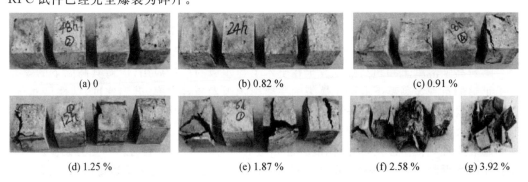

(a) 0　　　　　(b) 0.82%　　　　　(c) 0.91%

(d) 1.25%　　　(e) 1.87%　　　(f) 2.58%　　(g) 3.92%

图 19.12　不同含水率下 RPC 的爆裂破坏形态

图 19.13 所示为 RPC 爆裂概率、爆裂度随含水率的变化情况。含水率是高温下 RPC 爆裂的主要因素,爆裂概率和爆裂度随含水率的增加而增加。相关文献表明体积掺量为 2% 的掺钢纤维 RPC 爆裂的临界含水率在 0.80% ～ 0.85% 之间,当含水率低于临界值时,一般无爆裂发生,当含水率高于临界含水率时,RPC 就发生爆裂。EN 1992－1－1 指出,当混凝土的含水率小于混凝土质量比的 k% 时,混凝土不会爆裂。骨料类型、混凝土渗透性、升温速度也应考虑,k 取值一般为 2.5 ～ 3。混凝土构件的临界含水率为其质量

的 2%,其爆裂区域与压应力、构件厚度和含水率等因素有关。由于 RPC 的内部结构相对于高强混凝土更致密,水蒸气迁移更困难,其临界含水率远小于高强混凝土,因此含水率对 RPC 爆裂有显著影响,综合高强混凝土和 RPC 的临界含水率,建议 RPC 临界含水率的取值为 0.85%。

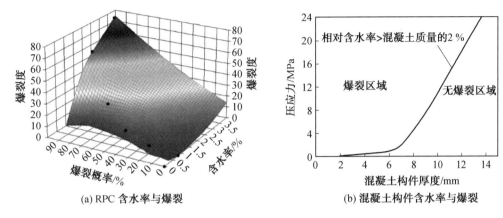

(a) RPC 含水率与爆裂　　　　　(b) 混凝土构件含水率与爆裂

图 19.13　爆裂随含水率变化的规律

钢纤维体积掺量为 2% 的 RPC 爆裂概率和爆裂度与含水率之间的关系见式(19.1),表征拟合精度的相关系数 $R^2 = 9.99$。

$$\ln z = -3.53 + 0.333(\ln x)^2 + 0.0274y + 0.969\ln y \tag{19.1}$$

式中,z 为体积掺量 2% 的掺钢纤维 RPC 的爆裂度,%;x 为体积掺量 2% 的掺钢纤维 RPC 的含水率,%;y 为体积掺量 2% 的掺钢纤维 RPC 的爆裂概率,%。

19.3.2　升温速度

升温速度是高温下混凝土爆裂的主要因素,升温速度过快时,混凝土内外温差大,温度梯度产生的热应力也随之增大,增加爆裂风险。李海艳认为爆裂的首发温度、终止温度、爆裂概率和爆裂度都随升温速度的增大而增加。从表 19.5 可以看出,爆裂度和爆裂概率随升温速度的增大而增加,其中升温速度为 4 ℃/min、8 ℃/min 和 12 ℃/min 时,爆裂概率分别为 0、25% 和 50%,爆裂度分别为 0、2.26% 和 6.67%。

图 19.14 为不同升温速度条件下 RPC 试件的爆裂情况。升温速度为 4 ℃/min 时,在试件边棱处出现微裂缝,试件保持较好的完整性;升温速度为 8 ℃/min 时,有一个试件出现了严重的贯通裂缝,在边棱处的裂缝宽度较大;升温速度为 12 ℃/min 时,4 个试件中有一个试件出现较大的裂缝,两个试件完全爆裂,由于钢纤维的存在,试件未爆碎。

表 19.5　不同升温速度下 RPC 的爆裂指标

升温速度 /(℃·min^{-1})	爆裂概率 /%	爆裂面积 /cm^2	最大爆裂深度 /mm	爆裂面积率 /%	爆裂度 /%
4	0	0	0	0	0
8	25	1.083	35	9.03	2.26
12	50	1.601	35	13.34	6.67

体积掺量为 2% 的掺钢纤维 RPC 的爆裂概率和爆裂度与升温速度之间的关系如式(19.2)所示,相关系数 $R^2 = 9.99$。

(a) 4 ℃/min   (b) 8 ℃/min   (c) 12 ℃/min

图 19.14   不同升温速度条件下 RPC 试件的爆裂情况

$$\ln z = -3.73 + 0.216x^2 + 0.736y \tag{19.2}$$

式中，z 为体积掺量是 2% 的掺钢纤维 RPC 的爆裂度，%；x 为体积掺量是 2% 的掺钢纤维 RPC 的升温速度，℃/min；y 为体积掺量是 2% 的掺钢纤维 RPC 的爆裂概率，%。

图 19.15(a) 为爆裂度、爆裂概率与升温速度之间的关系，爆裂度、爆裂概率随升温速度的增大而增加。当温度为 600 ℃ 时，SRPC1 和 HRPC1 在升温速度分别为 5 ℃/min、10 ℃/min 和 20 ℃/min 时的抗拉强度随升温速度的升高而降低（图 19.15(b)），其中，20 ℃/min 时 RPC 的抗拉强度约只有 5 ℃/min 时抗拉强度的 46.8%。显然，升温速度过快导致抗拉强度下降，而当混凝土内部孔隙压力或温度梯度产生的热应力超过混凝土抗拉应力时会发生爆裂。因此升温速度是影响高温下 RPC 爆裂的一个影响因素。高温下升温速度过快时，会导致 RPC 的内外产生较大的温度梯度，温度梯度产生温度应力，当温度应力较大且超过抗拉强度时会导致 RPC 爆裂。

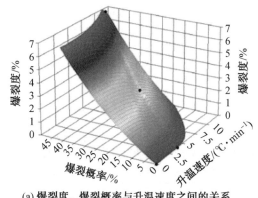 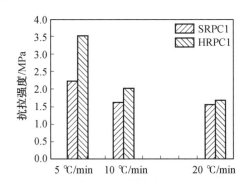

(a) 爆裂度、爆裂概率与升温速度之间的关系   (b) 不同升温速度下RPC的抗拉强度

图 19.15   升温速度与爆裂规律的关系

19.3.3   试件尺寸

表 19.6 为不同试件尺寸 RPC 的爆裂指标。随着试件尺寸的增加，试件的爆裂概率随之增加。本章中体积掺量为 2% 的掺钢纤维 RPC 哑铃形试件、立方体试件和棱柱体试件均无爆裂，而试件尺寸增加到 100 mm × 100 mm × 100 mm 时爆裂产生，爆裂概率为 50%。试件尺寸对爆裂首发温度的影响不明显，但试件尺寸增大，爆裂终止时间、爆裂面积、最大爆裂深度和爆裂度均随之增加。如图 19.16 所示，边长 70.7 mm 的 RPC 试件只有少数的微裂缝出现，而边长 100 mm 的 RPC 试件则出现较大的裂缝，甚至有个别试件已完全爆裂。

表 19.6　不同试件尺寸 RPC 的爆裂指标

试件边长 /mm	爆裂概率 /%	爆裂面积 /cm²	最大爆裂深度 /mm	爆裂面积率 /%	爆裂度 /%
70.7	0	0	0	0	0
100	50	2.625	50	10.94	5.47

随着试件尺寸的增加,试件的爆裂概率随之增大。这主要由于一方面试件尺寸较大时,水蒸气迁徙路径较长;另一方面,如图 19.17 所示,随着试件尺寸增加,试件的温度梯度随之增大。600 ℃ 时哑铃形试件、立方体试件和棱柱体试件的温度差分别为 87 ℃、185 ℃ 和 108 ℃,而 800 ℃ 时三者的温度差分别为 5 ℃、106 ℃ 和 79 ℃。显然,试件尺寸使得 RPC 的内外温度梯度增大,试件爆裂的概率也增大。

(a) 边长70.7 mm　　　　　　　　　　(b) 边长100 mm

图 19.16　不同立方体试件尺寸 RPC 的爆裂形态

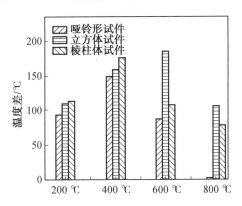

图 19.17　不同试件尺寸 RPC 的温度梯度

19.3.4　恒温时间

图 19.18 为不同恒温时间下 RPC 试件的爆裂形态。图 19.18(a) 表明,300 ℃ 时 RPC0 恒温 0 min 时无爆裂产生,但恒温 180 min 时,RPC0 爆裂;图 19.18(b) 表明,600 ℃ 时 SRPC2 恒温 60 min 和 180 min 均无明显的爆裂发生,虽然试件的角部和其他位置有大小不一的裂缝,但试件都保持了良好的完整性。因此,爆裂除了与恒温时间有关外,还与试件本身的纤维掺量有关。不同恒温时间对 RPC 爆裂的影响有限,恒温时间不是 RPC 试件爆裂的决定性因素。当蒸气压或温度梯度产生的热应力大于 RPC 的抗拉强度时,RPC 发生爆裂;而掺钢纤维 RPC 相对于素 RPC 具有更高的抗拉强度,同时,钢纤维具有良好的热传导性,也能减小 RPC 内外的温度梯度,从而能减少爆裂或抑制爆裂。

恒温 0 min　　　　恒温 180 min　　　　恒温 0 min　　　　恒温 60 min　　　　恒温 180 min

(a) 300 ℃时不同恒温时间下RPC0的爆裂形态　　　(b) 600 ℃时不同恒温时间下SRPC2的爆裂形态

图 19.18　　不同恒温时间下 RPC 试件的爆裂形态

19.3.5　温度梯度

图 19.19 为 600 ℃ 时试件表面温度与中心温度的温度差。显然,试件中心温度的升高相对试件表面温度有一定的滞后性,并且中心温度的升温历史非常复杂,扰动性大。

一般而言,升温过程中有 3 种类型的扰动可以被观察到:中心温度增长速率突然减小;表面温度增长速率增加而中心温度增长速率开始下降;中心温度增长速率增加,这种扰动现象在本试验中也是如此(图 19.19(b))。40 min 开始,试件中心温度和表面温度的温度差开始显著增加,其中 48 min 时试件中心温度和表面温度的温度差为 137 ℃,100 min 时两者温度差高达 209 ℃。温度梯度将使试件产生较大的膨胀变形,在试件表面受热处产生热应力,而在温度梯度产生的热应力超过抗拉强度时发生爆裂。爆裂的温度范围大致在240 ～520 ℃ 之间,也就是在 44 ～ 100 min 之间。110 min(570 ℃) 后,试件中心温度增长速率急剧增加,而试件表面温度增长速率急剧减小,两者的温度差显著下降,520 ℃ 后爆裂基本停止。因此,温度梯度是 RPC 爆裂的一个重要原因。

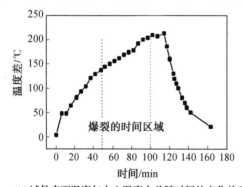 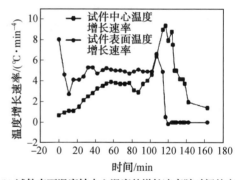

(a)试件表面温度与中心温度之差随时间的变化关系　(b)试件表面温度轴心温度的增长速率随时间的变化

图 19.19　　试件表面温度与中心温度的差值度

19.3.6　RPC 爆裂机理

火灾下耐火性能的退化主要是由高温下混凝土的爆裂引起的。Kodur 认为混凝土爆裂的影响因素与抗压强度、含水率、密度、升温速度有关。高强混凝土比普通混凝土更容易爆裂是由于其较低的渗透性,也有研究认为在热－力耦合作用下发生爆裂是由于它的脆性。

蒸气压机理是指高温下混凝土内部致密的微观结构阻止了水蒸气的迁徙和逸出,从而使混凝土内部的孔隙压力增大,当孔隙压力达到临界值时发生爆裂。如图 19.20 所示,当混凝土表面受热时,毛细孔水开始一部分蒸发,形成干燥区,干燥区的温度较高,蒸气压也较高,使得另一部分水蒸气向混凝土内部迁移,水蒸气遇冷凝结成水,水蒸气继续向内部迁移而趋于饱和,形成饱和区阻挡水蒸气的继续迁移,因此积聚了大量的孔隙压力,而致密的微观结构无法释放这些压力而使混凝土爆裂。但蒸气压机理对有些干燥试件也发生爆裂或者爆裂的随机性却无法给出合理解释。

热应力机理是指高温下由于混凝土的惰性,升温速度较快引起混凝土内外温度差,温度梯度产生温度变形,使得混凝土产生热应力,当热应力超过混凝土的拉应力时便发生爆裂(图 19.21)。热应力机理可较好地解释高温、低含水率下混凝土的爆裂,但无法合理解释低升温速度下混凝土也会发生爆裂。因此,实际情况下可能是这两种机理同时起作用。

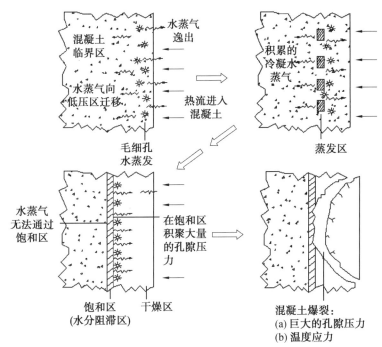

图 19.20　蒸气压机理

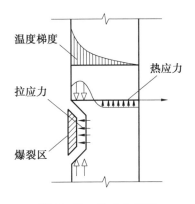

图 19.21　热应力机理

混凝土的爆裂是一个复杂的过程,影响爆裂的因素也很多,无法用单一因素和单一爆裂机理来解释,而且混凝土的爆裂也具有一定的随机性,只能从普遍被认可的机理来解释。本章也从含水率、升温速度、试件尺寸、恒温时间、质量损失和温度梯度等方面来考量爆裂的影响因素,力图较为全面地解释高温 RPC 的爆裂机理和成因。含水率和温度梯度是高温下 RPC 爆裂的主要原因。一方面,随着温度的升高,水蒸气向 RPC 内部迁移,由于 RPC 比高强混凝土具有更低的渗透性和更致密的微观结构,这使得水蒸气的迁移十分困难,因此未掺加 PP 纤维的 RPC 和掺加 0.1%PP 纤维的 RPC 在 400 ℃ 时就已经完全爆碎了。而且,也有本章参考文献表明,混凝土爆裂过程中伴随着大量水蒸气的蒸发和矿物的分解,这也是其质量变化的原因。如图 19.22 所示,NSC 和 HSC(NSC 和 HSC 的圆柱体试件抗压强度分别为 27 MPa 和 105 MPa,试件尺寸为 75 mm×200 mm,采用 ASTM E119 升温曲线升温)的质量损失主要发生在 18 ~ 40 min 区间,在爆裂时间区域质量损失有突变,而 RPC 的质量损失相对 NSC 和 HSC 来说较小,同时爆裂时间区域质量损失平稳,无明显的突变。当然,NSC 和 HSC 的升温速度过快,也会引起混凝土内外较大的温度差,从而加剧爆裂,使混凝土发生掉角、剥落等情况,造成在爆裂区域有较大的质量损失。由图 19.19 可知,爆裂范围内也是温度梯度最大的区域,RPC 更致密,导热性更差,较大的温度梯度产生较大的温度应力,当温度应力大于 RPC 的抗拉强度时会发生爆裂。钢纤维体积掺量 1% 是抑制 RPC 爆裂的临界体积掺量,掺有 2% 钢纤维的 RPC 临界含水率为 0.85%,升温速度小于 5 ℃/min 和试件尺寸不大于 100 mm×100 mm×100 mm 时,RPC 一般不会发生爆裂。

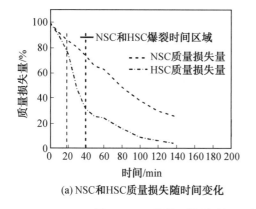
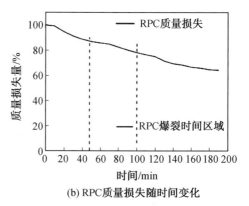

(a) NSC和HSC质量损失随时间变化   (b) RPC质量损失随时间变化

图 19.22　混凝土爆裂时间区域与质量损失量随时间的变化关系

本章参考文献[11]有爆裂发生,即使在 1 ℃/min 和 2 ℃/min 的较低升温速度下,在 700 ℃ 或 600 ℃ 时也已经爆裂。而掺钢纤维 RPC 试块均无爆裂,即使 800 ℃ 仍有较高的相对抗压强度,钢纤维显著地提高了高温下 RPC 的相对抗压强度并防止爆裂发生。这是因为随着温度的升高,RPC 比普通混凝土和高强混凝土具有更小的直径和数量更少的孔结构,因此高温下掺钢纤维 RPC 相对普通混凝土和高强混凝土可维持更高的抗压强度。掺加钢纤维是抑制混凝土爆裂的另一个有效措施,随着钢纤维掺量的增加,爆裂初始温度和临界温度有所提高,但无实质性变化。不掺钢纤维的素 RPC 于 400 ℃ 时已经爆裂成碎块,爆裂度为 100%;体积掺量为 1%、2% 和 3% 的掺钢纤维 RPC 在 20 ~ 800 ℃ 范围内均无明显的爆裂。钢纤维掺量不同,RPC 裂缝的大小、数目也不同,但是相对素 RPC 而言,钢纤维显著改善了 RPC 的爆裂形态。掺加钢纤维抑制爆裂的原因是:首先,钢纤维极大地提高了 RPC 的抗拉强度;其次,钢纤维在 RPC 内部呈三维乱向分布,钢纤维能抑制裂缝的发展,减小裂缝尖端处的应力集中;最后,钢纤维具有良好的热传导性,高温下能使 RPC 的内外温度较快达到一致,减小温度梯度产生的温度应力,从而抑制爆裂发生。

普通混凝土和高强混凝土的爆裂温度范围分别为 321 ~ 360 ℃ 和 400 ~ 500 ℃。而 Debicki 认为高强混凝土爆裂温度范围为 250 ~ 330 ℃,也有报道认为混凝土爆裂的最低温度只有 200 ℃。本章中,RPC 的爆裂温度范围是 240 ~ 520 ℃。由于本章参考文献升温条件、混凝土组分、抗压强度、含水率和渗透性等有所不同,这对爆裂温度范围有一定影响,但一般范围可以归纳为 250 ~ 600 ℃。Reis 指出掺加体积分数为 0.8% 的钢纤维能抑制高强混凝土的爆裂。而 Bingchen 研究表明,掺加体积分数为 0.6% 钢纤维的高强混凝土在 800 ℃ 时会爆裂。但 Peng 认为掺加体积分数为 1.28% 的钢纤维并不能抑制高强混凝土的爆裂,钢纤维只是能延迟混凝土爆裂的时间,认为掺加钢纤维反而促进了高强混凝土的爆裂。国内外认为钢纤维促进混凝土爆裂的观点较少,主要还是肯定钢纤维有利于抑制高强混凝土的爆裂。在本节中,掺加体积分数 1% 的钢纤维就能抑制高温下 RPC 的爆裂,掺加钢纤维对提高 RPC 的强度也有显著的效果。本章认为无论是对于抑制高温下 RPC 的爆裂,还是提高高温下 RPC 的各项强度,钢纤维的最佳体积掺量都为 2%。

19.4　高温下 RPC 立方体抗压

19.4.1　试验现象

(1) 掺钢纤维 RPC 试块在炉温 100 ~ 200 ℃ 时有少量白雾出现,试块内部温度为 335 ~ 341 ℃ 时,伴有持续性少量白色烟雾冒出,大约 3 min 过后,白色烟雾逸出量明显减少,持续 5 ~ 10 min 后,白色烟雾消失,过程中可以闻到刺激性气味。在炉温 400 ℃ 时 RPC0 已经爆碎。SRPC1 在炉温 402 ℃ 时试块表面有少量头发丝粗细裂纹。SRPC2 在炉温 257 ℃ 时发出轻微爆裂声;炉温为 364 ℃、372 ℃ 和 379 ℃ 时有较大爆裂声;炉温为 394 ℃、398 ℃、397 ℃、402 ℃、407 ℃、415 ℃ 和 429 ℃ 时有剧烈爆裂声;炉温为 446 ℃、450 ℃、465 ℃、480 ℃ 和 489 ℃ 时有轻微爆裂声。SRPC3 在炉温为 396 ℃、398 ℃、402 ℃ 和 404 ℃ 时有较为密集的爆裂声;在炉温 420 ℃、425 ℃ 和 431 ℃ 时也有断续的爆裂声,但爆裂减弱。掺钢纤维 RPC 的起爆温度为 260 ℃,400 ℃ 左右有较为集中的剧烈爆裂声,520 ℃ 后爆裂基本停止。

(2) 在升温速度为 5 ℃/min 时,掺 PP 纤维的 RPC 试件在炉温 100 ~ 200 ℃ 时有少量白雾出现,试件内部温度为 335 ~ 341 ℃ 时,伴有持续性白色烟雾冒出,大约 3 min 过后,白色烟雾逸出量明显减少,持续 5 ~ 10 min 后,白色烟雾消失,过程中可以闻到刺激性气味。400 ℃ 时 RPC0 和 PRPC1 爆碎;800 ℃ 时 PRPC2 爆碎,而 PRPC3 无明显爆裂发生,试件完整性较好。掺 PP 纤维 RPC 起爆温度为 240 ℃,400 ℃ 左右有较为集中的剧烈爆裂声,520 ℃ 后爆裂基本停止。如果试块在 600 ℃ 前没有爆裂,则超过 600 ℃ 也不会爆裂,爆裂的时间介于 43 ~ 100 min。

(3) 高温下复掺纤维 RPC 的试验现象与单掺 PP 纤维和单掺钢纤维 RPC 的现象相似。RPC0 在炉温 400 ℃ 时已经爆碎。HRPC1 在炉温 402 ℃ 时试块表面有少量头发丝粗细裂纹。HRPC2 在炉温 260 ℃ 时发出轻微爆裂声;炉温为 385 ℃、393 ℃、396 ℃ 和

408 ℃时有剧烈爆裂声;炉温为425 ℃时有轻微爆裂。HRPC3在炉温400 ℃左右时也有较为密集的爆裂声。复掺纤维RPC起爆温度为260 ℃,400 ℃左右有较为集中的剧烈爆裂声,520 ℃后爆裂基本停止。

19.4.2　试件颜色变化

(1)通过观察,掺钢纤维RPC颜色的变化与试块所经历的最高温度和力学性能损失相对应。低于300 ℃时试块颜色为青灰色;300～400 ℃时试块呈棕褐色,边棱处观察到细微裂纹;500 ℃时试块呈淡红灰色;600～700 ℃时试块呈灰白色,试块表面有头发丝粗细的裂纹;800 ℃时试块呈黄白色,表面出现网状龟裂纹,少数裂缝宽度较大。一般来说,颜色超过灰色后混凝土被归类于脆性和多孔材料。钢纤维掺量对试件颜色的变化无明显影响,但是高掺量掺钢纤维RPC的颜色趋于黑色。这是钢纤维的氧化使被氧化的黑色碳颗粒被混凝土吸收的缘故。敲击试块,声音随温度的升高而变得沉闷和厚重,试块变得疏松,这是由于水泥浆体、矿物掺和料、石英砂等发生了物理和化学反应。因此可根据颜色变化、裂纹数目和大小及敲击声音等来推断试块所经历的最高温度,为火灾后RPC结构提供抗火设计建议、损伤评估和修复建议。

(2)掺PP纤维RPC的颜色变化为:青灰色(21～200 ℃);棕褐色(300～400 ℃);淡红灰色(500 ℃);黑褐色(600 ℃);灰白色(700 ℃);黄白色(800 ℃)。随着温度的升高,孔隙和裂缝增多、变大,水泥浆体、矿物掺和料、石英砂等发生物理和化学反应,RPC的成分因高温作用发生变化,这些因素都会引起RPC颜色的变化。试块表面的颜色变化与PP纤维掺量无关,但是PP纤维掺量高的试块完整性更好,其裂缝宽度也更小。

(3)高温下,复掺纤维RPC的外观变化与单掺钢纤维RPC和单掺PP纤维RPC相同,PP纤维在170 ℃左右已经熔化,不会影响RPC的颜色变化;而钢纤维主要起抑制裂缝发展和减小尖端应力的作用,RPC颜色的变化缘自混凝土在高温下发生一系列的物理和化学变化。当然,钢纤维掺量高时RPC呈黑色,其原因是钢纤维在高温时氧化,黑色的碳化产物深入RPC中呈黑色。不同纤维掺量的复掺纤维RPC试件外观变化和颜色基本一致。其中,低于300 ℃时试块颜色为青灰色;300～400 ℃时试块呈棕褐色;500 ℃时试块呈淡黑色;600～700 ℃时试块呈黑色,试块表面有头发丝粗细的裂纹;800 ℃时试块呈灰黑色。对比800 ℃时哑铃形试件、立方体试件和棱柱体试件的内部颜色,随着试件尺寸的增大,内部颜色中黑色更明显,而且试件内部的裂缝宽度更大,损伤更严重;800 ℃时所有试件表面都有一定的烧结作用,钢纤维已经完全氧化。

19.4.3　立方体受压破坏形态

(1)高温下掺钢纤维RPC立方体试件的受压破坏形态如图19.23所示。随着温度的升高,其破坏形态也越来越严重。21～400 ℃时掺钢纤维RPC的破坏模式虽有一定的延性,但是由于其强度高、刚度大,也呈突然的脆性破坏。典型的破坏模式是沿受压方向的裂缝而破坏,由于钢纤维的黏结作用,无碎块迸裂,保持了良好的完整性,钢纤维的桥接作用也缓解了RPC的脆性。显然,SRPC1、SRPC2和SRPC3的破坏形态相似,破坏模式均为延性破坏,即不同钢纤维掺量RPC的破坏模式相似,但高掺量钢纤维能改善RPC的脆性并提高其延性。400～800 ℃时,掺钢纤维RPC的受压破坏模式呈塑性破坏。21～300 ℃时,RPC试件表面没有明显的裂缝被观察到;400～600 ℃时,RPC试件表面有少

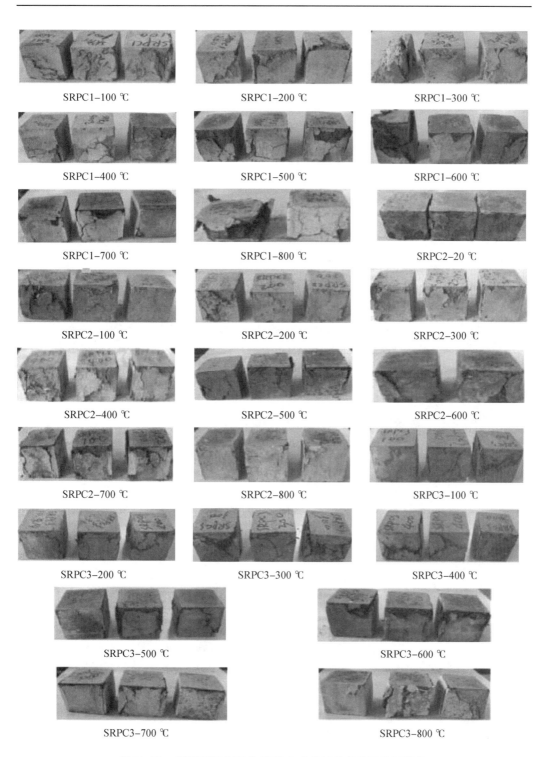

图 19.23 高温下掺钢纤维 RPC 立方体试件的受压破坏形态

量的裂缝被观察到,这些裂缝的出现是由钢纤维和水泥浆体的热膨胀系数不同导致的,高掺量的钢纤维也导致更多的裂缝产生;700～800 ℃时,RPC试件表面裂缝的数目增多,裂缝的深度也更大;800 ℃时钢纤维已经完全氧化,失去基本的力学性能,钢纤维与基体之间的黏结力已经破坏,且RPC试件内部呈黑褐色,出现明显的粗大裂缝。

(2)图19.24为高温下掺PP纤维RPC立方体试块的受压破坏形态。RPC0的破坏部位主要在棱角处。随着温度的升高,掺PP纤维RPC发生的破坏也越来越严重,但其完整性比RPC0要好。掺PP纤维的RPC和RPC0的破坏模式都属于脆性破坏。温度低于400 ℃时,掺PP纤维RPC的主要破坏部位在棱角处;高于400 ℃时掺PP纤维RPC的破坏形态为两个倒立的锥形。显然,PRPC1、PRPC2和PRPC3的破坏形态相似,均为脆性破坏,但破坏程度随PP纤维掺量的增加而缓解。800 ℃时PRPC3沿受压方向的裂缝增

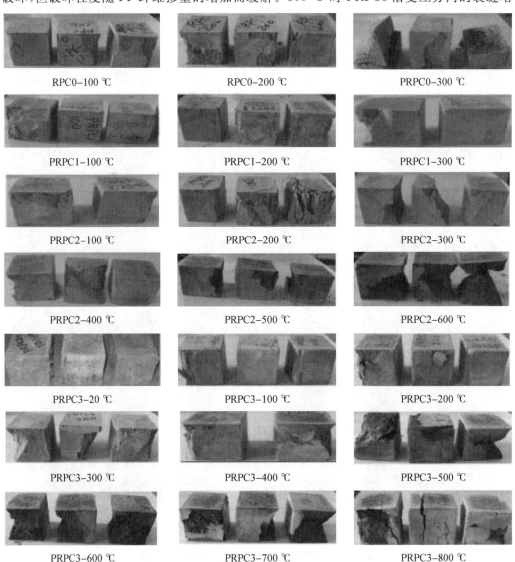

RPC0–100 ℃   RPC0–200 ℃   PRPC0–300 ℃

PRPC1–100 ℃   PRPC1–200 ℃   PRPC1–300 ℃

PRPC2–100 ℃   PRPC2–200 ℃   PRPC2–300 ℃

PRPC2–400 ℃   PRPC2–500 ℃   PRPC2–600 ℃

PRPC3–20 ℃   PRPC3–100 ℃   PRPC3–200 ℃

PRPC3–300 ℃   PRPC3–400 ℃   PRPC3–500 ℃

PRPC3–600 ℃   PRPC3–700 ℃   PRPC3–800 ℃

图 19.24　高温下掺 PP 纤维 RPC 立方体试块的受压破坏形态

大,并出现垂直于受压方向的裂缝,裂缝多为龟裂纹且呈网状(鱼鳞状)。随着 PP 纤维掺量增加,RPC 破坏形态的完整性越来越好,裂缝数量随之增多,裂缝宽度却减小。体积掺量为 0.3% 的 PP 纤维可以防止高温下 RPC 的损伤和爆裂,提高 RPC 的抗压强度,使其脆性破坏现象有所缓解,但是经过高温作用后,PP 纤维留下的孔道对 RPC 的耐久性也是不利的。

(3)图 19.25 为高温下复掺 RPC 立方体试块的受压破坏形态。和单掺钢纤维 RPC 的破坏形态相似,HRPC1、HRPC2 和 HRPC3 的破坏模式也均为延性破坏。PP 纤维掺量较少时裂缝数目也较少,裂缝宽度较大,有少量网状龟裂纹;PP 纤维掺量较高时裂缝数目较多,试块的完整性也较好,多为微小龟裂纹,数目较多,裂缝宽度较小。钢纤维掺量较高者完整性也较好,裂缝数目较少,但裂缝宽度较大。复掺纤维 RPC 兼有单掺钢纤维 RPC 和单掺 PP 纤维的双重特征,属于延性破坏,而且 800 ℃ 时复掺纤维 RPC 内部无明显的裂缝,可见钢纤维和 PP 纤维复掺对缓解高温下 RPC 损伤的效果比较明显。

19.4.4　立方体抗压强度

(1)掺钢纤维 RPC 的力学性能随温度升高而急剧退化,高温下掺钢纤维 RPC 的立方体抗压强度、轴心抗压强度和抗拉强度随温度升高的变化情况见表 19.7。

表 19.7　高温下掺钢纤维 RPC 立方体的各项强度值

温度 /℃	抗压强度 /MPa				轴心抗压强度 /MPa				抗拉强度 /MPa			
	RPC0	SRPC1	SRPC2	SRPC3	RPC0	SRPC1	SRPC2	SRPC3	RPC0	SRPC1	SRPC2	SRPC3
20	136.43	150.74	164.73	170.47	98.00	142.92	31.08	162.75	5.76	5.71	8.60	9.14
100	73.52	111.36	118.49	138.38	45.93				2.91	5.42	7.44	8.49
200	67.01	108.01	120.63	144.18	54.05	120.10	115.00	113.50	2.47	4.51	6.03	7.09
300	43.73	118.00	129.92	127.70	46.87				2.74	4.35	6.27	7.09
400	—	122.91	137.82	130.42	—	79.45	81.00	88.62		2.88	4.82	4.94
500		127.64	127.09	139.36						2.62	4.05	4.84
600		103.90	121.83	108.14		49.84	60.04	55.53		2.22	3.01	3.69
700		104.31	112.33	102.40						2.03	2.16	3.00
800	—	59.79	70.89	57.05	—	35.04	29.06	24.52		1.96	2.50	2.76

为获得试块高温下的抗压强度,先将试块升温至目标温度,再保持恒温,在试块内外温度一致后对试块进行高温下的恒温加载试验。试验每组抗压强度都是在恒温加载的工况下获得的。如图 19.26 所示,先将试件放置在试验炉中按升温制度升温到目标温度,然后维持目标温度一段时间,等 RPC 的内部温度与炉温基本一致时开始立方体抗压强度试验。

对高温下 27 个素 RPC 试件和 81 个单掺钢纤维 RPC 立方体试件进行了抗压强度试验,升温速度为 5 ℃/min,试件尺寸为 70.7 mm×70.7 mm×70.7 mm,相关信息见表 19.3。图 19.27 为高温下掺钢纤维 RPC 的立方体抗压强度,考察温度对掺钢纤维 RPC 抗压强度的影响。100 ℃ 时 RPC0 的抗压强度下降得极为迅速,下降到约为常温抗压强度的 55%,200 ℃ 和 300 ℃ 时分别只有为常温抗压强度的 45% 和 35%。SRPC1、SRPC2 和 SRPC3 在 100 ℃ 时的抗压强度分别为 111.36 MPa、118.49 MPa 和 138.38 MPa,约为常温抗压强度的 71.9%、73.9% 和 81.2%。100 ℃ 时抗压强度相对常温下降。这是由于自由水开始蒸发,形成毛细裂缝和孔隙,缝隙中的水和水蒸气随温度的升高而增加,对周围

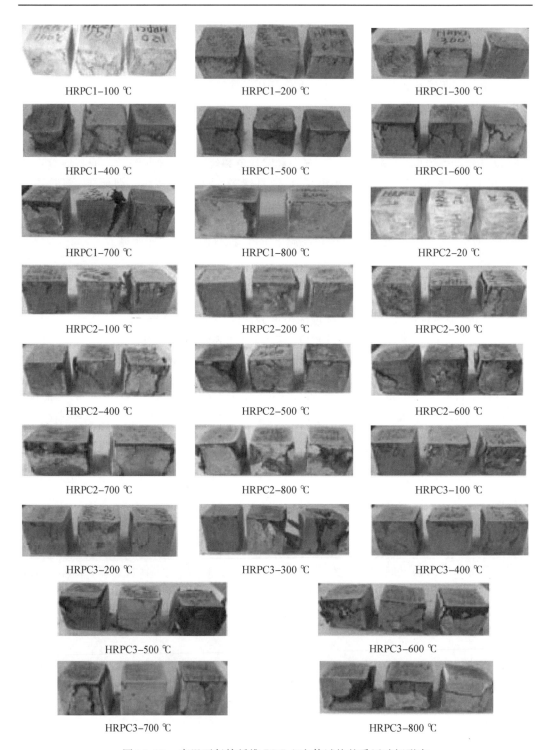

HRPC1–100 ℃ HRPC1–200 ℃ HRPC1–300 ℃

HRPC1–400 ℃ HRPC1–500 ℃ HRPC1–600 ℃

HRPC1–700 ℃ HRPC1–800 ℃ HRPC2–20 ℃

HRPC2–100 ℃ HRPC2–200 ℃ HRPC2–300 ℃

HRPC2–400 ℃ HRPC2–500 ℃ HRPC2–600 ℃

HRPC2–700 ℃ HRPC2–800 ℃ HRPC3–100 ℃

HRPC3–200 ℃ HRPC3–300 ℃ HRPC3–400 ℃

HRPC3–500 ℃ HRPC3–600 ℃

HRPC3–700 ℃ HRPC3–800 ℃

图 19.25 高温下复掺纤维 RPC 立方体试块的受压破坏形态

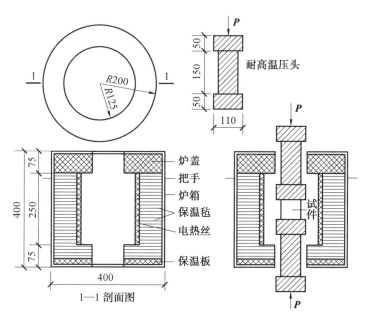

图 19.26　受压试验加载图

介质产生张力,且加载过程中缝隙尖端有应力集中促使裂缝发展,抗压强度降低。在 200～500 ℃ 时,掺钢纤维的 RPC 立方体抗压强度相比 100 ℃ 有所升高,其中 SRPC1 在 500 ℃ 的抗压强度比在 100 ℃ 时提高了 18.1%。因为自由水已经蒸发,结合水的逸出令水泥颗粒更紧密,使组织干燥硬化,在 150～350 ℃ 范围内有利于混凝土的增加;同时高温下逃逸的蒸汽产生类似"自蒸养护"的作用,促进水泥颗粒的进一步水化,抗压强度升高;另一方面,钢纤维约束基体,减少了裂缝并阻止裂缝发展。在 600 ℃ 时,SRPC1、SRPC2 和 SRPC3 的抗压强度分别为 103.9 MPa、121.83 MPa 和 108.14 MPa;700～800 ℃,SRPC1、SRPC2 和 SRPC3 的抗压强度相比 600 ℃ 时有所降低,800 ℃ 掺钢纤维 RPC 的立方体抗压强度相比 700 ℃ 时剧烈下降;800 ℃ 时,SRPC1、SRPC2 和 SRPC3 的抗压强度分别约为常温强度的 39.7%、43.0% 和 33.5%。RPC 抗压强度的降低主要是由于 CH 在 450～500 ℃ 范围内完成分解,而 C－S－H 在 400～600 ℃ 快速分解且 C－S－H 数量也进一步减少,800 ℃ 时 C－S－H 完成分解。573 ℃ 后石英晶体晶型由 α 型转变为 β 型,使得 RPC 的体积迅速膨胀,抗压强度降低。而且随着温度的升高,水化物完全分解,RPC 体积膨胀,界面裂缝快速发展,促使掺钢纤维的 RPC 抗压强度进一步下降。700 ℃ 后掺钢纤维 RPC 的抗压强度急剧下降,800 ℃ 掺钢纤维 RPC 的抗压强度仅约为常温时的 39.7%、43.0% 和 33.5%,RPC 的各项性能已经极度劣化,其抗压变形也较大。

　　图 19.27 显示了在不同温度下,RPC 立方体的抗压强度随钢纤维掺量的变化规律。21～300 ℃,SRPC3 的抗压强度要大于 SRPC1 和 SRPC2 的抗压强度,RPC 的抗压强度随钢纤维掺量的增加而提高。400～800 ℃,随着钢纤维掺量的增加,RPC 的抗压强度随之降低。由于钢纤维在温度高于 400 ℃ 后抗压强度等力学性能急剧下降,700 ℃ 后,钢材已经软化,弹性模量很低,800 ℃ 时钢材的抗压强度降低 90%。由于钢纤维和水泥的膨胀系数不同,钢纤维掺量高也导致更大的膨胀变形和更多的裂缝,因此,高温段时钢纤维掺量高并不有利于 RPC 抗压强度的提高。相比 RPC0 在 400 ℃ 时已经爆裂,高温下掺钢

纤维 RPC 无试块爆裂,且 800 ℃ 时还有较高的抗压强度。首先,钢纤维在 RPC 内部呈三维乱向分布,使得应力在 RPC 内部均匀分散,避免了应力集中,因此能有效地减少裂缝或迟滞裂缝的延伸和发展,缓解裂缝尖端的应力集中,从而显著提高其抗压强度、抗拉强度和抗弯强度等性能;其次,钢纤维具有良好的热传导性,高温下乱向分布和相互搭接的钢纤维使得 RPC 内外部温度更易趋于一致,从而减小了 RPC 内外因温度梯度产生的温度应力;最后,钢纤维可以减小孔隙压力,从而可以减小钢纤维与水泥浆体的黏结力。因此,掺加钢纤维可以提高高温下 RPC 的抗压强度以及缓解 RPC 的爆裂。

图 19.28 为高温下掺钢纤维 RPC 立方体的抗压强度拟合曲线与规范推荐曲线,Eurocode 和 ACI 216R 适用于评估普通混凝土和高强混凝土,RakMK B4 K10 ~ K70 和 RakMK B4 K70 ~ K100 分别适用于评估普通混凝土和高强混凝土。与 Eurocode CEN ENV、RakMK B4 和 ACI 216R 相比,在 100 ~ 400 ℃ 时,RPC 的抗压强度相比规范推荐曲线严重偏低,最高比规范推荐曲线低 28%;在 400 ~ 800 ℃ 时,Eurocode CEN ENV、RakMK B4 和 ACI 216R 推荐曲线偏于保守,特别是在 800 ℃ 时,RakMK B4 K70 ~ K100 的抗压强度为零,而掺钢纤维 RPC 相对抗压强度为 43%,还保持较高的抗压强度,具有足够的安全储备。

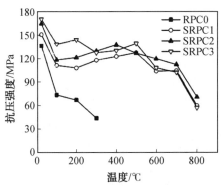

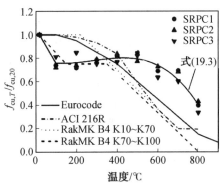

图 19.27　高温下掺钢纤维 RPC
立方体的抗压强度

图 19.28　高温下掺钢纤维 RPC 立方体的抗压
强度拟合曲线与规范推荐曲线

钢纤维体积掺量为 1% ~ 3% 的 RPC 立方体相对抗压强度和拟合曲线如图 19.28 所示,表征拟合精度的相关系数 $R^2 = 0.94$,归一的抗压强度 $\dfrac{f_{cu,T}}{f_{cu,20}}$ 与温度之间的规律可表示为

$$\frac{f_{cu,T}}{f_{cu,20}} = \begin{cases} 1.06 - 3.04\left(\dfrac{T}{1\,000}\right) & (20\ ℃ \leqslant T \leqslant 100\ ℃) \\ 0.769 - 0.644\left(\dfrac{T}{1\,000}\right) + 3.08\left(\dfrac{T}{1\,000}\right)^2 - 3.62\left(\dfrac{T}{1\,000}\right)^3 & (100\ ℃ < T \leqslant 800\ ℃) \end{cases}$$

(19.3)

式中,$f_{cu,T}$ 为高温下掺钢纤维 RPC 立方体的抗压强度,MPa;$f_{cu,20}$ 为常温下掺钢纤维 RPC 立方体的抗压强度,MPa;T 为高温下的温度,℃。

测试掺钢纤维 RPC 高温下立方体的抗压强度与 NSC、HSC 的抗压强度,从图 19.29 可以看出,100 ~ 400 ℃ 时普通混凝土抗压强度无明显变化,甚至还有一定程度的升高(Castillo,Diederichs),100 ~ 400 ℃ 时高强混凝土相对抗压强度呈下降趋势(Diederichs,Furumura);本章参考文献[27] 和[11] 的试件尺寸分别为 $\phi 51$ mm ×

102 mm 和 ϕ80 mm × 300 mm,对应的实测圆柱体抗压强度分别为 31.1 MPa 和 32.9 MPa,本章参考文献[35]和[13]的试件尺寸分别为 ϕ80 mm × 300 mm 和 ϕ50 mm×100 mm,对应的实测圆柱体抗压强度分别为 106.6 MPa 和 60 MPa。而 100 ℃ 时掺钢纤维 RPC 的抗压强度只有常温时的 53.3% ～ 62.8%,掺钢纤维 RPC 的抗压强度在 200 ～ 400 ℃ 时相比 100 ℃ 时有一定程度的提高。100 ～ 400 ℃ 时相对抗压强度排序:普通混凝土＞高强混凝土＞RPC,即 100 ～ 400 ℃ 时 RPC 的抗压强度比普通混凝土和高强混凝土的损失更大。500 ～ 800 ℃,掺钢纤维 RPC 的相对抗压强度高于普通混凝土和高强混凝土。普通混凝土和高强混凝土的抗压强度在 500 ℃ 后剧烈下降,掺钢纤维 RPC 的抗压强度在 700 ℃ 后明显下降,钢纤维延缓了 RPC 抗压强度的下降。500 ℃ 时,掺钢纤维 RPC 还具有 33.5% ～ 43% 的相对抗压强度,而普通混凝土和高强混凝土的相对抗压强度则小于 30%。因此,高温下掺钢纤维 RPC 的相对抗压强度相比普通混凝土和高强混凝土的下降趋势趋于平缓,这主要是由于高温下 RPC 相对普通混凝土和高强混凝土具有更小的孔隙率和孔径。

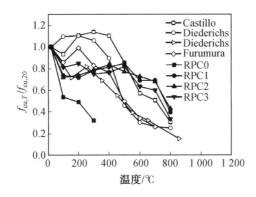

图 19.29　NSC、HSC 和 RPC 的相对抗压强度

(2) 随着温度的升高,掺 PP 纤维 RPC 的力学性能急剧退化,高温下掺 PP 纤维 RPC 立方体的抗压强度、抗拉强度和轴心抗压强度随温度变化的规律见表 19.8。

对高温下 27 个素 RPC 和 81 个单掺 PP 纤维 RPC 立方体试件进行抗压强度试验,升温速度为 5 ℃/min,试件尺寸为 70.7 mm × 70.7 mm × 70.7 mm,相关信息见表19.3。由表 19.8 可知,RPC0 在 100 ℃ 时抗压强度为 73.52 MPa,相比于常温时下降极为迅速,大概只有常温抗压强度的 55%;200 ℃ 和 300 ℃ 时立方体抗压强度分别约为常温抗压强度的 45% 和 35%。对于掺 PP 纤维的 RPC,100 ℃ 时 SRPC1、SRPC2 和 SRPC3 的抗压强度分别为 67.52 MPa、59.70 MPa 和 59.78 MPa,抗压强度只有常温的 53.3% ～ 62.8%。这是由于 100 ℃ 时自由水开始蒸发,形成毛细裂缝和孔隙,缝隙中的水和水蒸气随温度的升高而增多,对周围介质产生张力,且加载过程中缝隙尖端有应力集中促使裂缝发展,因此 RPC 的抗压强度降低。200 ～ 600 ℃,掺 PP 纤维的 RPC 抗压强度相比 100 ℃ 时有所升高,600 ℃ 时 SRPC3 的抗压强度相对 100 ℃ 提高 13.3%。结合水的逸出令水泥颗粒更紧密,使组织硬化;同时高温下逃逸水产生类似蒸汽养护的作用,促进水泥颗粒进一步水化,抗压强度相对 100 ℃ 时升高。600 ～ 800 ℃,SRPC2 和 SRPC3 的抗压强度相对 600 ℃ 有所降低,其中 800 ℃ 时 SRPC3 抗压强度为 54.07 MPa,大约只有常温抗压强度的 48.2%。573 ℃ 后石英晶体的晶型由 α 型转变为 β 型,使得 RPC 的体积迅速膨胀,抗压强度降低;随着水化物完全分解,RPC 变得疏松多孔,界面裂缝快速发展,促使掺 PP 纤维的 RPC 抗压强度进一步下降,并且 800 ℃ 时掺 PP 纤维 RPC 的受压变形也较大。

表 19.8　高温下掺 PP 纤维 RPC 立方体的各项强度值

温度 /℃	抗压强度 /MPa				抗拉强度 /MPa				轴心抗压强度 /MPa			
	RPC0	SRPC1	SRPC2	SRPC3	RPC0	SRPC1	SRPC2	SRPC3	RPC0	SRPC1	SRPC2	SRPC3
20	136.43	107.52	105.98	112.13	98.00	95.78	93.00	92.38	5.76	4.57	4.43	4.73
100	73.52	67.52	59.70	59.78	45.93	45.52	—	—	2.91	3.85	4.27	4.63
200	67.01	66.78	66.54	72.39	54.05	60.05	56.34	58.80	2.47	2.98	4.03	4.06
300	43.73	44.30	74.70	78.24	46.87	61.20	—	—	2.74	3.33	4.05	4.20
400	—	—	79.97	78.45	—	—	64.07	66.08			3.13	3.12
500	—	—	72.84	75.41	—	—	—	—			4.05	4.84
600	—	—	84.45	87.25	—	—	55.74	65.39			2.17	2.50
700	—	—	68.95	91.38	—	—	43.00	—			2.16	2.61
800	—	—	—	54.07	—	—	—	26.83			1.70	2.52

图 19.30(a) 显示了在不同温度下,RPC 抗压强度随 PP 纤维掺量的变化规律。在 21～100 ℃ 时,随着 PP 纤维掺量的增大,RPC 的抗压强度随之降低。因为 PP 纤维弹性模量较低,PP 纤维掺量越高,抗压强度也就越低;在 200～800 ℃ 时,RPC 的抗压强度随 PP 纤维掺量的增加而提高。由于一方面在 160～170 ℃ 后,PP 纤维已经熔化,留下了大量的孔洞,纤维掺量越大,其孔结构也越多,因此高温下的水蒸气容易逸出,降低了蒸气压并减小了温度对 RPC 的内部损伤,缓解爆裂的效果也越明显;另一方面,由于 PP 纤维熔化后在 RPC 内部形成乱向、无序和连通的熔化纤维孔道网络,其渗透性要优于基体的本身,能够良好地释放高温下 RPC 内部由于水蒸气迁移形成的孔隙压力,从而减小了 RPC 内部热蒸汽对浆体毛细管道的粗化作用。相关研究表明:PP 纤维的最佳体积掺量为 1.5～2.0 kg/m³,此时既能防止混凝土爆裂,又对与渗透性相关的耐久性影响较小。本章 PRPC3 的 PP 纤维体积掺量为 0.3%(质量掺量为 2.73 kg/m³),能够提高高温下 RPC

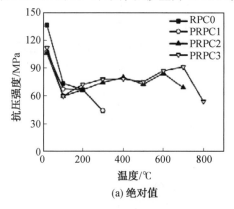
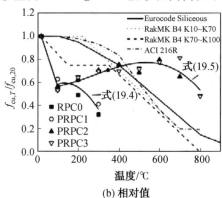

(a) 绝对值　　　　　　　　　　(b) 相对值

图 19.30　高温下掺 PP 纤维 RPC 的抗压强度

的抗压强度、有效防止爆裂和改善脆性破坏。图 19.30(b) 为高温下掺 PP 纤维的 RPC 抗压强度拟合曲线与国外规范推荐曲线的对比。与 Eurocode、RakMK B4 和 ACI 216R 相比,在 100～400 ℃ 时,RPC 的相对抗压强度相比规范推荐曲线严重偏低,最大比规范低 46.7%;在 500～800 ℃ 时,Eurocode、RakMK B4 和 ACI 216R 规范推荐曲线相对保守,特别是在800 ℃时,RakMK B4 K10－K70 的抗压强度为零,而 RPC 立方体相对抗压强度为48%,掺 PP 纤维的 RPC 还保持较高的抗压强度,具有足够的安全储备。由于国外规范是在普通混凝土和高强混凝土抗火性能的基础上总结出来的,因此与 RPC 的变化规律不同。

PP 纤维体积掺量为 $0 \sim 0.3\%$ 的 RPC 的相对抗压强度和拟合曲线如图 19.30(b) 所示,表征拟合精度的相关系数 $R^2 = 0.983$,RPC0 和 PRPC1 的拟合公式为

$$\frac{f_{cu,T}}{f_{cu,20}} = \begin{cases} 1.109 - 5.43\left(\dfrac{T}{1\,000}\right) & (20\ ℃ \leqslant T < 100\ ℃) \\ 0.448 + 2.17\left(\dfrac{T}{1\,000}\right) - \left(\dfrac{T}{1\,000}\right)^2 & (100\ ℃ \leqslant T \leqslant 300\ ℃) \end{cases} \tag{19.4}$$

PRPC2 和 PRPC3 的拟合公式(表征拟合精度的相关系数 $R^2 = 0.843$)为

$$\frac{f_{cu,T}}{f_{cu,20}} = \begin{cases} 1.109 - 5.43\left(\dfrac{T}{1\,000}\right) & (20\ ℃ \leqslant T < 100\ ℃) \\ 0.552 - 0.105\left(\dfrac{T}{1\,000}\right) + 2.72\left(\dfrac{T}{1\,000}\right)^2 - 3.28\left(\dfrac{T}{1\,000}\right)^3 & (100\ ℃ \leqslant T \leqslant 300\ ℃) \end{cases}$$

$$\tag{19.5}$$

式中,$f_{cu,T}$ 为高温下掺 PP 纤维 RPC 立方体抗压强度,MPa;$f_{cu,20}$ 为常温下掺 PP 纤维 RPC 立方体抗压强度,MPa;T 为高温下温度,℃。

掺 PP 纤维 RPC 与 NSC、HSC 的抗压强度比较:从图 19.31 可看出,在 $100 \sim 400\ ℃$ 时,NSC(Castillo 和 Diederichs)抗压强度无明显变化,甚至还有一定程度的升高;在 $100 \sim 400\ ℃$ 时,高强混凝土(Diederichs 和 Furumura)相对抗压强度呈下降趋势,而 $100\ ℃$ 时掺 PP 纤维 RPC 的抗压强度只有常温的 $53.3\% \sim 62.8\%$,掺 PP 纤维的 RPC 的抗压强度在 $200 \sim 600\ ℃$ 时相比 $100\ ℃$ 时有一定程度的提高。在 $100 \sim 500\ ℃$ 时的相对抗压强度顺序:NSC > HSC > RPC。RPC 相对抗压强度最小的原因主要有两方面:一方面,随着温度的升高,水泥浆体与骨料热工参数不同,水泥浆体受拉,骨料受压,由此加剧了内裂缝的发展,而低强度混凝土的水泥与砂子的比值一般较小,水泥用量越大,抗压强度的降低也会越明显;另一方面,自由水主要存在于毛细管道和浆体颗粒之间,RPC 内部结构致密,毛细孔洞较少,很难吸附逃逸水,抗压强度下降比例较大。在 $600 \sim 800\ ℃$ 时,掺 PP 纤维的 RPC 相对抗压强度高于普通混凝土和高强混凝土。普通混凝土和高强混凝土的抗压强度在 $500\ ℃$ 后急剧下降,而 PRPC3 的抗压强度在 $700\ ℃$ 后才明显下降,PP 纤

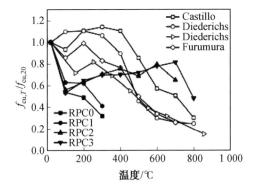

图 19.31　NSC、HSC 和 RPC 的相对抗压强度

维延缓了 RPC 抗压强度的下降。因此,高温下掺 PP 纤维 RPC 的相对抗压强度相比于普通混凝土和高强混凝土下降趋势趋于平缓。

(3)随温度升高,复掺纤维 RPC 的力学性能急剧退化,高温下复掺纤维 RPC 的立方体抗压强度、轴心抗压强度和抗拉强度随温度变化的规律见表 19.9。

表 19.9　不同温度下复掺纤维 RPC 立方体的强度值

温度 /℃	抗压强度 /MPa				轴心抗压强度 /MPa				抗拉强度 /MPa			
	RPC0	SRPC1	SRPC2	SRPC3	RPC0	SRPC1	SRPC2	SRPC3	RPC0	SRPC1	SRPC2	SRPC3
20	136.43	161.61	160.95	159.24	98.00	151.27	149.94	152.00	5.76	7.69	7.74	6.28
100	73.52	111.46	108.54	107.29	45.93	—	—	—	2.91	7.08	6.67	5.42
200	67.01	113.95	108.90	120.11	54.05	96.95	107.20	90.00	2.47	5.95	5.45	4.59
300	43.73	120.60	120.01	120.23	46.87	—	—	—	2.74	6.12	5.53	4.55
400	—	123.57	120.09	121.66	—	62.46	90.07	80.39	—	5.33	5.24	3.77
500	—	120.78	118.43	124.76	—	—	—	—	—	4.71	4.51	3.69
600	—	104.42	105.94	106.69	—	53.69	66.17	—	3.52	3.79	2.50	—
700	—	87.52	98.42	99.89	—	—	—	57.00	—	2.82	2.84	2.30
800	—	58.56	63.75	69.05	—	27.67	39.46	28.84	—	2.66	2.73	2.30

对高温下 27 个素 RPC 和 81 个复掺纤维 RPC 立方体试件进行了抗压强度试验,升温速度为 5 ℃/min,试件尺寸为 70.7 mm×70.7 mm×70.7 mm,相关信息见表 19.3。图 19.32 为高温下复掺纤维 RPC 的抗压强度,考察温度对高温下 RPC 抗压强度的影响。RPC0 在 100 ℃ 时,抗压强度下降得极为迅速,下降为常温抗压强度的 55%;在 200 ℃ 和 300℃ 时,分别为常温抗压强度的 45% 和 35%。HRPC1、HRPC2 和 HRPC3 在 100 ℃ 时的抗压强度分别为 161.61 MPa、160.95 MPa 和 159.24 MPa,只是常温抗压强度的 67.4%～69%。这是由于自由水开始蒸发,形成毛细裂缝和孔隙,缝隙中的水和水蒸气随温度的升高而增加,对周围介质产生张力,且加载过程中在缝隙尖端有应力集中而促使裂缝发展,抗压强度降低。在 200～500 ℃ 时,HRPC1、HRPC2 和 HRPC3 的抗压强度相比 100 ℃ 有所升高,其中 HRPC3 在 500 ℃ 的抗压强度比 100 ℃ 提高了 11%。因为自由水已经蒸发,结合水的逸出令水泥颗粒更紧密,使组织硬化;同时高温下逃逸水产生类似蒸汽养护的作用,促进水泥颗粒进一步水化,抗压强度升高;另一方面,钢纤维约束基体,减少裂缝和阻止裂缝发展。在 600～800 ℃ 时,HRPC1、HRPC2 和 HRPC3 的抗压强度相对 600 ℃ 有所降低,由于 560 ℃ 时 C-S-H 开始分解,573 ℃ 后石英晶体的晶型由 α 型转变为 β 型,使得 RPC 的体积迅速膨胀。随着水化物完全分解和 RPC 体积的膨胀,界面裂缝快速发展,促使复掺纤维 RPC 的抗压强度进一步下降。700 ℃ 后 HRPC1、HRPC2 和 HRPC3 的抗压强度急剧下降,800 ℃ 的抗压强度仅为常温的 36.2%、39.6% 和 43.4%,RPC 的各项性能已经极度劣化,其抗压变形也较大。

图 19.32 显示了 RPC 的抗压强度随复掺纤维掺量的变化规律。在常温下,HRPC1、HRPC2 和 HRPC3 的抗压强度无明显的差别。当钢纤维掺量相同时,在 21～300 ℃ 时,HRPC1 的抗压强度大于 HRPC2,随着 PP 纤维掺量的增加,RPC 的抗压强度相应降低。这是因为 PP 纤维弹性模量较低,PP 纤维掺量较大反而降低了 RPC 的抗压强度。在 400～800 ℃ 时,HRPC1 的抗压强度小于 HRPC2,随着 PP 纤维掺量的增加,其抗压强度却随之提高。这是因为一方面在 160～170 ℃ 后,PP 纤维已熔化,留下了大量的孔洞,纤维掺量越大,其孔结构也越多,因此高温下的水蒸气容易逸出,降低了蒸气压并减小了温

度对 RPC 的内部损伤,缓解爆裂的效果明显,PP 纤维掺量大者抗压强度高;另一方面,由于 PP 纤维熔化后在 RPC 内部形成乱向、无序和连通的熔化纤维孔道网络,其渗透性要优于基体的本身,能够良好地释放高温下 RPC 内部由于水蒸气迁移形成的孔隙压力,从而减小了 RPC 内部热蒸汽对浆体毛细管道的粗化作用。相关研究表明:PP 纤维最佳的质量掺量为 $1.5 \sim 2.0$ kg/m^3,此时既能防止混凝土爆裂又能对与渗透性相关的耐久性影响较小。本章中 HRPC2 的体积掺量为 0.2%(质量掺量为 1.82 kg/m^3),能够提高高温下 RPC 的抗压强度、有效防止爆裂和改善脆性破坏。当 PP 纤维掺量相同,$21 \sim 100$ ℃ 时,HRPC2 的抗压强度大于 HRPC3,即钢纤维掺量大者抗压强度较高。在 $200 \sim 800$ ℃ 时,HRPC2 的抗压强度小于 HRPC3,钢纤维掺量大者抗压强度低,随着钢纤维掺量的增加,RPC 的抗压强度随之降低。由于钢纤维在 400 ℃ 后抗压强度等力学性能急剧下降,因此 700 ℃ 后,钢材已经软化,弹性模量很低,基本力学性能丧失,这也是在高温段钢纤维掺量大者抗压强度反而低的原因。

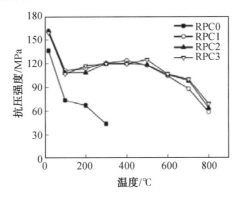

图 19.32　高温下复掺纤维 RPC 的抗压强度

图 19.33 为高温下复掺纤维 RPC 的相对抗压强度拟合曲线与国外规范推荐曲线,与 Eurocode CEN ENV、RakMK B4、ACI 216R 相比,$100 \sim 400$ ℃,RPC 的抗压强度相比规范推荐曲线严重偏低,最高比规范推荐曲线低 28%;$400 \sim 800$ ℃,Eurocode CEN ENV、RakMK B4、ACI 216R 推荐曲线偏于保守,特别是在 800 ℃ 时,RakMK B4 K70 $\sim$ K100 此时的抗压强度为零,RPC 相对抗压强度为 43%,复掺纤维 RPC 还保持较高的抗压强度,具有足够的安全储备。

高温下复掺纤维 RPC 的相对抗压强度拟合曲线与国外规范推荐曲线如图 19.33 所示,表征拟合精度的相关系数 $R^2 = 0.947$,对于 HRPC1、HRPC2 和 HRPC3,拟合公式为

$$\frac{f_{cu,T}}{f_{cu,20}} = \begin{cases} 0.8 - 4.01\left(\dfrac{T}{1\,000}\right) & (20 \text{ ℃} \leqslant T < 100 \text{ ℃}) \\ 0.648 + 0.224\left(\dfrac{T}{1\,000}\right) + 0.884\left(\dfrac{T}{1\,000}\right)^2 - 1.94\left(\dfrac{T}{1\,000}\right)^3 & (100 \text{ ℃} \leqslant T \leqslant 800 \text{ ℃}) \end{cases}$$

$$(19.6)$$

式中,$f_{cu,T}$ 为高温下复掺纤维 RPC 立方体的抗压强度,MPa;$f_{cu,20}$ 为常温下复掺纤维 RPC 立方体的抗压强度,MPa;T 为高温下温度,℃。

NSC、HSC 和复掺纤维 RPC 抗压强度比较:从图 19.34 可以看出,在 $100 \sim 400$ ℃ 时,NSC 抗压强度无明显变化,甚至还有一定程度的升高(Diederichs,Furumura);在 $100 \sim 400$ ℃ 时,HSC 相对抗压强度呈下降趋势(Castillo,Diederichs)。100 ℃ 时复掺纤维 RPC

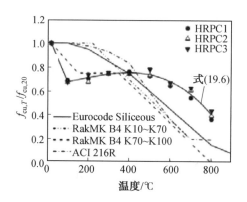

图 19.33　高温下复掺纤维 RPC 的相对抗压强度拟合曲线与国外规范推荐曲线

抗压强度约只有常温的 53.3％～62.8％,复掺纤维 RPC 的抗压强度在 200～400 ℃ 相比 100 ℃ 有一定程度的提高。100～400 ℃ 时相对抗压强度顺序:NSC＞HSC＞RPC。复掺纤维 RPC 相对抗压强度最小的原因主要有两方面:一方面,随着温度的升高,水泥浆体与骨料热工参数不同,水泥浆体受拉,骨料受压,由此加剧了内裂缝的发展,而低强度混凝土的水泥与砂子的比值一般较小,水泥用量越大,水灰比越大,抗压强度的降低也会越明显。另一方面,由于自由水主要存在于毛细管道和浆体颗粒之间,而 RPC 内部结构致密,毛细孔洞较少,很难吸附逃逸水,使得抗压强度下降比例较大。在 500～800 ℃ 时,复掺纤维 RPC 的相对抗压强度高于普通混凝土和高强混凝土。NSC 和 HSC 在 500 ℃ 后剧烈下降,复掺纤维 RPC 的抗压强度在 700 ℃ 后明显下降,PP 纤维和钢纤维延缓了抗压强度的下降。因此,高温下复掺纤维 RPC 的相对抗压强度相比普通混凝土和高强混凝土的下降趋势来说趋于平缓。

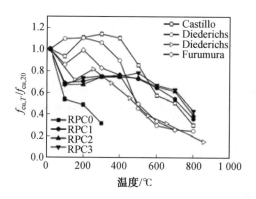

图 19.34　NSC、HSC 和 RPC 立方体的相对抗压强度

19.5　高温下 RPC 轴心受压

19.5.1　掺加钢纤维的 RPC 轴心受压

1.轴心受压破坏形态

图 19.35 为高温下掺钢纤维 RPC 棱柱体试件的受压破坏形态。低于 400 ℃ 时掺钢

纤维 RPC 的破坏模式为脆性破坏。但通过刚性元件的作用,试件达到峰值荷载后并没有立即破坏,能获得完整的应力－应变全曲线。典型的破坏模式为两个对立的锥形,即使试件破坏时出现垂直裂缝,但仍然由于钢纤维对裂缝发展的抑制作用而使试件保持了良好的完整性。600～800 ℃ 时掺钢纤维 RPC 的破坏模式属于延性破坏,试件破坏沿受压方向的垂直裂缝破坏。不同钢纤维掺量 RPC 有着相似的破坏模式,但是随着钢纤维掺量的增加,裂缝的宽度更小,而数目更多。体积掺量为 2% 的钢纤维能改善 RPC 的破坏模式和延性。随着温度的升高,400 ℃ 时在试件表面出现少量的微裂缝,600 ℃ 时裂缝的宽度增加,800 ℃ 时裂缝的数目和宽度显著增加。

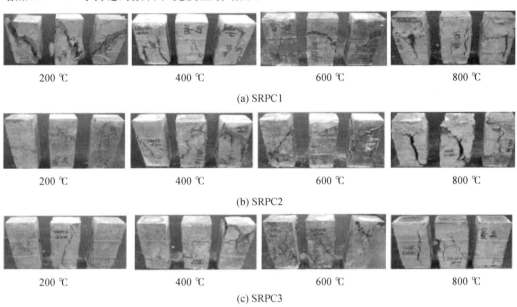

(a) SRPC1

(b) SRPC2

(c) SRPC3

图 19.35　高温下掺钢纤维 RPC 棱柱体试件的受压破坏形态

　　图 19.36 为高温下不同恒温时间 SRPC2 棱柱体试件的受压破坏形态。温度低于 400 ℃ 时,不同恒温时间下 SRPC2 棱柱体的破坏模式也为脆性破坏。典型的破坏模式为两个对立的锥形,或者沿受压方向一条主裂缝破坏,由于钢纤维对裂缝发展的抑制作用,试件保持了较好的完整性。600～800 ℃ 时不同恒温时间下 SRPC2 的破坏模式属于延性破坏,试件破坏沿受压方向的主裂缝破坏。200～600 ℃ 时,随着恒温时间增加,试件破坏也随之严重,但是破坏形态没有明显差别。800 ℃ 时随恒温时间的增加,RPC 试件的破坏形态也越来越好,其恒温时间较长者强度较高,但变形却最小,这主要是因为水泥浆体在持续高温作用下烧结,从而强度增加、变形变小。

2. 受压应力－应变曲线

　　高温下 SRPC1、SRPC2 和 SRPC3 的受压应力－应变曲线如图 19.37 所示。随温度的升高,SRPC1、SRPC2 与 SRPC3 的抗压强度减小,峰值应变增加,弹性模量急剧减小。因此,其应力－应变曲线上升段形状也不同于常温下的上升段,另外,应力－应变曲线随温度的升高也变得越来越平缓。21～400 ℃ 时 HSC 的峰值应变没有明显变化,600 ℃ 和 800 ℃ 时的峰值应变是常温峰值应变的 2 倍和 7 倍。21～400 ℃ 时掺钢纤维 RPC 的峰值应变却发生显著变化,这是不同于 NSC 的情况。而且,600 ℃ 和 800 ℃ 时掺钢纤维 RPC

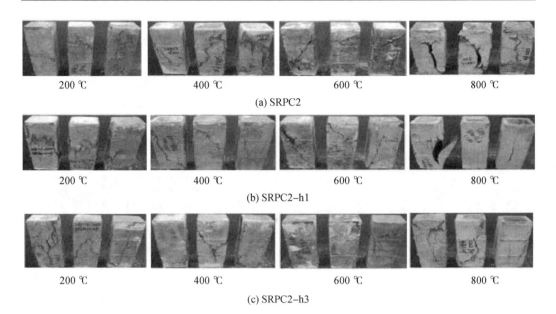

(a) SRPC2

(b) SRPC2-h1

(c) SRPC2-h3

图 19.36　高温下不同恒温时间 SRPC2 棱柱体试件的受压破坏形态

的峰值应变约是常温峰值应变的 3.54 倍和 12.5 倍,这也高于 NSC 和 HSC。因此,高温下掺钢纤维 RPC 相对于 NSC 和 HSC 具有更优秀的韧性。

SRPC2、SRPC2-h1 和 SRPC2-h3 分别对应的恒温时间为 0 h、1 h 和 3 h。对 45 个不同恒温时间下的 RPC 进行了轴心抗压试验,升温速度为 5 ℃/min,试件尺寸为 70.7 mm×70.7 mm×220 mm,相关信息见表 19.3。高温下 SRPC2、SRPC2-h1 和 SRPC2-h3 所对应的受压应力－应变关系曲线如图 19.38 所示。显然,不同恒温时间下 SRPC2 与单掺钢纤维 RPC 应力－应变曲线具有类似的变化趋势。随温度的升高, SRPC2、SRPC2-h1 和 SRPC2-h3 的抗压强度分别有所降低,峰值应变增加,弹性模量急剧减小。因此,不同恒温时间 RPC 的弹性模量随温度的升高而减小,而峰值应变随温度的升高而增加。另外,随温度升高,全曲线上升段的非线性也增加,而且应力－应变关系曲线随温度升高变得平缓。21～400 ℃ 时 SRPC2-h1 和 SRPC2-h3 的峰值应变相对 SRPC2 有较大程度的增加,但 800 ℃ 时 SRPC2-h1 和 SRPC2-h3 的峰值应变却明显小于 SRPC2 的峰值应变。这是由于高温下 CH 和 C－S－H 分解,石英砂与水泥浆体的热膨胀系数不一致导致裂缝增多。另一方面,800 ℃ 时随恒温时间的增加,试件由于温度的长时间持续高温作用而烧结。因此,800 ℃ 时 RPC 抗压强度随恒温时间的增加而增大,而峰值应变随恒温时间的增加而减小。

3. 轴心抗压强度

对常温下 9 个和高温下 36 个单掺钢纤维 RPC 棱柱体试件进行了轴心受压试验,升温速度为 5 ℃/min,试件尺寸为 70.7 mm×70.7 mm×220 mm,相关信息见表 19.3。高温下 SRPC1～SRPC3 轴心抗压强度及其与常温抗压强度的比值 $f_{c,T}/f_{c,20}$ 随温度的变化规律如图 19.39(a) 所示,200 ℃ 时 SRPC1、SRPC2 和 SRPC3 的轴心抗压强度分别约是常温下试件轴心抗压强度的 75.8%、77.8% 和 81.6%。温度超过 200 ℃ 时掺钢纤维 RPC 的轴心抗压强度呈线性下降。另外,SRPC2 在 400 ℃、600 ℃ 和 800 ℃ 的轴心抗压强度分别约为常温下试件轴心抗压强度的 52%、38.5% 和 18.7%。800 ℃ 时 SRPC1、SRPC2 和

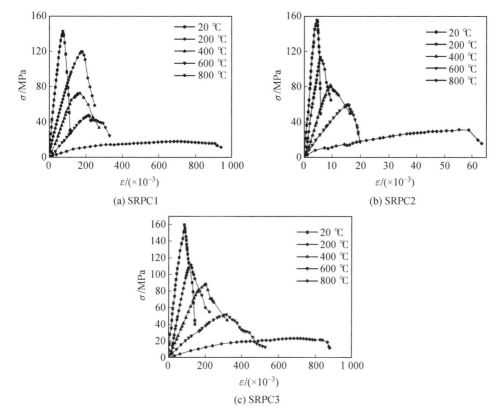

(a) SRPC1　　　(b) SRPC2

(c) SRPC3

图 19.37　高温下掺钢纤维 RPC 受压应力－应变曲线

SRPC3 的轴心抗压强度为 67.52 MPa,59.7 MPa 和 59.78 MPa,分别约为常温轴心抗压强度的 62.8%、56.3% 和 53.3%。高温下轴心抗压强度的急剧下降是由于高温下混凝土发生物理、化学的反应,如 CH 和 C－S－H 的分解,而且,孔隙率的增加和石英砂的晶型转变也是强度等力学性能退化的原因。自由水在 100 ～ 150 ℃ 时蒸发,结合水大约在 250 ～ 300 ℃ 时蒸发,CH 在 400 ～ 600 ℃ 范围内完成分解,在 600 ℃ 左右 SiO_2 晶型由 α 型转变为 β 型导致混凝土体积膨胀,且水泥浆体的孔结构的粗化作用也是从 600 ℃ 开始的。800 ℃ 时所有混凝土的性能劣化是由 C－S－H 的分解导致的。 21 ～ 400 ℃ 时 SRPC3 的抗压强度高于 SRPC1 和 SRPC2。钢纤维能延迟裂缝的形成或者限制裂缝的发展,温度小于 400 ℃ 时钢纤维能提供必要的黏结性并抑制裂缝的发展。然而,温度高于 400 ℃ 时 SRPC2 的轴心抗压强度高于 SRPC3,800 ℃ 时 SRPC1 的轴心抗压强度大于 SRPC2 和 SRPC3。钢纤维掺量低 RPC 强度反而高是由于钢材的抗压强度在 400 ℃ 后迅速下降,800 ℃ 时相对抗压强度不足常温强度的 10%。另外,钢纤维掺量高也意味着钢纤维与水泥浆体之间的热膨胀不兼容性更严重,产生大量的裂缝,从而使得强度降低。因此,钢纤维掺量高并不有利于高温下 RPC 的抗压强度。

　　图 19.39(b) 为目标温度下抗压强度 $f_{c,T}$ 与常温抗压强度 $f_{c,20}$ 的比值。SRPC1、SRPC2 和 SRPC3 相对抗压强度具有与绝对值相似的变化趋势。21 ～ 600 ℃ 时掺钢纤维 RPC 的相对抗压强度远低于 EN 1994－1－2 和 ACI 216R,但 600 ～ 800 ℃ 时掺钢纤维 RPC 的相对抗压强度更高。即使 800 ℃ 时掺钢纤维 RPC 仍然具有 20% 的相对抗压强

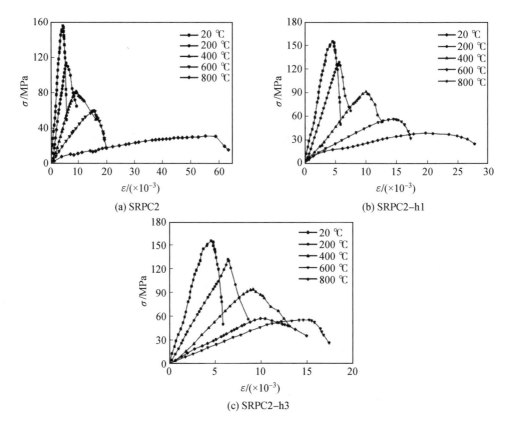

(a) SRPC2

(b) SRPC2-h1

(c) SRPC2-h3

图 19.38　高温下不同恒温时刻 SRPC2、SRPC2 － h$_1$ 和 SRPC2 － h$_3$ 受压应力 － 应变曲线

度,而 800 ℃ 时传统的高强混凝土相对抗压强度则小于 20%。这主要是因为钢纤维能抑制 RPC 裂缝的发展。因此,高温下掺钢纤维 RPC 相对普通混凝土和高强混凝土具有更高的强度。

对于高温下体积掺量为 1% ～ 3% 的掺钢纤维 RPC 的轴心抗压强度,通过回归分析,表征拟合精度的相关系数 $R^2 = 0.988$,归一化的抗压强度 $f_{c,T}/f_{c,20}$ 与温度 T 的关系为

$$\frac{f_{c,T}}{f_{c,20}} = 0.99 - 1.02\left(\frac{T}{1\ 000}\right) \quad (20\ ℃ \leqslant T \leqslant 800\ ℃) \tag{19.7}$$

式中,$f_{c,T}$ 为高温下掺钢纤维 RPC 立方体的抗压强度,MPa;$f_{c,20}$ 为常温下掺钢纤维 RPC 立方体的抗压强度,MPa;T 为高温下温度,℃。

高温下掺钢纤维 RPC 的轴心抗压强度与立方体抗压强度之比如图 19.40 所示,图 19.40 中 SRPC1、SRPC2 和 SRPC3 为立方体抗压强度,SRPC1 － Prism、SRPC2 － Prism 和 SRPC3 － Prism 为轴心抗压强度。相比立方体抗压强度,掺钢纤维 RPC 轴心抗压强度随温度升高呈线性下降,且相同温度时轴心抗压强度小于立方体抗压强度。因此,随试件尺寸的增加,RPC 的抗压强度也逐渐减小。

不同恒温时间下 SRPC2 的轴心抗压强度如图 19.41 所示。温度低于 400 ℃ 时 SRPC2 －h3 的轴心抗压强度高于 SRPC2 和 SRPC2 － h1 的轴心抗压强度。400 ℃ 时恒温 3 h 相对恒温 0 h 的 RPC 抗压强度提高 11%。这是由于自由水和结合水蒸发,使得试件产生“自蒸作用”,同时结构组织也更紧密,因此 RPC 强度随恒温时间的增加而增大。400 ～

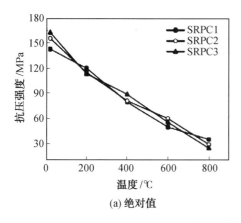

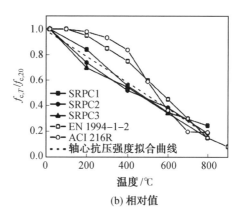

(a) 绝对值   (b) 相对值

图 19.39 高温下掺钢纤维 RPC 的轴心抗压强度

600 ℃ 时 RPC 的轴心抗压强度随恒温时间的增加而减小。这是因为 CH 的分解及 SiO_2 晶型的转变引起的体积膨胀,都会使试件产生裂缝和孔洞,随恒温时间的增加,裂缝和孔洞也会增多,从而使试件强度减小。但是,800 ℃ 时 SRPC2、SRPC2−h1 和 SRPC2−h3 的轴心抗压强度分别是 28.34 MPa、38.67 MPa 和 52.95 MPa,恒温 3 h 的 RPC 相对恒温 0 h 的 RPC 的抗压强度提高 86.8%。因此,800 ℃ 时 RPC 的轴心抗压强度随恒温时间的增加而增大,这主要是由于 800 ℃ 时 RPC 随恒温时间的增加,水泥浆体将发生烧结作用使试件强度增大。600 ℃ 时不同恒温时间下 SRPC1、SRPC2 和 SRPC3 的轴心抗压强度如图 19.42 所示。600 ℃ 时 SRPC2 的轴心抗压强度大于 SRPC1 和 SRPC3 的强度。高钢纤维掺量的 RPC 反而具有较低的强度。正如前文所述,温度超过 400 ℃ 后钢材强度急剧减小。而且,钢纤维与水泥浆体的热膨胀系数不一致使裂缝增多,从而导致 RPC 强度减小。

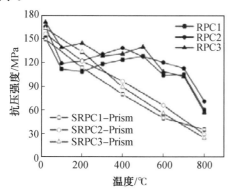

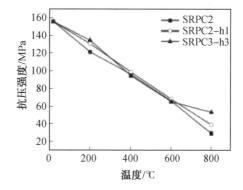

图 19.40 高温下掺钢纤维 RPC 的轴心抗压   图 19.41 不同恒温时间下 SRPC2 的
强度与立方体抗压强度之比   轴心抗压强度

4. 弹性模量

图 19.43(a) 和图 19.43(b) 分别为高温下掺钢纤维 RPC 的初始弹性模量 E_{oT}($0.5f_{c,T}$ 处的割线模量) 和峰值割线模量 E_{pT}($f_{c,T}$ 处的割线模量) 随温度变化的规律。一般而言,混凝土的弹性模量影响因素与抗压强度的影响因素相同,弹性模量是评估高温下 RPC 结构变形的一个重要评价指标。在本章中,初始弹性模量和峰值割线模量能够通过 E_{oT} 取 $0.5f_{c,T}$ 的割线模量以及峰值割线模量来计算,初始弹性模量和峰值割线模量随温度的升

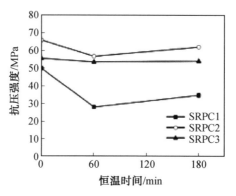

图 19.42　不同恒温时间下 RPC 的轴心抗压强度

高而减小；另外，随温度的升高，初始弹性模量和峰值割线模量曲线变得平缓。掺钢纤维 RPC 在 200 ℃、400 ℃、600 ℃ 和 800 ℃ 时的初始弹性模量分别约为常温初始弹性模量的 47.46%、22.97%、10.63% 和 2.94%。800 ℃ 时 RPC 的初始弹性模量非常低，只有 0.4～0.6 GPa。21～800 ℃ 时掺钢纤维 RPC 的初始弹性模量也小于 Li、Khennane、ACI 216R 和 CEB-FIP-1990，但高于 EN 1994－1－2 的初始弹性模量。Li 的试件尺寸为 100 mm×100 mm × 100 mm，实测抗压强度为 55 MPa，Khennane 为理论模型，CEB-FIP-1990 和 ACI 216R 适用于普通混凝土和高强混凝土。在 200 ℃ 时，掺钢纤维 RPC 的峰值割线模量损失了 65%，而 Schneider 和 Anderberg 研究表明峰值割线模量在 200 ℃ 时损失超过 75%。Schneider 试件尺寸为 $\phi80$ mm×305 mm，实测圆柱体抗压强度为 47.52 MPa；Anderberg 的试件尺寸为 150 mm×150 mm×150 mm，实测立方体抗压强度为 46.6～64 MPa。800 ℃ 时掺钢纤维 RPC 的峰值割线模量值与 Schneider 和 Anderberg 相近。初始弹性模量和峰值割线模量的急剧减小是由于混凝土孔隙率的增加和界面过渡区裂缝的增大。800 ℃ 时掺钢纤维 RPC 的初始弹性模量和峰值割线模量比值分别只有 2.55% 和 1.34%。400～800 ℃ 时 RPC 初始弹性模量和峰值割线模量随纤维掺量的升高而减小。与抗压强度下降趋势相比，RPC 的弹性模量相比于抗压强度下降得更快。

　　体积掺量为 1%～3% 的掺钢纤维 RPC 所对应的 E_{oT}/E_o 和 E_{pT}/E_p 随温度的变化规律见式（19.8），表征拟合精度的相关系数为 $R^2 = 9.981$。

$$\frac{E_{oT}}{E_o} = \frac{E_{pT}}{E_p} = -0.012 + 1.089\exp(-0.003\,88T) \quad (20\ ℃ \leqslant T \leqslant 800\ ℃) \quad (19.8)$$

式中，E_{oT} 为高温下复掺纤维 RPC 初始弹性模量，MPa；E_o 为常温下复掺纤维 RPC 初始弹性模量，MPa；E_{pT} 为高温下复掺纤维 RPC 峰值割线模量，MPa；E_p 为常温下复掺纤维 RPC 峰值割线模量，MPa；T 为高温下温度，℃。

　　图 19.44(a) 和图 19.44(b) 分别为高温下不同恒温时间 SRPC2 的初始弹性模量 E_{oT}（$0.5f_{c,T}$ 处的割线模量）和峰值割线模量 E_{pT}（$f_{c,T}$ 处的割线模量）随温度变化的规律。与单掺钢纤维 RPC 相似，不同恒温时间 SRPC2 的初始弹性模量和峰值割线模量随温度的升高而减小，但是，800 ℃ 时初始弹性模量和峰值割线模量随恒温时间的增加而增大。SRPC2－h3 在 200 ℃、400 ℃、600 ℃ 和 800 ℃ 时的初始弹性模量分别约为常温初始弹性模量的 47.4%、25.4%、14.0% 和 14.1%。800 ℃ 时 RPC 的初始弹性模量有所回升，这与抗压强度的变化规律相似。21～600 ℃ 时不同恒温时间下 SRPC 的初始弹性模

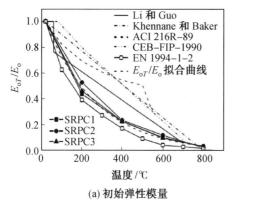
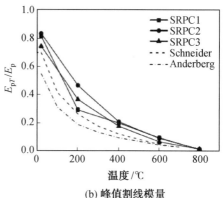

(a) 初始弹性模量　　　　　　　　(b) 峰值割线模量

图 19.43　高温下掺钢纤维 RPC 的弹性模量

量也小于 Li、Khennane、ACI 216R 和 CEB-FIP-1990 试验下的弹性模量,高于 EN 1994-1-2 试验下的弹性模量;而 800 ℃ 时 SRPC2-h1 和 SRPC2-h3 的弹性模量最大,高于 EN 1994-1-2 试验下的弹性模量,相关信息在前文的单掺钢纤维 RPC 弹性模量相关内容中已经阐述。200 ℃ 时不同恒温时间下 SRPC2 的峰值割线模量平均约损失了 50.03%,而 Schneider 和 Anderberg 研究表明峰值割线模量在 200 ℃ 时损失超过 75%。800 ℃ 时 SRPC2-h1 和 SRPC2-h3 的峰值割线模量值大于 Schneider 和 Anderberg 的试验值。这主要是由于随着恒温时间的增加,水泥浆体烧结,因此抗压强度增大,而弹性模量与抗压强度的增大规律是相似的。

表征拟合精度的相关系数 $R^2 = 9.959$,不同恒温时间下 SRPC2 所对应的 E_{oT}/E_o 和 E_{pT}/E_p 随温度的变化规律为

$$\frac{E_{oT}}{E_o} = \frac{E_{pT}}{E_p} = 0.091 + 0.979\exp(-0.003\,71T) \quad (20\ ℃ \leqslant T \leqslant 800\ ℃) \quad (19.9)$$

式中,E_{oT} 为高温下复掺纤维 SRPC2 初始弹性模量,MPa;E_o 为常温下复掺纤维 SRPC2 初始弹性模量,MPa;E_{pT} 为高温下复掺纤维 SRPC2 峰值割线模量,MPa;E_p 为常温下复掺纤维 SRPC2 峰值割线模量,MPa;T 为高温下温度,℃。

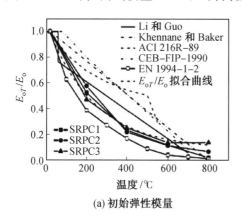
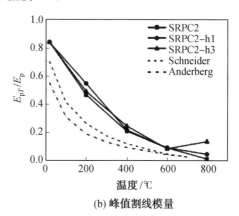

(a) 初始弹性模量　　　　　　　　(b) 峰值割线模量

图 19.44　高温下不同恒温时间 SRPC2 的弹性模量

5. 峰值应变

高温下掺钢纤维 RPC 峰值应变与常温峰值应变的比值($\varepsilon_{c,T}/\varepsilon_o$)随温度变化的规律如图 19.45 所示。200 ℃ 时 SRPC1、SRPC2 和 SRPC3 的峰值应变约是常温峰值应变的 2.35 倍、1.31 倍和 1.42 倍;400 ℃ 时 SRPC1、SRPC2 和 SRPC3 的峰值应变相对常温峰值应变分别约增加了 222%、211% 和 235%;600 ℃ 时其约是常温应变的 2.11 倍、3.54 倍和 3.65 倍;800 ℃ 时 SRPC1、SRPC2 和 SRPC3 的峰值应变约是常温应变的 9.2 倍、12.51 倍和 7.87 倍。以 SRPC2 为例,800 ℃ 时的峰值应变为 0.055 31。图 19.45 也表明温度低于 600 ℃ 时钢纤维掺量对 RPC 的峰值应变无显著影响,但 800 ℃ 时 SRPC2 的峰值应变却远大于 SRPC1 和 SRPC3。掺钢纤维 RPC 的峰值应变大于 Lu 试验得到的峰值应变,但小于 EN 1994－1－2 试验得到的峰值应变(除 800 ℃ 外),Lu 采用的试件截面是 T 形截面,试件长度为 320 mm,实测其抗压强度为 23.33 MPa。这种峰值应变的增加是由石英砂与水泥浆体之间的热膨胀系数不同导致的。随着温度的升高,压应力下降而拉应力较大地增加,Roux 认为拉应力可能足够大,导致混凝土裂缝的产生。温度高于 600 ℃ 时峰值应变显著增加,这是由于 CH 和 C－S－H 的分解,产生了大量微小和粗大的裂缝,减少了抗压有效面积。因此,裂缝是峰值应变随温度升高而增大的主要原因。抗压强度的下降和峰值应变的增加,使掺钢纤维 RPC 随温度的升高而软化。

表征拟合精度的相关系数 $R^2 = 0.997$,高温下掺 1% ～ 3% 钢纤维的 RPC 应变相对值($\varepsilon_{c,T}/\varepsilon_o$)随温度的变化规律为

$$\frac{\varepsilon_{c,T}}{\varepsilon_o} = 0.67 + 14.36\left(\frac{T}{1\ 000}\right) - 52.7\left(\frac{T}{1\ 000}\right)^2 + 61.3\left(\frac{T}{1\ 000}\right)^3 \quad (20\ ℃ \leqslant T \leqslant 800\ ℃)$$

(19.10)

式中,$\varepsilon_{c,T}$ 为高温下掺钢纤维 RPC 峰值应变;ε_o 为常温下掺钢纤维 RPC 峰值应变;T 为高温下温度,℃。

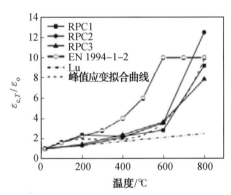

图 19.45　高温下掺钢纤维 RPC 峰值应变与常温峰值应变的比值随温度变化的规律

高温下不同恒温时间 SRPC2 峰值应变与常温峰值应变的比值($\varepsilon_{c,T}/\varepsilon_o$)随温度变化的规律如图 19.46 所示。随着温度的升高,不同恒温时间下 SRPC2 的峰值应变也随之增大。200 ℃、400 ℃ 和 600 ℃ 时,SRPC2、SRPC2－h1 和 SRPC2－h3 的峰值应变相差不大,平均应变为 5.62×10^3、10.02×10^3 和 14.51×10^3。但是,800 ℃ 时不同恒温时间的峰值应变相差较大,分别为 55.31×10^3、21.71×10^3 和 9.93×10^3,800 ℃ 时 SRPC2 恒温 1 h 和 3 h 的峰值应变相对不恒温时约分别降低了 64.3% 和 82.05%。

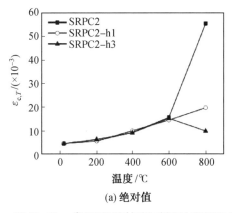
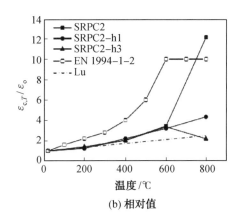

(a) 绝对值　　　　　　　　　　　(b) 相对值

图 19.46　高温下不同恒温时间下 SRPC2 峰值应变与常温峰值应变的比值随温度变化的规律

不同恒温时间下 SRPC2 的峰值应变大于 Lu 试验得到的峰值应变,但小于 EN 1994－1－2 试验得到的峰值应变(除 800 ℃外)。温度高于 600 ℃ 时峰值应变显著增加,这是由于 CH 和 C－S－H 的分解产生了大量微小和粗大的裂缝,减少了抗压有效面积。800 ℃时,随恒温时间的增加,水泥浆体烧结作用越加明显,试件外层混凝土越来越密实,强度增加,一部分孔洞消失,因此,RPC 的峰值应变随恒温时间增加而减小。RPC 的孔洞和裂缝随恒温时间减少是峰值应变降低的主要原因。

6. 韧性

混凝土的受压应力－应变曲线的某一处应力与应变所围的面积称为耗能能力或者韧性。本书中,RPC 的韧性定义为应力－应变曲线中某一应力值与所对应的应变值所围的面积。应力－应变曲线中应力及应变为取 40% 峰值应力时对应的应力及应变。

如图 19.47 所示,SRPC3 应力－应变曲线在 20 ℃、200 ℃、400 ℃、600 ℃ 和 800 ℃ 时的面积分别为 705.3、764.03、881.14、809.51 和 748.51。除 20 ℃ 外,SRPC2 的韧性最高,而 SRPC1 的韧性最小,SRPC3 介于两者之间。在 800 ℃ 时,SRPC2(钢纤维的体积掺量为 2%)的韧性约是 SRPC3 和 SRPC1 的两倍。SRPC2 的韧性高于 SRPC1 和 SRPC3,主要是因为 SRPC2 的抗压强度和应变更高;并且钢纤维与浆体的膨胀系数不同,钢纤维掺量越大,其高温下产生的裂缝越大,抗压强度也越低,因此,掺加高掺量的钢纤维并不有利于 RPC 的韧性。在试验过程中掺钢纤维 RPC 的所有试件均无明显的爆裂发生,基于经济因素和力学性能考虑,2% 是 RPC 钢纤维的最优体积掺量。

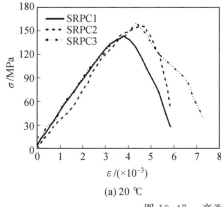
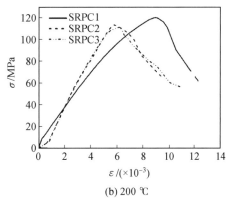

(a) 20 ℃　　　　　　　　　　　(b) 200 ℃

图 19.47　高温下掺钢纤维 RPC 的韧性

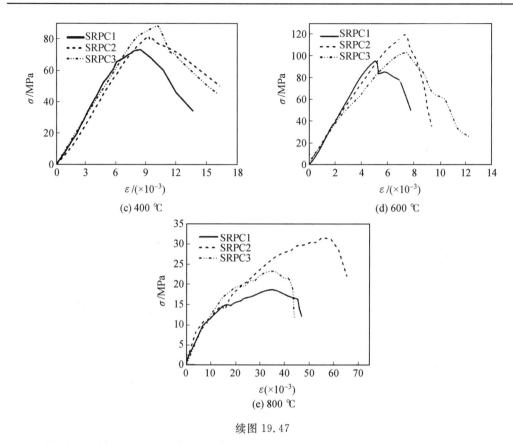

续图 19.47

　　不同恒温时间下 SRPC2 的韧性如图 19.48 所示。200 ℃ 时 SRPC2、SRPC2－h1 和 SRPC2－h3 的韧性依次增大，RPC 的韧性随恒温时间的增加而增大。由于掺和料中的活性 SiO_2 与 $Ca(OH)_2$ 发生火山灰反应，因此 RPC 强度增大，峰值应变相差不大。400 ℃ 和 600 ℃ 时 SRPC2 的韧性大于 SRPC2－h1 和 SRPC2－h3，因此，RPC 的韧性随恒温时间增加而减小，这主要是由于结合水蒸发产生大量孔洞和裂缝，从而使 RPC 强度降低。800 ℃ 时 SRPC2、SRPC2－h1 和 SRPC2－h3 的韧性分别为 1 441.65、777.88 和 540.59。800 ℃ 时随升温时间的增加韧性依次降低，这是由于虽然 RPC 抗压强度随恒温时间的增

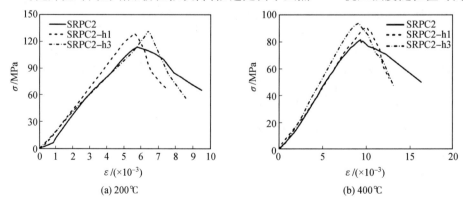

图 19.48　不同恒温时间下 SRPC2 的韧性

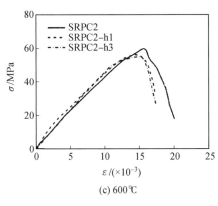
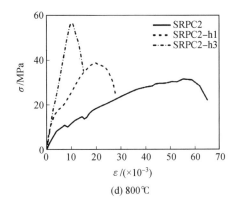

(c) 600℃　　　　　　　　(d) 800℃

续图 19.48

加而有所增大,但是其应变随恒温时间的增加而急剧减小,因此应力与应变所围面积也减小了。

7. 掺钢纤维 RPC 膨胀变形

高温下掺钢纤维 RPC 的膨胀变形如图 19.49 所示。膨胀变形就是由温度升高导致热应变增加的过程。$21 \sim 600$ ℃ 时掺钢纤维 RPC 的膨胀变形急剧增加;$600 \sim 800$ ℃ 时其膨胀变形量继续增加,但增长幅度放缓。以 SRPC3 为例,200 ℃、400 ℃、600 ℃ 和 800 ℃ 的膨胀变形量分别为 3.28、6.88、11.64 和 13.48。温度高于 600 ℃ 时的膨胀变形相对 $21 \sim 600$ ℃ 时的膨胀变形速度变缓,温度小于 600 ℃ 时膨胀变形增长较快是由石英砂和水泥浆体的膨胀系数不同导致的,而 $600 \sim 800$ ℃ 时膨胀变形的增长幅度变缓是由于水泥浆体和 $CaCO_3$ 的分解。$600 \sim 800$ ℃ 时掺钢纤维 RPC 的膨胀变形量小于掺石英砂的混凝土,但是 $21 \sim 800$ ℃ 时其膨胀变形量大于掺钙质混凝土。573 ℃ 开始石英砂中 SiO_2 的晶型由 α 型转变为 β 型,导致混凝土的体积膨胀量约增加 0.85%,因此掺钢纤维 RPC 的膨胀变形量大于掺钙质混凝土;另一个原因是钢纤维的膨胀变形量也随温度的升高而增加,因此掺入钢纤维能增大 RPC 的膨胀变形。

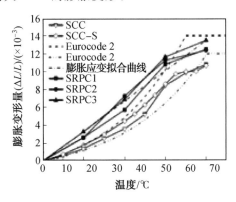

图 19.49　高温下掺钢纤维 RPC 的膨胀变形

$21 \sim 800$ ℃ 时掺钢纤维 RPC 的膨胀变形量大于掺钢纤维自密实混凝土 (Self Compact Concrete,SCC) 和复掺纤维自密实混凝土 (SCC－H)。本章参考文献 [7] 采用的是自密实混凝土,其试件尺寸为 $\phi100$ mm × 200 mm,实测抗压强度为 $68 \sim 72$ MPa。膨胀变形与水泥类型、水灰比、砂种类、温度和龄期有关,另外钢纤维的掺加也是一个重要影响因素。200～800 ℃ 时 SRPC3 的膨胀变形量高于 SRPC1 和 SRPC2。因此,高温下 RPC 的膨胀变形量随纤维掺量的增加而增大。

表征拟合精度的相关系数 $R^2 = 0.986$,高温下掺钢纤维 RPC 的膨胀变形变化规律为

$$\varepsilon_{th} = -0.090\ 64 + 16.97\left(\frac{T}{1\ 000}\right) \quad (20℃ \leqslant T \leqslant 800\ ℃) \quad (19.11)$$

19.5.2 掺加 PP 纤维的 RPC 轴心受压

1. 轴心受压破坏形态

图 19.50 为高温下单掺 PP 纤维 RPC 棱柱体试件的受压破坏形态。温度低于 400 ℃ 时单掺 PP 纤维 RPC 的破坏模式为脆性破坏。600～800 ℃ 时单掺 PP 纤维 RPC 的脆性破坏有所改善。素 RPC 和 PRPC1 棱柱体试件在 400 ℃ 时已经完全爆碎,PRPC2 棱柱体试件在 800 ℃ 时也已经完全爆碎。随 PP 纤维掺量的增加,RPC 的抗爆裂性能与试件的完整性也越来越好,其脆性破坏也有所改善,但其基本的破坏模式无明显改善。800 ℃ 时 PRPC3 出现大量网状裂纹,无明显大裂缝出现,因此 PP 纤维能细化 RPC 的裂缝,高掺量 PP 纤维也有利于水蒸气的逸出。由于单掺 PP 纤维 RPC 的破坏模式为脆性破坏,在荷载超过峰值荷载后试件迅速破坏,很难获得 RPC 完整的应力－应变全曲线,但是在温度超过 600 ℃ 后,大量裂缝和孔洞的产生对 RPC 的脆性能有一定程度的缓解。虽然 PP 纤维对 RPC 的破坏形态无明显改善,但是 PP 纤维对防止高温下 RPC 的爆裂有重要意义。

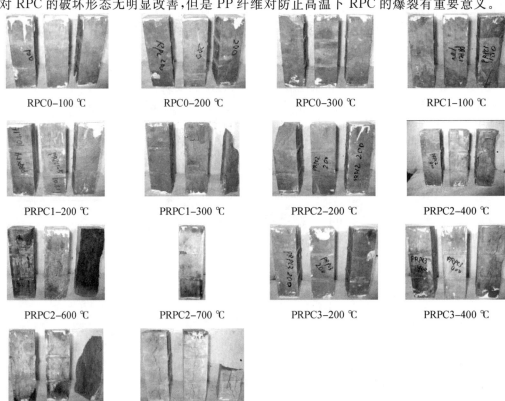

| RPC0–100 ℃ | RPC0–200 ℃ | RPC0–300 ℃ | RPC1–100 ℃ |

| PRPC1–200 ℃ | PRPC1–300 ℃ | PRPC2–200 ℃ | PRPC2–400 ℃ |

| PRPC2–600 ℃ | PRPC2–700 ℃ | PRPC3–200 ℃ | PRPC3–400 ℃ |

| PRPC3–600 ℃ | PRPC3–800 ℃ |

图 19.50　高温下单掺 PP 纤维 RPC 棱柱体试件的受压破坏形态

2. 轴心抗压强度

RPC0、PRPC1、PRPC2 和 PRPC3 分别对应 PP 纤维体积掺量为 0、0.1%、0.2% 和 0.3% 的 RPC 试件。对常温下 9 个和高温下 96 个单掺 PP 纤维的 RPC 棱柱体试件进行了轴心受压试验，升温速度为 5 ℃/min，试件尺寸为 70.7 mm×70.7 mm×220 mm，相关信息见表 19.3。图 19.51(a) 为高温下掺 PP 纤维的 RPC 轴心抗压强度及相对轴心抗压强度随温度变化的规律。RPC 轴心抗压强度与立方体抗压强度具有相似的变化趋势。高温下其轴心抗压强度均随温度的升高先降低，再升高，最后再降低。因为 PP 纤维弹性模量较低，而且掺加 PP 纤维也会引入气泡，因此常温下掺加 PP 纤维降低了 RPC 的抗压强度。200 ℃ 时 PRPC1、PRPC2 和 PRPC3 的轴心抗压强度分别为 60.04 MPa、6.34 MPa 和 58.8 MPa。400 ℃ 相对 200 ℃ 时 RPC 轴心抗压强度有小幅度的升高，400 ℃ 时 PRPC3 的轴心抗压强度只有 26.8 MPa。温度超过 600 ℃ 后 PRPC2 和 PRPC3 的轴心抗压强度继续下降。因此，PP 纤维对 RPC 常温抗压强度有削弱作用。温度低于 200 ℃ 时 RPC 的轴心抗压强度随 PP 纤维掺量的增加而降低，而高于 200 ℃ 时其轴心抗压强度随 PP 纤维掺量的增加而升高。温度高于 200 ℃ 时 PP 纤维熔化形成的孔道缓解了高温下 RPC 的内部损伤，PP 纤维掺量大的 RPC 轴心抗压强度也相应较大。

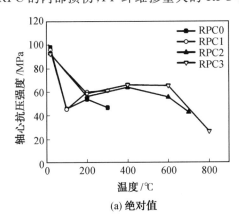 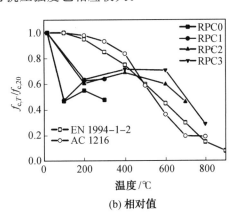

(a) 绝对值　　　　　　　　　　　(b) 相对值

图 19.51　高温下掺 PP 纤维的 RPC 轴心抗压强度

图 19.51(b) 为目标温度的抗压强度 $f_{c,T}$ 与常温抗压强度 $f_{c,20}$ 的比值。PRPC1、PRPC2 和 PRPC3 的相对抗压强度具有与绝对值相似的变化趋势。但 500～800 ℃ 时掺钢纤维 RPC 的相对抗压强度更高。即使 800 ℃ 时掺钢纤维 RPC 仍然具有 29% 的相对抗压强度，而 800 ℃ 时传统的高强混凝土相对抗压强度小于 20%。这主要是因为 PP 纤维熔化后形成的孔洞和连通网络缓解了高温对 RPC 的内部损伤。

高温下掺 PP 纤维的 RPC 轴心抗压强度与立方体抗压强度对比随温度变化的规律如图 19.52 所示，图 19.52 中 PRPC1、PRPC2 和 PRPC3 为立方体抗压强度，PRPC1－Prism、PRPC2－Prism 和 PRPC3－Prism 为轴心抗压强度。棱柱体和立方体的 PP 纤维掺量较低（0 和 0.1%）时，试件均在 400 ℃ 时已经爆碎。除 300 ℃ 外，RPC0 和 PRPC1 的立方体抗压强度均大于轴心抗压强度。PRPC2 和 PRPC3 所有的立方体抗压强度高于轴心抗压强度。掺 PP 纤维 RPC 的轴心抗压强度先降低，然后升高，最后降低，其强度变化规律与立方体抗压强度趋于相似。因此，无论是立方体试件，还是棱柱体试件，低掺量的 PP 纤维对防止 RPC 爆裂和提高其抗压强度，效果都十分有限。掺加体积掺量为 0.3% 的 PP 纤维不仅能提高 RPC 的各项强度,还能防止 RPC 爆裂。

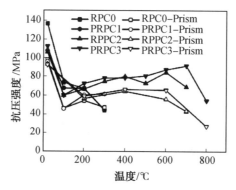

图 19.52　高温下掺 PP 纤维的 RPC 轴心抗压强度与立方体抗压强度随温度变化的规律

19.5.3　复掺纤维的 RPC 轴心受压

1. 轴心受压破坏形态

低于 400 ℃ 时复掺纤维 RPC 的破坏模式为脆性破坏。典型的破坏模式为两个对立的锥形,或者沿一条主裂缝破坏,由于钢纤维的黏结及桥接作用,试件仍然保持了良好的完整性。600 ～ 800 ℃ 时复掺纤维 RPC 的破坏模式属于延性破坏,试件破坏沿抗压方向的垂直裂缝破坏。钢纤维掺量相同时,HRPC2 的破坏形态要好于 HRPC1,因此 PP 纤维能改善高温下 RPC 的破坏形态,并且裂缝的宽度也较小。PP 纤维掺量相同时,HRPC2 形态要好于 HRPC3,钢纤维能抑制裂缝的发展,减少裂缝处尖端应力集中,钢纤维掺量高者裂缝宽度也较小,掺加钢纤维对改善 RPC 的破坏模式、提高韧性和减少裂缝等方面效果明显。

2. 受压应力 — 应变曲线

高温下 HRPC1、HRPC2 和 HRPC3 所对应的受压应力 — 应变曲线如图 19.53 所示。复掺纤维 RPC 与单掺钢纤维 RPC 的受压应力 — 应变曲线的变化趋势类似。随温度的升高,HRPC1、HRPC2 与 HRPC3 的抗压强度减小,峰值应变增加,弹性模量急剧减小。因此,随温度的升高,其上升段形状也不同于常温下的上升段,另外,受压应力 — 应变曲线随温度的升高也变得越来越平缓。21 ～ 400 ℃ 时 RPC 的峰值应变有较大程度的增加,而 600 ℃ 和 800 ℃ 时的峰值应变显著增加。这是由于高温下 RPC 的基本力学性能已经完全劣化,CH 在 600 ℃ 时已经完全分解,而 C—S—H 在 800 ℃ 时也完成分解,因此 RPC 在 600 ℃ 和 800 ℃ 时变成多孔和多裂缝的材料,减少了有效受压面积,因此其高温下的应变也增加。通过分析 HRPC1、HRPC2 和 HRPC3 的受压应力 — 应变曲线可知,PP 纤维对抗压强度、峰值应变、极限应变和韧性等影响有限,但是钢纤维却极大地影响 RPC 的韧性和应力 — 应变曲线形态。

3. 纤维对应力-应变曲线的影响

(1) 钢纤维的影响。

图 19.54 为 PP 纤维掺量相同、钢纤维掺量不同时的应力 — 应变曲线。高温下 HRPC3 应力-应变曲线下的面积均大于 HRPC2,且随着温度的升高,这种增大作用更明显,钢纤维掺量较高者的抗压强度反而较低,而应变相差不大,说明钢纤维掺量大并不有利于 RPC 的延性和韧性。

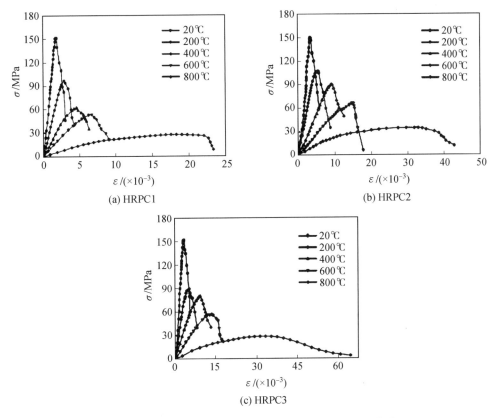

图 19.53　高温下复掺纤维 RPC 的受压应力－应变曲线

（2）PP 纤维的影响。

图 19.55 为钢纤维掺量相同、PP 纤维体积掺量分别为 0、0.1％ 和 0.2％ 的 SRPC2、HRPC1 和 HRPC2 在 20 ℃、200 ℃、400 ℃、600 ℃ 和 800 ℃ 时的应力－应变曲线。对比分析可知：20 ℃ 和 200 ℃ 时 PP 纤维掺量对 RPC 应力－应变曲线的影响较小；温度高于 200 ℃ 时，随 PP 纤维掺量的增加，HRPC2 的抗压强度比 SRPC2 有所增加，但 HRPC2 的应变却小于 SRPC2；200 ℃ 后 PP 纤维已经挥发，并且 PP 纤维掺量较小。PP 纤维有利于 RPC 的强度提高，对应力－应变曲线下的面积影响有限，但是其对防止 RPC 爆裂的作用不容忽视。

4. 轴心抗压强度

对常温下 9 个和高温下 36 个复掺纤维 RPC 棱柱体试件进行了轴心受压试验，升温速度为 5 ℃/min，试件尺寸为 70.7 mm×70.7 mm×220 mm，相关信息见表 19.3。高温下复掺纤维 RPC 的轴心抗压强度及其与常温轴心抗压强度的比值随温度变化的规律如图 19.56（a）所示。复掺纤维 RPC 的轴心抗压强度随温度升高呈线性下降。200 ℃ 时复掺纤维 RPC 的轴心抗压强度分别约是常温轴心抗压强度的 64.1％、71.5％ 和 59.2％。复掺纤维 RPC 的轴心抗压强度在 400 ℃、600 ℃ 和 800 ℃ 时持续下降。800 ℃ 时 HRPC1、HRPC2 和 HRPC3 的轴心抗压强度为 27.67 MPa、39.5 MPa 和 28.84 MPa。200～800 ℃ 时 HRPC2 的轴心抗压强度高于 HRPC1，高温时高掺量的 PP 纤维有利于增大 RPC 的抗压强度。20～800 ℃ 时 HRPC2 的轴心抗压强度高于 HRPC3，可见钢纤维能延迟裂缝的形成或者抑制裂缝的发展。

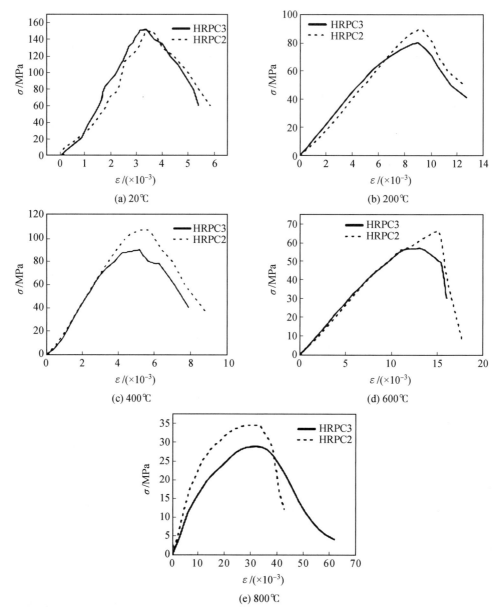

图 19.54　高温下 HRPC2 和 HRPC3 的应力－应变曲线对比

图 19.56(b) 为目标温度下轴心抗压强度 $f_{c,T}$ 与常温轴心抗压强度 $f_{c,20}$ 的比值，HRPC1、HRPC2 和 HRPC3 的相对抗压强度具有与绝对值相似的变化趋势。$21 \sim 600$ ℃时复掺纤维 RPC 相对抗压强度相比于 EN 1994－1－2 和 ACI 216R 来说损失更大，但是$600 \sim 800$ ℃ 时复掺纤维 RPC 保持了更高的抗压强度。因此，高温下复掺纤维 RPC 相对普通混凝土和高强混凝土来说强度损失更小。

表征拟合精度的相关系数 $R^2 = 0.94$，高温下 HRPC1、HRPC2 和 HRPC3 的相对轴心抗压强度随温度变化的规律为

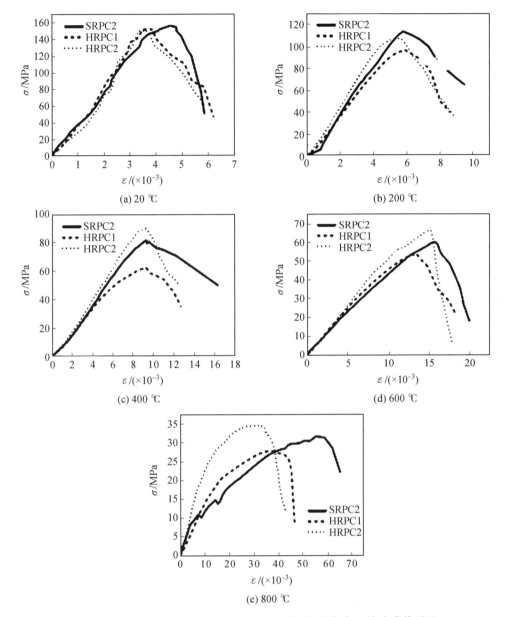

图 19.55　高温下 SRPC2、HRPC1 和 HRPC2 的应力－应变曲线对比

$$\frac{f_{c,T}}{f_{c,20}} = 0.96 - 0.958\left(\frac{T}{1\,000}\right) \quad (20\ ℃ \leqslant T \leqslant 800\ ℃) \tag{19.12}$$

式中，$f_{c,T}$ 为高温下复掺纤维 HRPC 轴心抗压抗压强度，MPa；$f_{c,20}$ 为常温下复掺纤维 HRPC 轴心抗压强度，MPa；T 为高温下温度，℃。

　　高温下复掺纤维 RPC 轴心抗压强度与立方体抗压强度随温度变化的对比如图 19.57 所示，图 19.57 中 HRPC1、HRPC2 和 HRPC3 为立方体抗压强度，HRPC1 － Prism、HRPC2 － Prism 和 HRPC3 － Prism 为轴心抗压强度。与单掺钢纤维 RPC 相似，试件的抗压强度随温度升高而下降。立方体抗压强度随温度升高先降低，然后升高，最后降低，但轴心抗压

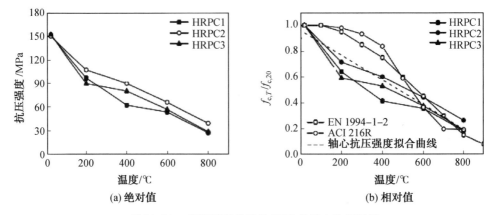

(a) 绝对值   (b) 相对值

图 19.56　高温下复掺纤维 RPC 的轴心抗压强度

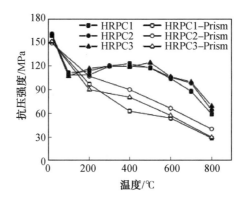

图 19.57　高温下复掺纤维 RPC 轴心抗压强度与立方体抗压强度随温度变化的对比

强度随温度升高呈线性下降。高温下试件的抗压强度随试件尺寸的增加而降低。

5. 弹性模量

图 19.58(a) 和图 19.58(b) 分别为高温下复掺纤维 RPC 的初始弹性模量 E_{oT}($0.5f_{c,T}$ 处的割线模量) 和峰值割线模量 E_{pT}($f_{c,T}$ 处的割线模量) 随温度变化的规律。显然,RPC 的初始弹性模量和峰值割线模量随温度的升高而减小;600 ℃ 后初始弹性模量和峰值割线模量曲线变得略微平缓。复掺纤维 RPC 在 200 ℃、400 ℃、600 ℃ 和 800 ℃ 时的初始弹性模量分别约为常温初始弹性模量的 50.83%、23.75%、12.95% 和 4.65%。800 ℃ 时 RPC 的初始弹性模量已经非常低了。相对单掺钢纤维,复掺纤维 RPC 的初始弹性模量损失更小,因此,PP 纤维对缓解 RPC 内部损伤极其重要。21～800 ℃ 时复掺纤维 RPC 的初始弹性模量也小于 Li、Khennane、ACI 216R 和 CEB−FIP−1990 的测试结果,但高于 EN 1994−1−2 测试的初始弹性模量。Li 的试件尺寸为 100 mm×100 mm×100 mm,实测立方体抗压强度为 55 MPa,Khennane 为理论模型,CEB−FIP−1990 和 ACI 216R 适用于评估 NSC 和 HSC。

200 ℃ 时复掺纤维 RPC 的峰值割线模量损失了 49.8%,而 Schneider 和 Anderberg 研究表明峰值割线模量在 200 ℃ 时损失超过 75%,因此复掺纤维 RPC 的弹性模量相对普通混凝土或高强混凝土损失更小。800 ℃ 时复掺纤维 RPC 的峰值割线模量值与 Schneider 和 Anderberg 相差不大。Schneider 和 Anderberg 的试件尺寸分别为

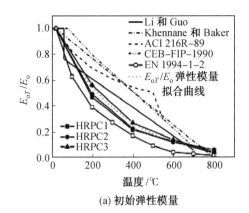
(a) 初始弹性模量

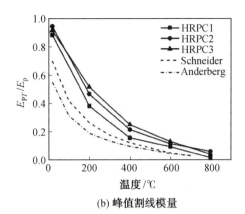
(b) 峰值割线模量

图 19.58　高温下复掺纤维 RPC 的弹性模量

$\phi80$ mm$\times$305 mm 和 150 mm$\times$150 mm$\times$150 mm,实测抗压强度分别为 47.52 MPa 和 46.6～64 MPa。初始弹性模量和峰值割线模量的急剧减小是由于混凝土孔隙率的增加和界面过渡区裂缝宽度 r 的增大。通过与复掺纤维 RPC 的抗压强度对比,高温下复掺纤维 RPC 的弹性模量比抗压强度的下降趋势更剧烈、损失更大。

表征拟合精度的相关系数 $R^2=0.94$,复掺纤维 RPC 所对应的 E_{oT}/E_o 和 E_{pT}/E_p 随温度的变化规律为

$$\frac{E_{oT}}{E_o}=\frac{E_{pT}}{E_p}=-0.051+1.118\exp(-0.003\,11T) \quad (20\ ℃\leqslant T\leqslant 800\ ℃)$$

(19.13)

式中,E_{oT} 为高温下复掺纤维 HRPC2 初始弹性模量,MPa;E_o 为常温下复掺纤维 HRPC2 初始弹性模量,MPa;E_{pT} 为高温下复掺纤维 HRPC2 峰值割线模量,MPa;E_p 为常温下复掺纤维 HRPC2 峰值割线模量,MPa;T 为高温下温度,℃。

6. 峰值应变

高温下复掺纤维 RPC 的峰值应变与常温下其峰值应变的比值随温度变化的规律如图 19.59 所示。与单掺钢纤维 RPC 相似,复掺纤维 RPC 的峰值应变随着温度的升高而增长,600～800 ℃ 时峰值增长速度加快。复掺纤维 RPC 的峰值应变大于 Lu 的峰值应变,但小于 EN 1994−1−2 的峰值应变(除 800 ℃ 外),Lu 的试件截面是 T 形截面,试件长度为 320 mm,实测抗压强度为 23.33 MPa。800 ℃ 时 HRPC1、HRPC2 和 HRPC3 的峰值应变约是常温下应变的 9.62 倍、10.08 倍和 10.35 倍。图 19.59 表明 PP 纤维掺量对 RPC 的峰值应变无显著影响,但钢纤维能增加 RPC 的峰值应变。

表征拟合精度的相关系数 $R^2=0.998$,高温下复掺纤维 RPC 峰值应变相对值 $\varepsilon_{c,T}/\varepsilon_o$ 随温度的变化规律为

$$\frac{\varepsilon_{c,T}}{\varepsilon_o}=0.969+12.1\left(\frac{T}{1\,000}\right)-39.7\left(\frac{T}{1\,000}\right)^2+48.8\left(\frac{T}{1\,000}\right)^3 \quad (20\ ℃\leqslant T\leqslant 800\ ℃)$$

(19.14)

式中,$\varepsilon_{c,T}$ 为高温下复掺纤维 RPC 峰值应变;ε_o 为常温下复掺纤维 RPC 峰值应变;T 为高温下温度,℃。

7. 韧性

如图 19.60 所示,20 ℃ 和 200 ℃ 时 HRPC1、HRPC2 和 HRPC3 的韧性差别不大。

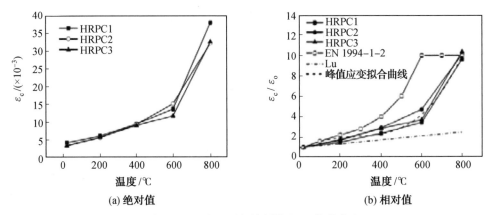

(a) 绝对值   (b) 相对值

图 19.59 高温下复掺纤维 RPC 峰值应变

$400 \sim 800$ ℃ 时 HRPC2 的韧性大于 HRPC1,钢纤维掺量相同时,RPC 的韧性随 PP 纤维掺量的增加而增加。$21 \sim 600$ ℃ 时 HRPC2 的韧性大于 HRPC3,而 800 ℃ 时 HRPC3 的韧性却高于 HRPC2。因此,钢纤维掺量在高温下并不有利于 RPC 的韧性。这主要是由于钢纤维和水泥基体的热膨胀系数不同,高温下这种热不兼容性产生的裂缝降低了 RPC 的强度,钢纤维掺量高也就意味着钢纤维与水泥浆件的热不兼容性更明显,会产生更多的裂缝和更大的强度降低。因此,无论从经济考虑,还是兼顾常温和高温下 RPC 的力学性能,2% 钢纤维和 0.2%PP 纤维的复掺是 RPC 最优体积掺量。

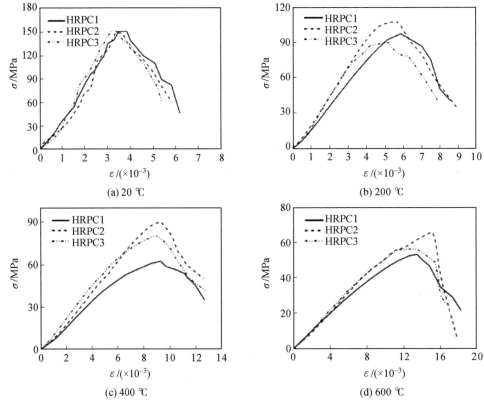

(a) 20 ℃   (b) 200 ℃

(c) 400 ℃   (d) 600 ℃

图 19.60 高温下复掺纤维 RPC 的韧性

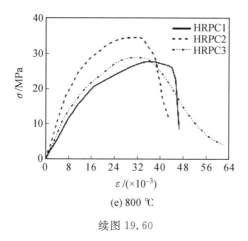

(e) 800 ℃

续图 19.60

8. 膨胀变形

高温下复掺纤维 RPC 的膨胀应变如图 19.61 所示。20 ～ 600 ℃ 时复掺纤维 RPC 的膨胀变形急剧增加;600 ～ 800 ℃ 时其膨胀变形继续增加,但增长幅度放缓。温度高于 600 ℃ 时的膨胀变形相对 21 ～ 600 ℃ 时的膨胀变形速度变缓。膨胀变化机理与单掺钢纤维时的膨胀机理是一致的。温度小于 600 ℃ 时膨胀变形急剧增加是由石英砂和水泥浆体的膨胀系数不同导致的,而 600 ～ 800 ℃ 时膨胀变形的增长幅度变缓是由于水泥浆体和 $CaCO_3$ 的分解。600 ～ 800 ℃ 时复掺纤维 RPC 的膨胀变形小于掺石英砂的混凝土的膨胀变形,但是 20 ～ 800 ℃ 时其膨胀变形大于掺钙质混凝土的膨胀变形。20 ～ 800 ℃ 时复掺纤维 RPC 的膨胀变形大于 SCC 和 SCC－H 的膨胀变形。本章参考文献[7]中采用的为自密实混凝土,其试件尺寸为 $\phi100$ mm × 200 mm,实测圆柱体抗压强度为 68 ～ 72 MPa。PP 纤维掺量相同时,200 ～ 800 ℃ 时 HRPC2 的膨胀变形大于 HRPC3 的膨胀变形。因此,高温下 RPC 的膨胀变形随钢纤维掺量的增大而增加,钢纤维掺量相同时 HRPC1 的膨胀变形大于 HRPC2。高温时,一方面,PP 纤维已经熔化挥发,在 RPC 内部留下大量孔洞和连通网络,复掺纤维 RPC 的膨胀变形与单掺钢纤维 RPC 没有明显不同;另一方面,PP 纤维留下的孔洞也缓解了 RPC 的体积膨胀。

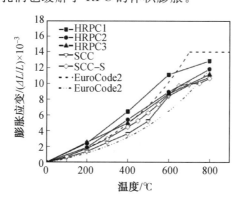

图 19.61　高温下复掺纤维 RPC 的膨胀应变

19.6 高温下 RPC 单轴受压应力－应变曲线方程

19.6.1 掺钢纤维 RPC 单轴受压应力－应变曲线方程

由于 RPC 相对 NSC 和 HSC 具有优秀的微观结构和超强的力学性能,但是高温下这种致密的微观结构可能是 RPC 的一个弱点,高温下 RPC 的力学性能也不同于 NSC 和 HSC。国内外对高温下的应力-应变曲线方程的研究都是针对 NSC 和 HSC,但对高温下超高强混凝土(如 RPC 等)的研究还没有相关报道,因此,有必要研究高温下 RPC 的抗火性能,特别是高温下 RPC 的应力－应变关系。

1. 受压应力－应变全曲线几何特征

混凝土棱柱体的受压应力－应变关系全曲线如图 19.62 所示。混凝土受压后的变形、裂缝发展、损伤积累和破坏等特性通过全曲线得到反映,虽然各曲线形状有区别,但基本的几何特征相似,具体描述如下:

①$x=0$ 时,$y=0$,即曲线通过原点;

②$0 \leqslant x \leqslant 1$ 时,$\mathrm{d}^2 y/\mathrm{d}x^2 < 0$,即上升段曲线斜率单调减小,无拐点;

③$x=1$ 时,$y=1$,$\mathrm{d}y/\mathrm{d}x=0$,曲线单峰($C$ 点);

④$\mathrm{d}^2 y/\mathrm{d}x^2=0$ 处横坐标 $x_D > 1.0$,即下降段曲线上有一个拐点(D 点);

⑤$\mathrm{d}^3 y/\mathrm{d}x^3=0$ 处横坐标 $x_E > x_D$,即下降段存在一个曲率最大点(E 点);

⑥$x \to \infty$ 时,$y \to 0$,$\mathrm{d}y/\mathrm{d}x \to 0$,即应变很大时,应力趋于 0,曲线切线水平;

⑦$x \geqslant 0$,$0 \leqslant y \leqslant 1.0$。

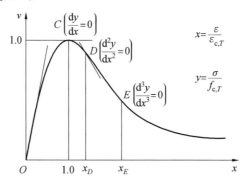

图 19.62　混凝土典型受压应力－应变关系全曲线

2. 全曲线方程的提出

将高温下 RPC 的受压应力－应变曲线用无量纲表示(图 19.62),分别以 $x=\varepsilon/\varepsilon_{\mathrm{c},T}$,$y=\sigma/f_{\mathrm{c},T}$ 为横坐标和纵坐标,其中 σ 和 ε 为 RPC 的应力和应变,$f_{\mathrm{c},T}$ 和 $\varepsilon_{\mathrm{c},T}$ 为高温下 RPC 的抗压强度和峰值应变,采用过镇海建议的受压应力－应变全曲线的基本方程。

上升段:　　　　$y=a_0 x + a_1 x + a_2 x^2 + a_3 x^3 \quad (0 \leqslant x \leqslant 1)$　　　　(19.15a)

下降段:　　　　$y=\dfrac{x}{b_0 + b_1 x + b_2 x^2} \quad (x > 1)$　　　　(19.15b)

将边界条件 ① 和 ③ 代入式(19.15a),得

$$a_0=0, \quad a_2=3-2a_1, \quad a_3=a_1-2$$

由(19.15a)可得,当 $x=0$ 时,$dy/dx=a_1$,即

$$a_1 = \frac{dy}{dx}\bigg|_{x=0} = \frac{d(\sigma/f_{c,T})}{d(\varepsilon/\varepsilon_{c,T})} = \frac{d\sigma/d\varepsilon}{f_{c,T}/\varepsilon_{c,T}}\bigg|_{x=0} = \frac{E_o}{E_p} = m \qquad (19.16)$$

式中,E_o 为混凝土的初始割线模量,$E_o = \dfrac{d\sigma}{d\varepsilon}\bigg|_{x=0}$;$E_p$ 为混凝土的峰值割线变形模量,$E_p = \dfrac{f_{c,T}}{\varepsilon_{c,T}}$。

参数 m 为混凝土初始模量和峰值割线模量的比值,上升段曲线方程为

$$y = mx + (3-2m)x^2 + (m-2)x^3 \quad (0 \leqslant x \leqslant 1) \qquad (19.17)$$

式(19.17)满足边界条件 ① 和 ③;当 $0 \leqslant x \leqslant 1$ 时,由式(19.17)知,$0 \leqslant y \leqslant 1$,故上升段方程满足几何条件 ⑦。

由几何条件 ② 可得,当 $0 \leqslant x \leqslant 1$ 时,式(19.17)满足

$$\frac{d^2 y}{dx^2} = \begin{cases} 3-2m+3(m-2) \leqslant 0 \\ 3-2m+3(m-2) < 0 \end{cases} \qquad (19.18)$$

因此 m 的取值范围为

$$1.5 \leqslant m \leqslant 3.0 \qquad (19.19)$$

将几何条件代入式(19.15b),得

$$b_1 = 3 - 2b_0, \quad b_2 = b_0$$

得到下降段曲线方程

$$y = \frac{x}{n(x-1)^2 + x} \qquad (19.20)$$

由条件 ⑥ 和 ⑦ 可得,当 $n=0$ 时,$y=1$,即混凝土为理想塑性材料;当 $x \to \infty$ 时,$y \to 0$,$dy/dx \to 0$,即峰值点后混凝土的残余强度为零,因此 n 的取值范围为 $0 < n < \infty$。

式(19.20)满足几何条件 ④,得到 $x_D > 1.0$,同时式(19.18)也满足几何条件 ⑤,得到 $x_E > 0$。综上分析,得到高温下体积掺量为 $1\% \sim 3\%$ 的掺钢纤维 RPC 的应力-应变曲线方程为

$$y = \begin{cases} mx + (3-2m)x^2 + (m-2)x^3 & (0 \leqslant x \leqslant 1) \\ \dfrac{x}{n(x-1)^2 + x} & (x > 1) \end{cases} \qquad (19.21)$$

式中,$x = \varepsilon/\varepsilon_{c,T}$,$\varepsilon$ 为掺钢纤维 RPC 应变,$\varepsilon_{c,T}$ 为高温下掺钢纤维 RPC 峰值应变;$y = \sigma/f_{c,T}$,σ 为掺钢纤维 RPC 应力,MPa,$f_{c,T}$ 为高温下掺钢纤维 RPC 轴心抗压强度,MPa;m,n 分别为上升段和下降段参数。

3. 方程参数讨论

由于掺钢纤维 RPC 的原材料(水泥、硅灰、矿渣、石英砂等)和 NSC、HSC 相同,NSC 和 HSC 的力学模型已经逐步发展。本书采用的过镇海模型通过定义不同参数来研究高温下掺钢纤维 RPC 的应力-应变全曲线,这些参数可以用来编制相应程序从而评估高温下 RPC 结构的抗火性能。

如图 19.63 所示,随着温度的升高,m 值也增加,说明 RPC 应力-应变曲线上升段是非线性增加。$20 \sim 400\ ℃$ 时 n 的取值随温度而减小,但 $400 \sim 800\ ℃$ 时 n 值随温度的升高而增大。换而言之,$20 \sim 400\ ℃$ 时上升段的非线性随温度的升高而增大,而 $20 \sim 400\ ℃$ 下降段的非线性和下降段范围随温度的升高而增加,$400 \sim 800\ ℃$ 时下降段范围

随温度的升高而降低。应力－应变曲线下降段的面积随 n 值的减小而增加,表明掺钢纤维 RPC 的韧性先随温度的升高而增加,然后随温度的升高而降低。另外,钢纤维掺量对 m 和 n 的取值无明显影响。式(19.21)中,m 和 n 是两个相互独立的分别控制应力－应变

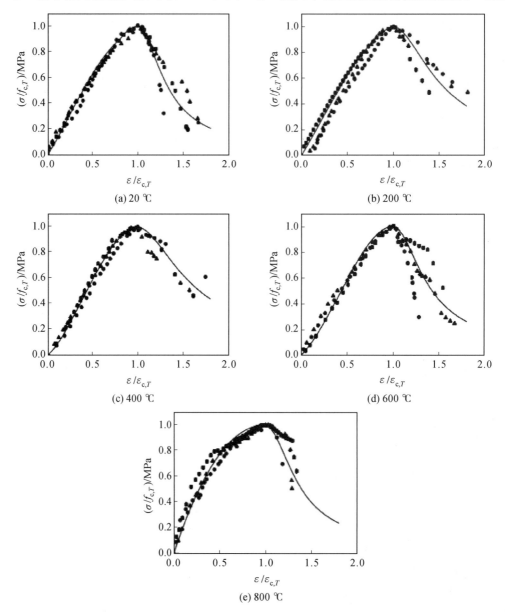

图 19.63　高温下掺钢纤维 RPC 应力－应变拟合曲线

曲线上升段和下降段的参数,$m = E_{oT}/E_{pT}$,其中 EN 1994－1－2 中 m 的取值为 1.5。根据过镇海模型,参数 n 与应力－应变曲线下降段的面积有关。通过回归分析和编制程序,参数 m 和 n 能被计算,结果见表 19.10。参数 m 和 n 随温度的变化情况如图 19.64 所示。

表 19.10　不同温度段内掺钢纤维 RPC 应力－应变曲线方程参数

温度		20 ℃	200 ℃	400 ℃	600 ℃	800 ℃
参数	m	1.25	1.24	1.26	1.42	2.18
	n	11	4.5	3.6	8	9

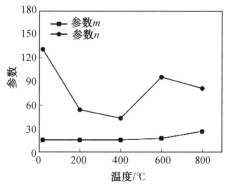

图 19.64　高温下掺钢纤维 RPC 的参数 m 和 n 的变化曲线

4. 受压应力－应变全曲线归一化

将 20 ℃、200 ℃、400 ℃、600 ℃ 和 800 ℃ 对应的掺钢纤维 RPC 应力－应变曲线归一化。如图 19.65 所示,随温度的升高,参数 m 也增大,m 值越大上升段曲度越明显,m 值越小直线部分越长,因此上升段的非线性随温度的升高而增加。参数 n 与应力－应变曲线下降段的面积成反比,20 ℃ 和 200 ℃ 时由于掺钢纤维 RPC 的抗压强度高,因此下降段非常陡直;400 ℃ 和 600 ℃ 时掺钢纤维 RPC 抗压强度降低,钢纤维软化,因此,曲线的下降段也比较平缓;800 ℃ 时由于裂缝增加,强度较低,RPC 随裂缝的增加而迅速破坏,因此其下降段也较陡。依据归一化应力－应变曲线方程式(19.21),当 x 取不同值时,可以得到相应的 y 值,由于 $x = \varepsilon/\varepsilon_{c,T}$,$y = \sigma/f_{c,T}$,将高温下掺钢纤维 RPC 对应的 $\varepsilon_{c,T}$ 和 $f_{c,T}$ 值代入反算,可得到相应的 ε 和 σ 值,然后将相应的应力－应变理论曲线与试验曲线进行对比分析。

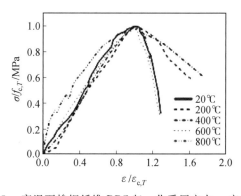

图 19.65　高温下掺钢纤维 RPC 归一化受压应力－应变曲线

5. 建议模型与试验结果对比

通过对式(19.21)的 m 和 n 参数进行分析,可以获得不同温度下掺钢纤维 RPC 的完整应力－应变曲线。为了验证建议模型,将不同温度的建议模型曲线与试验结果进行对比,图 19.66 表明,SRPC1、SRPC2 和 SRPC3 的建议模型与试验结果全曲线十分吻合,说明该建议模型适用于高温下掺钢纤维 RPC 的应力－应变全曲线。

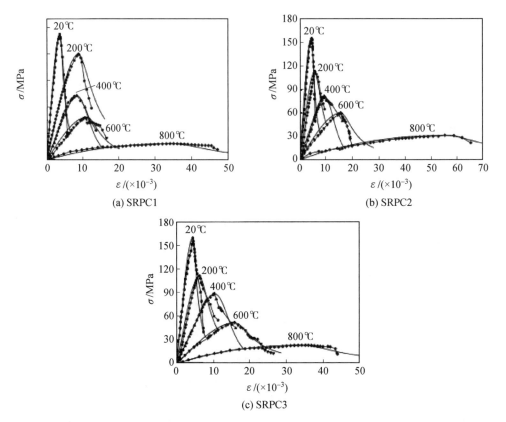

图 19.66　高温下掺钢纤维 RPC 的应力－应变模型曲线与试验结果曲线对比

[有测点曲线为试验结果曲线；无测点曲线为式(19.21) 模型曲线]

19.6.2　复掺纤维 RPC 单轴受压应力－应变曲线方程

1. 方程形式

因为复掺纤维 RPC 归一化曲线与单掺钢纤维 RPC 具有相同的几何特征，可以采用单掺钢纤维 RPC 的方程来描述，因此 RPC 应力－应变曲线方程为

$$y=\begin{cases} mx+(3-2m)x^{2}+(m-2)x^{3} & (0\leqslant x\leqslant 1) \\ \dfrac{x}{n(x-1)^{2}+x} & (x>1) \end{cases} \tag{19.22}$$

式中，$x=\varepsilon/\varepsilon_{c,T}$，$\varepsilon$ 为复掺纤维 RPC 应变；$y=\sigma/f_{c,T}$，σ 为复掺纤维 RPC 应力，MPa，$f_{c,T}$ 为高温下复掺纤维 RPC 轴心抗压强度，MPa；$\varepsilon_{c,T}$ 为高温下复掺纤维 RPC 峰值应变；m，n 为分别为上升段和下降段参数。

2. 参数计算

复掺纤维 RPC 归一化后的应力－应变曲线形状随温度升高逐渐发生变化。复掺纤维 RPC(HRPC1、HRPC2 和 HRPC3) 的应力－应变关系曲线可采用式(19.22)进行描述，通过回归分析，编制程序，参数 m 和 n 能被计算，结果见表 19.11，参数 m 和 n 与温度的关系如图 19.67 所示。将表中的参数 m 和 n 分别代入式(19.22)，理论曲线与试验结果如图 19.68 所示，理论曲线与试验结果吻合较好。

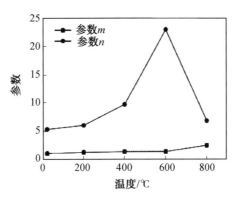

图 19.67　高温下复掺纤维 RPC 的参数 m 和 n 的变化曲线

［有测点曲线为试验结果曲线；无测点曲线为式(19.22)模型曲线］

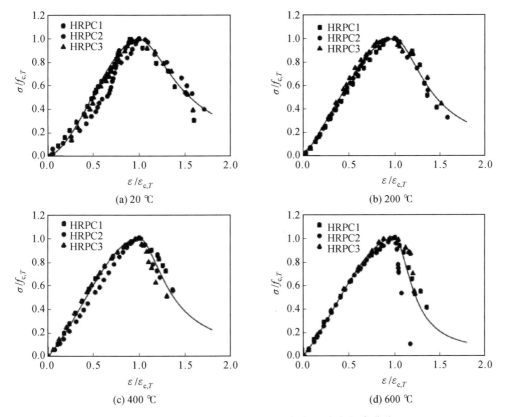

图 19.68　高温下复掺纤维 RPC 应力－应变拟合曲线

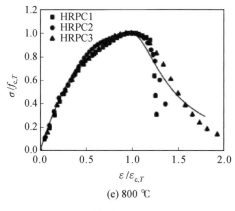

(e) 800 ℃

续图 19.68

表 19.11　高温下复掺纤维 RPC 应力－应变曲线方程参数

温度		20 ℃	200 ℃	400 ℃	600 ℃	800 ℃
参数	m	0.998	1.21	1.31	1.33	2.44
	n	5.3	7	9.7	23	6.8

3. 建议模型与试验结果对比

图 19.69 为复掺纤维 RPC 的应力－应变曲线试验数据与理论模型的对比。从图中可以看出,随温度的升高,全曲线的下降段明显变缓,表明复掺纤维极大地提高了高温下 RPC 的韧性,但 PP 纤维对韧性的影响不明显。通过对式(19.22) 的 m 和 n 参数进行分析,可以获得高温下复掺纤维 RPC 的完整应力－应变曲线。为了验证建议模型,将不同温度的理论模型曲线与试验结果进行对比,HRPC1、HRPC2 和 HRPC3 的建议模型与试验结果吻合良好,说明该建议模型适用于高温下复掺纤维 RPC 应力－应变全曲线。

19.7　高温下 RPC 抗拉

19.7.1　掺加钢纤维的 RPC 抗拉

1. 抗拉破坏形态

图 19.70 为掺钢纤维 RPC 的受拉试验的试件破坏形态。对于素 RPC(RPC0),试件呈一条主裂缝破坏,且断口处平整、光滑。掺钢纤维 RPC 的受拉破坏均是横向拉断破坏,也只有一条主裂纹,但是破坏界面参差不齐,呈犬牙交错状乱向分布,由于钢纤维的黏结桥接作用,试件仍然保持较好的完整性,试件破坏模式也有一定的延性。并且,哑铃形受拉试件的破坏完整性也好于立方体受压试件。显然,SRPC1、SRPC2 和 SRPC3 的破坏形态和破坏模式无本质上的区别,只是在 RPC 的裂缝大小和间距方面有所差别。相同温度时 SRPC3 的裂缝宽度相对 SRPC1 和 SRPC2 较大。随钢纤维掺量的增加,破坏的程度会有所缓解,裂缝大小也随钢纤维掺量的增加而减小。随着钢纤维掺量的增加,乱向三维分布的钢纤维也有利于提高 RPC 的延性,但由于 800 ℃ 时钢纤维已经氧化,钢纤维掺量对提高 RPC 延性效果不明显。

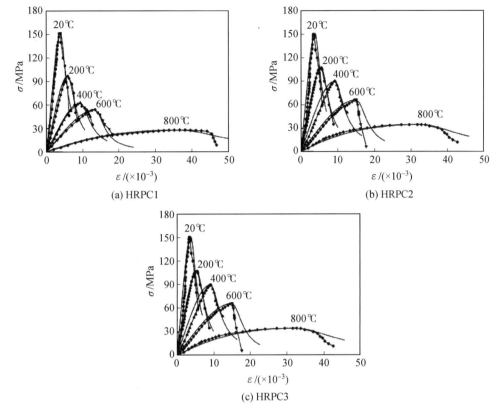

图 19.69　高温下复掺纤维 RPC 应力 — 应变模型曲线与试验结果曲线对比

[有测点曲线为试验结果曲线；无测点曲线为式(19.22) 模型曲线]

2. 抗拉强度

对高温下 27 个素 RPC 和 81 个单掺钢纤维 RPC 哑铃形试件进行了抗拉强度试验,升温速度为 5 ℃/min,相关信息见表 19.3。图 19.71 为高温下掺钢纤维 RPC 抗拉强度随温度变化的规律。RPC0 的抗拉强度在 21 ～ 100 ℃ 时急剧下降,100 ～ 200 ℃ 下降趋势变缓,但 200 ～ 300 ℃ 时有小幅度的升高。在 21 ～ 200 ℃ 时,SRPC1、SRPC2 和 SRPC3 的抗拉强度呈线性降低;在 200 ℃ 时,SRPC1、SRPC2 和 SRPC3 的抗拉强度为 4.51 MPa、6.02 MPa 和 7.09 MPa,分别约为常温抗拉强度的 79%、70.1% 和 77.52%。100 ℃ 时抗拉强度的损失是由于自由水的蒸发产生了孔洞和裂缝。300 ℃ 时 SRPC1 的抗拉强度比 200 ℃ 时的抗拉强度高 2.9%,这是由干燥硬化和"自蒸养护"导致的。在 300 ～ 800 ℃ 时 SRPC1、SRPC2 和 SRPC3 的抗拉强度急剧下降,其中 800 ℃ 时 SRPC1、SRPC2 和 SRPC3 的抗拉强度分别约只有常温抗拉强度的 34.3%、31.1% 和 30.6%。

图 19.71 也表明了 RPC 的抗拉强度与钢纤维掺量之间的规律。在 20 ～ 600 ℃ 时,SRPC3 的抗拉强度高于 SRPC1 和 SRPC2 的抗拉强度,RPC 抗拉强度随钢纤维掺量的增加而升高;但是 600 ～ 800 ℃ 时,SRPC1、SRPC2 和 SRPC3 的相对抗拉强度依次降低,RPC 相对抗拉强度随钢纤维掺量的增加而降低。

图 19.72 为高温下掺钢纤维 RPC 的相对抗拉强度随温度变化的规律,其相对抗拉强度随温度的升高呈线性降低。20 ～ 200 ℃ 时,相比 Eurocode 2 和 Li 与 Guo,掺钢纤维

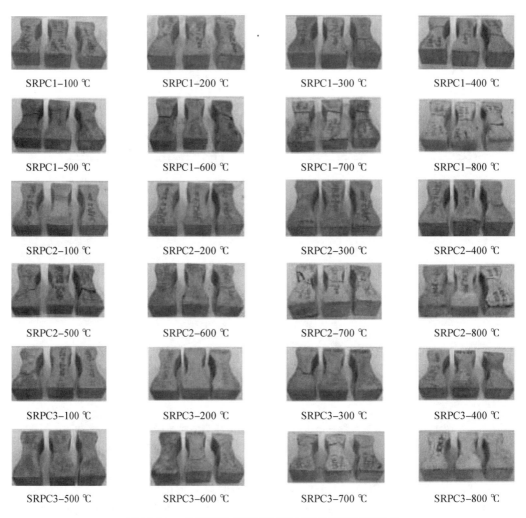

SRPC1–100 ℃　　SRPC1–200 ℃　　SRPC1–300 ℃　　SRPC1–400 ℃

SRPC1–500 ℃　　SRPC1–600 ℃　　SRPC1–700 ℃　　SRPC1–800 ℃

SRPC2–100 ℃　　SRPC2–200 ℃　　SRPC2–300 ℃　　SRPC2–400 ℃

SRPC2–500 ℃　　SRPC2–600 ℃　　SRPC2–700 ℃　　SRPC2–800 ℃

SRPC3–100 ℃　　SRPC3–200 ℃　　SRPC3–300 ℃　　SRPC3–400 ℃

SRPC3–500 ℃　　SRPC3–600 ℃　　SRPC3–700 ℃　　SRPC3–800 ℃

图 19.70　掺钢纤维 RPC 的受拉试验的试件破坏形态

RPC 的抗拉强度相对较低,200～800 ℃ 时,Eurocode 2 用来评估高温下掺钢纤维 RPC 的抗拉强度偏于保守。Li 与 Guo 的试件尺寸为 100 mm×100 mm×100 mm,实测立方体抗压强度为 55 MPa。与掺钢纤维 RPC 的抗压强度拟合曲线相比,抗拉强度相对抗压强度的下降趋势更明显,800 ℃ 时的相对抗拉强度比相对抗压强度平均低 18%。这是由于高温时抗拉强度比抗压强度对温度更敏感,每个初始裂缝或者新裂缝的出现都减小了抗拉有效承载面积,这也使得裂缝的尖端应力增大,而且,抗压荷载使裂缝趋于闭合,而抗拉荷载却使得裂缝趋于张开。

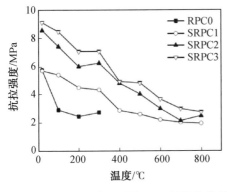 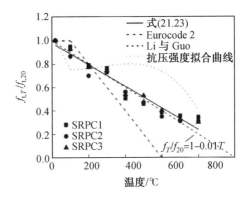

图 19.71　高温下掺钢纤维 RPC 的抗拉强度　　图 19.72　高温下掺掺钢纤维 RPC 相对抗拉强度
　　　　　随温度变化的规律　　　　　　　　　　　　　随温度变化的规律

通过回归分析,表征拟合精度的相关系数 $R^2 = 0.95$,掺量为 $0 \sim 3\%$ 的掺钢纤维 RPC 归一化的 $f_{t,T}/f_{t,20}$ 与温度 T 之间的关系可以表述为

$$\frac{f_{t,T}}{f_{t,20}} = 0.98 - 0.925\left(\frac{T}{1\,000}\right) \quad (20\ ℃ \leqslant T \leqslant 800\ ℃) \tag{19.23}$$

式中,$f_{t,T}$ 为高温下掺钢纤维 RPC 轴心抗拉强度,MPa;$f_{t,20}$ 为常温下掺钢纤维 RPC 轴心抗拉强度,MPa;T 为高温下温度,℃。

19.7.2　掺加 PP 纤维的 RPC 抗拉

1. 受拉破坏形态

图 19.73 为高温下体积掺量 0.3% 的 PP 纤维 RPC 在 $20 \sim 800\ ℃$ 的受拉破坏形态。PP 纤维的弹性模量低,并且在 $165\ ℃$ 时纤维熔化,$250\ ℃$ 时 PP 纤维完全挥发。PP 纤维对防止 RPC 爆裂十分有利,却对受拉破坏形态无明显影响,但是,PP 纤维掺量的增加对 RPC 的脆性破坏能有一定的缓解作用。受拉破坏形态是 RPC 试件中间部位出现一条主裂纹,断口处较为平整,其他部位无裂纹出现,这是由于 RPC 的弹性模量和抗拉强度都较低,纤维和基体之间的破坏模式是纤维被拉断,而且 $165\ ℃$ 后,PP 纤维熔化挥发,PP 纤维已经不能提供黏结力,其破坏模式与素 RPC 无本质区别。

2. 抗拉强度

对高温下 27 个素 RPC 和 81 个单掺 PP 纤维的 RPC 哑铃形试件进行抗拉强度试验,升温速度为 $5\ ℃/\text{min}$,相关信息见表 19.3。图 19.74 为高温下掺 PP 纤维的 RPC 抗拉强度及其相对抗拉强度随温度变化的规律。RPC0 的抗拉强度在 $20 \sim 200\ ℃$ 时急剧下降,在 $300\ ℃$ 时有小幅度的升高。PRPC1、PRPC2 和 PRPC3 的抗拉强度在 $20 \sim 200\ ℃$ 时呈线性下降。$300\ ℃$ 时掺 PP 纤维 RPC 的抗拉强度有小幅度的增加。但是温度高于 $300\ ℃$ 后,其抗拉强度急剧下降。$600\ ℃$ 时 PRPC1、PRPC2 和 PRPC3 的抗拉强度分别为 $2.98\ \text{MPa}$、$4.02\ \text{MPa}$ 和 $4.06\ \text{MPa}$,约是常温强度的 65%、91% 和 86%。$200\ ℃$ 时 PRPC3 的抗拉强度只有常温强度的 42.8%。温度低于 $200\ ℃$ 时 RPC 抗拉强度随 PP 纤维掺量的增加而降低,但是高于 $200\ ℃$ 后其抗拉强度随 PP 纤维掺量的增加而升高。RPC 抗拉强度的急剧下降是由微裂缝的发展导致的,而这些微裂缝的出现是由于石英砂与水泥浆体热不兼容。图 19.74 也表明,温度高于 $400\ ℃$ 时 RPC 的相对抗拉强度低于相对抗压强度,随温度的升高,抗拉强度相对于抗压强度损失更大。

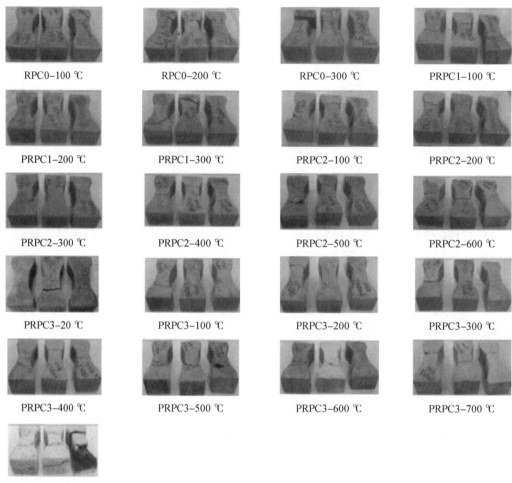

RPC0-100 ℃　　RPC0-200 ℃　　RPC0-300 ℃　　PRPC1-100 ℃

PRPC1-200 ℃　　PRPC1-300 ℃　　PRPC2-100 ℃　　PRPC2-200 ℃

PRPC2-300 ℃　　PRPC2-400 ℃　　PRPC2-500 ℃　　PRPC2-600 ℃

PRPC3-20 ℃　　PRPC3-100 ℃　　PRPC3-200 ℃　　PRPC3-300 ℃

PRPC3-400 ℃　　PRPC3-500 ℃　　PRPC3-600 ℃　　PRPC3-700 ℃

PRPC3-800 ℃

图 19.73　高温下 PP 纤维体积掺量为 0.3% 的 RPC 的受拉破坏形态

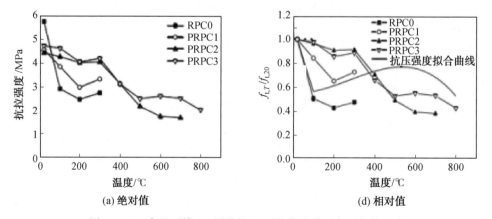

(a) 绝对值　　　　　　　　　　(d) 相对值

图 19.74　高温下掺 PP 纤维的 RPC 抗拉强度及相对抗拉强度

通过回归分析,表征拟合精度的相关系数 $R^2 = 0.954$,高温下 PP 纤维体积掺量为 $0.1\% \sim 0.3\%$ 的 RPC 的抗拉强度表达式为

$$\frac{f_{t,T}}{f_{t,20}} = 0.972 - 0.82\left(\frac{T}{1\,000}\right) \quad (20\ ℃ \leqslant T \leqslant 800\ ℃) \tag{19.24}$$

式中,$f_{t,T}$ 为高温下掺 PP 纤维 RPC 轴心抗拉强度,MPa;$f_{t,20}$ 为常温下掺 PP 纤维 RPC 轴心抗拉强度,MPa;T 为高温下温度,℃。

19.7.3　复掺纤维的 RPC 抗拉

1. 受拉破坏形态

图 19.75 为高温下复掺纤维 RPC 的受拉破坏形态。HRPC1、HRPC2 和 HRPC 的受拉破坏形态相似,均为延性破坏。复掺纤维 RPC 受拉破坏形态也与掺钢纤维 RPC 相同,试件破坏时沿主裂缝破坏,断面不规则。高温时 PP 纤维已经熔化挥发,由于钢纤维的作用,试件继续保持良好的完整性。其受拉破坏模式均为韧性破坏,800 ℃ 时钢纤维已经氧化,因此,复掺纤维的抗拉强度也较低。但随 PP 纤维或钢纤维掺量的增加,RPC 的受拉

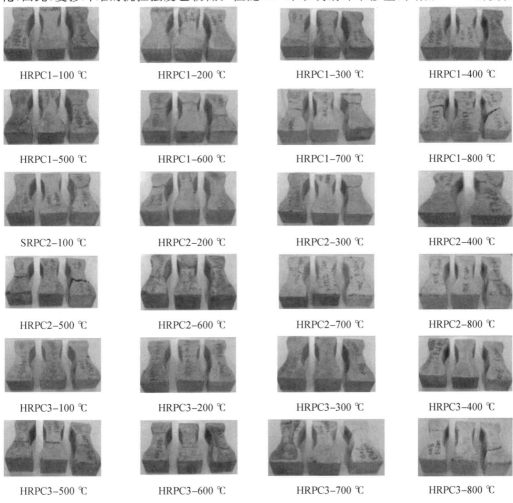

HRPC1-100 ℃	HRPC1-200 ℃	HRPC1-300 ℃	HRPC1-400 ℃
HRPC1-500 ℃	HRPC1-600 ℃	HRPC1-700 ℃	HRPC1-800 ℃
SRPC2-100 ℃	HRPC2-200 ℃	HRPC2-300 ℃	HRPC2-400 ℃
HRPC2-500 ℃	HRPC2-600 ℃	HRPC2-700 ℃	HRPC2-800 ℃
HRPC3-100 ℃	HRPC3-200 ℃	HRPC3-300 ℃	HRPC3-400 ℃
HRPC3-500 ℃	HRPC3-600 ℃	HRPC3-700 ℃	HRPC3-800 ℃

图 19.75　高温下复掺纤维 RPC 的受拉破坏形态

破坏形态得到改善。这主要是由于 PP 纤维熔化后,形成的熔化孔洞有利于水蒸气的逸出,减少孔隙压力对 RPC 的损伤。钢纤维能抑制 RPC 裂缝的发展,减少裂缝尖端处的应力集中,并且 RPC 具有良好的热传导性,可减小 RPC 试件内外的温度梯度,减小温度应力对 RPC 的损伤。复掺纤维综合了单掺钢纤维和单掺 PP 纤维的优点,破坏形态和破坏程度得到较大的缓解。

2. 抗拉强度

对高温下 27 个素 RPC 和 81 个复掺纤维哑铃形 RPC 试件进行抗拉强度试验,升温速度为 5 ℃/min,相关信息见表 19.3。图 19.76(a) 为高温下复掺纤维 RPC 的抗拉强度随温度变化的规律。RPC0 的抗拉强度在 20 ~ 100 ℃ 时急剧下降,在 100 ~ 200 ℃ 时下降趋势变缓,但 200 ~ 300 ℃ 时有小幅度的增加。在 20 ~ 200 ℃ 时,复掺纤维 RPC 的抗拉强度呈线性降低。100 ℃ 时抗拉强度的损失是由于自由水的蒸发产生了孔洞和裂缝。300 ℃ 时复掺纤维 RPC 的抗拉强度比 200 ℃ 时的抗拉强度有所升高,这是因为干燥硬化和自蒸养护导致 RPC 的强度增加。在 300 ~ 800 ℃ 时,复掺纤维 RPC 的抗拉强度急剧下降。复掺纤维 RPC 的抗拉强度具有与单掺钢纤维和单掺 PP 纤维 RPC 相似的特点,PP 纤维掺量对高温下 RPC 抗拉强度的影响不如钢纤维掺量明显。

图 19.76(b) 为复掺纤维 RPC 的相对抗拉强度随温度变化的规律,其相对抗拉强度随温度的升高而呈线性降低。20 ~ 200 ℃ 时复掺纤维 RPC 的抗拉强度相对 Eurocode 2 和 Li 与 Guo 损失更大,但 200 ~ 800 ℃ 时,复掺纤维 RPC 维持了更高的抗拉强度。Li 与 Guo 采用的试件尺寸为 100 mm×100 mm×100 mm,实测抗压强度为 55 MPa。抗拉强度相对抗压强度的下降趋势更明显,这是由于高温下抗拉强度比抗压强度对温度更敏感。

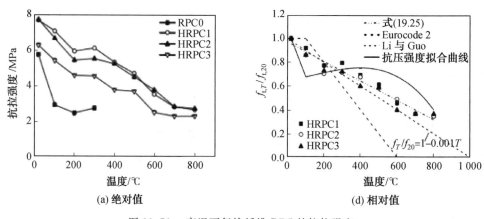

图 19.76　高温下复掺纤维 RPC 的抗拉强度

通过回归分析,表征拟合精度的相关系数 $R^2 = 0.96$,归一化的 $f_{t,T}/f_{t,20}$ 与温度 T 之间的关系可以表述为

$$\frac{f_{t,T}}{f_{t,20}} = 0.972 - 0.82\left(\frac{T}{1\ 000}\right) \quad (20\ ℃ \leqslant T \leqslant 800\ ℃) \tag{19.25}$$

式中,$f_{t,T}$ 为高温下复掺纤维 RPC 轴心抗压抗拉强度,MPa;$f_{t,20}$ 为常温下复掺纤维 RPC 轴心抗拉强度,MPa;T 为高温下温度,℃。

19.8　高温下 RPC 的微观结构

19.8.1　掺钢纤维 RPC 微观结构随温度的变化

1. 掺钢纤维 RPC 的基本微观形貌

不同温度下 RPC 试件的微观结构可通过使用 SEM 来表征。RPC 在 20 ℃ 时具有致密的微观结构(图 19.77(a))。图 19.77(b) 表明,200 ℃ 时掺钢纤维 RPC 的 C—S—H 结构是完整和紧密的。这主要是因为矿渣和硅灰中的活性 SiO_2 能够与水泥水化产物发生火山灰反应,生成 C—S—H 凝胶,因此以一种媒介的形式加速了水化反应,这也是 $200 \sim 300$ ℃ 时 RPC 的抗压强度相对 100 ℃ 时增加的原因。同时,200 ℃ 时,钢纤维被水泥浆体紧密包裹,水泥基体也没有裂缝产生。图 19.77(c) 表明,400 ℃ 时试件表面出现少量网状头发丝粗细的裂缝。裂缝和孔洞的出现是因为自由水和结合水的蒸发,CH 在 400 ℃ 时也开始分解。而掺钢纤维 RPC 的抗拉强度在 300 ℃ 后开始下降可能与微小裂缝的出现有关。19.76(d) 是掺钢纤维 RPC 在 600 ℃ 时的微观结构图,裂缝进一步深入试件内部,裂缝的宽度和孔洞数目也增多。这主要是因为 CH 在 $400 \sim 600$ ℃ 范围内分解;水泥浆体与石英砂膨胀系数的不一致导致水泥浆体与石英砂之间的黏结力破坏;573 ℃ 时 SiO_2 的晶型由 α 型向 β 型的转变导致体积进一步膨胀。掺钢纤维 RPC 的强度在 600 ℃ 时急剧下降,这与微观结构随温度变化的规律相协调。图 19.77(e) 是掺钢纤维 RPC 在 800 ℃ 时的微观结构图,微观结构表面变得粗糙,呈现颗粒状。大量的孔洞和裂缝主要是由 C—S—H 分解导致的。另外,随着水分的蒸发,干燥收缩也远大于热膨胀,从而导致裂缝的增加。孔径和孔隙率也随温度的升高而增加,因此,掺钢纤维 RPC 的耐久性也随温度的升高而变差。掺钢纤维 RPC 的强度也急剧下降,与 800 ℃ 时的微观结构的疏松多孔有关。

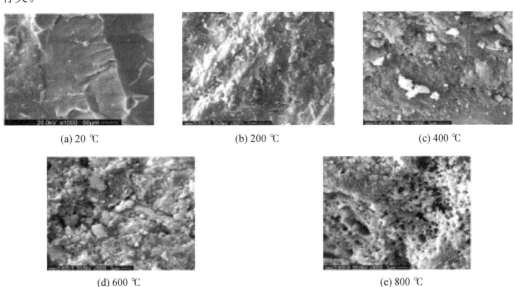

(a) 20 ℃　　　　　　　(b) 200 ℃　　　　　　　(c) 400 ℃

(d) 600 ℃　　　　　　　(e) 800 ℃

图 19.77　不同温度作用后掺钢纤维 RPC 基体 SEM 照片

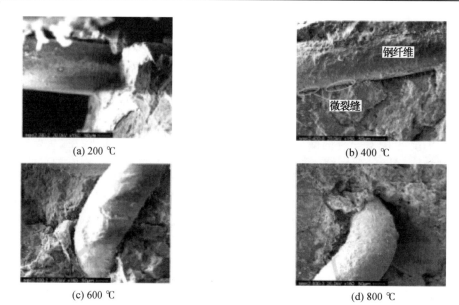

(a) 200 ℃　　　　　　　　　　　　　(b) 400 ℃

(c) 600 ℃　　　　　　　　　　　　　(d) 800 ℃

图 19.78　不同温度作用后钢纤维与基体的黏结界面形态

2. 钢纤维与基体黏结界面的微观形貌

图 19.78 为钢纤维与基体在 200 ℃、400 ℃、600 ℃ 和 800 ℃ 时的界面形态。200 ℃ 时，钢纤维与基体黏结紧密，钢纤维和基体间没有出现微小裂缝（图 19.77(a)）。400 ℃ 时，有少量的微小裂缝出现在钢纤维和基体的黏结界面（图 19.77(b)）。600 ℃ 时，在钢纤维和基体界面之间的裂缝增大，裂缝的数目也增加。这主要是由钢纤维和混凝土之间的热膨胀系数不同导致的。600 ℃ 时 RPC 的强度也急剧下降。这种热裂缝可能是形成平行或者垂直于钢纤维轴向的裂缝（图 19.77(c)）。平行于纤维轴向的裂缝也被称为劈裂裂缝或滑移裂缝，并且这种径向的热应力也会导致混凝土的劈裂破坏或者爆裂。800 ℃ 时，钢纤维与基体之间的黏结力基本破坏，钢纤维完全氧化，失去基本的力学性能（图 19.77(d)）。

19.8.2　PP 纤维 RPC 微观结构随温度的变化

1. PP 纤维 RPC 的 SEM 分析

（1）PP 纤维 RPC 基体微观形貌。

图 19.79 为不同温度作用后掺 PP 纤维 RPC 基体的 SEM 照片。20 ℃ 时掺 PP 纤维的 RPC 具有致密的微观结构。200 ℃ 和 400 ℃ 时也同样具有致密的微观结构，但 RPC 的表面在 400 ℃ 时比 200 ℃ 时更光滑和致密，并且温度小于 400 ℃ 时，没有裂缝被观察到。硅灰和矿渣中的活性 SiO_2 与水化产物 $Ca(OH)_2$（即 CH）反应生成 C—S—H，从而导致 $Ca(OH)_2$ 减少和 RPC 抗压强度的增加。400 ℃ 时 RPC 的抗压强度和抗拉强度也相对 200 ℃ 时较高，因此 SiO_2 与 $Ca(OH)_2$ 的火山灰反应是 400 ℃ 时 RPC 强度升高的主要原因。随着温度的进一步升高，600 ℃ 时会出现较多的裂缝和孔洞，从而导致掺 PP 纤维 RPC 的抗压强度降低。CH 在 400～600 ℃ 完成分解，573 ℃ 时 SiO_2 的晶型由 α 型转变为 β 型，导致体积膨胀，C—S—H 进一步分解导致 600 ℃ 后抗压强度急剧降低。800 ℃ 时掺 PP 纤维 RPC 出现大量的孔洞和裂缝，微观结构变得疏松和粗糙。这些孔洞和裂缝主

要是因为 C—S—H 和水泥水化产物在 800 ℃ 完全分解有关,疏松和多孔的微观结构导致 800 ℃ 时 RPC 的力学性能和耐久性都较差,进而导致掺 PP 纤维 RPC 的抗压强度和抗拉强度急剧下降。综合分析可知,RPC 的微观结构随温度升高而劣化是 RPC 各项强度逐渐退化的根本原因。

(2)PP 纤维及其溶化孔道微观形貌。

PP 纤维在 RPC 中熔化前后的形状变化如图 19.80 所示。PP 纤维在 RPC 中三维乱向分布,且存在弹性模量较低、容易引入气泡等缺陷,都会导致常温下掺 PP 纤维 RPC 的强度小于素 RPC。分布在 RPC 中的 PP 纤维大约在 170 ℃ 时熔化,正如前文所述,熔化后的 PP 纤维提供了大量的孔洞和连通网络。并且,即使到 800 ℃ 这样的高温,这种熔化的孔洞都会一直存在于 RPC 基体内,PP 纤维在 RPC 内部呈乱向分布,熔化后形成连通的微观网络。RPC 微观结构劣化是其力学性能随温度升高而退化的根本原因。因此,PP 纤维熔化后能释放孔隙压力,从而减少爆裂,是解决高温下高强混凝土爆裂问题的有效手段。

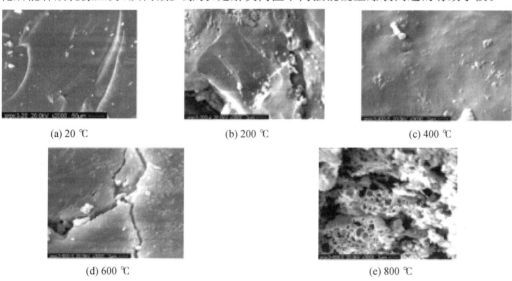

(a) 20 ℃　　　　　　　　(b) 200 ℃　　　　　　　　(c) 400 ℃

(d) 600 ℃　　　　　　　　　　　(e) 800 ℃

图 19.79　不同温度作用后掺 PP 纤维 RPC 基体的 SEM 照片

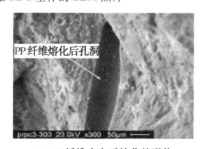

PP 纤维熔化后孔洞

PP 纤维

(a) PP 纤维火灾前的形状　　　　　　　(b) PP 纤维火灾后熔化的形状

图 19.80　不同温度掺 PP 纤维 RPC 的 PP 纤维照片

2. XDR 分析

如图 19.81 所示,SiO_2 的峰值在 200 ℃ 和 400 ℃ 时下降,然后在 600 ℃ 和 800 ℃ 时又有所升高。这证明 SiO_2 在 200 ℃ 和 400 ℃ 时发生火山灰反应,促进了 RPC 的水化作用,在 600 ℃ 和 800 ℃ 时,SiO$_2$ 峰值再次升高是因为 C－S－H 的分解。斜方钙沸石 (Gismondine,CaAl$_2$Si$_2$O$_8$·4H$_2$O) 的峰值和含量随温度的升高而降低。RPC 的 XRD 图谱中没有鉴定出 CH,这与矿渣和硅灰中的活性 SiO$_2$ 能与 CH 反应生成 C－S－H 有关。在 800 ℃ 后,在衍射图谱中鉴定出 β－C$_2$S 和 C$_3$S,这是由 C－S－H 的分解导致的。而且 600 ℃ 时 SiO$_2$ 的晶型由 α 型转变为 β 型,也不能在衍射谱中观察到,而这种转变是可逆的,冷却后 SiO$_2$ 晶型又恢复为 α 型。本书中随温度升高,并不能观察到明显的 C－S－H 峰值。Peng 认为 C－S－H 的分解在 600 ℃ 开始并在 800 ℃ 时完成。但是,其他的学者并没有发现明显的 C－S－H 峰值,因为它是无定形的或隐晶体的(由微晶体组成),在 X 射线衍射测试中其结晶的含量不够得到尖锐的峰。这与 300 ℃ 时 RPC 的强度相对 200 ℃ 时提高,而 600 ℃ 和 800 ℃ 时 RPC 的各项强度急剧下降有关。因此,通过 XRD 分析,RPC 的成分随温度变化是 RPC 各项强度随温度升高而退化的根本原因。

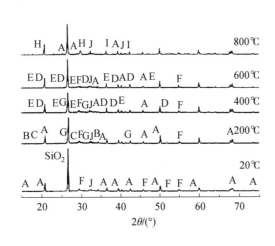

A：斜方钙沸石(Gismondine)
   CaAl$_2$Si$_2$O$_8$·4H$_2$O
B：水铁矿(Frrihydrite)
   Fe$_5$O$_7$(OH)·4H$_2$O
C：三水碱式碳酸铁铝(Caresite-3T)
   Fe$_4$Al$_2$(OH)$_{12}$CO$_3$·3H$_2$O
D：硅酸钙(Calcium Silicate)
   Ca$_3$SiO$_5$
E：斜硅钙石(Larnite)
   Ca$_2$SiO$_4$
F：水化硅酸钙 C－S－H
G：硅酸镁钙铝(Calcium-Magnesium-
   Aluminum Oxide Silicate)
   Ca$_{54}$MgAl$_2$Si$_{16}$O$_{90}$
H：镁黄长石(Kermanite)
   Ca$_2$Mg(Si$_2$O$_7$)
I：钙黄长石(Genhlenite)
   Ca$_2$Al(AlSiO$_7$)
J：硅酸钙(C$_n$S)
   Ca$_3$S+β－C$_2$S

图 19.81　高温下不同温度 RPC 的 XRD 谱图

3. 压汞分析

经历不同温度作用后,RPC 的孔隙率和孔径可以通过压汞分析(Mercury Intrusion Analysis,MIA)来测定。试件分别经历的温度为 20 ℃、200 ℃、400 ℃、600 ℃ 和 800 ℃。中值孔径为混凝土累积孔面积达到 50% 时所对应的孔径值。本章参考文献 [63] 的试件尺寸为 100 mm×100 mm×100 mm,其普通混凝土和高强混凝土的实测立方体抗压强度分别为 35.8～46.4 MPa 和 76.7～108.3 MPa。图 19.82 和图 19.83 表明,RPC 的孔径和孔隙率随温度的升高而增加。温度小于 200 ℃ 时 RPC 孔径和孔隙率与常温相差不大,但 200～600 ℃ 时孔径增加幅度变大,而孔隙率增加不明显。超过 600 ℃ 时孔隙率和孔径显著增加,这主要是由“孔结构的粗化作用”导致的。因此,这是温度超过 600 ℃ 时 RPC 的力学性能急剧退化的原因。而 800 ℃ 时 RPC 的中值孔径为 2.39 μm,孔隙率达 31.18%。随温度升高,NSC、HSC 和 RPC 的孔径和孔隙率也依次减小,这也是高温下 RPC 相对 NSC 和 HSC 维持更高强度的原因。200～600 ℃ 时 RPC 的强度随温度升高变化相对较小,正如图 19.83 所表明的,200～600 ℃ 时 RPC 孔隙率增加不明显,而 600 ℃ 和 800 ℃ 时孔径和孔隙率急剧增加,因此强度也下降得十分迅速。

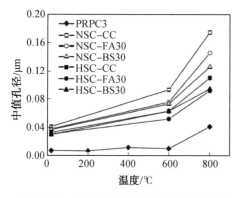

图 19.82　不同温度下 PRPC3 的平均孔径

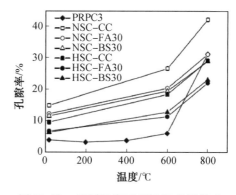

图 19.83　不同温度下 PRPC3 的孔隙率

4. 热重－差热分析

DTG 和 DSC 试验分别采用 TA449F3 和 DSC200F3 设备。试样以 5 ℃/min 的速度升温，RPC 发生化学和物理反应的温度范围为 $100 \sim 950$ ℃，如图 19.84 所示，TG 曲线反映了高温下 RPC 的质量损失，而 DSC 曲线反映了 RPC 的化合物分解反应。

100 ℃ 时 RPC 的质量损失非常明显，这是由自由水的蒸发导致的。此时 RPC 的各项强度下降得较快。但是 $200 \sim 400$ ℃ 时相对 100 ℃ 时质量损失放缓，这是由于少量的结合水蒸发，CH 与活性 SiO_2 发生火山灰反应，与 CH 量较少的原因有关。300 ℃ 时 RPC 的各项强度相对 200 ℃ 有所升高。当温度超过 600 ℃ 时，质量损失继续大幅增加，这是由 $600 \sim 800$ ℃ 时 C－S－H 的分解导致的。600 ℃ 和 800 ℃ 时 RPC 的各项强度急剧下降。因此，水分蒸发、CH 和 C－S－H 的分解是导致 RPC 质量损失的主要原因。从图 19.84 的 DSC 曲线可以看出：$170 \sim 200$ ℃ 时出现一个吸热峰值，这是由 PP 纤维熔化和水蒸气蒸发导致的，PP 纤维在 $100 \sim 250$ ℃ 整体熔化前对 RPC 的力学性能和防爆裂起着重要作用。另一个峰值出现在 600 ℃ 左右，这是由于 SiO_2 的晶型由 α 型转变为 β 型也会出现吸热峰。在 780 ℃ 和 900 ℃ 时分别出现一个吸热峰，这是由 C－S－H 的分解和碳酸钙的分解导致的。如图 19.85 所示，质量损失主要是在 $100 \sim 400$ ℃，而抗压强度损失也在这个区间，这主要是由自由水的蒸发及结合水开始逐步蒸发导致的。$400 \sim 600$ ℃ 时质量和强度损失均比较平稳，因为 RPC 中硅灰和矿渣含有的活性 SiO_2 与 $Ca(OH)_2$ 发生火山灰反应，导致 $Ca(OH)_2$ 的量减少，而 $400 \sim 600$ ℃ 时也是 $Ca(OH)_2$ 的分解区间，因此

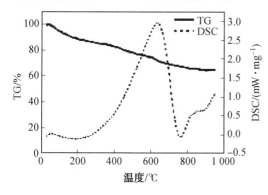

图 19.84　RPC 不同温度下的 TG－DSC 曲线

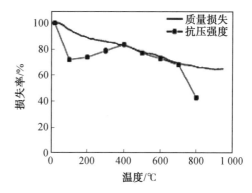

图 19.85　质量损失和抗压强度随温度的变化情况

质量损失较小。温度高于 700 ℃ 时，质量损失继续增加，但无明显突变，而抗压强度急剧下降，这是由 C－S－H 的分解导致的。

19.8.3 复掺纤维 RPC 微观结构随温度的变化

RPC的宏观力学性能由其微观结构决定，微观结构的形态分析可以通过 SEM 分析的手段，通过孔结构、基体形态、纤维的熔化和裂缝数目等特征来推断 RPC 经历的温度高低，并为火灾损伤程度的鉴定提供科学依据。复掺纤维 RPC 在 20 ℃、200 ℃、400 ℃、600 ℃ 和 800 ℃ 时的 SEM 照片如图 19.86 和图 19.87 所示。

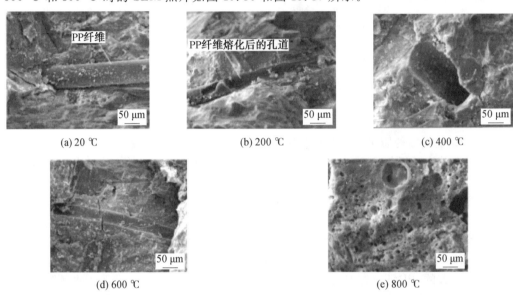

图 19.86　不同温度下 PP 纤维与基体的 SEM 照片

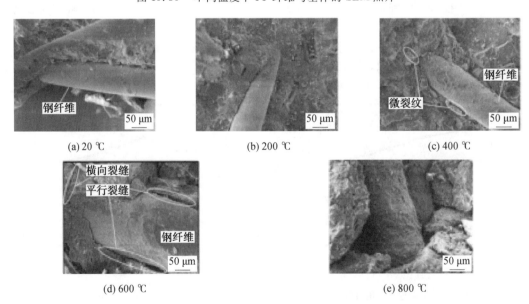

图 19.87　不同温度下钢纤维的 SEM 照片

RPC 在 20 ℃ 时具有致密的微观结构,基体结构紧密,无微裂缝(图 19.87(a))。图 19.87(b)表明,200 ℃ 时基体微观结构表面变得光滑和紧密,无裂缝产生。这主要是由于矿渣和硅灰中的活性 SiO_2 能够与水泥水化产物发生火山灰反应,生成 C—S—H 凝胶,这也是 200 ～ 300 ℃ 时 RPC 的抗压强度相对 100 ℃ 时增大的原因。200 ～ 300 ℃ 时复掺纤维 RPC 的强度随温度升高而提高。图 19.87(c)表明,400 ℃ 时基体相对 200 ℃ 变得粗糙,基体有孔洞出现,可能与 PP 纤维熔化以及自由水和结合水的挥发有关。掺钢纤维 RPC 的抗拉强度在 400 ℃ 时已经大幅度下降,主要是与 400 ℃ 时 RPC 微小裂缝和孔洞的出现有关。图 19.87(d)表明,600 ℃ 时基体的裂缝和孔洞数目进一步增加,CH 完成分解是孔洞产生的其中一个原因,而且石英砂与水泥浆体也使得 RPC 的体积增加而产生裂缝。RPC 的强度在 600 ℃ 时已经急剧下降,力学性能也急剧退化。图 19.87(e)表明,800 ℃ 时基体变成多孔材料,表面粗糙,孔洞直径也较大,这也是 800 ℃ 时复掺纤维 RPC 力学性能和耐久性较差的原因。800 ℃ 时复掺纤维 RPC 强度已经相对常温急剧降低,复掺纤维 RPC 的微观结构劣化是其强度急剧下降的根本原因。

19.9　本 章 小 结

本章完成了957个RPC试件的高温爆裂、微观结构和高温下的力学性能试验,研究了恒温时间对 RPC 爆裂和力学性能的影响,取得了以下的研究成果。

(1)含水率和温度梯度是RPC爆裂的主要影响因素,升温速度过快和试件尺寸越大时 RPC 爆裂概率也越大,恒温时间对 RPC 爆裂影响不明显,温度梯度随试件尺寸的增加而增大,爆裂的温度区间为 240 ～ 520 ℃。单掺 PP 纤维体积掺量不小于 0.3%(2.73 kg/m³)或单掺钢纤维体积掺量不小于 1%(78 kg/m³)能有效防止高温下 RPC 的爆裂,合理选择和涂置防火涂料也可预防 RPC 爆裂。体积掺量为 2% 的掺钢纤维 RPC 爆裂临界含水率为 0.85%。PP 纤维熔化后的孔洞及连通网络有利于水蒸气的迁徙,钢纤维能抑制 RPC 裂缝发展和减小 RPC 温度梯度。RPC 爆裂的临界含水率小于普通混凝土和高强混凝土爆裂的临界含水率,防止 RPC 爆裂的 PP 纤维或钢纤维最小体积掺量大于防止普通混凝土和高强混凝土爆裂的最小体积掺量。

(2)RPC 试件颜色随温度的变化为:青灰色(20 ～ 200 ℃)→ 棕褐色(300 ～ 400 ℃)→ 淡红灰色(500 ℃)→ 黑褐色(600 ℃)→ 灰白色(700 ℃)→ 黄白色(800 ℃)。根据颜色变化、裂纹数目与大小和敲击声音等可推断试块所经历的最高温度,为火灾后 RPC 结构提供抗火设计建议、损伤评估和修复建议。掺加 PP 纤维试件破坏模式为脆性破坏,增加 PP 纤维掺量能缓解 RPC 的破坏程度,而掺加掺钢纤维 RPC 的破坏模式为延性破坏。

(3)不同PP纤维掺量的RPC的立方体抗压强度、轴心抗压强度和抗拉强度都随温度先降低,后升高,再降低,临界温度分别为 100 ℃、200 ℃、600 ℃ 和 100 ℃、200 ℃、300 ℃;提高 PP 纤维掺量有利于防止高温下 RPC 爆裂和提高其力学性能。掺钢纤维 RPC 立方体抗压强度和抗拉强度随温度升高先降低,然后升高,最后降低,临界温度分别为100 ℃、200 ℃、500 ℃ 和 200 ℃、300 ℃;600 ～ 800 ℃ 时抗压强度和抗拉强度随钢纤维掺量的增加而降低;掺钢纤维 RPC 膨胀变形和峰值应变随温度升高而增加,但其初始弹性模量和峰值割线模量随温度升高而降低,400 ～ 800 ℃ 时 RPC 初始弹性模量和峰值割线模量随钢纤维掺量的增加而降低,相同温度时 RPC 抗拉强度和弹性模量相比抗压强度损失更大。复掺纤维 RPC 立方体的抗压强度和抗拉强度随温度升高先降低,然后升高,最后再降低;相同温度时复掺纤维 RPC 各项强度比单掺钢纤维 RPC 稍高;高温时钢纤维掺量高降低了 RPC 的强度,而 PP 纤维掺量较大时有利于防止 RPC 爆裂和提高其力学性能;复掺纤维 RPC 轴心抗压强度和弹性模量随温度升高急剧下降,而其峰值应变随温度升高而增长。500 ~ 800 ℃ 时掺 PP 纤维 RPC、掺钢纤维 RPC 和复掺纤维 RPC 试件相对普通混凝土和高强混凝土维持更高的相对抗压强度和相对抗拉强度。采用回归分析,建立了高温下掺钢纤维 RPC 和复掺纤维 RPC 立方体抗压强度、抗拉强度、轴心抗压强度、弹性模量、峰值应变和膨胀变形随温度变化的计算公式,提出了高温下掺钢纤维 RPC 和复掺纤维 RPC 应力－应变全曲线方程。高温下掺 PP 纤维 RPC 相对掺钢纤维 RPC 和复掺纤维 RPC 维持更高的相对强度,而复掺纤维 RPC 相对掺钢纤维 RPC 具有更高的强度和弹性模量,掺钢纤维 RPC 相对复掺纤维 RPC 具有更大的峰值应变。

(4)21 ~ 400 ℃ 时恒温 1 h RPC 试件和恒温 3 h RPC 试件的抗压强度高于未经恒温 RPC 试件抗压强度;400 ~ 600 ℃ 时未经恒温 RPC 试件、恒温 1 h RPC 试件和恒温 3 h RPC 试件的抗压强度依次减小;800 ℃ 时未经恒温试件、恒温 1 h RPC 试件和恒温 3 h RPC 试件的抗压强度依次升高。21 ~ 600 ℃,不同恒温时间 RPC 的弹性模量和峰值应变相差不大,800 ℃ 时恒温 3 h RPC 试件的弹性模量相对未经恒温 RPC 试件有小幅度增加,而恒温 3 h RPC 试件的峰值应变相对未经恒温 RPC 试件却急剧减小。

(5)SEM 分析表明,常温下 PP 纤维与基体黏结紧密,界面区完整密实;温度超过 200 ℃ 时,PP 纤维熔化后形成的孔洞和连通网络有利于水蒸气的逸出,从而减少 RPC 爆裂,温度超过 400 ℃ 时能观察到微小裂缝,800 ℃ 时 RPC 出现大量的孔洞和裂缝,微观结构变得疏松和多孔;400 ℃ 后钢纤维与基体的界面处裂缝宽度随温度升高而增大,800 ℃ 时钢纤维已经完全氧化,从而钢纤维与基体黏结力破坏;RPC 微观结构随温度升高逐渐劣化是高温下宏观力学性能随温度升高而退化的根本原因。XRD 试验表明,SiO_2 含量随温度升高呈先减少然后再增加的趋势,斜方钙沸石($CaAl_2Si_2O_8 \cdot 4H_2O$)的含量和峰值随温度升高而减小,800 ℃ 时 RPC 中的 C—S—H 分解导致 $\beta-C_2S$ 和 C_3S 含量的增加。MIP 分析表明 RPC 的孔径和孔隙率随温度升高而增加,并且 RPC 的孔径和孔隙率相对普通混凝土和高强混凝土更小。TG—DSC 表明 RPC 分别在 170 ℃、600 ℃、780 ℃ 和 900 ℃ 时出现峰值点,水分蒸发和 C—S—H 分解是导致 RPC 质量损失的主要原因。

本章参考文献

[1] 中华人民共和国住房和城乡建设部. 建筑砂浆基本性能试验方法标准:JGJ/T 70—2009[S]. 北京:中国建筑工业出版社,2009.

[2] 中华人民共和国住房和城乡建设部. 混凝土结构试验方法标准:GB 50152—2012[S]. 北京:中国标准出版社,2012.

[3] 李敏. 高强混凝土受火损伤及其综合评价研究[D]. 南京:东南大学,2005.

[4] 李海艳. 活性粉末混凝土高温爆裂及高温后力学性能研究[D]. 哈尔滨:哈尔滨工业大学,2012.

[5] PHAN L T. Fire performance of high strength concrete[C]. Maryland:A Report

of the-art,Building and Fire Research Laboratory,National Institue of Secretary and Technology,1996.

[6]JAHREN P A. Fire resistance of high strength/dense concrete with particular reference to the use of condensed silical fume—A review [J]. ACI Special Publication,1989,114: 1013-1049.

[7]KHALIQ W, KODUR V R. Thermal and mechanical properties of fiber reinforced high performance self-consolidating concrete at elevated temperatures[J]. Cement and Concrete Research, 2011, 41(11): 1112-1122.

[8]KODUR V R, MC GRATH R. Fire endurance of high strength concrete columns[J]. Fire Technology, 2003, 39(1): 73-87.

[9]KALIFA P, MENNETEAU F D, QUENARD D. Spalling and pore pressure in HPC at high temperatures[J]. Cement and Concrete Research, 2000, 30(12): 1915-1927.

[10] DIEDERICHS U, JUMPPANEN U M, SCHNEIDER U. High temperature properties and spalling behavior of high strength concrete[C]. Weimar: Proceedings of the Fourth Weimar Workshop on High Performance Concrete: Material Properties and Design, 1995: 221-236.

[11]FURUMURA F, ABE T, SHINOHARA Y. Mechanical properties of high strength concrete athigh temperatures[C]. Weimar: Proceedings of the Fourth Weimar Workshop on High Performance Concrete: Material Properties and Design, 1995: 237-254.

[12]DEBICKI G, HANICHE R, DELHOMME F. An experimental method for assessing the spalling sensitivity of concrete mixture submitted to high temperature[J]. Cement and Concrete Composites, 2012, 34(8): 958-9632.

[13]MATESOVA D, BONEN D, SHAH S P. Factors affecting the resistance of cementitious materials at high temperatures and medium heating rates[J]. Materials and Structures,2006,39(9): 455-469.

[14]KANEMA M, DE MORAIS M V G, et al. Thermohydrous transfers in a concrete element exposed to high temperature: experimental and numerical approaches[J]. Heat Mass Transf. , 2007, 44(2): 149-164.

[15]REIS M, NEVES I, et al. High-temperature compressive strength of steel fiber high strengthconcrete[J]. Journal of Materials in Civil Engineering, 2001, 3(13): 230-234.

[16]CHEN B, LIU J. Residual strength of hybrid-fiber reinforced high strength concrete after exposure to high temperature[J]. Cement and Concrete Research, 2004, 34(6): 1065-1069.

[17]PENG G F, YANG W W. Explosive spalling and residual mechanical properties of fiber-toughened high-performance concrete subjected to high temperatures[J]. Cement and Concrete Research, 2006, 36(4): 723-727.

[18]TAIA Y S, PAN H H, KUNG Y N. Mechanical properties of steel fiber reinforced reactive powder concrete following exposure to high temperature

reaching 800 ℃ [J]. Nuclear Engineering and Design，2011，241(7)：2421-2424.

[19]LI L，PURKISS J A. Stress-strain constitutive equations of concrete material at elevated temperatures[J]. Fire Safety Journal，2005，40：669-686.

[20]British Standards Institution. Design of composite steel and concrete structures-part1. 2：general rules-structural fire design：EN 1994-1-2：2005 Eurocode 4[S]. London：British Standards Institution，2005.

[21]KALIFA P，MENNETEAU F D，QUENARD D. Spalling and pore pressure in HPC at high temperatures[J]. Cement and Concrete Research，2000，30(12)：1915-1927.

[22]American Concrete Institute. Requirements for determining fire resistance of concrete and masonry construction assemblies：ACI 216. 1-07：2007 Code[S]. Farmington：American Concrete Institute，2007.

[23]Concrete Association of Finland. High strength concrete supplementary rules and fire design：Rak MK B4：1991[S]. Helsinki：Concrete Association of Finland，1991.

[24]CASTILLO C，DURRANI A J. Effect of transient high temperature on high-strength concrete[J]. ACI Materials Journal，1990，87(1)：47-53.

[25]RASHAD A M，BAI Y，BASHEER P A M，et al. Chemical and mechanical stability of sodium sulfate activated slag after exposure to elevated temperature[J]. Cement and Concrete Research，2012，42(2)：333-343.

[26]NIMITYONGSKUL P，DALADAR T U. Use of coconut husk ash, corn cob ash and peanut shell ash as cement replacement[J]. Journal of Ferrocement，1995，25(1)：35-44.

[27]ZEIML M，LEITHNER D，LACKNER R，et al. How do polypropylene fibers improve the spalling behavior of in-situ-concrete？[J]. Cement and Concrete Research，2006，36(5)：929-942.

[28]CHAN S Y N，PENG G F，ANSON M. Residual strength and pore structure of high-strength concrete and normal-strength concrete after exposure to high temperatures [J]. Cement and Concrete Composites，1999，21(1)：23-27.

[29]MEHTA P K，MONTEIRO P J M. Concrete：structure, properties and materials[M]. 2nd ed. New Jersey：Prentice Hall International，1993：130-139.

[30]DIEDERICHS U，JUMPPANEN U M，PENTTALA V. Material properties of high strength concrete at elevated temperatures[C]. Helsinki：IABSE 13th Congress，1988.

[31]陆洲导. 钢筋混凝土梁对火灾反应的分析[D]. 上海：同济大学工程结构研究所，1989.

[32]李卫，过镇海. 高温下砼的强度和变形性能试验研究[J]. 建筑结构学报，1993，14(1)：8-16.

[33]KHENNANE A，BAKER G. Uniaxial model for concrete under variable temperature and stress [J]. Journal of Engineering Mechanics，1993，119(8)：1507-1525.

[34]ANDERBERG Y，THELANDERSSON S. Stress and deformation characteristics of concrete at high temperatures：2 experimental investigations and material behaviour model[C]. Sweden (Lund)：Lund Institute of Technology，1976.

[35]ROUX F J P. Concrete at elevated temperature [D]. Cape Town：University of Cape Town，1974.

[36]FU Y F，WONG Y L，POON C S，et al. Experimental study of micro/macro crack development and stress-strain relations of cement-based composite materials at elevated temperatures[J]. Cement and Concrete Research，2004，34(5)：789-797.

[37]TAERWE L R. Influence of steel fibres on strain-softening of high strength concrete[J]. ACI Material Journal，1992，88(6)：54-60.

[38]NATARAJA M C，DHANG N，GUPTA A P. Stress-strain curves for steel fibre reinforced concrete under compression[J]. Cement and Concrete Composites，1999，21(5/6)：383-390.

[39] 过镇海. 混凝土的强度和本构关系 —— 原理与应用[M]. 北京：中国建筑工业出版社，2004：33-38.

[40] 过镇海，时旭东. 钢筋混凝土的高温性能及其计算[M]. 北京：清华大学出版社，2003：73-76.

[41]LAU A，ANSON M. Effect of high temperatures on high performance steel fibre reinforced concrete[J]. Cement and Concrete Research，2006，36(9)：1698-1707.

[42]KODUR V K R，WANG T C，CHENG F P. Predicting the fire resistance behavior of high strength concrete columns[J]. Cement and Concrete Composites，2004，26(2)：425-430.

[43]BEHNOOD A，GHANDEHARI M. Comparison of compressive and splitting tensile strength of high-strength concrete with and without polypropylene fibers heated to high temperatures[J]. Fire Safety Journal，2009，44(8)：1015-1022.

[44]CHEN W F. Plasticity in Reinforced Concrete[M]. New York：Mc Graw-Hill，1982.

[45]HAN C G，HWANG Y S，et al. Performance of spalling resistance of high performance concrete with polypropylene fiber contents and lateral confinement[J]. Cement and Concrete Research，2005，35(9)：1747-1753.

[46]LAU A，ANSON M. Effect of high temperatures on high performance steel fibre reinforced concrete[J]. Cement and Concrete Research，2006，36(9)：1698-1707.

[47]BAKHTIYARI C S，ALLAHVERDI A，et al. Self-compacting concrete containing different powders at elevated temperatures-mechanical properties and changes in the phase composition of the paste[J]. Thermochimica Acta，2011，514(1/2)：74-81.

[48]DEMIREL B，KELEŞTEMUR O. Effect of elevated temperature on the mechanical properties of concrete produced with finely ground pumice and silica fume[J]. Fire Safety Journal，2010，45(6/8)：385-391.

[49]TAYLOR H F W. Cement Chemistry[M]. New York：Academic Press，1990.

[50]PENG G F, CHAN S Y N, ANSON M. Decomposition in hardened cement paste subjected to elevated temperatures up to 800 ℃[J]. Advances in Cement Research, 2001, 13(2): 47-52.

[51]PENG G F, HUANG Z S. Change in microstructure of hardened cement paste subjected to elevated temperatures[J]. Construction and Building Materials, 2008, 22(4): 593-599.

[52]DWECK J, BUCHLER P M, COELHO A C V, et al. Hydration of a portland cement blended with calcium carbonate[J]. Thermochim Acta, 2010, 346(1/2): 105-113.

[53]UKRAINCZYK N, UKRAINCZYK M, ŠIPUŠIĆ J, et al. XRD and TGA investigation of hardened cement paste degradation[C]. Vela Luka: 11th Conf. On Materials, Processes, Friction and Wear, 2006:243-249.

[54]POON C S, AZHAR S, ANSON M, et al. Comparison of the strength and durability performance of normal and high strength pozzolanic concretes at elevated temperatures[J]. Cement and Concrete Research, 2001, 31(9): 1291-1300.

[55]SIDERIS K K. Mechanical characteristics of self-consolidating concrete exposed to elevated temperatures [J]. Journal of Materials in civil Engineering, 2007, 19(8): 648-654.

[56] 国家质量技术监督局. 硅酸盐水泥、普通硅酸盐水泥:GB/T 175—2007[S]. 北京:中国建筑工业出版社,2007.

第20章　高温后 RPC 的力学性能

20.1　概　　述

近年来,活性粉末混凝土(RPC)已成为国际工程材料领域的研究热点,但目前大多集中于对 RPC 配制技术与常温力学性能方面的研究,有关其高温抗火性能的研究较少。而某些情况下,混凝土结构不得不处于高温环境下,如冶金和化工厂房,由于高温辐射,温度可达 200～300 ℃;高温烟气排放烟囱,内衬温度高达 500～600 ℃;核反应堆压力容器和安全壳则经常处于超常温条件下工作;建筑结构在火灾情况下,温度短时间内可达 1 000 ℃ 以上。因此,研究混凝土材料的高温抗火性能非常重要。特别是在"9·11"事件后,世界各国都将建筑材料与房屋结构的抗火性能研究摆到了至关重要的位置。作为建筑材料中使用最多的混凝土,其抗火性能的研究也因此蓬勃发展。

目前,国内外学者对普通混凝土(NSC)和高强高性能混凝土(HSC)的高温性能进行了较为系统的研究,并取得了大量的研究成果:确定了混凝土高温(火灾)下的热工参数;摸清了高温(火灾)下和高温(火灾)后 NSC 和 HSC 的力学性能及本构关系变化规律;得到了相应梁、板、柱在高温(火灾)下的温度场分布、抗力及变形规律,并对其高温(火灾)后的力学性能进行了试验研究,提出了考虑热力耦合影响的梁、板、柱全过程分析及其受力性能实用设计方法。以上许多研究成果已经写入相关的设计规范和规程,为建筑结构防火设计和火灾后结构的评估与修复提供了重要依据。

RPC 虽然属于超高强高性能混凝土,但由于其组分和制备工艺的独特性,其高温抗火性能不能完全等同于高强高性能混凝土。此外,众多研究表明,由于具有较高的强度和致密的内部结构,高温下高强高性能混凝土很容易发生爆裂,RPC 虽然具有比高强混凝土更高的强度和更致密的内部结构,不利于抵抗爆裂,但 RPC 的水胶比较低,可以降低爆裂发生的可能性。因此,在二者综合作用下,RPC 的爆裂规律究竟如何,需进行系统的研究。

综上所述,摸清 RPC 的高温爆裂规律及高温后力学性能和本构关系的变化情况,不仅可以丰富 RPC 高温抗火性能方面的研究内容,而且可以为 RPC 构件、结构的抗火性能研究及理论分析提供基础,对 RPC 的推广应用具有重要意义。

20.2　RPC 试验概况

本章 RPC 试件的原材料、配合比、尺寸、养护制度以及试验所用仪器均与 19.2 节一致。

20.3 RPC 强度随温度的变化

20.3.1 掺钢纤维 RPC 强度随温度的变化

为讨论掺钢纤维 RPC 立方体抗压强度、抗折强度和抗拉强度随经历温度变化的规律,表 20.1 列出了不同高温条件下掺钢纤维 RPC 立方体各项强度的具体值。

表 20.1 不同高温条件下掺钢纤维 RPC 立方体各项强度值

温度 /℃	抗压强度 /MPa				抗折强度 /MPa				抗拉强度 /MPa			
	RPC0	SRPC1	SRPC2	SRPC3	RPC0	SRPC1	SRPC2	SRPC3	RPC0	SRPC1	SRPC2	SRPC3
20	136.43	150.74	164.72	170.46	14.60	25.09	31.08	31.92	5.76	6.30	8.60	9.14
120	142.06	166.73	176.91	185.70	14.52	25.84	32.74	34.37	5.98	6.64	8.93	9.57
200	144.94	173.18	184.28	189.24	13.37	25.24	34.56	37.65	5.08	5.90	7.59	7.97
300	159.35	177.47	220.06	221.43	10.14	21.68	26.56	33.64	4.38	5.01	6.29	6.55
400	—	176.33	215.10	220.47	—	15.95	23.95	26.66	—	3.89	5.18	5.39
500	—	—	176.73	187.68	—	—	20.37	22.70	—	—	4.45	4.78
600	—	—	127.37	147.74	—	—	18.41	21.61	—	—	3.07	4.07
700	—	—	76.83	93.69	—	—	11.11	15.28	—	—	2.46	3.09
800	—	—	37.31	38.17	—	—	9.18	10.62	—	—	2.13	3.06
900	—	—	34.55	36.45	—	—	7.73	9.34	—	—	2.00	3.06

1. 抗压强度

图 20.1 为边长 70.7 mm 的掺钢纤维 RPC 立方体试件经不同温度作用后的抗压强度绝对值($f_{cuT}^{70.7}$),及其与常温抗压强度的比值(相对值 $f_{cuT}^{70.7}/f_{cu}^{70.7}$)。从图中可以看出,高温下钢纤维掺量不同的 RPC 立方体抗压强度具有相同的变化规律,均随经历温度的升高先增大后减小,临界温度为 400 ℃。21 ~ 400 ℃ 作用后,立方体抗压强度随温度升高逐渐增大,400 ℃ 作用后,SRPC1、SRPC2 和 SRPC3 的立方体抗压强度较常温时分别约提高了 16.98%、30.58% 和 27.58%,因为 RPC 含有硅灰、矿渣等活性掺和料,经历小于 400 ℃ 的高温作用后,相当于经历了"高温养护"过程,使得水泥水化反应和火山灰反应更加充分,强度较常温时相应提高。400 ~ 800 ℃ 作用后,随温度升高,RPC 所受高温损伤逐渐加剧,抗压强度不断减小,800 ℃ 作用后,钢纤维强度丧失,混凝土烧结,SRPC2 和 SRPC3 的残余抗压强度分别约降为常温时的 22.65% 和 22.39%。

由图 20.1 还可以看出,钢纤维的掺入可有效提高 RPC 高温后立方体的抗压强度。各对应温度下,立方体抗压强度随钢纤维掺量的增加逐渐增大,300 ℃ 高温后,掺入钢纤维的 SRPC1、SRPC2 和 SRPC3 所对应的抗压强度较不掺钢纤维的 RPC0 分别提高了 11.37%、36.55% 和 37.70%。其原因为钢纤维的掺入抑制了由于快速温度变化(升温或冷却过程中)而产生的混凝土体积变化,另外,由于钢纤维具有更好的热传导性能,可使混凝土在高温下更快地达到内外温度均匀一致,减小温度应力,从而使 RPC 抗压强度有所提高。

一定范围内,钢纤维掺量变化对 RPC 立方体抗压强度相对值基本无影响,高温后钢纤维体积掺量为 0 ~ 3% 的 RPC 立方体抗压强度相对值($f_{cuT}^{70.7}/f_{cu}^{70.7}$)随温度变化规律可采用式(20.1)表达,拟合曲线与试验数据如图 20.1(b)所示,二者吻合较好。图中同时给

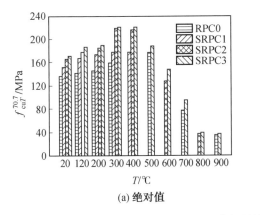

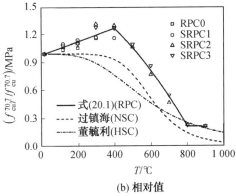

(a) 绝对值　　　　　　　　　　(b) 相对值

图 20.1　高温后掺钢纤维 RPC 立方体的抗压强度

出了普通混凝土(NSC)与高强混凝土(HSC)高温后立方体抗压强度相对值随温度变化的曲线。对比分析可知,各对应温度下,掺钢纤维 RPC 相对立方体抗压强度最高,NSC 次之,HSC 最低,说明高强混凝土抗高温性能最差,掺钢纤维 RPC 抗高温性能优于 NSC 和 HSC。这主要是因为 HSC 内部结构比 NSC 密实,高温对其造成的损伤较大,虽然 RPC 不含粗骨料,内部结构较 HSC 更加密实,但钢纤维的掺入缓解了因结构密实而造成的高温损伤,并有效提高了高温后 RPC 的力学性能。

$$
\frac{f_{\mathrm{cu}T}^{70.7}}{f_{\mathrm{cu}}^{70.7}}=\begin{cases}0.98+0.72\left(\dfrac{T}{1\,000}\right) & (20\ ^\circ\!C\leqslant T\leqslant400\ ^\circ\!C,R^2=0.998)\\[2mm] 1.75-0.44\left(\dfrac{T}{1\,000}\right)-1.84\left(\dfrac{T}{1\,000}\right)^2 & (400\ ^\circ\!C<T\leqslant800\ ^\circ\!C,R^2=0.997)\\[2mm] 0.22-0.01\left(\dfrac{T}{1\,000}\right) & (800\ ^\circ\!C<T\leqslant900\ ^\circ\!C,R^2=0.998)\end{cases}
$$

(20.1)

式中,$f_{\mathrm{cu}T}^{70.7}$ 为温度 T 作用后钢纤维 RPC 立方体的抗压强度,MPa;$f_{\mathrm{cu}}^{70.7}$ 为常温下钢纤维 RPC 立方体的抗压强度,MPa;T 为经历温度,℃;R^2 为表征拟合精度的相关系数。

2. 抗压强度尺寸效应

不同尺寸的 RPC0、SRPC1、SRPC2 和 SRPC3 试件所对应的高温后立方体抗压强度对比曲线如图 20.2 所示,$f_{\mathrm{cu}T}^{40}$ 为将 40 mm×40 mm×160 mm 的试件折断后测得的边长 40 mm 的立方体抗压强度,$f_{\mathrm{cu}T}^{70.7}$ 为边长 70.7 mm 的立方体试件抗压强度。由图可知,不同尺寸的 RPC 试件高温后立方体抗压强度具有相似的发展趋势,均随温度的升高先增大后减小,且由于尺寸效应的存在,$f_{\mathrm{cu}T}^{40}$ 总体上大于 $f_{\mathrm{cu}T}^{70.7}$。经 700 ℃ 作用后,SRPC2 和 SRPC3 对应的 $f_{\mathrm{cu}T}^{70.7}$ 大于 $f_{\mathrm{cu}T}^{40}$,其原因为相对于大尺寸试件来说,小尺寸试件所受高温损伤更为严重,随经历温度的升高,$f_{\mathrm{cu}T}^{40}$ 的衰退速率大于 $f_{\mathrm{cu}T}^{70.7}$,温度达到 700 ℃ 时,恰好为 $f_{\mathrm{cu}T}^{40}$ 的衰退拐点,而 $f_{\mathrm{cu}T}^{70.7}$ 的衰退拐点温度为 800 ℃,所以经 700 ℃ 作用后,$f_{\mathrm{cu}T}^{70.7}$ 反而比 $f_{\mathrm{cu}T}^{40}$ 大。

高温后掺钢纤维 RPC 尺寸换算系数($f_{\mathrm{cu}T}^{40}/f_{\mathrm{cu}T}^{70.7}$)与温度的关系如图 20.3 所示。常温下三种掺钢纤维(SRPC1～SRPC3)的 RPC 尺寸换算系数 $f_{\mathrm{cu}T}^{40}/f_{\mathrm{cu}T}^{70.7}$ 基本相同,平均值取 1.23,不掺钢纤维的 RPC0 尺寸换算系数 $f_{\mathrm{cu}T}^{40}/f_{\mathrm{cu}T}^{70.7}$ 为 1.09。21～700 ℃ 作用后,随经历温度的升高,试件由内到外所受高温损伤逐渐加重,大尺寸试件内部受高温作用时间短、

损伤小,抗压强度降幅较缓,小尺寸试件内部损伤较大,抗压强度下降较快,所以尺寸换算系数 $f_{cuT}^{70.7}$ 在此温度范围内呈抛物线规律降低。$800 \sim 900\ ℃$ 作用后,边长为 $40\ mm$ 的试件强度损失放缓,而边长为 $70.7\ mm$ 的试件强度损失进一步加剧,尺寸换算系数重又增大。

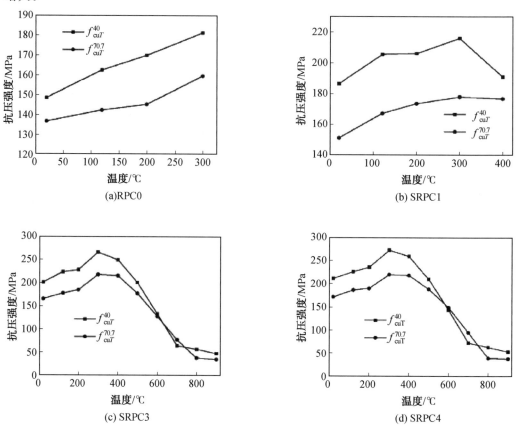

图 20.2　试件尺寸对掺钢纤维 RPC 立方体抗压强度的影响

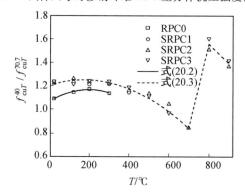

图 20.3　掺钢纤维 RPC 尺寸换算系数与温度的关系

不掺钢纤维的 RPC0 对应的尺寸换算系数 $f_{cuT}^{40}/f_{cuT}^{70.7}$ 可用式(20.2)表达,钢纤维掺量不同的 SRPC1 ～ SRPC3 的尺寸换算系数 $f_{cuT}^{40}/f_{cuT}^{70.7}$ 与经历温度的关系统一采用式(20.3)

描述,理论曲线如图 20.3 所示。

$$\frac{f_{\mathrm{cuT}}^{40}}{f_{\mathrm{cuT}}^{70.7}} = 1.07 + 1.00\left(\frac{T}{1\,000}\right) - 2.53\left(\frac{T}{1\,000}\right)^2 \quad (20\ ^\circ\mathrm{C} \leqslant T \leqslant 300\ ^\circ\mathrm{C}, R^2 = 0.930)$$

$$\tag{20.2}$$

$$\frac{f_{\mathrm{cuT}}^{40}}{f_{\mathrm{cuT}}^{70.7}} = \begin{cases} 1.20 + 0.53\left(\dfrac{T}{1\,000}\right) - 1.52\left(\dfrac{T}{1\,000}\right) & (20\ ^\circ\mathrm{C} \leqslant T \leqslant 700\ ^\circ\mathrm{C}, R^2 = 0.949) \\[2mm] -4.29 + 7.31\left(\dfrac{T}{1\,000}\right) & (700\ ^\circ\mathrm{C} < T \leqslant 800\ ^\circ\mathrm{C}, R^2 = 0.998) \\[2mm] 2.90 - 1.68\left(\dfrac{T}{1\,000}\right) & (800\ ^\circ\mathrm{C} < T \leqslant 900\ ^\circ\mathrm{C}, R^2 = 0.999) \end{cases}$$

$$\tag{20.3}$$

式中,f_{cuT}^{40} 为温度 T 作用后掺钢纤维 RPC 立方体的抗压强度,MPa;$f_{\mathrm{cuT}}^{70.7}$ 为温度 T 作用后边长 70 mm 掺钢纤维 RPC 立方体的抗压强度,MPa;T 为经历温度,℃;R^2 为表征拟合精度的相关系数。

3. 抗折强度

为研究温度和钢纤维掺量对 RPC 残余抗折强度的影响,将掺钢纤维 RPC 高温后残余抗折强度(f_{fT})随温度(T)变化的情况绘于图 20.4。各对应温度下,残余抗折强度随钢纤维掺量的增加逐渐增大,常温下 RPC0、SRPC1、SRPC2 和 SRPC3 的抗折强度分别为 14.60 MPa、25.09 MPa、31.08 MPa 和 31.92 MPa,可见,钢纤维的掺入可以有效提高 RPC 高温后的残余抗折强度。随经历温度的升高,RPC0 对应的残余抗折强度逐渐降低,掺钢纤维的 RPC 残余抗折强度先增大后减小,临界温度为 200 ℃,200 ℃ 作用后,SRPC2 与 SRPC3 的残余抗折强度较常温分别提高了约 11.20% 和 20.95%。因为抗折强度主要取决于钢纤维与 RPC 基体间的黏结性能,当经历温度不高于 200 ℃ 时,水泥水化反应更加充分,钢纤维与基体间的黏结更加紧密,抗折强度有所提高,200 ~ 900 ℃ 作用后,由于高温作用,钢纤维与基体间的黏结性能不断恶化,同时钢纤维自身强度也不断退化,所以抗折强度逐渐降低。

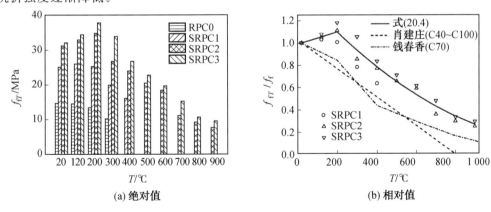

(a) 绝对值　　　　　　　　　　(b) 相对值

图 20.4　高温后掺钢纤维 RPC 残余抗折强度

采用多项式回归方式,对钢纤维体积掺量 1% ~ 3% 的 RPC 高温后残余抗折强度进行拟合,理论曲线与试验数据如图 20.4(b) 所示,拟合方程如式(20.4)所示。

$$\frac{f_{fT}}{f_f} = \begin{cases} 0.99 + 0.55\left(\dfrac{T}{1\,000}\right) & (20\ ℃ \leqslant T \leqslant 200\ ℃,\ R^2 = 0.998) \\ 1.47 - 2.01\left(\dfrac{T}{1\,000}\right) + 0.75\left(\dfrac{T}{1\,000}\right)^2 & (200\ ℃ < T \leqslant 900\ ℃,\ R^2 = 0.988) \end{cases}$$

$$(20.4)$$

式中，f_{fT} 为温度 T 作用后掺钢纤维 RPC 的抗折强度，MPa；f_f 为常温下掺钢纤维 RPC 的抗折强度，MPa；T 为经历温度，℃；R^2 为表征拟合精度的相关系数。

图 20.4(b) 中虚线为高温后高强混凝土(C70)和高性能混凝土(C40～C100)残余抗折强度相对值随温度变化的曲线。对比分析可知：两种高性能混凝土残余抗折强度相对值随经历温度的升高基本呈线性规律降低，且曲线下降速率比掺钢纤维 RPC 稍快，可见，掺钢纤维 RPC 抗高温性能优于高性能混凝土。此外，由于 RPC 材料组分的特殊性，经历温度相对较低时，相当于经历了"高温养护"过程，使得水泥水化反应更加充分，所以，掺钢纤维 RPC 残余抗折强度在 200 ℃ 内有一个升高过程。

4. 抗拉强度

图 20.5 所示为高温后掺钢纤维 RPC 残余抗拉强度(f_t)随温度变化的情况。与抗压和抗折强度相同，各对应温度下，残余抗拉强度随钢纤维掺量的增加逐渐增大，常温下 RPC0、SRPC1、SRPC2 和 SRPC3 的抗拉强度分别为 5.76 MPa、6.30 MPa、8.60 MPa 和 9.14 MPa；经 120 ℃ 作用后，掺钢纤维 RPC 的抗拉强度较常温时提高了 4.70% 左右，200～900 ℃ 作用后，抗拉强度随温度的升高逐渐降低。与抗折强度相比，抗拉强度的临界温度为 120 ℃，低于抗折强度的临界温度 200 ℃，说明抗拉强度对温度的作用更敏感，退化较抗折强度快。

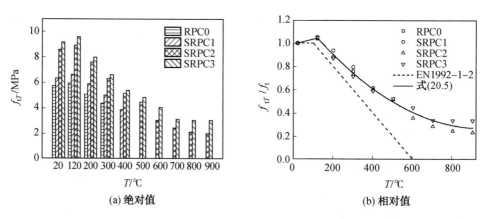

(a) 绝对值   (b) 相对值

图 20.5　高温后掺钢纤维 RPC 残余抗拉强度

对钢纤维体积掺量为 0～3% 的 RPC 高温后残余抗拉强度与温度的关系提出如式 (20.5) 所示的拟合公式，理论曲线与试验数据如图 20.5(b) 所示。

$$\frac{f_{tT}}{f_t} = \begin{cases} 0.999 + 0.45\left(\dfrac{T}{1\,000}\right) & (20\ ℃ \leqslant T \leqslant 120\ ℃,\ R^2 = 0.953) \\ 1.29 - 2.15\left(\dfrac{T}{1\,000}\right) + 1.14\left(\dfrac{T}{1\,000}\right)^2 & (120\ ℃ < T \leqslant 900\ ℃,\ R^2 = 0.998) \end{cases}$$

$$(20.5)$$

式中，f_{tT} 为温度 T 作用后掺钢纤维 RPC 的抗拉强度，MPa；f_t 为常温下掺钢纤维 RPC 的抗拉强度,MPa;T 为经历温度,℃;R^2 为表征拟合精度的相关系数。

图 20.5(b) 中虚线为欧洲结构设计规范(EN 1992－1－2)给出的混凝土相对残余抗拉强度随温度变化的曲线。对比分析可知:100 ℃ 作用后,欧洲规程给出的混凝土残余抗拉强度与常温时相比无变化,100 ~ 600 ℃ 作用后,随经历温度的升高,EN 1992－1－2 曲线呈线性规律降低,且下降速率远大于掺钢纤维 RPC 曲线,这主要是因为 RPC 不含粗骨料且掺入了钢纤维,受高温作用后,内部裂缝的出现和发展较慢,因此强度下降缓慢。

5. 折拉比

折拉比(f_{fT}/f_{tT})反映 RPC 截面抵抗矩塑性影响系数的大小,可为 RPC 构件设计提供一定参考。不同高温作用后,钢纤维掺量不同的 RPC 折拉比不同,表 20.2 给出了不掺钢纤维的 RPC0(素 RPC)和掺钢纤维 RPC 在不同温度段内的折拉比平均值。从表中可以看出:素 RPC 折拉比小于掺钢纤维 RPC 折拉比,由此可见,掺入钢纤维对抗折强度的提高幅度大于抗拉强度;21 ~ 120 ℃ 和 800 ~ 900 ℃ 作用后,钢纤维 RPC 的折拉比为 3.7 左右,200 ~ 700 ℃ 作用后,由于抗拉强度的退化速率比抗折强度大,因此掺钢纤维 RPC 折拉比提高为 4.61。

表 20.2　不同温度段内掺钢纤维 RPC 折拉比(f_{fT}/f_{tT})平均值

温度范围 /℃	折拉比(f_{fT}/f_{tT})	
	RPC0	SRPC1 ~ SRPC3
21 ~ 120	2.48	3.71
200 ~ 700	—	4.61
800 ~ 900	—	3.67

20.3.2　掺 PP 纤维 RPC 强度随温度的变化

测定了 PP 纤维体积掺量分别为 0.1%,0.2% 和 0.3% 的 PRPC1、PRPC2 和 PRPC3 所对应的立方体抗压强度、轴心抗压强度、抗拉强度和抗拉强度,各项强度指标见表 20.3。

表 20.3　不同温度后掺 PP 纤维 RPC 立方体各项强度值

温度 /℃	抗压强度 /MPa			轴心抗压强度 /MPa			抗折强度 /MPa			抗拉强度 /MPa		
	PRPC1	PRPC2	PRPC3	PRPC1	PRPC2	PRPC3	PRPC1	PRPC2	PRPC3	PRPC1	PRPC2	PRPC3
20	107.52	105.80	104.73	103.11	100.45	99.02	13.95	12.22	11.65	4.56	4.73	4.99
120	127.28	123.43	117.49	128.31	124.49	122.64	13.55	12.92	12.48	6.06	6.35	6.51
200	133.12	136.16	137.10	133.26	139.71	144.78	12.34	14.63	14.60	5.39	5.50	5.93
300	149.67	153.53	159.06	129.99	135.87	142.76	8.76	15.68	15.08	4.16	4.56	4.95
400	—	135.76	141.30	—	90.33	96.32	—	9.75	9.89	—	3.78	4.10
500	—	124.08	129.12	—	—	83.55	—	6.66	6.64	—	2.45	2.47
600	—	105.16	108.50	—	—	55.23	—	4.52	4.97	—	1.52	1.58
700	—	—	77.33	—	—	20.50	—	2.75	3.64	—	0.72	0.902
800	—	—	39.27	—	—	17.08	—	—	4.65	—	—	0.98
900	—	—	37.83	—	—	16.12	—	—	5.06	—	—	1.30

1. 抗压强度

高温后不同聚丙烯(PP)纤维掺量的 RPC 立方体抗压强度($f_{cuT}^{70.7}$)及其与常温立方体抗压强度的比值($f_{cuT}^{70.7}/f_{cu}^{70.7}$)如图 20.6 所示。从图中可以看出:① 经历温度低于 200 ℃

时,立方体抗压强度随着 PP 纤维掺量的增加逐渐降低。这是因为该温度范围内 PP 纤维尚未熔化,而 PP 纤维的弹性模量低于混凝土,其掺入对 RPC 抗压强度有不利影响。② 经历温度高于 200 ℃ 时,RPC 立方体抗压强度随 PP 纤维掺量的增加而增大。这是因为聚丙烯纤维熔化后互相连通的孔洞为蒸气逸出提供通道,削弱了 RPC 所受的高温损伤,所以使抗压强度有所提高。③ 不同 PP 纤维掺量的 RPC 立方体抗压强度临界温度均为 300 ℃,临界温度前抗压强度随经历温度的升高逐渐增大,临界温度后强度不断降低,其原因在于 RPC 含有硅灰、矿渣等活性掺和料,经历温不高于 300 ℃ 时,相当于经历了 "高温养护" 的过程,使得二次水化反应更加充分,强度较常温时相应提高。

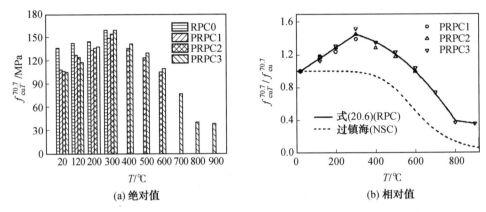

图 20.6　高温后不同 PP 纤维掺量的 RPC 立方体抗压强度

PP 纤维体积掺量为 0.1% ~ 0.3% 的 RPC 相对立方体抗压强度随经历温度的变化可用式(20.6)表达,试验结果与拟合曲线如图 20.6(b)所示。

$$\frac{f_{cuT}^{70.7}}{f_{cu}^{70.7}}=\begin{cases}0.97+1.60\left(\dfrac{T}{1\ 000}\right) & (20\ ℃\leqslant T\leqslant 300\ ℃,R^2=0.999)\\[2mm]1.37+1.14\left(\dfrac{T}{1\ 000}\right)-2.94\left(\dfrac{T}{1\ 000}\right)^2 & (300\ ℃< T\leqslant 800\ ℃,R^2=0.999)\\[2mm]0.68-0.35\left(\dfrac{T}{1\ 000}\right) & (800\ ℃< T\leqslant 900\ ℃,R^2=0.997)\end{cases}$$

$$(20.6)$$

式中,$f_{cuT}^{70.7}$ 为温度 T 作用后掺 PP 纤维 RPC 立方体的抗压强度,MPa;$f_{cu}^{70.7}$ 为常温下掺 PP 纤维 RPC 立方体的抗压强度,MPa;T 为经历温度,℃;R^2 为表征拟合精度的相关系数。

图 20.6(b)还给出了过镇海提出的普通混凝土(NSC)高温后立方体抗压强度拟合曲线。对比分析可知,随着温度升高,RPC 和 NSC 曲线下降速率基本相同,但 RPC 拟合曲线有一个升高过程,这是因为 RPC 中掺入了普通混凝土中所没有的硅灰、矿渣等活性掺和料,这些掺和料含有大量活性 SiO_2,高温条件下,与水泥水化产物 $Ca(OH)_2$ 发生二次水化反应(火山灰反应),进一步消耗掉对强度有不利影响的 $Ca(OH)_2$,而生成强度较高的水化硅酸钙($C-S-H$),使强度较常温时有所提高。

2. 轴心抗压强度

图 20.7 为高温后不同 PP 纤维掺量的 RPC 轴心抗压强度(f_{cT})及其与常温轴心抗压强度的比值(f_{cT}/f_c)随温度变化的情况。由图 20.7(a)可知,随着经历温度的升高,高温后掺 PP 纤维的 RPC 轴心抗压强度与立方体抗压强度具有相同的变化趋势,均随经历温

度的升高先增大后减小,且常温下掺 PP 纤维的 RPC 轴心抗压强度均低于未掺 PP 纤维的素 RPC,这是因为 PP 纤维弹性模量较低,其掺入对 RPC 常温抗压强度有削弱作用;经历温度高于 200 ℃ 时,PP 纤维熔化孔道缓解了 RPC 所受的高温损伤,PP 纤维掺量大的 RPC 轴心抗压强度也相应较大。

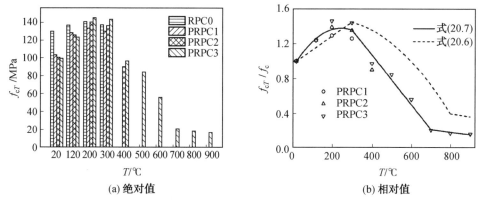

图 20.7　高温后不同 PP 纤维掺量的 RPC 轴心抗压强度

PP 纤维体积掺量为 $0.1\%\sim0.3\%$ 的 RPC 相对轴心抗压强度随经历温度的变化由式(20.7)描述,拟合曲线与试验结果如图 20.7(b) 所示。

$$\frac{f_{cT}}{f_c}=\begin{cases}0.93+3.36\left(\dfrac{T}{1\,000}\right)-7.37\left(\dfrac{T}{1\,000}\right)^2 & (20\ ℃\leqslant T\leqslant 300\ ℃,R^2=0.998)\\[2mm]2.22-2.86\left(\dfrac{T}{1\,000}\right) & (300\ ℃< T\leqslant 700\ ℃,R^2=0.991)\\[2mm]0.41-0.28\left(\dfrac{T}{1\,000}\right) & (800\ ℃< T\leqslant 900\ ℃,R^2=0.997)\end{cases}$$

$$(20.7)$$

式中,f_{cT} 为温度 T 作用后掺 PP 纤维 RPC 的轴心抗压强度,MPa;f_c 为常温下掺 PP 纤维 RPC 的轴心抗压强度,MPa;T 为经历温度,℃;R^2 为表征拟合精度的相关系数。

为便于比较,图 20.6(b) 同时给出高温后掺 PP 纤维 RPC 立方体抗压强度的试验结果与拟合曲线。从图中可以看出,二者临界温度均为 300 ℃;在 300 ℃ 前,由于“高温养护”效应的存在,曲线逐渐上升;300 ℃ 后,曲线开始下降,且轴心抗压强度曲线下降速率快于立方体抗压强度曲线,原因在于轴心抗压试件尺寸较大,经历高温作用时,蒸气和热量更难逸出,所受高温损伤相应较大,所以强度下降速度较快。

3. 抗压强度尺寸效应

不同尺寸的 PRPC1,PRPC2 和 PRPC3 试件所对应的高温后立方体抗压强度对比曲线如图 20.8 所示,f_{cuT}^{40} 为边长 40 mm 的立方体抗压强度,$f_{cuT}^{70.7}$ 为边长 70.7 mm 的立方体试件抗压强度。由图 20.8 可知,不同尺寸的掺 PP 纤维 RPC 试件高温后立方体抗压强度均随温度的升高先增后减,由于尺寸效应的存在,400 ℃ 前 f_{cuT}^{40} 大于 $f_{cuT}^{70.7}$;500 $\sim$ 700 ℃ 作用后,由于小尺寸试件对高温作用更为敏感,随着温度的升高,其抗压强度的衰退速率大于大尺寸试件,虽然此时尺寸效应依然存在,但温度效应起主导作用,所以此温度范围内 $f_{cuT}^{70.7}$ 大于 f_{cuT}^{40};800 $\sim$ 900 ℃ 作用后,两种不同尺寸的试件均遭受了极大的高温损伤,此时尺寸效应起主导作用,f_{cuT}^{40} 又大于 $f_{cuT}^{70.7}$。

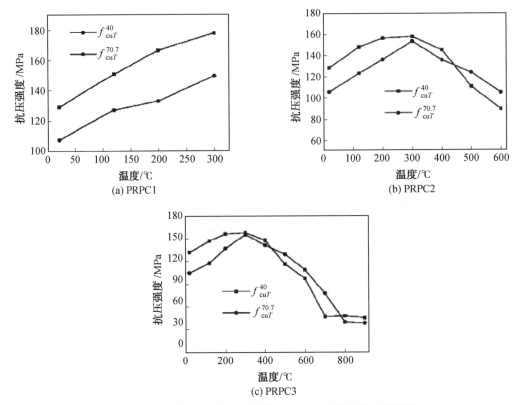

图 20.8　试件尺寸对掺 PP 纤维 RPC 立方体抗压强度的影响

高温后掺 PP 纤维 RPC 尺寸换算系数（$f_{cuT}^{40}/f_{cuT}^{70.7}$）随温度的变化情况见表 20.4。PP 纤维体积掺量为 0.1% 的 PRPC1 与不掺纤维的 RPC0 所对应的 $f_{cuT}^{40}/f_{cuT}^{70.7}$ 随温度的变化规律相似，温度不高于 300 ℃ 时，二者尺寸效应系数与常温时相比差别不大。PP 纤维体积掺量为 0.2% 和 0.3% 的 PRPC2 和 PRPC3 对应的 $f_{cuT}^{40}/f_{cuT}^{70.7}$ 随温度的升高具有相同的变化趋势：在 21 ~ 120 ℃ 时，二者对应的 $f_{cuT}^{40}/f_{cuT}^{70.7}$ 与常温时相比基本相同，平均值分别取为 1.21 和 1.25；在 200 ~ 700 ℃ 时，由于高温作用，小尺寸试件强度退化速度较快，尺寸效应系数 $f_{cuT}^{40}/f_{cuT}^{70.7}$ 随着温度的升高整体呈递减趋势；在 800 ~ 900 ℃ 时，RPC 烧结，$f_{cuT}^{40}/f_{cuT}^{70.7}$ 重又增大。

表 20.4　高温后不同 PP 纤维掺量 RPC 尺寸换算系数（$f_{cuT}^{40}/f_{cuT}^{70.7}$）

温度 /℃	RPC0	PRPC1	PRPC2	PRPC3
20	1.09	1.20	1.22	1.26
120	1.14	1.18	1.20	1.25
200	1.17	1.25	1.15	1.14
300	1.14	1.19	1.03	0.99
400	—	—	1.07	1.05
500	—	—	0.89	0.90
600	—	—	0.85	0.89
700	—	—	—	0.60
800	—	—	—	1.20
900	—	—	—	1.19

4. 轴心抗压强度与立方体抗压强度

高温后不同 PP 纤维掺量的 RPC 轴心抗压强度与立方体抗压强度比($f_{cT}/f_{cuT}^{70.7}$)随温度变化情况如图 20.9 所示。从图中可以看出：① 常温下 PP 纤维体积掺量为 $0 \sim 0.3\%$ 的 RPC 轴心抗压强度与立方体抗压强度基本相同，为 0.95，稍大于掺钢纤维 RPC 的0.94。原因可能是，PP 纤维尺寸小于钢纤维，其掺入对 RPC 内部结构的影响较小，所以，常温下掺 PP 纤维的 RPC 轴心抗压强度与立方体抗压强度比较接近。② $f_{cT}/f_{cuT}^{70.7}$ 在200 ℃ 前变化不大，200 ℃ 后随经历温度的升高逐渐降低，700 ℃ 达到最小值，800 ~ 900 ℃ 后有所回升。分析原因为：经历温度不高于 200 ℃ 时，RPC 受温度影响较小，$f_{cT}/f_{cuT}^{70.7}$ 与常温时相比差别不大；经历 200 ~ 700 ℃ 作用后，轴心抗压强度衰退速率大于立方体抗压强度，所以比值 $f_{cT}/f_{cuT}^{70.7}$ 线性降低；经历 800 ~ 900 ℃ 作用后，混凝土烧结，抗压强度衰退速率放缓，比值 $f_{cT}/f_{cuT}^{70.7}$ 再次升高。PP 纤维体积掺量为 $0 \sim 0.3\%$ 的 RPC 对应的 $f_{cT}/f_{cuT}^{70.7}$ 与经历温度间的关系可用式(20.8)表达。

$$\frac{f_{cT}}{f_{cuT}^{70.7}} = \begin{cases} 0.99 + 0.36\left(\dfrac{T}{1\ 000}\right) & (20\ ℃ \leqslant T \leqslant 300\ ℃, R^2 = 0.840) \\[2mm] 1.31 - 1.44\left(\dfrac{T}{1\ 000}\right) & (300\ ℃ < T \leqslant 700\ ℃, R^2 = 0.997) \\[2mm] -0.23 + 0.76\left(\dfrac{T}{1\ 000}\right) & (700\ ℃ < T \leqslant 900\ ℃, R^2 = 0.982) \end{cases} \quad (20.8)$$

式中，$f_{cuT}^{70.7}$ 为温度 T 作用后边长 70.7 mm 掺 PP 纤维 RPC 立方体的抗压强度，MPa；f_{cT} 为温度 T 作用后掺 PP 纤维 RPC 的轴心抗压强度，MPa；T 为经历温度，℃；R^2 为表征拟合精度的相关系数。

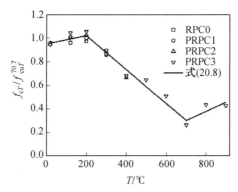

图 20.9　高温处理后 PP 纤维掺量不同的 RPC 轴心抗压强度与立方体抗压强度的比值

5. 抗折强度

高温后不同 PP 纤维掺量的 RPC 残余抗折强度(f_{fT})及其与常温抗折强度的比值(f_{fT}/f_f)如图 20.10 所示。经历温度低于 200 ℃ 时，PP 纤维尚未熔化，由于 PP 纤维弹性模量较低，抗折强度随 PP 纤维掺量的增加而减小。经历温度高于 200 ℃ 时，PP 纤维熔化后互相连通的孔洞为蒸气逸出提供通道，削弱了 RPC 所受的高温损伤（正效应），同时也加剧了 RPC 的内部缺陷，但该缺陷的影响弱于 PP 纤维所提供的正效应，所以，相同高温作用后，随着 PP 纤维掺量的增加抗折强度有所提高。高温后 RPC0 和 PRPC1 残余抗折强度随经历温度的升高呈抛物线规律降低；PRPC2 和 PRPC3 残余抗折强度随经历温度的升高先增大后减小，临界温度为 300 ℃，经历温度低于 300 ℃ 时，由于"高温养护"效应的存在,抗折强度较常温时有所提高,300 ℃ 作用后 PRPC2 和 PRPC3 的残余抗折强度较常温时分别约提高 28.32％ 和 29.51％,800 ～ 900 ℃ 后,混凝土烧结,抗折强度有所回升。

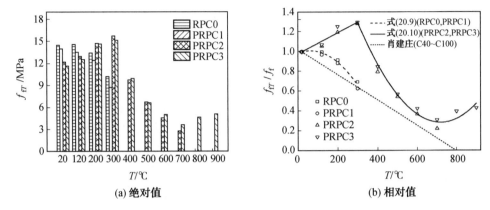

图 20.10　高温后不同 PP 纤维掺量的 RPC 抗折强度

采用多项式回归,将高温后 RPC0、PRPC1 ～ PRPC3 的相对残余抗折强度试验结果汇总,如图 20.10(b) 所示,RPC0 和 PRPC1 采用式(20.9) 表达,PRPC2 和 PRPC3 采用式(20.10) 表达。

$$\frac{f_{fT}}{f_f} = 0.99 + 0.75\left(\frac{T}{1\ 000}\right) - 6.11\left(\frac{T}{1\ 000}\right)^2 \quad (20\ ℃ \leqslant T \leqslant 300\ ℃, R^2 = 0.999)$$

$$(20.9)$$

$$\frac{f_{fT}}{f_f} = \begin{cases} 0.98 + 1.06\left(\frac{T}{1\ 000}\right) & (20\ ℃ \leqslant T \leqslant 300\ ℃, R^2 = 0.999) \\ 3.26 - 8.28\left(\frac{T}{1\ 000}\right) + 5.76\left(\frac{T}{1\ 000}\right)^2 & (300\ ℃ < T \leqslant 900\ ℃, R^2 = 0.996) \end{cases}$$

$$(20.10)$$

式中,f_{fT} 为温度 T 作用后掺 PP 纤维 RPC 的抗折强度,MPa;f_f 为常温下掺 PP 纤维 RPC 的抗折强度,MPa;T 为经历温度,℃;R^2 为表征拟合精度的相关系数。

图 20.10(b) 中还给出了肖建庄提出的 C40 ～ C100 高性能混凝土高温后残余抗折强度曲线。高性能混凝土残余抗折强度拟合曲线随温度升高呈线性规律降低,而 RPC 拟合曲线经 800 ～ 900 ℃ 作用后有所回升,因为经 800 ～ 900 ℃ 作用后,混凝土烧结,所以抗折强度较 700 ℃ 时有所提高。

6. 抗拉强度

图 20.11 为不同 PP 纤维掺量的 RPC 高温后残余抗拉强度(f_{tT})及其与常温抗拉强度的比值(f_{tT}/f_t)随温度变化的情况。与抗压强度和抗折强度相同,由于 PP 纤维弹性模量低于混凝土,常温下掺 PP 纤维的 RPC 轴心抗拉强度均小于不掺 PP 纤维的 RPC0。PP 纤维体积掺量为 0 ～ 0.3％ 的 RPC 残余抗拉强度随经历温度的升高先增大后减小,120 ℃ 达到峰值,800 ～ 900 ℃ 后,轴心抗拉强度有所回升。

通过线性拟合,高温后 PP 纤维体积掺量 0.1％ ～ 0.3％ 的 RPC 残余抗拉强度采用式(20.11)描述,拟合曲线与试验数据如图 20.11(b) 所示。

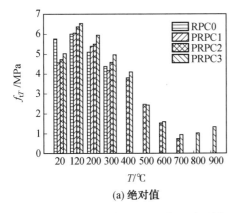 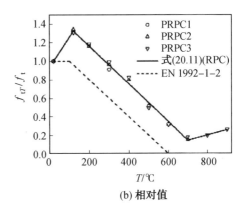

(a) 绝对值　　　　　　　　　　　(b) 相对值

图 20.11　高温后不同 PP 纤维掺量的 RPC 轴心抗拉强度

$$
\frac{f_{tT}}{f_t}=\begin{cases}
0.93+3.25\left(\dfrac{T}{1\,000}\right) & (20\ ℃\leqslant T\leqslant 120\ ℃,R^2=0.994)\\[2mm]
1.57-2.04\left(\dfrac{T}{1\,000}\right) & (120\ ℃< T\leqslant 700\ ℃,R^2=0.998)\\[2mm]
-0.26+5.78\left(\dfrac{T}{1\,000}\right) & (700\ ℃< T\leqslant 900\ ℃,R^2=0.988)
\end{cases}\quad(20.11)
$$

式中，f_{tT} 为温度 T 作用后掺 PP 纤维 RPC 的轴心抗拉强度，MPa；f_t 为常温下掺 PP 纤维 RPC 的抗拉强度，MPa；T 为经历温度，℃；R^2 为表征拟合精度的相关系数。

图 20.11(b) 同时给出了欧洲结构设计规范（EN 1992－1－2）中的混凝土抗拉强度随温度变化的曲线。欧洲规范给出的曲线在 21～100 ℃ 时无变化，在 100～600 ℃ 时呈线性规律递减，且下降速率与本章曲线基本相同，不同的是，本章曲线在 21～100 ℃ 和 800～900 ℃ 时有个升高过程，原因分别为高温养护和混凝土烧结。

7. 折拉比

不同高温作用后，PP 纤维掺量不同的 RPC 折拉比（f_{fT}/f_{tT}）不同，RPC0 和 PRPC1 相近，PRPC2 和 PRPC3 相近，表 20.5 给出了 PP 纤维掺量不同的 RPC 在不同温度段内的折拉比平均值。从表中可以看出：在 21～200 ℃ 范围内，RPC0 和 PRPC1 的折拉比平均值大于 PRPC2 和 PRPC3。这是因为在此温度范围内，PP 纤维尚未熔化，而 PP 纤维掺量的增加对抗拉强度的提高幅度大于抗折强度，所以，PP 纤维掺量大的 RPC 折拉比平均值较小。随经历温度的升高，PRPC2 和 PRPC3 的折拉比平均值逐渐升高，说明高温损伤对 RPC 轴心抗拉强度的削弱幅度比抗折强度大。

表 20.5　不同温度段内掺 PP 纤维 RPC 的折拉比平均值

温度范围 /℃	折拉比 f_{fT}/f_{tT}	
	RPC0/PRPC1	PRPC2/PRPC3
21～200	2.53	2.33
300～600	—	2.88
700～900	—	4.22

20.3.3　复掺纤维 RPC 强度随温度的变化

复掺纤维 RPC 立方体抗压强度、抗折强度和抗拉强度随经历温度的变化规律见表

20.6。

表 20.6   不同高温后复掺纤维 RPC 立方体各项强度值

温度	抗压强度 /MPa			抗折强度 /MPa			抗拉强度 /MPa		
/℃	HRPC1	HRPC2	HRPC3	HRPC1	HRPC2	HRPC3	HRPC1	HRPC2	HRPC3
20	161.61	157.24	140.55	30.61	28.80	22.24	7.69	7.74	6.28
120	167.25	162.12	147.80	27.22	25.74	20.27	6.71	7.55	5.74
200	173.65	168.12	151.01	27.03	25.61	20.59	6.53	6.84	5.69

续表 20.6

温度	抗压强度 /MPa			抗折强度 /MPa			抗拉强度 /MPa		
/℃	HRPC1	HRPC2	HRPC3	HRPC1	HRPC2	HRPC3	HRPC1	HRPC2	HRPC3
300	184.96	176.26	158.26	24.45	22.63	18.30	5.63	6.52	5.25
400	190.68	181.34	163.29	23.37	21.29	13.87	5.09	5.38	4.60
500	162.18	157.94	152.83	20.72	21.04	12.60	4.49	5.07	4.13
600	135.61	125.40	119.87	12.94	14.20	9.41	3.69	3.68	3.05
700	90.89	92.03	84.21	12.09	10.39	7.72	2.36	2.23	1.88
800	31.33	43.84	39.50	10.16	9.89	6.55	2.76	2.47	1.98
900	32.59	48.28	45.64	6.96	7.07	4.29	2.61	2.49	1.82

1. 抗压强度

图 20.12 为边长 70.7 mm 的复掺纤维 RPC 试件高温后立方体抗压强度($f_{cuT}^{70.7}$)及其与常温抗压强度比($f_{cuT}^{70.7}/f_{cu}^{70.7}$)随温度变化的情况。复掺纤维 RPC 立方体抗压强度临界温度为 400 ℃。21～400 ℃ 作用后,复掺纤维相当于经历了高温养护,立方体抗压强度随温度升高逐渐增大,400～800 ℃ 后,抗压强度不断减小。400 ℃ 作用后,HRPC1、HRPC2 和 HRPC3 的立方体抗压强度较常温分别约提高了 20.99%、15.33% 和 16.18%。800 ℃ 作用后,钢纤维氧化脱碳,RPC 烧结,HRPC1、HRPC2 和 HRPC3 的残余抗压强度分别约下降为常温时的 21.38%、27.88% 和 28.11%。从图中还可以看出,相同温度作用后,PP 纤维掺量相同,钢纤维体积掺量为 1% 的 HRPC3 所对应的抗压强度低于钢纤维体积掺量为 2% 的 HRPC2,可见钢纤维可有效提高 RPC 高温后抗压强度。此外,以 700 ℃ 为界:在 21～700 ℃ 时,钢纤维掺量相同,PP 纤维体积掺量为 0.1% 的 HRPC1 所对应的抗压强度大于 PP 纤维体积掺量为 0.2% 的 HRPC2;在 700～900 ℃ 时,HRPC1 的抗压强度反而小于 HRPC2。原因可能是,PP 纤维熔化后的孔洞一方面缓解了 RPC 内部所受的高温损伤,另一方面也增加了 RPC 的内部缺陷,当经历温度低于 700 ℃ 时,PP 纤维熔化孔洞引起的内部缺陷起主导作用,强度随 PP 纤维掺量的增加而降低;当经历温度高于 700 ℃ 时,PP 纤维对 RPC 内部损伤的改善效果起主导作用,PP 纤维掺量的增加对抗压强度有提高作用。

高温后 HRPC1、HRPC2 和 HRPC3 的立方体抗压强度相对值($f_{cuT}^{70.7}/f_{cu}^{70.7}$)随温度变化规律可统一采用式(20.12)表达,拟合曲线与试验曲线如图 20.12(b)所示。

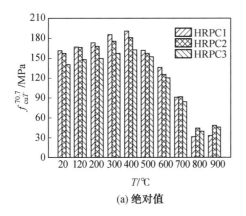
(a) 绝对值

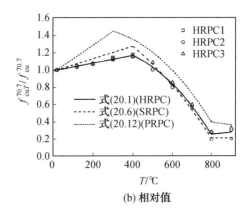
(b) 相对值

图 20.12　高温后复掺纤维 RPC 立方体的抗压强度

$$
\frac{f_{\text{cuT}}^{70.7}}{f_{f\text{cu}}^{70.7}} =
\begin{cases}
0.99 + 0.44\left(\dfrac{T}{1\,000}\right) & (20\ ℃ \leqslant T \leqslant 400\ ℃, R^2 = 0.999) \\[2mm]
1.09 + 1.44\left(\dfrac{T}{1\,000}\right) - 3.10\left(\dfrac{T}{1\,000}\right)^2 & (400\ ℃ < T \leqslant 800\ ℃, R^2 = 0.998) \\[2mm]
0.06 + 0.24\left(\dfrac{T}{1\,000}\right) & (800\ ℃ < T \leqslant 900\ ℃, R^2 = 0.962)
\end{cases}
$$

$$(20.12)$$

式中，$f_{\text{cuT}}^{70.7}$ 为温度 T 作用后复掺纤维 RPC 立方体的抗压强度，MPa；$f_{\text{cu}}^{70.7}$ 为常温下复掺纤维 RPC 立方体的抗压强度，MPa；T 为经历温度，℃；R^2 为表征拟合精度的相关系数。

对 SRPC、PRPC 和复掺纤维 RPC 高温后相对立方体抗压强度进行对比分析（图 20.12(b)）发现：三种 RPC 高温后立方体抗压强度均随温度的升高先增大后减小，HRPC 与 SRPC 对应的曲线比较接近，二者临界温度都为 400 ℃，说明相对于 PP 纤维而言，钢纤维的掺入对 RPC 力学性能的影响起决定性作用。此外，PRPC 的临界温度为 300 ℃，且曲线位于 HRPC 和 SRPC 上面，说明相对于常温立方体抗压强度而言，单掺 PP 纤维对高温后立方体抗压强度的提高幅度较大。

2. 抗压强度尺寸效应

HRPC1、HRPC2 和 HRPC3 所对应的边长为 40 mm 和边长为 70.7 mm 的立方体抗压强度（f_{cuT}^{40}、$f_{\text{cuT}}^{70.7}$）随温度变化的曲线如图 20.13 所示。从图中可以看出，试件尺寸对三种复掺纤维 RPC 立方体抗压强度的影响与 SRPC2 和 SRPC3 完全相同，除 700 ℃ 外，由于尺寸效应的存在，其他温度作用后，f_{cuT}^{40} 均大于 $f_{\text{cuT}}^{70.7}$，且随温度的升高，f_{cuT}^{40} 下降速率大于 $f_{\text{cuT}}^{70.7}$，原因在于小尺寸试件所受的高温损伤大于大尺寸试件。

不同高温后复掺纤维 RPC 尺寸换算系数（$f_{\text{cuT}}^{40}/f_{\text{cuT}}^{70.7}$）与温度的关系如图 20.14 所示。常温下三种复掺纤维 RPC 的尺寸换算系数 $f_{\text{cuT}}^{40}/f_{\text{cuT}}^{70.7}$ 基本相同，平均值取 1.32，略高于钢纤维 RPC 的 1.23。三种不同配比的复掺纤维 RPC 尺寸换算系数 $f_{\text{cuT}}^{40}/f_{\text{cuT}}^{70.7}$ 与经历温度的关系统一采用式（20.13）描述，理论曲线如图 20.14(b) 所示。与钢纤维 RPC 进行对比分析可知：20 ～ 700 ℃ 作用后，随着经历温度的升高，二者尺寸换算系数 $f_{\text{cuT}}^{40}/f_{\text{cuT}}^{70.7}$ 均呈抛物线规律降低；800 ～ 900 ℃ 作用后，RPC 烧结，f_{cuT}^{40} 强度恢复幅度大于 $f_{\text{cuT}}^{70.7}$，尺寸换算系数重又增大。相同温度作用后，HRPC 尺寸换算系数略大于 SRPC，因为 HRPC 中不仅掺有钢纤维，还掺入了 PP 纤维，PP 纤维熔化后在 RPC 内留下孔洞，加大了 RPC 内部缺陷

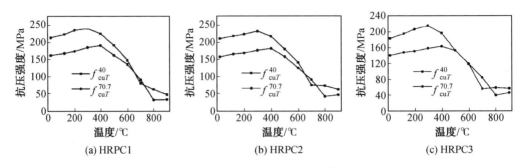

图 20.13　试件尺寸对复掺纤维 RPC 立方体抗压强度的影响

出现的概率,试件尺寸越大,RPC 内大缺陷出现的概率也越大,因此 HRPC 受尺寸效应的影响较大。

$$
\frac{f_{cuT}^{40}}{f_{cuT}^{70.7}}=\begin{cases}1.30+0.51\left(\dfrac{T}{1\ 000}\right)-1.71\left(\dfrac{T}{1\ 000}\right)^2 & (20\ ℃\leqslant T\leqslant 700\ ℃, R^2=0.886)\\[3mm] -5.42+8.92\left(\dfrac{T}{1\ 000}\right) & (700\ ℃< T\leqslant 800\ ℃, R^2=0.983)\\[3mm] 4.71-35.7\left(\dfrac{T}{1\ 000}\right) & (800\ ℃< T\leqslant 900\ ℃, R^2=0.988)\end{cases}
$$

$$(20.13)$$

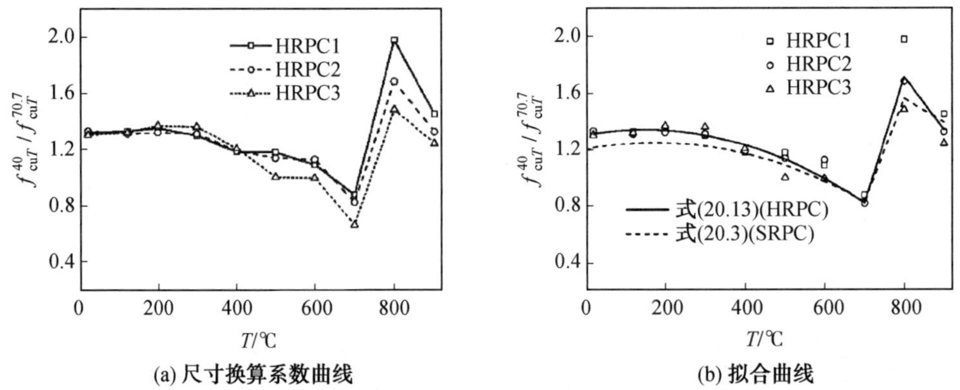

图 20.14　复掺纤维 RPC 尺寸换算系数随温度的变化

(a) 尺寸换算系数曲线　　　　(b) 拟合曲线

3. 抗折强度

图 20.15 为高温后 HRPC 抗折强度绝对值(f_{fT}),及其与常温抗折强度的比值(f_{fT}/f_f)随温度变化情况。由图 20.15(a) 可以看出,三种不同复掺纤维掺量的 RPC 残余抗折强度随经历温度的升高逐渐降低,900 ℃ 作用后,HRPC1、HRPC2 和 HRPC3 的抗折强度分别约降为常温时的 22.74%、24.55% 和 21.28%。相同温度作用后,钢纤维掺量为 2% 的 HRPC1 和 HRPC2 对应的残余抗折强度差别不大,但二者远大于钢纤维掺量 1% 的 HRPC3 所对应的抗折强度,可见,钢纤维对提高高温后 HRPC 的抗折强度效果显著,PP 纤维对抗折强度影响较小,仅在温度高于 500 ℃ 时,对抗折强度有较小的提高作用。

通过线性拟合,高温后 HRPC1 ～ HRPC3 所对应的残余抗折强度与温度关系采用式 (20.14) 描述,拟合曲线与试验数据如图 20.15(b) 所示。

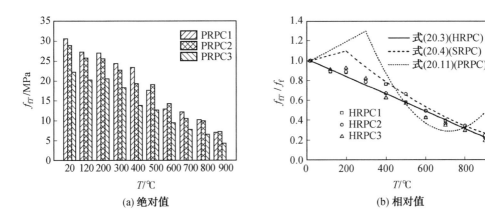

(a) 绝对值　　　　　　　　　　　　(b) 相对值

图 20.15　高温后复掺纤维 RPC 的残余抗折强度

$$\frac{f_{fT}}{f_f}=1.02-0.88\left(\frac{T}{1\ 000}\right)\quad(20\ ℃\leqslant T\leqslant 900\ ℃,R^2=0.996)\quad(20.14)$$

式中,f_{fT} 为温度 T 作用后复掺纤维 RPC 的抗折强度,MPa;f_f 为常温下复掺纤维 RPC 的抗折强度,MPa;T 为经历温度,℃;R^2 为表征拟合精度的相关系数。

图 20.15同时给出了 SRPC 和 PRPC 的相对残余抗折强度随温度变化的曲线,对比分析发现,HRPC 与 SRPC 的曲线下降速率接近,PRPC 的曲线下降速率明显较快。SRPC 和 PRPC 的抗折强度有一个升高过程,而 HRPC 的抗折强度曲线则线性减小,SRPC 和 PRPC 的强度曲线之所以有一个升高过程,是由于经历温度相对较低时,RPC 相当于经历了高温养护,使得水泥水化反应更加充分,生成更多的 C−S−H 凝胶,RPC 内部结构更加致密,从而使单掺纤维的 RPC 各项残余强度较常温时有相应提高。由于抗折强度和抗拉强度对温度的作用更为敏感,所以二者临界温度相对于抗压强度而言要小很多。对于HRPC 而言,虽然也有高温养护的正效应,但 PP 纤维及 PP 纤维熔化后的孔道削弱了钢纤维与基体间的黏结性能,这种削弱被视为负效应,而钢纤维与基体间的黏结性能对抗折和抗拉强度的影响远大于对抗压强度的影响,所以正如图 20.15(b) 所示,由于负效应的影响,HRPC 的抗折强度曲线随温的升高呈线性降低,而负效应对抗压强度的影响较小,所以,随温度的升高 HRPC 的抗压强度曲线有一个较缓的升高过程(图 20.12(b))。

4. 抗拉强度

不同高温后 HRPC 的抗拉强度绝对值(f_{tT})及其与常温抗拉强度的比值(f_{tT}/f_t)随温度变化的情况如图 20.16 所示。由图 20.16(a) 可知,与抗折强度相同,各对应温度下,钢纤维体积掺量为 1% 的 HRPC3 对应的残余抗拉强度最小,说明钢纤维对抗拉和抗折强度提高明显,PP 纤维对二者影响较小;20 ～ 700 ℃ 作用后,三种复掺纤维 RPC 抗拉强度随温度的升高逐渐减小,700 ℃ 作用后,HRPC1、HRPC2 和 HRPC3 的残余抗拉强度分别约降为常温时的 30.70%、28.85% 和 29.92%;800 ～ 900 ℃ 后,抗拉强度有轻微回升。

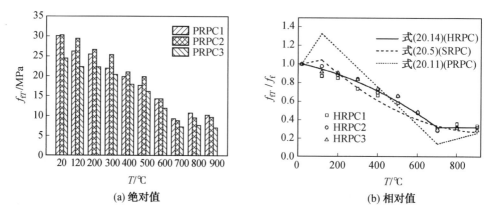

图 20.16　高温后复掺纤维 RPC 的残余抗拉强度

对 HRPC1～HRPC3 的抗拉强度进行回归分析,提出式(20.15)所示的拟合公式,理论曲线与试验数据如图 20.16(b)所示。从图中可以看出,SRPC、PRPC 和 HRPC 所对应的抗拉强度随温度变化曲线与其相应的抗折强度相似:由于钢纤维的掺入,HRPC 与 SRPC 抗拉强度曲线下降速率基本相同,而 PRPC 曲线下降速率与二者相比明显较快;由于 HRPC 中混杂了钢纤维与 PP 纤维而 PP 纤维及其熔化孔道对钢纤维与 RPC 基体间黏结性能的削弱作用抵消了高温养护对 HRPC 抗拉强度的正效应,所以与单掺纤维的 RPC 相比,复掺纤维 RPC 的抗拉强度曲线无明显升高过程;800～900 ℃后,由于混凝土烧结,三种不同类型的 RPC 对应的抗拉强度曲线均有回升。

$$\frac{f_{tT}}{f_t} = \begin{cases} 1.01 - 0.44\left(\dfrac{T}{1\,000}\right) - 0.78\left(\dfrac{T}{1\,000}\right)^2 & (20\ ℃ \leqslant T \leqslant 700\ ℃, R^2 = 0.997) \\ 0.32 + 4.17\left(\dfrac{T}{1\,000}\right) & (700\ ℃ < T \leqslant 900\ ℃, R^2 = 0.995) \end{cases}$$

(20.15)

式中,f_{tT} 为温度 T 作用后复掺纤维 RPC 的抗拉强度,MPa;f_t 为常温下复掺纤维 RPC 的抗拉强度,MPa;T 为经历温度,℃;R^2 为表征拟合精度的相关系数。

5. 折拉比

表 20.7 为 HRPC 在不同温度段内的折拉比平均值(f_{fT}/f_{tT})。从表中可以看出,不同高温后,钢纤维体积掺量为 1% 的 HRPC3 折拉比平均值小于钢纤维体积掺量为 2% 的 HRPC1 和 HRPC2,而对于钢纤维掺量相同的 HRPC1 和 HRPC2,PP 纤维掺量大的 HRPC2 折拉比平均值较小,说明钢纤维掺量的增加对抗折强度的提高幅度大于抗拉强度,而 PP 纤维掺量的增加对抗折强度的提高幅度小于抗拉强度;在 700 ℃ 前,随温度的升高,折拉比平均值总体呈升高趋势,说明高温损伤对轴心抗拉强度的削弱较抗折强度大。在 800～900 ℃ 作用后,由于混凝土烧结使得抗拉强度有所回升,所以三种复掺纤维 RPC 对应的折拉比平均值重又减小。

表 20.7　不同温度段内复掺纤维 RPC 的折拉比(f_{fT}/f_{tT})平均值

温度范围 /℃	折拉比(f_{fT}/f_{tT})		
	HRPC1	HRPC2	HRPC3
200 ~ 300	4.13	3.59	3.54
400 ~ 600	4.02	3.73	3.05
700	5.12	4.66	4.11
800	3.67	4.01	3.11

20.4　高温后 RPC 单轴受压应力－应变关系

20.4.1　高温后掺钢纤维 RPC 单轴受压应力－应变关系

1. 受压应力－应变曲线

不同高温后 SRPC1、SRPC2 与 SRPC3 的受压应力-应变关系曲线如图 20.17 所示。由图可知,钢纤维掺量不同的 RPC 的应力-应变曲线随着经历温度的升高具有相似的变化趋势:温度不高于 300 ℃ 时,应力-应变曲线的形状与常温时相比基本无变化;在 400 ~ 700 ℃ 高温后,试件所受高温损伤逐渐加剧,应力-应变曲线的形状随经历温度的升高渐趋扁平,峰值点明显右移和下移,强度与变形模量不断减小,峰值应变迅速增大;在 800 ~ 900 ℃ 作用后,峰值点反而左移和上移,因为经过 800 ~ 900 ℃ 高温处理作用后,钢纤维氧化脱碳,混凝土烧结,RPC 脆性增大,峰值应变减小,混凝土强度有所恢复。

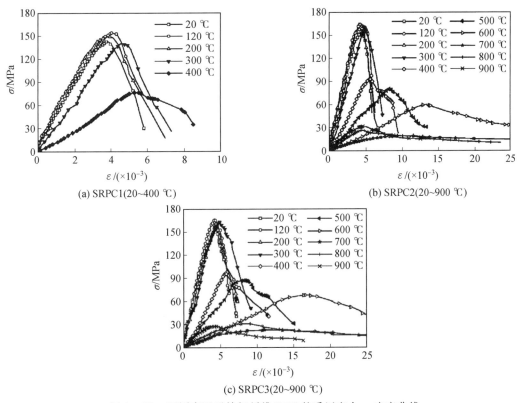

(a) SRPC1(20~400 ℃)

(b) SRPC2(20~900 ℃)

(c) SRPC3(20~900 ℃)

图 20.17　不同高温后掺钢纤维 RPC 的受压应力－应变曲线

为分析钢纤维掺量变化对 RPC 受压应力-应变关系的影响,将不同高温作用后 SRPC1 ~ SRPC3 的应力－应变关系曲线进行对比,如图 20.18 所示。从图中可以看出:经历相同温度作用后,应力－应变曲线下的面积随钢纤维体积掺量的增加而不断增大,说明钢纤维掺量大的 RPC 耗能能力强,延性和韧性较好;经历相同温度作用后,SRPC1 所对应的抗压强度和峰值应变最小,SRPC3 次之,SRPC2 最大,但 SRPC2 与 SRPC3 之间的差别较小,综合经济因素考虑,认为 2% 为最佳钢纤维体积掺量。

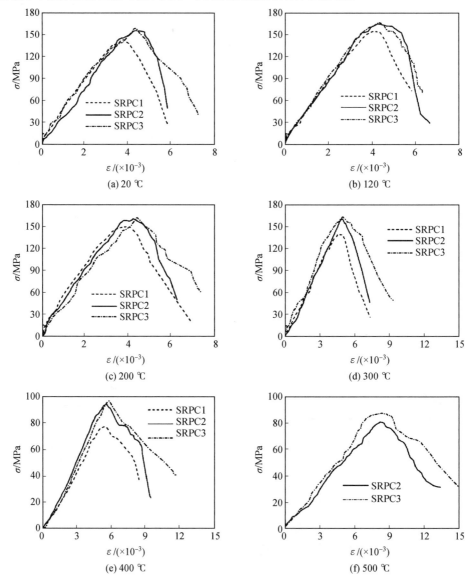

图 20.18　高温作用后不同钢纤维掺量的 RPC 受压应力－应变曲线对比

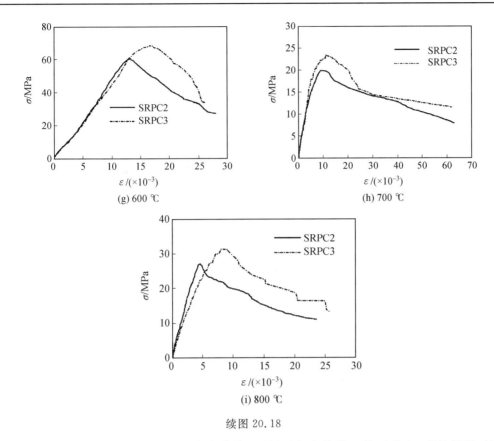

续图 20.18

通过混凝土单轴受压应力－应变曲线,可得到相应的轴心抗压强度、弹性模量、峰值应变和极限应变等力学性能指标,高温作用后掺钢纤维 RPC 的力学性能指标见表 20.8。

表 20.8　高温作用后掺钢纤维 RPC 的力学性能指标

温度 /℃	轴心抗压强度 /MPa			弹性模量 /($\times 10^4$ MPa)			峰值应变 /$\mu\varepsilon$			极限应变 /$\mu\varepsilon$		
	SRPC1	SRPC2	SRPC3	SRPC1	SRPC2	SRPC3	SRPC1	SRPC2	SRPC3	SRPC1	SRPC2	SRPC3
20	142.92	155.59	159.21	4.47	3.80	4.15	3 825	4 420	4 452	5 360	5 715	6 694
120	153.97	164.41	166.63	4.52	4.37	4.50	4 055	4 265	4 305	5 810	5 925	6 065
200	148.99	159.57	161.43	4.34	4.13	4.24	3 963	4 253	4 430	5 885	5 952	7 005
300	139.62	161.23	163.55	3.11	3.34	3.60	4 626	4 861	4 930	6 293	6 625	8 015
400	76.88	93.53	96.04	1.36	1.66	1.55	5 482	5 655	5 805	8 482	8 771	10 565
500	—	80.55	87.02	—	1.05	1.12	—	8 195	8 400	—	11 846	13 070
600	—	60.36	68.31	—	0.45	0.44	—	13 378	14 671	—	25 952	25 632
700	—	21.91	23.47	—	0.30	0.35	—	9 269	10 020	—	51 959	59 525
800	—	27.12	31.23	—	0.69	0.52	—	4 311	6 002	—	17 009	25 061
900	—	31.96	27.67	—	0.97	0.91	—	4 478	4 570	—	11 820	11 012

2. 轴心抗压强度

高温后 SRPC1 ～ SRPC3 的轴心抗压强度(f_{cT})及其与常温抗压强度的比值(f_{cT}/f_c)随经历温度变化的情况如图 20.19 所示。随着经历温度的升高,高温后钢纤维 RPC 的轴心抗压强度与立方体抗压强度具有相似的变化趋势,均随经历温度的升高先增大后减小,各对应温度下,SRPC2 和 SRPC3 所对应的抗压强度基本相同,SRPC1 与二者相比略低。不同的是,由于试件大小不同,立方体抗压强度的临界温度为 400 ℃ 和 800 ℃,而轴心抗压强度的临界温度为 300 ℃ 和 700 ℃。经历温度不高于 300 ℃ 时,相当于经历了高温养护的过程,轴心抗压强度与常温时相比略有增加;400 ～ 700 ℃ 作用后,随经历温度的升高,掺钢纤维 RPC 内部损伤逐渐加重,轴心抗压强度逐渐降低;700 ℃ 作用后,SRPC2 与 SRPC3 的强度损失分别为 87% ～ 85%;800 ～ 900 ℃ 作用后,钢纤维氧化脱碳,混凝土烧结,轴心抗压强度较 700 ℃ 时有所回升。

高温后钢纤维体积掺量为 1% ～ 3% 的 RPC 抗压强度相对值(f_{cT}/f_c)随经历温度的变化规律可用式(20.16)近似描述,理论曲线与试验结果如图 20.19(b) 所示。

$$f_{cT}/f_c = \begin{cases} 0.99 + 0.67\left(\dfrac{T}{1\,000}\right) - 2.05\left(\dfrac{T}{1\,000}\right)^2 & (20\ ℃ \leqslant T \leqslant 300\ ℃, R^2 = 0.943) \\[2mm] 1.69 - 2.26\left(\dfrac{T}{1\,000}\right) & (300\ ℃ < T \leqslant 700\ ℃, R^2 = 0.969) \\[2mm] -0.24 + 0.49\left(\dfrac{T}{1\,000}\right) & (700\ ℃ < T \leqslant 900\ ℃, R^2 = 0.966) \end{cases}$$

$$(20.16)$$

式中,f_{cT} 为温度 T 作用后钢纤维 RPC 的轴心抗压强度,MPa;f_c 为常温下钢纤维 RPC 的轴心抗压强度,MPa;T 为经历温度,℃;R^2 为表征拟合精度的相关系数。

图 20.19(b) 同时给出了 C40(NSC) 和 C70、C80(HSC) 高温后轴心抗压强度相对值随经历温度变化的曲线。对比分析发现:NSC 的临界温度为 200 ℃,即 200 ℃ 后强度明显下降;HSC 的临界温度为 400 ℃,400 ℃ 后抗压强度迅速降低;掺钢纤维 RPC 临界温度为 300 ℃,临界温度后曲线下降介于 NSC 和 HSC 之间。

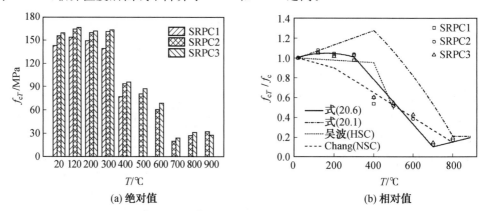

(a) 绝对值　　　　　　　　　(b) 相对值

图 20.19　高温后钢纤维 RPC 轴心抗压强度

3. 轴心抗压强度与立方体抗压强度比

高温后掺钢纤维 RPC 轴心抗压强度与立方体抗压强度比($f_{cT}/f_{cuT}^{70.7}$)见表 20.9。常温下三种掺钢纤维 RPC 对应的 $f_{cT}/f_{cuT}^{70.7}$ 平均值为 0.94,远大于普通混凝土的 0.76 和高强混凝土的 0.82,说明混凝土强度越高,轴心抗压强度与立方体抗压强度的比值越接近 1。随经历温度的升高,$f_{cT}/f_{cuT}^{70.7}$ 总体上呈先减小后增大的变化趋势;经历温度不高于 200 ℃ 时,温度作用对抗压强度的影响较小,$f_{cT}/f_{cuT}^{70.7}$ 与常温时相比差别不大;200 ～ 700 ℃ 作用后,通过图 20.19(b) 中式(20.1)与式(20.16)的对比分析可知,立方体抗压强度与轴心抗压强度相对值差别较大,且轴心抗压强度的衰退速率大于立方体抗压强度,

所以比值 $f_{cT}/f_{cuT}^{70.7}$ 在此温度范围内逐渐减小;800 ～ 900 ℃ 作用后,RPC 烧结,抗压强度衰退速率放缓,比值 $f_{cT}/f_{cuT}^{70.7}$ 有所回升。

表 20.9　高温作用后掺钢纤维 RPC 轴心抗压强度与立方体抗压强度的比值($f_{cT}/f_{cuT}^{70.7}$)

温度 /℃	SRPC1	SRPC2	SRPC3	平均值
20	0.95	0.94	0.93	0.94
120	0.92	0.93	0.90	0.92
200	0.86	0.86	0.85	0.86
300	0.79	0.74	0.75	0.76
400	0.44	0.43	0.44	0.44
500	—	0.46	0.46	0.46
600	—	0.47	0.46	0.47
700	—	0.26	0.25	0.25
800	—	0.73	0.82	0.77
900	—	0.82	0.76	0.79

4. 弹性模量

图 20.20(a) 和图 20.20(b) 分别为不同钢纤维掺量的 RPC 初始弹性模量 E_{oT}(0.5f_{cT} 处的割线模量)和峰值割线模量 E_{cT}(f_{cT} 处的割线模量)随温度变化的柱状图。从图中可以看出,初始弹性模量和峰值割线模量随经历温度的变化规律与抗压强度相似;经历温度不高于 700 ℃ 时,E_{oT} 和 E_{cT} 随着经历温度的升高先增大后降低,但下降速度比抗压强度快,800 ～ 900 ℃ 作用后,E_{oT} 和 E_{cT} 较 700 ℃ 时有所回升。

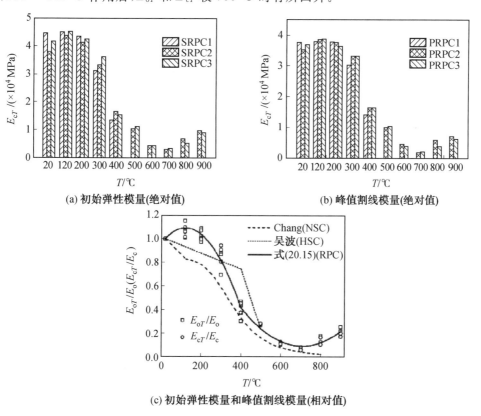

(a) 初始弹性模量(绝对值)　　　　　(b) 峰值割线模量(绝对值)

(c) 初始弹性模量和峰值割线模量(相对值)

图 20.20　高温作用后掺钢纤维 RPC 的弹性模量

钢纤维体积掺量为 $1\% \sim 3\%$ 的 RPC 所对应 E_{oT}/E_o 和 E_{cT}/E_c 随温度的升高具有相同的变化规律,统一采用式(20.17)进行描述,理论曲线与试验数据如图 20.20(c) 所示。为便于比较,图 20.20(c) 还给出了 NSC 和 HSC 弹性模量相对值随温度变化的曲线。

$$\frac{E_{oT}}{E_o} = \frac{E_{cT}}{E_c} = \begin{cases} 0.96 + 2.12\left(\dfrac{T}{1\,000}\right) - 8.70\left(\dfrac{T}{1\,000}\right)^2 & (20\ ℃ \leqslant T \leqslant 400\ ℃, R^2 = 0.996) \\[3mm] 1.80 - 4.83\left(\dfrac{T}{1\,000}\right) + 3.41\left(\dfrac{T}{1\,000}\right)^2 & (400\ ℃ < T \leqslant 900\ ℃, R^2 = 0.974) \end{cases}$$

$$(20.17)$$

式中,E_{oT} 为温度 T 作用后钢纤维 RPC 的初始弹性模量,MPa;E_o 为常温下钢纤维 RPC 的初始弹性模量,MPa;E_{cT} 为温度 T 作用后钢纤维 RPC 的峰值割线模量,MPa;E_c 为常温下钢纤维 RPC 的峰值割线模量,MPa;T 为经历温度,℃;R^2 为相关系数。

5. 峰值应变

高温后掺钢纤维 RPC 的峰值应变(ε_{cT})及其与常温峰值应变的比值($\varepsilon_{cT}/\varepsilon_c$)随经历温度的变化如图 20.21 所示。经历温度不高于 500 ℃ 时,钢纤维掺量变化对峰值应变影响不大;超过 500 ℃ 后,钢纤维掺量大的 RPC 峰值应变也相应较大。钢纤维掺量不同的 RPC 峰值应变随经历温度的升高具有相似的变化规律;经历温度不高于 300 ℃ 时,峰值应变与常温时相比基本无变化;$400 \sim 600$ ℃ 高温后,峰值应变随温度升高呈指数规律迅速增长;经历温度高于 600 ℃ 时,钢纤维作用削弱,RPC 韧性减小,峰值应变随温度升高基本呈线性规律降低。

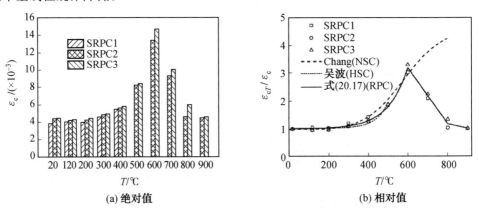

(a) 绝对值   (b) 相对值

图 20.21　高温作用后掺钢纤维 RPC 的峰值应变

高温后钢纤维体积掺量为 $1\% \sim 3\%$ 的 RPC 峰值应变相对值($\varepsilon_{cT}/\varepsilon_c$)随经历温度的变化规律可用式(20.18)进行描述,理论曲线与试验数据如图 20.21(b) 所示。

$$\frac{\varepsilon_{cT}}{\varepsilon_c} = \begin{cases} 1.00 + 5.42 \times 10^{-3} \exp\left(\dfrac{T}{100}\right) & (20\ ℃ \leqslant T \leqslant 600\ ℃, R^2 = 0.989) \\[3mm] 9.20 - 10.11\left(\dfrac{T}{1\,000}\right) & (600\ ℃ < T \leqslant 800\ ℃, R^2 = 0.996) \\[3mm] 2.53 - 1.68\left(\dfrac{T}{1\,000}\right) & (800\ ℃ < T \leqslant 900\ ℃, R^2 = 0.988) \end{cases}$$

$$(20.18)$$

式中,ε_{cT} 为温度 T 作用后掺钢纤维 RPC 的峰值应变;ε_c 为常温下掺钢纤维 RPC 的峰值应变;T 为经历温度,℃;R^2 为相关系数。

图 20.21(b) 中同时给出了 NSC 和 HSC 高温后峰值应变相对值随温度变化的曲线。对比分析可知：当经历温度不高于 600 ℃ 时，三种混凝土的峰值应变相对值差别不大，掺钢纤维 RPC 的峰值应变曲线大致处于 NSC 和 HSC 之间；超过 600 ℃ 后，NSC 的峰值应变不断增大，而掺钢纤维 RPC 则由于钢纤维作用削弱，峰值应变线性减小。

6. 极限应变

极限应变为应力－应变曲线下降段上应力等于 $0.5f_{cT}$ 时对应的钢纤维 RPC 压应变。高温后掺钢纤维 RPC 极限应变（ε_{cuT}）与经历温度的关系如图 20.22 所示。对比图 20.21(a) 和图 20.22(a) 可知，与峰值应变不同的是，极限应变在 700 ℃ 达到峰值后，RPC 应力－应变曲线的上升段斜率比 600 ℃ 时小，但抗压强度远小于 600 ℃ 作用后的强度，因此，峰值应变相对较小，但经 700 ℃ 作用后，RPC 应力－应变曲线下降段比 600 ℃ 时拖得更长，因此极限应变在 700 ℃ 达到峰值。

高温后钢纤维体积掺量为 1% ～ 3% 的 RPC 极限应变相对值（$\varepsilon_{cuT}/\varepsilon_{cu}$）随经历温度的变化规律用式(20.19)进行描述，理论曲线与试验数据如图 20.22(b) 所示。

$$\frac{\varepsilon_{cuT}}{\varepsilon_{cu}} = \begin{cases} 1.04 + 7.31 \times 10^{-3}\exp\left(\dfrac{T}{100}\right) & (20\ ℃ \leqslant T \leqslant 700\ ℃, R^2 = 0.996) \\[2mm] 48.94 - 56.98\left(\dfrac{T}{1\ 000}\right) & (700\ ℃ < T \leqslant 800\ ℃, R^2 = 0.998) \\[2mm] 15.39 - 15.03\left(\dfrac{T}{1\ 000}\right) & (300\ ℃ < T \leqslant 900\ ℃, R^2 = 0.983) \end{cases}$$

(20.19)

式中，ε_{cuT} 为温度 T 作用后掺钢纤维 RPC 的极限应变；ε_{cu} 为常温下掺钢纤维 RPC 的极限应变；T 为经历温度，℃；R^2 为相关系数。

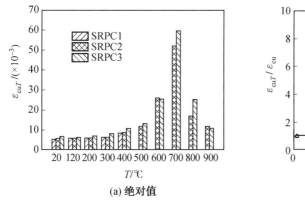
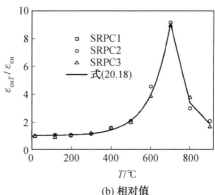

(a) 绝对值　　　　　　　　　(b) 相对值

图 20.22　高温作用后掺钢纤维 RPC 的极限应变

7. 横向变形性能

（1）横向变形系数。

图 20.23 为高温后掺钢纤维 RPC 的横向变形系数 ν 随应力比（σ/f_{cT}，即应力 σ 与轴心抗压强度 f_{cT} 之比）变化的曲线。钢纤维掺量不同的 RPC 对应的 $\nu - f_{cT}$ 曲线随经历温度的升高具有相似的变化规律：经历温度不高于 300 ℃ 时，RPC 所受高温损伤较小，随应力比的增大，横向变形系数变化幅度较小；400 ～ 700 ℃ 作用后，RPC 变得越来越疏松，横向变形能力增强，随应力比的增大，横向变形系数变化幅度明显增大；800 ～ 900 ℃ 作用后，钢纤维丧失作用，混凝土

烧结,RPC 变形能力减弱,随应力比的增大,横向变形系数变化幅度减小。

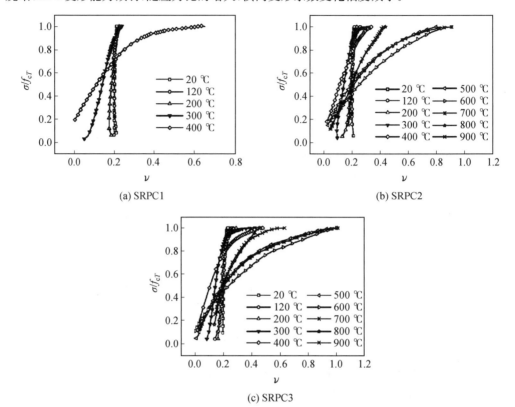

(a) SRPC1

(b) SRPC2

(c) SRPC3

图 20.23　高温后掺钢纤维 RPC 的横向变形系数

横向变形系数较好地反映了混凝土内部裂缝的发展过程。当经历温度不高于300 ℃时,钢纤维掺量不同的 RPC 横向变形系数随应力比的变化与常温时相比基本相同:当 $\sigma / f_{cT} \leqslant 0.8$ 时,纵向、横向变形近似按比例增长,横向变形系数基本保持不变或略有增大,说明试件的塑性变形和微裂缝发展缓慢;当 $0.8 < \sigma / f_{cT} \leqslant 0.9$ 时,横向变形系数有明显增大,表示试件内部裂缝有较大发展,但试件表面无肉眼可见裂缝;当 $\sigma / f_{cT} > 0.9$ 时,横向变形系数急剧增大,试件表面出现可见裂缝,此后,横向应变达到极限拉伸状态,试件受压破坏。

(2)泊松比。

横向变形系数在材料弹性变形范围内位移为定值,该定值被定义为泊松比。在此定义 0.5 应力比对应的横向变形系数为 RPC 泊松比(μ)。掺钢纤维 RPC 泊松比随温度的变化曲线如图 20.24 所示。在 20 ~ 400 ℃ 时,随温度的升高泊松比近似呈抛物线规律降低;在 400 ~ 600 ℃ 时,随温度的升高泊松比线性增大;在 600 ~ 900 ℃ 时,泊松比减小。相同温度作用后,泊松比随钢纤维体积掺量的增加逐渐减小,600 ℃ 后 SRPC2 泊松比较 SRPC3 提高 5.09% 左右,其原因为:纤维约束了试件侧向膨胀,减小了 RPC 的横向应变,因此钢纤维掺量为 3% 的 SRPC3 对应的泊松比较小。

(3)体积应变(θ)。

不同温度下掺钢纤维 RPC 的体积应变(θ)随应力比变化的情况如图 20.25 所示。

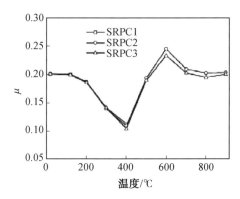

图 20.24　掺钢纤维 RPC 泊松比随温度的变化曲线

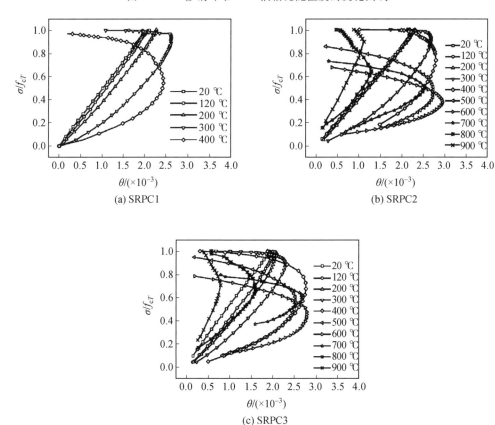

图 20.25　高温后掺钢纤维 RPC 的体积应变

钢纤维掺量不同的 RPC 体积应变随经历温度的升高具有相同的变化趋势，体积应变临界点所对应的应力比随温度的升高均呈先减小后增大的变化规律。当经历温度低于 300 ℃ 时，体积应变临界点所对应的应力比比较接近，其平均值处于 0.954 ～ 0.977 之间，说明该温度范围内，应力比超过 0.95 时，RPC 进入裂缝不稳定发展阶段；400 ～ 700 ℃ 作用后，体积应变临界点所对应的应力比比较接近，其平均值在 0.520 ～ 0.582 之间，表明经 400 ～ 700 ℃ 作用后，荷载达到峰值荷载的 55% 左右进入裂缝不稳定发展阶段，这一结论对火灾后结构的损伤评估具有重要意义。800 ～ 900 ℃ 作用后，钢纤维基本丧失作用，RPC 烧结，体积应变临界点所对应的应力比有所提高，位于 0.687 ～ 0.770 之间。

20.4.2　高温后复掺纤维 RPC 单轴受压应力－应变关系

1. 受压应力－应变曲线

不同高温作用后 HRPC1、HRPC2 和 HRPC3 所对应的受压应力－应变关系曲线如图 20.26 所示。随着经历温度的升高，复掺纤维 RPC 的应力－应变曲线与掺钢纤维 RPC 具有相同的变化趋势：21 ～ 300 ℃ 作用后，RPC 内毛细水蒸发，相当于经历了自蒸的过程，一方面使得水泥水化反应更加充分，另一方面使得硅灰中的活性 SiO_2 与水泥水化产物 $Ca(OH)_2$ 发生火山灰反应，生成强度较高的 C－S－H 凝胶并消耗部分对强度有不利影响的 $Ca(OH)_2$，因此该温度范围内应力－应变曲线的形状与常温时相比变化不大，RPC 强度不但不降，反而有少许增加。400 ～ 700 ℃ 作用后，随经历温度的升高，C－S－H 凝胶和 $Ca(OH)_2$ 逐渐脱水分解，石英发生相变，并伴有体积膨胀，水化产物不再密实，基体结构孔隙率增加。钢纤维与基体界面处裂缝逐渐形成并发展，黏结部位越来越疏松，所以，此温度范围内应力－应变曲线的形状随经历温度的升高渐趋扁平，峰值点明显右移和下移，强度与变形模量不断衰退，峰值应变迅速增大，特别是 700 ℃ 后，钢纤维的约束作用基本丧失，水化产物遭到严重破坏，强度降到最低。800 ～ 900 ℃ 作用后，钢纤维氧化脱碳严重，轻折即断，RPC 烧结，脆性增大，曲线峰值点反而左移和上移，峰值应变减小，强度有所恢复。通过复掺纤维 RPC 单轴受压应力－应变曲线，可以得到相应的轴心抗压强度、弹性模量、峰值应变和极限应变等力学性能指标，复掺纤维 RPC 的力学性能指标具体值见表 20.10。

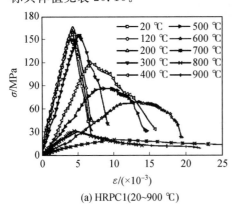

(a) HRPC1(20~900 ℃)　　(b) HRPC2(20~900 ℃)

图 20.26　不同高温作用后复掺纤维 RPC 的受压应力－应变关系曲线

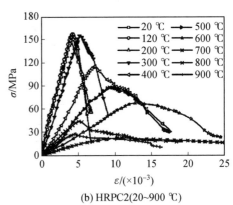

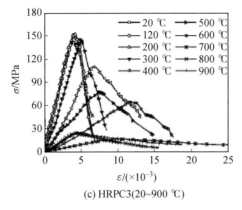

(c) HRPC3(20~900 ℃)

续图 20.26

表 20.10　复掺纤维 RPC 的力学性能指标

温度	轴心抗压强度 /MPa			弹性模量(×10⁴ MPa)			峰值应变 /με			极限应变 /με		
/℃	HRPC1	HRPC2	HRPC3	HRPC1	HRPC2	HRPC3	HRPC1	HRPC2	HRPC3	HRPC1	HRPC2	HRPC3
20	151.29	150.16	143.65	4.24	4.20	4.12	3 945	3 940	3 826	5 880	5 820	5 645
120	159.64	156.56	149.48	4.31	4.24	4.19	4 145	4 035	3 928	6 005	5 920	5 685
200	163.87	159.05	153.82	4.34	4.32	4.27	4 285	4 155	4 025	6 285	6 215	5 725
300	155.16	156.03	146.20	3.11	3.09	2.94	5 210	5 200	4 825	8 315	8 414	7 315
400	118.80	115.72	110.88	1.73	1.59	1.55	6 823	7 275	6 771	12 783	14 810	12 457
500	86.49	88.28	77.78	1.15	1.05	1.14	8 275	9 555	7 530	13 735	15 283	12 040
600	65.01	68.58	64.88	0.49	0.54	0.52	12 985	13 480	11 670	21 562	22 018	16 375
700	20.18	23.47	20.51	0.29	0.32	0.22	10 076	10 770	9 878	33 193	34 035	29 165
800	31.56	44.91	25.09	0.74	1.04	0.69	4 655	5 027	4 184	11 279	12 542	10 610
900	30.03	28.64	26.30	0.89	0.72	0.63	4 764	4 518	4 685	12 536	14 932	14 243

2. 纤维对应力－应变曲线的影响

（1）钢纤维影响。

图 20.27 为 PP 纤维掺量相同、钢纤维体积掺量分别为 1% 和 2% 的 HRPC3 和 HRPC2 经 20 ℃、200 ℃、300 ℃、500 ℃、700 ℃ 和 800 ℃ 作用后的应力－应变关系曲线。从图中可以看出，不同高温作用后，HRPC2 的应力－应变曲线下的面积均大于 HRPC3，且随着温度的升高，这种增大作用更明显，说明钢纤维掺量大的 RPC 的延性和韧性较好。

（2）PP 纤维的影响。

图 20.28 为钢纤维掺量相同、PP 纤维体积掺量分别为 0、0.1% 和 0.2% 的 SRPC2、HRPC1 和 HRPC2 经 20 ℃、200 ℃、300 ℃、500 ℃、700 ℃ 和 800 ℃ 作用后的应力－应变关系曲线。对比分析可知：300 ℃ 前，PP 纤维掺量对 RPC 应力－应变曲线的影响较小；300 ℃ 后，随着 PP 纤维掺量的增加，应力－应变曲线下的面积逐渐增大，说明其耗能能力随 PP 纤维掺量的增加而增强。由此可知，较高温度作用后，PP 纤维熔化后的孔洞为蒸气和热量逸出提供了通道，缓解了复掺纤维 RPC 所受的高温损伤，改善了其高温后的性能。

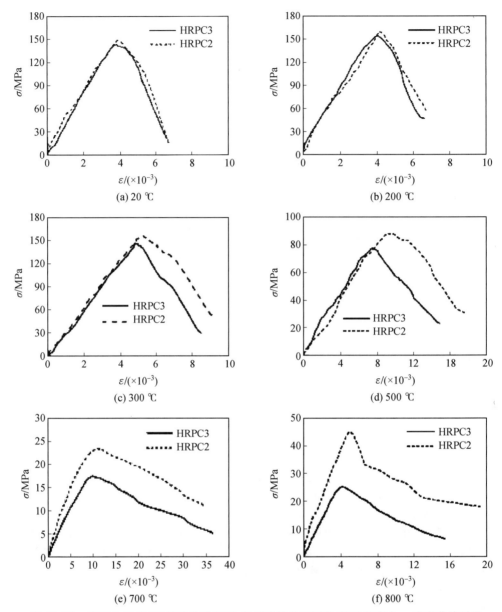

图 20.27　高温作用后 PP 纤维掺量相同、钢纤维掺量不同的 RPC 的应力－应变曲线对比

3. 轴心抗压强度

复掺纤维 RPC 高温后轴心抗压强度（f_{cT}）及其与常温轴心抗压强度的比值（f_{cT}/f_c）随经历温度的变化情况如图 20.29 所示。从图 20.29(a) 中可以看出：① 各对应温度下，三种复掺纤维 RPC 的轴心抗压强度差别不大：钢纤维体积掺量为 1% 的 HRPC3 最小；21～400 ℃，钢纤维体积掺量为 2%，PP 纤维体积掺量为 0.1% 的 HRPC1 最大；500～900 ℃，钢纤维体积掺量为 2%，PP 纤维体积掺量为 0.2% 的 HRPC2 最大。这说明钢纤维可以有效提高复掺纤维 RPC 的高温作用后抗压强度，PP 纤维对较高温度作用后的复掺纤维 RPC 抗压强度有改善作用。② 经历温度不高于 300 ℃ 时，复掺纤维 RPC 相当于经历了高温养护过程，抗压强度较常温时略有提高；400～700 ℃ 作用后，RPC 内部损伤

逐渐加重,抗压强度近似呈线性规律降低;700 ℃ 后,HRPC1、HRPC2 和 HRPC3 的强度损失分别为 87.66%、84.37% 和 87.81%;$800\sim900$ ℃ 后,钢纤维氧化脱碳严重,RPC 烧结,抗压强度较 700 ℃ 时有所回升。

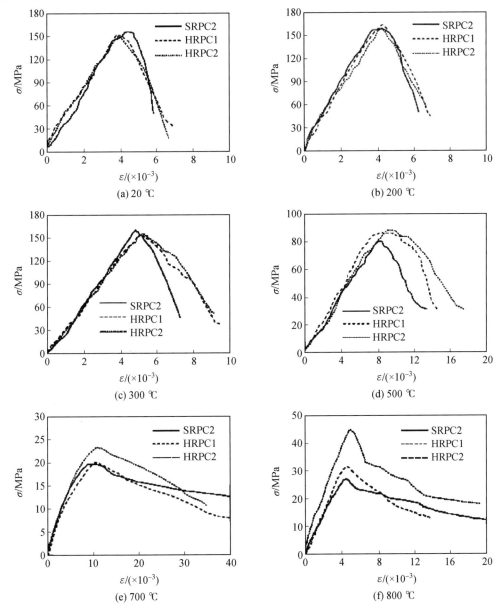

图 20.28　高温作用后钢纤维掺量相同、PP 纤维掺量不同的 RPC 的应力—应变曲线对比

高温作用后钢纤维和 PP 纤维体积掺量分别为 2%、0.1%,2%、0.2% 和 1%、0.2% 的复掺纤维 RPC(HRPC) 相对轴心抗压强度随经历温度的变化规律可用式(20.20)近似描述,理论曲线与试验结果如图 20.29(b)所示。

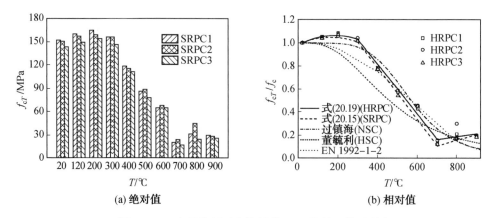

图 20.29　高温作用后复掺纤维 RPC 的轴心抗压强度

$$
\frac{f_{cT}}{f_c} = \begin{cases}
0.98 + 0.91\left(\dfrac{T}{1\,000}\right) - 2.47\left(\dfrac{T}{1\,000}\right)^2 & (20\ ℃ \leqslant T \leqslant 300\ ℃, R^2 = 0.985) \\[2mm]
1.68 - 2.17\left(\dfrac{T}{1\,000}\right) & (300\ ℃ < T \leqslant 700\ ℃, R^2 = 0.996) \\[2mm]
-0.006 + 0.24\left(\dfrac{T}{1\,000}\right) & (700\ ℃ < T \leqslant 900\ ℃, R^2 = 0.942)
\end{cases}
$$

$$\tag{20.20}$$

式中，f_{cT} 为温度 T 作用后复掺纤维 RPC 的轴心抗压强度，MPa；f_c 为常温下复掺纤维 RPC 的轴心抗压强度，MPa；T 为经历温度，℃；R^2 为表征拟合精度的相关系数。

图 20.29(b) 还给出了 SRPC、NSC、HSC 和 EN 1992－1－2 对应的抗压强度相对值随温度变化的曲线。对比分析可知：HSC 曲线位于最下方，其余四条曲线比较接近，这说明与普通混凝土和活性粉末混凝土相比，高强混凝土的耐高温性能较差；温度超过 200 ℃ 后，复掺纤维 RPC 曲线基本高于掺钢纤维 RPC 曲线，因为当加热温度高于 PP 纤维熔点（165 ℃）时，PP 纤维熔化并在 RPC 内留下互相连通的孔洞，为蒸气和热量逸出提供通道，缓解了 RPC 所受的高温损伤，使得复掺纤维 RPC 试件保持了更好的完整性和更高的残余力学性能。

4. 轴心抗压强度与立方体抗压强度比

高温后复掺纤维 RPC 轴心抗压强度与立方体抗压强度的比（$f_{cT}/f_{cuT}^{70.7}$）随温度变化的曲线如图 20.30 中虚线所示。当经历温度不高于 200 ℃ 时，温度作用对抗压强度的影响较小，$f_{cT}/f_{cuT}^{70.7}$ 与常温时相比差别不大，HRPC1 和 HRPC2 的平均值取 0.95，HRPC3 的平均值取 1.02。经历 200 ~ 700 ℃ 作用后，棱柱体试件所受高温损伤大于立方体试件，所以，轴心抗压强度衰退速率大于立方体抗压强度，比值 $f_{cT}/f_{cuT}^{70.7}$ 随经历温度的升高呈线性降低。800 ~ 900 ℃ 作用后，RPC 烧结，轴心抗压强度较 700 ℃ 时有所回升，比值增大。

三种复掺纤维 RPC 对应的 $f_{cT}/f_{cuT}^{70.7}$ 与经历温度间的关系用式（20.21）描述，理论曲线如图 20.29 中实线所示。

$$f_{cT} / f_{cuT}^{70.7} = \begin{cases} 0.97 & (20\ ℃ \leqslant T \leqslant 200\ ℃, R^2 = 0.988) \\ 1.24 - 1.37\left(\dfrac{T}{1\,000}\right) & (200\ ℃ < T \leqslant 700\ ℃, R^2 = 0.991) \\ -4.36 + 6.63\left(\dfrac{T}{1\,000}\right) & (700\ ℃ < T \leqslant 800\ ℃, R^2 = 0.984) \\ 3.44 - 3.11\left(\dfrac{T}{1\,000}\right) & (800\ ℃ < T \leqslant 900\ ℃, R^2 = 0.987) \end{cases} \tag{20.21}$$

式中，$f_{cuT}^{70.7}$ 为温度 T 作用后复掺纤维 RPC 的立方体抗压强度，MPa；f_{cT} 为温度 T 作用后复掺纤维 RPC 的轴心抗压强度，MPa；T 为经历温度，℃；R^2 为相关系数。

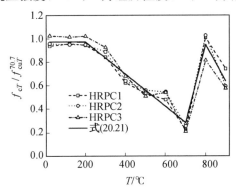

图 20.30　高温后复掺纤维 RPC 轴心抗压强度与立方体抗压强度的比值

5. 弹性模量

图 20.31(a) 和图 20.31(b) 分别为复掺纤维 RPC 的初始弹性模量 E_{oT} 和峰值割线模量 E_{cT} 与温度关系的柱状图。初始弹性模量和峰值割线模量随经历温度的变化规律与轴心抗压强度相似，但下降速率比抗压强度快。HRPC1、HRPC2 和 HRPC3 所对应的 E_{oT}/E_o 和 E_{cT}/E_c 随温度的升高具有相同的变化规律，统一采用式(20.22)进行描述，理论曲线与试验数据如图 20.31(c) 所示。为便于对比，图 20.31(c) 还给出了 NSC、HSC、EN 1992-1-2 和 SRPC 弹性模量相对值随温度变化的曲线。

$$\frac{E_{oT}}{E_o} = \frac{E_{cT}}{E_c} = \begin{cases} 0.997 + 0.12\left(\dfrac{T}{1\,000}\right) & (20\ ℃ \leqslant T \leqslant 200\ ℃, R^2 = 0.957) \\ 1.87 - 4.92\left(\dfrac{T}{1\,000}\right) + 3.41\left(\dfrac{T}{1\,000}\right)^2 & (200\ ℃ < T \leqslant 900\ ℃, R^2 = 0.991) \end{cases}$$
$$\tag{20.22}$$

式中，E_{oT} 为温度 T 作用后复掺纤维 RPC 的初始弹性模量，MPa；E_o 为常温复掺纤维 RPC 的初始弹性模量，MPa；E_{cT} 为温度 T 作用后复掺纤维 RPC 的峰值割线模量，MPa；E_c 为常温复掺纤维 RPC 的峰值割线模量，MPa；T 为经历温度，℃；R^2 为相关系数。

6. 峰值应变

高温后复掺纤维 RPC 峰值应变绝对值（ε_{cT}）及相对值（$\varepsilon_{cT}/\varepsilon_c$）与经历温度的关系如图 20.32 所示。经历温度不高于 400 ℃ 时，纤维掺量变化对峰值应变影响不大，超过 400 ℃ 后，峰值应变大小顺序为 HRPC2 > HRPC1 > HRPC3。三种复掺纤维 RPC 的峰值应变随经历温度的升高具有相似的变化规律：在 21 ~ 600 ℃ 时，峰值应变随经历温度的升高迅速增大；在 600 ~ 800 ℃ 时，钢纤维的增强作用逐渐减弱，峰值应变近似呈线性规律降低；900 ℃ 作用后，峰值应变与 800 ℃ 时基本相同。

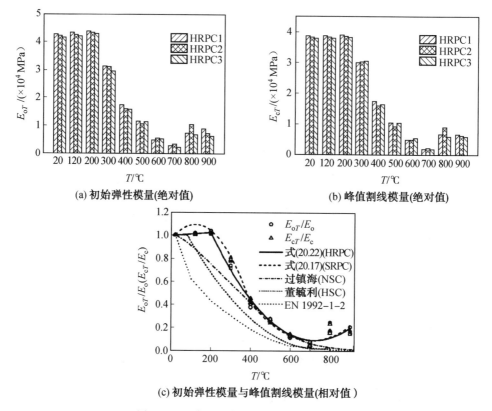

(a) 初始弹性模量(绝对值)　　　　　　　　(b) 峰值割线模量(绝对值)

(c) 初始弹性模量与峰值割线模量(相对值)

图 20.31　高温后复掺纤维 RPC 的弹性模量

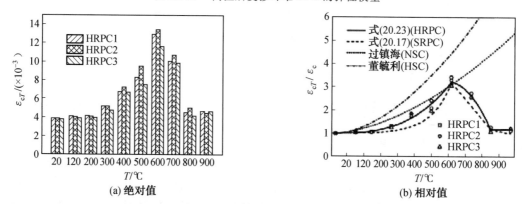

(a) 绝对值　　　　　　　　　　(b) 相对值

图 20.32　高温后复掺纤维 RPC 的峰值应变

高温后复掺纤维 RPC 的相对峰值应变与经历温度的关系用式(20.23)表示,理论曲线与试验数据如图 20.32(b)所示。

$$\frac{\varepsilon_{cT}}{\varepsilon_c} = \begin{cases} 0.99 + 0.31\left(\dfrac{T}{1\ 000}\right) - 0.99\left(\dfrac{T}{1\ 000}\right)^2 + 11.07\left(\dfrac{T}{1\ 000}\right)^3 & (20\ ℃ \leqslant T \leqslant 600\ ℃, R^2 = 0.995) \\ -11.01 + 49.13\left(\dfrac{T}{1\ 000}\right) - 42.35\left(\dfrac{T}{1\ 000}\right)^2 & (600\ ℃ < T \leqslant 800\ ℃, R^2 = 0.997) \\ 1.11 + 0.097\left(\dfrac{T}{1\ 000}\right) & (800\ ℃ < T \leqslant 900\ ℃, R^2 = 0.997) \end{cases}$$

$$(20.23)$$

式中，ε_{cT} 为温度 T 作用后掺钢纤维 RPC 的峰值应变；ε_c 为常温下掺钢纤维 RPC 的峰值应变；T 为经历温度，℃；R^2 为相关系数。

NSC、HSC 和 SRPC 峰值应变相对值随经历温度变化的曲线如图 20.32(b) 所示。对比分析可知：当经历温度不高于 600 ℃ 时，随温度升高，HSC 峰值应变增长最快，NSC 次之，掺钢纤维 RPC 最慢，说明相同高温作用后，HSC 所受高温损伤最严重，抗高温性能最差；600～900 ℃ 后，NSC 和 HSC 的峰值应变继续增大，而掺钢纤维 RPC 和复掺纤维 RPC 的峰值应变则逐渐减小，因为经高于 600 ℃ 温度作用后，钢纤维约束阻裂作用严重削弱，RPC 变形能力降低。此外，在各对应温度下，由于 PP 纤维的掺入对 RPC 的延性有一定的提高，复掺纤维 RPC 相对峰值应变稍高于掺钢纤维 RPC。

7. 极限应变

高温后复掺纤维 RPC 的极限应变（ε_{cuT}）与经历温度的关系如图 20.33 所示。对比图 20.33(a) 和图 20.22(a) 可知，与掺钢纤维 RPC 相同，复掺纤维 RPC 的极限应变也于 700 ℃ 达到峰值。高温后复掺纤维 RPC 极限应变相对值与温度的关系用式（20.24）表达，理论曲线与试验数据如图 20.33(b) 所示。图 20.33(b) 同时给出了 SRPC 极限应变拟合曲线，将其与 HRPC 极限应变拟合曲线进行对比分析发现，600 ℃ 前，HRPC 极限应变相对值稍高于 SRPC；600 ℃ 后，SRPC 极限应变急剧增大，其极限应变相对值曲线反而高于 HRPC，因为 PP 纤维掺入减小了 HRPC 所受的高温损伤，使得其高温作用（温度高于 600 ℃）后极限应变相对于 SRPC 大大减小了。

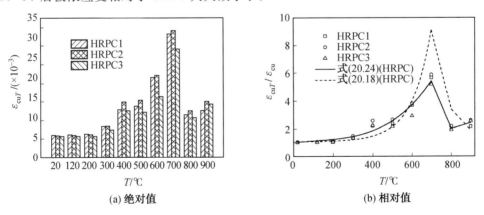

图 20.33　高温作用后混杂纤维 RPC 的极限应变

$$\frac{\varepsilon_{cuT}}{\varepsilon_{cu}} = \begin{cases} 0.97 + 1.76\left(\dfrac{T}{1\ 000}\right) - 6.54\left(\dfrac{T}{1\ 000}\right)^2 + 18.70\left(\dfrac{T}{1\ 000}\right)^3 & (20\ ℃ \leqslant T \leqslant 700\ ℃, R^2 = 0.986) \\[2mm] 29.38 - 34.24\left(\dfrac{T}{1\ 000}\right) & (700\ ℃ < T \leqslant 800\ ℃, R^2 = 0.996) \\[2mm] -1.40 + 4.23\left(\dfrac{T}{1\ 000}\right) & (800\ ℃ < T \leqslant 900\ ℃, R^2 = 0.994) \end{cases}$$

$$(20.24)$$

式中，ε_{cuT} 为温度 T 作用后复掺纤维 RPC 的峰值应变；ε_c 为常温下复掺纤维 RPC 的峰值应变；T 为经历温度，℃；R^2 为相关系数。

8. 横向变形性能

不同高温作用后复掺纤维 RPC 的横向变形系数(ν)和体积应变(θ)随应力比(σ/f_{cT})的变化曲线分别如图 20.34 和图 20.35 所示。从图中可以看出，三种复掺纤维 RPC 所对应的 $\nu - \sigma/f_{cT}$ 曲线和 $\theta - \sigma/f_{cT}$ 曲线随经历温度的变化规律与钢纤维 RPC 基本相同。经历温度不高于 300 ℃ 时，RPC 所受高温损伤较小，随应力比(σ/f_{cT})的增大，横向变形系数的变化幅度较小，体积应变临界点所对应的 σ/f_{cT} 平均值处于 0.906～0.970 之间；400～700 ℃ 作用后，RPC 变得越来越疏松，横向变形能力增强，随应力比的增大，横向变形系数变化幅度明显增大，体积应变临界点所对应的 σ/f_{cT} 平均值在 0.528～0.550 之间；800～900 ℃ 作用后，钢纤维丧失作用，混凝土烧结，RPC 的变形能力减弱，随着应力比的增大，横向变形系数变化幅度重又减小，体积应变临界点所对应的应力比有所提高，位于 0.666～0.807 之间。

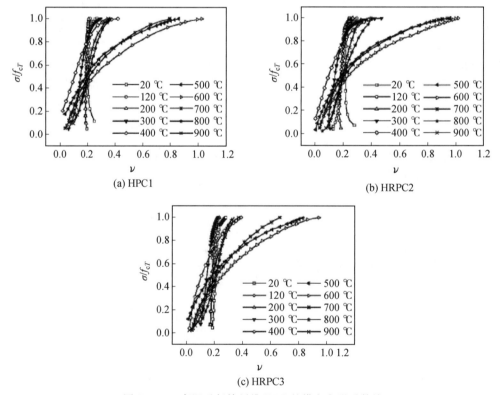

(a) HPC1 (b) HRPC2

(c) HRPC3

图 20.34　高温后复掺纤维 RPC 的横向变形系数续

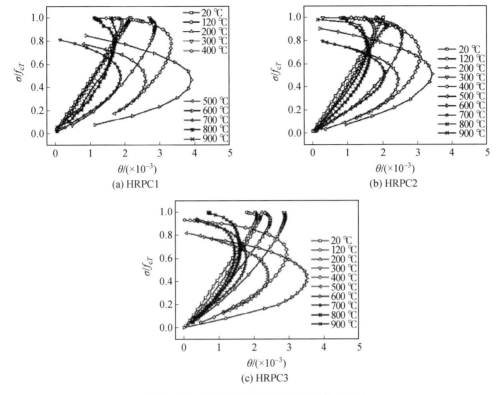

图 20.35　高温后复掺纤维 RPC 的体积应变

图 20.36 为复掺纤维 RPC 泊松比 μ(应力比 0.5 处对应的横向变形系数)随温度的变化曲线。相同温度作用后,由于纤维约束了试件的横向膨胀,减小了 RPC 的横向应变,所以 HRPC2 对应的泊松比最小,HRPC1 次之,HRPC3 最大;600 ℃ 作用后,HRPC1、HRPC2 和 HRPC3 对应的泊松比分别为 0.247、0.237 和 0.260。

综合分析图 20.24 和图 20.36 发现,单掺钢纤维与混掺纤维的 RPC 的泊松比随温度的变化规律基本一致,二者可统一采用式(20.25)进行表达,拟合曲线与试验数据如图 20.37 所示,二者吻合较好。

$$\mu = \begin{cases} 0.21 - 0.66 \times 10^{-3}\left(\dfrac{T}{1\,000}\right) - 0.64\left(\dfrac{T}{1\,000}\right)^2 & (20\ ℃ \leqslant T \leqslant 400\ ℃, R^2 = 0.972) \\[2mm] -0.19 + 0.73\left(\dfrac{T}{1\,000}\right) & (400\ ℃ < T \leqslant 600\ ℃, R^2 = 0.997) \\[2mm] 0.80 - 1.41\left(\dfrac{T}{1\,000}\right) + 0.83\left(\dfrac{T}{1\,000}\right)^2 & (600\ ℃ < T \leqslant 900\ ℃, R^2 = 0.998) \end{cases}$$

$$(20.25)$$

式中,μ 为 0.5 应力比(σ/f_{cT})所对应的 RPC 的泊松比;T 为经历温度,℃;R^2 为相关系数。

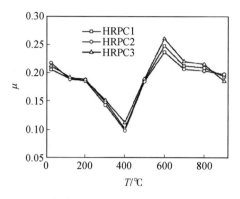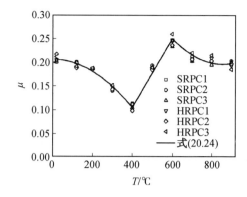

图 20.36　复掺纤维 RPC 的泊松比随温度的变化曲线　图 20.37　不同配比 RPC 的泊松比与温度关系的拟合曲线

20.5　高温后 RPC 单轴应力－应变曲线方程

20.5.1　高温后掺钢纤维 RPC 单轴受压应力－应变曲线方程

1. 受压应力－应变曲线几何特征

图 20.38 为混凝土典型受压应力－应变关系曲线,对曲线具体描述如下:

① $x=0$ 时, $y=0$, 即曲线通过原点;

② $0 \leqslant x < 1$ 时, $\mathrm{d}^2 y / \mathrm{d} x^2 < 0$, 即上升段曲线斜率单调减小,无拐点;

③ $x=1$ 时, $y=1$, $\mathrm{d} y / \mathrm{d} x = 0$, 曲线单峰(C 点);

④ $\mathrm{d}^2 y / \mathrm{d} x^2 = 0$ 处横坐标 $x_D > 1$, 即下降段曲线上有 1 个拐点(D 点);

⑤ $\mathrm{d}^3 y / \mathrm{d} x^3 = 0$ 处横坐标 $x_E > x_D$, 即下降段存在一个曲率最大点(E 点);

⑥ $x \to \infty$ 时, $y \to 0$, $\mathrm{d} y / \mathrm{d} x \to 0$, 即应变很大时,应力趋于 0,曲线切线水平;

⑦ 全部曲线 $x \geqslant 0$, $0 \leqslant y \leqslant 1$。

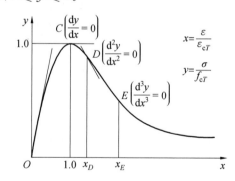

图 20.38　混凝土典型受压应力－应变关系曲线

2. 曲线方程的提出

将各掺钢纤维 RPC 受压应力－应变曲线换算成以 $x = \varepsilon / \varepsilon_{cT}$ 为横坐标、 $y = \sigma / f_{cT}$ 为纵坐标的标准曲线,如图 20.39 所示,其中 σ 和 ε 为 RPC 的应力和应变, f_{cT} 和 ε_{cT} 为温度 T 作用后 RPC 的抗压强度和峰值应变。发现高温后掺钢纤维 RPC 的应力－应变曲线与典型

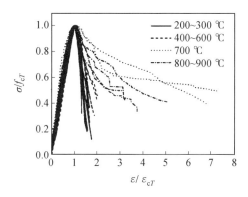

图 20.39　高温后掺钢纤维 RPC 归一化后的受压应力－应变曲线

的混凝土受压应力－应变曲线具有相同的几何特征,因此,高温后钢纤维 RPC 的应力－应变曲线可以采用与普通混凝土相同的方程模式。

通过比较分析,高温后 RPC 的受压应力－应变曲线方程采用分段式方程,其中上升段采用多项式,下降段采用有理分式的形式,由于掺钢纤维 RPC 强度较高,上升段线性部分较长,因此上升段采用五次多项式进行拟合。方程具体形式如式(20.26)和式(20.27)所示。

上升段：
$$y = \alpha x + (5 - 4\alpha)x^4 + (3\alpha - 4)x^5 \quad (0 \leqslant x < 1) \tag{20.26}$$

下降段：
$$y = \frac{x}{\beta(x-1)^2 + x} \quad (x \geqslant 1) \tag{20.27}$$

代入 20.5.1 节条件,得到钢纤维体积掺量为 $1\% \sim 3\%$ 的 RPC 应力－应变曲线方程形式为

$$y = \begin{cases} \alpha x + (5 - 4\alpha)x^4 + (3\alpha - 4)x^5 & (0 \leqslant x < 1) \\ \dfrac{x}{\beta(x-1)^2 + x} & (x \geqslant 1) \end{cases} \tag{20.28}$$

式中,$x = \varepsilon/\varepsilon_{cT}$,$y = \sigma/f_{cT}$；$\varepsilon$ 为掺钢纤维 RPC 的应变；σ 为掺钢纤维 RPC 的应力,MPa；ε_{cT} 为温度 T 作用后掺钢纤维 RPC 的峰值应变；f_{cT} 为温度 T 作用后掺钢纤维 RPC 的轴心抗压强度,MPa；α、β 分别为曲线上升段和下降段参数。

3. 方程参数讨论

式(20.28)中的参数 α、β 具有明确的物理和几何意义。当 $x = 0$ 时,$\alpha = \mathrm{d}y/\mathrm{d}x$,由各符号的定义可得

$$\alpha = \frac{\mathrm{d}y}{\mathrm{d}x}\bigg|_{x=0} = \frac{\mathrm{d}(\sigma/f_{cT})}{\mathrm{d}(\varepsilon/\varepsilon_{cT})} = \frac{\mathrm{d}\sigma/\mathrm{d}\varepsilon\,|_{x=0}}{f_{cT}/\varepsilon_{cT}} = \frac{E_{oT}}{E_{cT}} \tag{20.29}$$

由此可见,α 为掺钢纤维 RPC 初始弹性模量与峰值割线模量之比(E_{oT}/E_{cT})。由于 E_{oT} 和 E_{cT} 都大于 0 且上升段 $E_{oT} \geqslant E_{cT}$,所以 $\alpha \geqslant 1$,且 $\alpha \leqslant 5/3$,故 α 的取值范围为 $1 \leqslant \alpha \leqslant 5/3$。当 $\beta = 0$ 时,下降段曲线 $y = 1$,为一条从峰值点延伸的水平线,相当于理想塑性材料；当 $\beta \to \infty$ 时,下降段曲线 $y = 0$,即过峰值点后掺钢纤维 RPC 的残余强度为 0,相当于完全脆性材料,故 β 的取值范围为 $0 < \beta < \infty$。

参数 α、β 决定了应力－应变曲线的形状。本章中参数 α 由初始弹性模量和峰值割线模量计算获得,参数 β 通过 MATLAB 编制程序对试验数据拟合获得。由图 20.38 对试验结果进行整理发现,随着经历温度的升高,掺钢纤维 RPC 归一化后的应力－应变曲线形

状逐渐发生变化。根据曲线形状的不同可划分为 4 个温度段:21～300 ℃、400～600 ℃、700 ℃ 和 800～900 ℃。钢纤维体积掺量为 1%～3% 的 RPC 在上述各温度段内可采用统一方程描述,4 个温度段分别对应不同的方程参数,具体数值见表 20.11。将表 20.11 中的参数 α 和 β 分别代入式(20.27),理论曲线与试验结果如图 20.40 所示,二者吻合较好。

表 20.11 不同温度段内掺钢纤维 RPC 的应力－应变曲线方程参数

温度段 /℃	方程参数	
	α	β
20～300	1.12	7.87
400～600	1.02	3.85
700	1.59	0.27
800～900	1.33	0.93

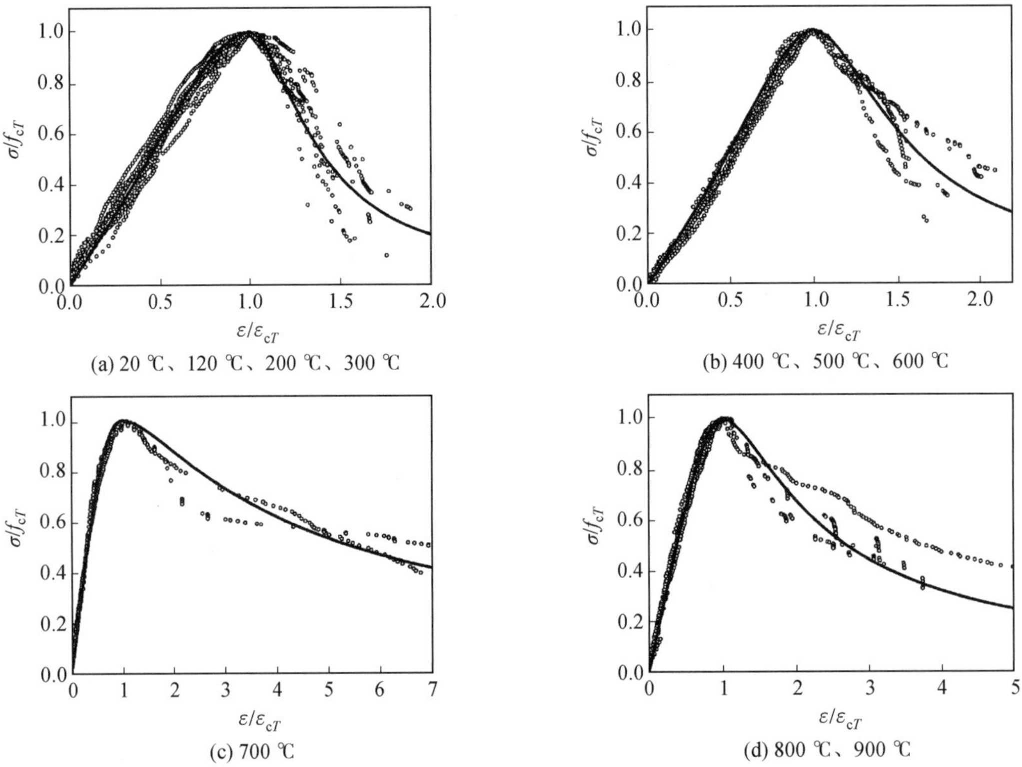

(a) 20 ℃、120 ℃、200 ℃、300 ℃

(b) 400 ℃、500 ℃、600 ℃

(c) 700 ℃

(d) 800 ℃、900 ℃

图 20.40 高温后掺钢纤维 RPC 的应力－应变拟合曲线

4. 不同温度段内受压应力－应变全曲线对比

将对应于 4 个温度段的掺钢纤维 RPC 归一化后的受压应力－应变理论曲线汇总于图 20.41。由图可以看出:上升段曲线随参数 α 的变化不明显,α 值越大上升段曲度越明显,α 值越小直线部分越长。参数 β 不同时,不同温度段内的下降段曲线差别较大,β 的大小与无量纲曲线下的面积成反比,当钢纤维 RPC 经历温度相对较低时,下降段较陡,说明破坏过程急促,脆性较明显,当经历较高温度作用后,下降段拖得较长,可以认为经历高温作用后掺钢纤维 RPC 的塑性变形能力有所提高。

依据归一化应力－应变曲线方程式(20.27),当 x 取不同值时,可以得到一系列 y 值,

由于 $x=\varepsilon/\varepsilon_{cT}$、$y=\sigma/f_{cT}$,将不同高温后掺钢纤维 RPC 对应的 ε_{cT} 和 f_{cT} 值代入反算,可以得到相应的 ε 和 σ 值,进而绘制出相应的应力－应变理论曲线,与试验曲线进行对比,如图20.42 所示。从图中可以看出,理论曲线与试验曲线吻合较好,说明所选用的方程形式及确定的参数值比较合理。

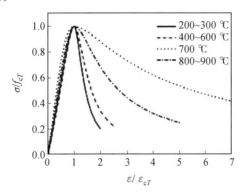

图 20.41 不同温度段内掺钢纤维 RPC 的归一化应力－应变曲线对比

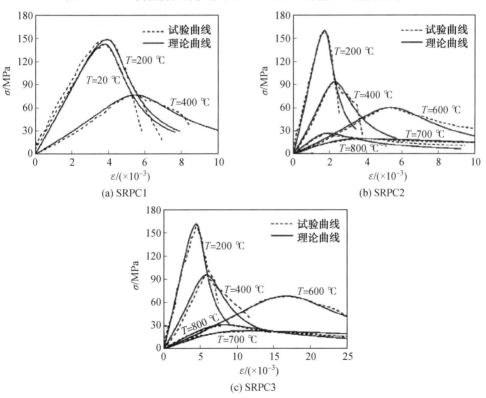

(a) SRPC1

(b) SRPC2

(c) SRPC3

图 20.42 不同高温作用后掺钢纤维 RPC 的应力－应变理论曲线与试验曲线对比

20.5.2 高温后复掺纤维 RPC 单轴受压应力－应变曲线方程

1. 方程形式

图 20.43 为将高温作用后各复掺纤维 RPC 的受压应力－应变曲线换算成以 $x=\varepsilon/\varepsilon_{cT}$

为横坐标、$y=\sigma/f_{cT}$ 为纵坐标的标准曲线,由图可知复掺纤维 RPC 归一化后的曲线与掺钢纤维 RPC 具有相同的几何特征,可以采用相同的方程模式进行描述,因此复掺纤维 RPC 应力－应变曲线方程也采用式(20.30)所示的方程形式,即

$$y=\begin{cases}\alpha x+(5-4\alpha)x^4+(3\alpha-4)x^5 & (0\leqslant x\leqslant 1)\\ \dfrac{x}{\beta(x-1)^2+x} & (x\geqslant 1)\end{cases} \tag{20.30}$$

式中,参数 α,β 的物理意义和取值范围与掺钢纤维 RPC 相同,α 由 E_{oT}/E_{cT} 计算获得,β 通过编制程序对试验数据拟合获得。

2. 参数计算

通过图 20.44 对试验结果整理发现,复掺纤维 RPC 归一化后的应力－应变曲线形状随着经历温度的升高逐渐发生变化。根据曲线形状的不同可划分为 3 个温度段:21 ～ 200 ℃、300 ～ 600 ℃ 和 700 ～ 900 ℃。3 种 HRPC 的应力－应变关系曲线在上述各温度段内可采用统一方程描述,3 个温度段分别对应不同的方程参数,参数具体数值见表20.12。

将表中的参数 α 和 β 分别代入式(20.30),理论曲线与试验结果如图 20.44(a) ～ (c) 所示,二者吻合较好。

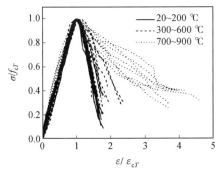

图 20.43 高温后复掺纤维 RPC 归一化受压应力－应变曲线

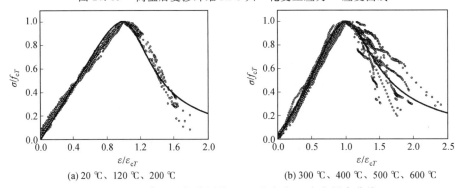

(a) 20 ℃、120 ℃、200 ℃   (b) 300 ℃、400 ℃、500 ℃、600 ℃

图 20.44 高温后复掺纤维 RPC 的应力－应变拟合曲线

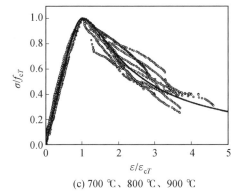
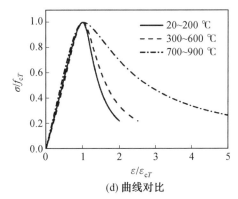

(c) 700 ℃、800 ℃、900 ℃   (d) 曲线对比

续图 20.44

表 20.12　不同温度段内复掺纤维 RPC 的应力－应变曲线方程参数

温度段 /℃	方程参数	
	α	β
21 ∼ 200	1.11	7.10
300 ∼ 600	1.03	3.91
700 ∼ 900	1.25	0.87

3. 全曲线对比

图 20.44(d) 对比给出了对应于 3 个温度段的复掺纤维 RPC 归一化后的理论应力－应变曲线。从图中可以看出,3 条曲线的上升段相差较小,下降段差别较大,且随经历温度的升高,下降段曲线明显变缓,说明经历较高温度作用后,复掺纤维 RPC 后的塑性变形能力有所提高,与掺钢纤维 RPC 的分析结果一致。

依据复掺纤维 RPC 的标准应力－应变曲线方程,将不同高温后 HRPC1 ∼ HRPC3 的轴心抗压强度(f_{cT})和峰值应变(ε_{cT})代入反算,可以绘得不同高温作用后复掺纤维 RPC 的受压应力－应变理论曲线,与试验所得应力－应变曲线进行对比,如图 20.45 所示。从图中可以看出,理论曲线与试验曲线吻合程度较好,说明本章选用的方程形式和参数值比较合理。

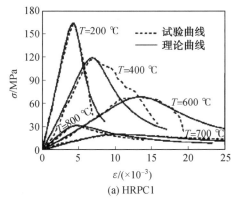
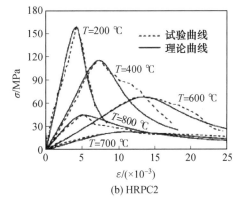

(a) HRPC1   (b) HRPC2

图 20.45　不同高温作用后复掺纤维 RPC 的应力－应变理论曲线与试验曲线对比

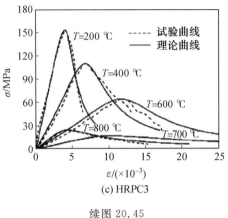

(c) HRPC3

续图 20.45

20.6 高温后 RPC 的微观结构

20.6.1 掺钢纤维 RPC 的微观结构随温度变化

1. 掺钢纤维 RPC 基本微观形貌

20 ℃、200 ℃、400 ℃、600 ℃ 和 800 ℃ 作用后，掺钢纤维 RPC 基体的 SEM 照片如图 20.46 所示。由图 20.45(a) 可知，常温时 RPC 内部结构完整、密实，C—S—H 凝胶呈连续块状形态，片状晶体为 Ca(OH)$_2$，球状颗粒为未水化的胶凝材料。RPC 不含粗骨料，并掺入硅灰、矿渣两种活性掺和料，二者颗粒极细，可填充于水泥颗粒间的孔隙中，经 90 ℃ 高温养护后，硅灰中的活性 SiO$_2$ 很快与水泥水化产物 Ca(OH)$_2$ 发生火山灰反应，生成 C—S—H 凝胶，将孔隙填充得更加密实，并消耗部分对强度有不利影响的 Ca(OH)$_2$，所以 RPC 具有优越的常温力学性能。与普通混凝土和高强混凝土不同的是，RPC 水化产物中没有发现钙矾石（AFt），因为 RPC 水胶比很低，这使得需要大量结晶水的 AFt 很难生成，其次 AFt 的分解温度为 70～80 ℃，即使有部分 AFt 生成，经 90 ℃ 高温养护后也已经完全分解。

从图 20.46(b) 中可以看出，200 ℃ 作用后，RPC 基体结构与常温时相比变化不明显，主要由连成整体的块状 C—S—H 凝胶、未水化的球状颗粒和少量 Ca(OH)$_2$ 晶体组成。经 200 ℃ 作用后，RPC 内毛细水蒸发，相当于经历了自蒸发过程，水泥水化反应和火山灰反应互相促进，消耗了更多对强度有不利影响的 Ca(OH)$_2$，并生成更多的 C—S—H 凝胶，使得内部结构更加密实，宏观上表现为抗压强度较常温时有所提高。

如图 20.46(c) 所示，400 ℃ 作用后，RPC 仍保持较密实的内部结构，Ca(OH)$_2$ 进一步减少，但 C—S—H 凝胶中的孔隙开始增多。因为经 400 ℃ 作用后，水泥石中的凝胶水散失，孔隙率增加，但此时火山灰反应更加充分，几乎消耗掉全部 Ca(OH)$_2$，水泥石仍然保持较好的整体性，基体结构也相当致密。

分析图 20.46(d) 可知，600 ℃ 作用后，RPC 孔隙增多并出现裂纹，基体结构变得疏松，C—S—H 凝胶由黏结在一起的整体连续相变为相对独立的分散相，水化产物中找不到 Ca(OH)$_2$ 晶体。因为经 600 ℃ 作用后，C—S—H 凝胶逐步脱去水分子（结晶水），生成硅酸三钙（C$_3$S）和 β 型硅酸二钙（β—C$_2$S）；在 500 ℃ 左右时，未参与火山灰反应的

(a) 20 ℃　　　　　　　(b) 200 ℃　　　　　　　(c) 400 ℃

(d) 600 ℃　　　　　　　　　(e) 800 ℃

图 20.46　不同温度作用后掺钢纤维 RPC 基体的 SEM 照片

$Ca(OH)_2$ 脱水分解为 CaO；在 573 ℃ 时，α 型石英($\alpha-SiO_2$)相变为 β 型石英($\beta-SiO_2$)，并伴有体积的突然膨胀，水化产物不再密实，基体结构孔隙率增大，直接的宏观表现为试件表面出现细长裂纹，抗压强度大幅下降。

由图 20.46(e) 可以看出，800 ℃ 作用后，RPC 基体结构呈破碎蜂窝状，出现大量孔洞，已没有完好的结晶体。这是因为 800 ℃ 后，$C-S-H$ 凝胶完全脱水分解，生成大量 C_3S、$\beta-C_2S$ 和部分 β 型硅灰石($\beta-C_2S$)，RPC 内部结构密实度急剧下降，试件表面出现大量网状贯通裂纹，抗压强度下降了近 80%。

2. 钢纤维与机体黏结界面微观形貌

基体中掺入适量钢纤维可以有效防止 RPC 高温爆裂并提高其高温后力学性能，但钢纤维与基体黏结界面处也成为内部结构的薄弱区域，常常引发裂纹的产生。图 20.47 为不同温度作用后钢纤维与基体黏结界面处的 SEM 照片。

由图 20.47 可以看出，随温度升高，钢纤维与基体界面处裂缝逐渐形成并发展，黏结部位越来越疏松。常温下，钢纤维与基体黏结紧密，过渡区完整密实(图 20.47(a))，受力时纤维在逐渐被拔出的过程中吸收大量能量，提高了 RPC 的受力性能。200 ℃ 作用后，黏结界面出现细微裂纹，但过渡区仍然完整致密，钢纤维对 RPC 的增强效果依然显著(图 20.47(b))。400 ℃ 作用后，浆体的收缩和钢纤维的膨胀在过渡区引起内应力，钢纤维与基体界面处裂纹发展，黏结界面开始变得疏松(图 20.47(c))。600 ℃ 作用后，RPC 基体微观结构急剧恶化，使得钢纤维与基体黏结部位裂纹宽度增大，过渡区更加疏松，钢纤维增强效果大大降低(图 20.47(d))，RPC 宏观力学性能明显下降。800 ℃ 作用后，钢纤维与基体脱黏(图 20.47(e))，由于高温作用，钢纤维强度丧失、轻折即断。

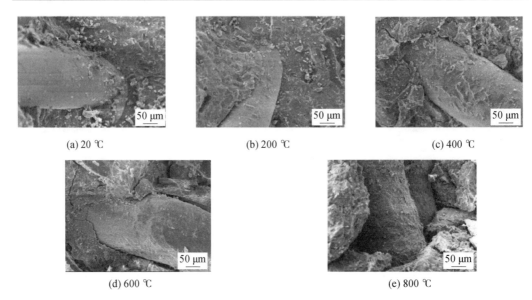

(a) 20 ℃   (b) 200 ℃   (c) 400 ℃

(d) 600 ℃   (e) 800 ℃

图 20.47　不同温度作用后钢纤维与基体黏结界面处的 SEM 照片

3. 钢纤维表面微观形貌

图 20.48 为不同温度作用后的掺钢纤维 RPC 表面的 SEM 照片。掺钢纤维 RPC 在升温过程中,水蒸气和氧气同时存在,使得钢纤维逐步氧化和脱碳,强度不断退化。由图 20.48 可以看出,200 ℃ 前,钢纤维表面比较光滑,并黏结有少量结晶较好的水泥凝胶体,钢纤维未发生氧化与脱碳;400 ℃ 作用后,钢纤维表面粗糙度增加,表面凝胶体结构变差,钢纤维氧化脱碳不明显;600 ℃ 作用后,钢纤维产生明显的氧化与脱碳,表面出现大量颗粒状物质,强度下降明显;800 ℃ 作用后,钢纤维已完全氧化脱碳,结构遭到严重破坏,表面出现层状剥落物,钢纤维轻折即断,强度完全丧失。

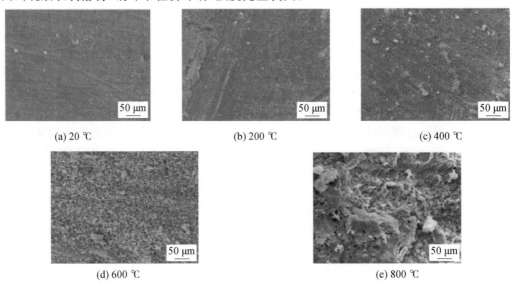

(a) 20 ℃   (b) 200 ℃   (c) 400 ℃

(d) 600 ℃   (e) 800 ℃

图 20.48　不同温度作用后的掺钢纤维 RPC 表面的 SEM 照片

20.6.2　掺 PP 纤维 RPC 的微观结构随温度变化

1. 掺 PP 纤维 RPC 基体的微观形貌

不同高温后掺 PP 纤维 RPC 基体的 SEM 照片如图 20.49 所示。从图中可以看出掺 PP 纤维 RPC 基体的微观形貌随温度的变化情况与掺钢纤维 RPC 基本相同:经历温度低于 400 ℃ 时,基体结构保持了较致密的内部结构,特别是 200 ℃ 前,基体结构与常温时相比基本无变化,主要由连成整体的块状 C－S－H 凝胶组成,片状晶体为 Ca(OH)$_2$,400 ℃ 作用后,火山灰反应使得 Ca(OH)$_2$ 进一步减少,水泥石中的凝胶水散失,C－S－H 凝胶中的孔隙开始增多,但水泥石仍保持了较好的整体性,基体结构也相当致密;600 ℃ 作用后,RPC 孔隙增多并出现裂纹,C－S－H 凝胶由黏结在一起的整体连续相变为相对独立的分散相,基体结构变得疏松;800 ℃ 高温后,RPC 基体结构呈蜂窝状,出现大量孔洞,已没有完好的结晶体。

(a) 20 ℃　　　　　　　(b) 200 ℃　　　　　　　(c) 400 ℃

(d) 600 ℃　　　　　　　　　　　(e) 800 ℃

图 20.49　不同温度作用后掺 PP 纤维 RPC 基体的 SEM 照片

2. PP 纤维及其熔化孔道的微观形貌

图 20.50(a) 为常温下 PP 纤维与 RPC 基体黏结界面的 SEM 照片,从图中可以看出,常温下 PP 纤维与基体黏结紧密,界面区完整密实,由于 PP 纤维弹性模量较小,因此掺入 PP 纤维对 RPC 的常温力学性能有削弱作用。

升温过程中,若温度高于 PP 纤维的熔点(165 ℃ 左右),PP 纤维熔化并在 RPC 内部留下孔道,图 20.50(b) ～ (e) 为不同温度作用后 PP 纤维熔化孔道的 SEM 照片。对照片进行分析可知,随着温度的升高,PP 纤维孔道周围及内部裂纹逐渐形成并发展,但孔道一直存在,由于 PP 纤维在 RPC 内呈三维乱向分布,其熔化后的孔道也相互交错,为高温下 RPC 内部水分的蒸发提供了通道,对 RPC 高温爆裂有抑制作用(正面效应),但同时也增加了 RPC 的内部缺陷(负面效应)。当经历温度相对较低时,负面效应起主要作用,PP 纤维的掺入对 RPC 的力学性能有所削弱,当经历温度相对较高时,正面效应占主导地位,掺入 PP 纤维可以提高 RPC 高温作用后的力学性能。

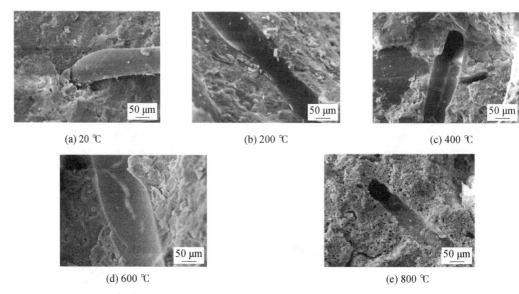

(a) 20 ℃　　　　　　　(b) 200 ℃　　　　　　　(c) 400 ℃

(d) 600 ℃　　　　　　　　　　　(e) 800 ℃

图 20.50　不同温度作用后 PP 纤维熔化孔道的 SEM 照片

20.7　本章小结

本章通过 136 个试件的高温爆裂试验和 200 个试件的高温试验及高温后力学性能试验,取得了以下研究成果。

（1）爆裂概率随含水率的增加而逐渐增大,升温速度越快、试件尺寸越大,爆裂发生得越剧烈,对比分析发现,相对于升温速度和试件尺寸而言,含水率对高温爆裂的影响最大。钢纤维体积掺量为 2% 或 PP 纤维体积掺量为 0.3% 时可有效防止发生爆裂;RPC 中掺入钢纤维与 PP 纤维时,一方面钢纤维提高了 RPC 自身的抗拉强度和导热能力,另一方面 PP 纤维缓解了 RPC 所受的蒸气压,二者共同作用对爆裂的抑制效果更为显著。RPC 高温爆裂归因于蒸气压、热应力和随机性裂纹三方面的耦合作用,从 RPC 爆裂影响因素和爆裂机理出发,制订了 RPC 爆裂抑制措施。

（2）经过高温试验发现,随经历温度的升高,掺钢纤维 RPC、PP 纤维 RPC 和复掺纤维 RPC 试件外观特征和质量损失具有相同的变化规律:试件表面颜色由青灰色 → 棕褐色 → 黑褐色 → 黄白色逐渐发生变化,600 ℃ 后出现明显可见的长宽裂纹,且出现不同程度掉皮、缺角和疏松现象;800 ℃ 后出现大量网状长宽裂纹,掉皮疏松严重,钢纤维轻折即断,混凝土烧结;质量损失随加热温度的升高逐渐增大,200～400 ℃ 范围内质量损失最为严重,各对应温度下,PP 纤维体积掺量大的 RPC 质量损失也相应较大。

（3）随着经历温度的升高,掺钢纤维 RPC 立方体抗压强度、轴心抗压强度、弹性模量、抗折强度和抗拉强度均呈先增大后减小的变化规律,临界温度分别为 400 ℃、300 ℃、200 ℃、200 ℃ 和 120 ℃。高温后掺钢纤维 RPC 的峰值应变和极限应变分别于 600 ℃ 和 700 ℃ 时达到峰值,峰值点前二者呈指数规律增长,且受钢纤维掺量的影响较小,峰值点后,二者呈线性规律降低,钢纤维掺量大的 RPC 峰值应变和极限应变也相应较大。通过回归分析,建立了高温作用后掺钢纤维 RPC 各项强度、弹性模量、峰值应变和极限应变随温度变化的计算公式。通过公式推导,提出了采用五次多项式和有理分式表达的掺钢纤维 RPC 的应力－应变曲线方程。

（4）不同 PP 纤维掺量的 RPC 立方体抗压强度、轴心抗压强度、抗折强度和抗拉强度随经历温度的升高先增大后减小，临界温度分别为 300 ℃、300 ℃、300 ℃和120 ℃。经历温度相对较低时，随着 PP 纤维掺量的增加，高温后 RPC 的各项力学强度逐渐减小；经历温度相对较高时，各项力学强度随 PP 纤维掺量的增加而增大。通过回归分析，拟合给出了不同 PP 纤维掺量的 RPC 各项强度随温度变化的计算公式，理论曲线与试验数据吻合得较好。

（5）相对于掺钢纤维 RPC 和掺 PP 纤维的 RPC 来说，随着经历温度的升高，复掺纤维 RPC 抗压强度先增大后减小，抗折和抗拉强度则基本呈线性规律降低，且复掺纤维 RPC 各强度的下降速率与掺钢纤维 RPC 相近，采用多项式回归方式，建立了复掺纤维 RPC 的各力学性能随温度变化的计算公式。不同高温作用后，复掺纤维 RPC 应力－应变曲线下的面积随钢纤维掺量增加而增大，说明钢纤维掺量大的 RPC 延性和韧性较好；相对于钢纤维而言，PP 纤维掺量变化对 RPC 应力－应变曲线的影响较小。高温作用后复掺纤维 RPC 的应力－应变曲线方程可采用与掺钢纤维 RPC 相同的方程模式。

（6）通过 SEM 分析发现，经历温度低于 400 ℃时，钢纤维与基体黏结紧密，过渡区完整密实，RPC 的微观结构得到改善；400～800 ℃作用后，钢纤维与基体黏结界面处的裂纹逐渐形成并发展，钢纤维逐渐氧化脱碳，自身强度不断衰减，RPC 的微观结构逐渐变差。随着经历温度的升高，PP 纤维熔化并在 RPC 内部留下孔道，孔道周围及内部裂纹逐渐形成并发展，但孔道一直存在。RPC 微观结构的恶化是其宏观力学性能不断衰退的根本原因。

本章参考文献

[1] 何峰，黄政宇. 200～300 MPa 活性粉末混凝土（RPC）的配制技术研究[J]. 混凝土与水泥制品，2000，114(4)：2-7.

[2] LI L, ZHENG W Z, LU S S. Experimental study on mechanical properties of reactive powder concrete[J]. Journal of Harbin Institute of Technology (New Series)，2010，17(6)：795-800.

[3] KALIFA P, MENNETEAU F D, QUENARD D. Spalling and pore pressure in HPC at high temperatures[J]. Cement and Concrete Research, 2000, 30(12)：1915-1927.

[4] 柳献，袁勇，叶光，等. 高性能混凝土高温爆裂的机理探讨[J]. 土木工程学报，2008，41(6)：61-68.

[5] 过镇海，时旭东. 钢筋混凝土的高温性能及其计算[M]. 北京：清华大学出版社，2003.

[6] 胡海涛，董毓利. 高温时高强混凝土强度和变形的试验研究[J]. 土木工程学报，2002，35(6)：44-47.

[7] 金祖权，孙伟，侯保荣，等. 混凝土的高温变形与微结构演化[J]. 东南大学学报（自然科学版），2010，40(3)：621-623.

[8] 柳献，袁勇，叶光，等. 高性能混凝土高温微观结构演化研究[J]. 同济大学学报（自

然科学版)，2008，36(11)：1473-1478.

[9] 龙广成，谢友均，王培铭. 活性粉末混凝土的性能与微细观结构[J]. 硅酸盐学报，2005，33(4)：456-461.

[10] CHEYREZY M, MARET V, FROUIN L. Microstructural analysis of RPC (Reactive Powder Concrete) [J]. Cement and Concrete Research, 1995, 25(7)：1491-1500.

[11] LI M, QIAN C X, SUN W. Mechanical properties of high-strength concrete after fire[J]. Cement and Concrete Research, 2004, 34(6)：1001-1005.

[12] PLIYA P, BEAUCOUR A L, NOUMOWÉ A. Contribution of cocktail of polypropylene and steel fibres in improving the behaviour of high strength concrete subjected to high temperature[J]. Construction and Building Materials, 2011, 25(4)：1926-1934.

[13] 李卫，过镇海. 高温下砼的强度和变形性能试验研究[J]. 建筑结构学报，1993，14(1)：8-16.

[14] 肖建庄，任红梅，王平. 高性能混凝土高温后残余抗折强度研究[J]. 同济大学学报（自然科学版），2006，34(5)：80-85.

[15] CHANG Y F, CHEN Y H, SHEU M S, et al. Residual stress-strain relationship for concrete after exposure to high temperatures[J]. Cement and Concrete Research, 2006, 36(10)：1999-2005.

[16] 吴波，袁杰，王光远. 高温后高强混凝土力学性能的试验研究[J]. 土木工程学报，2000，33(2)：8-12.

[17] TAIA Y S, PAN H H, KUNG Y N. Mechanical properties of steel fiber reinforced reactive powder concrete following exposure to high temperature reaching 800 ℃[J]. Nuclear Engineering and Design, 2011, 241(7)：2421-2424.

[18] 庞宝君，王立闻，何丹薇，等. 活性粉末混凝土高温后的扫描电镜试验研究[J]. 混凝土，2010(12)：27-30.

[19] 过镇海. 混凝土的强度和本构关系 —— 原理与应用[M]. 北京：中国建筑工业出版社，2004.

[20] 吕天启，赵国藩，林志伸. 高温后静置混凝土的微观分析[J]. 建筑材料学报，2003，6(2)：135-141.

[21] European Committee for Standardization. Eurocode 2：Design of concrete structures-part 1-2：general rules-structural fire design：EN 1992-1-2[S]. London：British Standards Institution, 2004.

第 21 章 RPC 高温抗爆裂性能的研究

21.1 概　　述

火灾时不爆裂、火灾下不坍塌、火灾后可修复,是混凝土结构抗火设计所应遵循的原则。国内外学者对普通混凝土(NSC)、高强混凝土(HSC)和预应力混凝土(PC)耐火性能的研究表明:三类混凝土结构均存在高温爆裂风险。爆裂是指火灾下混凝土内部蒸气压不断增大,导致混凝土瞬间裂成大小不一的碎块的现象。爆裂不仅导致受力钢筋暴露于烈火之中,而且使构件受力截面面积减小,结构耐火性能急剧降低。高强混凝土(C50～C100)、超高强混凝土(≥C100)和活性粉末混凝土(RPC)在混凝土工程中的应用越来越多,其遭受火灾的概率越来越高。由于高强混凝土、超高强混凝土和 RPC 结构致密、渗透性低,因此在火灾下更易发生爆裂。

相关学者对混凝土高温爆裂的研究表明,混凝土表面温度在 200～500 ℃ 之间时,易发生爆裂,将可能导致爆裂的混凝土表面温度定义为爆裂临界温度。美国混凝土协会耐火和防火委员会提出混凝土爆裂的临界温度为 350 ℃,为抗火分析中考虑混凝土高温爆裂提供了基础。Xiao 等研究表明:爆裂临界温度随着混凝土强度的变化而变化,强度等级为 C50、C80、C100 的混凝土,爆裂临界温度分别为 800 ℃、400 ℃、500 ℃。为避免混凝土高温爆裂,可在混凝土内掺 PP 纤维、钢纤维。例如,对强度等级 C60～C80 的混凝土,添加不少于 2 kg/m³ 的短切 PP 纤维可避免爆裂,EN 1992－1－2:2004《欧洲结构设计规范》建议,对强度等级 C55/67～C90/105(标准立方体抗压强度为 73～113 MPa)的混凝土,添加不少于 2 kg/m³ 的 PP 纤维可避免爆裂。

由于混凝土抗爆裂性能较为复杂,本章在已有研究的基础上,确定了混凝土爆裂的临界温度,提出了防爆裂所用纤维掺量的计算公式,同时分析了 RPC 力学性能、热力学性能、爆裂性能在高温下的变化规律,从而为 RPC 在高温作用下和高温作用后的性能评估提供一定的指导。

21.2 混凝土高温爆裂的影响因素

影响混凝土高温爆裂的因素比较多,如混凝土强度等级、升温速度、含水率、压应力水平越高,混凝土越易发生爆裂。此外,骨料种类、纤维掺量、构件尺寸及配筋形式等也影响混凝土的高温爆裂。

目前,关于混凝土高温爆裂机理仍有争议。蒸气压理论认为高温使混凝土内部产生水蒸气,然而混凝土渗透性低,混凝土内部水蒸气难以逃逸,当蒸气压超过混凝土的抗拉强度时混凝土即发生爆裂。一些学者初步提出了 NSC 和 HSC 高温爆裂数值预测模型,但高温爆裂影响因素众多,数值模型相对复杂,所需参数难以确定,不便于工程应用。

21.2.1　混凝土强度等级

一般而言,混凝土强度越高,其微观结构越致密,渗透性越低,高温下发生爆裂的概率越大。研究表明,当混凝土强度增大时,混凝土爆裂时间将提前,导致耐火性能降低。火灾下,低强度混凝土也可能发生爆裂。有必要建立混凝土抗压强度与爆裂临界温度的关系,为工程中确定混凝土爆裂临界温度提供依据。

21.2.2　升温速度

截面尺寸相同时,升温速度越大,混凝土内部孔隙压力越大,截面温度高,混凝土抗拉强度降低越多,混凝土越易发生爆裂或爆裂程度越严重。升温速度越大,混凝土初爆时刻越短。但相关爆裂试验对升温速度的重视程度不足,尚缺乏升温速度对混凝土爆裂影响的系统数据。

21.2.3　含水率

混凝土含水率越大,其高温爆裂概率越大。这是因为较高的含水率不仅加速了混凝土中蒸气压的形成,同时也加快了混凝土内的热传导。美国抗火设计规范 ACI216 尚未对混凝土含水率做出规定。欧洲混凝土抗火设计规范认为含水率低于 3%(质量比)时,混凝土不易发生爆裂。本章参考文献[17] 和[18] 的试验结果也表明,当含水率不大于3.5% 时,混凝土发生爆裂的概率较低。但本章参考文献[6] 的研究表明,当含水率低至1.89% 时,预应力板混凝土仍会发生爆裂,这可能是因为尽管自由水含量低,但混凝土中的结合水在高温下仍可能形成较高的蒸气压,导致混凝土爆裂。此外,预应力板迎火面压应力水平较高也是混凝土爆裂的主要原因。Phan 等研究了 NSC 和 HSC 爆裂的影响因素,结果表明降低含水率可有效减缓混凝土爆裂。本章参考文献[20] 对无应力状态下70.7 mm×70.7 mm×70.7 mm 的活性粉末混凝土(RPC)立方体试件进行了爆裂试验,结果表明,钢纤维体积掺量为 2%(156 kg/m³) 时,RPC 爆裂的临界含水率为 0.85%。RPC 爆裂临界含水率明显小于 NSC 和 HSC 的爆裂临界含水率,这可能是由 RPC 微观结构更致密,高温时 RPC 内部水蒸气逃逸更困难,而在 RPC 内部形成较高的蒸气压所致。目前,关于含水率对混凝土爆裂规律影响的研究尚不充分。

21.2.4　纤维掺量

不少学者建议采用掺 PP 纤维的方法以避免混凝土高温爆裂,掺 PP 纤维高强混凝土在欧洲及日本、美国等得到了应用。研究表明,当温度达到 160 ～ 170 ℃ 时,PP 纤维熔化,在混凝土内形成水蒸气逃逸的孔道,混凝土的蒸气压降低,可有效减缓混凝土爆裂。掺 PP 纤维会降低混凝土常温下的抗压强度,同时降低混凝土和易性。为此,可在混凝土内掺钢纤维,不仅可以防止混凝土高温爆裂,还可以提高混凝土抗压和抗拉强度;钢纤维在混凝土中是随机分散的,具有较大的热传导性,有利于混凝土内部各处温度的传递,可以减少内部应力造成的损伤,由此减缓混凝土的爆裂风险。但尚缺乏不同混凝土强度下,防爆裂 PP 纤维、钢纤维掺量的计算方法。

21.3　混凝土爆裂临界温度

国内外学者对混凝土高温爆裂临界温度进行了研究。Hertz 对 $\phi100\ \text{mm}\times200\ \text{mm}$ 的圆柱体混凝土(标准立方体抗压强度为 176 MPa)进行高温爆裂试验,发现大部分圆柱试件在 $350\sim650$ ℃ 发生爆裂。Castillo 等对 $\phi51\ \text{mm}\times102\ \text{mm}$ 的圆柱体混凝土(标准立方体抗压强度为 99 MPa)进行高温爆裂试验,发现混凝土爆裂临界温度在 $320\sim360$ ℃。Peng 的研究表明,标准立方体抗压强度为 $74\sim122$ MPa 的高强混凝土爆裂临界温度为 $480\sim510$ ℃,复掺纤维可有效防止混凝土爆裂;含水率越高,混凝土越易发生爆裂。Phan 等发现随混凝土强度变化,爆裂临界温度在 $300\sim650$ ℃。Han 等进行了高温下有(无)箍筋约束高强混凝土爆裂试验,结果表明,在韩国标准升温曲线(KSF 2257)下,无箍筋约束高强混凝土发生爆裂,但试验并未记录爆裂临界温度。Sideris 等研究表明,标准立方体抗压强度为 95 MPa 的混凝土爆裂临界温度为 $470\sim580$ ℃,而强度为 104 MPa 的混凝土爆裂温度为 $360\sim477$ ℃。本章参考文献[29—50] 也完成了混凝土高温爆裂试验,将不同文献中高温爆裂临界温度、混凝土抗压强度等关键参数列于表 21.1。

表 21.1　混凝土试件爆裂临界温度

文献	试块直径×高(或边长)/(mm×mm)	抗压强度实测值/MPa	f_{cu}/MPa	升温速率/(℃·min⁻¹)	T_c/℃	文献	试块直径×高(或边长)/(mm×mm)	抗压强度实测值/MPa	f_c/MPa	升温速率/(℃·min⁻¹)	T_c/℃
[6]	150	23~57	23~57	ISO 834	200~500	[7]	$\phi100\times200$	73~100	81~108	ISO 834	350
[19]	$\phi102\times204$	51~93	61~100	5	300~450	[20]	70.7	136	121	4	323~443
[23]	$\phi100\times200$	150	162	—	350~650	[24]	$\phi51\times102$	89	91	7~8	321~360
[25]	100	78ᵃ~128ᵃ	74~122	ISO 834	480~510	[26]	$\phi160\times320$	114	109		350
[28]	$\phi100\times200$	84	91	ISO 834	470~580		$\phi50\times100$	61	73	—	300
		92	99		360~477						
[29]	$\phi100\times310$	69~118	77~127	2	300	[30]	$\phi50\times100$	38~79	43~83	—	300
[31]	100	83ᵃ	79	10	400	[33]	150	94	94	9	200

续表 21.1

文献	试块直径×高(或边长)/(mm×mm)	抗压强度实测值/MPa	f_{cu}/MPa	升温速率/(℃·min⁻¹)	T_c/℃	文献	试块直径×高(或边长)/(mm×mm)	抗压强度实测值/MPa	f_{cu}/MPa	升温速率/(℃·min⁻¹)	T_c/℃
[32]	100	73[a] / 89[a]	70 / 85	10	500 / 400	[35]	100	84, 118	80, 112	5 ~ 1.7	500, 400
[34]	φ75×150	28[a] / 45[a] / 75[a]	33 / 53 / 81	JIS A1304	690[b] (600) / 600[b] (410) / 790[b] (740)	[38]	φ100×200	85[a]	94	JIS A1304	500
[36]	100	78, 128	74, 122	ISO 834	500, 480	[37]	100	158	150	3	290 ~ 335
[39]	100	70 ~ 250	67 ~ 238	1 ~ 2.5	150 ~ 350	[43]	100	84[a]	79	12	380 ~ 440
[40]	φ100×200	68 / 79 / 73	75 / 87 / 81	JIS A1304	472 ~ 604 / 339 ~ 710 / 482 ~ 508	[42]	φ150×300	65[a] ~ 93[a]	76 ~ 106	20	300
[41]	φ100×200	90 / 84 / 87 / 77 / 87	97 / 91 / 94 / 84 / 94	JIS A1304	626 ~ 717 / 379 ~ 558 / 535 ~ 638 / 390 ~ 445 / 300	[44]	100	83[a] / 56[a] / 52[a] / 46[a]	79 / 53 / 49 / 44	12 / 12 / 12 / 12	350 ~ 450 / 380 ~ 420 / 400 ~ 450 / 370 ~ 440
[45]	100	86[a]	81	12	340 ~ 400	[47]	100	76[a] ~ 88[a]	72 ~ 83	12	371 ~ 480
[46]	100	82[a] / 86[a]	78 / 81	12 / 12	340 ~ 450 / 330 ~ 370	[48]	40×40×160	43[a] / 89[a]	51 / 98	10 / 10	403 / 512

续表 21.1

文献	试块直径×高(或边长)/(mm×mm)	抗压强度实测值/MPa	f_{cu}/MPa	升温速率/(℃·min^{-1})	T_c/℃	文献	试块直径×高(或边长)/(mm×mm)	抗压强度实测值/MPa	f_{cu}/MPa	升温速率/(℃·min^{-1})	T_c/℃
[49]	100	63[a]	60	100	640[b] ~ 683 (403 ~ 475)	[50]	ϕ100×200	77,44	85,53	AS 1 530.4	700[b] ~ 800 (391 ~ 723)

注：1. f_{cu} 为边长 150 mm 的混凝土立方体抗压强度实测值。为考虑不同强度混凝土棱柱体与圆柱体的差别,当 $f_{cu} \leqslant 63$ MPa 时,ϕ150 mm×300 mm 圆柱体抗压强度 $f'_{c150} = f_{cu}/0.79$,当 $f_{cu} = 69$ MPa 时,$f'_{c150} = f_{cu}/0.83$,当 $f_{cu} = 81$ MPa 时,$f'_{c150} = f_{cu}/0.86$,当 $f_{cu} \geqslant 92$ MPa 时,$f'_{c150} = f_{cu}/0.88$,$f_{cu} = 63 \sim 92$ MPa 时,换算系数按线性插值计算。为考虑尺寸效应的影响,ϕ150 mm×300 mm 圆柱体抗压强度 $f'_{c150} = f_{cu}/0.81$,ϕ100 mm×200 mm 圆柱体抗压强度 $f'_{c100} = 1.05f'_{c150}$,$\phi$75 mm×150 mm 圆柱体抗压强度 $f'_{c75} = 1.08f'_{c150}$,ϕ50 mm×100 mm 圆柱体抗压强度 $f'_{c150} = 1.10f'_{c150}$。边长 100 mm 的立方体抗压强度 $f_{cu100} = 1.05f_{cu}$,边长 70.7 mm 的立方体抗压强度 $f_{cu70.7} = 1.126f_{cu}$;当立方体抗压强度 $f_{cu} < 50$ MPa 时,棱柱体抗压强度 $f_c = 0.76f_{cu}$;当立方体抗压强度 $f_{cu} > 90$ MPa 时,棱柱体抗压强度 $f_c = 0.82f_{cu}$,立方体抗压强度 $f_{cu} = 50 \sim 90$ MPa 时,换算系数在 $0.76 \sim 0.82$ 线性插值。

2. 表中强度上角标 a 表示 28 天混凝土强度实测值,其余为爆裂试验当天混凝土强度实测值;T_c 为爆裂临界温度,上角标 b 表示环境温度,括号内数值为按本章参考文献[3]中温度场有限元分析方法计算的混凝土表面温度。

表 21.1 包含混凝土板、柱、墙等大尺寸构件和小尺寸试件的高温爆裂试验结果,涵盖了普通混凝土、高强混凝土、活性粉末混凝土和预应力混凝土的爆裂临界温度,混凝土强度范围为 23 ~ 238 MPa,升温速度最低为 1 ℃/min,最高按 ISO 834 标准曲线升温,满足工程中多种火灾情况下爆裂临界温度的判断。基于表 21.1 的试验结果,以混凝土立方体抗压强度实测值为横坐标,以爆裂临界温度为纵坐标,爆裂临界温度与混凝土抗压强度 (23 ~ 238 MPa) 的关系如图 21.1 所示。基于图 21.1 的数据,采用最小二乘法,拟合出混凝土爆裂临界温度 T 与混凝土标准立方体抗压强度实测值 f_{cu} 的关系曲线,爆裂临界温度平均值和下包线分别用 T_{mid} 和 T_{low} 表示,可分别按下式计算：

$$T_{mid} = 416 + 275\exp(-f_{cu}/23) \quad (23 \text{ MPa} \leqslant f_{cu} \leqslant 238 \text{ MPa}) \quad (21.1)$$

$$T_{low} = 282 + 589\exp(-f_{cu}/23) \quad (23 \text{ MPa} \leqslant f_{cu} \leqslant 238 \text{ MPa}) \quad (21.2)$$

式中,f_{cu} 为标准立方体抗压强度实测值,MPa;T_{mid},T_{low} 分别为爆裂临界温度平均值和下包线,℃。

式(21.2)(爆裂临界温度下包线)具有 95% 保证率,可用于工程抗火设计。

需要指出的是,本章参考文献[6]中预应力板混凝土爆裂临界温度明显低于普通混凝土,说明板迎火面压应力会降低混凝土爆裂临界温度。式(21.1) ~ (21.2)所示的爆裂临界温度计算适用于含水率为 1% ~ 4%、压应力水平不大于 $0.5f_c$(f_c 为混凝土轴心抗压强度实测值)的情况。此外,当截面尺寸相同时,升温速度越大,混凝土越易发生爆裂或爆裂程度越严重。沿水平方向或竖向浇筑试件,高温爆裂性能会有一定差别。升温速度、不同构件类型、含水率、试件浇筑方向等对混凝土高温爆裂的影响有待进一步研究。

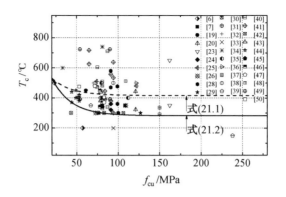

图 21.1　爆裂临界温度随混凝土抗压强度的变化规律

21.4　混凝土防爆裂纤维掺量

21.4.1　防爆裂纤维掺量的研究成果

在混凝土内掺入 PP 纤维(纤维长度 $6 \sim 30$ mm,直径 $50 \sim 200$ μm) 或钢纤维(纤维长度 $13 \sim 20$ mm,直径 $221 \sim 500$ μm) 可有效避免混凝土爆裂,但合理的防爆裂纤维掺量尚未确定。Han 等的研究表明,掺 0.10%(体积掺量,下同) 的 PP 纤维后,标准立方体抗压强度为 60 MPa 的混凝土不发生爆裂。Kalifa 等的研究表明,PP 纤维的掺入可增大混凝土的渗透性,且随 PP 纤维掺量的增加,高温孔隙压力降低;对标准立方体抗压强度不超过 100 MPa 的高强混凝土,掺入 0.22% 的 PP 纤维可有效防止爆裂,基于孔隙压力实测结果,提出了将 PP 纤维掺量降低至 0.11% 即可防止该类高强混凝土爆裂的建议。Jensen 等的研究表明,标准立方体抗压强度为 76 MPa 的混凝土,掺 0.7% 的 PP 纤维可防止高温爆裂。Arabi 等的研究表明,标准立方体抗压强度为 46 MPa 的混凝土,掺 0.05% 的 PP 纤维可防止高温爆裂。刘沐宇等的研究表明,标准立方体抗压强度为 $64 \sim 67$ MPa 的混凝土,掺 $0.11\% \sim 0.22\%$ 的 PP 纤维,可防止高温爆裂。鞠丽艳等的研究表明,标准立方体抗压强度为 48 MPa 的混凝土,掺 $0.22\% \sim 0.38\%$ 的 PP 纤维,可防止高温爆裂;由于小尺寸试件水蒸气逃逸的路径更短,与大尺寸试件相比更不易爆裂。Kodur 等的研究表明,标准立方体抗压强度为 75 MPa 的混凝土,掺 0.17% 长度为 12.5 mm 的 PP 纤维,可防止高温爆裂;标准抗压强度为 75 MPa 的混凝土,掺 0.39% 长度为 20 mm 的 PP 纤维,可防止高温爆裂;长度 12.5 mm 的 PP 纤维比长度 20 mm 的 PP 纤维防爆裂效果更好。Suhaendi 等的研究表明,标准立方体抗压强度为 $70 \sim 80$ MPa 的混凝土,掺 0.25% 长度 6 mm 或 30 mm 的 PP 纤维,可防止高温爆裂。

罗百福的研究表明,标准立方体抗压强度为 110 MPa 的 RPC,升温速度为 4 ℃/min,掺 PP 纤维不小于 0.3%(2.73 kg/m³),可防止高温爆裂;标准立方体抗压强度为 $133 \sim 146$ MPa 的 RPC,掺 $1\% \sim 2\%$ 钢纤维,可防止高温爆裂。陈强等的研究表明,标准立方体抗压强度为 $82 \sim 100$ MPa 的 RPC,升温速度为 12 ℃/min,掺 2% 钢纤维的试件发生爆裂。段旭杰的研究表明,标准立方体抗压强度为 $95 \sim 110$ MPa 的混凝土,掺 $0.8\% \sim 1.25\%$ 钢纤维,可防止高温爆裂。董香军的研究表明:标准立方体抗压强度为 61 ~

64 MPa 的混凝土,掺 0.7% 钢纤维,高温下仍发生爆裂。Poon 等的研究表明:标准立方体抗压强度为 79～105 MPa 的混凝土,掺 0.11%～0.22% 的 PP 纤维或 1% 的钢纤维,可防止高温爆裂。Chen 等的研究表明:标准立方体抗压强度为 85 MPa 的混凝土,掺 0.6% 钢纤维,高温下仍发生爆裂,但初爆时刻推迟;而标准立方体抗压强度为 76 MPa 的混凝土,掺 0.6% 的 PP 纤维,可防止高温爆裂。Xiong 等的研究表明,立方体抗压强度为 210 MPa 的混凝土,掺 1% 钢纤维仍发生爆裂,立方体抗压强度为 193 MPa 的混凝土,复掺 0.5% 钢纤维和 0.5%PP 纤维可防止高温爆裂。Dügenci 等的研究表明:温度不超过 1 000 ℃ 时,钢纤维的掺入可对高温后混凝土剩余抗压强度有利。本章参考文献[62－75]也完成了掺纤维混凝土高温爆裂试验,将收集到的不同文献中的混凝土抗压强度、防爆裂 PP 纤维掺量、钢纤维掺量等关键参数列于表 21.2。表 21.2 中所列纤维混凝土高温下均未发生爆裂。

表 21.2　混凝土防爆裂纤维体积掺量

文献	试块直径×高(或边长)/(mm×mm)	抗压强度实测值/MPa	f_{cu}/MPa	PP纤维掺量/%	钢纤维掺量/%	文献	试块直径×高(或边长)/mm	抗压强度实测值/MPa	f_c/MPa	PP纤维掺量/%	钢纤维掺量/%
[9]	100	66,73,103	63,70,98	0.2	—	[10]	—	—	72～96	0.22	—
[20]	70.7	112.1	110	0.3	—	[43]	100	89ᵃ	84	0.1	—
		150.7	133	—	1			83ᵃ	79	0.3	—
		164.7	146	—	2			109ᵃ	104	—	1.28
[27]	φ100×200	51ᵃ	60	0.1	—	[52]	φ100×200	69	76	0.7	—
[33]	150	84	84	0.1	—	[53]	100	48	46	0.05	—
[44]	100	83ᵃ	79	0.05	—	[22]	φ160×320	106ᵃ	120	0.12	—
		86ᵃ	82	0.1	—			103ᵃ	117	0.19	—
		85ᵃ	81	0.2	—			107ᵃ	122	0.27	—
		42ᵃ～55ᵃ	40～52	0.1	—			105ᵃ	119	0.33	—
[45]	100	100ᵃ	95	—	0.8	[54]	100	70	67	0.11	—
		103ᵃ	98	—	1.0			68	65	0.16	—
		115ᵃ	110	—	1.25			67	64	0.22	—
[55]	100	51ᵃ	48	0.22	—	[59]	100	80ᵃ	76	0.6	—
[56]	φ102×203	67ᵃ	75	0.17	—	[62]	φ73×146	84ᵃ～88ᵃ	88～93	—	0.8
[57]	φ100×200	61ᵃ	70,80	0.25	—	[65]	φ160×320	68	79	0.11	—
		72ᵃ	69	0.5	—			79	90	0.22	—
		60ᵃ	76	—	0.25			75	85	—	0.38
		68ᵃ	83	—	0.5			78	89	—	0.50
		75ᵃ									

续表 21.2

文献	试块直径×高(或边长)/(mm×mm)	抗压强度实测值/MPa	f_{cu}/MPa	PP纤维掺量/%	钢纤维掺量/%	文献	试块直径×高(或边长)/mm	抗压强度实测值/MPa	f_c/MPa	PP纤维掺量/%	钢纤维掺量/%
[58]	100	83^a	79	0.22	—	[66]	$\phi50\times100$	95	97	0.1	—
		105^a	100	0.11	—			94	96	0.2	—
		98^a	93	0.22	—			97	99	0.3	—
		97^a	92	0.11	—			96	98	0.4	—
		96^a	91	0.22	—			111	114	—	1
		$87^a\sim110^a$	$83\sim105$	—	1						
[63]	100	45^a, 60^a, 110^a	43, 57, 105		1	[72]	100	109^a	104	0.22	—
[64]	$\phi160\times320$	76	86	0.2	—	[68]	$\phi150\times300$	69^a	80	0.11	
[69]	$\phi50\times150$	$70^a\sim80^a$	$76\sim84$	0.11		[71]	$\phi102\times204$	75	83	0.17	
[70]	100	82	78	—	1	[73]	$\phi102\times204$	85	92	0.22	
		85	81	—	1.5	[74]	$\phi50\times100$	150	154	—	1
[72]	100	109^a	104	0.22	—			169	173	—	2
[75]	150	64	64	—	0.5						

注:表 21.2 中混凝土强度的计算方法与表 21.1 相同。

21.4.2 防爆裂 PP 纤维掺量

表 21.2 涵盖了普通混凝土、高强混凝土、活性粉末混凝土防爆裂纤维掺量,混凝土强度范围为 $40\sim120$ MPa,升温速度为 4 ℃/min 至 ISO 834 标准曲线升温,满足工程中不同升温速度的火灾下,防爆裂纤维掺量的计算。基于表 21.2 的试验结果,以混凝土立方体抗压强度实测值为横坐标,以防爆裂 PP 纤维(体积)掺量为纵坐标,拟合出防爆裂 PP 纤维掺量与混凝土抗压强度($40\sim120$ MPa)的关系,如图 21.2 所示。基于图 21.2 的数据,采用最小二乘法,拟合出防爆裂 PP 纤维掺量与混凝土标准立方体抗压强度实测值 f_{cu} 的关系曲线,防爆裂 PP 纤维掺量上包线和防爆裂 PP 纤维掺量平均值分别用 ρ_{pf-up} 和 ρ_{pf-mid} 表示,可分别按下式计算:

$$\rho_{pf-up}=0.003\,6f_{cu}+0.047 \quad (40\ \text{MPa}\leqslant f_{cu}\leqslant120\ \text{MPa}) \tag{21.3}$$

$$\rho_{pf-mid}=0.001\,6f_{cu}+0.071 \quad (40\ \text{MPa}\leqslant f_{cu}\leqslant120\ \text{MPa}) \tag{21.4}$$

由图 21.2 可知,防爆裂 PP 纤维掺量随混凝土强度增长而呈线性增长趋势,这是由于 PP 纤维高温熔化,在混凝土内部形成水蒸气逃逸的通道,随 PP 纤维掺量增大,混凝土内部的通道大致呈线性增加。EN 1992 — 1 — 2:2004《欧洲结构设计规范》对强度等级 C55/67 ~ C90/105 的混凝土,建议掺不小于 0.22% 的 PP 纤维防止混凝土高温爆裂;对强

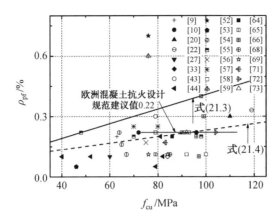

图 21.2　防爆裂 PP 纤维掺量随混凝土强度的变化规律

度等级低于 C55/67 的混凝土,未给出防爆裂 PP 纤维掺量的建议。图 21.2 表明,PP 纤维掺量为 0.22% 的混凝土仍可能发生爆裂。按式(21.3)计算的防爆裂 PP 纤维掺量(防爆裂纤维上包线)具有 95% 的保证率,可应用于工程抗火设计。

21.4.3　防爆裂钢纤维掺量

基于表 21.2 的试验结果,以混凝土立方体抗压强度实测值为横坐标,以防爆裂钢纤维(体积)掺量为纵坐标,拟合出防爆裂钢纤维掺量与混凝土抗压强度(40～170 MPa)的关系,如图 21.3 所示。基于图 21.3 的数据,拟合出防爆裂钢纤维掺量与混凝土标准立方体抗压强度实测值 f_{cu} 的关系曲线,防爆裂钢纤维掺量上包线和平均值分别用 $\rho_{sf\text{-}up}$ 和 $\rho_{sf\text{-}mid}$ 表示,可按式(21.5)和式(21.6)计算:

$$\rho_{sf\text{-}up} = 0.001\,7\exp(f_{cu}/23) + 1.05 \quad (40\ \text{MPa} \leqslant f_{cu} \leqslant 170\ \text{MPa}) \tag{21.5}$$

$$\rho_{sf\text{-}mid} = 0.001\exp(f_{cu}/23) + 0.80 \quad (40\ \text{MPa} \leqslant f_{cu} \leqslant 170\ \text{MPa}) \tag{21.6}$$

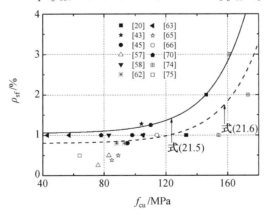

图 21.3　防爆裂钢纤维掺量随混凝土强度的变化规律

由图 21.3 可知,防爆裂钢纤维掺量随混凝土强度增长而呈指数形式增长,这可能是由于钢纤维的掺入使混凝土抗拉强度增长,但随钢纤维掺量增加,混凝土抗拉强度增长趋势减缓。按式(21.5)计算的防爆裂钢纤维掺量(防爆裂纤维上包线)具有 95% 的保证率,可应用于工程抗火设计。

21.5 高温对 RPC 力学性能的影响

用于抗火性能的混凝土重要力学性能包括抗压强度、抗拉强度、抗折强度、弹性模量和应力－应变关系。RPC 在高温下的力学性能已经被广泛研究。这些研究采用了多种试验方法，包括高温无应力和残余无应力试验，在这两种试验中，无初始荷载施加。前一种方法中，试件在高温下破坏，或者冷却至室温后加载破坏。由于缺乏标准试验试件，高温力学试验包括多种尺寸的立方体、棱柱体和圆柱体。本章参考文献中的试件尺寸包括：立方体尺寸为 70.7 mm×70.7 mm×70.7 mm～150 mm×150 mm×150 mm，棱柱体尺寸为 40 mm × 40 mm × 100 mm ～ 300 mm × 300 mm × 400 mm 和圆柱体尺寸 ϕ50 mm×100 mm ～ ϕ100 mm×300 mm。传统 RPC 的配合比中包含水泥、硅灰、石英砂、减水剂和不同种类的纤维。

21.5.1 抗压强度

RPC 高温试验的目的是为了结构抗火安全设计。有关 RPC 抗压强度在高温下及高温后的试验已经被大量报道，见表 21.3。由表 21.3 可知，过火后的参与抗压强度与温度的关系可以被明显地分为三部分：① 初始稳定和恢复阶段，介于室温到某一温度（350～400 ℃）之间；② 强度损失阶段，介于某一温度（350～400 ℃）到 800 ℃ 之间；③ 整体强度损失阶段，800 ℃ 以后，RPC 丧失强度。高温下抗压强度随温度升高逐渐退化。

通过比较试验数据可知，400 ℃ 以下时，RPC 的残余抗压强度高于高温下的抗压强度。残余抗压强度的增长主要是由残余的水化反应和高温下水泥材料的活性被激发导致的。由于二次水化反应，冷却后抗压强度逐渐得到恢复。然而，在高温下试验中，孔隙内的蒸气压提高了内部压强，压力荷载和蒸气压导致了抗压强度的降低。400 ℃ 后，残余抗压强度与高温下抗压强度无明显不同，这是由于水泥基与内部过渡区（Internal Transition Zone，ITZ）之间的微裂缝使蒸气压释放。图 21.4 显示了 Eurocode － 2、ACI 和（Ram Mk codes）对 RPC 高温后残余抗压强度在预测时是更加保守的。高温下 RPC 抗压强度的退化趋势与 NSC 和 HSC 的抗火规范中的规定相似。

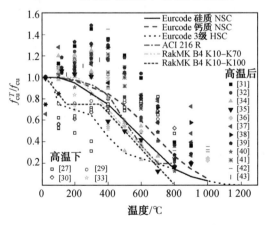

图 21.4　RPC 的相对抗压强度与温度的关系

抗压强度的初始增长是由于干燥硬化发生于 150 ℃ 到 350 ℃。热蒸汽类似于初始蒸气压,造成 RPC 内部二次水化反应所致。400 ℃ 以上抗压强度开始降低是由于 Ca(OH)$_2$ 向 CaO 转化以及 C—S—H 链的断裂。从 400 ℃ 到 600 ℃,RPC 在 571 ℃ 时会由于石英从 α 形态向 β 形态转化而产生体积膨胀,这导致了骨料与水泥浆体黏结力的减弱。另外,C—S—H 凝胶严重降低了 RPC 强度。800 ℃ 以上,RPC 严重开裂,丧失了整体强度。在室温下添加钢纤维能够提高抗压强度,而添加 PP 纤维则具有相反的作用。然而,两种纤维都可以阻止爆裂。

关于 RPC 残余抗压强度和高温下抗压强度的连续公式总结见附录 2。

21.5.2　抗拉强度和抗折强度

由于值很低,混凝土的抗拉强度经常在强度计算中被忽略。然而,在高温下,抗拉强度是很重要的。抗拉强度阻止了混凝土裂缝的发展。另外,混凝土的抗拉强度能够在高温下抵抗内部蒸气压并阻止混凝土开裂。

图 21.5 表示的是 RPC 相对抗拉强度与温度的关系。从图 21.5 中可看出 RPC 抗拉强度随温度增长呈线性降低的趋势。纤维提高了抗拉强度,阻止了爆裂。钢纤维提高了热量的传导作用,而 PP 纤维在高温下熔化后提供了微通道,因此阻止了火灾引发的爆裂。RPC 残余抗拉强度在较大的温度范围内高于高温下抗拉强度,其原因与 21.5.1 节中的机理相同。图 21.5 中,RPC 的性能好于 Eurocode—2 和 ASCE 中的模型,这是由 RPC 中含有纤维导致的。

RPC 高温后的残余抗折强度和高温下的抗折强度的试验数据是有限的。RPC 高温后的相对抗折强度与温度的关系如图 21.6 所示。图 21.6 中,RPC 的抗折强度从室温到 500 ℃ 显著降低,在温度高于 500 ℃ 后降低缓慢。

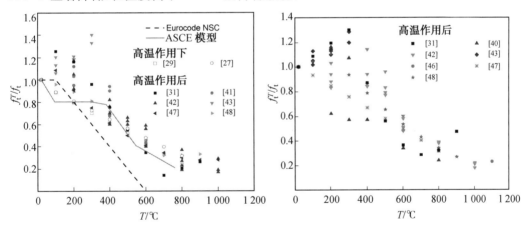

图 21.5　RPC 相对抗拉强度与温度的关系　　图 21.6　高温作用后 RPC 的相对抗折强度与温度的关系

21.5.3　弹性模量

RPC 弹性模量的影响因素与抗压强度相同,并且已被广泛研究。试验数据如图 21.7 所示。相比于 NSC 和 HSC,Eurocode—2、ACI code 和 ASCE manual 建议的弹性模量与温度的关系如图 21.7 所示。图 21.7 中,RPC 弹性模量随温度升高显著降低,一般而言,这种变化呈线性关系。随温度升高,RPC 的强度降低,在 400 ℃ 时大概降低了 50% 的强度。低于 500 ℃ 时,RPC 的残余弹性模量也高于高温作用下的弹性模量,但其在 500 ℃

以上有降低的趋势。弹性模量在高温下显著降低是由于 RPC 微裂缝的发展及物理和化学的变化。高温下 ITZ 的开裂和孔隙率的增长导致了其弹性模量显著降低。

RPC 的初始切线模量（$0.5f_{cu}^T$ 的割线模量）和峰值割线模量（f_{cu}^T 的割线模量）与温度的关系见附录 2。

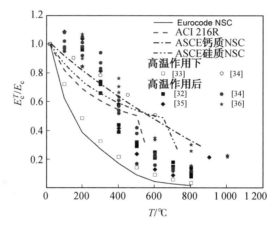

图 21.7　RPC 弹性模量与温度的关系

21.5.4　应力－应变关系

应力－应变关系被用来描述 RPC 的力学响应，它是一种决定混凝土结构抗火性能的基础数学模型。Zheng 和 Tai 提出了 RPC 的应力－应变关系。图 21.8 显示了 RPC 在高温作用下和高温作用后的应力－应变曲线。在图 21.8 中，不同温度下 RPC 的应力－应变曲线初始时为线性，之后为抛物线至峰值应力，最后快速降低直至破坏。300 ℃ 以下的应力－应变曲线形状与室温时相同。在 300 ～ 700 ℃ 时由于强度降低曲线发生变形。800 ℃ 以上，由于强度峰值应变的恢复，残余应力－应变曲线向左上方移动。强度的恢复是由于钢纤维去碳酸基的氧化和 RPC 的烧结。Luo 和 Li 已经研究了高温下和高温后 RPC 的能量吸收能力，他们发现应力－应变曲线的面积随着钢纤维掺量的增加而增大，这意味着 RPC 的延性和硬度也随纤维掺量的增加而增大。然而 2% 是最优的钢纤维体积掺量，若继续增大则会使 RPC 在高温下发生爆裂。

RPC 高温作用下和高温作用后的应力－应变曲线模型见附录 2。

21.6　温度对 RPC 热力学性能的影响

21.6.1　导热性

材料传递热量的性能称为导热性。混凝土中的水主要以自由水、结合水和吸收水的形式存在，它们对导热性有明显的影响。Zheng 和 Ju 研究了高温下 RPC 的导热性。RPC 在室温下的热导率为 2.0 ～ 3.10 W/(m·K)。导热性随温度的变化如图 21.9 所示，RPC 的导热性随温度升高而降低，并且在 300 ℃ 以上降低速度加快。Eurocode－2、ACI code 和 ASCE manual 建议的 NSC 和 HSC 的导热性如图 21.9 所示。在图 21.9 中，RPC 的导热性高于 NSC 和 HSC。这是由于：①PP 纤维导热性低（0.1 ～ 0.2 W(m·K)）；②PP 纤

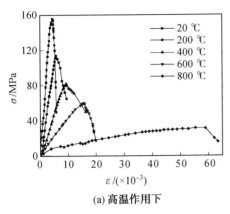

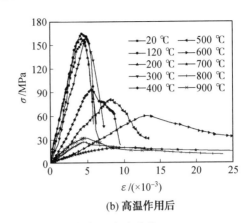

(a) 高温作用下　　　　　　　　　　(b) 高温作用后

图 21.8　钢纤维体积掺量为 2% 的 RPC 的应力－应变曲线

维在 167 ℃ 熔化,在高温下失去了作用;③PP 纤维熔化导致的微孔隙被忽略了。

钢纤维体积掺量为 1% ～3% 的 RPC 的导热性与素 RPC 相似。尽管钢是很好的导热材料,但提高钢纤维掺量对导热性无明显影响。在研究的温度范围内,钢纤维体积掺量为 1% ～3% 的 RPC 热导率相差 0.2 W/(m·K),这是因为纤维在 RPC 基体中是分散的。有关 RPC 导热性的方程见附录 2。

21.6.2　比热容

比热容是单位质量的物体每升高 1 ℃ 所吸收的热量,含水率、混凝土密度和骨料类型均影响混凝土的比热容。比热容也受到高温作用下混凝土的物理和化学转化的影响,如:100 ℃ 时水分的蒸汽化,$Ca(OH)_2$ 在 400 ～500 ℃ 时转化为 CaO 和 SiO_2 在 600 ℃ 以上的转化。有关 RPC 比热容的研究是有限的,只有 Ju 对其进行了研究,但仅限于 0 ～250 ℃ 范围。Zheng 使用数值模拟技术提出了比热容的线性方程。采用试件中心的温度和导热性进行温度模拟,比热容的变化范围不同但均为增长趋势。 图 21.10 为 Eurocode－2 建议的 NSC 和 HSC 的比热容。在图 21.10 中,比热容在 0 ～100 ℃ 和 600 ～900 ℃ 内为常数,在 200 ～600 ℃ 内增长。RPC 的比热容高于 Eurocode－2,这是由于微结构的密实度、高密度和低渗透性,需要大量的热来释放结合水。RPC 的比热容高是因为硅质骨料比钙质骨料结晶程度高。

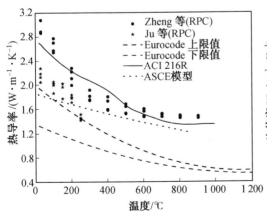

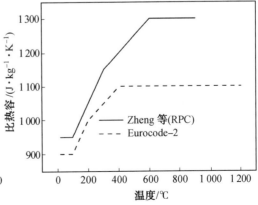

图 21.9　RPC 的导热性与温度的关系　　　　图 21.10　RPC 的比热容与温度的关系

纤维会影响RPC高温下的比热容：PP纤维通过在160～170 ℃熔化后为热量散失提供微通道降低比热容；钢纤维由于能吸收热量而增大比热容。

21.6.3　质量损失

RPC质量损失的研究数据如图21.11所示。图21.11中的数据有两个明显的梯度特征：21～300 ℃时初始缓慢的梯度和300 ℃以上扩大的梯度。初始质量损失是由于结合水和吸收水的蒸发。由于RPC内部结构非常密实，因此自由水的质量是可以忽略不计的。PP纤维在160～170 ℃熔化使结构多孔，由于水分蒸发而产生质量损失。超过300 ℃，由于Ca(OH)$_2$和C－S－H的分解，质量损失加快。

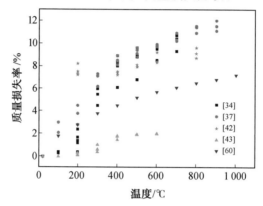

图 21.11　RPC 的质量损失与温度的关系

21.7　温度对 RPC 变形性能的影响

高温下混凝土的变形由 4 部分组成：未加载时的热应变(Free Thermal Strains，FTS)、弹性应变、徐变和瞬时应变。依据本章参考文献，弹性应变、徐变和瞬时应变也称为荷载引起的热应变(Load-induced Thermal Strains，LITS)。FTS 不依赖于应力水平和时间，而 LITS 依赖于应力水平和时间的叠加。混凝土的变形性能依赖于混凝土的组成和高温下的物理和化学反应。下面将对 RPC 的应变进行讨论。

21.7.1　自由膨胀应变

混凝土的 FTS 是由于其在高温下的热膨胀或收缩而产生的。热膨胀是单位长度的材料每升高 1 ℃ 而产生的膨胀或收缩。热膨胀是一种阻止温度变化的重要的材料性能。影响混凝土热膨胀的因素有水泥种类、温度、含水率、骨料和龄期。

混凝土在火灾下会发生膨胀。有关 RPC 在高温下的膨胀研究较少。Zheng 和 Sanchayan 研究了 RPC 在高温下的膨胀，其试验结果如图 21.12 所示。Eurocode－2 和 ASCE manual 给出了普通钙质和硅质骨料的热膨胀。Sanchayan 的研究揭示了 RPC 高温下的行为与 Eurocode－2 中的硅质骨料混凝土模型相似。然而 Zheng 认为热膨胀与温度呈线性关系，这种关系见附录 2。

21.7.2　荷载影响膨胀应变

LITS 是由徐变、弹性应变和瞬时应变组成的。瞬时应变被分为干缩徐变和瞬时膨胀应变两部分。徐变是混凝土的时间依赖性变形。室温下,它的影响很小。然而在高温且施加应力的状态下,它的影响大大提高了。高温下,C－S－H 链的断裂和混凝土的脱水加速了徐变。影响高温下混凝土徐变的因素包括混凝土强度、骨料类型、水泥类型和养护类型。瞬时应变也是时间依赖性的但不可恢复的变形,通常发生于初始加热阶段,造成这种变形的原因是水泥浆体和骨料间的热膨胀不协调。影响混凝土瞬时变形的因素与徐变相同。

只有 Sanchayan 研究了 RPC 的瞬时应变,而高温下混凝土的徐变则无人研究。在施加外部荷载前,RPC 在 105 ℃ 下干燥,施加两组荷载,分别约为 28 天平均抗压强度的 14% 和 28%。由于 RPC 内部干燥,干燥应变为 0,因此瞬时应变为瞬时膨胀变形。RPC 的瞬时应变在两组荷载下的试验结果如图 21.13 所示。在图 21.13 中,瞬时应变随外加荷载和温度的增大而增大,尤其是在 250 ℃ 以上时。Sanchayan 计算了由瞬时应变导致的 RPC 热收缩系数,其值在 14% 的荷载水平下为 4×10^{-5} ℃$^{-1}$,在 28% 的荷载水平下为 2.7×10^{-5} ℃$^{-1}$。图 21.13 显示了 RPC 瞬时应变与 NSC、HSC 的比较。RPC 的瞬时应变高于 Jiang(NSC)和 Kim(HSC),然而与 Hassen(HPC)相同。Anderberg 和 Thelandersson 的瞬时应变是较高的,这是由它的试验方法或硅质骨料造成的。

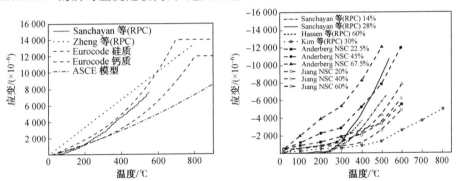

图 21.12　RPC 的自由膨胀应变与温度的关系　图 21.13　RPC 的瞬时应变与温度的关系

21.8　爆　　裂

之前的研究表明混凝土爆裂是由内部压力、热应力和温度裂缝的产生导致的。混凝土内部的水分随温度升高而蒸发并设法释放到大气中,一些水蒸气向混凝土内部的低受压区转移,混凝土内部由于低温度梯度导致蒸汽凝结,这些凝结的蒸汽会形成饱和层,阻止蒸汽进一步向低受压区转移。这种阻止被 Harmathy 和 Smith 称为湿度障碍。随着温度升高,蒸气压增大直到最终大于抗拉强度,造成了混凝土爆裂。接近于受热面的蒸气压高于内部,导致混凝土爆裂和力学性能的损失。图 21.14 显示了 RPC 内部蒸气压随温度升高而变化的情况。

一些学者认为温度梯度造成的压应力分布平行于受热面。这种分布产生了垂直于受热面的拉应力。随着压应力增大,拉应力也在增大,最终超过了混凝土的拉应力,造成了

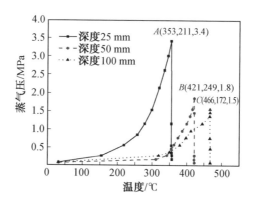

图 21.14 高温下 RPC 的蒸气压（采用尺寸为 $\phi100$ mm × 210 mm 圆柱试件。符号 A（353，211，3.4）表示加热至 353 ℃，在某一高度的温度为 211 ℃ 且峰值蒸气压为 3.4 MPa）

混凝土的剥落或爆裂。混凝土的温度裂缝发生缘于水化反应自分解速率和硬化水泥浆体的严重开裂。

RPC 易发生爆裂是由于其紧密的微结构和低渗透性。RPC 爆裂的发生通常是由于湿度障碍的形成。然而 Ju 近期的研究表明温度应力是造成爆裂的根本原因。这些温度应力的发展是由产生变形能的温度梯度造成的。然而，初始弹性变形吸收了这部分能量，阻止了裂缝的发展。随着持续加热，温度梯度增大，储存的变形能超过了最大承载能力，导致了各边的剥落，并且随着温度升高，拉应力超过了最大抗拉强度，便产生了爆裂。

除了主要原因，RPC 高温下的爆裂也受到水化产物的分解、构件的尺寸、加热速率、含水率、ITZ 的分解、荷载水平、硅灰及其他掺和料用量的影响。研究者认为添加 PP 纤维和钢纤维能提高 RPC 的抗爆裂性能。PP 纤维在 160～170 ℃ 熔化，可产生水蒸气疏散的通道；而钢纤维则提高了 RPC 的抗拉强度和导热性的均匀性，降低了温度应力，阻止了爆裂。

Khhanji 近期的研究表明高性能混凝土梁（长 2 000 mm，高 200 mm，宽 100 mm）在 ISO 834 火灾曲线下受到 40% 和 60% 的恒荷载 60 min。钢纤维的体积掺量为 2% 和 4%。所有梁均发生了爆裂，高荷载率也加重了爆裂。爆裂的梁如图 21.15 和图 21.16 所示。

图 21.15 高温作用后钢纤维体积掺量为 2% 的高性能混凝土梁

图 21.16　高温作用后钢纤维体积掺量为 4% 的高性能混凝土梁

21.9　影响 RPC 强度和爆裂的因素

21.9.1　爆裂临界温度和纤维

纤维能有效阻止高温作用下 RPC 的爆裂。作者参考了关于爆裂临界温度、纤维掺量和高温作用下与高温作用后的抗压强度的 RPC 相关文献，其试验结果见表 21.3。RPC 室温下标准立方体（边长为 150 mm）抗压强度与爆裂临界温度的关系如图 21.17 所示。式 (21.7) 为 RPC 标准立方体抗压强度和临界温度之间的关系，该公式用来决定抗压强度在 $100 \sim 250$ MPa 范围内的 RPC 爆裂临界温度。

$$T_s = 337.43 + 354.88\exp\left(-\frac{f_{cu}}{100}\right) \quad (100 \text{ MPa} \leqslant f_{cu} \leqslant 250 \text{ MPa}) \quad (21.7)$$

PP 纤维由于弹性模量低而降低了室温下 RPC 的力学性能。然而，当温度达到 300 ℃时，随着 PP 纤维掺量的增加，RPC 的力学性能也在提高。PP 纤维在加热时产生微通道，为蒸气压提供了安全通道。0.3% 或更高的体积掺量会提高 RPC 高温作用后的力学性能和爆裂性能。然而，Zheng 提出掺 2.73 kg/m³ 的 PP 纤维能够阻止 RPC 爆裂并提高高温作用下 RPC 的抗压和抗拉强度。Ju 认为 0.9% 的 PP 纤维体积掺量能够阻止 RPC 爆裂并优化其力学性能，继续增大 PP 纤维掺量将会降低 RPC 的热力学强度。然而，Eurocode－2 建议 PP 纤维体积掺量为 0.22%，小于 RPC 的要求。

表 21.3　掺钢纤维和 PP 纤维的 RPC 在高温作用下和高温作用后的试验数据总结

文献	试件尺寸 /(mm×mm×mm)	试验温度 /℃	力学指标	纤维掺量 /% 钢	纤维掺量 /% PP	爆裂温度 /℃	抗压强度 实测值 f_{cu}/MPa	抗压强度 标准值 f_{cu}/MPa
[86]	70.7×70.7×70.7	20，100，200，300，400，500，600，700，800	f_{cu}，f_c，f_t	—	0	400	136.54	120.24
				—	0.1	400	107.82	95.75
				—	0.2	800	105.88	94.02
				—	0.3	—	111.76	99.24
[88]	70.7×70.7×70.7	20，100，200，300，400，500，600，700，800	f_{cu}，f_t	0	—	260～520	136.13	120.88
				1	—		150.53	133.67
				2	—		164.93	146.46
				3	—	—	170.82	151.69

续表21.3

文献	试件尺寸/(mm×mm×mm)	试验温度/℃	力学指标	纤维掺量/% 钢	纤维掺量/% PP	爆裂温度/℃	抗压强度实测值 f_{cu}/MPa	抗压强度标准值 f_{cu}/MPa
[89]	70.7×70.7×70.7	20,100,200,300,400,500,600,700,800	f_{cu}	—	0	240~520	136.53	120.24
				—	0.1	240~520	107.82	95.75
				—	0.2	240~520	105.88	94.02
				—	0.3	—	111.76	99.24
[90]	70.7×70.7×70.7	20,200,300,400,500,600,700,800,900	f_{cu},f_c,f_t,f_f	—	0	400	136.50	120.21
				—	0.1	400	109.10	96.88
				—	0.2	500	107.50	95.46
				—	0.3	—	105.20	93.42
[74]	$\phi50×100$	25,200,300,400,500,600,700,800,900	f_{cu},E_c,ε_c	1	—	400~500	150.40	136.73
				2	—	400~500	168.50	153.18
				3	—	400~500	156.50	142.27
[99]	70.7×70.7×70.7	20,200,400,600,800	$f_{cu},\varepsilon_{cu},E_c,\varepsilon_{th}$	1	—	—	141.21	125.39
				2	—	—	154.14	136.87
				3	—	—	162.41	144.22
[97]	$\phi100×200$	20,100,200,300,400,500,600,700	$f_{cu},E_c,\varepsilon_{th},\varepsilon_{LITS}$	—	0	450~480	144.00	137.14
				—	2	450~480	170.00	161.90
[96]	70.7×70.7×70.7	20,120,200,300,400,500,600,700,800	f_{cu},E_c,ε_c	1	—	—	143.30	127.25
				2	—	—	156.50	138.97
				3	—	—	160.20	142.26
[133]	40×40×80	20,200,400,600,800,1 000	f_{cu},E_c,ε_c	0	—	231	236.00	249.97
				0.2	—	—	187.00	196.35
[134]	70.7×70.7×70.7	20,120,200,300,400,500,600,700,800,900	f_{cu}	0	—	400	136.43	120.15
				1	—	360~550	150.74	133.86
				2	—	—	164.73	146.28
				3	—	—	170.46	151.37
				—	0.1	500	107.52	95.48
				—	0.2	700	105.82	93.97
				—	0.3	—	104.73	93.00
[135]	40×40×160	20,200,300,400,600,800	f_{cu},f_f	1.5	—	400~450	214.60	227.48
				1.5	—	—	215.90	228.85
[115]	100×100×100	20,150,200,250,300,350	f_{cu},f_t,f_f	—	0	366	109.03	101.40
				—	0.3	383	112.34	104.47
				—	0.6	424	127.75	118.81
				—	0.9	—	136.56	127.00
				—	1.2	—	109.03	101.40

续表21.3

文献	试件尺寸 /(mm×mm×mm)	试验温度 /℃	力学指标	纤维掺量 /% 钢	纤维掺量 /% PP	爆裂温度 /℃	抗压强度 实测值 f_{cu}/MPa	抗压强度 标准值 f_{cu}/MPa
[136]	300×300×400	76～1 095	f_{cu},f_f	—	—	400～500	106.00	110.98

注:由于缺乏标准,本章参考文献中高温作用下的试件形状和尺寸呈现多样化。立方体试件
150 mm×150 mm×150 mm 被认定为数据的均质性尺寸。试件转换成标准立方体抗压强度通过本章
参考文献[138－140]中的公式进行转化。

PP 纤维和钢纤维不仅可以提高高温作用下和高温作用后 RPC 的力学性能,还可提高其室温下的力学性能。钢纤维比混凝土的导热性好,产生了均匀的温度场,降低了温度场的不均匀性和裂缝的发展。钢纤维也提高了 RPC 在室温和高温下的延性。RPC 的力学性能在 21～300 ℃ 时提高,在 300 ℃ 后降低。2% 的最优体积掺量能够有效阻止 RPC 爆裂并提高其力学性能。钢纤维的体积掺量与 RPC 标准立方体抗压强度的关系见表 21.3 和图21.18。式(21.8)为钢纤维体积掺量和混凝土抗压强度的关系计算公式。

$$\rho_{sf} = 0.60 + 6.18 \times 10^{-7} \exp\left(\frac{f_{cu}}{10}\right) \quad (120\ \text{MPa} \leqslant f_{cu} \leqslant 160\ \text{MPa}) \quad (21.8)$$

复掺 PP 纤维、钢纤维和 PVA 纤维也可以有效阻止爆裂并提高 RPC 的力学性能。2% 的钢纤维和 0.2% 的 PP 纤维对于提高 RPC 的强度和抗爆裂性能是有效的。与掺钢纤维 RPC 相比,复掺钢纤维和 PVA 纤维对 RPC 的弹性模量无明显影响,但是对阻止爆裂是有效的。

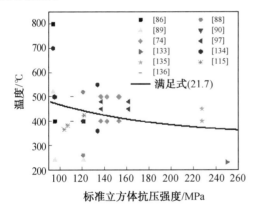

图 21.17　RPC 标准立方体抗压强度
与爆裂临界温度的关系

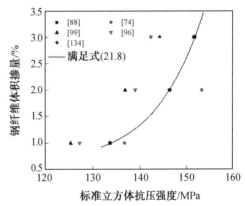

图 21.18　钢纤维体积掺量与 RPC 标准
立方体抗压强度的关系

21.9.2　含水率和水胶比

Peng 研究了含水率对高温作用下 RPC 爆裂行为的影响,探究了水胶比为 0.16、0.18 和0.20 的 RPC 在含水率为 0～100% 范围内高温作用下的性能。含水率通过相对于初始含水率的百分比表示。RPC 在所有水胶比下发生爆裂的标准含水率为 25%。然而,当含水率低于 25% 时,水胶比对 RPC 爆裂有明显影响。在高温作用下高水胶比(0.2 和 0.18)的 RPC 的力学性能低于低水胶比的 RPC。So 研究了包含矿渣和粉煤灰,水胶比在

0.14～0.19 范围内的 RPC 在高温作用下的力学性能。

21.9.3　类水泥材料(Similar Cement Materials,SCMs)

本章参考文献[128]和[142]研究了火山灰质材料(如粉煤灰、矿渣和硅灰)对 RPC 高温后力学性能的影响。So 研究了改进的 RPC(10%①硅灰＋30% 粉煤灰)的力学性能和微结构并与传统的 RPC(25% 硅灰)比较了试验结果。改进的 RPC 力学性能在室温下高于传统的 RPC。但是,在 1 000 ℃ 后,其残余的抗压、抗拉、抗折强度分别为 68 MPa、8 MPa 和 5 MPa,约相当于室温下强度的 36%、22% 和 29%。这些火山灰质材料使水泥掺量降低到 720 kg/m³。

硅灰是用来填充 RPC 孔隙的基本材料,它的最优掺量为 25% 的水泥掺量。Tian 研究了具有不同硅灰掺量(0,10%,15%,20%,28%)的 RPC 的爆裂行为。过量的硅灰会降低抗爆裂性能,具有较低硅灰掺量 RPC 的爆裂是间断的。然而,过量的硅灰会导致 RPC 的稳定性降低。增加硅灰掺量的优点是能够延长爆裂的持续时间。

向 RPC 中掺入其他矿物材料,通过探究矿物材料对 RPC 的影响发现:RPC 在高温作用下都产生了爆裂和裂缝。但 RPC 爆裂的持续时间和温度随着矿物材料的增加而降低。

Aydin 检测了碱激发 RPC(ARPC)的纳米孔隙率。这些孔隙在高温下会释放蒸气压并阻止 RPC 爆裂。纳米孔对高温作用下 RPC 的强度退化无明显影响。ARPC 高温下的性能好于传统的 RPC。600 ℃ 时,其残余的抗压强度和抗折强度分别为 105.8 MPa 和 11.8 MPa,约相当于室温下强度的 49% 和 34%。

21.10　本 章 小 结

(1) 获得了高温爆裂临界温度与混凝土抗压强度的关系曲线,发现混凝土抗压强度越高,爆裂临界温度越低。

(2) 提出了防爆裂 PP 纤维掺量、钢纤维掺量与混凝土抗压强度的关系曲线。发现随混凝土抗压强度增大,所需防爆裂 PP 纤维掺量呈线性增长,而所需防爆裂钢纤维掺量呈指数增长的规律。

(3) 高温抗压强度、抗拉强度和弹性模量随着温度的升高而退化。残余的力学性能被分为 3 个阶段:①350 ℃ 以下,强度增大;②350～800 ℃,强度急剧减小;③800 ℃ 以上,RPC 完全丧失强度。Eurocode－2、ASCE manual 和 ACI code 提供的残余力学性能比 RPC 的高温力学性能更加保守。

(4) 所有试验试件的应力－应变曲线的形状在 300 ℃ 以下都是相似的。应力－应变曲线由线性段、抛物线段和下降段组成。应力－应变曲线在 300～700 ℃ 时会发生膨胀,在 700～900 ℃ 范围内会收缩。

(5) 高温下 RPC 的导热性和比表面积好于 NSC 和 HSC。钢纤维和 PP 纤维掺量的增加对 RPC 导热性无明显影响。然而 RPC 的比热容会随 PP 纤维和钢纤维掺量的增加而降低。RPC 的自由膨胀应变与 Eurocode－2 中的硅质混凝土相似。

---

①　指质量分数,下同。

（6）RPC 密实的微结构导致其更易发生爆裂。添加矿物掺和料能够提高 RPC 的抗高温性能，然而过量的硅灰和矿物材料会使 RPC 爆裂。RPC 的爆裂临界温度随着抗压强度的降低而增大。

（7）PVA 纤维降低了室温下 RPC 的力学性能，然而它们提高了高温下 RPC 的抗爆裂性能。阻止爆裂的 PP 纤维掺量随着 RPC 抗压强度的增大而增加。钢纤维不仅能提高室温下 RPC 的力学性能，还能提高其抗爆裂性能，阻止爆裂的钢纤维掺量随着 RPC 抗压强度的增大而增加。

本章参考文献

[1] 过镇海，时旭东. 钢筋混凝土的高温性能及其计算[M]. 北京：清华大学出版社，2003.

[2] 吴波. 火灾后钢筋混凝土结构的力学性能[M]. 北京：科学出版社，2003.

[3] 郑文忠，侯晓萌，闫凯. 预应力混凝土高温性能及抗火设计[M]. 哈尔滨：哈尔滨工业大学出版社，2012.

[4] KODUR V K R, DWAIKAT M B. Effect of fire induced restraint on fire resistance of reinforced concrete beams[J]. Journal of Structural Fire Engineering, 2010, 1(2): 73-88.

[5] KODUR V K R, DWAIKAT M B, RAUT N. Macroscopic FE model for tracing the fire response of reinforced concrete structures[J]. Engineering Structures, 2009, 31(10): 2368-2379.

[6] ZHENG W Z, HOU X M, SHI D S, et al. Experimental study on concrete spalling in prestressed slabs subjected to fire[J]. Fire Safety Journal, 2010, 45(5): 283-297.

[7] KODUR V K R, CHENG F P, WANG T C. Effect of strength and fiber reinforcement on the fire resistance of high strength concrete columns[J]. Journal of Structural Engineering, 2003, 129(2):1-22.

[8] KODUR V K R, WANG T C, CHENG F P. Predicting the fire resistance behavior of high strength concrete columns[J]. Cement and Concrete Composite, 2004, 26(2):141-153.

[9] XIAO J Z, FALKNER H. On residual strength of high-performance concrete with and without polypropylene fibres at elevated temperatures[J]. Fire Safety Journal, 2006, 41(2): 115-120.

[10] 广东省住房与城乡建设厅. 建筑混凝土结构耐火设计技术规程：DBJ/T 15-81—2011[S]. 北京：中国建筑工业出版社，2011.

[11] British Standards Institution. Eurocode 2: Design of concrete structures-part 1. 2: general rules-structural fire design: EN 1992-1-2:2004 [S]. London: British Standards Institution, 2004.

[12] DWAIKAT M B, KODUR V K R. Hydrothermal model for predicting fire-induced spalling in concrete structural systems[J]. Fire safety Journal, 2009, 44: 425-434.

[13] BENET M Š, TEFAN R. Hygro-thermo-mechanical analysis of spalling in

concrete walls at high temperatures as a moving boundary problem[J]. International Journal of Heat and Mass Transfer, 2015, 85: 110-134.

[14]KHOYLOU N. Modeling of moisture migration and spalling behavior in non-uniformly heated concrete [D]. London: Imperial College London, 1997.

[15]HERTZ K D. Limits of spalling of fire-exposed concrete [J]. Fire Safety Journal, 2003, 38(2): 103-116.

[16]HOU X M, KODUR V K R, ZHENG W Z. Factors governing the fire response of bonded prestressed concrete continuous beams[J]. Materials and structures, 2015, 48(9): 2885-2900.

[17]PHAN L T, LAWSON J R. Effects of elevated temperature exposure on heating characteristics, spailing, and residual properties of high performance concrete[J]. Materials and Structures, 2001, 34: 83-91.

[18]罗百福. 高温下活性粉末混凝土的爆裂及力学性能研究[D]. 哈尔滨: 哈尔滨工业大学, 2013: 45-59.

[19]BREITENBÜCKER R. High strength concrete C105 with increased fire resistance due to polypropylene fibres [C]. Paris: 4th International Symposium on the Utilization of High-Strength/High-Performance Concrete, 1996.

[20]KALIFA P, CHENE G, GALLE C. High-temperature behaviour of HPC with polypropylene fibres: From spalling to microstructure [J]. Cement and Concrete Research, 2001, 31(10): 1487-1499.

[21]CASTILLO C, DURRANI A J. Effect of transient high temperature on high-strength concrete[J]. ACI Materials Journal, 1990, 87(1): 47-53.

[22]PENG G F. Evaluation of fire damage to high performance concrete[D]. Hong Kong: The Hong Kong Polytechnic University, 2000.

[23]PHAN L T, CARINO N J. Review of mechanical properties of HSC at elevated temperature[J]. Journal of Materials in Civil Engineering, 1998, 10(1): 58-64.

[24]HAN C G, HAN M C, HEO Y S. Improvement of residual compressive strength and spalling resistance of high-strength RC columns subjected to fire[J]. Construction and Building Materials, 2009, 23(1): 107-116.

[25]SIDERIS K K, MANITA P, PAPAGEORGIOU A, et al. Mechanical characteristic of high performance fiber reinforced concrete at elevated temperatures[C]. Thessalonik: International Conference on Durability of Concrete, 2003: 973-988.

[26]FURUMURA F, ABE T, SHINOHARA Y. Mechanical properties of high strength concrete at high temperatures[C]. Weimar: Proceedings of 4th Weimar Workshop on High Performance Concrete: Material Properties and Design, 1995.

[27]吴波, 宿晓萍, 李惠, 等. 高温后约束高强混凝土力学性能的试验研究[J]. 土木工程学报, 2002, 35(2): 26-32.

[28]吴波, 袁杰, 王光远. 高温后高强混凝土力学性能的试验研究[J]. 土木工程学报, 2000, 33(2): 8-12.

[29]李敏, 钱春香. 高性能混凝土火灾条件下抗爆裂性能的研究[J]. 工业建筑, 2001, 31(10): 47-49.

[30]LIU C T, HUANG J S. Fire performance of highly flowable reactive powder concrete[J]. Construction and Building Materials, 2009, 23(5): 2072-2079.

[31]CHAN S Y N, PENG G F, CHAN J K W. Comparison between high strength concrete and normal strength concrete subjected to high temperature[J]. Materials and Structures, 1996, 29: 621-621.

[32]CHAN S Y N, PENG G F, ANSON M. Fire behavior of high-performance concrete made with silica fume at various moisture contents[J]. ACI Materials Journal, 1999, 96(3): 405-409.

[33] 刘红彬. 活性粉末混凝土的高温力学性能与爆裂的试验研究[D]. 北京：中国矿业大学, 2012.

[34] 井上秀之, 山崎庸行, 西田朗, ら. 爆裂防止用ポリプロピレン短繊維を混入した高強度コンクリートの性状に関する研究(その4:柱試験體の耐火試験)[C]. 東海：日本建築学会大会学術講梗概集, 1994:337-338.

[35] 武居泰. 高強度コンクリートの耐火性能に関する最近の研究[J]. コンクリート工学, 1993, 31(9):62-65.

[36] 井上明人, 飛坂基夫, 桝田佳寛. 高強度コンクリートの耐火性の評価に関する研究[J]. 建材試験情報, 1991, 27(5): 6-14.

[37] 井上明人, 飛坂基夫, 桝田佳寛. 高強度コンクリートの耐火性の評価に関する研究(第 2 報：骨材の岩種おび含水率の影響)[J]. 建材試験情報, 1991, 27(10): 6-14.

[38]BASTAMI M, CHABOKI-KHIABANI A, BAGHBADRANI M, et al. Performance of high strength concretes at elevated temperatures[J]. Scientia Iranica A, 2011, 18(5): 1028-1036.

[39] 边松华, 朋改非, 赵章力, 等. 含湿量和纤维对高性能混凝土高温性能的影响[J]. 建筑材料学报, 2005, 8(3): 320-327.

[40] 蒋玉川. 普通强度高性能混凝土的高温性能特征[D]. 北京：北京交通大学, 2007.

[41] 段旭杰. 钢纤维混凝土的高温爆裂特征行为与渗透性演变特征[D]. 北京：北京交通大学, 2008.

[42] 鹿少磊. 三大系列水泥混凝土的高温性能比较研究[D]. 北京：北京交通大学, 2009.

[43] 刘小平. 活性粉末混凝土高温爆裂行为及高温作用后渗透性的研究[D]. 北京：北京交通大学, 2011.

[44] 吴宏江. 加热条件对混凝土物理力学性能的影响[D]. 郑州：郑州大学, 2006.

[45] 董香军. 纤维高性能混凝土高温、明火力学与爆裂性能研究[D]. 大连：大连理工大学, 2006.

[46]CROZIER D A, SANJAYAN J G. Tests of load-bearing slender reinforced concrete walls in fire[J]. ACI Structural Journal, 2000, 97(2): 243-251.

[47] 吕雪源, 王英, 符程俊, 等. 活性粉末混凝土基本力学性能指标取值[J]. 哈尔滨工业大学学报, 2014, 46(10): 1-9.

[48]JENSEN L. Spalling of concrete exposed to fire-the mitigating effect of polypropylene fibres[D]. Kongens Lyngby: Technical University of Denmark, 2003.

［49］QADI A N S A, AL-ZAIDYEEN S M. Effect of fibre content and specimen shape on residual strength of polypropylene fibre self-compacting concrete exposed to elevated temperatures[J]. Journal of King Saud University - Engineering Sciences, 2014, 26(1): 33-39.

［50］刘沐宇, 林志威, 丁庆军, 等. 不同 PPF 掺量的高性能混凝土高温后性能研究[J]. 华中科技大学学报(城市科学版), 2007, 24(2): 14-20.

［51］鞠丽艳, 张雄. 聚丙烯纤维对高温下混凝土性能的影响[J]. 同济大学学报(自然科学版), 2003, 31(9): 1064-1067.

［52］BILODEAU A, KODUR V K R, HOFF G C. Optimization of the type and amount of polypropylene fibres for preventing the spalling of lightweight concrete subjected to hydrocarbon fire[J]. Cement and Concrete Composites, 2004, 26(2): 163-174.

［53］SUHAENDI S L, HORIGUCHI T. Effect of short fibers on residual permeability and mechanical properties of hybrid fibre reinforced high strength concrete after heat exposition [J]. Cement and Concrete Research, 2006, 36(9): 1672-1678.

［54］POON C S, SHUI Z H, LAM L. Compressive behavior of fiber reinforced high-performance concrete subjected to elevated temperatures[J]. Cement and Concrete Research, 2004, 34(12): 2215-2222.

［55］CHEN B, LIU J. Residual strength of hybrid-fiber-reinforced high-strength concrete after exposure to high temperatures[J]. Cement and Concrete Research, 2004, 34(6): 1065-1069.

［56］XIONG M X, LIEW J Y R. Spalling behavior and residual resistance of fibre reinforced ultra-high performance concrete after exposure to high temperatures[J]. Materiales de Construcción, 2015, 65(320): e071.

［57］DÜGENCI O, HAKTANIR T, ALTUN F. Experimental research for the effect of high temperature on the mechanical properties of steel fiber-reinforced concrete[J]. Construction and Building Materials, 2015, 75(30): 82-88.

［58］REIS M L B C, NEVES I C, TADEU A J B, et al. High-temperature compressive strength of steel fiber high-strength concrete[J]. Journal of Materials in Civil Engineering, 2001, 13(3): 230-234.

［59］LAU A, ANSON M. Effect of high temperatures on high performance steel fibre reinforced concrete[J]. Cement and Concrete Research, 2006, 36(9): 1698-1707.

［60］NOUMOWE A. Mechanical properties and microstructure of high strength concrete containing polypropylene fibres exposed to temperatures up to 200 ℃ [J]. Cement and Concrete Research, 2005, 35(11): 2192-2198.

［61］PLIYA P, BEAUCOUR A L, NOUMOWE A. Contribution of cocktail of polypropylene and steel fibres in improving the behaviour of high strength concrete subjected to high temperature[J]. Construction and Building Materials, 2011, 25(4): 1926-1934.

［62］AYDIN S, YAZICI H, BARADAN B. High temperature resistance of normal strength and autoclaved high strength mortars incorporated polypropylene and steel fibers[J]. Construction and Building Materials, 2008, 22(4): 504-512.

[63] 陈强. 高温对活性粉末混凝土高温爆裂行为和力学性能的影响[D]. 北京：北京交通大学，2010.

[64] 陶津，柳献，袁勇，等. 自密实混凝土高温爆裂性能影响因素的试验研究[J]. 土木工程学报，2009，42(10)：22-26.

[65] 柳献，袁勇，叶光，等. 高性能混凝土高温爆裂的机理探讨[J]. 土木工程学报，2008，41(6)：61-68.

[66] 杨少伟，巴恒静. 钢纤维混凝土高温损伤及温度应力模拟[J]. 武汉理工大学学报，2009，31(2)：50-54.

[67] PHAN L T. Pore pressure and explosive spalling in concrete[J]. Materials and Structures，2008，41(10)：1623-1632.

[68] PENG G F，YANG W W，Zhao J，et al. Explosive spalling and residual mechanical properties of fiber-toughened high-performance concrete subjected to high temperatures[J]. Cement and Concrete Research，2006，36(4)：723-727.

[69] BEHNOOD A，GHANDEHARI M. Comparison of compressive and splitting tensile strength of high-strength concrete with and without polypropylene fibers heated to high temperatures[J]. Fire Safety Journal，2009，44(8)：1015-1022.

[70] TAI Y S，PAN H H，KUNG Y N. Mechanical properties of steel fiber reinforced reactive powder concrete following exposure to high temperature reaching 800 ℃[J]. Nuclear Engineering and Design，2011，241(7)：2421-2424.

[71] CHEN G M，HE Y H，YANG H，et al. Compressive behavior of steel fiber reinforced recycled aggregate concrete after exposure to elevated temperatures[J]. Construction and Building Materials，2014，71 (30)：1-15.

[72] RILEM TC 129-MHT. Test methods for mechanical properties of concrete at high temperatures，Part 3—Compressive strength for service and accident conditions[J]. Materials and Structures，1995，28(3)：410-414.

[73] RILEM T C 129-MHT. Test methods for mechanical properties of concrete at high temperatures，Part 4—Tensile strength for service and accident conditions[J]. Materials and Structures，2000，33：219-223.

[74] PENG G F，CHAN S Y N，ANSON M. Chemical kinetics of C－S－H decomposition in hardened cement paste subjected to elevated temperatures up to 800 ℃[J]. Advances in Cement Research，2001，13(2)：47-52.

[75] XIAO J，KONIG G. Study on concrete at high temperature in China—an overview[J]. Fire Safety Journal，2004，39(1)：89-103.

[76] BAMONTE P，GAMBAROVA P G. Thermal and mechanical properties at high temperature of a very high-strength durable concrete[J]. Journal of Materials in Civil Engineering，2010，22(6)：545-55.

[77] QIN D，ZHAO L. Compressive strength of fibre reinforced slag concrete at and after high temperature[J]. Henan Building Materials，2011，6：60-1.

[78] RASHAD A M，BAI Y，BASHEER P A M，et al. Chemical and mechanical stability of sodium sulfate activated slag after exposure to elevated temperature[J]. Cement and Concrete Research，2012，42(2)：333-43.

[79] PHAN L T. Fire performance of high strength concrete. A report of the

state-of-the-art building and fire research laboratory[D]. Maryland: National Institute of Standards and Technology, 1996.

[80]RASHAD A M, ZEEDAN S R. A preliminary study of blended pastes of cement and quartz powder under the effect of elevated temperature[J]. Construction and Building Materials, 2012, 29(1): 672-681.

[81]ZHENG W, LUO B, WANG Y. Microstructure and mechanical properties of RPC containing PP fibres at elevated temperatures[J]. Magazine of Concrete Research, 2014, 66(8): 397-408.

[82]DEMIREL B, KELESTEMUR O. Effect of elevated temperature on the mechanical properties of concrete produced with finely ground pumice and silica fume[J]. Fire Safety Journal, 2010, 45(6-8): 385-391.

[83]ZHENG W, LI H, WANG Y. Compressive and tensile properties of reactive powder concrete with steel fibres at elevated temperatures[J]. Construction and Building Materials, 2013, 41: 844-851.

[84]ZHENG W, LI H, WANG Y. Mechanical properties of reactive powder concrete with different dosage of polypropylene fiber after high temperature[J]. Journal of Building Structures, 2012, 33(9): 121-126.

[85]MINDESS S, YOUNG J F, DARWIN D. Concrete pearson education[M]. Harlow: Upper Saddle River, 2003.

[86]KHALI Q W, KODUR V. High temperature mechanical properties of high strength fly ash concrete with and without fibres[J]. ACI Materials Journal, 2012, 109(6): 665-674.

[87]American Society of Civil Engineers (ASCE). Structural fire protection [M]. New York: Committee on Fire Protection(Structural Division), 1992.

[88]CHANG Y F, CHEN Y H, SHEU M S, et al. Residual stress-strain relationship for concrete after exposure to high temperatures[J]. Cement and Concrete Research, 2005, 36(10), 1999-2005.

[89]ZHENG W, LI H, WANG Y. Compressive stress – strain relationship of steel fiber-reinforced reactive powder concrete after exposure to elevated temperatures[J]. Construction and Building Materials, 2012, 35: 931-940.

[90]SANCHAYAN S, FOSTER S J. High temperature behaviour of hybrid steel-PVA fibre reinforced reactive powder concrete[J]. Materials and Structures, 2016, 49(3): 769-782.

[91]ZHENG W, LUO B, WANG Y. Stress-strain relationship of steel-fibre reinforced reactive powder concrete at elevated temperatures[J]. Materials and Structures, 2015, 48: 2299-2314

[92]LI H. Experimental study on spalling behavior and mechanical properties of reactive powder concrete after elevated temperatures[D]. Harbin: Harbin Institute of technology, 2012.

[93]ZHENG W, WANG R, WANG Y. Experimental study on thermal parameter of reactive powder concrete[J]. Journal of Building Structures, 2014, 35(9): 107-114.

[94]JU Y, LIU H B, LIU J H. Investigation on thermo-physical properties of reactive powder concrete[J]. Science China Tech. Science, 2011, 54: 3382-3403.

[95]SHIN K Y, KIM S B, KIM J H, et al. Thermo-physical properties and transient heat transfer of concrete at elevated temperatures[J]. Nuclear Engineering and Design, 2002, 212(1-3): 233-241.

[96]KODUR V, SULTAN M A. Thermal properties of high strength concrete at elevated temperatures[J]. ACI Special Publication, 1998, SP. 179:467-480.

[97]KHOURY G A. Polypropylene fibres in heated concrete. Part 2: Pressure relief mechanisms and modelling criteria[J]. Magazine of Concrete Research, 2008, 60: 189-204.

[98]KHALIQ W, KODUR V. Thermal and mechanical properties of fiber reinforced high performance self-consolidating concrete at elevated temperatures[J]. Cement and Concrete Research, 2011,41:1112-1122.

[99] KHOURY G A, GRAINGER B N, SULLIVAN P J E. Strain of concrete during first heating to 600 ℃ under load[J]. Magazine of Concrete Research, 1985, 37(133): 195-215.

[100] SCHNEIDER U. Concrete at high temperatures—a general review[J]. Fire Safety Journal, 1988, 13(1): 55-68.

[101]BAZANT Z P, CHERN J C. Stress-induced thermal and shrinkage strains in concrete[J]. Journal of Engineering Mechanics, 1987, 113(10): 1493-1511.

[102]PURKISS J A. Fire safety engineering design of structures, butterworth-heinemann[M]. Oxoford: Elsevier, 2007.

[103]JIANG L. Study on the deformation and strength of concrete under different temperature-stress[D]. Beijing: Tsinghua University, 2012.

[104]KIM Y, LEE TG, KIM W J, et al. Creep behavior of high-strength concrete with nylon fibers at elevated temperatures[J]. Journal of the Korea Concrete Institute , 2011, 23(5): 627-636.

[105]HASSEN S, COLINA H. Transient thermal creep of concrete in accidental conditions at temperatures up to 400 ℃[J]. Magazine of Concrete Research, 2006, 58(4): 201-208.

[106]JU Y, WANG L, LIU H, et al. An experimental investigation of the thermal spalling of polypropylene-fibered reactive powder concrete exposed to elevated temperatures[J]. Science Bulletin, 2015, 60(23): 2022-2040.

[107]FU Y, HUANG Y, PAN Z, et al. Literature review of study on mechanism of explosive spalling in concrete at elevated temperatures[J]. Journal of Building Materials, 2006, 9(3): 323-332.

[108]HARMATHY T Z. Effect of moisture on the fire endurance of building elements[J]. ASTM Special Technical Publication, 1965, 385: 74-95.

[109]SMITH P. Resistance to high temperature, in significance of test and properties of concrete and concrete making materials[D]. West Conshohocken: ASTM International, 1978.

[110]GARY R C, MICHAEL C M. Measurement and prediction of pore pressure in

cement mortar subjected to elevated temperature[J]. ACI Materials Journal, 1998, 95: 525-536.

[111]TIAN K P. Experimental research on the explosive spalling phenomena and mechanism of reactive powder concrete at elevated temperature[D]. Beijing: China University of Mining Technology, 2012.

[112]JU Y, LIU H B, TIAN K P, et al. An investigation on micro pore structures and the vapor pressure mechanism of explosive spalling of RPC exposed to high temperature[J]. Science China Technological Science, 2013, 56: 458-470.

[113]OZAWA M, UCHIDA S, KAMADA T, et al. Study of mechanisms of explosive spalling in high-strength concrete at high temperatures using acoustic emission[J]. Construction and Build Materials, 2012, 37: 621-628.

[114]KALIFA P, MENNETEAU F D, QUENARD D. Spalling and pore pressure in HPC at high temperatures[J]. Cement and Concrete Research, 2000, 30: 1915-1927.

[115]SUHAENDI S L, HORIGUCHI T. Effect of short fibres on residual permeability and mechanical properties of hybrid fibre reinforced high strength concrete after heat exposition[J]. Cement and Concrete Research, 2006, 36: 1672-1678.

[116]TAM C, TAM V W. Microstructural behaviour of reactive powder concrete under different heating regimes[J]. Magazine of Concrete Research, 2012, 64: 259-267.

[117]NISHIDA A, YAMAZAKI N, INOUE H. Study on the properties of high strength concrete with short polypropylene fibre for spalling resistance[J]. Shimizu Technical Research Bulletin,1995, 14: 1-6.

[118]LIU H B. Experimental study on the mechanical properties and explosive spalling of reactive powder concrete exposed to high temperatures[D]. Beijing: China University of Mining and Technology, 2012.

[119]TIAN K, JU Y, LIU H, et al. Effects of silica fume addition on the spalling phenomena of reactive powder concrete[J]. Applied Mechanics and Materials, 2012, 174-177: 1090-1095.

[120]JU Y, LIU J, LIU H, et al. On the thermal spalling mechanism of reactive powder concrete exposed to high temperature: Numerical and experimental studies[J]. International Journal of Heat and Mass Transfer, 2016, 98: 493-507.

[121]PENG G F, KANG Y R, HUANG Y Z, et al. Experimental research on fire resistance of reactive powder concrete[J]. Advances in Materials Science and Engineering, 2012(1): 11-16.

[122]ZHENG W, LI H, WANG Y. Compressive behaviour of hybrid fiber-reinforced reactive powder concrete after high temperature[J]. Materials and Design, 2012, 41: 403-409.

[123]LI H, ZHENG W, LUO B. Experimental research on compressive strength degradation of reactive powder concrete after high temperature[J]. Journal of

Harbin Institute of Technology, 2012, 44(4): 20-23.

[124]AYDIN S, BARADAN B. High temperature resistance of alkali-activated slag and portland cement-based reactive powder concrete[J]. ACI Materials Journal, 2012, 109(4): 463-470.

[125]SO H S, YI J B, KHULGADAI J, et al. Properties of strength and pore structure of reactive powder concrete exposed to high temperature[J]. ACI Materials Journal, 2014, 111(3): 335-346.

[126]CHEN M, HOU X, ZHENG W, et al. Review and analysis on spalling critical temperature of concrete and fibers dosage to prevent spalling at elevated temperatures[J]. Journal of Building Structures, 2017, 38(1): 161-170.

[127]MANSUR M, ISLAM M. Interpretation of concrete strength for nonstandard specimens[J]. Journal of Materials in Civil Engineering, 2002, 14(2): 151-155.

[128]LU X, WANG Y, FU C, et al. Basic mechanical properties indexes of reactive powder concrete[J]. Journal of Harbin Institute of technology, 2014, 46(10): 1-10.

[129]BENJAMIN G, MARSHALL D. Cylinder or cube: strength testing of 80 to 200 MPa (11. 6 to 29 ksi) ultra-high-performance fiber-reinforced concrete[J]. ACI Materials Journal, 2008, 105(6): 603-609.

[130]ZHENG W, LI H, WANG Y, et al. Tensile properties of steel fiber-reinforced reactive powder concrete after high temperature[J]. Advanced Materials Research, 2012,413: 270-276.

[131]SO H S, JANG H S, KHULGADAI J, et al. Mechanical properties and microstructure of reactive powder concrete using ternary pozzolanic materials at elevated temperature[J]. KSCE Journal of Civil Engineering, 2015, 19(4): 1050-1057.

[132]RICHARD P, CHEYREZY M. Composition of reactive powder concretes[J]. Cement and Concrete Research, 1995, 25: 1501-1511.

[133]LIU J, SONG S M. High temperature performance of high volume fine mineral mixture of reactive powder concrete[J]. Journal of Beijing University of Technology, 2012, 38(8): 1180-1185.

[134]CANBAZ M. The effect of high temperature on reactive powder concrete[J]. Construction and Building Materials, 2014, 70: 508-513.

[135]LI H, LIU G. Tensile properties of hybrid fiber-reinforced reactive powder concrete after exposure to elevated temperatures[J]. International Journal of Concrete Structures and Materials, 2016, 10(1): 29-37.

[136]FEYLESSOUFI A, CRESPIN M, DION P, et al. Controlled rate thermal treatment of reactive powder concretes[J]. Advanced Cement Based Materials, 1997, 6: 20-27.

附录 1　RPC 的抗压强度统计关系

RPC 的强度与所采用的水泥标号、骨料质量、水灰比、混凝土的配合比、制作方法、养护条件以及混凝土的龄期等因素有关,试验时采用试件尺寸的大小和形状以及试验方法和加载速率不同,测得的数值也不同,因此,需要规定一个标准作为依据。按照国家标准《普通混凝土力学性能试验方法标准》(GB/T 50081—2016),混凝土立方体试件抗压强度是指将边长为 150 mm 的立方体试件,在标准条件下养护至 28 d 龄期,在一定条件下加压至破坏所得到的强度。由于 RPC 尺寸效应较小,且压力试验机的量程有限,所以 RPC 测定立方体抗压强度的试件取为边长 100 mm 的立方体试块。

根据本试验测得的立方体抗压强度平均值为 140.95 MPa,取 95% 的保证率,得到立方体抗压强度标准值为 127.04 MPa,棱柱体抗压强度平均值为 102.2 MPa。由此可知,轴心抗压强度平均值和立方体抗压强度平均值之间的关系为 $\alpha = 102.28/140.95 = 0.73$。

以轴压构件为准(设某 RPC 轴心受压构件在恒荷载标准值作用下,产生轴力 $N_{Gk} = 10$ kN;在活荷载标准值下,产生轴力 $N_{Qk} = 5$ kN。热轧钢筋,已确定其设计强度为 $f_y = \gamma_s f_{yk} = 310$ N/mm²,钢筋承载力与混凝土承载力之比为 0.25),用可靠度分析法确定出 RPC 的材料分项系数。

$$k_R = \frac{\left(\dfrac{140.95}{80} + 0.25 \times \dfrac{384.8}{310}\right)}{1 + \dfrac{0}{25}} = 1.66$$

$$\delta_R = \left[\frac{0.01^2 + 0.01^2 + 0.17^2 + 0.074\,3^2 \times \left(0.25 \times \dfrac{384.8}{310} + \dfrac{80}{140.95}\right)^2}{1 + 0.25 \times \dfrac{384.8}{310} \times \dfrac{80}{140.95}} + 0.05^2\right]^{\frac{1}{2}} = 0.176$$

构件承载力为

$$R_d = 1.2 \times 10 + 1.4 \times 5 = 19(\text{kN})$$

$$\mu_R = k_R \cdot R_d = 1.66 \times 19 = 31.54$$

由此可求得

$$\beta = \frac{31.54 - 10.6 - 4.3}{\sqrt{(31.54 \times 0.176)^2 + (10.6 \times 0.07)^2 + (4.3 \times 0.233)^2}} = 3.32$$

$$\gamma_c = \frac{f_{ck}}{f_c} = \frac{127.04}{80} = 1.588$$

可取 RPC 材料分项系数为 1.5。

附录 2　RPC 高温下和高温后性能的本构方程

	钢纤维 RPC(SRPC)	掺 PP 纤维 RPC(PRPC)	复掺纤维 RPC(HRPC)

高温作用下 RPC 抗压强度

钢纤维 RPC(SRPC)　0 ～ 1% 钢纤维

$$\frac{f^T_{cu}}{f_{cu}} = \begin{cases} 1.06 - 3.04\left(\dfrac{T}{1\,000}\right) & (20\text{℃} \leq T \leq 100\text{℃}) \\[2mm] 0.795 - 0.944\left(\dfrac{T}{1\,000}\right) + 3.08\left(\dfrac{T}{1\,000}\right)^2 - 3.62\left(\dfrac{T}{1\,000}\right)^3 & (100\text{℃} < T \leq 800\text{℃}) \end{cases}$$

掺 PP 纤维 RPC(PRPC)　0 ～ 0.1% PP 纤维

$$\frac{f^T_{cu}}{f_{cu}} = \begin{cases} 1.109 - 5.43\left(\dfrac{T}{1\,000}\right) & (20\text{℃} \leq T \leq 100\text{℃}) \\[2mm] 0.448 + 2.17\left(\dfrac{T}{1\,000}\right) - 8.13\left(\dfrac{T}{1\,000}\right)^2 & (100\text{℃} < T \leq 300\text{℃}) \\[2mm] 0 & (300\text{℃} < T \leq 800\text{℃}) \end{cases}$$

0.2% ～ 0.3% PP 纤维

$$\frac{f^T_{cu}}{f_{cu}} = \begin{cases} 1.109 - 5.43\left(\dfrac{T}{1\,000}\right) & (20\text{℃} \leq T \leq 100\text{℃}) \\[2mm] 0.552 - 0.105\left(\dfrac{T}{1\,000}\right) + 2.72\left(\dfrac{T}{1\,000}\right)^2 - 3.28\left(\dfrac{T}{1\,000}\right)^3 & (100\text{℃} < T \leq 800\text{℃}) \end{cases}$$

复掺纤维 RPC(HRPC)　1% ～ 2% 钢纤维 + 0.1% ～ 0.2% PP 纤维

$$\frac{f^T_{cu}}{f_{cu}} = \begin{cases} 1.08 - 4.01\left(\dfrac{T}{1\,000}\right) & (20\text{℃} < T \leq 100\text{℃}) \\[2mm] 0.648 + 0.221\left(\dfrac{T}{1\,000}\right) + 0.894\left(\dfrac{T}{1\,000}\right)^2 - 1.94\left(\dfrac{T}{1\,000}\right)^3 & (100\text{℃} < T \leq 300\text{℃}) \end{cases}$$

高温作用后 RPC 抗压强度

钢纤维 RPC(SRPC)　0 ～ 1% 钢纤维

$$\frac{f^T_{cu}}{f_{cu}} = \begin{cases} 0.946 + 2.855\times10^{-3}T - 8.375\times10^{-6}T^2 + 4.648\times10^{-9}T & (100\text{℃} \leq T \leq 1\,000\text{℃}) \quad \rho = 0.01 \\[2mm] 1.059 + 1.053\times10^{-3}T - 4.223\times10^{-6}T^2 + 2.066\times10^{-9}T & (100\text{℃} \leq T \leq 1\,000\text{℃}) \quad \rho = 0.02 \\[2mm] 0.984 + 9.782\times10^{-3}T - 3.923\times10^{-6}T^2 + 1.919\times10^{-9}T & (100\text{℃} \leq T \leq 1\,000\text{℃}) \quad \rho = 0.03 \end{cases}$$

掺 PP 纤维 RPC(PRPC)　0 ～ 0.3% PP 纤维

$$\frac{f^T_{cu}}{f_{cu}} = \begin{cases} 0.97 + 1.6\left(\dfrac{T}{1\,000}\right) & (20\text{℃} \leq T \leq 300\text{℃}) \\[2mm] 1.37 + 1.14\left(\dfrac{T}{1\,000}\right) - 2.94\left(\dfrac{T}{1\,000}\right)^2 & (300\text{℃} < T \leq 800\text{℃}) \\[2mm] 0.68 - 0.35\left(\dfrac{T}{1\,000}\right) & (800\text{℃} < T \leq 900\text{℃}) \end{cases}$$

复掺纤维 RPC(HRPC)　1% ～ 2% 钢纤维，0.1% ～ 0.2% PP 纤维

$$\frac{f^T_{cu}}{f_{cu}} = \begin{cases} 0.99 + 0.44\left(\dfrac{T}{1\,000}\right) & (20\text{℃} \leq T \leq 400\text{℃}) \\[2mm] 1.09 + 1.44\left(\dfrac{T}{1\,000}\right) - 3.10\left(\dfrac{T}{1\,000}\right)^2 & (400\text{℃} < T \leq 800\text{℃}) \\[2mm] 0.06 + 0.24\left(\dfrac{T}{1\,000}\right) & (800\text{℃} < T \leq 900\text{℃}) \end{cases}$$

续附录 2

	钢纤维 RPC(SRPC)	掺 PP 纤维 RPC(PRPC)	复掺纤维 RPC(HRPC)
高温作用下 RPC 抗拉强度	$0\sim3\%$ 钢纤维 $$\frac{f_t^T}{f_t} = 0.98 - 0.925\left(\frac{T}{1000}\right) \quad (20\ ℃ \leq T \leq 800\ ℃)$$	$0\sim0.3\%$ PP 纤维 $$\frac{f_t^T}{f_t} = 0.972 - 0.82\left(\frac{T}{1000}\right) \quad (20\ ℃ \leq T \leq 800\ ℃)$$	$1\%\sim2\%$ 钢纤维，$0.1\%\sim0.2\%$PP 纤维 $$\frac{f_{cT}}{f_{c20}} = 0.96 - 0.958\left(\frac{T}{1000}\right) \quad (20\ ℃ \leq T \leq 800\ ℃)$$
高温作用后 RPC 抗拉强度	$0\sim3\%$ 钢纤维 $$\frac{f_t^T}{f_t} = \begin{cases} 0.99 + 0.45\left(\dfrac{T}{1000}\right) & (20\ ℃ < T \leq 120\ ℃) \\ 1.29 - 2.15\left(\dfrac{T}{1000}\right) + 1.14\left(\dfrac{T}{1000}\right)^2 & (120\ ℃ < T \leq 900\ ℃) \end{cases}$$	$0\sim1.2\%$PP 纤维 $$\frac{f_t^T}{f_t} = \begin{cases} 1.04 + 1.0\times10^{-3}\times T + 0.12\rho & (25\ ℃ \leq T \leq 150\ ℃,0.0\leq\rho\leq1.2\%) \\ 0.81 + 2.78\times10^{-3}T + 5.81\times10^{-2}\rho & (150\ ℃ < T \leq 300\ ℃,0.0\leq\rho\leq1.2\%) \\ 2.05 - 1.56\times10^{-3}T + 0.13\rho & (300\ ℃ < T \leq 550\ ℃,0.3\%\leq\rho\leq1.2\%) \end{cases}$$	$1\%\sim2\%$ 钢纤维，$0.1\%\sim0.2\%$PP 纤维 $$\frac{f_t^T}{f_t} = \begin{cases} 1.01 - 0.44\left(\dfrac{T}{1000}\right) - 0.78\left(\dfrac{T}{1000}\right)^2 & (20\ ℃ < T \leq 120\ ℃) \\ 0.32 + 4.17\left(\dfrac{T}{1000}\right) & (120\ ℃ < T \leq 900\ ℃) \end{cases}$$
高温作用后 RPC 抗折强度	$0\sim3\%$ 钢纤维 $$\frac{f_f^T}{f_f} = \begin{cases} 0.99 + 0.55\left(\dfrac{T}{1000}\right) & (20\ ℃ < T \leq 200\ ℃) \\ 1.47 - 2.01\left(\dfrac{T}{1000}\right) + 0.75\left(\dfrac{T}{1000}\right)^2 & (200\ ℃ < T \leq 900\ ℃) \end{cases}$$	$0\sim0.1\%$PP 纤维 $$\frac{f_f^T}{f_f} = 0.99 + 0.75\left(\frac{T}{1000}\right) - 6.11\left(\frac{T}{1000}\right)^2 \quad (20\ ℃ < T \leq 300\ ℃)$$ $0.2\%\sim0.3\%$PP 纤维 $$\frac{f_f^T}{f_f} = \begin{cases} 0.98 + 1.06\left(\dfrac{T}{1000}\right) & (20\ ℃ < T \leq 300\ ℃) \\ 3.26 - 8.28\left(\dfrac{T}{1000}\right) + 5.76\left(\dfrac{T}{1000}\right)^2 & (300\ ℃ < T \leq 900\ ℃) \end{cases}$$	—
高温作用下 RPC 弹性模量	$1\%\sim2\%$ 钢纤维 $$\frac{E_c^T}{E_c} = \frac{E_p^T}{E_p} = -0.012 + 1.089\exp(-0.003\,88T) \quad (20\ ℃ \leq T \leq 800\ ℃)$$		$1\%\sim2\%$ 钢纤维，$0.1\%\sim0.2\%$PP 纤维 $$\frac{E_c^T}{E_c} = \frac{E_p^T}{E_p} = -0.051 + 1.118\exp(-0.003\,11T) \quad (20\ ℃ \leq T \leq 800\ ℃)$$

续附录 2

	钢纤维 RPC(SRPC)	掺 PP 纤维 RPC(PRPC)	复掺纤维 RPC(HRPC)
高温作用后 RPC 弹性模量	$1\% \sim 3\%$ 钢纤维 $$\frac{E_c^T}{E_c} = \frac{E_p^T}{E_p} = \begin{cases} 0.96 + 2.12\left(\dfrac{T}{1\,000}\right) - 8.70\left(\dfrac{T}{1\,000}\right)^2 & (20\,℃ \leq T \leq 400\,℃) \\ 1.80 - 4.83\left(\dfrac{T}{1\,000}\right) + 3.41\left(\dfrac{T}{1\,000}\right)^2 & (400\,℃ < T \leq 900\,℃) \end{cases}$$	—	$1\% \sim 2\%$ 钢纤维，$0.1\% \sim 0.2\%$PP 纤维 $$\frac{E_c^T}{E_o} = \frac{E_p^T}{E_p} = \begin{cases} 0.997 + 0.12\left(\dfrac{T}{1\,000}\right) & (20\,℃ \leq T \leq 200\,℃) \\ 1.87 - 4.92\left(\dfrac{T}{1\,000}\right) + 3.41\left(\dfrac{T}{1\,000}\right)^2 & (200\,℃ < T \leq 900\,℃) \end{cases}$$
高温作用下 RPC 应力应变曲线	$1\% \sim 3\%$ 钢纤维 $$y = \begin{cases} mx + (3-2m)x^2 + (m-2)x^3 & (0 \leq x \leq 1) \\ \dfrac{x}{n(x-1)^2 + x} & (x > 1) \end{cases}$$ 当 $x = \dfrac{\varepsilon}{\varepsilon_{cT}}, y = \dfrac{\sigma}{f_{cT}}$	—	$1\% \sim 2\%$ 钢纤维，$0.1\% \sim 0.2\%$PP 纤维 $$y = \begin{cases} mx + (3-2m)x^2 + (m-2)x^3 & (0 \leq x \leq 1) \\ \dfrac{x}{n(x-1)^2 + x} & (x > 1) \end{cases}$$ 当 $x = \dfrac{\varepsilon}{\varepsilon_{cT}}, y = \dfrac{\sigma}{f_{cT}}$

钢纤维 RPC(SRPC) 应力应变曲线参数：

温度/℃	参数 m	n
20	1.25	11
200	1.24	4.5
400	1.26	3.6
600	1.42	8
800	2.18	9

复掺纤维 RPC(HRPC) 应力应变曲线参数：

温度/℃	参数 m	n
20	0.997	5.5
200	1.21	6
400	1.31	9.7
600	1.33	23
800	2.44	6.8

续附表 2

项目	钢纤维 RPC(SRPC)	掺 PP 纤维 RPC(PRPC)	复掺纤维 RPC(HRPC)
高温作用后 RPC 应力-应变曲线	$1\% \sim 3\%$ 钢纤维 $$y = \begin{cases} \alpha x + (5-4\alpha)x^4 + (3\alpha-4)x^3 & (0 \leq x \leq 1) \\ \dfrac{x}{\beta(x-1)^2 + x} & (x > 1) \end{cases}$$ 当 $x = \dfrac{\varepsilon}{\varepsilon_{cT}}, y = \dfrac{\sigma}{f_{cT}}$ 温度 /℃ — 参数 α, β： 20~300 ── 11.2 ── 7.87 400~600 ── 1.02 ── 3.85 700 ── 1.59 ── 0.27 800~900 ── 1.33 ── 0.93	—	$1\% \sim 2\%$ 钢纤维，$0.1\% \sim 0.2\%$ PP 纤维 $$y = \begin{cases} \alpha x + (5-4\alpha)x^4 + (3\alpha-4)x^5 & (0 \leq x \leq 1) \\ \dfrac{x}{\beta(x-1)^2 + x} & (x > 1) \end{cases}$$ 当 $x = \dfrac{\varepsilon}{\varepsilon_{cT}}, y = \dfrac{\sigma}{f_{cT}}$ 温度 /℃ — 参数 α, β： 20~200 ── 1.11 ── 7.10 300~600 ── 1.03 ── 3.91 700~900 ── 1.25 ── 0.87
高温作用下 RPC 导热性	$0 \sim 3.1\%$ 钢纤维 $\lambda = 2.22 - 6.52\times10^{-3}T + 5.08\times10^{-5}T^2 - 1.54\times10^{-7}T + 8.02\times10^{-2}\rho - 1.45\times10^{-2}\rho_f^2$ $(30 \, ℃ \leq T \leq 250 \, ℃)$	素 RPC 和 PRPC $\lambda = 1.42 + 1.75\exp(-T/192.41)$ $(30 \, ℃ \leq T \leq 900 \, ℃)$	HRPC 和 SRPC $\lambda = 1.44 + 1.85\exp(-T/242.95)$ $(30 \, ℃ \leq T \leq 900 \, ℃)$
高温作用下 RPC 比热容	$0 \sim 3.1\%$ 钢纤维 $c_V = 0.54 + 3.98\times10^{-4}T + 5.35\times10^{-6}T^2 - 2.15\times10^{-8}T^3 - 8.09\times10^{-2}\rho + 1.56\times10^{-2}\rho_f^2$ $(30 \, ℃ \leq T \leq 250 \, ℃)$	素 RPC，PRPC，HRPC 和 SRPC $$c_V = \begin{cases} 950 & (20 \, ℃ \leq T \leq 100 \, ℃) \\ 950 + (T-100) & (100 \, ℃ < T \leq 300 \, ℃) \\ 1\,150 + (T-300)/2 & (300 \, ℃ < T \leq 600 \, ℃) \\ 1\,300 & (600 \, ℃ < T \leq 900 \, ℃) \end{cases}$$	
自由膨胀应变	$1\% \sim 3\%$ 钢纤维 $\varepsilon_{th} = -0.090\,64 + 16.97\left(\dfrac{T}{1\,000}\right)$ $(30 \, ℃ \leq T \leq 800 \, ℃)$	—	—

注：表中百分数均指体积掺量。

名词索引